教育部高等学校电子信息类专业教学指导委员会规划教材

普通高等教育电子信息类专业系列教材

空间信息通信

彭木根 许文嘉 孙耀华 赵亚飞 胡小玲◎编著

清华大学出版社

北京

内容简介

随着数字经济、新基建、航空航天、临近空间等新兴产业和国家重大战略工程对空间信息通信领域相关人才的需求日益增加，空间信息通信学科建设的重要性日益突显，本教材聚焦空间信息和空间通信基础理论、核心原理与关键技术，力求打通空间信息获取、传输、分析、表示和应用的全链条。

本教材共分为15章：第1章介绍空间信息通信的概念、原理、分类和组成，阐明空间信息与空间通信的内涵；第2～8章聚焦空间信息，分别介绍航空、航天、航海导论，以及雷达、卫星、遥感探测、数字影像处理、地理信息系统等技术和系统的基本原理；第9～15章聚焦空间通信，分别介绍电磁波传播、卫星通信、散射通信、深空通信、激光通信、水下通信和海上通信等基础理论与关键技术。

本教材的编写着眼于新工科强化基础理论和典型示例应用，使读者更好地掌握基础理论知识，并学以致用。本教材面向空间信息与数字技术、通信工程、电子信息工程、信息工程等本科专业，也可以用于相关学科的研究生教学。

图书在版编目（CIP）数据

空间信息通信 / 彭木根等编著. -- 北京 ：清华大学出版社，2024.11.
(普通高等教育电子信息类专业系列教材). -- ISBN 978-7-302-67375-0
Ⅰ. TN927
中国国家版本馆 CIP 数据核字第 20245PG994 号

策划编辑：盛东亮
责任编辑：范德一
封面设计：李召霞
责任校对：时翠兰
责任印制：丛怀宇

出版发行：清华大学出版社
网　　址：https://www.tup.com.cn，https://www.wqxuetang.com
地　　址：北京清华大学学研大厦 A 座　　**邮　　编**：100084
社 总 机：010-83470000　　**邮　　购**：010-62786544
投稿与读者服务：010-62776969，c-service@tup.tsinghua.edu.cn
质量反馈：010-62772015，zhiliang@tup.tsinghua.edu.cn
课件下载：https://www.tup.com.cn，010-83470236
印 装 者：三河市铭诚印务有限公司
经　　销：全国新华书店
开　　本：185mm×260mm　　**印　　张**：26.25　　**字　　数**：636 千字
版　　次：2024 年 11 月第 1 版　　**印　　次**：2024 年 11 月第 1 次印刷
印　　数：1～1500
定　　价：79.00 元

产品编号：107244-01

序

FOREWORD

伴随着社会需求的不断提高和技术的飞速发展，通信技术实现了跨越式发展，为信息通信网络基础设施的建设提供了有力支撑。同时，目前通信技术已经接近香农信息论所预言的理论极限，面对可持续发展的巨大挑战，我国对未来通信人才的培养提出了更高要求。

坚持以习近平新时代中国特色社会主义思想为指导，立足于"新一代通信技术"这一战略性新兴领域对人才的需求，结合国际进展和中国特色，发挥我国在前沿通信技术领域的引领性，打造启智增慧的"新一代通信技术"高质量教材体系，是通信人的使命和责任。为此，北京邮电大学张平院士组织了来自七所知名高校和四大领先企业的学者和专家，组建了编写团队，共同编写了"新一代通信技术新兴领域'十四五'高等教育教材"系列教材。编写团队入选了教育部"战略新兴领域'十四五'高等教育教材体系建设团队"。

"新一代通信技术新兴领域'十四五'高等教育教材"系列教材共20本。该系列教材注重守正创新，致力于推动思教融合、科教融合和产教融合，其主要特色如下。

（1）"分层递进、纵向贯通"的教材体系。根据通信技术的知识结构和特点，结合学生的认知规律，构建了以"基础电路、综合信号、前沿通信、智能网络"四个层次逐级递进、以"校内实验-校外实践"纵向贯通的教材体系。首先在以《电子电路基础》为代表的电路教材基础上，设计编写包含各类信号处理的教材；然后以《通信原理》教材为基础，打造移动通信、光通信、微波通信和空间通信等核心专业教材；最后编著以《智能无线网络》为代表的多种新兴网络技术教材；同时，《通信与网络综合实验教程》教材以综合性、挑战性实验的形式实现四个层次教材的纵向贯通；充分体现出教材体系的完备性、系统性和科学性。

（2）"四位一体、协同融合"的专业内容。从通信技术的基础理论出发，结合我国在该领域的科技前沿成果和产业创新实践，打造出以"坚实基础理论、前沿通信技术、智能组网应用、唯真唯实实践"四位一体为特色的新一代通信技术专业内容；同时，注重基础内容和前沿技术的协同融合，理论知识和工程实践的融会贯通。教材内容的科学性、启发性和先进性突出，有助于培养学生的创新精神和实践能力。

（3）"数智赋能、多态并举"的建设方法。面向教育数字化和人工智能应用加速的未来趋势，该系列教材的建设依托教育部的虚拟教研室信息平台展开，构建了"新一代通信技术"核心专业全域知识图谱；建设了慕课、微课、智慧学习和在线实训等一系列数字资源；打造了多本具有富媒体呈现和智能化互动等特征的新形态教材；为推动人工智能赋能高等教育创造了良好条件，有助于激发学生的学习兴趣和创新潜力。

尺寸教材，国之大者。教材是立德树人的重要载体，希望以“新一代通信技术新兴领域‘十四五’高等教育教材”系列教材以及相关核心课程和实践项目的建设为着力点，推动“新工科”本科教学和人才培养的质效提升，为增强我国在新一代通信技术领域竞争力提供高素质人才支撑。

费爱国

中国工程院院士

前言
PREFACE

空间信息是20世纪60年代新兴的一门学科，20世纪70年代中期以后在我国得到迅速发展，主要包括使用卫星定位系统、地理信息系统（Geographical Information System，GIS）、遥感探测系统、空天通信系统等相关的理论与技术，进行空间数据的采集、量测、分析、存储、管理、显示、传播和应用等。空间信息产业是以空间通信、导航、遥感为基础的战略性新兴产业，作为打通天上各种飞行器资源，以及陆地和海洋等行业应用的承载平台，它深度融合了新一代信息技术、地理信息技术与航空航天技术等，是构建空间基础设施，收集、存储、处理和分析空天地海等领域信息，并为用户提供多样化服务的新兴产业，是在迈入全互联时代中涌现的前沿新兴产业形态。

空间通信是空间信息的重要组成部分，促进了遥感探测、导航定位、GIS等各领域之间的交叉融合和技术创新。此外，它是一种以航天器或空间通信实体为对象的无线通信，航天器有人造地球卫星、空间探测器、载人飞船、航天站、航天飞机等；空间通信实体包括临近空间、航空空间、陆地和海洋的各种类型无人体、飞机、网关、信关站、终端和传感器等。按照与地球的距离，空间通信一般可以分为深空通信、近空通信、临空通信、航空通信、陆基通信、海基通信等。深空通信专指与离开地球轨道，进入太阳系空间飞行的航天器之间的通信；近空通信通常指与地球轨道上的航天器之间的通信，包括高轨、中轨和低轨卫星通信；临空通信一般指各种无人体通信、散射通信和反射通信等；航空通信专指距离地球20km范围内的通信，包括无人机通信、飞艇通信、飞机通信等；陆基通信一般指陆地移动通信，是针对个人信息交互而专门设计的，是目前技术最先进、应用最成熟和规模最大的通信模式；海基通信包括海上的无线通信和海面下的水声与激光通信等。

本教材聚焦空间信息获取、传输、分析、表示与应用等环节，旨在探讨空间信息领域的关键概念、技术原理和应用，既涵盖传统的空间信息基础理论与关键技术，包括遥感探测、导航定位、GIS等，也包括近期发展快速的空间通信理论和技术，例如空基通信、天基通信、陆基通信和海基通信等。空间通信也被称为空天地海一体化通信，或者简称为空天通信，为了强调空间通信的重要性，本教材的空间信息专指遥感探测、导航定位、GIS等，所以空间信息通信涵盖狭义的空间信息与专门的空间通信两大内容。

教材第1章重点介绍空间信息通信的总体组成和基本概念。首先描述空间概念，从银河系和宇宙起源的宏观视角进行阐述；然后探讨数据与信息的重要性，通过阐明空间数据与空间信息的关系，介绍将现实世界数字化的方法与意义；之后聚焦空间信息获取、传输、分析和表示环节的关键技术，重点阐述了遥感探测、导航定位、GIS、空间通信技术的基本概念，使读者能够初步建立空间信息通信的知识体系结构。

第2～8章主要介绍空间信息的基础理论与关键技术，以便读者构建空间信息的知识框架。第2章从航空、航天与航海的基本概念与发展历史出发，介绍不同领域的核心知识和关键技术。第 3 章围绕雷达信号处理展开，重点介绍雷达信号表示、匹配滤波与多普勒处理，令读者对雷达工作原理具有基本了解。第 4 章重点阐述卫星星座基础知识，介绍卫星运动基本原理，为读者后续进行天基通信内容的学习奠定基础。第 5 章主要介绍遥感探测技术的工作模型、物体辐射特性等内容，明确遥感探测基本原理。第 6 章着重介绍遥感数字影像处理的基础知识，包括辐射校正、影像增强、图像分类原理等，从而实现遥感领域知识体系闭环。第 7 章介绍空间信息数字化与 GIS 的基本概念和原理，重点阐明 GIS 的构成要素、空间数据的数字化处理方法等。第 8 章从卫星导航主要评价指标出发，介绍卫星导航定位、测速、授时基本原理，探讨热门的导航增强技术。

第 9～15 章重点介绍空间通信技术，内容包括电磁波传播、卫星通信、深空通信、散射通信、激光通信、海上通信、水声通信等相关的基础理论和关键技术。电磁波传播是空间通信的基础，第 9 章介绍电磁频谱划分准则、自由空间传播特性，数学模型、关键性质和链路预算方法等。第 10 章介绍卫星通信的基本原理，包括频率复用、调制、编码技术等。第 11 章介绍流星余迹散射通信、对流层散射通信，以及大气波导通信等高空散射通信原理。第 12 章聚焦深空通信与探测，介绍深空通信天线和调制编码技术等，以及深空探测基本原理、无线电测量与光学测量等关键技术。第 13 章介绍激光通信，包括激光源、激光信道、通信调制、瞄准捕获、链路预算等。第 14 章介绍水下通信和定位技术，主要包括水声通信、水下光通信、水下定位等核心内容。第 15 章介绍海上无线信道模型、海上窄带和宽带通信技术、海上探测技术等。

本教材的目标是帮助读者建立空间信息通信的知识体系架构，加深对空间信息通信的理解，也为读者后续从事空间信息和空间通信方面的科研、开发及应用等工作打下坚实的理论基础。

由于水平有限，书中难免有不严谨、不妥当之处，敬请大家批评指正，欢迎来信交流！

彭木根

2024 年 10 月 5 日于北京邮电大学

知识图谱

KNOWLEDGE GRAPH

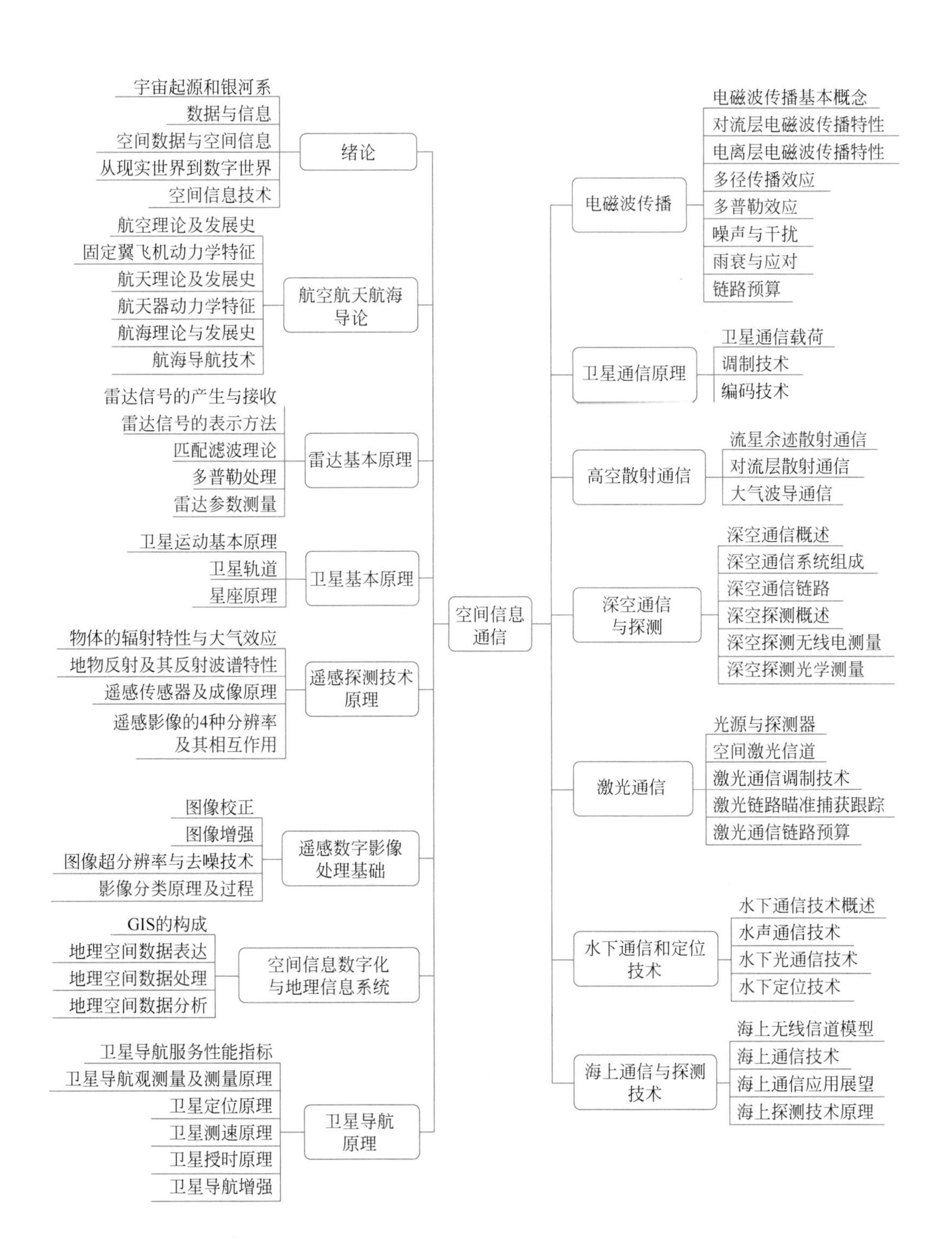

目录

CONTENTS

第1章 绪　论

CHAPTER 1

空间信息是20世纪60年代新兴的一门技术，主要包括卫星通信、定位导航、地理信息系统（Geographic Information System，GIS）和遥感遥测等，同时结合计算机科学、电子信息和人工智能等，进行空间数据的采集、量测、分析、存储、管理、显示、传播和应用等。近年来，伴随着数字化技术的发展，人类对于现实世界的认知朝着数字世界转换，空间信息在多个关系国计民生的重要领域扮演着核心角色，它的快速发展不仅革命性地改造和提升了传统产业，还催生了新的产业与经济增长点，与之相关的理论、技术与应用也在快速地演进。

传统空间信息系统主要包括GIS、全球定位系统（Global Position System，GPS）和遥感遥测等。随着卫星通信、低轨星座、无人机系统、通信感知计算融合等技术的兴起，空间信息和通信网络的交叉融合越来越紧密且重要，空间信息通信成为21世纪20年代空间信息的主旋律，核心组成不仅包括GIS、GPS和RS，还包括天基、空基、海基信息通信等，涉及卫星通信、无人机通信、散射通信、深空通信、水下通信，以及通信、导航、遥感融合等。

我国在"十四五"规划中明确了加快数字化发展、建设数字中国的信息化工作要求，在以数字中国为总目标的数字城市、数字战场、数字国土等数字化工程，以及以空天信息网为核心的紧急救援、防灾减灾、智能交通等重大应用工程建设中都离不开空间信息通信的支撑。

本章从宇宙起源和银河系出发，介绍宇宙空间相关知识，然后以数据与信息的相关概念作为切入，探讨与空间信息通信密切相关的数据特点、来源和作用，介绍现实世界与数字世界的内涵与联系，以及二者的模型，阐明空间信息的获取、传输、分析和表示，从而初步构建空间信息通信的基础知识框架。

1.1　宇宙起源和银河系

现代天文学中关于宇宙起源的流行学说为宇宙大爆炸，经过这一阶段产生了多样的星系与天体，形成了广袤的宇宙空间。银河系是包括太阳系在内的星系，因其从地球上观测时呈现为夜空中的一条朦胧光带而得名。人类探索和认知宇宙的根本基础在于针对宇宙空间的观测，围绕观测宇宙空间这一目的，伴随科技发展形成了包括航海、航空和航天的多样观测手段。

1.1.1　宇宙空间

宇宙由空间、时间及相关内容构成，囊括了所有的存在，无论是基本力、物理过程，还是物理常数，更包括了所有形式的能量和物质，这些物质和能量以亚原子粒子到整个星系的各种形式存在。

宇宙大爆炸理论描绘了宇宙源于一个炎热和密集的普朗克时期，时间从零开始，持续了一个普朗克时间单位，所有的物质和力都被压缩到致密状态。随后，宇宙在极短的时间内经历了翻天覆地的变化。在10～32s内，宇宙急剧膨胀；在0.25s内，4种基本作用力相互分离；在10s内，宇宙经历了夸克时期、强子时期和轻子时期，形成了多种亚原子粒子。这些基本粒子稳定地结合，形成了更大的组合，包括稳定的质子和中子，再通过核聚变，更复杂的原子核得以诞生。

大约38万年后，宇宙冷却到足以让质子和电子结合并形成氢的状态，这标志着重组时期的到来。在这一时期，物质和能量解耦，光子得以在不断膨胀的空间中自由传播。最初膨胀后的遗留物质，在引力的作用下坍缩，形成了星体、星系和其他天体，而宇宙空间中的真空部分则遗留至今。

简而言之，在大爆炸前的宇宙处于万般寂寥的虚无之中，以大爆炸作为始动的契机，物质由一点向外喷发，结合4种基本力构筑起了整个宇宙，形成了时间与空间的概念。

根据空间内占主导地位的磁场的不同，宇宙空间可以进一步细分为地球空间、行星际空间、恒星际空间和星系际空间4类，如图1-1所示。这些区域的边界是由磁场主导地位的变化确定的。例如，地球空间从地核中心一直延伸到地球磁场的外围，直到行星际空间的太阳风占据主导地位。随着空间的延伸，太阳风逐渐受控于星际介质的磁场，形成了行星际空间，之后继续向外扩展，直到达到星系的外边缘，此时以稀薄气体形式存在的星系际介质磁场开始占据主导地位。

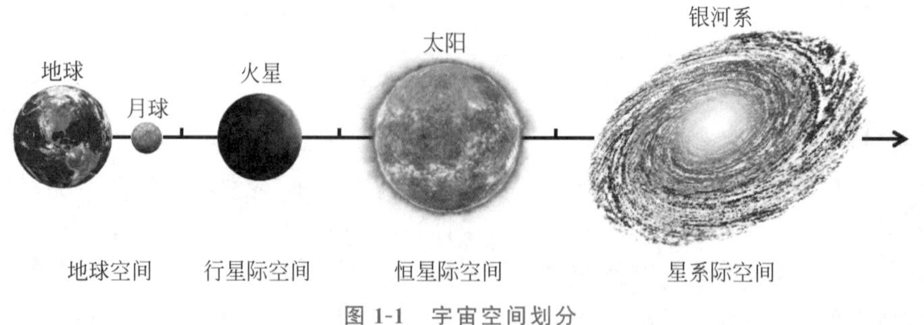

图1-1 宇宙空间划分

人类文明所在的银河系是一种由恒星、恒星残骸、星际气体、尘埃和暗物质在引力的作用下结合而成的系统，包含1000亿到4000亿颗恒星和至少等量的行星，其中心是质量约为4100万个太阳质量的超大质量黑洞人马座A，而太阳系位于距离银河系中心约27000光年的位置，整个系统由太阳和围绕其运行的天体在引力的约束下构建，其基本结构如图1-2所示。

图1-2 太阳系基本结构

1.1.2 宇宙空间观测

人类目前所能观测的宇宙空间主要集中在银河系内。要认知空间，首先需要对空间进行有效的观测。在探索过程中，人类创造了包括航空、航天、航海等在内的多种手段。

在航空领域，热气球与飞艇是发展最早的航空器。1783 年，法国约瑟夫·米歇尔·孟戈菲和雅克·艾蒂安·孟戈菲利用热气球实现了有记载的首次载人飞行，为人类航空史揭开了序幕。随后，法国工程师亨利·吉法尔于 1852 年发明了历史上第一艘以蒸汽动力为驱动的飞艇"吉法尔飞艇"。在第一次世界大战期间，飞艇被广泛用于侦察和轰炸任务，如今仍广泛应用于通信中继、科学研究和监测等领域。2022 年，中国自主研发的极目一号Ⅲ型浮空艇实现超越珠峰的驻空高度，创造了科学观测海拔高度世界纪录。

飞机技术在 20 世纪获得了长足发展。20 世纪初，美国奥维尔·莱特和威尔伯·莱特两兄弟驾驶的飞行器 1 号成功进行了第一次受控、有人动力飞行，这标志着现代航空技术的开端，并确立了固定翼飞机在航空领域的主导地位。20 世纪 40 至 60 年代，涡轮喷气发动机的发明推动了飞机速度和效率的大幅提升，喷气式飞机的普及使航空领域迎来了新的时代。自 20 世纪 70 年代开始，人们引入航空电子技术，结合通信与自控领域设计了自动驾驶系统与空中管理系统，极大提高了飞行的安全性和精度。21 世纪以来，无人机技术作为航空技术的新兴领域，得到快速发展，并在民用与军事领域得到广泛应用。

在航天领域，人类的探索欲和求知欲推动了相关技术的快速革新。1957 年，苏联利用火箭成功发射了无人卫星 Sputnik 1，标志着人类正式进入太空时代。后续尤里·阿列克谢耶维奇·加加林乘坐 Vostok 1 进入地球轨道，首次实现了载人航天。金星 1 号作为首个飞越金星的行星探测器，不仅证明了太阳风的存在，还为人类提供了大量关于金星的宝贵数据。随后，水手系列卫星更是飞越了太阳系内的所有行星，至此无人航天器已探测了太阳系的每一颗行星，以及它们的卫星、许多小行星和彗星。21 世纪初期，美国的旅行者 1 号成为首个进入恒星际空间的空间探测器，为人类探索宇宙提供了更为广阔的可能性。

人类对于近地空间的探索与利用已经较为充分，形成了位于多种不同轨道运行的卫星系统，承担着空间观测、导航定位、中继通信等重要功能。例如：美国地球静止轨道气象系列卫星，以及我国高分系列卫星实现了全球气象状况、陆地资源、海洋资源的探测与监视；美国的 GPS、俄罗斯的格洛纳斯导航卫星系统(Global Navigation Satellite System，GLONASS)、欧洲的伽利略卫星导航系统(Galileo Satellite Navigation System，GALILEO)，以及我国的北斗导航卫星系统(BeiDou Navigation Satellite System，BDS)实现了全球导航与定位；铱星计划发射了 66 颗低轨卫星组成覆盖整个地球的全球卫星移动通信系统，但因成本问题仅服务 16 个月便停止运营。美国太空探索技术公司的星链计划拟用 4.2 万颗卫星构建低轨互联网星座，建设一个全球覆盖、大容量、低时延的天基通信系统，从而在全球范围内提供价格低廉、高速且稳定的卫星宽带服务。

在航海领域，海洋是地球上最广阔水体的总称，其面积占据了地球总表面积的 71%，因此人类对于地球空间的探索中航海活动占据了重要地位。古代航海者主要依赖星象、风向、海浪等自然现象进行导航，依靠旗语、烟火信号等方式通信，同时航海器的材质多以木材为主，使人类航海活动被限制在近海范围。随着科技的进步，卫星通信、无线电、电子导航设备等应用于航海，航海器采用更先进涡轮引擎设计和钢铁材料，航行性能和安全性有了长足的提升，使人类能够进行远洋航行。此外，随着声呐、水下探测器、潜水器的发明，制造工艺的改进与新型高强度材料的研制，人类能够以纵向尺度对海洋进行观测与研究。20 世纪 60 年代，美国“的里雅斯特”号成功下潜至 10916m 的深度，此记录成为深海探索的里程碑。2012 年，中国蛟龙号潜水器创下载人深潜 7062m 的记录，成为世界上第二个达到 7000m 级指标的国家，对于海洋科考与资源开发具有重要意义。

总之，人类对宇宙空间的观测取得了多方面的进展，这些进展让人类深入了解地球表面的陆地、海洋、大气资源的构成和分布。基于遥感，定位与探测技术突破地表平面限制，实现了从地心深处到海底世界，再到大气外层的立体空间多精度全天候观测。在对地球空间充分观测的基础上，结合航天技术、天文领域中多波段观测技术与通信技术，人类对于空间的观测范围得以进一步扩展至行星际空间与恒星际空间，最终拓展到整个宇宙。

1.2 数据与信息

定义 1.1 **数据**：事实或观察的结果，是对客观事物的逻辑归纳，是用于表示客观事物的未经加工的原始素材。

此外，数据还是信息、知识和智慧的基础，它们的关系如图 1-3 所示。

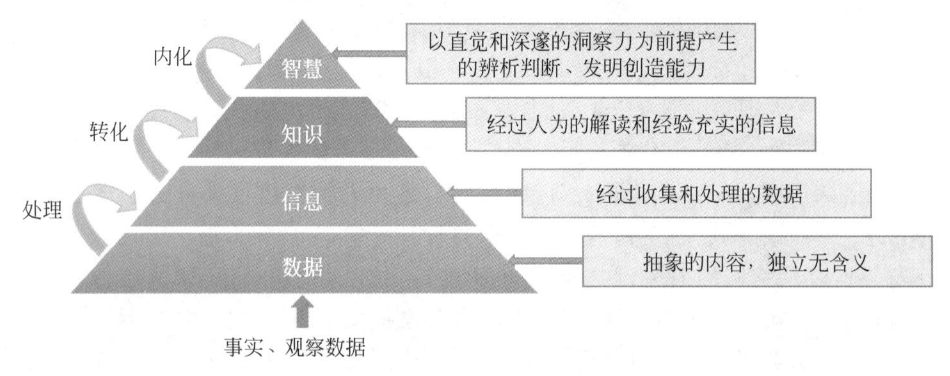

图 1-3 数据、信息、知识和智慧的关系

数据可以是连续的，比如声音、图像，称为模拟数据；也可以是离散的，如符号、文字，称为数字数据。广义上，数据是指未经加工的、对特定现象的客观描述，它是人类可鉴别的、反映客观世界的符号，用于抽象表示现实事物的属性、性质、位置及相互关系。例如：输入计算机并能被处理的数字、文字、符号、声音、图像等均是数据，在计算机环境中它是描述实体或对象的唯一工具。

“信息”一词在英文、法文、德文中均是“Information”，日文中为“情報”，我国台湾地区称之为“资讯”，我国古代则使用“消息”。“信息”作为科学术语最早出现在哈特莱 1928 年撰写的论文《信息传输》中。在该论文中，他首次提出将信息定量化处理的设想。此后许多研究者从各自的研究领域出发，给出了不同的定义。美国著名的数学家、控制论的创始人诺伯特·维纳认为“信息是人们在适应外部世界，并使这种适应反作用于外部世界的过程中，同外部世界进行互相交换的内容和名称”，它被作为经典性定义加以引用。经济管理学家则认为“信息是提供决策的有效数据”。

20 世纪 40 年代，信息论的奠基人克劳德·艾尔伍德·香农提出了信息的明确定义，本书将遵循相同方式做出信息的定义。

定义 1.2 **信息**：用来消除随机不确定性的事物。

这一定义方法从概率的角度实现了信息的量化描述，具有里程碑式意义，被看作经典性定义并广泛引用。

数据是信息的表现形式和载体，可以是符号、文字、数字、语音、图像、视频等。数据和信息是不可分离的，数据是信息的表达，信息是数据的内涵。数据本身没有意义，数据只有对实体行为产生影响时才成为信息。

知识从实践、经验中得到，它由数据记录，从信息中提炼。知识是对信息的提炼和概括，它是高度概括的信息。如果说信息可以解答一些简单的问题，比如"谁""在哪里""做什么"，那么知识可以回答一些更具深刻认知的问题，比如"怎样""为何"。

日常生活中最基本的知识是常识，大部分来自生活，是普遍认为都该懂的、不言自明的知识，比如人有生老病死、月有阴晴圆缺。对于人工智能来说，要解决的核心问题是让计算机具有常识。很多常识背后有着复杂的知识体系，机器必须真正"理解"知识，而不是"记忆"它们。

1.2.1 数据与数据管理

数据由 3 个基本要素——数据名称、数据类型和数据长度构成。数据名称是数据的基本索引，数据类型可分为数值、字符、图表、音频与视频，数据长度则反映了数据的丰富程度和存储需求。

数据的属性包括自然属性和社会属性。自然属性体现在数据可以被感知、加工、传递、再生、压缩、存储，例如人在聆听歌曲时能够感受韵律，利用磁盘、书籍、照片等作为数据载体能够传输数据，书籍能够进行翻译，磁带音频可转录至光盘，多媒体能够利用技术手段对其编辑并进行编码压缩大小。这些特性使数据成为多样化的信息来源。社会属性则体现在数据作为信息的重要载体，具有商业性、资源性、公用性和私密性。

数据作为符号，需要有一个承载的客体，即数据载体。它是用于承载数据的物理介质。在古代，人们采用骨头、石头、木头与毛皮等材料作为载体，例如：甲骨文、竹简、埃及石雕、巴比伦泥板和羊皮古卷等记录了大量古代文明数据。造纸术的发明推动了数据载体的第一次演化，形成了书籍、绘图等新型载体。而计算机技术的诞生推动了数据载体的第二次演化，使数据能够以数字形式存在于磁盘、光盘等载体中，目前绝大多数数据均以数字形式存在。

随着科技的发展，数据获取速度提升，存储成本降低，数据量呈指数级增长。早在 20 世纪 80 年代，人们便预测全球数据总量每隔 20 个月就会增加 1 倍，互联网的出现进一步推动了数据爆发式增长。如今，仅移动终端与物联网设备每月产生的数据量可达 71EB。如何对海量数据进行高效收集、分析、加工以提炼所需知识是当下信息与通信领域的重要课题。

数据管理技术是支持数据高效分析的基础，它通过计算机硬件和软件技术对数据进行收集、存储和处理，以提高数据的质量、可用性和安全性。随着计算机技术的发展，数据管理经历了人工管理、文件系统、数据库系统和高级数据库技术 4 个发展阶段。在人工管理阶段，存储设备容量有限，数据不能长期保存，且没有专用的数据管理软件。数据作为程序的一部分由程序员管理，自行定义数据结构与存储方式，可能导致数据冗余和无法共享。在文件系统阶段，如磁盘类可直接存取的存储设备得到普及，加之文件系统的发明，数据能够以随机文件的组织形式进行长期保存，但是数据文件的分散存储与利用复制的共享方式仍造成了数据冗余。到了数据库阶段，采用数据模型并向系统进行数据组织，使程序与数据相互分离，令数据具有独立性，并且以接口形式访问数据库实现了数据共享，大大降低数据冗余度。而在高级数据库技术阶段，依托于数据库技术、网络技术、软件工程技术，分布式数据库、面向对象的数据库等技术蓬勃发展，进一步提高了数据管理的效率和灵活性。数据库或者高级数据库的管理系统结构如图 1-4 所示，整体系统一般由数据库、数据库管理系统、数据库应用系统 3 部分组成，分别完成存储、管理和应用功能。

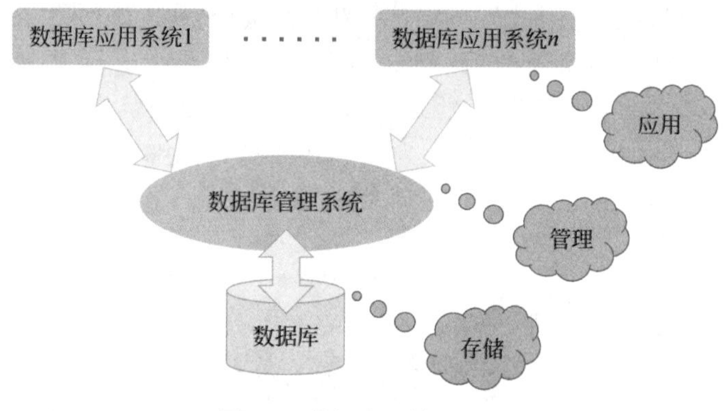

图 1-4 数据库及管理系统

1.2.2 信息与数字化

在日常生活中，我们往往将信息视为能够带来新知识或新内容的消息。维纳关于信息的定义强调了人与外部世界的互动，然而这个定义有局限性，因为忽略了其他生物体也在进行信息交换的事实。另外，人们与外部环境存在着物质和能量的交换，据此定义信息将与物质、能量相混淆。意大利的学者吉乌塞佩·朗格提出："信息是反映事物的形式、关系和差别之物。信息是包含在客体间的差别中，而不是在客体本身中。"这一观点从差异量的角度度量信息，认为宇宙内差异的存在导致人们存在着"疑问"和"不确定性"，然而，这种定义方式也存在局限性，因为它暗示没有差异就没有信息，这在现实中并不总是成立。

20 世纪 40 年代末期，信息论学科诞生，信息的定义与日常生活中的概念有了明确的区分。信息论的创始人香农在著名论文《通信的数学理论》中指出："信息是人们对于事物了解不确定性的消除或减少。"这一定义使人们能够对信息进行定量描述，是人类对信息概念认知的巨大进步。根据信息的概念，可以归纳出信息具有以下 3 个特点。

(1) 消息 x 发生的概率 $P(x)$ 越大，信息量(用 I 表示)越小；反之，发生的概率越小，信息量就越大。可见，信息量和消息发生的概率是相反的关系。

(2) 当概率为 1 时，不存在任何不确定性，所以信息量为 0。

(3) 当一个消息是由多个独立的子消息组成时，此消息所含信息量是各子消息所含信息量的总和。

根据这 3 个特点，如果在数学上使用对数函数表示，便可以得到表示信息量和消息发生概率之间的关系式：$I(x)=-\log_a P(x)$，其中，$a\in\mathbb{R}^+$ 是对数的底数且 $a\neq 1$。信息可以通过上式量化，当 a 取不同值时，信息量的单位也会对应改变，通常以 bit 为单位($a=2$)来计量信息量，等概二进制波形的信息量恰好为 1bit。

上述原理主要关注不确定性，没有涵盖信息的内容和价值，存在一定局限。综上所述，信息是一个复杂且多维的概念，它可以从不同的角度和层次进行理解。虽然至今没有公认的定义，但目前普遍认为可以将信息视为经过加工的有用数据，能够作为决策的依据，反映与某种决策(如科学判断、生产计划、操作方式或商品交易等)相关的客观事物或规律。

信息作为物质、能量之后的第三大支柱概念，在科学和哲学领域都占据举足轻重的地位。它不仅是推动社会发展的关键助力，还是维持人类社会活动、经济活动、生产活动的核心资源。信息具有普遍性、无限性、相对性、传递性、变换性、有序性、动态性和无损耗性八大性质，为我们提供了全面理解其特性和功能的视角。

(1) 普遍性：信息是事物运动状态和状态变化的方式，现实世界中事物的普遍存在和运动使信息普遍存在。

(2) 无限性：现实世界中的事物纷繁多样，千变万化，一切事物的运动状态与方式将产生无限多的信息。

(3) 相对性：对同一个事物，不同的观察者获得的信息量可能不同。

(4) 传递性：信息可以在不同的时间点之间或空间位置间进行传递。

(5) 变换性：信息可以经由多种变换手段而承载于不同载体。

(6) 有序性：信息的获取可以看作系统不确定性的消除，从而增加有序性。

(7) 动态性：事物无时无刻在发展和变化，信息也随之改变。

(8) 无损耗性：信息不同于能量，在传输过程中不会发生损耗。

随着计算机技术的飞速发展，人类从模拟时代跨入了数字时代。这一转变催生了新的思维方式——数字思维，它借助数字技术，从数字角度开展认知活动，极大解放了人类思维能力，可以说是继机械思维、辩证思维后的思维发展新阶段。信息数字化是进行数字思维的基础和前提，它是将传统的以纸质或其他非数字形式存在的信息转换成数字形式的过程，过程中涉及将文字、图像、声音、视频等信息转换成计算机能够处理和存储的数字形式。信息数字化的通用流程可以概括为数字采样、量化编码和存储管理 3 个步骤。数字采样使用扫描仪、相机、录音设备、雷达、传感器等，将纸质文档、图片、声音、视频等信息转换成数字形式；量化编码对采集到的信息进行编码，将其转换成计算机能够理解和处理的数字形式，如文本转换成字符编码、图像转换成像素矩阵、声音转换成数字信号等；存储管理将数字化的信息存储在计算机或其他数字存储介质中，并建立相应的管理系统，以便对信息进行组织、检索和管理。

与传统信息相比，数字信息占据空间小，具备综合与继承性，便于传输与共享，便于分析与应用。以连锁超市为例，通过数字化管理，超市可以实时统计和分析销售数据，从而快速做出决策和调整策略。这不仅提高了工作效率和准确性，还为消费者提供了更好的购物体验。总的来说，信息数字化带来了前所未有的便利和机遇。它不仅增强了信息的利用效率和可访问性，还提升了信息传播的速度、范围和数量。在未来，随着技术的不断进步和应用领域的不断拓展，信息数字化将继续发挥重要作用，影响人们生活的方方面面。

1.2.3 数据与信息关系

在信息领域中，数据和信息经常被混淆，它们之间既存在联系又存在区别。一方面，信息与数据不可分离,信息是数据的内涵,是数据的内容和解释,数据是信息的载体,只有理解了数据的含义并对其进行解释时,才能得到数据中所包含的信息。另一方面,数据是对客观事物和概念的描述,而信息是数据经过加工与提炼而得的产物,信息具有更高的价值和意义,能够帮助人们做出决策。

随着计算机技术和网络技术的发展,各种信息都在向数字化方式转换。在计算机及网络技术所代表的数字世界中,信息的唯一表达方式就是数据,目前世界上绝大多数的数据都以数字形式保存,人们对数据进行分析、检索、传输、共享,从而实现信息的获取、传输和共享,这使数据和信息在数字化世界中关系更加密切。

1.3 空间数据与空间信息

空间数据既是以宇宙空间为参照的自然、社会、人文、经济数据,又是用来表示空间实体的位置、形状、大小及其分布特征等信息的数据。它可以用于描述来自现实世界的空间目标,具有定位、定性、表达时间和空间关系等特性。在数学的二维空间中,这些数据通常以点、线或面的形式呈现;在三维空间中,它们以点、线、面及体的形式存在。空间信息是关于实体或现象空间分布特征(位置、形状、空间关系等)的信息,它反映了空间实体的位置及与其相关的各种附加属性的性质、关系变化趋势和传播特性的总和。

正如数据是信息的表达,信息是数据的内涵一样,空间数据是空间信息的表现形式和载体,而空间信息承载的是空间数据的内涵。

1.3.1 空间数据

定义 **1.3** **空间数据**:带有空间坐标的一类特殊类型数据。

这类数据可以通过将建筑设计图、机械设计图和各种地图表示成计算机能够接受的数字形式来获得,其特殊之处在于其观测尺度的多样性和数据分布的复杂性,这使空间数据具有一系列显著的特征,包括空间特征、属性特征、时间特征、多尺度特征、多维性特征和非结构化特征。

(1) 空间特征是指地理要素的位置、形状和大小等几何特征,以及与相邻地物的空间关系。坐标可以描述空间位置,利用坐标可以计算要素的形状和大小,经由空间坐标运算还可以获得空间关系(如距离关系、方位关系、通透关系等)。针对每个地理要素进行空间位置的描述和表达,这是空间数据区别于其他数据类型的最主要特征。

(2) 属性特征也称为非空间特征或专题特征,它是与地理要素相联系的,表征地理要素本身性质的质量和数量特征,如要素的类型、语义、定义、量值等。属性的类型又可以分为定性和定量两类,前者包括名称、类别、等级等,后者包括可测量的数量特征,例如建筑层数、占地面积等。

(3) 时间特征是指采集空间数据或空间实体的发生、发展的时间。空间数据总是在有限时间内采集或计算而得。例如,城市地图中某个位置在上一年可能是一片空地,但在下一年却因新建小区而发生变化。可见空间数据并非一成不变,而是具备时间特征。

(4) 多尺度特征指同一地理要素在不同尺度下的空间数据表达存在差异。不同的尺度主要导致几何形态和表达方式的差异,例如,在大比例尺地图上,居民住宅可能会显示出阳台、楼道、空调机位等详细几何特征，而在小比例尺地图上则可能仅被简化为一个矩形。

(5) 多维性特征表现为在某一坐标位置上可以有多个专题和属性数据。由于多种对象或现象之间相互联系、相互作用，同一空间位置可能存在多种现象。例如，在某地点上可以同时观测到高程、土壤厚度、大气温湿度、污染浓度、土地使用类型等多维数据。

(6) 非结构化特征指空间数据结构所具有的非定长与嵌套性质。由于地理要素的复杂性，对其描述的空间数据往往不能满足传统关系数据库中数据定长要求。例如，直线可以通过两对坐标描述，而曲线可能需要数百甚至更多的坐标点来精确表示。此外，一个地理要素可能还嵌套其他要素。例如，林地中可能存在水塘和菜地等，多边形描述方式下，在林地的记录中将会嵌套水塘和菜地多边形记录。

空间数据的获取方式十分多样，其来源主要包括以下 4 个方面。

(1) 摄影测量与遥感：这两种技术是获取大范围空间数据的重要手段，已成为空间信息的关键来源。摄影测量侧重于获取测量对象的几何特性，而遥感基于航空、航天平台进行非接触式数据获取。通过这两种技术，可以获得立体影像，进而开展全数字化立体测图，以获取数字地面模型(Digital Elevation Model，DEM)、数字线划图(Digital Line Graph，DLG)或数字正射影像(Digital Orthophoto Map，DOM)等数字化测量数据。

(2) 全球导航卫星系统(Global Navigation Satellite System，GNSS)：作为先进的定位导航工具，该系统能够实时获取地球表面及其附近位置的准确三维坐标数据，采集地面位置数据与属性信息。它不仅是关键的数据源，还逐渐成为其他地球空间数据源的订正、校准参考。

(3) 理论推测与估算：在不能通过其他方法直接获取数据的情况下，常用有科学依据的理论来推测获取的数据。地质上常依据现代地理特征和过程规律去推测过去的各种数据。另外，对于亟须但难以直接获取的数据，通常采用估算方法。

(4) 集成数据：借助地理信息系统和计算机制图系统，可以快速、准确、有效地对已有空间数据进行合并、提取、布尔运算、过滤等操作，从而得到新空间数据。

以 GIS 为例，为了把空间数据充分利用起来，需要大数据技术、分布式技术、流数据的实时处理、空间大数据可视化技术等作为支撑。GIS 空间数据处理如图 1-5 所示。

图 1-5 GIS 空间数据处理

1.3.2 空间信息

定义 1.4 **空间信息**：现实实体或现象在信息世界中的映射。

空间信息具有定位、定性、表达时间和空间关系等特性。定位是指在已知的坐标系里空间目标具有唯一的空间位置；定性是指与目标地理位置有关的空间目标的自然属性；时间是指空间目标是随着时间的变化而变化；空间关系则通常用拓扑关系表示。空间信息所反映的特征包括自然界中的实体向人类传递的基本信息，其基本特征可从空间性、时间性、非语义性三方面进行理解。

(1) 空间性是空间信息区别于其他信息的核心特征，它表示了空间实体的地理位置、几何特性，以及实体间的拓扑关系。这种特征使得分析物体的位置和形态成为可能，同时也是处理和分析空间实体间相互关系的基础。

(2) 时间性指空间信息的空间特性和属性随时间变化的动态特征。空间和时间紧密相连，构成了客观事物存在的形式。考虑现实世界的动态性，可以将其建模为时变系统。因此，描述现实世界实体或现象的空间信息也必然随时间而动态变化。

(3) 语义是言语形式的内在意义，是现实世界事物代表的概念的含义。如果信息能够被认识和理解，并能够与具体的事物相对应，就说明信息具有语义性。在实际应用中，人们通常将表示实体位置的信息称为空间信息，将表示实体性质、特征等的属性信息独立保存。由于单独的位置坐标本身没有具体含义，因此从这个角度看，空间信息是非语义的。

根据信息获取的地理位置，空间信息可以分为航天、航空和航海空间信息。

(1) 航天空间信息是从航天器收集的数据中提炼而得，例如结合航天遥感与 GPS 可以高效获取地球的地形、气候、资源等信息。这些数据对于气象预报、自然灾害监测、环境保护等方面具有重要意义。同时，航天探测器的回传数据中也蕴含了相当一部分的地外空间信息，如行星表面图像、太空实验结果、行星大气组成等，此类信息将成为认知地外空间的关键。

(2) 航空空间信息主要承载在利用航空遥感技术获取的数据之中，包括地形、高程、资源分布、大气温度、湿度等多种空间信息，此类信息对于飞行安全、气象预报等具有重要意义。

(3) 航海空间信息则主要由海洋观测设备与导航系统产生，包括海洋构成、海洋环境与船舶定位信息等，它们对于海洋资源开发、环境保护、航线规划具有重要意义。

1.3.3 空间信息的价值意义

目前空间数据及其产生的信息已广泛应用于各个行业和部门，如城市规划、交通、银行、航空航天等。随着科学和社会的发展，人们越来越认识到空间数据及信息对社会经济的发展、生活水平的提高具有重要作用，这也加快了人们获取和应用空间数据和信息的步伐。

人类迈向信息社会，空间信息扮演的角色也越发重要。据联合国报告，人类生活中有85%以上的信息与空间信息相关，特别是那些具有全局性和战略性的重大问题，其信息化内容往往直接与空间信息相连，或间接依赖这些信息进行解决。因此，空间信息在国民经济和社会发展中占据了核心地位。据统计，中国信息领域的投资约有 30%为空间信息获取、加工处理及应用，这促使了一批国家级的地理数据库的建立，包括国家基础地理信息系统数据库，海洋信息相关的资源、环境、灾害等数据库，以及气候气象数据库、环境信息监测数据库、矿产资源数据库、土地利用数据库、土地资源数据库等。

空间信息产业化带来了显著的经济和社会效益。例如，车载或手持的定位、导航等地理位置信息服务就对空间信息有庞大的需求。资源调查与开发在准确空间信息的支持下能够有效降低成本，效率得到进一步提升。深空探测领域中主要依靠空间信息开展对地外空间的认知研究。此外，在国土安全、资源调查、灾害防治、气象监测、专题分析、决策支持、规划管理、数字城市、公共服务等领域，空间信息都得到了广泛的应用。

1.4 从现实世界到数字世界

数字世界是基于现实物理世界的发展，它并不是凭空想象的随意捏造，而是对现实世界的合理创造，是对各项现代信息技术的综合使用、系统集成的创造。

客观地描述复杂多变的现实世界是一个经久不衰的问题，概括来说，随着深度学习、大数据、云计算技术的发展和推动，现实世界变成数字世界，要经历 3 个过程。

(1) 第一个过程是数据收集，包括照片、音频、视频等信息的收集和存储；

(2) 第二个过程是数据分析，即对这些数据进行深度学习、人工智能分析和提取；

(3) 第三个过程是数字形象创建，将分析出来的数据用于创建数字形象。

1.4.1 现实世界与数字世界

早期人们对客观世界定性把握、定量刻画、抽象概括，形成方法和理论并进行应用。这一时期获取的空间信息量较小，通常使用人工方法进行文字描述或绘制成地图。随着数字化技术的快速发展，快速获取大量空间数据，并有效存储，以及分析利用越发成熟，数字化手段逐渐成为管理空间数据的主流方法。数字化技术能够对信息进行定性、定量的表达，解决了数据存储与检索的难题，不仅推动了生产力的提升，也给人们的生活、工作、学习和娱乐方式带来了巨大的变化，加速了由现实世界向数字世界的过渡。

信息是现实世界的抽象表达，源自现实世界。数字世界是现实世界数字化的抽象表达，可以理解为现实世界的虚拟副本。同时它也是现实世界的数字模型，能够模拟现实世界的部分特征。

数字世界不是对现实世界的完整再现。在建模的过程中，人们往往根据自己的需求和兴趣选择突出某些部分而忽略其他不重要的细节。同时，数字世界是以离散的方式表达现实世界中连续变化，不可避免地存在表达的完整性和精度的问题。尽管如此，数字世界作为社会发展的必然阶段，正在深刻地改变着人们的生活方式、经济模式和社会结构。

美国前副总统艾伯特·阿诺德·戈尔提出了数字地球的概念。“数字地球”就是数字化的地球，它是利用数字技术和方法将地球及其上的活动和环境的时空变化数据，按地球的坐标加以整理，存入全球分布的计算机中，从而构成的地球的数字模型。这一模型能够提供大量的信息和数据支持，为经济、政治和科学研究的全球战略提供有力的依据。

从现实世界到数字世界的跨越是一个复杂而充满挑战的过程。数字化技术的发展不仅为人们提供了更加便捷的工具和手段来认识和理解现实世界，也开启了一个全新的数字世界的大门。

1.4.2 转换模型

现实世界是复杂的，人们倾向于构建模型来简化和抽象现实世界的复杂系统，以深化对其内部结构和关系的理解。为了将现实世界的现象转换为数字世界中可处理的信息，需要基于现实世界的客观本质进行建模，并确保这一过程中不掺杂过多的主观因素。转换模型是描述现实世界中空间实体及其相互联系的核心概念，它为空间数据的组织、空间数据库模式的设计，以及空间信息的处理和应用提供了基础。考虑到现实世界中的各种空间现象和空间对象错综复杂，从空间认知和抽象的角度出发，现实世界到数字世界的转换模型主要可分为以下 3 种：要素模型、场模型和网络模型，如图 1-6 所示。

要素模型也被称为“对象模型”，如图 1-6(a)所示，它将连续地理空间中的地理现象和事件转换为不连续、可被观测、具有地理参考性的空间要素或实体。按照空间实体的空间特征可将其分为点、线、面、体基本对象，也可将这些基本对象组建成复杂对象。尽管对象是独立

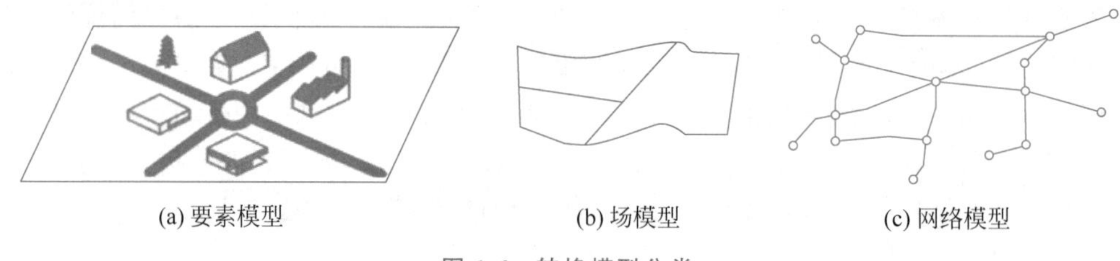

(a) 要素模型　　(b) 场模型　　(c) 网络模型

图 1-6　转换模型分类

的空间实体,但它们之间保持着特定的关系,如点、线、面、体之间的拓扑关系、度量关系,以及复杂对象与简单对象之间的组成关系、继承关系等。要素模型特别适用于对具有明确边界的地理现象进行抽象建模,如建筑物、道路、公共设施、管理区域等人文现象,以及湖泊、河流、岛屿、森林等自然现象。

场模型也被称为"域模型",如图 1-6(b)所示,它将地理空间中的现象作为连续分布的空间信息集合,适用于描述具有连续变化性的空间现象,如植被覆盖、污染程度、温度场分布等。根据不同的应用,场可以表现为二维或三维。场的分布可以表示为一个空间结构到属性域的数学函数,二维场是在二维空间中任意给定的一个空间位置上,都对应了表现某现象的属性值,即 $A=f(x,y)$。三维场的定义同样可以遵循类似方式。

网络模型如图 1-6(c)所示,该模型将现象抽象为链、节点等空间对象,同时也表达着对象间的连通关系。网络由欧氏空间中的若干点及它们之间相互连接的线(段)构成。现实世界中的许多地理事物和地理现象都可以构成网络,如道路、铁路、电线、通信线路、油气管道,以及自然界中的物质流和信息流等,都可以被表示成相应点之间的连线,进而构成现实世界中多种多样的网络。网络模型与要素模型在把空间现象或特征抽象成一系列不连续的节点和环链这一点上具有一定相似性,从本质上讲网络模型可以看作要素模型的一个特例,它由点对象和线对象之间的拓扑空间关系构成。不同之处在于,网络模型需要考虑通过路径连接多个地理现象时它们之间的连通性。网络模型中反映了现实世界中常见的多对多关系,在一定程度上支持数据重构,从而具有一定的数据独立性和共享性。

1.4.3　数字孪生系统

数字孪生是一种将现实世界中的物理实体、系统或过程通过数字化技术在虚拟数字世界中建立起虚拟模型的新技术,产生的数字孪生系统是一种基于数字化技术的模拟系统,它可以在数字世界中精确地模拟现实世界中的物理系统、过程和行为。数字孪生系统通常由 3 部分组成:数字模型、数据采集和分析与应用程序。

数字模型是数字孪生系统的核心。它是一个精确的、可视化的模拟系统,可以模拟现实世界中的物理系统、过程和行为。数字模型可以通过各种方法创建,例如使用计算机辅助设计软件、三维扫描技术等。数字模型的精度和准确性非常重要,因为它们直接影响到数字孪生系统的可靠性和实用性。

数据采集和分析是数字孪生系统的另一个关键组成部分。它可以通过各种传感器和数据采集设备收集现实世界中的数据,并将其与数字模型进行比较和分析。数据采集和分析可以帮助数字孪生系统更好地模拟现实世界中的物理系统和过程,并帮助用户更好地理解和预测现实世界中的行为和事件。

应用程序是数字孪生系统的最终目的。它可以基于数字模型和数据采集分析结果，为用户提供各种实用的功能和应用。例如，数字孪生系统可以用于模拟生产线，优化能源消耗，预测设备故障等。

数字孪生成熟度一般划分为“以虚仿实(L0)、以虚映实(L1)、以虚控实(L2)、以虚预实(L3)、以虚优实(L4)、虚实共生(L5)”6个等级。

(1) 零级(L0)：以虚仿实指利用数字孪生模型对物理实体描述和刻画，具有该能力的数字孪生处于成熟度等级的第零等级，满足此要求的实践和应用可归入广义数字孪生的概念范畴。

(2) 一级(L1)：以虚映实，指利用数字孪生模型实时复现物理实体的实时状态和变化过程，具有该能力的数字孪生处于成熟度等级的第一等级。

(3) 二级(L2)：以虚控实，指利用数字孪生模型间接控制物理实体的运行过程，具有该能力的数字孪生处于成熟度等级的第二等级。

(4) 三级(L3)：以虚预实，指利用数字孪生模型预测物理实体未来一段时间的运行过程和状态，具有该能力的数字孪生处于成熟度等级的第三等级。

(5) 四级(L4)：以虚优实，指利用数字孪生模型对物理实体进行优化，具有该能力的数字孪生处于成熟度等级的第四等级。

(6) 五级(L5)：虚实共生，作为数字孪生的理想目标，指物理实体和数字孪生模型在长时间的同步运行过程中，甚至是在全生命周期中，通过动态重构实现自主孪生，具有该能力的数字孪生处于成熟度等级的第五等级。

1.5 空间信息技术

空间信息技术是对空间信息进行获取、传输、处理、分析和表示的技术，涉及遥感遥测、定位导航、GIS和信息通信等多个专业领域。作为实现数字地球和智慧地球战略目标的重要支撑，空间信息技术在解决全球环境问题、推动经济和信息全球化、辅助国家战略决策、自然资源开发、城市规划管理、灾害预测与监控、工程设计、环境监测与治理、数字战场和自动化指挥等多个领域都有着广泛应用。

本教材将聚焦于空间信息的获取、传输和表示3大关键环节，重点讨论各环节所涉及的核心技术。遥感GNSS主要承担对广域空间信息的采集任务，遥感技术是信息提取的主力，GNSS为遥感信息提供准确坐标。GIS将这些信息整合、存储、分析并以易于理解的方式输出表达。而通信技术则作为空间信息传递的途径，确保这些空间信息能够被高效且准确地传输。以上3者的有机结合，成为支撑空间信息技术的骨干。

1.5.1 遥感技术

遥感技术于20世纪60年代兴起，利用安装于飞机、飞艇、卫星等平台上的现代光学、电子学探测仪器(称为传感器)，无须与目标物相接触，即可从远距离记录目标物的光学或电磁波特性。这些数据随后被转换为数字图像保存，以供进一步的分析和解读，通过分析这些图像，可以揭示出目标物体的特征、性质及其变化规律，从而对地面各种景物进行探测和识别。

1. 工作原理

地球上的每个物体都在不停地吸收、发射和反射信息和能量，其中一种已经被认识到的形式是电磁波。不同物体对电磁波的反射和发射特性具有差异，遥感技术利用这一性质，通过捕捉地表物体反射和发射的电磁波来提取信息。

此外，任何物体都具有光谱特性，即具有不同的吸收、反射、辐射光谱的性能。在同一光谱区的各种物体反映的情况不同，同一物体对不同光谱的反映也有明显差别。即使是同一物体，在不同的时间和地点，由于太阳光照射角度不同，它们反射和吸收的光谱也不同。遥感技术就是根据这些光谱特性，对物体作出判断，包括绿光、红光和红外光。绿光段一般用来探测地下水、岩石和土壤的特性；红光段探测植物生长、变化及水污染等；红外光段探测土地、矿产及资源。

2. 遥感分类

按常用的电磁谱段不同，分为可见光遥感、红外遥感、多谱段遥感、紫外遥感和微波遥感。

(1) 可见光遥感：应用比较广泛的一种遥感方式。波长为 0.4～0.7μm 的可见光的遥感一般采用感光胶片(图像遥感)或光电探测器作为感测元件。可见光摄影遥感具有较高的地面分辨率，但只能在晴朗的白昼使用。

(2) 红外遥感：又分为近红外或摄影红外遥感，波长为 0.7～1.5μm，用感光胶片直接感测；中红外遥感，波长为 1.5～5.5μm；远红外遥感，波长为 5.5～1000μm。中、远红外遥感通常用于遥感物体的辐射，具有昼夜工作的能力。常用的红外遥感器是光学机械扫描仪。

(3) 多谱段遥感：利用几个不同的谱段同时对同一地物(或地区)进行遥感，从而获得与各谱段相对应的各种信息。将不同谱段的遥感信息加以组合，可以获取更多的有关物体的信息，有利于判释和识别。常用的多谱段遥感器有多谱段相机和多光谱扫描仪。

(4) 紫外遥感：对波长为 0.3～0.4μm 的紫外光的主要遥感方法是紫外摄影。

(5) 微波遥感：对波长为 1～1000mm 的电磁波(即微波)的遥感。微波遥感具有昼夜工作能力，但空间分辨率低。雷达是典型的主动微波系统，常采用合成孔径雷达作为微波遥感器。

现代遥感技术的发展趋势是由紫外谱段逐渐向 X 射线和 γ 射线扩展。从单一的电磁波扩展到声波、引力波、地震波等多种波的综合。

3. 遥感系统

遥感技术主要包括信息的获取、传输、存储和处理等环节。完成上述功能的全套系统称为遥感系统，它一般由遥感器、遥感平台、信息传输设备、接收装置，以及图像处理设备等组成，如图 1-7 所示。遥感卫星具有遥感器、遥感平台、信息传输设备等功能。

遥感器是遥感系统的重要设备，主要用于获取空间信息，种类主要有照相机、电视摄像机、多光谱扫描仪、成像光谱仪、微波辐射计、合成孔径雷达等。传输设备用于将遥感信息从远距离平台(如卫星)传回地面站。信息处理设备包括彩色合成仪、图像判读仪和数字图像处理机等。

信息传输设备是飞行器与地面传递信息的工具。图像处理设备(见遥感信息处理)对地面接收到的遥感图像信息进行处理(几何校正、滤波等)，以获取反映地物性质和状态的信息。图像处理设备可分为模拟图像处理设备和数字图像处理设备两类，现代常用的是后一

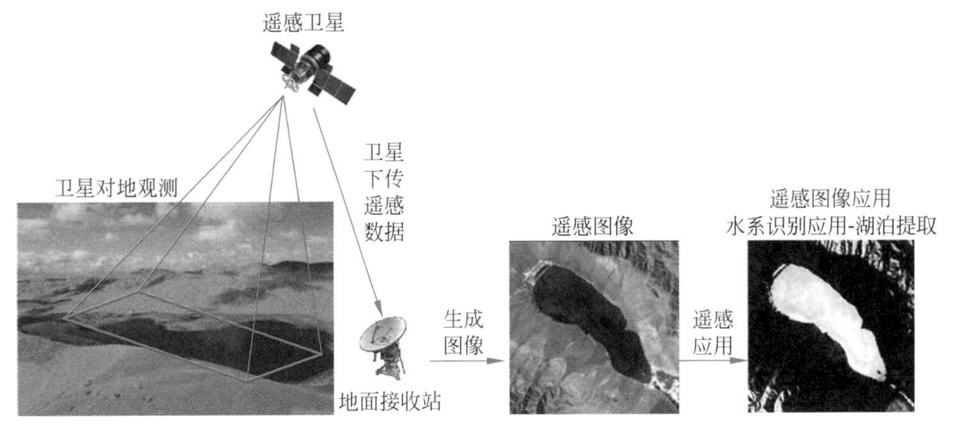

图 1-7 遥感系统组成

类。判读和成图设备是把经过处理的图像信息提供给判释人员直接判释，或进一步用光学仪器或计算机进行分析，找出特征，与典型地物特征进行比较，以识别目标。地面目标特征测试设备测试典型地物的波谱特征，为判释目标提供依据。

4. 遥感应用与发展

遥感技术广泛用于军事侦察、导弹预警、军事测绘、海洋监视、气象观测和互剂侦检等。在民用方面，遥感技术广泛用于地球资源普查、植被分类、土地利用规划、农作物病虫害和作物产量调查、环境污染监测、海洋研制、地震监测等。

遥感技术总的发展趋势是提高遥感器的分辨率和综合利用信息的能力，研制先进遥感器、信息传输和处理设备，实现遥感系统全天候工作和实时获取信息，以及增强遥感系统的抗干扰能力。

随着热红外成像、机载多极化合成孔径雷达和高分辨力表层穿透雷达和星载合成孔径雷达技术的日益成熟，遥感波谱域从最早的可见光向近红外、短波红外、热红外、微波方向发展，波谱域的扩展进一步适应各种物质反射、辐射波谱的特征峰值波长的宽域分布。

随着高空间分辨力新型传感器的应用，遥感图像空间分辨率从 1km、500m、250m、80m、30m、20m、10m、5m 发展到 1m，军事侦察卫星传感器可达到 15cm 或者更高的分辨率。高光谱遥感的发展，使遥感波段宽度从早期的 0.4μm(黑白摄影)、0.1μm(多光谱扫描)到 5nm(成像光谱仪)，遥感器波段宽，遥感器波段宽度窄化，针对性更强，可以突出特定地物反射峰值波长的微小差异；成像光谱仪等应用，提高了地物光谱分辨力，有利于区别各类物质在不同波段的光谱响应特性。

1.5.2 导航定位技术

导航定位技术是利用电、磁、光、力学等科学原理与方法，通过测量与空中飞机、海上舰船、大洋潜艇、陆地车辆、行动人流等运动物体在不同时刻与位置有关的参数，实现对运动体的定位，并正确地将其从出发点沿着预定的路线，安全、准确、经济地引导到目的地。

导航定位技术根据导航信息获取原理的不同，可分为无线电导航定位、卫星导航定位、天文导航定位、惯性导航定位、地形辅助导航定位、组合和综合导航定位等。如果运动体导航定位的数据仅依靠装在运动体自身上的导航设备就能获取，并且采用推算原理工作，则称为自备式或自主式导航定位，如惯性导航定位。假如需要依靠接收地面导航台或空中卫星等所发播的导航信息才能确定运动体位置，则称为他备式导航定位，无线电和卫星导航等均为典型的他备式导航定位。通常将能够完成一定导航定位任务的所有设备组合总称为导航定位系统。

1. 工作原理

导航定位原理主要有以下 3 种。

(1) 航位推算，或称推测航位。定位原理为从一个已知的位置点开始，根据运动体在该点的航向、航速和时间，推算出下一个位置点的位置。早期的电罗经、磁罗经、空速表、计程仪、航行钟等，是靠人工在图上作业来完成航位推算；现在大量使用的惯性导航系统，譬如多普勒导航雷达、声呐多普勒导航系统等，是利用测得的运动体速度(加速度)对时间进行积分并结合航向数据实现导航定位。自备式导航大多利用此原理。

(2) 无线电定位。运动体上的导航设备通过接收建在地球表面上的若干导航基准台或空中人造卫星上的导航信号，根据电磁波的传播特性，测量其传播时间、相位、频率与幅度，即可计算运动体相对于导航台的角度、距离、距离差等几何参数，从而建立起运动体与导航台的相对位置关系，进而获得运动体当前的位置。

(3) 地形辅助导航定位，又称地形匹配。定位原理为运动体(如飞机)在飞行前，将所要飞越地区的三维(立体)数字地形模型预先存储于地形辅助导航系统，飞行过程中通过将运动体上的气压高度(海拔高度)同雷达高度表测出的运动体到正下方地表的相对高度相减，获取所处位置的地形剖面图，进而将所存储地形模型与所测得地形剖面进行对比，匹配得到运动体所在空间位置。

2. GNSS

GNSS 是一种基于无线电测距和高精度授时的空基导航定位系统，它利用分布在地球外层空间的卫星网络，向用户提供全天候的三维坐标、速度和时间信息。这项技术集成原子时钟、微电子、数字通信，以及计算机领域的最新成果，构建了一个覆盖全球的大地测量系统。它依靠与地球外层空间均匀分布的 24 颗卫星中的 4 颗及以上的卫星联络，从而自动分辨出测试仪器与各卫星之间的实时距离，并通过实时计算得到待测点的位置坐标数据。GNSS 的导航定位原理如图 1-8 所示。

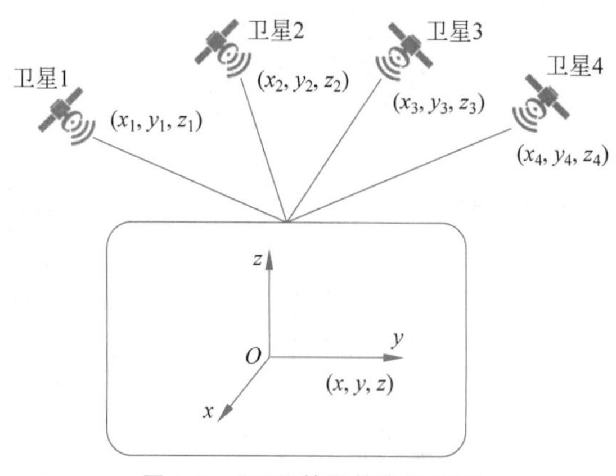

图 1-8　GNSS 的导航定位原理

经过近 20 年的发展，导航定位系统的测试精度已达到米数量级，仪器设备也日趋小型轻便化。目前 GNSS 主要由 4 个系统主导：中国的 BDS、美国的 GPS、俄罗斯的 GLONASS 和欧洲的 GALILEO。所测得的数据不仅可以用于对遥感影像数据进行准确的定位与校正，还可以直接用于对各种地物(包括汽车、飞机等移动物体)进行实时的精准定位，以向地理信息系统提供准确的数据。全球和区域卫星导航系统如图 1-9 所示。

图 1-9　全球和区域卫星导航系统

注：准天顶卫星系统(Quasi-Zenith Satellite System，QZSS)；印度区域导航卫星系统(Indian Regional Navigation Satellite System，IRNSS)

3. GIS

GIS 的起源可以追溯到 20 世纪 60 年代，美国加利福尼亚大学的罗杰·汤姆林森首次提出了这一概念。GIS 是一种专门用于分析和处理空间信息的技术，其工作流程如图 1-10 所示。GIS 的基本思想是将地理信息看作一种可以描述和表达地球表面空间位置和特征的数字化数据，从而通过分析处理这些数据，以地图、图表、文字等形式对地理信息进行展示和分析。该技术核心优势在于整合计算机技术和数据库管理方法，使地理信息的采集、存储、处理和分析变得高效且精确，从而能够为各种空间决策提供数据支持和信息服务。

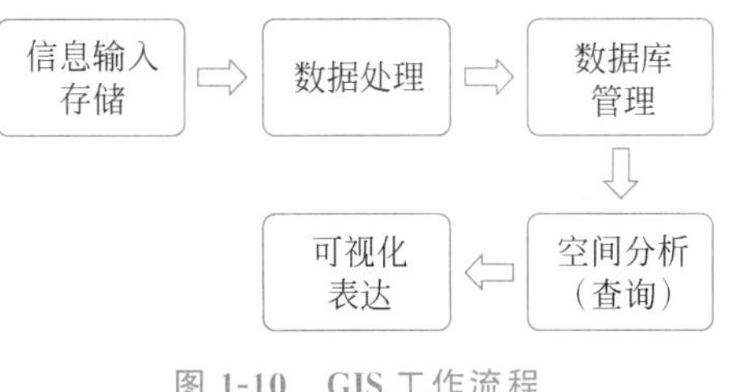

图 1-10　GIS 工作流程

GIS 主要包括数据存储与管理、数据转换与处理、空间分析、可视化表达、决策支持、实时监测、制图、辅助决策、空间查询与分析等功能。GIS 已逐步融入信息技术的主流，成为 IT 产业的重要组成部分。随着社会对空间信息需求的快速增长，GIS 逐渐从专业领域走向大众，例如，谷歌地球的广泛应用和位置信息服务的普及都是 GIS 大众化的生动例证。

1.5.3　通信技术

通信技术广义上是指通过各种媒介和技术手段，在信源与信宿之间进行信息传送、交换和处理的技术。在空间信息技术中，通信技术扮演着至关重要的角色，它好比人体系统中的血管，为信息的传输构建了“高速路”，使空间信息得以在整体技术架构中的各个关键组成部分间进行有效且可靠的传输。

本教材将重点探讨与空间信息技术密切相关的通信技术，包括深空通信、天基通信、空基通信、陆基通信、海基通信等。空间通信的组成如图 1-11 所示。

深空通信是指在宇宙中进行的通信活动，例如与地球之外的行星、卫星或空间探测器之间的通信。深空通信因通信距离长、运动速度快，面临着深衰落、大多普勒和高时延的挑战。为了应对这些挑战，深空通信系统通常采用高功率的发射器和高灵敏度的接收器，以及复杂的编码和纠错技术。

天基通信指利用人造卫星作为中继或基站进行的通信，基本流程为用户终端通过地面站(或直接)发送信号到卫星，卫星将接收信号转发给另一地面站(或直接)传送给目标用户终端。按照轨道高度不同，天基卫星通信系统可以分为低地球轨道(Low Earth Orbit，LEO)卫星、中地球轨道(Medium Earth Orbit，MEO)卫星和地球同步轨道(Geosynchronous

Earth Orbit,GSO)卫星通信系统。空基轨道示意如图 1-12 所示。

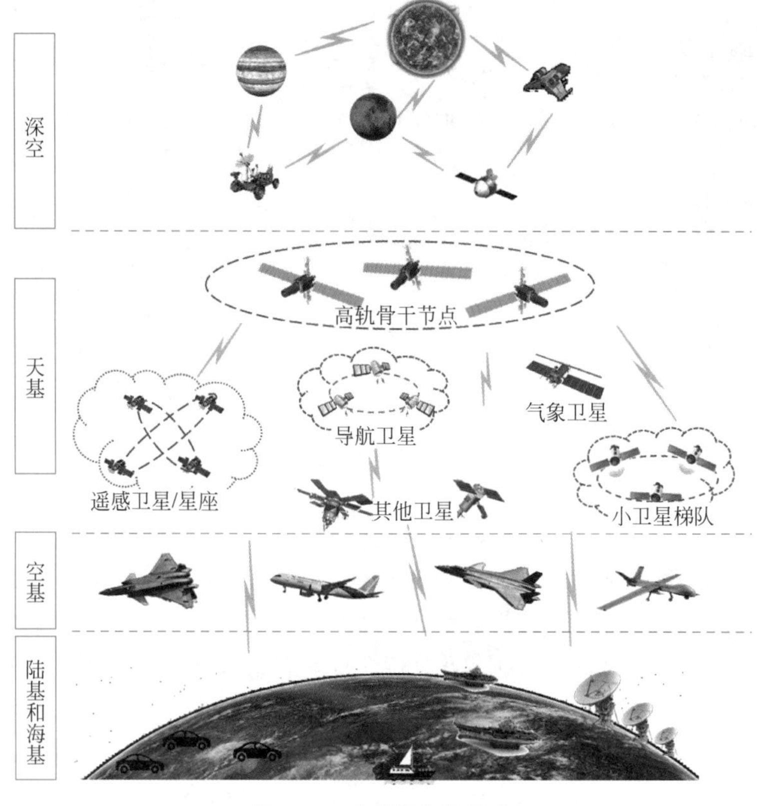

图 1-11 空间通信的组成

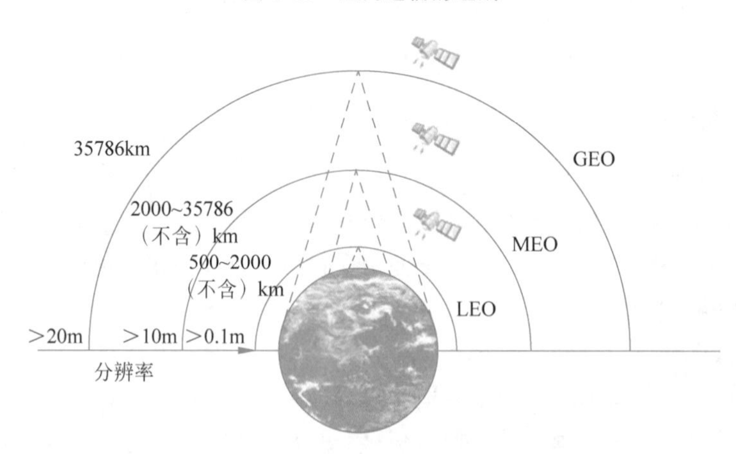

图 1-12 空基轨道示意

GSO 卫星通信系统也被称为高轨卫星通信系统,其轨道高度为 35786km,卫星运动方向与地球自转方向相同,运行周期为一个恒星日(23h 56min 4s)。地球静止轨道(Geostationary Earth Orbit,GEO)卫星通信系统作为此类系统的特例,其轨道面与地球赤道面重合,从地面上看卫星在空中是静止不动的。在 GEO 上布设 3 颗通信卫星,即可实现除两极外的全球通信。高轨通信卫星每一跳(终端-卫星-终端)通信传输时延约为 0.27s。

中轨卫星通信系统中卫星距地面高度为 2000~35786(不含)km,单星覆盖范围大于低轨通信卫星，是建立全球或区域卫星通信系统的较优解决方案。主要有 Odyssey(奥德赛)、MAGSS-14 和 BDS 部分卫星等，MEO 兼具 GEO 和 LEO 的优点，可实现全球覆盖和更有效的频率复用，但是需要大量部署，组网技术和控制切换等比较复杂。

低轨卫星通信系统中卫星距地面高度为 500～2000(不含)km，系统通常由分布在若干轨道平面上的卫星构成，卫星形成的覆盖区域在地面快速移动，轨道周期通常在 2h 左右。目前主流的低轨卫星大多位于 1000～1400km，其通信传输时延一跳约为 0.007s，考虑到其他方面时延影响也可以做到 0.05s 以内，与地面光纤网络的时延相当。

高轨卫星通信一般针对特定区域，可以为人口密集区域提供更大通信容量，对于流媒体等对时延不敏感的应用，高轨卫星的效率高，但其劣势在于覆盖范围有限，例如高纬度地区和极地，同时通信时延较长，为 0.5～0.7s。低轨卫星的优势是无处不在的覆盖范围和更低的时延，能更有效地与地面系统集成。而劣势是在人口密度高的地方，没有足够的通信容量，又由于落地政策障碍和用户分布等问题，在很多地方是“空转”的，不能满负荷工作，卫星利用率较低。

空基通信包括散射通信和距离地面 20km 以下的航空通信。航空通信包括无人机、飞艇、飞机间，以及和陆地海洋实体间的无线通信。散射通信是指利用空中介质不均匀性而实现的超视距通信。空中介质的不均匀使散射通信对电磁波具有散射作用，发射机辐射的电磁波将被介质向不同方向散射，进而通过位于超视距的高灵敏度接收机接收散射来的微弱电磁波，从而实现信息传输。根据散射介质不同可以分为对流层散射通信、电离层散射通信和流星余迹通信等。高空散射通信传输距离远，保密性强且具有一定抗毁性，特别适用于应急与军事通信。

海基通信包括海上通信和海下通信，而海下通信又包括水声通信、激光通信、光缆通信等。海上通信是指通过无线电波、卫星信号等手段，在海洋环境中进行的通信活动，包括船舶间通信、船舶与陆地通信等。水上通信面临着海浪、多路径传播等挑战。为了应对这些挑战，海上通信系统通常采用船舶卫星通信、海岸基站、船舶间的短程通信设备等。水声通信是指在水下环境中进行的通信活动，尽管面临水声传播损耗大、多径传播等挑战，但通过采用低频率、大功率的发射器和灵敏度高的接收器，以及先进的信号处理技术，仍能实现高效、稳定的水下通信，在海底勘探、水下监测、水下导航等场景广泛应用。

1.5.4 空间信息技术的应用

空间信息技术作为当代科技的重要分支，已经深入科学研究、生产生活的各个层面，成为现代社会不可或缺的一部分。人们的各项活动都离不开时间和空间，空间信息技术被广泛地应用于资源管理与整治、土地管理、农业管理、农田生产、防灾减灾、城乡建设、交通运输，以及智能化生活等涉及国计民生的各个领域。

空间信息技术在数字地球、智慧城市和精准农业等领域都有广泛的应用。在数字地球方面，地理信息系统被用于地图制作、空间分析和可视化，卫星遥感技术被用于地质勘探、环境监测和灾害管理。GPS 支持交通导航、物流管理等。在智慧城市中，基础设施管理利用传感器和监测设备进行数据收集，用于交通管理、能源消耗监测和垃圾处理。城市规划则利用 GIS 和三维建模技术优化城市布局和交通流动。公共安全方面，监控摄像头和人脸识别技术提高了城市安全性。在精准农业方面，农业遥感技术监测作物生长情况、土壤质量等，农业物联网通过传感器实现精准灌溉和施肥，农业决策支持系统为农民提供种植管理建议，优化农业生产流程。这些应用使空间信息技术在各个领域发挥着重要作用，促进了城市管理、农业生产等方面的效率提升和可持续发展。

章节习题

1-1 人类航天活动的起源可以追溯到哪个历史时期？

A）古代　　B）文艺复兴时期

C）20 世纪初　　D）明朝时期

1-2 以下哪个事件标志着人类正式进入了太空时代？

A）美国热气球飞行　　B）俄罗斯发射 Sputnik 1

C）20 世纪初莱特兄弟的飞行实验　　D）中国万户飞天的典故

1-3 美国太空探索技术公司的星链计划的目标是什么？

A）发射全球气象卫星　　B）构建全球卫星移动通信系统

C）探索外星空间　　D）研发月球基地

1-4 以下哪种信息属于航天空间信息？

A）海洋环境数据　　B）行星地表图像

C）地形测量数据　　D）飞行器上的气象数据

1-5 空间数据具有哪些基本特征？（可多选）

A）空间特征　　B）属性特征　　C）时间特征　　D）天气特征

1-6 以下哪种方式属于间接空间数据获取？

A）摄影测量　　B）野外实测数据

C）地图数字化　　D）卫星遥感

1-7 现实世界与数字世界的关系可以被描述为：

A）相互独立，数字世界的存在并不受现实世界的影响。

B）相互转换，数字世界是对现实世界的一种抽象和转换。

C）数字世界是现实世界的镜像，完全反映了现实世界的一切。

D）数字世界是现实世界的替代，人们逐渐放弃与现实世界的联系。

1-8 空间信息技术中的“3S”技术不包括以下哪个？

A）遥感技术(RS)　　B）全球导航定位系统(GNSS)

C）地理信息系统(GIS)　　D）全球气象系统(GMS)

1-9 地理信息系统(GIS)的基本功能中，以下哪项不属于其功能？

A）数据采集与输入　　B）数据存储与管理

C）数据传输与共享　　D）空间分析

1-10 全球导航卫星系统(GNSS)目前主要包括哪些系统？

A）北斗导航系统(BDS)　　B）全球定位系统(GPS)

C）格洛纳斯导航系统(GLONASS)　　D）伽利略导航系统(GALILEO)

1-11 简述宇宙空间的组成，以及从航空、航天、航海 3 个角度阐述如何进行空间信息的观测。

1-12 数据、信息、知识和智慧的关系是什么？大数据有何特征？

1-13 空间信息的基本特征如何理解，航空、航天和航海的空间信息特征分别是什么？

1-14 现实世界如何转换成数字世界？转换模型有几种，简述其原理。

1-15 数字孪生系统的成熟度可分为几个等级，每个等级的特征是什么？

1-16 分别从电磁波和光学角度，简述卫星遥感探测的原理。

1-17 卫星导航系统目前主要有几种，不同系统的差异主要在哪里？

1-18 空间通信的组成有哪些，简述不同空间通信的特征，以及采用的技术。

1-19 简述 GIS 的系统组成和工作原理。

1-20 天基通信按照轨道差异可以分为几种类型？简述不同轨道的卫星通信的特征及目前发展现状。

习题解答

1-1 解：D

1-2 解：B

1-3 解：B

1-4 解：B

1-5 解：ABC

1-6 解：C

1-7 解：B

1-8 解：D

1-9 解：C

1-10 解：ABCD

1-11 解：宇宙空间的组成包括空间、时间，以及其中的所有物质和能量形式。

航空领域利用飞行器如热气球、飞艇、飞机等进行空中观测。通过航空观测，可以获取大气层内部的气象数据、空气质量情况等信息；航天领域则利用航天器和卫星等载具进行空间观测。航天观测可以绕过地球大气层的影响，获取更清晰和准确的宇宙空间信息，如宇宙微波背景辐射、星系结构等；航海领域则通过海上、空中或地面站点进行空间观测。航海观测主要集中在地球表面的海洋和近海区域，也可应用于一些特定的空间观测。

1-12 解：数据通过加工和组织变成信息，信息通过理解和整合变成知识，知识通过应用和创新发展成智慧；大数据的特征主要包括数据量大、多样性、速度快、价值密度低、真实性和准确性挑战。

1-13 解：空间信息具有定位、定性、表达时间和空间关系等特性：定位是指在已知的坐标系里空间目标具有唯一的空间位置；定性是指与目标地理位置有关的空间目标的自然属性；时间是指空间目标是随着时间的变化而变化的；空间关系则通常用拓扑关系表示。航空空间信息通常涉及大气层以上的空间，包括高空气象、飞行轨迹、空中交通管制等；航天空间信息涉及宇宙空间中的各种天体、星系、星云等，以及与之相关的物理现象和过程；航海空间信息主要涉及海洋空间及其周边环境，包括海洋地理、海洋气象、海洋生物等。

1-14 解：现实世界向数字世界的转换是通过一系列技术手段和方法将现实世界中的物理现象、事件、对象等信息进行数字化处理，以便存储、管理、分析和应用。转换模型主要有以下几种类型：要素模型，也称为对象模型，是将现实世界中的地理现象和事件转换为离散的、具有地理参考性的空间要素或实体。例如，将建筑物、道路、河流等地理现象抽象为点、线、面等要素对象，并建立它们之间的拓扑关系和属性信息。场模型，也称为域模型，是将现实世界中连续分布的空间现象抽象为具有空间分布的属性域。例如，将气象数据、污染数据等连续变化的空间现象表示为二维或三维场，以便进行空间分析和可视化。网格模型将现实世界中的地理现象抽象为空间网络结构，表达对象之间的连通关系。例如，将道路、铁路、电力网等抽象为点和线构成的网络模型，以支持路径分析、网络优化等空间分析操作。

1-15 解：

零级(L0)：以虚仿实。数字孪生系统能够描述和刻画物理实体，但仅限于静态的模拟，不能实时反映物理实体的状态和变化过程。

一级(L1)：以虚映实。数字孪生系统具备实时性，能够实时复现物理实体的状态和变化过程，但仍然是单向的，无法对物理实体进行控制。

二级(L2)：以虚控实。数字孪生系统具有控制能力，可以通过数字孪生模型间接控制物理实体的运行过程，实现对物理实体的一定程度控制。

三级(L3)：以虚预实。数字孪生系统具备预测能力，能够预测物理实体未来一段时间的运行过程和状态，提供了对物理世界更深层次的理解能力。

四级(L4)：以虚优实。数字孪生系统能够优化物理实体的运行状态，通过数字孪生模型对物理实体进行优化，提高了系统的效率和性能。

五级(L5)：虚实共生。作为数字孪生的理想目标，物理实体和数字孪生模型在长时间的同步运行过程中，甚至是在全生命周期中通过动态重构实现自主孪生，实现了物理实体和数字模型的完全共生，提供了全面的智能化支持。

1-16 解：从电磁波角度来看，卫星遥感探测的原理是利用地球上的物体对电磁波的反射、辐射和吸收特性；从光学角度来看，卫星遥感探测的原理是基于物体对可见光和红外光的反射特性。

1-17 解：目前主要的卫星导航系统包括 GPS、俄罗斯的 GLONASS、中国的 BDS 和欧洲的 GALILEO。这些系统在技术实现、覆盖范围、精度、可用性等方面存在一些差异。GPS 由美国建立和维护，具有覆盖全球的优势，能够提供高精度的位置、速度和时间信息；GLONASS 是俄罗斯建立和运营的卫星导航系统，提供全球范围内的定位和导航服务，与 GPS 一样，使用了时间差测量和三角定位原理，但具有不同的卫星轨道和频率；BDS 由中国自主研发建设，旨在为全球用户提供定位、导航和授时服务，具有一定的独立性和兼容性；GALILEO 是欧洲独立建立的卫星导航系统，它采用了更多的卫星和更复杂的信号结构，能够提供更精准和可靠的定位和导航服务。

1-18 解：

空间通信的组成包括深空通信、天基通信、空基通信、海基通信和水基通信等。

深空通信：主要用于与地球以外的行星、卫星或空间探测器进行通信，通信距离长，运动速度快，面临深衰落、大多普勒效应和高时延等挑战。采用高功率发射器、高灵敏度接收器、复杂的编码和纠错技术来应对信号衰落和时延问题。

天基通信：通过人造卫星作为中继或基站进行的通信，按照卫星轨道高度不同可分为低地球轨道（LEO）、中地球轨道（MEO）、地球同步轨道（GSO）卫星通信系统。LEO卫星通信系统具有较低的时延和更快的传输速度；MEO卫星通信系统的单星覆盖范围大于LEO卫星通信系统，是建立全球或区域卫星通信系统的较优解决方案，但是需要大量部署，组网技术和控制切换等比较复杂；GSO卫星通信系统具有广泛的区域覆盖，一般针对特定区域效率高，但其劣势在于覆盖范围有限，同时通信时延较长。需要考虑采用轨道选择、多星组网、卫星切换控制等技术。

空基通信：包括航空通信和散射通信。航空通信在无人机、飞艇、飞机和地面之间实现无线通信，散射通信利用空中介质的不均匀性实现超视距通信。航空通信采用无线通信技术，散射通信则包括对流层散射、电离层散射和流星余迹通信，适用于远距离、高保密性和抗毁性要求的场景，比如军事通信。

海基通信：包括海上通信和海下通信。海上通信用于船舶间以及船舶与陆地的通信，面临多路径传播的挑战。海下通信面临水声传播损耗和多径传播问题，常用于水下环境中的通信。海上通信采用船舶卫星通信、短程通信设备。海下通信则采用低频率、大功率发射器和高灵敏度接收器结合先进的信号处理技术来保持稳定。

1-19 解：GIS是一种用于捕获、存储、管理、分析和展示地理空间数据的技术。其系统组成包括数据、软件、硬件和人员。其工作原理如下。

（1）数据采集：GIS首先需要采集地理空间数据，包括野外调查、遥感获取、GPS定位等方式获取地理数据，并将其转换为数字形式。

（2）数据存储：采集到的地理数据需要存储在计算机或服务器上，通常采用数据库管理系统（Database Management System，DBMS）来管理地理空间数据，如Oracle Spatial、PostGIS等。

（3）数据处理：GIS软件对存储的地理数据进行处理和分析，包括地理空间数据的编辑、投影变换、空间分析、空间查询等操作。

（4）数据可视化：GIS通过地图、图表、三维模型等形式将处理后的地理数据可视化展示，帮助用户直观理解地理空间信息。

（5）数据应用：GIS的数据和分析结果可以应用于各种领域，如城市规划、资源管理、环境监测、应急响应等，为决策提供支持和参考。

1-20 解：根据轨道差异，天基通信可以分为3种类型：LEO卫星通信、MEO卫星通信和GSO卫星通信。

（1）LEO卫星通信：卫星位于地球表面之上，高度一般在500～2000（不含）km。运行速度较快，覆盖范围较小，但传输时延较低，一般在7ms左右，因此具有较低的时延特性。目前，LEO卫星通信的应用正在迅速发展，例如Starlink（由SpaceX公司提供）和OneWeb等项目，这些项目旨在建立全球性的卫星互联网服务，以提供高速互联网接入能力。

（2）MEO卫星通信：卫星位于地球表面之上，高度一般在2000～35786（不含）km。这些卫星覆盖范围大于LEO卫星，但传输时延相对较低，通常在50ms以内。目前，一些卫星导航系统如 BDS 中的部分卫星，以及 Odyssey、MAGSS-14 等项目属于 MEO 卫星通信系统。

(3) GSO 卫星通信：卫星位于地球同步轨道，高度约为 35786km，卫星运动速度与地球自转速度相匹配。其中 GEO 卫星通信系统应用广泛，从地面上看卫星呈静止状态。这些卫星覆盖范围广，但传输时延较高，通常在 270ms 左右。GEO 卫星通信系统可以提供特定区域的大容量通信服务，特别适用于对通信时延不敏感的应用，如流媒体等。然而，由于其无法覆盖高纬度地区和极地，以及传输时延较高等限制，目前 GEO 卫星通信系统的发展相对有限。

参考文献

[1] 中央网络安全和信息化委员会."十四五"国家信息化规划[EB].(2021-12)[2024-05-30]. https://www.cac.gov.cn/2021-12/27/c_1642205314518676.htm.

[2] 新华社.中共中央 国务院印发《数字中国建设整体布局规划》[EB/OL].(2023-02-27)[2024-05-30]. https://www.gov.cn/zhengce/2023-02/27/content_5743484.htm?eqid=9d91c05100112f9200000004646d6f55.

[3] 刘弘一."极目"出征 科考珠峰[N].中国知识产权报，2023-01-04(9).

[4] 陈瑜."蛟龙"下潜 7062 米 再创新纪录[N].科技日报，2012-06-28.

[5] 孟令奎.网络地理信息系统原理与技术[M].北京：科学出版社，2010.

[6] 边馥苓.空间信息导论[M].北京：科学出版社，2014.

[7] 周艳，何彬彬.空间信息导论[M].北京：科学出版社，2020.

[8] 张康聪，陈健飞.地理信息系统导论[M].8 版.北京：科学出版社，2016.

[9] 闵士权，刘光明，陈兵，等.天地一体化信息网络[M].北京：电子工业出版社，2020.

[10] 吴国平，李闽.数字地球导论[M].南京：南京大学出版社，2018.

[11] 申志伟，张尼，王翔，等.卫星互联网[M].北京：电子工业出版社，2021.

[12] 赵和平，何熊文，刘崇华，等.空间数据系统[M].北京：北京理工大学出版社，2018.

[13] 李劲东.卫星遥感技术[M].北京：北京理工大学出版社，2018.

[14] 孙泽洲.深空探测技术[M].北京：北京理工大学出版社，2018.

[15] 张庆君，郭坚.空间数据系统[M].北京：中国科学技术出版社，2016.

[16] 闵士权.卫星通信系统工程设计与应用[M].北京：电子工业出版社，2015.

[17] 刘少亭.现代信息网[M].北京：人民邮电出版社，2000.

[18] 张乃通.卫星移动通信系统[M].北京：电子工业出版社，2000.

第2章 航空航天航海导论

CHAPTER 2

在人类漫长的历史长河中，对拓展活动空间的渴望一直是推动文明进步的动力之一。航空、航天和航海作为人类勇攀高峰的工具和手段，承载着人类对自身极限的不懈追求。航空是针对太空和陆地之间的领域而言，专指在地球大气层中的飞行活动。从事飞行活动的飞行器也称航空器，分为轻于空气的航空器和重于空气的航空器两类。前者如气球、飞艇等，利用空气静浮力升空；后者如飞机、直升机等，则利用空气动力升空。航天又称空间飞行、太空飞行、宇宙航行或航天飞行，是指进入、探索、开发和利用太空(即地球大气层以外的宇宙空间，又称外层空间)，以及地球以外天体各种活动的总称。航海针对海洋，聚焦船舶如何在一条理想的航线上，从某一地点安全而经济地航行到另一地点的理论、方法和艺术，其中最重要的一个方向就是航海信息技术，主要涉及船舶航行信息系统、航海雷达系统、自动识别系统、GPS、船岸通信系统等方面的知识和技术。

本章将分别从航空、航天与航海的基本概念与发展历史出发，详细介绍这3个领域的核心知识、发展历史和关键技术。

2.1 航空理论及发展史

航空理论的发展是人类征服天空、实现飞行梦想的科学基石。它从古人对飞鸟的观察开始，经过上千年的探索和实验，逐步演化为一门成熟的科学。本节将对航空理论及其发展史做一个概述。

2.1.1 基本概念与分类

定义2.1 **航空**：载人或不载人的飞行器在地球大气层中的航行活动。

航空领域可以大致分为军用航空和民用航空两个主要分支。

军用航空，主要服务于军事目的，涵盖了各种与战争和国防相关的航空活动。这包括但不限于空中作战、侦察敌情、物资运输、边境警戒、军事训练，以及联络和救生行动等。

民用航空，则是指利用各类航空器进行的非军事性飞行活动，它们的主要目标是服务于国民经济。包括商业性客货(邮)运输、地质勘探、遥感遥测、公安执法、气象观测、环保监测、紧急救护、通勤飞行，以及体育和观光游览等多个方面。民用航空种类繁多，对国民经济和社会发展起到了重要的支撑作用。

2.1.2 发展史

自古以来，人类渴望飞翔于天空，尽管早期技术受限，但探索与尝试从未停止。中国古代风筝和欧洲中世纪羽毛翅膀的发明，都为日后的飞行器设计提供了灵感。直至18世纪工业革命，热气球和飞艇的发明，才使人类飞翔之梦成真。

1. 载人飞机的发展史

20世纪初期，航空进入了飞速的发展时期，取得了非常辉煌的成就。1900—1903年，美国的莱特兄弟制作了200多个不同形状的机翼模型，进行了上千次的风洞试验，最终发现了增加升力的原理，认识到可通过偏转舵面来实现飞机的平衡、上升和转弯，从而基本解决了飞机的操纵稳定问题，奠定了飞机飞行原理的理论基础。1903年12月17日，弟弟奥维尔·莱特驾驶“飞行者1号”进行了试飞，在接近1min的时间里飞行了260m的距离。飞行者1号如图2-1所示。这是人类历史上第一次持续而有控制的动力飞行，莱特兄弟的名字从此永远同飞机联系在一起。

图2-1 飞行者1号

1906年，巴西人阿尔贝托·桑托斯·杜蒙设计制造的“14比斯”盒式双翼机在巴黎飞行成功，被官方承认为“欧洲首次持续、有动力、可操纵的飞行”，在其中一次飞行时创造的37.36km/h的时速，还被新成立的国际航空联合会记为第一项飞行速度世界纪录。1907年，法国的路易·布雷盖兄弟与里歇共同研制完成名为“陀螺飞机1号”的直升机，试飞时离地仅1.4m。同年，保罗·科尔尼也研制出一款载人直升机，试飞时离地高度30cm，但悬停了20s，该机无操纵功能。

1909年，旅美华侨冯如(1884—1912年)设计制造的“冯如1号”飞机成功飞上蓝天。1911年2月，冯如回到祖国，投身辛亥革命。1912年8月25日，冯如在飞行表演中不幸牺牲，年仅28岁。冯如被尊为“中国首创飞行大家”和“中国航空之父”。中国航空界将1909年定为中国现代航空元年。

1910年3月，法国人亨利·法布尔设计的浮筒式水上飞机首次试飞，为航空器增添了一种新的类型。同年7月，中国人谭根研制成功水上飞机，并在芝加哥万国飞机比赛中获奖。1911年，美国寇蒂斯研制成功世界第一架实用型水上飞机，实现在舰船上着舰。同年，飞机被意大利远征军用于空中侦察，而墨西哥内战革命军雇佣美国飞行员埃文兰伯，驾驶“寇蒂斯”式飞机(如图2-2所示)，与政府军的一架侦察机在空中用手枪互射，开创了空战先例。同年11月，在意土战争中，意大利空军首次从飞机上向敌方地面投掷榴弹，为空中轰炸的发端。

1914年，美国佛罗里达州开辟了一条飞越海湾、连通圣彼得斯堡和坦帕的旅游航线，飞

图 2-2 “寇蒂斯”式飞机

机被首次用于定期商业客运。

1919 年,巴黎—布鲁塞尔航线开通,使用法尔芒公司由轰炸机改造的 16 座飞机,成为世界首条国际商业客运航线。1936 年,德国人福克·沃尔夫成功试飞了载人直升机 FW-61,被公认为世界首架技术成熟的直升机。

1937 年,英国弗兰克·惠特尔研制出世界首台离心式压气机涡轮喷气发动机(压气机由后面的燃气涡轮带动,故称涡轮喷气发动机,简称涡喷)。1938 年,德国人汉斯·冯·奥海因研制成功轴流-离心组合式压气机 HeS3 涡喷发动机。同年,英国人鲍恩研制出一种小型雷达,安装在“安森”号飞机上(如图 2-3 所示);这是世界上第一种安装雷达的飞机。1939 年,配装 HeS3 发动机的 He178 飞机完成首次飞行试验,开启了人类航空的喷气时代。

图 2-3 “安森”号飞机

1947 年 10 月 14 日,贝尔公司研制的以火箭发动机为动力的 X-1 研究机由 B-29 飞机带到空中投放,查尔斯·耶格尔上尉驾驶 X-1 机在 12800m 高空首次突破声障,速度达到马赫数 1.015(1078km/h),由此,航空进入超声速时代。

1956 年 9 月 27 日,由美国贝尔飞机公司研制的 X-2 验证机在试飞中速度达到马赫数 3.196,首次突破热障,创造这一记录的试飞员是梅尔本·阿普特。热障是指飞机在稠密大气中作超声速飞行时,因气动加热所带来的结构、材料的强度下降甚至性能破坏问题,一般将马赫数 2.5 作为热障的界线,突破热障的代表机型有苏联米格-25 战斗机和美国 RS-71 战略侦察机。

1958 年投入航线运营的波音 707 飞机,由于采用了多项新技术,其性能优良,单座运营成本甚至低于螺旋桨飞机,成为最成功的喷气式客机;它的成功标志着世界民航运输业进入全球化、大众化新时期。

1969 年，英国研制的 AV-8“鹞”式垂直起降飞机开始服役，是世界上第一种实用的垂直起降战斗机。

近年来，除了无人机技术取得了巨大突破外，众多先进飞行器的诞生也让航空领域迎来了空前的繁荣。2007 年，空中客车 550 座级的 A380 投入使用，取代 B747 成为全球载客量最大的客机，该机是首架真正意义上的双层客机，经济性优异。2010 年，美国波音公司研制的“轨道试验飞行器”，完成历时 7 个多月的首次在轨试验任务。该机由火箭发射进入太空，是第一架既能在地球卫星轨道上飞行，又能进入大气层的飞行器，结束任务后能自动返回地面，被认为是未来太空战斗机的雏形。2017 年我国 C919 大型客机研制成功，代表着中国具备了自主研制世界一流大型客机的能力。C919 大型客机在多个技术领域均表现出领先地位。首先是其先进的气动设计，采用了翼梢小翼和高展弦比翼型的设计，以及复合材料制造的翼面，使飞机在飞行过程中具有更低的阻力和更高的燃油效率。其次，C919 的航电系统也采用了全球最先进的技术，包括飞行控制系统、导航系统、通信系统等，使飞机具备了高度自动化的飞行能力。

2. 无人机的发展史

在飞机的基础上，无人机(Unmanned Aerial Vehicle，UAV)技术应运而生。从发展历史来看，无人机技术经历了起源期、萌芽期、发展期和蓬勃期。

无人机起源于 20 世纪初期，一战期间，英国的两位将军向英国军事航空学会提出一项建议：研制一种用无线电操控的而不用人驾驶的小型飞机，使它能够飞到敌方某一目标区上空，将事先装在小飞机上的炸弹投下去。这种大胆的设想立即得到当时英国军事航空学会理事长戴·亨德森爵士赏识，并进行了保密的“AT 计划”。1917 年 3 月，世界上第一架无人驾驶飞机在英国皇家飞行训练学校进行了第一次飞行试验，但刚起飞不久便坠毁。后来又研制出第二架无人机进行试验，但空中熄火失去动力的无人机栽进人群。“AT 计划”就此画上了句号。同年，美国皮特·库柏和埃尔默·A. 斯佩里发明了自动陀螺稳定器，装配于飞机上使飞机自动保持平衡向前飞行，于是第一架无人机应运而生。该无人机还不能很好的自主飞行和回收，实质上更像是一枚“自动飞行的炸弹”，因此被称作“空中鱼雷”。

1935—1960 年是无人机发展的萌芽期。1935 年英国德·哈维兰公司研制出一款发射后能自主回收并重复利用的“蜂后”无人机，从可回收的角度看，这是真正意义上的第一架无人机。随着无线电控制和惯性导航技术的进步，1939 年，美国雷吉纳德·丹尼和他的无线电飞机公司制成 RP-1 遥控飞机，至第二次世界大战结束，美军共采购 15000 架，改制成靶机；后经多次改进，累计生产 48000 余架。第二次世界大战期间，德国工程师弗莱舍·福鲁则浩于 1944 年设计了一架速度达到 470 英里每小时的无人机，当作攻击非军事目标的飞行炸弹。

20 世纪 60 年代是无人机技术的重要发展期。美国和苏联在军事、科技等各个领域展开了激烈的竞争。为了获取对方的军事和战略情报，双方都投入了大量的人力和物力资源来发展无人机侦察技术。美国研制的无人机如“猎鹰”“水牛”，以及苏联研制的无人机如“旋翼翼龙”“旋翼翼虎”等，在冷战期间多次执行了重要的侦察和反侦察任务，为双方的军事决策提供了关键情报和重要支持。同一时期，中国的无人机研究刚刚进入起步阶段。中国在苏联的“拉 17”无人机的基础上研制出“长空一号”无人机，标志着中国无人机技术的正式起步。后来,由于无人机在 20 世纪 90 年代海湾战争和 21 世纪初的伊拉克战争中的出色表现,各国纷纷加大对无人机技术的研发和投资力度,希望借此提升自身的军事实力。军用无人机发展迎来了最迅猛的时期。

21 世纪初,随着技术壁垒的逐渐降低、硬件成本的显著下降,以及民用市场需求的快速增长,无人机技术迎来了从军用向民用市场的历史性转移。在这一背景下,中国的无人机领军企业大疆创新科技有限公司崭露头角,迅速成为全球无人机市场的佼佼者。大疆无人机不仅在技术层面凭借其卓越的旋翼芯片技术、飞控技术、图像传输技术和智能感知技术,在民用无人机市场中树立了技术标杆,同时其产品具有高度的稳定性、精确度和易用性,满足了不同领域用户的多样化需求。

目前无人机的创新设计主要在机体结构、材料、通信遥控系统等方面。以大疆无人机为例,首先其独特的折叠式机体设计使无人机在携带和运输上更为便捷。其次,制作材料采用碳纤维复合材料等高强度、轻量化的材料,这些材料不仅具有优异的力学性能,还能够有效减轻无人机的重量,提高飞行性能和续航能力。此外,高速、稳定的无线通信协议,保证了无人机与地面控制设备之间的数据传输速度和稳定性,同时提高了信号抗干扰能力。

3. 飞艇的发展史

飞艇是一种轻于空气的特种飞行器,一般由气囊、尾翼、吊舱和动力推进装置等部分组成。飞艇通过在气囊内部充入轻质气体(通常为氦气)产生的浮力克服自身重量,同时利用动力推进系统、艇载功能系统和飞行控制系统等实现升空、下降、空中悬停或机动飞行等。1852 年世界上第一艘载人可操纵飞艇研制成功,在之后 160 多年的发展历程中,全世界共制造了近 200 艘硬式飞艇、100 多艘半硬式飞艇和 250 多艘大中型软式飞艇。大致来说,飞艇发展经历以下 3 个阶段。

第一阶段是诞生发展阶段。18 世纪欧洲掀起了研制载人气球的热潮,并在此基础上进一步发展推进装置,以流线型气囊提供浮力克服重量,从而诞生一种新型的轻于空气的航空器——飞艇。1852 年,法国人亨利·吉法尔成功研制出世界上第一艘接近实用的载人可操纵软式飞艇。1892 年,犹太商人大卫·舒瓦兹与德国企业家卡尔·贝尔格合作,尝试用当时新兴的金属铝来制造飞艇,硬式飞艇技术现世。1897 年德国制造了世界上第一艘硬式飞艇,1900 年 7 月德国齐柏林 LZ-1 号硬式飞艇起飞,标志着飞艇"金色时代"到来。1909 年,齐柏林创办世界上第一家民用航空公司——德意志飞艇运输公司,并于 1910 年 6 月开通第一条定向商用航线进行载客运输,开启了商用运输领域的"飞艇时代"。

第二阶段是发展停滞阶段。1937 年 5 月,德国"兴登堡"号飞艇在美国莱克赫斯特基地着陆时,不慎撞击建筑物而引起气囊内部易燃的氢气爆炸起火,导致包括一名地面人员在内的 36 人遇难,社会各界震动很大,也对飞艇发展造成致命的打击,德国民航禁止飞艇使用氢气作为浮升气体。1940 年 4 月,德国政府下令拆下剩余两艘硬式飞艇的铝材和钢材用于飞机制造,由此开始飞艇的发展陷入低潮期。与此同时,飞机迎来跨越式发展。第二次世界大战期间,战斗机和轰炸机随着涡轮喷气发动机的出现而得到快速发展,这些成果转换为民用后创造了民航运输飞机的喷气时代,实现快速、远程及舒适的航空旅行。在与飞机的竞争中,飞艇逐渐失去原有市场,发展几近停滞。

第三阶段是复苏阶段。20 世纪 80 年代以后,随着氦气大量生产和航空技术不断进步,飞艇重新引起人们关注,飞艇也迎来了复苏和理性发展期。从 20 世纪 90 年代开始,在高空预警、通信中继、对地观测等军民需求牵引下，世界各国掀起了平流层飞艇的发展热潮。从总体方案、系统原理、能源、材料、推进装置等关键技术的研究，再到系统集成和技术演示验证，平流层飞艇已作为主要发达国家发展的战略产品，如美国“高空哨兵”-80 飞艇、HALE-D 飞艇、中国 PFK300 飞艇、日本 SPF 飞艇等。

近年来，全球重载飞艇产业快速发展。2000 年 6 月，英国 ATG 公司完成 Skycat-20 重载飞艇低空验证飞行。2010 年 10 月，美国 Aeros 公司发布 Aeroscraft 系列重载飞艇项目，并于 2013 年 1 月完成 Pelican 缩比演示验证艇首次系留飞行测试，同年 9 月完成首次室外飞行试验。2015 年 7 月，中航工业通用飞机有限责任公司与法国飞鲸控股公司签订 LCA-60T 重载飞艇合作协议。2022 年 5 月 15 日，由中国科学院空天信息创新研究院自主研发的“极目一号”Ⅲ型浮空艇，从海拔 4300m 的科考营地顺利升空，海拔高度达到 9032m，创造了浮空艇大气科学观测世界纪录。这是中国第二次青藏高原综合科学考察研究“巅峰使命”珠峰科考获得的重大成果。因此“极目一号”Ⅲ型浮空艇也被誉为“国之重器”。

2.1.3 航空先进技术

随着技术的进步，一系列先进航空技术应运而生，为航空领域的持续创新和突破提供了源源不断的动力。

1. 隐身技术

隐身技术又称低可探测技术，通过改变航空武器装备目标的可探测信息特征，降低敌方探测系统发现概率，从而提高自身的生存能力。目前，航空飞行器隐身技术主要包括雷达隐身、红外隐身、声学隐身等。在超视距作战中，雷达是探测飞机的最有效方法，因此提高飞机的雷达隐身能力至关重要。

定义 2.2 **雷达散射截面(Radar Cross Section，RCS)**：衡量飞机雷达隐身能力的指标。通俗地说，RCS 是指目标在雷达波的照射下所产生回波的强度的大小。

RCS 越大，表示反射的信号越强，目标越易被发现，RCS 越小，飞机越难被发现。一般来说，隐形飞机的 RCS 应小于 $0.5m^2$。

提高飞机雷达隐身能力的措施主要包括外形隐身和应用吸波材料。外形隐身的基本原则主要有 3 个方面。

(1) 尽量避免雷达垂直照射飞机表面，因为垂直表面对雷达波的反射最强，因此飞机的垂尾、前机身和进气道等应设计一定的倾斜角。

(2) 消除能够形成角反射器的外形布局，如机翼和机身采用翼身融合体设计，结合处圆滑无棱角，单立尾与平尾的角反射器采用倾斜的双立尾来消除。

(3) 消除强散射源，如采用背部进气道或进气道设计成长而曲折的 S 形，武器内挂，采用保形天线，不挂副油箱等。

当某些部件或部位不能使用外形隐身措施时，可采用吸波材料来弥补。如在进气道内喷涂含碳铁化合物的吸波材料，使雷达波能量在长而弯曲的进气道内经过来回反射，最后被吸波涂层吸收；或将座舱盖镀以能将雷达波信号向空间散射的金属箔膜。

2. 高超声速技术

高超声速技术是指飞行器最大平飞 $ma \geqslant 5$(m 是飞机的质量，a 是加速度)的相关技术，是航空航天技术的结合点。高超声速飞行时，气动力和热作用使机头和机翼前缘达到

2000℃以上的高温，甚至使空气分子电离，这时完全气体的状态方程失效，比热比也不再是常数，出现极为复杂的流动现象。为适应严酷的气动加热环境，飞行器结构必须考虑热强度问题，一般要使用耐热材料、加装隔热设备、安装冷却系统等热防护措施。动力装置一般采用由涡轮喷气发动机、亚燃冲压喷气发动机或超燃冲压喷气发动机、火箭发动机等组合的发动机。

2.2　固定翼飞机动力学特征

飞行器动力学特征涉及飞行器在飞行时受到的力和力矩，以及这些力和力矩如何影响飞行器的运动状态。这是航空航天领域的一个核心研究主题，对于设计稳定、可控的飞行器至关重要。本节将从空气动力学基本原理出发，引申到对飞机飞行原理及稳定性的探讨(本节只探讨固定翼飞机的动力学特征)。

2.2.1　飞行原理

伯努利定律和流体流动的连续性定理是分析和研究飞机上空气动力产生的物理原因及其变化规律的基本定理，是飞机飞行理论分析的基础。

伯努利定律揭示了飞机机翼产生升力的原理。当空气流经机翼时，由于机翼上下的形状差异，机翼上方的空气压力低于下方，从而产生了一个向上的升力，使飞机得以在空中飞行。流体流动的连续性定理表明，在飞机飞行过程中，空气通过机翼、尾翼等部件的流量是恒定的。这意味着，设计师必须确保飞机各部件的形状和尺寸能够保持空气流动的连续性，从而最大限度地减少能量损失。

1. 伯努利定律

伯努利定理是描述流体在流动过程中流体压强和速度之间关系的流动规律。流体的压强和速度之间的关系可以用如图 2-4 所示的实验来说明。

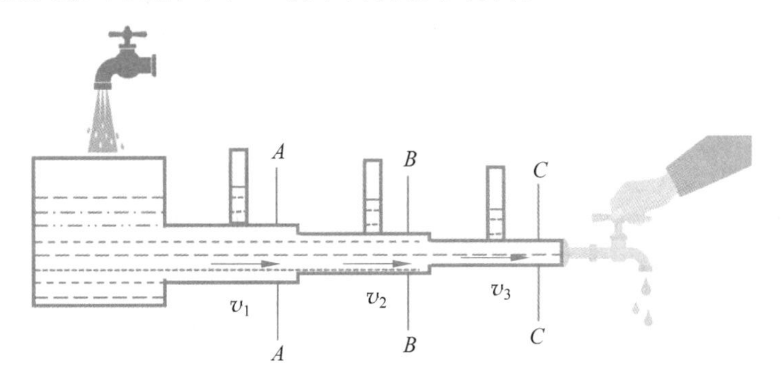

图 2-4　流体在容器和管道中的流动情况

在图 2-4 的粗细不均的管道中，在不同截面积处安装 3 根一样粗细的玻璃管，它们实际上起到了“压力表”的作用。首先把容器和管道的进口和出口开关都关闭，此时管道中的流体没有流动，不同截面处(A-A、B-B、C-C 截面)的流体流速均为零，3 根玻璃管中的液面高度同容器中的液面高度一样。这表明，不同截面处的流体的压强都是相等的。现在把进口和出口处的开关同时都打开，使管道中的流体稳定地流动，并保持容器中的流体液面高度不变。此时 3 根玻璃管中的液面高度都降低了，且不同截面处的液面高度各不相同，这说明流体在流动过程中，不同截面处的流体压强也不相同。从实验可以看出，在 A-A 截面，管道的截面积较大，流体流动速度较小，玻璃管中的液面较高，压强较大，在 C-C 截面，管道的截面积较小，流体流动速度较大，玻璃管中的液面较低，压强较小。

定理 2.1 **伯努利定理**：流体在变截面管道中稳定地流动时，流速大的地方压强小，流速小的地方压强大。

这种压强和流速之间的变化关系就是伯努利定理的基本内容。严格地讲，在管道中稳定流动的、不可压缩的理想流体，在与外界没有能量交换的情况下，在管道各处的流体的动压和静压之和应始终保持不变，即

$$静压 + 动压 = 总压 = 常数$$

如果用 p 代表静压（静压是指流体在流动过程中，流体本身实际具有的压力），用 $0.5\rho v^2$ 代表动压（流体以速度 v 流动时由流速产生的附加压力），则上式可表示为

$$p + \frac{1}{2}\rho v^2 = C \tag{2-1}$$

于是，在管道的不同截面 1-1、2-2、3-3……处便有

$$p_1 + \frac{1}{2}\rho v_1^2 = p_2 + \frac{1}{2}\rho v_2^2 = p_3 + \frac{1}{2}\rho v_3^2 = \cdots = C \tag{2-2}$$

式中，ρ 为流体的密度，v 为流体的速度，C 为常数。式(2-1)或式(2-2)就是不可压理想流体的伯努利方程。

2. 流体流动的连续性定理

当气体稳定地、连续地流过一个粗细不等的变截面管道时，由于管道中任一部分的气体不能中断，也不能堆积，因此，根据质量守恒定律，在同一时间内，流过管道任一截面的气体质量都是相等的。当气体在变截面管道内流动时，在单位时间内，流过管道截面 A-A 的气体质量 $\rho_1 v_1 A_1$，应该和流过管道截面 B-B 的气体质量 $\rho_2 v_2 A_2$ 相等，即

$$\rho_1 v_1 A_1 = \rho_2 v_2 A_2 \tag{2-3}$$

式中，ρ 为大气密度（kg/m^3），v 为气体的流动速度（m/s），A 为所取截面的面积（m^2）。

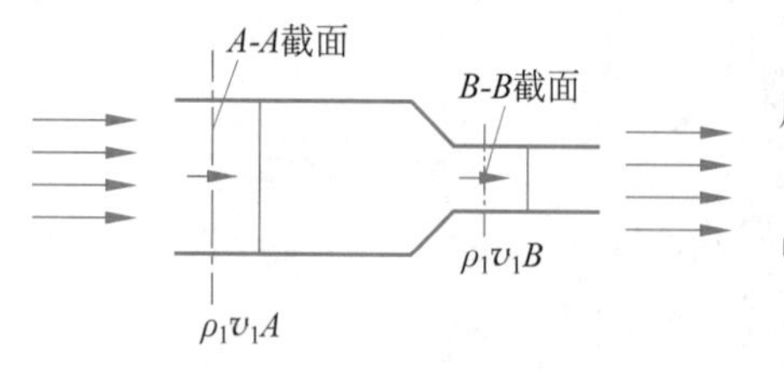

图 2-5 气体在变截面管道内的流动情况

气体在变截面管道内的流动情况如图 2-5 所示。

将式(2-3)推而广之，则气体流过变截面管道中任意截面处的 $\rho v A$ 都应相等，即

$$\rho_1 v_1 A_1 = \rho_2 v_2 A_2 = \rho_3 v_3 A_3 = C \tag{2-4}$$

式(2-4)称为可压缩流体沿管道流动的连续性方程。当气体以低速流动时，可以认为气体是不可压缩的，即密度 ρ 保持不变，此时式(2-4)可以写为

$$v_1 A_1 = v_2 A_2 = v_3 A_3 = \cdots = C' \tag{2-5}$$

定理 2.2 **流体流动的连续性定理**：对于不可压缩流体，当流体流过管道时，流体的流速与截面面积成反比，也就是说，在截面面积大的地方流速低，在截面面积小的地方流速高。

【例 2-1】 一架飞机在飞行时，其机翼上方的气流速度比机翼下方的气流速度快。根据伯努利定律，机翼的哪一部分会感受到较低的压强？

【解 2-1】 伯努利定律表明，在不可压缩的流体中，当流体的速度增加时，其静压强会减小。因此，当飞机飞行时，机翼上方的气流速度比机翼下方的气流速度快，根据伯努利定

律，机翼上方的静压强会比机翼下方的静压强低。这种压强差产生了向上的升力，使得飞机能够飞行，所以机翼上方会感受到较低的压强。

3. 固定翼飞机飞行原理

飞机能在空气中飞行的最基本条件是，当它在空中飞行时必须产生一种能克服飞机自身重力并将它托举在空中的力，这种升力主要靠机翼来产生。“翼剖面”，通常也叫“翼型”，是指沿平行于飞机对称平面的切平面切割机翼所得到的剖面，如图 2-6 所示的阴影部分即为一机翼的翼剖面-翼型。翼型最前端的一点叫“前缘”，最后端的一点叫“后缘”，前缘和后缘之间的连线叫“翼弦”。翼弦与相对气流速度 v 之间的夹角 α 叫“迎角”。

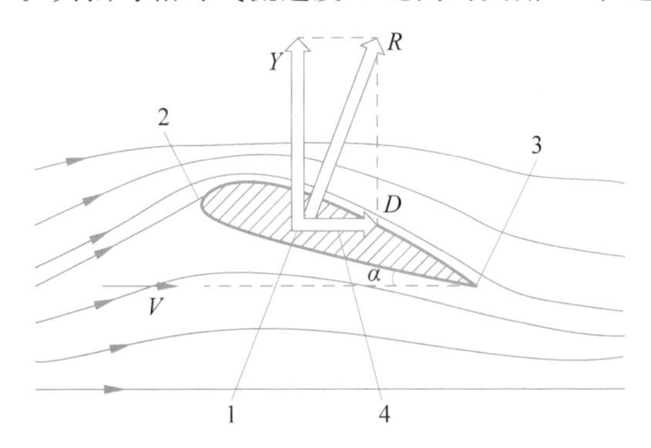

图 2-6 翼型和作用在翼型上的空气动力

1—空气动力作用点；2—前缘；3—后缘；4—翼弦

如果想在翼型上产生空气动力，必须让它与空气有相对运动，或者说必须有一定速度的气流流过翼剖面。现在将一个上边圆拱，下边微凸的翼型放在流速为 v 的气流中，如图 2-6 所示。

假设翼型有一个不大的迎角 α，当气流流到翼型的前缘时，气流分成上下两股，分别流经翼型的上下翼面。由于翼型的作用，当气流流过上翼面时流动通道变窄，气流速度增大，压强降低，并低于前方气流的大气压；而气流流过下翼面时，由于翼型前端上仰，气流受到阻拦，且流动通道扩大，气流速度减小，压强增大，并高于前方气流的大气压。因此，在上下翼面之间就形成了一个压强差，从而产生了一个向上的升力 Y。同时，在气流的高速作用下，会对机翼产生一个阻力 D，二者的合力为 R。

2.2.2 飞机飞行性能及稳定性

1. 影响飞机升力的因素

(1) 机翼面积的影响。

飞机的升力主要由机翼产生，而机翼的升力是由机翼上下翼面的压强差产生的，因此，压强差所作用的机翼面积越大，产生的升力也就越大。

(2) 相对速度的影响。

风速越大，所感受到的风力也就越大。同理，飞机与空气的相对速度 v 越大，产生的空气动力也越大，对机翼的升力也就越大。但升力与相对速度并不是成简单的正比关系，而是与相对速度的平方成正比。

(3) 空气密度的影响。

升力的大小和空气密度 ρ 成正比，密度越大，则升力也越大。

(4) 机翼剖面形状和迎角的影响。

不同的机翼剖面形状和不同的迎角,会使机翼周围的气流流动状态(包括流速和压强)等发生变化,因而导致升力的改变。翼型和迎角对升力的影响,可以通过升力系数 C_y 表现出来。在翼型固定时,升力系数起初随迎角增大而增大,但当迎角达到一定值后,升力系数会突然下降,出现失速现象。

定理 2.3 **升力公式**:结合前面的各项影响因素,通过理论和实验证明,升力的公式可以写为

$$Y = \frac{1}{2} C_y \rho v^2 S \tag{2-6}$$

式中,Y 为升力(N);C_y 为升力系数;ρ 为密度($\mathrm{kg/m^3}$);v 为速度(m/s);S 为机翼面积($\mathrm{m^2}$)。

【例 2-2】 一架飞机在飞行时,其机翼形状设计合理,且飞行速度较快。请问,这些因素如何影响飞机的升力?

【解 2-2】 机翼的形状设计对升力有直接影响。合理的机翼形状设计能够更有效地利用伯努利定律,在机翼上下表面产生更大的压强差,从而增加升力。同时,飞机的飞行速度也会影响升力。根据伯努利定律和牛顿第三定律,当飞机飞行速度较快时,机翼上下表面的气流速度差增大,导致压强差增大,进而增加升力。因此,机翼形状设计合理和飞行速度较快都会增加飞机的升力。

2. 飞机的稳定性

飞机在飞行过程中,经常会受到各种各样的干扰,这些干扰会使飞机偏离原来的平衡状态,而在干扰消失以后,飞机能否自动恢复到原来的平衡状态,就涉及飞机的稳定或不稳定的问题。如果能恢复,则说明飞机是稳定的;如果不能恢复或者更加偏离原来的平衡状态,则说明飞机是不稳定的。

飞机飞行时的稳定性可分为纵向稳定性和方向稳定性。

(1) 飞机的纵向稳定性。

当飞机受到微小扰动而偏离原来纵向平衡状态(俯仰方向),并在扰动消失以后,飞机能自动恢复到原来纵向平衡状态的特性,叫作飞机的纵向稳定性。

在飞机飞行过程中,当迎角发生变化时,会在机翼和尾翼上产生一定的附加升力,这个附加升力的合力作用点称为飞机的焦点,如图 2-7 所示。当飞机受到扰动而机头上仰时,机翼和水平尾翼的迎角增大,产生一个向上附加升力,如果飞机重心位于焦点位置的前面,则此向上的附加升力会对飞机产生一个下俯的稳定力矩,使飞机趋向于恢复原来的飞行状态。反之,当飞机受扰动而机头下俯时,机翼和水平尾翼的迎角减小,会产生向下的附加升力,此

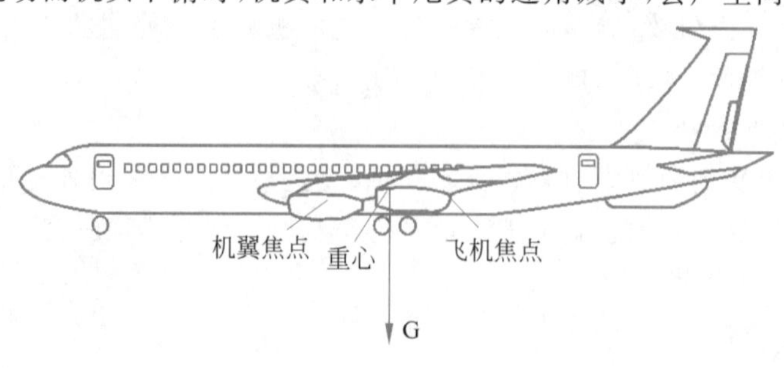

图 2-7 飞机的焦点

附加升力对重心形成一个上仰的稳定力矩，也使飞机趋向恢复原来的稳定状态。因此，飞机的纵向稳定性主要取决于飞机重心的位置，只有当飞机的重心位于焦点前面时，飞机才是纵向稳定的；如果飞机的重心位于焦点之后，飞机则是纵向不稳定的。重心前移可以增加飞机的纵向稳定性，但并不是纵向稳定性越大越好。纵向稳定性过大时难以操纵升降舵使飞机抬头，从而导致飞机的操纵性变差。

(2) 飞机的方向稳定性。

飞机受到扰动以致方向平衡状态遭到破坏，而在扰动消失后，飞机如能趋向于恢复原来的平衡状态，就具有方向稳定性。

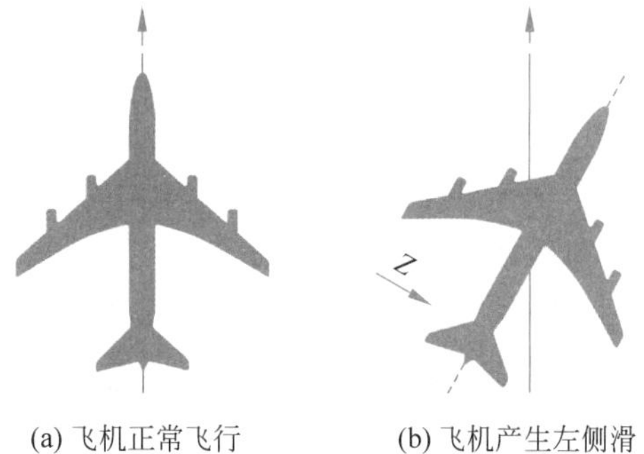

(a) 飞机正常飞行　　(b) 飞机产生左侧滑

图 2-8　垂直尾翼与方向稳定性

方向稳定性主要体现在侧滑过程，飞机的侧滑飞行是一种既向前、又向侧方的运动。飞机产生侧滑时，空气从飞机侧方吹来，这时相对气流方向和飞机对称面之间有一个侧滑角。相对气流从左前方吹来叫左侧滑，从右前方吹来叫右侧滑。图 2-8(b)为左侧滑的示意图，此时空气从飞机的左前方吹来作用在垂直尾翼上，产生向右的附加侧力 Z。此力对飞机重心形成一个方向稳定力矩，力图使机头左偏，消除侧滑，使飞机趋向于恢复方向平衡状态，因此飞机具有方向稳定性。相反，飞机出现右侧滑时，就形成使飞机向右偏转的方向稳定力矩。由此可见，只要有侧滑，飞机就会产生方向稳定力矩，并使飞机消除侧滑恢复到原来的平衡状态。

2.3　航天理论及发展史

航天理论及其发展史是人类探索宇宙、实现星际旅行梦想的科学和技术进步史。它从理论的提出到技术的实现，再到探索活动的广泛展开，展现了人类对未知世界无限的好奇心和探索精神。

2.3.1　基本概念与分类

定义 2.3　**航天**：是指载人或不载人的航天器在地球大气层之外的航行活动，又称空间飞行或宇宙航行。

航天活动主要包括航天技术、空间应用和空间科学 3 部分。航天技术是指为航天活动提供技术手段和保障条件的综合性工程技术，涉及推进技术、航天器设计与制造和航天测控等。空间应用是指利用航天技术及其开发的空间资源在科学研究、国民经济、国防建设、文化教育等领域的各种应用的总称，例如卫星通信、卫星导航、遥感技术等都属于空间应用的范畴。空间科学是指研究太空中的物理、化学、生物、天文等现象的科学。

2.3.2　发展史

航天的发展史可以追溯到 20 世纪初，当时人们刚开始探索空气动力学和火箭技术，试图实现人类进入太空的梦想。

19 世纪末到 20 世纪初，涌现出许多富于探索精神的航天先驱。俄国的齐奥尔科夫斯基首次阐述了利用多级火箭克服地球引力实现宇宙航行的构想，并提出了许多相关的理论。出生于罗马尼亚的 H·奥伯特，提出空间火箭点火的理论和脱离地球引力的方法，并主持设计了火箭发动机，开创了欧洲火箭的先河。德国的布劳恩领导研制成功 V-2 火箭，成为现代大型火箭的鼻祖，构筑了航天史上的重要里程碑。

第二次世界大战结束以后，苏联和美国都通过仿制 V-2 火箭建立自己的火箭和导弹工业。一些有远见的政治家和科学家已经认识到，利用 V-2 的技术成果，一方面可以发展洲际导弹，建立军事威慑力量；另一方面可以发射人造地球卫星，有效地开展空间科学研究。

1957 年 10 月 4 日，世界上第一颗人造地球卫星由苏联成功发射，这颗卫星正常工作了 3 个月，在此期间人们可以从广播中听到它从太空发出的无线电信号。1958 年 1 月 31 日，用由布劳恩设计的“丘比特 C”火箭把美国第一颗人造地球卫星“探险者一号”送进了太空。继苏联和美国之后，法国、日本、中国、英国、欧洲空间局和印度都用自己研制的火箭，成功发射了各自的人造地球卫星。

1961 年 4 月 12 日，苏联航天员加加林乘坐“东方一号”载人飞船实现了轨道飞行，开辟了人类航天的新篇章。到 1970 年，苏联完成了早期的载人环地球轨道飞行计划，共发射各种飞船 16 艘，把 25 名航天员送入地球轨道，还完成了太空行走、飞船对接和航天员移乘等复杂动作。

中国的航天事业起步于 1956 年。当时中国的经济还很落后，工业基础和科学技术力量也相对薄弱，为了把有限的人力、物力和财力集中使用到最重要、最急需、最能影响全局的地方，党和政府决定重点发展以导弹、原子弹为代表的尖端技术，随后大力发展运载火箭和人造地球卫星等航天技术，这就是著名的“两弹一星”工程。1970 年中国第一颗人造卫星“东方红一号”成功升空！“东方红一号”的发射成功，开创了中国航天史的新纪元，使中国成为继苏联、美国、法国、日本之后世界上第 5 个独立研制并发射人造地球卫星的国家，成为中国航天发展史上第二个里程碑。经过 1970 年至今的多年努力，中国成功地发射了多颗不同类型的人造卫星，为国民经济和社会发展作出了巨大贡献。中国航天发展史如表 2-1 所示。

表 2-1　中国航天发展史

时　间	成　就
明朝	万户是世界上第一个想到利用火箭飞天的人
1960 年	中国自行设计制造的试验型液体燃料探空火箭首次发射成功。发射第一枚导弹
1970 年	东方红一号，中国第一颗人造卫星，成为第 5 个用自制火箭发射国产卫星的国家
1975 年	中国第一颗返回式卫星，成为世界第三个掌握卫星回收技术的国家
1980 年	成功发射远程运载火箭
1987 年	中国返回式卫星为法国搭载试验装置，中国首次尝试打入世界航天市场
1999 年	发射中国第一艘无人试验飞船“神舟一号”
2003 年	发射中国第一艘载人飞船“神舟五号”，首名宇航员杨利伟
2005 年	“神舟六号”，中国第一艘执行“多人多天”任务的飞船
2007 年	发射中国第一颗探月卫星“嫦娥一号”
2011 年	中国开始进行空间站建设
2016 年	“神舟十一号”与“天宫二号”自动对接

续表

时　　间	成　　就
2021 年	“长征二号丁”运载火箭成功发射“羲和号”，这是中国首颗太阳探测科学技术试验卫星
2022 年	中国空间站全面建成
2023 年	实现了在空间站发射微纳卫星

1992 年，中国正式立项载人航天工程，这是一个里程碑式的事件。“神舟一号”是中国载人航天工程发射的第一艘飞船，也是中国载人航天计划中发射的第一艘无人试验飞船，于 1999 年 11 月 20 日凌晨 6 点在酒泉卫星发射中心发射升空。作为中国航天史上的重要里程碑，“神舟一号”的成功发射标志着中国航天事业迈出重要步伐，对突破载人航天技术具有重要意义，自此中国成为继苏联和美国之后世界上第三个拥有载人航天技术的国家。

2003 年 10 月 16 日，航天员杨利伟搭乘“神舟五号”飞船安全返回，标志着中国成为世界上第三个独立掌握载人航天技术的国家，成为中国航天事业发展史上的第三个里程碑。2007 年 10 月 24 日 18 时 05 分，随着“嫦娥一号”成功奔月，嫦娥工程顺利完成了一期工程，成为中国航天事业发展史上的第 4 个里程碑。

2008 年 9 月 25 日，“神舟七号”首次承载 3 名宇航员进入太空，并成功进行出舱活动。2016 年 10 月 16 日，“神舟十一号”搭乘两名宇航员，实现与“天宫二号”的自动交会对接，形成组合体，航天员进驻“天宫二号”，组合体在轨飞行 30 天。2021 年 6 月 17 日 9 时 22 分，搭载“神舟十二号”载人飞船的“长征二号 F 遥十二运载火箭”，在酒泉卫星发射中心点火发射，顺利将聂海胜、刘伯明、汤洪波 3 名航天员送入太空，这是空间站关键技术验证阶段第 4 次飞行任务，也是空间站阶段首次载人飞行任务。2021 年 10 月 16 日，“神舟十三号”载人飞船成功发射，首次实施径向交会对接。这些成就不仅证明了中国在载人航天技术方面的实力，也为人类探索太空提供了新的可能性和机会。

随着载人航天技术的成熟与稳定，中国航天科技迎来了新的里程碑——空间站建设。中国空间站技术的发展可以追溯到 20 世纪 90 年代，但真正的建设始于 2011 年，当时中国发射了“天宫一号”目标飞行器，这标志着中国空间站建设的开始。随后，中国陆续发射了“天宫二号”空间实验室、“神舟十一号”载人飞船等一系列航天器，成功地将多个舱段、载人飞船、货运飞船等组件组装在一起，构建成了功能齐全、技术先进的空间站。2021 年 6 月 17 日，“神舟十二号”搭载聂海胜、刘伯明、汤洪波顺利发射，并在空间站成功生活、工作 3 个月时间，这是中国人首次进入自己的空间站。

2020 年 7 月 23 日在文昌航天发射场“长征五号遥四运载火箭发射”升空，“天问一号”成功进入预定轨道，这是由中国航天科技集团公司下属中国空间技术研究院总研制的探测器，负责执行中国第一次自主火星探测任务。2021 年 5 月择机实施降轨，着陆巡视器与环绕器分离，软着陆火星表面，火星车驶离着陆平台，开展巡视探测等工作，实现了中国在深空探测领域的技术跨越。

2021 年 10 月 14 日 18 时 51 分，在太原卫星发射中心采用“长征二号丁”运载火箭成功发射“羲和号”，这是中国首颗太阳探测科学技术试验卫星，该星将实现国际首次太阳 Hα 波段光谱成像的空间探测，填补太阳爆发源区高质量观测数据的空白，提高中国在太阳物理领域研究能力，对中国空间科学探测及卫星技术的发展具有重要意义。

中国空间站(天宫空间站)是中国计划中的一个空间站系统,该空间站由核心舱、实验舱“梦天”、实验舱“问天”、载人飞船和货运飞船5个模块组成,轨道高度为400~450km,倾角为42°~43°,设计寿命为10年,长期驻留3人,以进行较大规模的空间应用。2022年12月31日,中国国家主席习近平在新年贺词中宣布“中国空间站全面建成”。2023年8月,中国借助空间站工程,以天舟系列货运飞船为平台,成功实现了在空间站发射微纳卫星。

2.3.3 航天先进技术

1. 运载火箭技术

运载火箭技术是航天领域的基石。它负责将卫星、载人飞船等航天器送入太空。火箭是依靠火箭发动机产生的推力向前运动的。在运动过程中,发动机不断地向外喷出高速燃气流,利用燃气流的反推力来提高火箭速度。随着推进剂的消耗,火箭的质量不断地减小,速度也不断地提高,直到把载荷,也就是通常所说的卫星运送到一定高度并具备一定的速度,此时火箭的使命也就完成了。以“长征五号”运载火箭为例,整体上可以将运载火箭的结构分为3部分,分别是一子级、二子级和整流罩,如图2-9所示。

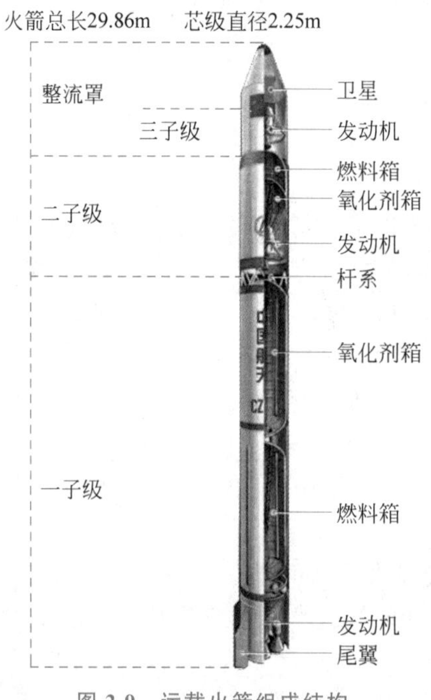

图2-9 运载火箭组成结构

一子级是火箭的主要推进部分,负责在发射初期提供主要的推力,使火箭迅速脱离地球引力,进入预定轨道。二子级负责在火箭飞行的中期继续提供推力,帮助火箭进一步加速并稳定其飞行轨迹。卫星整流罩中包裹的就是火箭的载荷,整流罩的主要功能就是保护卫星免受大气层中的各种干扰,确保卫星在穿越大气层的过程中能够安全到达目的地。

2. 载人航天技术

载人航天技术是指将人类送入太空并进行各种活动的技术,是航天领域中最具挑战性和复杂性的技术之一。它涉及人类生理学、航天医学、航天器设计、生命保障系统、推进系统、轨道控制、应急救生等多个方面,需要高度专业化的技术和设备支持。

首先,载人航天技术的核心是载人航天器。载人航天器是一种能够在太空中运行并提供人类生活和工作环境的特殊交通工具。它必须具备足够的安全性、可靠性和舒适性,以保护航天员的生命和健康。载人航天器通常包括轨道舱、服务舱、返回舱等部分,其中,轨道舱是航天员在太空中的工作和生活区域;服务舱提供推进、电源、氧气、水等生命保障;返回舱负责将航天员安全返回地球。此外,载人航天技术需要解决人类在太空中的生理和医学问题。太空环境与地球表面环境存在巨大差异,例如微重力、高辐射、极端温度等,这些都会对人类的身体产生不良影响。因此,载人航天技术需要研究人类在太空中的生理和医学变化,并采取相应的措施来保护航天员的健康。

2.4　航天器动力学特征

航天器在空间航行的轨迹称为轨道。航天器由运载火箭发射升空到完成全部飞行任务顺利返回的整个过程，通常包括发射入轨段、在轨运行段和返回再入段，相应的有发射轨道、运行轨道和返回轨道。在轨道运行段飞行的航天器，绝大部分时间是在地球引力作用下的无动力惯性飞行，本质上它与自然天体的运动一致，因此研究航天器的运动可用天体力学的方法。

2.4.1　航天器的发射与入轨

在航天器的发射入轨过程中，三大宇宙速度的概念至关重要，如图 2-10 所示。

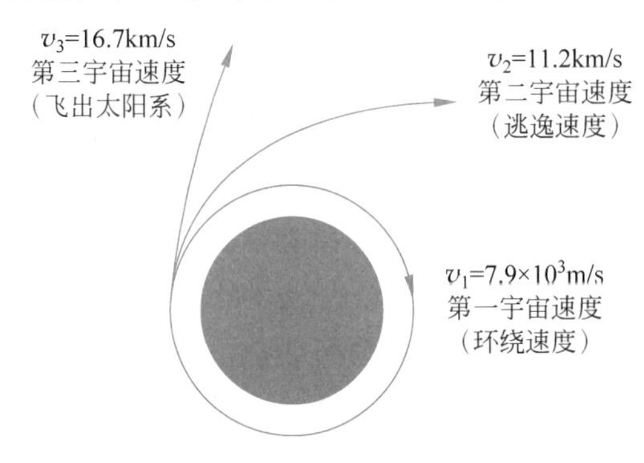

图 2-10　三大宇宙速度示意

定义 2.4　**第一宇宙速度**：第一宇宙速度 v_1，又称环绕速度，即航天器沿地表环绕地球做匀速圆周运动的速度。

设地球质量为 M_E、半径为 R_E、质量为 m 的航天器围绕地球做匀速圆周运动，此时，维持圆周运动所需要的向心力即航天器与地球间的万有引力，也即物体的重力：

$$\frac{mv_1^2}{R_E}=\frac{GM_Em}{R_E^2}=mg \tag{2-7}$$

所以第一宇宙速度为

$$v_1=\sqrt{R_Eg}=7.9\times10^3\text{ m/s} \tag{2-8}$$

定义 2.5　**第二宇宙速度**：第二宇宙速度 v_2，又称为逃逸速度，即航天器在地面附近所具有的恰可使其脱离地球引力而到达无穷远的速度。

以航天器 m 为研究的质点，不考虑空气阻力，航天器在从地面附近到无穷远的过程中机械能守恒：

$$\frac{1}{2}mv_2^2-\frac{GM_Em}{R_E^2}=0 \tag{2-9}$$

解得第二宇宙速度为

$$v_2=\sqrt{\frac{2GM_E}{R_E^2}}=\sqrt{2}\,v_1=11.2\text{km/s} \tag{2-10}$$

若卫星发射的速度大于第二宇宙速度，速度继续增加，卫星不仅会脱离地球，而且还可能逐渐远离太阳。

定义 2.6 **第三宇宙速度**：第三宇宙速度 v_3，即从地面发射一个物体使之能脱离太阳的引力范围到达太阳系外的最小速度，$v_3=16.7\text{km/s}$。

在航天器入轨的过程中，速度的要求与航天器的目标轨道和目的有关。如果航天器的目标是进入地球的轨道，那么它的速度必须超过第一宇宙速度 v_1，才能成功地绕地球做圆周运动。如果航天器的目标是逃离地球的引力，进入太阳系内的其他轨道(例如月球或火星的轨道)，那么它的速度必须超过第二宇宙速度 v_2。如果航天器的目标是逃离太阳的引力，进入更广阔的宇宙空间，那么它的速度必须超过第三宇宙速度 v_3。

航天器入轨的过程是一个复杂而精密的任务，它涉及航天器与地球、太阳和其他天体的相互作用。为了满足不同的任务需求，航天器会采用不同的入轨类型。以运载火箭为例，其发射弹道可分为直接入轨、滑行入轨和过渡入轨 3 个类型。

直接入轨是最直接的方式，通常适用于将航天器送入 LEO。运载火箭从地面起飞以后，各级火箭发动机逐级连续工作，当运载火箭的角度和速度都达到入轨要求时，直接把航天器送入预定轨道，完成航天器的入轨任务，如图 2-11 所示。

滑行入轨是一种更经济的方式，通常用于 MEO 和 GEO 的航天器入轨。滑行入轨过程中，首先是一个主动段，并加足它飞行时需要的能量，运载火箭将航天器送入一个较低的初始轨道，然后关闭发动机，依靠航天器自身的推进系统，通过一系列的轨道机动，逐渐提高轨道高度，最终到达预定轨道。航天器的滑行入轨过程如图 2-12 所示。

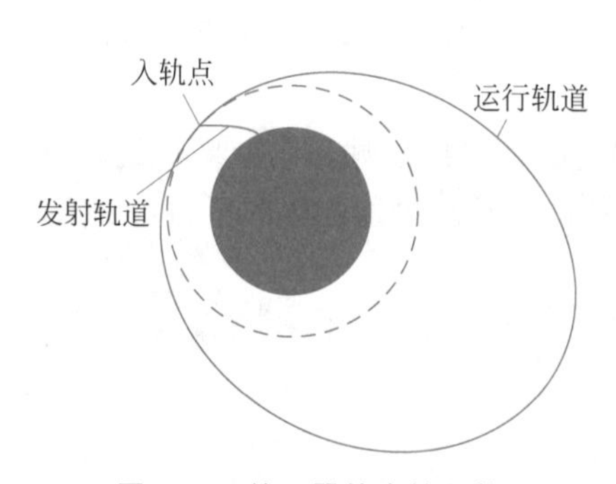

图 2-11 航天器的直接入轨

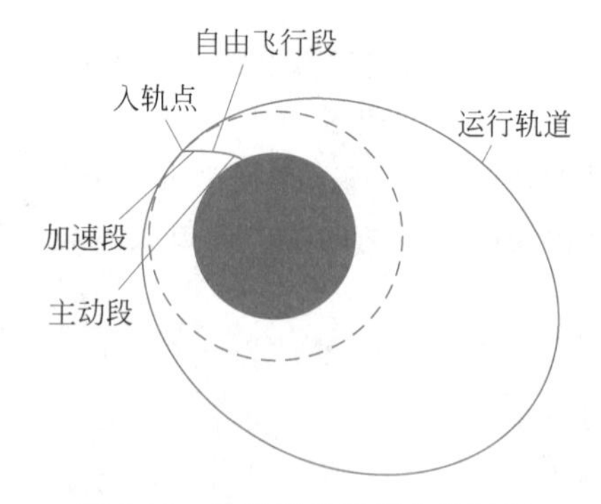

图 2-12 航天器的滑行入轨过程

过渡入轨通常用于 GEO 或者更远的深空探测任务。过渡入轨的运动轨迹可分为主动段、停泊轨道段、加速段、过渡轨道段和远地点加速入轨段。从主动段到停泊轨道段，可以像直接入轨一样经过一个加速段进入围绕地球的圆形停泊轨道，也可以像滑行入轨那样经过两个加速段进入圆形停泊轨道。航天器在停泊轨道上运行时，可以根据对入轨点的要求，选择发动机点火位置使航天器加速脱离停泊轨道，进入一个椭圆轨道，这一椭圆轨道叫作过渡轨道。当达到椭圆轨道的远地点时，发动机再次点火加速，使其达到入轨所要求的速度，使航天器入轨。地球静止卫星和环月探测器均可采用这种入轨方式。航天器过渡入轨的飞行过程如图 2-13 所示。

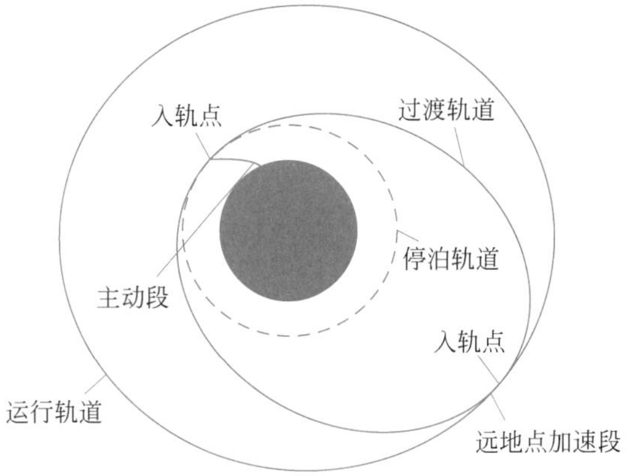

图 2-13　航天器过渡入轨的飞行过程

2.4.2　航天器的返回与回收

航天器从原来运行的轨道向地球返回的过程中，必须经过返回轨道。航天器的返回过程是一个减速过程，航天器从轨道上的高速逐步减速到接近地面时的安全着陆速度。航天器返回时，首先要使它脱离原来的运行轨道，转入朝向大气层的轨道，这就是返回轨道。

航天器的返回过程如图 2-14 所示。从 A 点到 C 点的轨道为航天器的返回轨道，分为离轨段、过渡段、再入段和着陆段 4 部分。

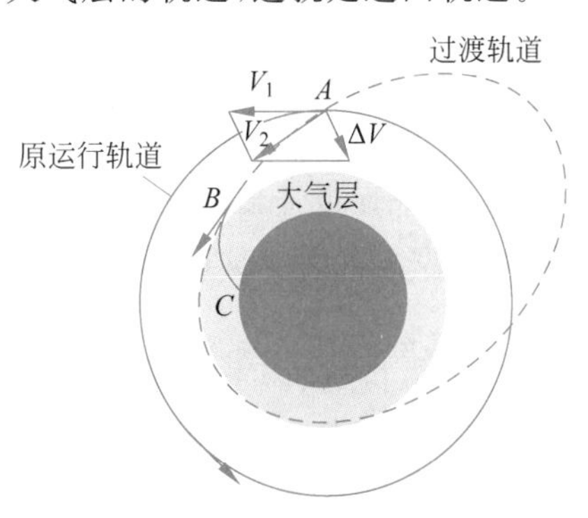

图 2-14　航天器的返回过程

离轨段由航天器上的变轨发动机（制动火箭）提供速度冲量，使航天器离开原来的轨道。过渡段是航天器在进入大气层前的一段轨道。在这一段轨道上，航天器利用自身的推力器，修正离轨段的误差，并以合适的再入角进入大气层。再入段是从进入大气层到距地面 10～20km 处的一段。在这一段因大气阻力的作用，航天器的速度急剧下降，此时，航天器要经受气动加热产生的高温和较大的过载，因此必须解决气动加热问题。在最后的着陆段，航天器在降落伞的作用下通过滑翔方式降落在地球表面。

2.5　航海理论与发展史

航海史是关于人类利用船舶跨越海洋，进行探索、贸易、文化交流的历史，这一过程不仅涉及航海技术的进步，也包括船舶设计的改进、海图的编绘、导航技术的革新，以及海洋知识的积累。

2.5.1　基本概念与分类

定义 2.7　**航海**：人类在海上航行，跨越海洋，由一方陆地到另一方陆地的活动。它是一种重要的交通方式和商业活动，也是人类探索和开发海洋资源、扩展贸易和文化交流的重要手段之一。

航海可以根据不同的标准来进行分类。按照航行目的，航海可以分为商业航海、探险航海、渔业航海、科学考察航海等。按照航行方式，航海可以分为远洋航海、近海航海、内河航海等。

2.5.2 发展史

人们对海洋的探索从很久以前就开始了。早在公元前2500年，古埃及就有人驾驶帆桨船沿地中海东航至黎巴嫩，后来又沿红海南航至今索马里或也门。中国的秦汉时代也出现了秦代徐福船队东渡日本和西汉海船远航印度洋的壮举。到明代永乐至宣德年间，伟大的中国航海家郑和率领远洋船队，先后7次下西洋，遍访亚非各国，这一航海盛举，将古代中国乃至世界的航海业推向顶峰。

15世纪到18世纪末，人类进入了"大航海时代"，1488年，迪亚斯沿非洲西海岸航行，最先发现好望角，并绕过非洲南端进入印度洋；1492—1502年，哥伦布4次横渡大西洋，并发现了美洲新大陆；1519—1522年，麦哲伦船队实现了首次环球航行；1785年，拉佩鲁兹启程前往太平洋；1831—1836年，达尔文乘坐"小猎犬号"探索南美洲；1893年，南森前往北极。人类在多次的海上航行中逐步发现了地球的全貌，也促进了海上经济、文化、政治的交流与发展。

进入20世纪，航海的发展主要体现在航海导航、船舶设计和建造两方面。在航海导航方面，无线电通信技术的广泛应用，使航海通信更加迅速和准确，为船舶的安全航行提供了有力保障。卫星导航系统的出现，使船只能够精确地确定自身位置，大大提高了航海的精度和效率。在船舶设计和建造方面，20世纪出现了大量的新型船舶，如液化天然气船、大型集装箱船、豪华邮轮等。这些船舶采用了先进的材料和技术，具有更高的安全性、经济性和环保性。

此外，20世纪的军舰发展突飞猛进，尤其是在第一次世界大战前后，各个国家海军力量的竞争促进了军舰技术的快速进步。1906年，英国建造了世界上第一艘无畏舰。无畏舰的标志性技术包括全重型火炮、高功率蒸汽轮机动力系统和强大的防御装甲，它的出现改变了海战的面貌，使它成为当时战场上的霸主。到20世纪中期，随着飞机的发展，人们开始认识到飞机在战争中的巨大潜力。为了将飞机的作战范围从陆地扩展到海洋，人们开始设想将飞机与军舰结合，从而诞生了航空母舰的基本概念。航空母舰上搭载的弹射器为飞机提供初始推力，确保在有限空间内达到起飞速度；阻拦装置则通过强大的阻力和精确的减速过程，确保飞机在航空母舰上安全着舰。此外还搭载了着舰辅助系统，如光学助降系统、自动着舰系统等，帮助飞行员在复杂海况和低能见度条件下准确着舰。航空母舰上还配备有各种舰载雷达和电子设备，不仅能够提供准确的情报和战场感知，还能够进行高效的指挥控制和作战协调，使航空母舰成为一个海上的移动指挥和作战中心。

除了海面上的舰船外，潜艇是航海技术的另一大杰出成就。1897年，爱尔兰工程师约翰·菲利普·霍兰制造出以汽油机加蓄电池作动力的"霍兰6号"潜艇，此潜艇被公认为是现代潜艇的鼻祖，霍兰也被尊称为"现代潜艇之父"。在随后的几十年里，潜艇的设计、动力和武器系统都得到了显著的改善。在战争期间，潜艇成为重要的战略武器，其独特的隐蔽性和远程打击能力使潜艇在战争中发挥了关键作用。1954年，世界上第一艘核动力潜艇"鹦鹉螺"号下水服役，潜艇从此进入核时代。核动力潜艇拥有几乎无限的续航力，使潜艇可以在水下连续潜行数月甚至数年，大大提高了潜艇的作战能力和隐蔽性。

中国的潜艇研制工作起步较晚，早期一直以模仿苏联的潜艇为主，在中苏关系破裂后，逐渐转向自主创新。1962年，中国核潜艇首任总设计师彭士禄，在手上只有5张模糊不清的国外核潜艇照片和一个从美国商店购买的儿童玩具模型的艰难条件下，主持开展设计工作，摸索出了核潜艇技术。1966年，第1艘国产033型潜艇由江南造船厂开工建造，1968年下水。1974年中国自主研制的第一艘鱼雷攻击型核潜艇"长征1号"成功下水。2004年，中国第二代攻击型核潜艇093型研制成功并下水，该型潜艇在性能和隐蔽性方面都有了显著的提升。同年，中国研制的第一代弹道导弹核潜艇094型下水，它装备有潜射弹道导弹，显著提升了中国海军的远程打击能力。截至2020年，中国拥有74艘潜艇，排名世界第一，实现了潜艇技术上的后来居上。

2.5.3　航海先进技术

1. 智能航行计划系统

现代航海的智能航行计划系统是一种集成了先进导航技术、人工智能算法和大数据分析的航海辅助决策系统。该系统能够根据船舶的航行需求、海洋环境信息，以及船舶自身状态等多个因素，自动生成安全、高效、经济的航行计划，并提供实时的航行监控和预警功能。

智能航行计划系统的核心在于强大的数据处理和分析能力。它可以通过接收来自各种传感器、导航设备和海洋环境监测站的数据，实时获取船舶的位置、速度、航向、气象、水文等信息。同时，系统还可以利用大数据分析和人工智能技术，对历史航行数据、海洋环境数据等进行深度挖掘和分析，以发现潜在的风险和规律，为航行计划的制定提供科学依据。

在航行计划的制定过程中，智能航行计划系统会根据船舶的起始位置、目的地、航行时间、货物情况等因素，综合考虑海洋环境、船舶性能、安全法规等多个方面的因素，自动生成最优的航行路线和速度计划。同时，系统还可以根据实时的航行数据和海洋环境信息，对航行计划进行动态调整和优化，确保船舶能够安全、高效地到达目的地。

除了航行计划的制定和调整外，智能航行计划系统还可以提供实时的航行监控和预警功能。通过对船舶的位置、速度、航向等关键参数进行实时监控和分析，系统可以及时发现异常情况并发出预警，帮助船员及时采取应对措施，避免或减少航行事故的发生。

2. 潜艇隐身技术

在现代战争中，隐身技术是核潜艇最重要的技术，主要包括声学隐身、红外隐身、电磁隐身等多种技术手段。其中，声学隐身主要通过控制潜艇的声频特性来降低敌方声呐设备的探测距离和精度。红外隐身主要通过降低潜艇的红外辐射特征，从而减少被敌方红外探测设备发现的可能性。电磁隐身主要通过降低潜艇在运行过程中产生的各种电磁信号，如通信信号、雷达信号、导航信号等，从而减少被敌方电磁探测设备发现的可能性。

3. 海上舰艇通信技术

海上舰艇通信随着海上、水上战争和军事通信的发展而发展。20世纪以前，海上舰艇通信主要使用声响、烟火和手势、手旗通信。20世纪初，英、美等国海军舰船装备了无线电台，进行海上远距离无线电报通信。1905年，中国海军舰艇开始使用无线电台通信。到了20世纪中后期，海军通信在近距离仍以信号通信为主，中远距离以无线电中波电台和短波电台通信为主，舰艇内部也装备相应的有线电通信装备和由导声铜管组成的传声筒。20世纪末至 21 世纪初，各国海军海上舰艇通信相继装备了自适应电台、跳频/扩频战术电台、卫星通信舰载站、舰艇数据链和由光纤构成的舰艇内部高速网络。

海上舰艇通信是海军通信的主体，具有显著的特点。

（1）全频谱使用。海上舰艇通信既要使用超长波通信和甚长波通信，又要使用中波通信、短波通信、超短波通信，还要使用微波通信及光波通信，以达成战略和战术通信。

（2）全维保障。海上舰艇通信不但要保障本舰艇内部通信，更要保障与陆上、海上、水下、空中兵力及各类电子对抗兵力的指挥与协同。

（3）全球通信。海上舰艇通信要涵盖陆上、近海、远海，乃至全球范围。

（4）全时通信。海上舰艇通信常年保障海军训练、作战、日常勤务和执行其他任务的指挥、协同及情报报知任务，昼夜值勤，平时和战时没有明显的区别。

海上舰艇通信的主要应用场景有 5 种类型。

（1）水面舰艇战斗通信。通常由海军制定统一规定，海军、舰队参谋机关的通信部门分别组织，各级岸上指挥所和水面舰艇指挥所的通信部门具体实施。战前，根据战斗方案制定相应的通信保障计划。战中，采用各种通信手段，重点保障各级指挥所的作战指挥及参战舰艇的协同动作。战后，要及时总结战斗中通信保障的经验与教训。

（2）水面舰艇编队航渡通信。通常由指挥航渡的岸上指挥所或起航点所在地的岸上指挥所的通信部门制定保障计划，必要时由航渡舰艇编队指挥所的通信部门制定计划，并报岸上有关指挥所批准后组织实施。

（3）水面舰艇特殊情况下的应急通信。通常由海军统一组织短波无线电台应急通信网，海军、舰队和被指定的通信枢纽按规定在此网值班，有关通信部门具体实施。

（4）海上遇险通信。海军内部的遇险通信，由有关通信部门按海军参谋机关的统一规定实施。海军与友邻或地方船只的遇险通信应按国际或国家的有关规定，发送、接收遇险信号，重点保障岸上指挥所和海上指挥所对遇险舰艇、飞机、救援兵力的指挥通信，以及救援兵力之间和救援兵力与遇险舰艇、飞机之间的协同通信。

（5）海上涉外通信。舰艇在海上需要与外军舰艇和外籍民用船只进行通信时，应使用超短波无线电台或视觉通信等手段，按照《国际信号规则》等规定的程序和方法实施。有条件时，按照全球海上遇险和安全系统业务规定建立通信。

随着信息技术和海上舰艇通信装备的不断发展，水面舰艇的通信组织将向扁平化方向发展，通信手段将向综合运用光纤、卫星、微波、宽带数据链等各种手段，实现语音、数据、图像等战场信息的综合实时传输方向发展，通信保障将向综合一体化方向发展。

4. 海洋水下通信技术

在现有的通信网络中，应用于海洋水下场景的智能装备主要使用射频信号、声波、激光等无线技术，或使用有线网络进行通信。

（1）水下射频信号通信。海水对射频信号有非常强的屏蔽作用，射频信号穿透海水的能力与频率直接相关，只有低频率的射频信号如甚低频（3～30kHz）才能在海水中进行有限的传播。潜艇等水下设备通常使用超低频和甚低频进行有限的通信，通信速率只有 300b/s。射频信号在水中传输时的趋肤效应使传输距离受限，仅仅适用于近距离的水下通信，无法完成未来远距离、高速率的水下信息传输任务。

（2）水下有线通信。水下有线通信多用于两个大规模水上平台与平台之间，通过铺设水下光缆的方式进行通信，如连接各国的大规模水下光缆网络。有线通信可以保证高速的数据传输，每秒可以传输100Gb以上，但水下光缆本身的安全性很难得到很好的保障，且被损坏后很难修补。

(3) 水下声波通信。声波较早用于水下探测和水下通信，但由于声波的隐蔽性较弱，主动式声呐设备的声波很容易被对方捕捉而暴露目标，所以水下军事设备不会主动使用声呐进行通信。水声通信的频带带宽被限制在20kHz以内，且由于多径传播会导致时延增加，产生数据的相互干扰，因此大大降低了通信速率，传输速率只有几十kb/s，这些严重的时延和串扰影响显然无法满足日益增长的水下通信需求。

(4) 水下可见光通信。水下可见光通信通过光源来分类，主要分为水下蓝绿激光通信与基于蓝绿光发光二极管(Light Emitting Diode，LED)的水下可见光通信。激光器功率大，激光作为水下光通信的媒介可以实现高速率和远距离的传输，但存在相干闪烁等问题，且通信必须要精确对准，因此实用性差。而基于蓝绿LED的水下光通信，采用非相干光，集照明与通信于一体，无须严格对准，因此大大增加了水下光通信的便利性和可行性。

水下激光的发展最先起于军事领域。20世纪80年代，美国开始进行蓝绿激光对潜战略的研究，并于1981年首次使用机载激光器与位于水下300m的潜艇进行了通信实验。2001年，美国研制出了激光二极管后，激光通信的发展迈出了飞跃性的一步。

蓝绿光水下LED的光通信起步相对较晚。2014年，诺贝尔物理学奖表彰了物理学家在发明高效节能的蓝光LED光源方面的贡献。他们在高质量的氮化镓晶体上制造出了蓝光LED，此LED器件具有高的开关响应速度，而正是这种极高的开关响应速度，使基于LED器件的光通信技术成为可能。在1993年，中村修二成功将蓝光LED的亮度大幅度提升，至此蓝光LED走上了人类的照明舞台，也开启了蓝绿光水下LED通信的大门。

光通信的光源除了LED光源与激光光源，紫外光通信是一种新型的通信手段，是主要利用紫外光在大气中的散射来进行信息传输的通信模式，具有比现有通信更强的抗干扰能力，且保密性和可靠性好。因为紫外光的特殊性，可以作为水下光通信的补充。另外，增加其保密性，也可在一些必要的短距离上作为可见光通信的弥补。

5. 海洋探索技术

声呐技术、潜水器和遥控器、卫星遥感技术和激光扫描技术是海洋探索中最常用的技术，它们可以提供关于海洋的各种信息和数据，使人们更好地了解和保护海洋环境。

声呐技术是一种使用声波测量水深和检测海底地形的技术。声波在水中传播得非常迅速，通过发送声波并监听它们的回声，可以确定物体的位置和形状。声呐技术不仅可以用于测量水深和检测海底地形，还可以用于探测水下物体和鱼群。声呐技术已经成为现代海洋探索中最常用的技术之一。

潜水器和遥控器是一种可以在水下进行操作的机器人。它们可以携带各种传感器和工具，以收集和分析有关海洋环境的数据。潜水器和遥控器通常由人员驾驶或遥控，并配备了各种传感器和工具，如摄像机、声呐、采样器等，以收集有关海洋的各种信息。

卫星遥感技术使用卫星拍摄图像来观察海洋表面的变化。卫星遥感可以帮助人们观察到海洋表面的温度、盐度、海流等变化，从而更好地了解海洋的生态系统和气候变化。这种技术非常适合于大面积的海洋调查和监测。

激光扫描技术使用激光来扫描海底地形和水下物体。这种技术可以提供非常高分辨率的图像，并且可以在不接触到物体的情况下获取数据。激光扫描技术对于地形和资源调查非常有用，也可以用于水下考古和生态研究。

6. 海洋监测技术

海洋监测技术作为海洋科学和技术的重要组成部分，海洋监测技术一般可分为天基海洋观测、海基观测和水下海洋观测。

天基海洋观测分为卫星遥感观测和航空海洋观测，具有观测范围广、重复周期短、时空分辨率高等特点，可以在较短时间内对全球海洋成像，可以观测船舶不易到达的海域，可以观测使用普通方法不易测量或不可观测的参量，成为继地面和海面观测的第二大海洋观探测平台。国外已经陆续发射了多颗海洋水色卫星、海洋地形卫星和海洋动力环境卫星。航空海洋探测采用固定翼飞机和无人机为传感器载体，具有机动灵活、探测项目多、接近海面、分辨率高、不受轨道限制、易于海空配合且投资少等特点，是海洋环境监测的重要遥感平台，通过搭载的微波和光学遥测设备，能够实时获取大气海洋环境资料。在军事上，由于无人机可有效减少人员伤亡，因此得到广泛应用。典型代表有美国的“全球鹰”“捕食者”，澳大利亚的 Aerosonde 等无人机。

海基观测包括海洋测量船、浮标等。海洋测量船也叫海洋调查船，是一种能够完成海洋环境要素探测、海洋各学科调查和特定海洋参数测量的舰船，西方早在 19 世纪后半叶就认识到海洋测量船的作用并开始改装使用测量船。随着社会的进步、科技的发展和军事的需求，海洋测量已从单一的水深测量拓展到海底地形、海底地貌、海洋气象、海洋水文、地球物理特性、航天遥感和极地参数测量。浮标监测分布面广、测量周期长，已经成为海洋和水文监测的主要手段。浮标集计算机、通信、能源、传感器测量等技术于一身，成为科技含量较高的科技综合体。

水下海洋观测有无人潜航器、水下传感器网络。国外海洋传感器网络研究中最有影响力的当属美国海军的海网水下声学网络，其目的是在军事上构建可布放的自主分布系统，用于沿海广大区域的警戒、反潜战和反水雷系统；在民用领域可以实施控制、通信和导航功能，节点之间采用水下声学通信技术。

2.6 航海导航技术

航海导航技术是指使船舶能够安全、准确地从一个地点航行到另一个地点的各种方法和技术。历史上，随着航海活动的增加和航海距离的扩展，航海导航技术经历了从简单到复杂的发展过程。

2.6.1 罗经定位

船舶在海上航行有了指向仪器才不会迷失方向，人类最早发明的指向仪器叫作罗经，罗经分为磁罗经和陀螺罗经两种。

(1) 磁罗经：中国古代就发明了指南针，磁罗经就是在指南针的基础上发展起来的一种指向仪器，它是利用磁针在地磁场作用下，能指向磁北的原理而制成的一种指示方向的仪器，它不依赖任何外界条件就能工作的一种指向仪器，基于此，船舶上配备的标准罗经就是磁罗经。

(2) 陀螺罗经：19 世纪 50 年代，人们又基于陀螺仪原理发明了陀螺罗经。陀螺罗经又称电罗经，由电力驱动。高速旋转的陀螺有定轴性和进动性，在没有外力矩作用时，自转轴在惯性空间中的指向稳定不变。陀螺罗经启动时，陀螺转子在地球自转角速度和重力影响下，自转轴指向真北方向。它不受声、光、电、磁等一切因素影响，非常精确，适用性又强，在船舶、飞机、导弹等设备上广泛使用。

2.6.2　传统海图与投影方法

海图是航海专门地图，是航海必不可少的重要工具之一，它的功能是传递地球表面的各种信息为航海所需要的海洋水域及沿岸地物提供帮助。海图上以统一的图式详细描绘了航海所需要的海洋水域及相关资料，同时也描绘了陆地范围内与航海密切相关的地物、地貌信息，如岸形、岛屿、礁石、浅滩、沉船和各类助航标志。因此，熟知海图构图特征和各种海图图式的意义，正确使用和管理海图是船舶驾驶员必备的知识。

地球是一个圆球体，其表面是一个不可展开的封闭曲面，而海图是平面图像，为了得到地球表面的平面图像，必须借助于一定的数学法则。海图投影就是按照一定的数学法则将地球表面信息一一描绘到平面上的方法。

1. 墨卡托投影的原理

墨卡托投影于 1569 年由荷兰制图学家 Gerardus Mercator 发明，也被称为圆柱投影或等角投影，是一种广泛应用于航海、航空和地理信息系统等领域的地图投影方法。它的特点是能够保持地球上的经纬度网格呈直角，使航线在地图上呈现为直线，极大地方便了航海者的导航和定位。用这种投影方法制成的海图叫墨卡托投影海图，目前用墨卡托投影制成的海图占全部航用海图的 95%以上。

墨卡托投影是一种等角正圆柱投影，它将地球放入一个假想的与地球直径相等的圆柱内，使地球的赤道与圆柱相切，地轴与圆柱的中轴相重合，将地面上的经线均投影到圆柱面上后，沿着圆柱面上某一条母线剪开后展平，则所有经线相互平行，且经线与纬线相互垂直。

墨卡托投影采用数学方法来满足等角投影的条件。众所周知，地球表面是一个不可展的曲面，且所有经线都相交于极点，但在正圆柱投影中，所有经线相互平行且间距相等，这样除赤道外，所有纬线发生了不同程度的拉长变形，且纬度越高，拉长越大。为了满足墨卡托海图等角投影的要求，相应的经线也应随着纬线的拉长而拉长，且拉长的幅度应相等，这样就保证等角的性质。

那么，墨卡托投影的每一条纬线随纬度的升高拉长了多少呢？若用 φ 表示地理维度，用纬度渐长率 MP 来表示墨卡托投影中维度的拉长程度。如果把地球当成圆球体，纬度渐长率公式为

$$\mathrm{MP}=\frac{1}{\cos(\varphi)}=\sec(\varphi) \tag{2-11}$$

纬度渐长率是指在投影过程中，由于将地球的曲面展平为一张地图，而导致的某一点或某一区域的尺寸(长度、面积)相对于实际地球表面的放大比例。在墨卡托投影中，这个比例随纬度的增加而增加，即越接近两极，地图上的表示就越被放大。为计算方便，有的国家根据纬度渐长率公式编制了纬度渐长率表，表中以纬度为引数即可查出该纬度的纬度渐长率。

在墨卡托投影中，维度 φ 转换为投影坐标 y 的公式为

$$y = R\ln\left[\tan\left(\frac{\pi}{4}+\frac{\varphi}{2}\right)\right] \tag{2-12}$$

其中,R 是地球半径,约为 6371km。

【例 2-3】 在墨卡托投影中,所有纬线发生了程度不同的拉长变形,纬度越高,拉长越大。若把地球看作圆球体,计算北纬 60°的地点在墨卡托投影中的纬度渐长率为 MP。

【解 2-3】 根据纬度渐长率公式可得

$$\mathrm{MP} = \sec(60°) = 2$$

2. 高斯-克吕格投影的原理

横切椭圆(圆)柱投影又称高斯-克吕格投影,一般用在比例尺大于 1∶500000 的地图中,如 1∶200000、1∶100000 等地图都采用该种投影。

高斯-克吕格投影的原理是:假设用一个椭圆(圆)柱面横向套在地球上,使椭圆柱面的轴线通过地心。对于选取椭圆柱面还是圆柱面,要根据采用的地球模型决定:如果地球模型是旋转椭球体,则选用椭圆柱面;如果地球模型是圆球体,则选用圆柱面。以椭圆柱面为例,该面与地球椭球体某一经线相切,此经线称为中央经线,又称中央子午线,以这种椭圆柱面作为投影面,将地球旋转椭球体表面上的地物投影到椭圆柱面上,如图 2-15(a)所示。将椭圆柱面横向切开并展开,就得到投影后的图形,如图 2-15(b)所示。用这样投影方式制作的地图,除了中央子午线和赤道在地图上的呈现是直线以外,理论上其他经线或纬线都不是直线,而是十分复杂的函数曲线,但是经线与纬线的交角仍然保持直角。

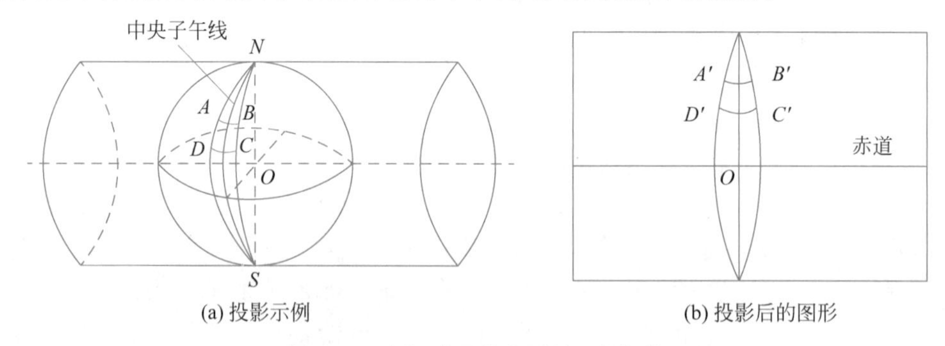

(a) 投影示例　　(b) 投影后的图形

图 2-15　高斯-克吕格投影的几何概念

由于地球旋转椭球体的水平断面是一个圆,球体可以在椭圆柱面内以过地球南北极的地轴为轴旋转,这是高斯-克吕格投影可以采用分条带投影的先决条件。

高斯-克吕格投影有以下 2 项规律。

(1) 中央子午线和赤道为垂直相交的直线,作为直角坐标系的坐标轴。经线为凹向对称于中央子午线的曲线,纬线呈现南北半球相反的形式。对于北半球,纬线为凸向对称于赤道的曲线,南半球的纬线则是凹向对称于赤道的曲线;纬线曲线与经线曲线正交。

(2) 纬线及中央子午线上没有长度变形,除中央子午线外其余经线的长度略大于球面实际长度,离中央子午线向东西两侧越远,椭圆柱面与地球旋转椭球面相分离越远,变形越大。

为了使变形控制在一个较小的范围内,高斯-克吕格投影采用分带投影的方式。具体来说,它以中央子午线为中心,将其东西两侧各 3°的范围作为一个投影带。当这些经线在地球南北极相交时,它们形成了一个类似花瓣形状的条带,因此称作分带投影。将这样的条带内的地表地物点位逐一投影到椭圆柱面上，然后将此条带展开铺平，再按照特定的要求进行适当的缩小和分割，最终形成需要的地图。在椭圆柱面内"旋转"地球模型，旋转角度6°，又形成另一个花瓣形状的条带，相应生成这一条带区域内的地图。总共旋转60次，就可以将地球每一个区域覆盖，这就是高斯-克吕格投影分带制作地图的原理，如图2-16所示。通过高斯-克吕格投影的分带制作地图原理，可以得到既准确又实用的地图，为各种地理信息应用提供了有力的支持。

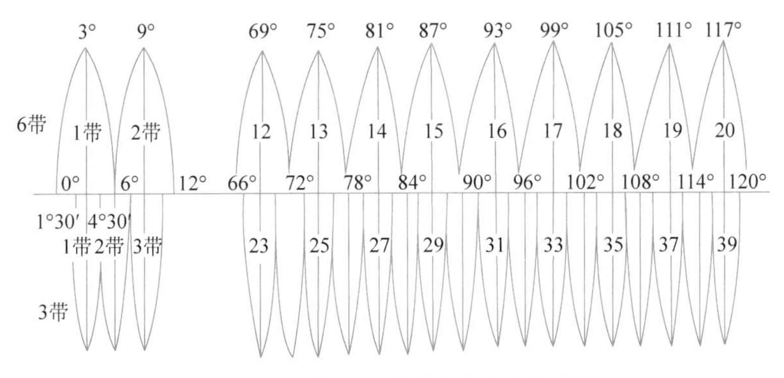

图2-16 高斯-克吕格投影分带投影示意

章节习题

2-1 ________是衡量飞机雷达隐身能力的指标。本参数越大，表示________。

2-2 简述伯努利定律的内容及其与飞机飞行原理的联系。

2-3 在一个简化的实验中，一条水平的管道被用来传输水。这条管道在一个点突然变细，主管道的直径为0.1m，而狭窄部分的直径为0.05m。在主管道中，水的速度为2m/s，而水的密度为1000kg/m^3。假设流体是不可压缩的，并且流动是理想的(即没有黏性损失)。利用伯努利原理，计算狭窄部分的水速度和压强差。

2-4 影响飞机升力的因素有哪些？举例并说明原理。

2-5 假设一架飞机在水平飞行时，翼展长度为30m，机翼的平均深度(从前缘到后缘的距离)为55m。飞机在海平面飞行，此时空气密度约为1.225kg/m^3。已知该飞机的飞行速度为250m/s，并且机翼产生的升力系数C_L为0.5，据此计算这架飞机的总升力。

2-6 据NASA中文消息，2014年9月24日，印度首个火星探测器"曼加里安"号成功进入火星轨道。下列关于"曼加里安"号探测器的说法正确的是

A) 从地球发射的速度应该大于第三宇宙速度

B) 进入火星轨道过程应该减速

C) 绕火星运行周期与其质量无关

D) 速度大于第二宇宙速度即可飞出太阳系

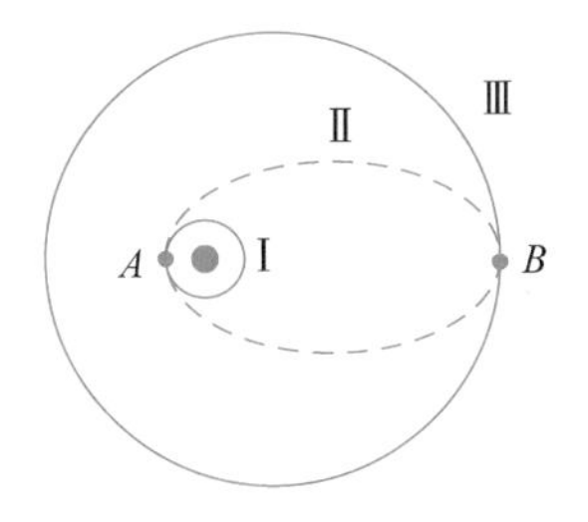

图2-17 发射地球同步卫星的简化轨道示意

2-7 发射地球同步卫星的简化轨道示意如图2-17所示，先将卫星发射至距地面高度为h_1的近地圆轨道Ⅰ上，在卫星过A点时点火实施变轨，进入远地点为B的椭圆轨道Ⅰ上，过B点时再次点火，将卫星送入地球同步圆

轨道Ⅱ。已知地球表面的重力加速度为 g,地球自转周期为 T,地球半径为 R。求:

(1) 卫星在近地圆轨道Ⅰ上运行的线速度 v_1 大小。

(2) 同步圆轨道Ⅲ距地面的高度 h_2。

2-8 核潜艇隐身技术包括哪些?请简要介绍。

2-9 简述墨卡托投影的原理。

2-10 在墨卡托投影中,所有纬线发生了程度不同的拉长变形,纬度越高,拉长越大。

(1) 把地球看作圆球体,计算北纬75°的地点在墨卡托投影中的纬度渐长率MP。

(2) 把地球看作球体,假设在北纬75°的地区有一条实际长度为100km的直线,计算这条直线在墨卡托投影地图上的表现长度。

2-11 围绕中国绕月、火星探测和空间站,简述中国航天技术的发展。

2-12 航空设备主要有哪些类型?试描述无人机国内外最新发展。

2-13 海洋探测技术有哪些类型?分别简述其原理。

2-14 海上通信和海下通信的差异有哪些?简述主要的代表性技术原理和特征。

习题解答

2-1 解:RCS是衡量飞机雷达隐身能力的指标。本参数越大,表示目标在雷达波的照射下所产生的回波强度越大。

2-2 解:伯努利定律的内容是:流体在变截面管道中流动时,凡是截面积小的地方,流速就大,压强就小;凡是截面积大的地方,流速就小,压强就大。但是流体的静压和动压之和,称为总压,始终保持不变。

利用伯努利定律设计飞机的翼面,通过形状和角度的调整,使得在飞行过程中,翼面上方的气流速度增加,压强降低,从而产生向上的升力。

2-3 解:记主管道的直径为 d_1,面积为 A_1,水流速度为 v_1,狭窄管道的直径为 d_2,面积为 A_2,水流速度为 v_2

根据伯努利原理,$A_1v_1=A_2v_2$

$$d_1=2d_2,\quad A_1=4A_2$$

则 $v_2=4v_1=8\text{m/s}$

2-4 解:

(1) 机翼面积的影响

飞机的升力主要由机翼产生,而机翼的升力是由机翼上下翼面的压强差产生的,因此,压强差所作用的机翼面积越大,产生的升力也就越大。

(2) 相对速度的影响

风速越大,所感受到的风力也就越大。同理,飞机与空气的相对速度 v 越大,产生的空气动力也越大,对机翼的升力也就越大。但升力与相对速度并不是成简单的正比关系,而是与相对速度的平方成正比。

(3) 空气密度的影响

升力的大小和空气密度 ρ 成正比,密度越大,则升力也越大。

(4) 机翼剖面形状和迎角的影响

不同的机翼剖面形状和不同的迎角，会使机翼周围的气流流动状态（包括流速和压强）等发生变化，因而导致升力的改变。

2-5 解：先计算机翼面积

$$S=30\times 5=150\text{m}^2$$

总升力

$$L=\frac{1}{2}\rho V^2 SC_{\text{L}}=2871093.75\text{N}$$

2-6 解：从地球发射火星探测器的速度应该大于第二宇宙速度，小于第三宇宙速度，选项A错误。进入火星轨道过程应该减速，选项B正确。绕火星运行周期与其质量无关，选项C正确。速度大于第三宇宙速度可飞出太阳系，选项D错误。

2-7 解：(1) 在地球表面，万有引力等于重力，即

$$G\frac{Mm}{R^2}=mg$$

卫星在近地圆轨道Ⅰ上运行时万有引力提供向心力：

$$G\frac{Mm}{(R+h_1)^2}=m\frac{v_1^2}{R+h_1}$$

解得 $v_1=R\sqrt{\frac{g}{R+h_1}}$。

(2) 卫星在同步圆轨道Ⅲ上由万有引力提供向心力，即

$$G\frac{Mm}{r^2}=m\frac{4\pi^2}{T^2}r$$

解得运动半径 $r=\sqrt[3]{\frac{gR^2T^2}{4\pi^2}}$，则离地高度 $h_2=\sqrt[3]{\frac{gR^2T^2}{4\pi^2}}-R$。

2-8 解：核潜艇的隐身技术主要包括声学隐身、红外隐身、电磁隐身等多种技术手段。其中，核潜艇的声学隐身技术是一种通过控制潜艇的声频特性来降低敌方声呐设备的探测距离和精度的技术。这种技术的主要目的是降低潜艇的水下噪声，从而降低被敌方声呐发现的概率。核潜艇的红外隐身技术是一种通过降低潜艇的红外辐射特征，减少被敌方红外探测设备发现的可能性的技术。核潜艇的电磁隐身技术是一种通过降低潜艇在运行过程中产生的各种电磁信号，如通信信号、雷达信号、导航信号等，从而减少被敌方电磁探测设备发现的可能性的技术。

2-9 解：墨卡托投影，又称为正轴等角圆柱投影。设想一个与地轴方向一致的圆柱切于或割于地球，按等角条件将经纬网投影到圆柱面上，将圆柱面展为平面后，得平面经纬线网。投影后，经线是一组竖直的等距离平行直线，纬线是垂直于经线的一组平行直线。各相邻纬线间隔由赤道向两极增大。一点上任何方向的长度比均相等，即没有角度变形，但面积变形显著，且随远离基准纬线而增大。

2-10 解：

① $\text{MP}=\sec(75^\circ)=3.86$

② 实际表现长度为 $3.86\times 100=386\text{km}$

2-11 解：

(1) 绕月探测

中国的绕月探测计划被称为“嫦娥工程”，以中国古代神话中的月亮女神命名。自2007年“嫦娥一号”发射以来，中国陆续实施了多个绕月探测任务，包括“嫦娥二号”“嫦娥三号”和“嫦娥四号”。其中，“嫦娥四号”成为首个在月球背面软着陆的探测器，成功地进行地形地貌、矿物组成和月球表面辐射等多项科学探测，展现了中国在深空探测领域的先进技术。

(2) 火星探测

中国的火星探测任务则以“天问”工程为标志。2020年，中国成功发射了首个火星探测卫星“天问一号”，实现了绕、着、巡3个阶段的任务。“天问一号”探测器不仅成功进入火星轨道，还实现了火星车的软着陆和探索，这标志着中国成为继美国之后第二个实现火星表面着陆和巡视探测的国家。

(3) 空间站建设

中国空间站计划是中国载人航天工程的重要组成部分，旨在建立一个长期有人驻守的空间实验平台。自2021年起，中国通过发射天和核心舱、天舟货运飞船和神舟载人飞船等一系列任务，逐步完成了空间站的在轨组装和建设。中国空间站计划在科学研究、技术试验和国际合作等方面具有重要意义，不仅展示了中国在空间技术领域的强大能力，也为全人类的空间探索贡献了新的平台。

2-12 解：航空设备的类型多样，覆盖了从传统飞机、直升机到现代无人机和高空平台等多个领域。以下是一些主要的航空设备类型：

民用飞机：用于商业航班、私人飞行、空中旅行等。

军用飞机：包括战斗机、轰炸机、侦察机等，用于国防和军事操作。

直升机：具有垂直起降能力，应用于救援、运输、军事等领域。

无人机：远程或自主控制的飞行器，应用于军事侦察、商业摄影、物流运输等多个领域。

高空气象观测设备：用于气象监测和研究。

太空探测器：用于执行地球轨道外的科学任务和深空探索。

无人机的最新发展如下。

(1) 国内发展。

技术创新：中国无人机行业在技术创新方面取得了显著进展，特别是在自主导航、避障技术和长距离控制技术等方面。例如，大疆创新等公司推出的消费级无人机在全球市场占据领先地位，其产品以高性能、易操作和高性价比著称。

军事应用：中国也在积极推进无人机在军事领域的应用，包括侦察、监视和打击任务。中国研发的无人机涵盖了从小型侦察无人机到大型武装无人机等多个类型。

商业和民用市场：在物流、农业、环境监测等领域，无人机的应用也在不断扩大，中国的一些无人机企业在这些领域取得了商业成功。

(2) 国际发展。

技术前沿：在国际上，无人机技术持续进步，尤其是在自动飞行控制系统、电池续航能力、图像处理技术等方面。这些进步推动了无人机在更多领域的应用，如快递配送、交通管理、灾害响应等。

政策和法规：许多国家正在更新或制定新的无人机政策和法规，以促进无人机技术的安全使用和行业的健康发展。这些政策旨在平衡创新与公共安全之间的关系。

国际合作：国际上的无人机制造商和技术公司在研发、市场拓展等方面展开了广泛的合作，通过技术交流和共享，共同推进无人机技术的发展。

2-13 解：海洋探测技术多样化，旨在深入了解海洋的物理、化学、生物和地质特性。以下是一些主要的海洋探测技术类型及其原理简述。

(1) 声呐技术。

原理：声呐技术通过发射声波并接收其反射波来探测水下物体和地形。声波在碰到物体后会反射回来，通过分析这些反射波，可以确定物体的位置、形状和其他特性。声呐技术分为主动声呐和被动声呐。主动声呐通过分析自身发射的声波反射信号进行探测，而被动声呐则侦听水下环境中的声波。

(2) 卫星遥感技术。

原理：卫星遥感利用安装在卫星上的传感器从远距离获取海洋的信息。这些传感器可以是光学的、雷达的或者其他类型，能够捕捉到从海洋表面反射或发射的电磁波。通过分析这些数据，科学家可以获得海洋表面温度、色素浓度、海冰情况、海平面高度等信息。

(3) 水下无人航行器和遥控操作车。

原理：水下无人航行器是完全自主运行的水下机器人，可以执行预设任务，如地形测绘、生物样本采集等，而无须实时人为控制。遥控操作车通过缆线与操作者连接，进行更为复杂的任务，如海底结构安装或维护。这些设备通过搭载多种传感器(如声呐、摄像头、化学分析仪)来收集海洋数据。

(4) 海洋钻探技术。

原理：海洋钻探技术通过在海床上钻取岩心样本来研究海洋地质结构和历史。这些样本能够提供地层、沉积物、化石和古气候的信息，对于理解地球的过去和预测未来变化非常重要。

(5) 海洋浮标和锚定站。

原理：海洋浮标和锚定站装备有各种传感器，用于长期监测海洋的物理、化学和生物参数，如温度、盐度、流速和营养盐浓度等。这些设备可以是漂浮的，也可以固定在海床上，提供连续的数据记录，对于研究海洋环流、气候变化等现象至关重要。

(6) 水声通信技术。

原理：水声通信技术是利用声波在水下的传播能力来进行通信。这种技术使水下设备之间能够传输数据，对于海底观测网络和水下机器人的协同工作非常重要。

2-14 解：海上通信和海下通信在技术实现、通信环境，以及应用领域等方面存在显著差异。这些差异主要源于海水对不同类型的通信信号(如电磁波、声波)的传播特性不同，以及海面以上与海底环境的根本区别。下面是两者的主要差异及其代表技术的原理和特征。

(1) 海上通信。

海上通信主要涉及海面或接近海面的通信，通常使用电磁波(包括无线电波和微波)

进行数据传输。

代表性技术有卫星通信、VHF/UHF 无线电通信。

卫星通信：利用 GEO 或 LEO 进行数据传输。卫星通信可以覆盖全球，不受海洋环境的影响，适用于远洋航行的船舶通信、海洋平台的数据回传等。

VHF/UHF 无线电通信：在视线范围内使用较短的电磁波进行通信。这种通信方式在船舶之间或船舶与近岸基站之间十分常用，但通信距离有限。

特征：海上通信技术主要受电磁波在大气中的传播特性和视线范围内的地球曲率限制影响。卫星通信虽然可以实现远距离通信，但成本较高，且可能受到天气和空间环境的影响。

(2) 海下通信。

海下通信指的是水下环境中的通信，主要使用声波进行数据传输，因为电磁波在水中的衰减非常快。

代表性技术有声呐通信和水声调制通信。

声呐通信：通过声波在水中的传播来实现通信。声呐通信在几千米到几十千米的范围内有效，适用于潜艇、水下无人航行器之间的通信或者海底观测站的数据传输。

水声调制通信：利用调制的声波传递数字信号。通过改变声波的频率、幅度或相位来编码信息，然后在接收端进行解码。

特征：水下通信技术的主要挑战包括声波在水中的衰减、噪声干扰，以及多径效应(声波在水中反射和折射造成的干扰)。这些因素限制了通信的距离和数据传输速率。尽管如此，声呐通信是目前水下通信的主流技术，特别适用于深海环境。

参考文献

[1] 李彤. 大疆无人机创新生态系统升级模式与机制研究[D]. 黑龙江：哈尔滨理工大学，2022.

[2] IGNATYEV D I, KHRABROV A N, KORTUKOVA A, et al. Interplay of unsteady aerodynamics and flight dynamics of transport aircraft in icing conditions[J]. Aerospace Science and technology, 2020, 104(Sep.): 105914.1-105914.11.

[3] 贾玉红，吴永康，黄俊. 航空航天概论[M]. 3 版. 北京：北京航空航天大学出版社，2013.

[4] 杨炳渊. 航天技术导论[M]. 北京：中国宇航出版社，2009.

[5] 赵仁余. 航海学[M]. 北京：人民交通出版社，2009.

[6] NGUYEN D H, LOWENBERG M H, NEILD S A. Frequency-domain bifurcation analysis of a nonlinear flight dynamics model[J]. Journal of Guidance, Control, and Dynamics: A Publication of the American Institute of Aeronautics and Astronautics Devoted to the Technology of Dynamics and Control, 2021, 44(1): 138-150.

[7] ABOELEZZ A, HASSANALIAN M, DESOKI A, et al. Design, experimental investigation, and nonlinear flight dynamics with atmospheric disturbances of a fixed-wing micro air vehicle[J]. Aerospace Science and Technology, 2020, 97(Feb.): 105636.1-105636.13.

[8] 叶彤，黄毅，焦晨晨，等. 墨卡托投影最佳基准纬线确定方法[J]. 海洋测绘，2021, 41(1): 41-46.

[9] SONG Y J, LEE D, BAE J H, et al. Preliminary design of LUDOLP: the flight dynamics subsystem for the Korea Pathfinder Lunar Orbiter mission[C]//14th International Conference on Space Operations. Korea: American Institute of Aeronautics and Astronautics, 2016.

[10] 高耀南. 宇航概论[M]. 北京：北京理工大学出版社，2018.

[11] 萨瓦拉，鲁伊斯，佩宁. 基于临近空间平台的无线通信[M]. 北京：国防工业出版社，2014.

[12] 李海涛. 深空测控通信系统设计原理与方法[M]. 北京：清华大学出版社，2014.

[13] 吴伟仁. 深空测控通信系统工程与技术[M]. 北京：科学出版社，2013.

[14] 沈海军，程凯，杨莉. 近空间飞行器[M]. 北京：航空工业出版社，2012.

[15] 周辉，郑海昕，许定根. 空间通信技术[M]. 北京：国防工业出版社，2010.

[16] 陈树新，王锋，周义建，等. 空天信息工程概论[M]. 北京：国防工业出版社，2010.

[17] 于志坚. 深空测控通信系统[M]. 北京：国防工业出版社，2009.

[18] 余金培. 现代小卫星技术与应用[M]. 上海：上海科学普及出版社，2004.

第3章 雷达基本原理

CHAPTER 3

雷达利用电磁波对空间目标进行探测，在目标反射的回波中提取位置、速度、外形等空间信息，结合适当的处理手段实现对目标的检测、测量跟踪与成像。该技术广泛应用于社会经济发展（如气象预报、资源探测、环境监测等）和科学研究（天体研究、大气物理、电离层结构研究等），星载与机载雷达目前已成为遥感中一类重要的传感器，因此雷达技术作为遥感技术的关键支撑，在空间信息与通信技术框架中占有重要地位。本章将围绕雷达信号处理展开，使读者对雷达系统工作原理有基本了解。首先，从系统层面出发介绍雷达信号的产生与接收流程，明确雷达系统的基本组成与性能指标。在此基础上构建雷达信号模型，定义刻画波形整体特征的参量，建立数学表示与实际系统对应关系。然后，讨论最大化雷达信号可检测性的匹配滤波理论，引出作为雷达信号处理关键的脉冲压缩技术，便于读者深入理解雷达系统中匹配滤波器的意义与实现。本章还将对多普勒处理进行讨论，包括动目标检测和脉冲多普勒处理。最后，介绍雷达测量的基本原理，阐明雷达系统如何实现目标距离、角度、多普勒频率的测量。

3.1 雷达信号的产生与接收

为了阐明雷达系统架构与基本原理，本节将以最常用的全相参脉冲雷达作为典型案例，简要讲述其工作流程，并对与雷达信号产生和接收密切相关的发射及接收链路进行介绍。

全相参脉冲雷达系统的基本组成包括收发开关、天线、发射机和接收机4部分，具体结构如图3-1所示。

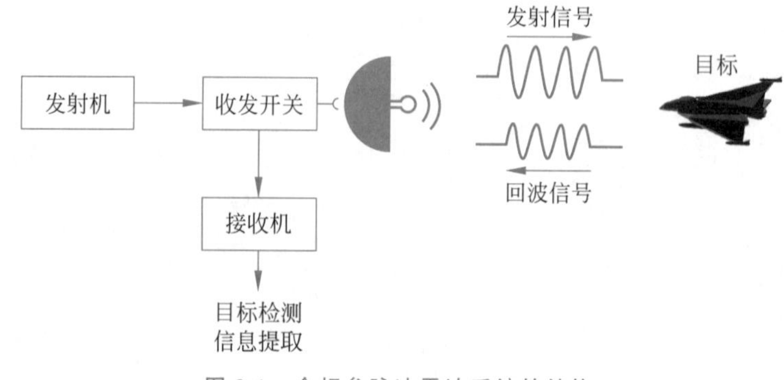

图3-1 全相参脉冲雷达系统的结构

雷达系统的基本工作流程可以概括为以下6点内容。

(1) 雷达利用天线发射电磁信号。

(2) 被辐射能量在空间中传播并击中周围环境中的物体。

(3) 部分能量被位于雷达覆盖距离(范围)的潜在目标截获。

(4) 被截获的能量向不同方向重新辐射。

(5) 部分辐射能量作为回波返回到接收天线。

(6) 接收到的回波信号被适当地调节(放大、滤波、下变频和采样),进而雷达基于其特性检测目标是否存在;如果确定目标存在,则提供相关的空间信息,例如距离、径向速度、方位角、俯仰角等。

收发开关使发射机与接收机能够共享同一天线进行信号传输。收发开关也被称为双工器或环形器,用于防止发射高功率信号泄露导致接收链路元器件被烧毁。

天线将发射机产生的大功率信号转换为电磁波向目标进行定向辐射,并将反射回波转换为电压形式馈入接收机进行检测。雷达系统中常见的天线类型包括透镜天线、抛物面反射天线和相控阵天线。为了有效刻画天线的工作性能,定义了天线效率、方向系数、增益、有效接收面积和波束宽度等关键参数。

定义3.1　**天线效率**:天线辐射功率与输入功率之比。

天线效率用于衡量天线将电流转换为电磁波能量的有效程度,据定义可写为

$$\eta=\frac{P_{\Sigma}}{P_{\mathrm{A}}} \tag{3-1}$$

其中,P_{Σ}表示辐射功率,P_{A}表示天线的输入功率。

定义3.2　**天线方向系数**:辐射功率相同的条件下,天线最大辐射方向某点与理想点源天线在同一处的功率通量密度之比。

天线方向系数用于衡量天线定向辐射能量的能力,具有如下形式:

$$D=\left.\frac{S_{\mathrm{m}}}{S_{0}}\right|_{P_{\Sigma 0}=P_{\Sigma}}=\left.\frac{E_{\mathrm{m}}^{2}}{E_{0}^{2}}\right|_{P_{\Sigma 0}=P_{\Sigma}} \tag{3-2}$$

其中,S_{m}和E_{m}^{2}分别为最大辐射方向的功率通量密度和场强,S_{0}和E_{0}^{2}分别为理想点源天线的功率通量密度和场强。

定义3.3　**天线增益**:输入功率相同的条件下,天线在最大辐射方向上的某一点的功率通量密度与理想点源天线在同一处的功率通量密度之比。

根据天线增益定义,可表示为

$$G=\left.\frac{S_{\mathrm{m}}}{S_{0}}\right|_{P_{\Sigma 0}=P_{\mathrm{A}}} \tag{3-3}$$

天线增益中考虑了天线效率的影响,因此结合式(3-1)和式(3-2)天线增益可表示为

$$G=D\eta \tag{3-4}$$

定义3.4　**有效接收面积**:天线输出端的功率P与入射平面波的功率通量密度S之比,即

$$A_{\mathrm{e}}=\frac{P}{S} \tag{3-5}$$

天线的有效接收面积也被称为孔径,可以理解为A_{e}面积内所有的入射功率都被无损

收集并输出至负载。有效接收面积与天线的物理尺寸 A 成正比，具体关系为 $A_e=\rho A$，其中，ρ 为孔径效率。

定理 3.1 孔径反映了天线的方向性，它与天线增益 G 和信号波长 λ 间具有如下关系：

$$A_e=\frac{\lambda^2 G}{4\pi} \tag{3-6}$$

证明：

考虑长度为 $l\ll\lambda$ 的无损对称振子，根据天线理论可知其增益 G 为 1.5，辐射电阻 $R_r=80(\pi l)^2/\lambda^2$。当天线与负载阻抗匹配时，负载能够获得的最大功率为

$$P=\frac{|V_L|^2}{8R_r}=\frac{(El)^2}{8R_r}$$

其中，V_L 为辐射电阻所获得的最大电压，E 为电场强度。

入射平面波的功率通量密度为

$$S=\frac{E^2}{2Z}$$

其中，Z 为传输介质的固有阻抗，自由空间中取值一般为 $120\pi\Omega$。

根据孔径的定义，可以得出对称振子的孔径为

$$A_e=\frac{P}{S}=\frac{(El)^2}{8R_r}\frac{2Z}{E^2}=\frac{3\lambda^2}{8\pi}=\frac{\lambda^2}{4\pi}\times 1.5=\frac{\lambda^2}{4\pi}G$$

证毕。

定义 3.5 **波束宽度**：是天线辐射电场中最大辐射强度方向上的主瓣两侧半功率点的夹角。

波束宽度可以理解为辐射功率降低 3dB 处的两点间的夹角，与波长 λ 和孔径 A_e 的关系为

$$\theta_{3dB}\sim\frac{\lambda}{A_e} \tag{3-7}$$

此参数反映了天线作为空间滤波器对于角度的区分能力。波束宽度越窄，角度分辨率越高。

【例 3-1】 某 L 波段雷达工作于 1GHz，发射信号功率为 3MW，假设雷达孔径效率为 1，配备最大增益为 30dB 的圆形天线，试求天线物理尺寸，以及 55km 处的功率通量密度。

【解 3-1】 根据式(3-6)与圆形面积公式，有下式成立：

$$D=\frac{\lambda_0}{\pi\sqrt{\rho}}\sqrt{G}$$

由题意可知 $\lambda_0=3\times10^8/(1\times10^9)=0.3\text{m}$，代入上式即可得到天线直径：

$$D=\frac{\lambda_0}{\pi\sqrt{\rho}}\sqrt{G}=\frac{0.3\times\sqrt{1000}}{\pi}=3.02\text{m}$$

理想点源天线在 55km 的功率通量密度为

$$S_0=\frac{P_0}{4\pi R^2}=\frac{3\times10^6}{4\pi(55\times10^3)^2}=78.9\mu\text{W/m}^2$$

根据式(3-3)可以得到此天线在相同位置的功率通量密度为

$$S_m = S_0 G = \frac{(3 \times 10^6) \times 10^3}{4\pi(55 \times 10^3)^2} = 78.9\text{mW/m}^2$$

雷达发射机的主要功能是产生所需强度的高频脉冲信号，并将高频信号馈送至天线，可分为单级振荡式发射机和主振放大式发射机两类。全相参是指雷达发射脉冲的相位之间具有确定的关系或统一的参考基准，此时通过测量回波脉冲间的相对相位，可以获得相位随时间的变化率，从而能够方便地测量多普勒频率与速度。单级振荡式发射机采用射频振荡器生成非相参信号，仅适用于测距，因此，在全相参系统中必须采用主振放大式发射机。全相参雷达发射机主要由主控振荡器组、波形产生模块、脉冲调制器和射频功率放大器构成，如图 3-2 所示。

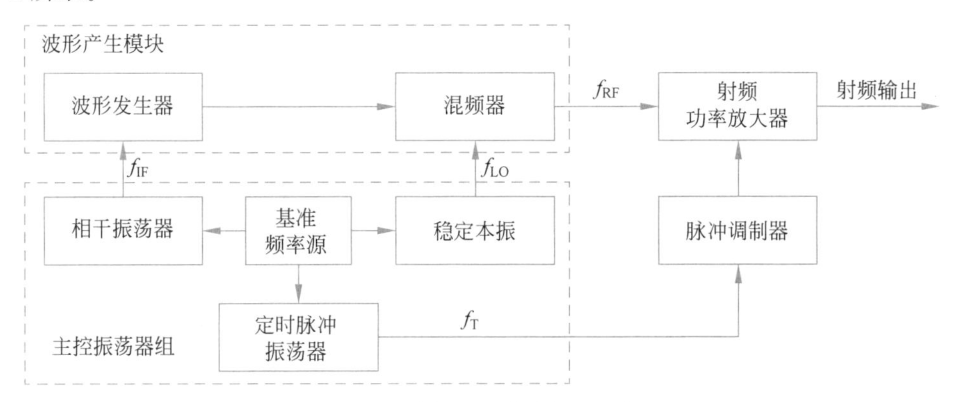

图 3-2 全相参雷达发射机结构

主控振荡器组包括基准频率源、相干振荡器、稳定本振和定时脉冲振荡器，其功能是基于同一个标准频率源向发射机提供多种频率参考，主要通过分频或倍频的方法产生中频频率 f_{IF}、本振频率 f_{LO} 和脉冲重复频率 f_T。

波形产生模块用于产生低功率的射频连续信号。波形发生器首先在相干振荡器的控制下生成特定波形的中频信号，进而经混频器上变频至射频频率 f_{RF}，获得低电平的发射射频信号。

脉冲调制器用于根据脉冲重复频率产生脉冲串作为射频功率放大器的控制信号，通常可分为线性调制器和有源开关调制器两类。线性调制器利用输入信号前沿控制脉冲启动，无源器件(时延线或脉冲形成的网路)完全放电后脉冲终止，放电特性决定了脉冲形状和持续时间，一般难以获得陡峭的下降沿，但此种调制器的结构较为简单，便于小型化，且能够适用于非正常负载。不同于线性调制器，有源开关调制器则利用输入信号前后沿来分别控制脉冲的生成与终止，使脉冲下降沿较为陡峭，并且能够产生较为平坦的脉冲形状，灵活改变脉冲持续时间和重复频率，但结构较线性调制器更为复杂，难以小型化。

射频功率放大器在脉冲信号控制下，通过对射频信号进行切分获得相参脉冲，并将其放大至传输所需功率等级。雷达系统中射频放大器的常见实现形式包括线性束功率管(行波管、速调管和混合速调管)、磁控管和固态晶体管放大器等。行波管能够精确控制雷达所传输的高功率脉冲的宽度与频率；速调管较行波管具有更高的增益和效率，但产生高峰值功率时需要有效的屏蔽措施；混合速调管则使用行波管的多腔代替自身谐振腔，使带宽性能有一定提升。磁控管尺寸较小易于集成，电压低于调速管，但噪声大、稳定性差，对平均功率存在限制。固态晶体管放大器较其他形式放大器，具有更大的工作带宽，同时由于工作在低压，易于维护，寿命较长，但也因此需要组合大量元件以获得所足够的功率放大能力，而且须产生占空比较大的长脉冲，才能够获得良好的放大效率。

主振放大式发射机因其独特的优势而广泛应用于现代雷达系统，具体表现在以下3点。

(1) 能够产生相参脉冲信号。利用同一高稳低频基准源，经分频或倍频产生系统所需频率信号，使雷达的发射脉冲间具有确定的相位关系。

(2) 频率稳定度高。由于采用相同基准源，其稳定度将决定输出射频信号的精度和稳定度，可以采用恒温、抗振和稳压等措施有效提高稳定度，减少信号频谱展宽。

(3) 处理灵活性强。波形发生器中可以利用数字技术，灵活生成各种调制信号，实现复杂波形体制。

雷达接收机从受到噪声和干扰等失配影响的接收射频信号中分选出微弱的回波信号，并经过放大、滤波、解调和采样，再送至信号处理器或数据处理器等后端设备，目的在于充分抑制噪声与干扰，并尽可能保留目标信息。常见的信号接收机类型可分为零中频接收机和超外差式接收机。零中频接收机将射频信号直接下变频至基带，微弱的雷达回波信号很容易被闪变效应噪声淹没。闪变效应噪声的功率谱密度与频率成反比关系，故也被称为 $1/f$ 噪声。此噪声会限制零中频接收机的灵敏度，影响雷达系统的性能。因此，目前工程中较为常用的脉冲雷达接收机均采用超外差式结构，其基本构成如图3-3所示。

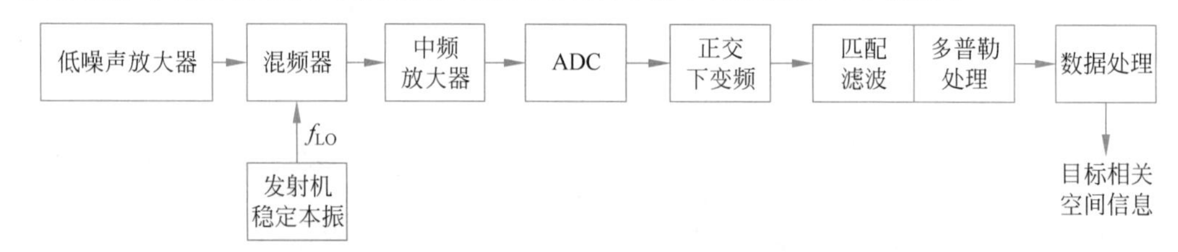

图 3-3 超外差式接收机结构

注：模数转换器(Analog-to-Digital Converter，ADC)

超外差接收机利用多级电路实现射频信号到基带信号的转换，核心在于“射频-中频-基带”的多级结构。接收机首先将信号混频至中频，放大后下变频至基带。这一处理流程具有两方面优势：一方面中频信号占据带宽比例更大，易于放大，同时中频信号的频率较射频有所下降，还能够降低硬件处理能力需求，有效降低电路实现成本；另一方面，以中频作为过渡，结合中频放大操作可以获得更低的变换损耗，有效提升接收机灵敏度。

低噪声放大器在射频对接收的微弱回波进行放大，特点为噪声系数较低。根据级联系统噪声系数性质可知，后级系统对整体噪声系数的影响会越来越小，接收机第一级组件的噪声系数对接收机噪声特性起决定性作用，对于雷达接收信噪比的确定具有重要意义。因此，工程中通常使用具有较低噪声系数的低噪声放大器进行前级放大，以提升接收机灵敏度。

混频器与发射机共用相同的稳定本振，将射频信号混频至中频。混频器的输出为射频回波和本振信号的乘积，主要包括和频与差频分量，差频分量输出为中频信号，而和频分量在输出时被滤波器抑制。

随着现场可编程门阵列(Field Programmable Gate Array，FPGA)技术的发展，数模转换器(Digital-to-Analog Converter，DAC)的处理性能得到不断提升，数字化操作能够在靠近前端的位置实施。因此，现代雷达接收机中多采用数字下变频的方式直接分离 I/Q 支路以获得数字基带信号。然后基带信号经过匹配滤波处理，以优化微弱回波信号的检测性能，当杂波掩盖目标回波时，还会利用多普勒处理将运动目标回波从固定杂波中分离，以上技术将在后续小节中详细介绍。最终，处理后的信号被送入后续数据处理器进行目标回波检测，发现目标存在后，测量其角度、距离和径向速度，以获取目标相关的空间信息。

3.2 雷达信号的表示方法

数学工具作为理解和分析任何系统的根本手段，对雷达系统原理的阐明意义重大。雷达中最基本的处理对象就是雷达信号，因此需要构建雷达信号在时域与频域中的数学表示，以便利用相应分析手段剖析信号性质。雷达波形性能主要由波形特征决定，因此在性能分析时，可以使用波形参量表示雷达信号，而不确定原理则在此种表示方法下规定了波形性能的根本约束。

3.2.1 时域与频域的表示

在实际的雷达系统电路中传递与处理的信号均为实信号，为了便于进行数学分析，通常采用复信号形式进行表达，对应解析信号表示。复信号可以利用傅里叶变换这一工具，将信号转换到以复指数信号作为基的频域空间进行分析。

雷达系统产生的射频信号在时域可以表示为针对连续载波幅度和相位的调制，具体为下述实信号的形式：

$$s(t)=a(t)\cos[2\pi f_0 t+\varphi(t)] \tag{3-8}$$

其中，f_0 为雷达的载波频率，$\varphi(t)$为雷达信号的相位调制信号，$a(t)$为雷达信号的振幅调制信号。在实际中，发射机的功放通常处于饱和放大状态，使 $a(t)$作为一种无意调制，包含有关发射机射频链路的非理想特性的信息。

实信号对应的复解析信号可以表示为

$$\tilde{s}(t)=a(t)\exp\{\mathrm{j}[2\pi f_0 t+\varphi(t)]\}=x(t)\exp(\mathrm{j}2\pi f_0 t) \tag{3-9}$$

其中，$x(t)=a(t)\exp[\mathrm{j}\varphi(t)]$为雷达系统的基带信号，即雷达信号复包络，$\exp(\mathrm{j}2\pi f_0 t)$为雷达信号的复值载波。

根据欧拉公式分解指数项，解析信号还可以进一步表示为以下形式：

$$\begin{aligned}\tilde{s}(t)&=a(t)\exp\{\mathrm{j}[2\pi f_0 t+\varphi(t)]\}\\&=a(t)\cos[2\pi f_0 t+\varphi(t)]+\mathrm{j}a(t)\sin[2\pi f_0 t+\varphi(t)]\\&=s(t)+\mathrm{j}\hat{s}(t)\end{aligned} \tag{3-10}$$

其中，$\hat{s}(t)$为实信号 $s(t)$的希尔伯特变换（Hilbert Transform，HT），记作 $\hat{s}(t)=\mathrm{HT}[s(t)]$。假设 $a(t)$是带宽为 B 的带限信号，其傅里叶变换 $A(f)$满足：

$$A(f)=\begin{cases}A(f), & |f|\leqslant B\\0, & \text{其他}\end{cases} \tag{3-11}$$

若 $a(t)$为窄带信号，即载波频率 f_0 远大于带宽 B，则有

$$\mathrm{HT}[a(t)\cos(2\pi f_0 t+\varphi)]=a(t)\sin(2\pi f_0 t+\varphi) \tag{3-12}$$

$$\mathrm{HT}[a(t)\sin(2\pi f_0 t+\varphi)]=-a(t)\cos(2\pi f_0 t+\varphi) \tag{3-13}$$

根据傅里叶变换可得复信号的频域表示为

$$\begin{aligned}\tilde{S}(f)&=\int_{-\infty}^{+\infty}x(t)\exp(\mathrm{j}2\pi f_0 t)\exp(-\mathrm{j}2\pi ft)\mathrm{d}t\\&=\int_{-\infty}^{+\infty}x(t)\exp[-\mathrm{j}2\pi(f-f_0)t]\mathrm{d}t\\&=X(f-f_0)\end{aligned} \tag{3-14}$$

其中，$X(f)=\int x(t)\exp(-\mathrm{j}2\pi ft)\mathrm{d}t$ 为基带信号的频谱函数，表明复信号为基带信号频谱搬移的结果。

进而，实信号的频域可通过同样的方式表示为

$$\begin{aligned}S(f)&=\int_{-\infty}^{+\infty}a(t)\cos[2\pi f_0 t+\varphi(t)]\exp(-\mathrm{j}2\pi ft)\mathrm{d}t\\&=\frac{1}{2}\int_{-\infty}^{+\infty}a(t)\exp[\mathrm{j}\varphi(t)]\exp[-\mathrm{j}2\pi(f-f_0)t]\mathrm{d}t+\\&\quad\frac{1}{2}\int_{-\infty}^{+\infty}a(t)\exp[-\mathrm{j}\varphi(t)]\exp[-\mathrm{j}2\pi(f_0+f)t]\mathrm{d}t\\&=\frac{1}{2}X(f-f_0)+\left\{\frac{1}{2}\int_{-\infty}^{+\infty}a(t)\exp[\mathrm{j}\varphi(t)]\exp[-\mathrm{j}2\pi(-f_0-f)t]\mathrm{d}t\right\}^*\\&=\frac{1}{2}X(f-f_0)+\frac{1}{2}X^*(-f_0-f)\end{aligned} \tag{3-15}$$

由式(3-15)可以发现，复信号频谱为实信号频谱正频率部分的 2 倍。

结合希尔伯特变换也能得到同样结论，复信号频谱可写作：

$$\tilde{S}(f)=\int_{-\infty}^{+\infty}s(t)\exp(-\mathrm{j}2\pi ft)\mathrm{d}t+\mathrm{j}\int_{-\infty}^{+\infty}\hat{s}(t)\exp(-\mathrm{j}2\pi ft)\mathrm{d}t \tag{3-16}$$

根据希尔伯特变换性质可知，时域变换对应频域与$-\mathrm{j}\,\mathrm{sgn}(f)$相乘，所以有

$$\hat{S}(f)=-\mathrm{j}S(f)\times\mathrm{sgn}(f) \tag{3-17}$$

其中，$\mathrm{sgn}(f)$为符号函数，定义为

$$\mathrm{sgn}(f)=\begin{cases}1, & f>0\\0, & f=0\\-1, & f<0\end{cases} \tag{3-18}$$

那么，复信号频谱可表示为

$$\tilde{S}(f)=S(f)+\mathrm{j}\hat{S}(f)=S(f)+S(f)\times\mathrm{sgn}(f)=\begin{cases}2S(f), & f>0\\0, & f<0\end{cases} \tag{3-19}$$

可以发现，此推导中复信号频谱在负频率部分应当为零，而式(3-14)中并未对此进行约束，允许负频率上存在非零分量。实际上，只有复信号频谱仅在正频率处存在非零分量时，其虚部为实部的希尔伯特变换关系才会成立。具体至上述分析，只有满足 $X(f-f_0)=0, f<0$ 时，才会有 $\hat{s}(t)=a(t)\sin[2\pi f_0 t+\varphi(t)]$成立。这说明，在实际中使用基带信号调制载波信号时，输出实信号的频谱必须在正频率轴上包括全部基带谱，否则无法从调制信号恢复基带信号。

结合式(3-14)、式(3-15)和式(3-19)可知，给定载波频率 f_0 时，基带信号、复信号与实信号中均包含了相同的信息，3者可以相互转换。因此，波形设计中仅针对基带信号进行研究即可。上述分析同样适用将信号转换至中频的情景，此处不再赘述。

3.2.2　波形参量与不确定原理

尽管使用基带信号可完全表征雷达信号，但是在波形性能分析时，一般通过选定一些波形参量作为信号特征量进行分析。令信号的能量为

$$E=\int_{-\infty}^{+\infty}|x(t)|^2\mathrm{d}t=\int_{-\infty}^{+\infty}|X(f)|^2\mathrm{d}f \tag{3-20}$$

可以通过多阶原点矩来定义以下基本波形参量：

$$\begin{cases}\bar{t}=\dfrac{1}{E}\displaystyle\int_{-\infty}^{+\infty}t|x(t)|^2\mathrm{d}t\\ \bar{f}=\dfrac{1}{E}\displaystyle\int_{-\infty}^{+\infty}f|X(f)|^2\mathrm{d}f\\ \overline{t^2}=\dfrac{1}{E}\displaystyle\int_{-\infty}^{+\infty}t^2|x(t)|^2\mathrm{d}t\\ \overline{f^2}=\dfrac{1}{E}\displaystyle\int_{-\infty}^{+\infty}f^2|X(f)|^2\mathrm{d}f\\ \overline{ft}=\dfrac{1}{E}\displaystyle\int_{-\infty}^{+\infty}f(t)t|x(t)|^2\mathrm{d}t\end{cases} \tag{3-21}$$

其中，$f(t)=\dot{\varphi}(t)$ 表示信号瞬时频率，t 和 f 的幂次决定了矩的阶次。从物理概念的角度看待以上参量，若认为 $|x(t)|^2$ 和 $|X(f)|^2$ 是质量的分布密度，那么一阶原点矩 $\bar{t}$ 和 $\bar{f}$ 表示重心位置，二阶原点矩 $\overline{t^2}$ 和 $\overline{f^2}$ 表示惯性半径的平方。对应于时域和频域进行理解，$\bar{t}$ 和 $\bar{f}$ 表示信号位置，$\overline{t^2}$ 和 $\overline{f^2}$ 表示信号围绕原点的离散程度。$\overline{ft}$ 则作为二阶混合矩，反映信号在时频面上偏离原点的程度。

二阶原点矩将会随着原点位置改变而变化，为了获得衡量信号离散程度(即偏离程度)的统一度量，定义以下二阶中心矩：

$$\begin{cases}T_{\mathrm{e}}^2=\dfrac{1}{E}\displaystyle\int_{-\infty}^{+\infty}(t-\bar{t})^2|x(t)|^2\mathrm{d}t\\ B_{\mathrm{e}}^2=\dfrac{1}{E}\displaystyle\int_{-\infty}^{-\infty}(f-\bar{f})^2|X(f)|^2\mathrm{d}f\end{cases} \tag{3-22}$$

其中，T_{e}^2 和 B_{e}^2 分别为均方时宽和均方带宽，反映信号关于时域和频域重心的分散程度。实际应用中通常采用有效时宽和有效带宽形式，可以分别表示为 $\alpha=2\pi T_{\mathrm{e}}$ 和 $\beta=2\pi B_{\mathrm{e}}$。

为了简化分析，本书假设重心位于原点，即 $\bar{t}=0$ 且 $\bar{f}=0$，根据中心矩定义，所得结论仍保有一般性。同时，认为信号具有归一化能量，即 $E=1$。针对实信号，不确定性原理可以写作：

$$\beta\alpha\geqslant\pi \tag{3-23}$$

针对基带信号，不确定性原理的一般形式为

$$\beta^2\alpha^2-\kappa^2\geqslant\pi^2 \tag{3-24}$$

其中，κ 为线性调频系数，具有二阶混合矩的形式。

原理表明，信号等效时宽与等效带宽的乘积将具有确定的下界，时域波形越窄，频谱范围就会越宽。由于关系式中并不涉及"测量"这一问题，因此雷达波形不会限制时延和多普勒的测量精度。当给定信噪比时，时间带宽积越大，测量精度越高。但是不同波形间模糊函数的差异将会限制测量结果，模糊函数是关于时延和多普勒频率的二维函数，表明不论采用何种波形，雷达对于目标的区分能力都有极限，它被广泛用于分析雷达波形的分辨率、旁瓣性能与多普勒模糊及距离模糊等一系列指标。

值得注意的是，雷达系统的精度与分辨率间并没有直接的因果关系。例如，高距离精度仅需波形频域能量集中于两端，呈现为稀疏谱，而高距离分辨率则需要波形带宽尽可能大，并占满整个频谱。因此，可以将分辨率理解为测量精度的上界，良好的分辨率将保证测量精度，反之则不然。

3.3 匹配滤波理论

雷达最基本的任务是对远距离目标的探测，根据雷达距离方程可知回波功率密度与目标距离的 4 次方成反比，因此远距离目标的回波信号将会极为微弱。为了有效地从噪声和干扰中检测目标回波信号并估计目标空间参数，人们将信号视为随机过程，从统计信号处理的角度设计最优处理系统，这里的最优指在某种统计准则下的条件最优。当处理系统为采取最大信噪比准则的线性滤波器时，便可得到匹配滤波器。匹配滤波可以等效于相关运算实现，它被广泛应用于微弱信号检测。雷达接收机借助匹配滤波能够获得最大的输出信噪比，从而实现最优的检测性能。

3.3.1 白噪声匹配滤波

为了利用数学工具分析匹配滤波原理，需要构建雷达系统传输模型。雷达发射信号经过信道传输后得到的传输信号 $s(t)$ 会受到加性噪声 $n(t)$ 引入失配，接收信号可以表示为

$$r(t)=s(t)+n(t)=f(t)*q(t)+n(t)=\int_{-\infty}^{+\infty} f(\tau)q(t-\tau)\mathrm{d}\tau+n(t) \tag{3-25}$$

其中，$f(t)$ 为雷达发射信号，$q(t)$ 为雷达与目标间信道的冲击响应，$*$ 代表卷积运算。

以最大化输出信噪比为目标，匹配滤波器的设计等效于找到一个冲击响应为 $h(t)$ 的线性系统，信号通过此系统后能够最小化噪声影响。此时系统输出可以表示为

$$\hat{r}(t)=\hat{s}(t)+w(t)=s(t)*h(t)+n(t)*h(t) \tag{3-26}$$

其中，$\hat{s}(t)$ 为匹配滤波器输出信号，$w(t)$ 为匹配滤波器输出噪声。$h(t)$ 的傅里叶变换对应匹配滤波器的传递函数 $H(\omega)$，即 $h(t)\leftrightarrow H(\omega)$。

信号检测中，主要根据系统输出判断目标信号的有无，因此需要通过最大化输出信噪比来保障检测性能。最大信噪比准则具体实现形式为采样时系统输出信噪比的最大化，$t=t_0$ 时刻下，瞬时信噪比可以定义为信号瞬时功率与平均噪声功率的比值，即

$$\mathrm{SNR}\,\big|_{t=t_0} \triangleq \frac{|\hat{s}(t_0)|^2}{E\{|w(t)|^2\}} \tag{3-27}$$

根据时频运算关系，可以将时域瞬时信号表示为

$$\hat{s}(t_0)=\frac{1}{2\pi}\int_{-\infty}^{+\infty}S(\omega)H(\omega)\exp(\mathrm{j}\omega t_0)\mathrm{d}\omega \tag{3-28}$$

同理,平均噪声能量可以表示为

$$E\{|w(t)|^2\}=\frac{1}{2\pi}\int_{-\infty}^{+\infty}G_w(\omega)\mathrm{d}\omega=\frac{1}{2\pi}\int_{-\infty}^{+\infty}G_n(\omega)|H(\omega)|^2\mathrm{d}\omega \tag{3-29}$$

其中,$G_w(\omega)$为输出噪声的功率谱密度,$G_n(\omega)$为输入噪声功率谱密度。根据白噪声功率谱密度为常数的基本性质,即 $G_n(\omega)=\sigma^2$,可以将平均噪声能量简化为

$$E\{|w(t)|^2\}=\frac{\sigma^2}{2\pi}\int_{-\infty}^{+\infty}|H(\omega)|^2\mathrm{d}\omega \tag{3-30}$$

那么,输出信噪比可以进一步表示为

$$\mathrm{SNR_o}=\frac{\left|\int_{-\infty}^{+\infty}S(\omega)H(\omega)\exp(\mathrm{j}\omega t_0)\mathrm{d}\omega\right|^2}{2\pi\sigma^2\int_{-\infty}^{+\infty}|H(\omega)|^2\mathrm{d}\omega} \tag{3-31}$$

定理 3.2 能够最大化输出信噪比的匹配滤波器,其冲击响应是时域传输信号 $s(t)$的翻转和平移,即:$h(t)=s(t_0-t)$。

证明:

柯西-施瓦兹不等式常用于函数求解和不等关系的论证,其积分形式表达为

$$\left|\int A(\omega)B(\omega)\mathrm{d}\omega\right|^2\leqslant\int|A(\omega)|^2\mathrm{d}\omega\int|B(\omega)|^2\mathrm{d}\omega \tag{3-32}$$

当且仅当 $B(\omega)=cA^*(\omega)$时,式(3-32)能够取等号。本书将结合柯西-施瓦兹不等式对达到输出信噪比上界所需条件进行推导。令 $A(\omega)=S(\omega)\exp(\mathrm{j}\omega t_0)$和 $B(\omega)=H(\omega)$,可以根据不等式得到如下关系:

$$\left|\int_{-\infty}^{+\infty}S(\omega)H(\omega)\exp(\mathrm{j}\omega t_0)\mathrm{d}\omega\right|^2\leqslant\int_{-\infty}^{+\infty}|S(\omega)|^2\mathrm{d}\omega\int_{-\infty}^{+\infty}|H(\omega)|^2\mathrm{d}\omega \tag{3-33}$$

那么,最大输出信噪比可表示为

$$\mathrm{SNR_{max}}=\frac{\frac{1}{2\pi}\int_{-\infty}^{+\infty}|S(\omega)|^2\mathrm{d}\omega}{\sigma^2} \tag{3-34}$$

根据帕塞瓦尔定理,式(3-34)可进一步简化为

$$\mathrm{SNR_{max}}=\frac{\int_{-\infty}^{+\infty}|s(t)|^2\mathrm{d}t}{\sigma^2}=\frac{E}{\sigma^2} \tag{3-35}$$

由式(3-35)可知,匹配滤波器的输出信噪比仅为传输信号能量和噪声功率谱密度的函数,这使雷达检测能力与波形相解耦,能够在不影响检测性能的同时,通过设计波形来优化信息提取性能。

由于 c 为一常数,并不会影响结果的一般性,相当于对结果进行幅度缩放。因此假设 $c=1$。那么达到输出信噪比上界时,应有

$$H(\omega)=A^*(\omega)=[S(\omega)\exp(\mathrm{j}\omega t_0)]^*=S^*(\omega)\exp(-\mathrm{j}\omega t_0) \tag{3-36}$$

至此获得了匹配滤波器的传递函数,其对应的时域冲击响应为

$$h(t)=s^*(t_0-t) \tag{3-37}$$

由于雷达系统中实际传输信号为实信号，匹配滤波器冲击响应可简化为

$$h(t)=s(t_0-t) \tag{3-38}$$

可以发现匹配滤波器的冲击响应是时域无噪声接收信号 $s(t)$ 的翻转和平移。

证毕。

这一定理可以理解为处理系统需要与未受噪声破坏的信号相匹配，而噪声是影响检测性能的失配项。根据频域关系，最优处理系统的传递函数还可以进一步展开为

$$H(\omega)=S^*(\omega)\exp(-\mathrm{j}\omega t_0)=F^*(\omega)Q^*(\omega)\exp(-\mathrm{j}\omega t_0) \tag{3-39}$$

其中，$F(\omega)$ 为频域发射信号，$Q(\omega)$ 为信道频域响应。这一结构再次印证了上述分析，说明处理系统所匹配的关键对象包括发射信号和传输信道特性两部分。

值得注意的是，时刻 t_0 的不同选择可能导致所得匹配滤波器为非因果系统，此类系统在实际中并不存在，故而无法进行工程实现。但只要 $s(t)$ 持续时间有限（通常可满足），总能找到合适的时刻 t_0 以获得因果滤波器。根据式(3-38)，可以利用卷积运算获得匹配滤波器的输出：

$$\hat{r}(t)=r(t)*h(t)=\int_{-\infty}^{+\infty}r(\tau)h(t-\tau)\mathrm{d}\tau=\int_{-\infty}^{+\infty}r(\tau)s(t_0-t+\tau)\mathrm{d}\tau \tag{3-40}$$

为了获得最优检测性能，需要使用 t_0 时刻的输出进行判决，即

$$\hat{r}(t_0)=\int_{-\infty}^{+\infty}r(\tau)s(\tau)\mathrm{d}\tau=\int_{-\infty}^{+\infty}r(t)s(t)\mathrm{d}t \tag{3-41}$$

上式恰好是时延为零时两信号间的相关操作，说明加性白噪声情景下的匹配滤波可以采用相关接收机进行等效实现，实际中可以根据应用情景灵活选择。

3.3.2 有色噪声匹配滤波

有色噪声情景下，噪声的功率谱密度 $G_n(\omega)$ 并非常数，此时系统在 t_0 时刻的输出信噪比为

$$\mathrm{SNR}\big|_{t=t_0}=\frac{\left|\dfrac{1}{2\pi}\displaystyle\int_{-\infty}^{+\infty}H(\omega)S(\omega)\exp(\mathrm{j}\omega t_0)\mathrm{d}\omega\right|^2}{\dfrac{1}{2\pi}\displaystyle\int_{-\infty}^{+\infty}G_n(\omega)\,|\,H(\omega)\,|^2\mathrm{d}\omega} \tag{3-42}$$

基于谱分解理论，可以将 $G_n(\omega)$ 分解为以下形式：

$$G_n(\omega)=L_n(\mathrm{j}\omega)L_n^*(\mathrm{j}\omega)=|\,L_n(\mathrm{j}\omega)\,|^2 \tag{3-43}$$

其中，$L_n(\mathrm{j}\omega)$ 为功率谱密度的维纳因子，它与其逆在 $\mathrm{Re}\{s\}<0$ 时具有解析性，使二者均对应了最小相位系统。

遵循白噪声情景推导流程，利用柯西-施瓦兹不等式可得

$$\begin{aligned}\mathrm{SNR}\big|_{t=t_0}&=\frac{\dfrac{1}{2\pi}\left|\displaystyle\int_{-\infty}^{+\infty}\{L_n^{-1}(\mathrm{j}\omega)S(\omega)\exp(\mathrm{j}\omega t_0)\}\{L_n(\mathrm{j}\omega)H(\omega)\}\mathrm{d}\omega\right|^2}{\displaystyle\int_{-\infty}^{+\infty}G_n(\omega)\,|\,H(\omega)\,|^2\mathrm{d}\omega}\\&\leqslant\frac{1}{2\pi}\int_{-\infty}^{+\infty}|L_n^{-1}(\mathrm{j}\omega)S(\omega)|^2\mathrm{d}\omega\end{aligned} \tag{3-44}$$

当且仅当 $L_n(\mathrm{j}\omega)H(\omega)=[L_n^{-1}(\mathrm{j}\omega)]^*S^*(\omega)\exp(-\mathrm{j}\omega t_0)$ 时取得输出信噪比的上界为

$$\mathrm{SNR}_{\max}=\frac{1}{2\pi}\int_{-\infty}^{+\infty}|\,L_n^{-1}(\mathrm{j}\omega)S(\omega)\,|^2\mathrm{d}\omega=\frac{1}{2\pi}\int_{-\infty}^{+\infty}\frac{|\,S(\omega)\,|^2}{G_n(\omega)}\mathrm{d}\omega \tag{3-45}$$

此时，匹配滤波器的传递函数为

$$H(\omega)=L_n^{-1}(\mathrm{j}\omega)\{L_n^{-1}(\mathrm{j}\omega)\}^* S^*(\omega)\exp(-\mathrm{j}\omega t_0)=\frac{S^*(\omega)\exp(-\mathrm{j}\omega t_0)}{G_n(\omega)} \tag{3-46}$$

对应的时域冲击响应为

$$h(t)=l_{\text{inv}}(t)*l_{\text{inv}}^*(-t)*s(t_0-t) \tag{3-47}$$

其中，$l_{\text{inv}}(t)$代表$L_n^{-1}(\mathrm{j}\omega)$的拉普拉斯逆变换。可知此响应对应了非因果系统，单纯调整采样时刻t_0难以获得因果滤波器。

为了求取因果解，后续令$v(t)$和$g(t)$分别为$L_n(\mathrm{j}\omega)H(\omega)$和$L_n^{-1}(\mathrm{j}\omega)S(\omega)$的逆变换。根据维纳因子在复平面左半平面的解析性，可知$v(t)$和$g(t)$均具有因果性。利用帕塞瓦尔定理可以得到信号幅度为

$$\begin{aligned}\zeta&=\int_{-\infty}^{+\infty}v(t)g(t_0-t)\mathrm{d}t=\frac{1}{2\pi}\int_{-\infty}^{+\infty}\{H(\omega)L_n(\mathrm{j}\omega)\}\{L_n^{-1}(\mathrm{j}\omega)S(\omega)\exp(\mathrm{j}\omega t_0)\}\mathrm{d}\omega\\&=\frac{1}{2\pi}\int_{-\infty}^{+\infty}H(\omega)S(\omega)\exp(\mathrm{j}\omega t_0)\mathrm{d}\omega\end{aligned} \tag{3-48}$$

根据积分信号的因果性，式(3-48)可以改写为

$$\zeta=\int_{0}^{+\infty}v(t)g(t_0-t)\mathrm{d}t=\int_{-\infty}^{+\infty}v(t)g(t_0-t)u(t)\mathrm{d}t \tag{3-49}$$

其中，$u(t)$为阶跃函数。

进一步假设$g^*(t_0-t)u(t)\leftrightarrow K(\omega)$，使用帕塞瓦尔定理可得

$$\zeta=\int_{-\infty}^{+\infty}v(t)\{g^*(t_0-t)u(t)\}^*\mathrm{d}t=\frac{1}{2\pi}\int_{-\infty}^{+\infty}H(\omega)L_n(\mathrm{j}\omega)K^*(\omega)\mathrm{d}\omega \tag{3-50}$$

从而利用柯西-施瓦兹不等式可以推导得出输出信噪比满足的不等关系为

$$\mathrm{SNR}\big|_{t=t_0}=\frac{\left|\dfrac{1}{2\pi}\displaystyle\int_{-\infty}^{+\infty}H(\omega)L_n(\mathrm{j}\omega)K^*(\omega)\mathrm{d}\omega\right|^2}{\dfrac{1}{2\pi}\displaystyle\int_{-\infty}^{+\infty}|L_n(\omega)H(\omega)|^2\mathrm{d}\omega}\leqslant\frac{1}{2\pi}\int_{-\infty}^{+\infty}|K(\omega)|^2\mathrm{d}\omega \tag{3-51}$$

此时，根据等式成立条件可以得到系统传递函数为

$$H(\omega)=L_n^{-1}(\mathrm{j}\omega)K(\omega) \tag{3-52}$$

对应的时域冲击响应为

$$h(t)=l_{\text{inv}}(t)*g^*(t_0-t)u(t) \tag{3-53}$$

可以发现，阶跃函数$u(t)$去除了$g^*(t_0-t)$中非因果部分，从而使系统响应具备因果性。式(3-53)表明匹配滤波器由传递函数为$L_n^{-1}(\mathrm{j}\omega)$和$K(\omega)$的系统相级联而成，而$g^*(t_0-t)$恰好为白噪声下匹配滤波器形式，因此可以将有色噪声下的匹配滤波理解为通过滤波器$L_n^{-1}(\mathrm{j}\omega)$将有色噪声白化，进而实施白噪声下的匹配滤波，以最大化输出信噪比。

3.3.3　脉冲压缩

为了获得良好的距离分辨率，一般需要减小脉冲长度以增大瞬时带宽，但窄脉冲信号在相同功率水平下的传输能量较低，不利于远距离目标的检测，造成了系统灵敏度与距离分辨率间相互制约。为了解决这一问题，雷达系统中通过波形设计解耦带宽与时宽，并利用匹配滤波器压缩脉冲宽度，将信号能量集中在较短时段内。这样一来既可以采用宽脉冲获得较

高发射功率，匹配滤波后又具有较大的瞬时带宽，能够兼顾远探测距离和高距离分辨率的需求。因此，雷达中针对这类具备压缩特性的波形（如线性调频（Linear Frequency Modulation，LFM）、相位编码）的匹配滤波处理也被称为脉冲压缩。接下来将以最早被提出，并在实际中得到广泛应用的 LFM 脉冲波形为例，介绍雷达中脉冲压缩的具体实现。

雷达所发射的射频 LFM 脉冲信号可以表示为

$$s_{\mathrm{RF}}(t)=\mathrm{rect}\left(\frac{t}{T_{\mathrm{p}}}\right)\cos(2\pi f_0 t+\pi K t^2) \tag{3-54}$$

其中，T_{p} 为脉冲宽度，f_0 为载波频率，$K=|f_2-f_1|/T_{\mathrm{p}}$ 为调频率，f_2 和 f_1 为截止频率。那么，射频信号相对应的基带信号为

$$s(t)=\mathrm{rect}\left(\frac{t}{T_{\mathrm{p}}}\right)\exp(\mathrm{j}\pi K t^2) \tag{3-55}$$

为了提高距离分辨率，LFM 信号的时间带宽积 $|f_2-f_1|T_{\mathrm{p}}$ 一般远大于 1，此时可以基于菲涅尔积分近似计算其频谱为

$$S(f)\approx\frac{1}{\sqrt{K}}\mathrm{rect}\left(\frac{f}{B}\right)\exp\left(-\mathrm{j}\pi\frac{f^2}{K}+\mathrm{j}\frac{\pi}{4}\right) \tag{3-56}$$

其中，$B=|f_2-f_1|$ 为 LFM 脉冲信号带宽。

考虑探测情景为距离雷达 R_0 处存在径向速度为 v 的运动目标，忽略距离导致的衰落时接收射频信号应为发射信号的时延副本，即

$$s_{\mathrm{R}}(t)=s_{\mathrm{RF}}(t-\Delta(t))=s_{\mathrm{RF}}(\gamma(t-t_0)) \tag{3-57}$$

其中，$\Delta(t)=t_0-2v(t-t_0)/c$ 为传输时延，$t_0=2R_0/c$ 为初始位置所对应的传输时延，$\gamma=1+2v/c$ 为与目标运动速度有关的系数。

下变频后的基带接收信号可以表示为

$$\begin{aligned}s_{\mathrm{r}}(t)&=\mathrm{rect}\left[\frac{\gamma(t-t_0)}{T_p}\right]\exp\left[\mathrm{j}\pi K\gamma^2(t-t_0)^2\right]\exp[\mathrm{j}2\pi\gamma f_0(t-t_0)]\exp(-\mathrm{j}2\pi f_0 t)\\&=\mathrm{rect}\left[\frac{\gamma(t-t_0)}{T_p}\right]\exp\left[\mathrm{j}\pi K\gamma^2(t-t_0)^2\right]\exp[\mathrm{j}2\pi(\gamma-1)f_0(t-t_0)]\exp(-\mathrm{j}2\pi f_0 t_0)\end{aligned} \tag{3-58}$$

当目标运动速度远小于电磁波传播速度时，可以认为 $\gamma\approx1$，从而接收基带信号能够近似为

$$s_{\mathrm{r}}(t)\approx\exp(-\mathrm{j}2\pi f_0 t_0)\exp[\mathrm{j}2\pi f_{\mathrm{d}}(t-t_0)]s(t-t_0) \tag{3-59}$$

其中，$f_{\mathrm{d}}=2f_0 v/c=(\gamma-1)f_0$ 为多普勒频率。

利用时域与频域运算关系，可以得到接收信号频谱为

$$S_{\mathrm{r}}(f)\approx\exp(-\mathrm{j}2\pi f_0 t_0)S(f-f_{\mathrm{d}})\exp(-\mathrm{j}2\pi f t_0) \tag{3-60}$$

由先前推导可知匹配滤波器的冲击响应须满足 $h(t)=s^*(-t)$，此时滤波器输出为

$$s_{\mathrm{o}}(t)=s_{\mathrm{r}}(t)*h(t)=\int_{-\infty}^{+\infty}S_{\mathrm{r}}(f)S^*(f)\exp(\mathrm{j}2\pi f t)\mathrm{d}f \tag{3-61}$$

结合式(3-60)和式(3-61)，时域输出信号可近似为

$$s_{\mathrm{o}}(t)\approx T_{\mathrm{p}}\mathrm{sinc}\left[B\left(t-\left(t_0-\frac{f_{\mathrm{d}}}{K}\right)\right)\right]\exp(-\mathrm{j}2\pi f_0 t_0) \tag{3-62}$$

其中，$\mathrm{sinc}(x)=\sin(\pi x)/\pi x$ 为归一化采样函数。

根据 sinc 函数性质可知，输出信号最大值在 $t=t_0-f_d/K$ 处取得，输出信号的脉冲宽度约为 $1/B$，相当于输入 LFM 脉冲信号的脉冲宽度被压缩至原来的 $1/T_pB$。匹配滤波器输入信号和输出信号的脉冲宽度之比在脉冲压缩技术中被定义为压缩比，工程中通常根据压缩比大小来选择不同实现方式，压缩比较小时采用时域相关方式，压缩比较大时采用频域等效方式。

【例 3-2】 考虑雷达系统采用 LFM 信号，载波频率为 3GHz，脉宽 $T_p=20\mu s$，带宽 $B=15MHz$，压缩比采用雷达系统典型值 $BT_p=30\times10=300$。探测目标距离 $R_0=100km$，径向运动速度 $v=200m/s$，试推导 LMF 信号的脉冲压缩流程。

【解 3-2】 图 3-4 展示了 LFM 信号的脉冲压缩流程，LFM 发射脉冲基带信号的时域波形如图 3-4(a)所示。假设在目标距离为 $R_S=95km$ 时开始进行接收回波的采样，LFM 脉冲信号经目标反射并叠加噪声后，接收信噪比 $SNR_r=0$ 时的回波信号如图 3-4(b)所示。根据式(3-62)可知，输出脉冲峰值时刻为

$$t_{peak}=t_0-f_d/K=\frac{2}{3}\times10^{-3}-\frac{2\times3\times10^9\times200}{3\times10^8}\Big/\frac{15\times10^6}{20\times10^{-6}}\approx666.66\mu s \quad (3\text{-}63)$$

对应距离为

$$D=ct_{peak}/2=3\times10^8\times666.66\times10^{-6}/2\approx100km$$

匹配滤波器输出结果如图 3-4(c)所示，脉冲宽度被压缩，峰值位置与理论距离对应。

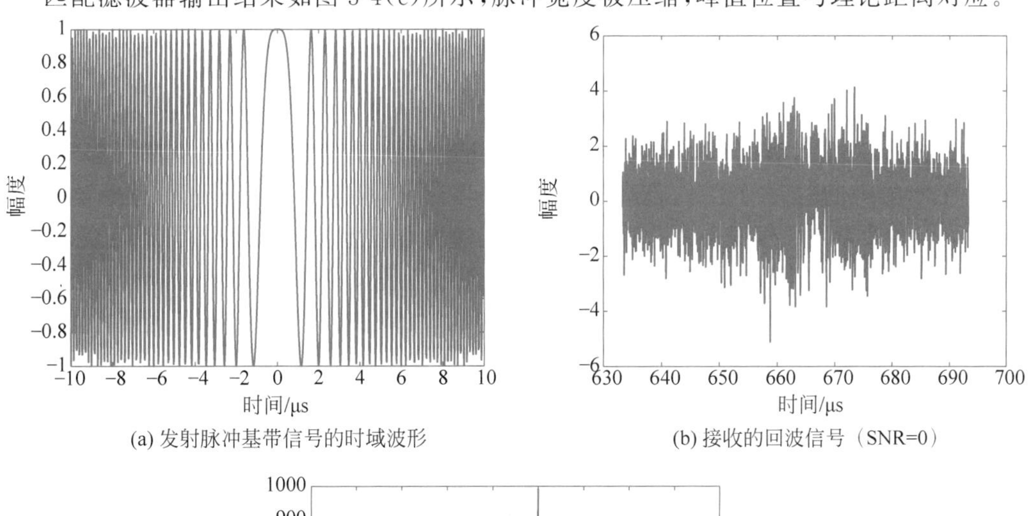

图 3-4 LFM 信号的脉冲压缩流程

3.4 多普勒处理

实际环境中除了接收机噪声影响目标检测，还存在自然环境（如陆地、海洋、气象等目标）的回波，这些回波的强度可以大于目标回波多个数量级，极大影响了雷达对目标的探测，因此人们将这些由自然环境产生的回波称为杂波。多普勒处理是对接收回波进行时域滤波或频谱分析，抑制环境产生的杂波，提高运动目标检测性能的技术集合，它是强杂波环境下最有效的运动目标检测手段。

多普勒处理的基本思想为利用运动目标回波与地形杂波的多普勒频率间的差异，抑制杂波分量，以增强目标回波信号的可检测性。主要可分为时间域和频率域实现，时间域中通常采用杂波滤波器对多个连续脉冲的回波样本进行高通滤波，从而抑制杂波的影响，一般被称为运动目标指示（Moving Target Indication，MTI）。在频率域中，直接针对多个连续脉冲回波的数据进行离散时间傅里叶变换（Discrete Time Fourier Transform，DTFT），获取多普勒谱进行分析，杂波与目标回波的多普勒频率差异使二者在谱中相互分离，从而能够有效检测目标回波，这一实现方式通常称为脉冲多普勒处理。MTI 处理完全在时域开展，而脉冲多普勒处理将信号变换至多普勒域分析。MTI 可通过低阶线性滤波器实现，复杂度较低，但获取信息较为有限。相对的，脉冲多普勒处理涉及变换域操作，复杂度较高，但可获得更多信息。

3.4.1 多普勒频率与多普勒谱

在日常生活中，当消防车驶来时，人耳感受到的音调升高，而远离时感受到的音调降低。这一现象的成因便是多普勒效应，即信号源与目标间存在相对运动时，接收信号的频率将会发生变化。雷达系统中探测平台和探测目标的运动均会产生多普勒效应，导致回波信号发生多普勒频率。一般可以将雷达作为运动参考，考虑静止雷达以载频 f_c 的脉冲信号对距离为 R_0，以速度 v_R 运动的目标进行探测，目标速度矢量与二者视线夹角为 θ。雷达运动目标探测的几何关系如图 3-5 所示。

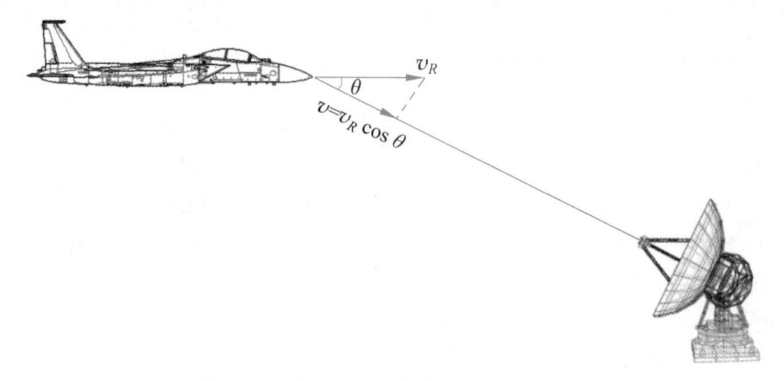

图 3-5 雷达运动目标探测的几何关系

此情景下的接收回波信号 $\bar{y}(t)$ 可以表示为

$$\bar{y}(t) = -k \cdot [1 - 2h'(t)]\bar{x}[2h(t) - t] \tag{3-64}$$

其中，k 为幅度衰落因子，$\bar{x}(t)$ 为发射复解析信号，$h'(t)$ 为函数关于时间导数，$h(t)$ 为能够

在时刻 t 接收到距离 $R(t)$ 处目标回波时，所需的发射时间，应满足

$$h(t)+\frac{1}{c}R[h(t)]=t \tag{3-65}$$

由于电磁波以光速进行传播，可以忽略信号在传播至目标时间内，因运动导致的距离变化，即 $R[h(t)]\approx R(t)$。根据几何关系可得距离函数为 $R(t)=R_0-vt$，令 $\beta_v=v/c$，则有下式成立：

$$h(t)=\frac{1}{1-\beta_v}\left(t-\frac{R_0}{c}\right)$$
$$[1-2h'(t)]=-\frac{1+\beta_v}{1-\beta_v}\equiv-\alpha_v \tag{3-66}$$

结合式(3-64)、式(3-65)和式(3-66)，回波信号 $\bar{y}(t)$ 可以写作：

$$\bar{y}(t)=k\alpha_v\times\bar{x}\left[\alpha_v\left(t-\frac{2R_0}{(1+\beta_v)c}\right)\right] \tag{3-67}$$

代入发射解析信号的基本形式 $\bar{x}(t)=A(t)\exp[\mathrm{j}(2\pi f_c t+\varphi_0)]$，能够将式(3-67)细化为

$$\bar{y}(t)=k\alpha_v\times A\left(\alpha_v t-\frac{2R_0}{(1-\beta_v)c}\right)\exp\left[\mathrm{j}\left(2\pi\alpha_v f_c t-\frac{4\pi R_0}{(1-\beta_v)\lambda}+\varphi_0\right)\right] \tag{3-68}$$

可以发现，多普勒效应使回波信号频率变为 $\alpha_v f_c$。信号频率的偏移量即为多普勒频率，具有如下形式：

$$f_d=\alpha_v f_c-f_c=(\alpha_v-1)f_c=\frac{2v}{(1-\beta_v)\lambda} \tag{3-69}$$

信号双程传输所形成的相位变化量为

$$\Delta\varphi=-\frac{4\pi R_0}{(1-\beta_v)\lambda} \tag{3-70}$$

结合式(3-69)和式(3-70)可以发现，目标朝向雷达运动($v>0$)时，多普勒频率取正值；远离雷达运动($v<0$)时，多普勒频率取负值。此外，结合式(3-67)可知回波信号是发射信号的 α_v 倍或$\frac{1}{\alpha_v}$，正多普勒($\alpha_v>1$)的回波信号为发射信号的抽取，负多普勒($\alpha_v<1$)的回波信号为发射信号的内插。因此，较发射信号而言，回波信号的频谱也将发生延展或压缩。在常见的雷达应用情景中，目标运动速度远小于光速，结合一阶级数展开可对 α_v 进行良好近似，即

$$\alpha_v=\frac{1+\beta_v}{1-\beta_v}=(1+\beta_v)\left(\frac{1}{1-\beta_v}\right)=(1+\beta_v)(1+\beta_v+o(\beta_v))\approx 1+2\beta_v \tag{3-71}$$

那么，回波多普勒频率可以表示为 $2vf_c/c=2v/\lambda$，相位变化为 $-(1+\beta_v)(4\pi/\lambda)R_0$。

雷达回波信号的多普勒频率一般较小，仅使用单个脉冲难以实现准确测量。利用傅里叶变换测量信号频率时，误差的标准差为

$$\sigma_F=\sqrt{6/[(2\pi)^2\chi T_{obs}^2]} \tag{3-72}$$

其中，T_{obs} 为观测时间，χ 为信噪比。

为了准确测量多普勒频率，需要使频率误差远小于多普勒频率，从而得到观测时间应满足的关系为

$$T_{obs}\gg\sqrt{6/[(2\pi)^2\chi F_D^2]} \tag{3-73}$$

例如，考虑回波信噪比为 30dB，目标运动造成 10kHz 多普勒频率的情景。根据式(3-73)可计算：

$$T_{\mathrm{obs}} \gg \sqrt{6/[(2\pi)^2 \times 1000 \times 10^{4\times 2}]} = 123\mu\mathrm{s} \tag{3-74}$$

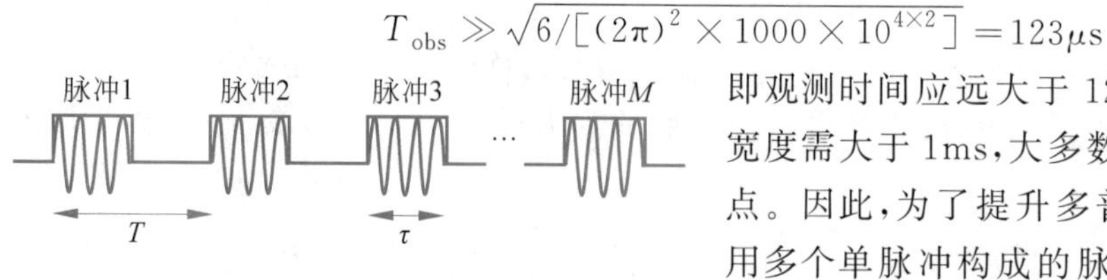

图 3-6 脉冲串信号的波形结构

即观测时间应远大于 123μs，对应单个脉冲的宽度需大于 1ms，大多数雷达都难以满足这一点。因此，为了提升多普勒分辨率，实际中常用多个单脉冲构成的脉冲串实现对目标的长时观测，脉冲串信号的波形结构如图 3-6 所示。

脉冲串中单个脉冲宽度为 τ，所包含脉冲的总数为 M，T 为脉冲重复间隔(Pulse Repetition Interval，PRI)，其倒数对应脉冲重复频率(Pulse Repetition Frequency，PRF)。脉冲串的总长度 MT 为驻留时间，也被称为相干处理间隔(Coherent Processing Interval，CPI)。

一个 CPI 内连续 M 个脉冲回波解调后的基带采样数据将构成二维数据矩阵，如图 3-7 所示。矩阵中的每个元素均为由同相和正交分量所构成的复数，矩阵的每一行对应单个子脉冲回波的完整采样，由连续的距离单元构成。矩阵的每一列表示在同一距离单元处连续多个脉冲的测量。脉冲信号采样率不会小于脉冲带宽，通常在数百 kHz 到数百 MHz，因此也将距离单元这一维度称为快时间维。而纵向采样率对应 PRF，通常不超过数百 kHz，故而将脉冲这一维度称为慢时间维。

进一步考虑环境中静止地物所导致杂波的存在，多个运动目标情景下接收回波的能量将呈现关于距离单元和多普勒频率的二维分布，其中杂波能量集中于零频处，并按距离衰减分散于全部距离单元，接收机噪声能量较小并弥散于整个平面，运动目标能量则根据其位置与速度的不同，位于对应的多普勒频率与距离单元处。从中选择某一距离单元进行截取，所得能量关于多普勒频率的分布即为特定距离单元的多普勒谱，如图 3-8 所示。它可由慢时间信号采样的 DTFT 获得，因此多普勒谱将以 PRF 为周期。杂波位于以零频为中心的 β_c 带宽范围内。根据目标运动状态的不同，同一距离单元中运动目标的响应可能出现在谱中任何位置。

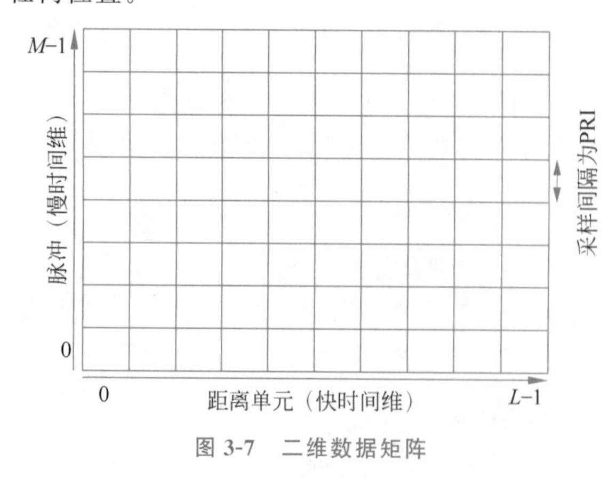

图 3-7 二维数据矩阵

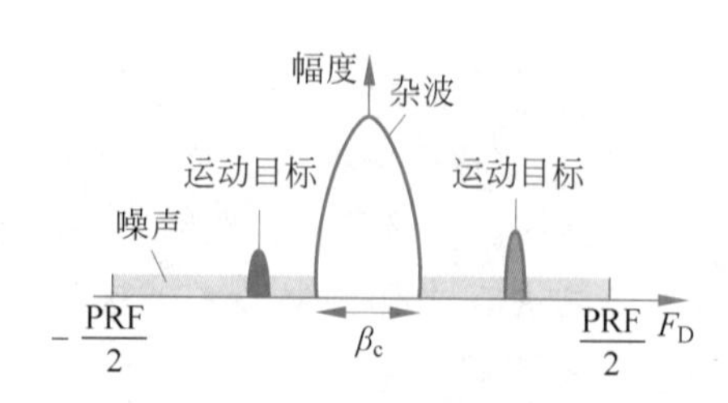

图 3-8 特定距离单元的多普勒谱

3.4.2 MTI

MTI 处理通过 MTI 滤波器对慢时间维的接收数据进行处理，利用线性滤波抑制杂波分量，从而保证目标的有效检测，具体流程如图 3-9 所示。

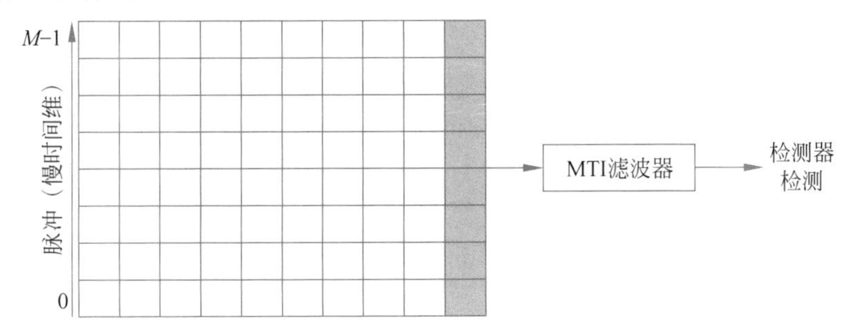

图 3-9　MTI 处理流程

假设结合运动平台与目标间相对运动信息，已将杂波多普勒谱搬移至直流处，那么理论上采用高通滤波器即可有效抑制杂波。因此，整体处理的关键在于 MTI 滤波器的设计。典型的 MTI 滤波器为 N 脉冲对消器，通常采用 $N-1$ 个基本对消器级联而成。基本对消器的抽头时延线模型如图 3-10 所示。此滤波器的传递函数为 $H(z)=1-z^{-1}$，相应的归一化频率响应具有高通特性，如式(3-75)所示。

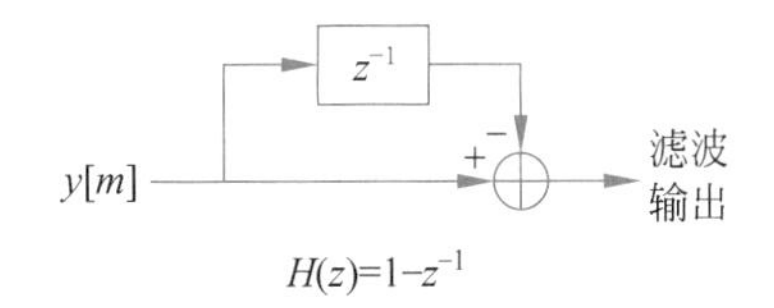

图 3-10　基本对消器的抽头时延线模型

$$H(\omega)=2\mathrm{j}\mathrm{e}^{-\mathrm{j}\omega/2}\sin(\omega/2) \tag{3-75}$$

其中，$\omega=\Omega T=2\pi FT$，F 为模拟频率，T 为 PRI。

根据信号处理理论，对消器级联数目的增加等价于增大滤波器阶数，那么随着级联数目增大，零频附近的阻带情况将得到改善，但是这种设计中未考虑对目标回波的损失。MTI 处理的最终目的是抑制杂波，可以等价为最大化 MTI 滤波器的输出信杂比，这与匹配滤波的概念十分类似，因此可以借助该理论辅助 MTI 滤波器设计。

本书将以向量形式推导具有杂波抑制功能的匹配滤波器。首先，定义待处理数据向量为 $\boldsymbol{y}_m=[y[m]\quad y[m-1]\quad\cdots\quad y[m-N+1]]^{\mathrm{T}}$，滤波器抽头权重向量为 $\boldsymbol{h}=[h[0]\cdots h[N-1]]^{\mathrm{T}}$，那么滤波器输出功率可表示为 $\boldsymbol{h}^{\mathrm{H}}\boldsymbol{y}^*\boldsymbol{y}^{\mathrm{T}}\boldsymbol{h}$。进而，将接收信号建模为期望目标信号 $\boldsymbol{t}$ 和干扰信号 $\boldsymbol{w}$ 的叠加，此时输出信干比为

$$\mathrm{SIR}=\frac{\boldsymbol{h}^{\mathrm{H}}\boldsymbol{t}^*\boldsymbol{t}^{\mathrm{T}}\boldsymbol{h}}{\boldsymbol{h}^{\mathrm{H}}\boldsymbol{S}_{\mathrm{I}}\boldsymbol{h}} \tag{3-76}$$

其中，$\boldsymbol{S}_{\mathrm{I}}=E[\boldsymbol{w}^*\boldsymbol{w}^{\mathrm{T}}]$为干扰协方差矩阵。根据矢量形式的柯西-施瓦兹不等式可得信号功率所满足的不等关系为

$$\boldsymbol{h}^{\mathrm{H}}\boldsymbol{t}^*\boldsymbol{t}^{\mathrm{T}}\boldsymbol{h}\,\|\boldsymbol{A}\boldsymbol{h}\|^2\,\|(\boldsymbol{A}^{\mathrm{H}})^{-1}\boldsymbol{t}^*\|^2=(\boldsymbol{h}^{\mathrm{H}}\boldsymbol{S}_{\mathrm{I}}\boldsymbol{h})(\boldsymbol{t}^{\mathrm{T}}\boldsymbol{S}_{\mathrm{I}}^{-1}\boldsymbol{t}^*) \tag{3-77}$$

其中，$\boldsymbol{S}_{\mathrm{I}}=\boldsymbol{A}^{\mathrm{H}}\boldsymbol{A}$ 可利用其正定性分解而得。信干比将对应满足 SIR　$\boldsymbol{t}^{\mathrm{T}}\boldsymbol{S}_{\mathrm{I}}^{-1}\boldsymbol{t}^*$，那么使其取得等号的最优抽头向量为

$$\boldsymbol{h}_{\mathrm{opt}}=\boldsymbol{S}_{\mathrm{I}}^{-1}\boldsymbol{t}^* \tag{3-78}$$

一般认为干扰由不相关的零均值平稳白噪声和零均值平稳杂波叠加构成，即

$$w[m]=n[m]+c[m] \tag{3-79}$$

其中，$n[m]$代表功率为 σ_n^2 的平稳噪声信号，$c[m]$为功率 σ_c^2 的平稳色杂波。

接下来将以一阶匹配滤波器为例，分析 MTI 中匹配滤波器性质。此情景下匹配滤波仅

会涉及两个数据，即 $\boldsymbol{w}=[w[m] \quad w[m-1]]^{\mathrm{T}}$。根据模型中平稳假设，杂波在相邻脉冲间的相关性可表示为

$$E\{c[m]c^*[m+1]\}=E\{c^*[m]c[m-1]\}=\sigma_c^2\rho_c[1] \tag{3-80}$$

为了后续表达形式简洁，在此将 $\rho_c[1]$ 记为 ρ，那么，可以计算协方差矩阵为

$$\boldsymbol{S}_{\mathrm{I}}=E\{\boldsymbol{w}^*\boldsymbol{w}^{\mathrm{T}}\}=\begin{bmatrix}\sigma_c^2+\sigma_n^2 & \rho\sigma_c^2\\ \rho^*\sigma_c^2 & \sigma_c^2+\sigma_n^2\end{bmatrix} \tag{3-81}$$

对应的逆矩阵为

$$\boldsymbol{S}_{\mathrm{I}}^{-1}=\frac{1}{(\sigma_c^2+\sigma_n^2)^2-|\rho|^2\sigma_c^4}\begin{bmatrix}\sigma_c^2+\sigma_n^2 & -\rho\sigma_c^2\\ -\rho^*\sigma_c^2 & \sigma_c^2+\sigma_n^2\end{bmatrix}=k\begin{bmatrix}\sigma_c^2+\sigma_n^2 & -\rho\sigma_c^2\\ -\rho^*\sigma_c^2 & \sigma_c^2+\sigma_n^2\end{bmatrix} \tag{3-82}$$

考虑矩形脉冲的情况，期望目标信号的慢时间采样可表示为

$$t[m]=C\exp\left[-\mathrm{j}\frac{4\pi}{\lambda}(R_0-2\beta_v R_s)\right]\exp\left[\mathrm{j}2\pi\left(\frac{2v}{\lambda}\right)mT\right]=A\exp[\mathrm{j}2\pi f_{\mathrm{d}}mT] \tag{3-83}$$

其中，f_{d} 为多普勒频率，A 为包含相移与幅度的常数项。

那么，m_0 时刻起输入匹配滤波器的期望信号向量为

$$\begin{aligned}\boldsymbol{t}&=A[\mathrm{e}^{\mathrm{j}2\pi f_{\mathrm{d}}m_0T} \quad \mathrm{e}^{\mathrm{j}2\pi f_{\mathrm{d}}(m_0-1)T} \quad \cdots \quad \mathrm{e}^{\mathrm{j}2\pi f_{\mathrm{d}}(m_0-N+1)T}]^{\mathrm{T}}\\ &=A[1 \quad \mathrm{e}^{-\mathrm{j}2\pi f_{\mathrm{d}}T} \quad \cdots \quad \mathrm{e}^{-\mathrm{j}2\pi f_{\mathrm{d}}(N-1)T}]^{\mathrm{T}}\end{aligned} \tag{3-84}$$

与例中一阶匹配滤波器对应的期望信号采样为 $\boldsymbol{t}=A[1 \quad \mathrm{e}^{-\mathrm{j}2\pi f_{\mathrm{d}}T}]^{\mathrm{T}}$，由于常数项相当于对信号和干扰同时进行缩放，因此不会影响结果可以将其舍弃，从而得到匹配滤波器的抽头权重向量为

$$\boldsymbol{h}=\boldsymbol{S}_{\mathrm{I}}^{-1}\boldsymbol{t}^*=\begin{bmatrix}\sigma_c^2+\sigma_n^2 & -\rho\sigma_c^2\\ -\rho^*\sigma_c^2 & \sigma_c^2+\sigma_n^2\end{bmatrix}\begin{bmatrix}1\\ \mathrm{e}^{\mathrm{j}2\pi f_{\mathrm{d}}T}\end{bmatrix}=\begin{bmatrix}(\sigma_c^2+\sigma_n^2)-\rho\sigma_c^2\mathrm{e}^{\mathrm{j}2\pi f_{\mathrm{d}}T}\\ (\sigma_c^2+\sigma_n^2)\mathrm{e}^{\mathrm{j}2\pi f_{\mathrm{d}}T}-\rho^*\sigma_c^2\end{bmatrix} \tag{3-85}$$

噪声受限情景下可将此式简化为 $\boldsymbol{h}=[1 \quad \mathrm{e}^{\mathrm{j}2\pi f_{\mathrm{d}}T}]^{\mathrm{T}}$，说明匹配滤波器将对两个慢时间样本进行相干累积。

但是实际探测时，目标速度未知，可以进一步假设多普勒频率在整个周期内服从均匀分布，从而利用期望信号的统计期望对其进行替代，得到 $\boldsymbol{t}=A[1 \quad 0]^{\mathrm{T}}$。相应匹配滤波器的抽头权重向量为

$$\boldsymbol{h}=[\sigma_c^2+\sigma_n^2 \quad -\rho^*\sigma_c^2]^{\mathrm{T}} \tag{3-86}$$

当杂波占据主导地位且脉冲间杂波高度相关时，可得 $\boldsymbol{h}\approx[1 \quad -1]^{\mathrm{T}}$ 对应于二脉冲对消器，表明此条件下脉冲对消器可近似为匹配滤波器。此结论对于 N 脉冲对消器同样适用，但滤波器阶数增加将导致近似效果变差。当噪声占据主导地位时，可得 $\boldsymbol{h}\approx[1 \quad 0]^{\mathrm{T}}$，表明速度未知且干扰不相关时将不进行任何操作，仅输出相同信号。

因此，可以将速度未知条件下 MTI 匹配滤波器的处理思想总结为：杂波受限且脉冲间杂波高度相关时，利用相关性联合不同的慢时间样本进行干扰对消。噪声受限时无法利用相关性抑制噪声，从而不对慢时间样本进行处理。

由于多普勒谱具有周期性，多普勒频率为整数倍 PRF 的运动目标，其回波将被 MTI 处理抑制，导致无法对这类目标进行探测，相当于系统对于这类目标是“盲”的，因此雷达中定

义了盲速来刻画这一现象。

定义 3.6 **盲速**：是与零多普勒频率混叠的运动目标对应的径向速度，表达形式如下：

$$v_{\mathrm{b}}=k\frac{\lambda\cdot\mathrm{PRF}}{2}=k\frac{c\cdot\mathrm{PRF}}{2f},\quad k\in\mathbb{N}^{+}\tag{3-87}$$

若回波信号将在当前脉冲重复时间内到达，可以与发射脉冲一一对应，则可以认为距离上不存在模糊。那么，无模糊距离可以表示为

$$R_{\mathrm{ua}}=\frac{c}{2\times\mathrm{PRF}}\tag{3-88}$$

定理 3.3 给定 PRF 时无模糊距离决定了雷达覆盖范围，对应的第一盲速决定了可测量的速度范围。二者的乘积同时刻画了两个维度的覆盖能力，具体关系如下：

$$R_{\mathrm{ua}}v_{\mathrm{b}}=\frac{c}{2\mathrm{PRF}}\times\frac{\lambda\mathrm{PRF}}{2}=\frac{\lambda c}{4}\tag{3-89}$$

由式(3-89)可以发现，无模糊距离与盲速的乘积只与波长和速度有关。因此，长覆盖距离将缩小可测量的速度范围，而大的速度范围将减小覆盖距离，必定在距离或多普勒二者之一或二者同时出现模糊。工程中常采用参差 PRF 解决，可分为脉间和 CPI 间实现，该技术通过改变对应单元内的 PRF 来变更盲速位置，相当于利用不同盲速的脉冲进行组合测量，从而有效改善速度模糊。

【例 3-3】 脉冲雷达工作于 3GHz，第一盲速为 300m/s，试求雷达的无模糊距离。

【解 3-3】 根据式(3-89)所示盲速与无模糊距离关系可知：

$$R_{\mathrm{ua}}=\frac{\lambda c}{4v_1}=\frac{(3\times10^{8}/10^{10})\times(3\times10^{8})}{4\times250}=9\mathrm{km}$$

3.4.3 脉冲多普勒处理

与 MTI 对慢时间维数据进行时域滤波不同，脉冲多普勒作为另一种多普勒处理，直接对同一距离单元内的慢时间数据进行离散傅里叶变换(Discrete Fourier Transform，DFT)，开展谱分析。当清洁区中存在超过阈值的谱分量时，则认为该分量对应了当前距离单元中的运动目标。相较于 MTI 处理，脉冲多普勒处理的优势在于完成目标检测后还能额外获得目标多普勒频率与径向速度的粗略估计，但是计算复杂度较高，获得良好分辨率所需 CPI 长。

假设某一距离单元中存在多普勒频率为 f_{d} 的运动目标，雷达利用包括 M 个子脉冲且 PRI 为 T 的脉冲串进行探测，此时回波信号的慢时间样本可以表示为

$$y[m]=A\mathrm{e}^{\mathrm{j}2\pi f_{\mathrm{d}}mT}\quad m=0,1,\cdots,M-1\tag{3-90}$$

通过对此信号进行离散时间傅里叶变换(DTFT)可获得其模拟频率域的频谱：

$$\begin{aligned}Y(F)&=\sum_{m=-\infty}^{+\infty}y[m]\exp(-\mathrm{j}2\pi FTm)\\&=A\frac{\sin[\pi(F-f_{\mathrm{d}})MT]}{\sin[\pi(F-f_{\mathrm{d}})T]}\mathrm{e}^{-\mathrm{j}\pi(M-1)(F-f_{\mathrm{d}})T},\quad F\in[-\mathrm{PRF}/2,+\mathrm{PRF}/2)\end{aligned}\tag{3-91}$$

可以发现频谱为 sinc 函数，此函数的第一峰值旁瓣较主瓣下降 13.2dB，其他旁瓣以倒数规律衰减，较高的旁瓣很可能影响多目标检测性能，因此通常在变换前对数据加窗。对数据 $y[m]$ 应用窗函数 $w[m]$ 后，其 DTFT 可以写为

$$Y_w(F)=A\sum_{m=0}^{M-1}w[m]\mathrm{e}^{-\mathrm{j}2\pi(F-f_\mathrm{d})mT}=W(F-f_\mathrm{d}) \tag{3-92}$$

式(3-92)表明加窗后数据的变换结果为窗函数频谱按多普勒频率的频移，因此通过设计窗函数频域特性即可实现所需的旁瓣指标，通常应用非矩形窗会增大旁瓣衰减，但会牺牲一些主瓣宽度和峰值增益，增大处理损失。

DTFT 频率变量的连续性导致实际中无法直接计算 DTFT，对于有限长序列通常采用 DFT 计算 DTFT 在一个周期内的均匀采样。此外，由于快速傅里叶变换(Fast Fourier Transform，FFT)算法的存在，DFT 可以进行高效的硬件实现。回波信号慢时间样本的 DFT 定义如下：

$$Y[k]=\sum_{m=0}^{M-1}y[m]\mathrm{e}^{-\mathrm{j}2\pi mk/K},\quad k=0,1,\cdots,K-1 \tag{3-93}$$

可以发现，$Y[k]$等价于$Y(F)$在$F=k/KT=k(\mathrm{PRF}/K)$处的采样。

DFT 作为离散采样无法保证采样位置精确位于 sinc 函数的峰值，因此会面临采样偏差问题，使 DFT 峰值可能最大偏离实际多普勒频率 PRF/$2K$，对应半个多普勒门。工程中常用局部峰值内插方法改善采样偏差，该方法利用二次多项式对检测到的 DFT 峰值及其相邻两个采样点进行拟合，进而通过数学求导获得峰值幅度与对应频率的精确估计。需要注意的是，若主瓣宽度较窄，令相邻采样点位于旁瓣内，估计的性能也会出现降级。此时应当增大采样密度来避免这一问题，通常可增大变换长度 K 或对数据加窗，前者相当于对多普勒谱进行过采样，后者利用窗函数展宽主瓣的性质，二者的目的均为保证用于拟合的 3 个样点均位于主瓣内。

实际中，杂波功率通常占据接收信号总功率的绝大部分，可能高于目标回波近几十分贝。若直接利用脉冲多普勒处理计算多普勒谱，可能导致零多普勒频率处于杂波响应的旁瓣，淹没目标回波的响应。此外，在信号处理时，大功率的杂波将使自动增益控制配置较大衰减，降低目标回波响应幅度，当幅度落入处理硬件的动态范围外时，无法进行检测。因此，结合 3.4.2 节中 MTI 的原理与性质可以很自然地想到，级联 MTI 处理和脉冲多普勒处理有望获得更优的检测性能。级联后能够利用 MTI 选择性地衰减杂波分量，令目标回波成为其输出信号中的主导分量，从而帮助脉冲多普勒处理进行精确谱分析。

3.5 雷达参数测量

雷达从探测目标反射的回波信号中提取目标信息，其最基本的任务是针对探测目标的检测与目标相关参数的估计。微弱的目标回波信号经过匹配滤波与多普勒处理后，即可通过精心设计的检测准则而被有效检测。那么在确定目标存在后，雷达系统便需要进一步估计探测目标的相关参数，即测量目标的角度、距离与速度。

3.5.1 角度测量

由于大部分的雷达都使用了定向天线，这使对空间中目标角位置进行测量成为可能。角度测量主要关注雷达系统如何准确获取三维空间中目标的方位角与仰角。根据所利用的回波信号属性的不同，可分为相位法测角与幅度法测角。

1. 相位法测角

相位法测角是利用不同天线接收回波信号的相位差获得目标角度信息。双天线测角如图 3-11 所示，远场目标与天线波束轴线夹角为 θ，天线间距为 d。

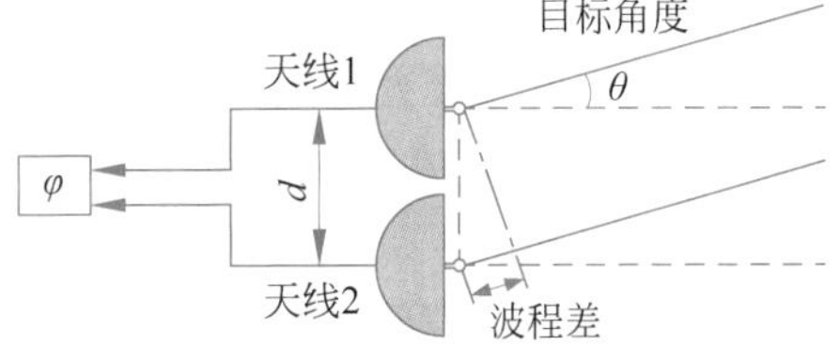

图 3-11 双天线测角示意

由于目标位于远场（雷达主要用于远距离目标探测，这一设定是合理的），天线所接收到的目标反射回波近似于平面波，因此天线 1 和天线 2 所接收回波信号间的相位差 φ 将由波程差 ΔL 决定，二者间关系为

$$\varphi = 2\pi \frac{\Delta L}{\lambda} = 2\pi \frac{d\sin\theta}{\lambda} \tag{3-94}$$

由式(3-94)可以发现，目标的角度信息包含在不同天线接收的回波间的相位差之中。进一步通过方位与俯仰面内的两组天线阵列进行角度测量，即可获得目标的完整角位置。

2. 幅度法测角

幅度法测角是利用回波信号幅度来提取目标角位置，具体包括最大信号法和等信号法两类。对于共用收发天线的单基雷达来说，若天线波束进行匀角速度的扇形扫描或圆锥扫描，所接收的回波脉冲串的幅度将受到双程天线方向图的调制。最大信号法基于此性质，通过搜索接收机输出的脉冲串峰值位置，利用该时刻天线的波束轴线指向，获得目标角度的测量结果。

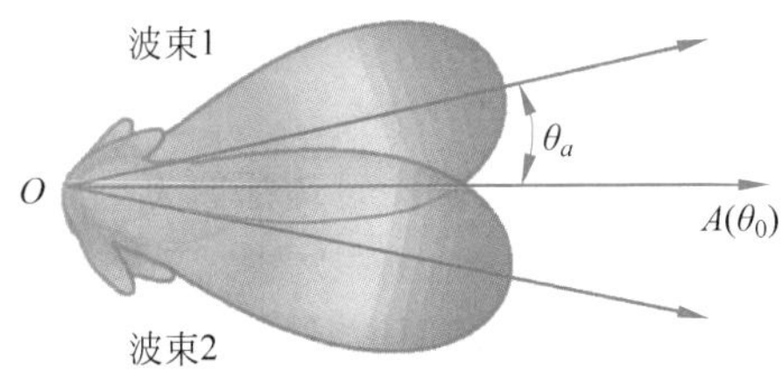

图 3-12 等信号法波束结构

等信号法采用两个部分重叠的相同波束进行测角，等信号法波束结构如图 3-12 所示。

用 $f(\theta)$ 表示天线方向图函数，根据等信号轴 OA 的指向 θ_0，可以将两个波束的方向性函数 $f_1(\theta)$ 和 $f_2(\theta)$ 分别写为

$$\begin{cases} f_1(\theta) = f(\theta + \theta_a - \theta_0) \\ f_2(\theta) = f(\theta - \theta_0 - \theta_a) \end{cases} \tag{3-95}$$

其中，θ_a 为波束最大值与 θ_0 间夹角。

那么，两波束所接收目标回波信号的幅度值分别为

$$\begin{cases} V_1 = Nf(\theta_a - \theta') \\ V_2 = Nf(-\theta_a - \theta') = Nf(\theta_a + \theta') \end{cases} \tag{3-96}$$

其中，θ' 为目标偏离等信号轴的角度。进而通过求幅度之比来判断目标偏离等信号轴的程度，具体方式为

$$R(\theta') = \frac{V_1}{V_2} = \frac{f(\theta_a - \theta')}{f(\theta_a + \theta')} \tag{3-97}$$

由式(3-97)可知，根据已知的方向图函数与波束夹角，能够计算不同角度下的幅度比值 $R(\theta)$，$\theta \in [0, 2\pi]$，从而在获取幅度比值的观测后利用查表法即可获得目标角度的测量结果。由于采用幅度比值作为决策变量，此种方法也被称为比幅法。

比幅法中利用查表法获得测量结果时，涉及对角度的量化，不可避免地增大了测量误差。因此，人们还提出了和差法进行测角，此方法从不同波束回波信号幅度间和差值中提取

目标角度信息。当探测目标位于等信号轴附近时，不同波束所接收目标回波信号的幅度差可以写为

$$\Delta = N[f(\theta_a - \theta') - f(\theta_a + \theta')] \approx 2N\theta' f'(\theta_0) \tag{3-98}$$

其中，$f'(\theta)$为天线方向图函数关于角度的导数。

类似地，幅度和可以写为

$$\Sigma = N[f(\theta_a - \theta') + f(\theta_a + \theta')] \approx 2Nf(\theta_0) \tag{3-99}$$

那么，可以求出目标信号与等信号轴间的夹角 θ' 为

$$\theta' = \frac{\Delta f(\theta_0)}{\Sigma f'(\theta_0)} \tag{3-100}$$

采用等信号法进行测角时，若采用两套相同的接收系统，使两波束能够同时存在，则称为同时波瓣法。若使用一套接收系统，使两个波束交替出现，则称为顺序波瓣法。等信号法中等信号轴附近方向图斜率较大，即使目标与等信号轴间偏移较为微小，两波束接收信号的强度变化也会十分显著，故而较最大信号法而言，等信号法具有更高的测量精度。

3.5.2 距离测量

目标距离也是雷达需要测量的基本参数之一，测距主要通过测量电波的传播时延来实现。由于无线电波在均匀介质中沿直线传播，雷达接收回波信号相较于发射信号的时延将对应电磁波在雷达与目标间的双程传播，因此目标距离可以表示为

$$D = \frac{ct_{\mathrm{D}}}{2} \tag{3-101}$$

其中，$c = 3\times10^8\,\mathrm{m/s}$ 为光速，t_{D} 为回波时延。可以发现，只要能够精确测定传播时延，就可以实现准确测距。

为了测量回波时延需要对回波到达时刻进行定义。实际中常采用回波脉冲前沿或回波脉冲中心作为到达时刻的参考点。如果需要测定回波前沿，可以使用电压比较器对比信号电平与判决阈值，将超过阈值的时刻认定为脉冲前沿。但电平波动和噪声干扰对脉冲前沿的影响较大，此种参考方式下的测距精度不高。如果以回波脉冲中心作为参考点，则一般通过在接收机中使用和差法进行确定。以基带回波信号作为输入，使用电压比较器获得宽度为脉冲宽度的矩形脉冲作为和支路信号，使用微分器获得差支路信号，通过在和支路信号持续时间内进行差支路信号的过零点检测，从而有效提取回波峰值，此位置通常对应了回波中心。此方法能够防止距离副瓣和噪声引起的脉冲过零点虚警，具有更高的测距精度。

3.5.3 速度测量

目标运动速度的测定可以通过测量目标距离的变化率来实现，即

$$v = \frac{\Delta R}{\Delta t} \tag{3-102}$$

其中，ΔR 为时间间隔 Δt 内目标距离的变化量。但是，此类方法需要进行多个脉冲数据的累积才能获得平均速度的准确测量结果，测速所需时间较长且无法测定目标的瞬时速度，故一般只用作目标速度的粗估计。

根据 3.4 节中多普勒频率的介绍可知，目标回波的多普勒频率正比于其径向速度，因此

实际中一般通过测量多普勒频率来实现目标速度的测量。由于对慢时间维接收数据进行傅里叶变换后，得到的多普勒谱中含有运动目标多普勒信息，因此检测谱峰值可获得目标回波的多普勒频率测量值。但多普勒谱的周期性会使测量结果 $\hat{f}$ 存在多值性，即

$$\hat{f}=f_{\mathrm{d}} \pm n \times \mathrm{PRF} \tag{3-103}$$

其中，f_{d} 为目标回波的真实多普勒频率，PRF 为脉冲重复频率。

虽然利用距离变化率来测量速度的精度较低，但测量结果具有单值性。因此，可以通过比较距离微分所得的粗估速度和测量值对应的速度来估计 n，从而消除多值性以获得目标真实速度。

章节习题

3-1 已知脉冲雷达系统的中心频率为 3GHz，其发射基带信号 $x(t)$ 的幅度谱如图 3-13 所示，请画出对应复信号和实信号的幅度谱。

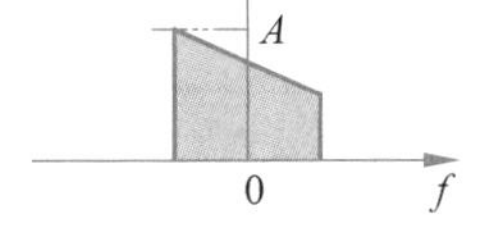

图 3-13 脉冲雷达系统的发射基带信号 $x(t)$ 的幅度

3-2 在实现雷达发射机时，单极振荡式和主振放大式应如何选择？

3-3 某 X 波段雷达工作于 8GHz，采用直径 1m 的圆形天线发射电波，假设孔径效率为 1，试求天线的最大增益。天线直径分别变为 1.5m 和 2.0m 时的情况如何？

3-4 某配备圆形天线的 L 波段雷达工作于 2GHz，其最大增益为 30dB，发射信号功率为 1.5MW，假设孔径效率为 1，试求天线物理尺寸，以及 55km 处的功率通量密度。

3-5 试推导白噪声情景下宽度为 τ 的简单脉冲的匹配滤波输出和输出信噪比。

3-6 某脉冲雷达工作于 3GHz，采用 LFM 脉冲波形，脉冲宽度为 20μs，压缩比为 300。已知目标径向运动速度为 100m/s，采用最小时延因果匹配滤波器进行脉压，输出信号在 $t=100\mu\mathrm{s}$ 时出现峰值，试求探测目标距离。

3-7 某 X 波段雷达工作于 10GHz，第一盲速为 250m/s，试求雷达的无模糊距离。

3-8 试从采样角度说明盲速现象。

3-9 运动目标以 6000m/s 的线速度 v 由雷达正北方向正东直线飞行，雷达脉冲重复频率为 600Hz，波长 20cm，由法线开始到 30°的范围内，雷达会在哪些位置将其认定为固定目标？

3-10 已知脉冲雷达中心频率为 3000MHz，回波信号相对发射信号的时延为 1000μs，回波信号的频率为 3000.01MHz，目标运动方向与目标所在方向的夹角为 60°，求目标距离、径向速度与线速度。

习题解答

3-1 解：根据式(3-14)和式(3-15)可得复信号和实信号对应幅度谱分别如图 3-14(a)和图 3-14(b)所示。

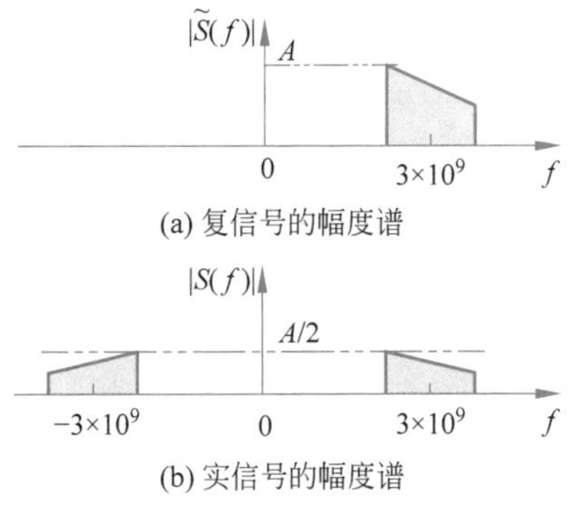

图 3-14 复信号和实信号的幅度谱

3-2 解：在对发射信号的频率、相位稳定度和谱纯度3者中任一参数有较高要求的情况下选用主振放大式发射机，对以上参数均无较高要求的情况下，可选用单级振荡式发射机。

3-3 解：根据式(3-6)可知天线增益与有效面积和波长的关系为

$$G=\frac{4\pi A_e}{\lambda^2}$$

$D=1\text{m}$ 时

$$\lambda=3\times10^8/(8\times10^9)=0.0375\text{m},\quad A_e=\pi(D/2)^2=\pi(1/2)^2=0.785\text{m}^2$$

$$G_{\max}=\frac{4\pi A_e}{\lambda_{\min}^2}=\frac{4\pi\times0.785}{0.0375^2}=7014.55=38.46\text{dB}$$

$D=1.5\text{m}$ 时

$$\lambda=3\times10^8/(8\times10^9)=0.0375\text{m},\quad A_e=\pi(D/2)^2=\pi(1.5/2)^2=1.767\text{m}^2$$

$$G_{\max}=\frac{4\pi A_e}{\lambda_{\min}^2}=\frac{4\pi\times1.767}{0.0375^2}=41.98\text{dB}$$

$D=2\text{m}$ 时

$$\lambda=3\times10^8/(8\times10^9)=0.0375\text{m},\quad A_e=\pi(D/2)^2=\pi(2/2)^2=3.1416\text{m}^2$$

$$G_{\max}=\frac{4\pi A_e}{\lambda_{\min}^2}=\frac{4\pi\times3.1416}{0.0375^2}=44.48\text{dB}$$

3-4 解：根据式(3-6)与圆形面积公式，有下式成立：

$$D=\frac{\lambda_0}{\pi\sqrt{\rho}}\sqrt{G}$$

由题意可知 $\lambda_0=(3\times10^8/2\times10^9)=0.15\text{m}$，代入上式即可得到天线直径：

$$D=\frac{\lambda_0}{\pi\sqrt{\rho}}\sqrt{G}=\frac{0.15\times\sqrt{1000}}{\pi}=1.51\text{m}$$

理想点源天线在55km的功率通量密度为

$$\hat{p}_0=\frac{P_0}{4\pi R^2}=\frac{1.5\times10^6}{4\pi(55\times10^3)^2}=39.45\mu\text{W/m}^2$$

根据式(3-3)可以得到此天线在相同位置的功率通量密度为

$$\hat{p}_t=\hat{p}_0G=\frac{(1.5\times10^6)\times10^3}{4\pi(55\times10^3)^2}=39.45\text{mW/m}^2$$

3-5 解：简单脉冲信号为

$$x(t)=\begin{cases}1, & 0\leqslant t\leqslant\tau\\ 0, & \text{其他}\end{cases}$$

根据式(3-37)可知匹配滤波器冲击响应为

$$h(t)=x^*(T_M-t)=\begin{cases}1, & T_M-\tau\leqslant t\leqslant T_M\\ 0, & \text{其他}\end{cases}$$

为满足因果关系，应有 $T_M\leqslant\tau$。进行卷积运算，可分不同情况进行讨论：

$$y(t)=\begin{cases}0, & t<T_M-\tau \\ \int_0^{t-T_M+\tau} 1\mathrm{d}s, & T_M-\tau \leqslant t \leqslant T_M \\ \int_{t-T_M}^{\tau} 1\mathrm{d}s, & T_M \leqslant t \leqslant T_M+\tau \\ 0, & t>T_M+\tau\end{cases}=\begin{cases}t-(T_M-\tau), & T_M-\tau \leqslant t \leqslant T_M \\ (T_M+\tau)-t, & T_M \leqslant t \leqslant T_M+\tau \\ 0, & \text{其他}\end{cases}$$

因此输出对应了宽度为 2τ 的三角函数，最大值为 τ。

匹配滤波器输出噪声功率为

$$n=\frac{\sigma_{\mathrm{w}}^2}{2\pi}\int_{-\infty}^{+\infty}|H(\Omega)|^2\mathrm{d}\Omega=\sigma_{\mathrm{w}}^2\int_{-\infty}^{+\infty}|h(t)|^2\mathrm{d}t=\sigma_{\mathrm{w}}^2\tau$$

输出信噪比为

$$\mathrm{SNR}=\frac{|\tau|^2}{\sigma_{\mathrm{w}}^2\tau}=\frac{\tau}{\sigma_{\mathrm{w}}^2}=\frac{E}{\sigma_{\mathrm{w}}^2}$$

3-6　解：根据压缩比定义可求得 LFM 脉冲带宽：

$$B=\frac{300}{20\times 10^{-6}}=15\mathrm{MHz}$$

根据多普勒频率定义有

$$f_{\mathrm{d}}=\frac{2vf_c}{c}=\frac{2\times 100\times 3\times 10^9}{3\times 10^8}=2000\mathrm{Hz}$$

那么，根据式(3-63)可知峰值时刻为

$$t_{\mathrm{peak}}=t_0+\tau-\frac{f_{\mathrm{d}}}{K}=\frac{2R}{c}+\tau-\frac{f_{\mathrm{d}}\tau}{B}$$

故而可以计算出距离为

$$R=c\left(t_{\mathrm{peak}}-\frac{B-f_{\mathrm{d}}}{B}\tau\right)/2=\frac{3\times 10^8\times\left(100\times 10^{-6}-\frac{15\times 10^6-2000}{15\times 10^6}\times 20\times 10^{-6}\right)}{2}$$

$$=12.0004\mathrm{km}$$

3-7　解：根据式(3-88)可知

$$R_{\mathrm{ua}}=\frac{\lambda c}{4v_1}=\frac{(3\times 10^8/10^{10})(3\times 10^8)}{4\times 250}=9\mathrm{km}$$

3-8　解：盲速效应为不满足采样定理条件(多普勒频率低于脉冲重复频率一半)，因此存在速度(多普勒频率)测量的多值性。其中盲速时的多普勒频率恰为脉冲重复频率的整数倍。

3-9　解：根据盲速定义可知，当目标径向速度对应盲速时，雷达会将其回波认定为杂波，对应固定目标。

根据题干可知目标多普勒频率为

$$f_{\mathrm{d}}=\frac{2v}{\lambda}\sin\alpha=\frac{2\times 6000}{0.2}\sin\alpha$$

随着角度变化，多普勒频率从 0 逐渐增大至 30kHz，PRF 为 600Hz 时，将会出现 30000/600=50 个盲速点，对应角度满足

$$600\times i=60000\sin\alpha_i$$

$$\alpha_i = \sin^{-1}(0.01 \times i), \quad i = 1, 2, \cdots, 50$$

3-10 解：目标距离 $R=\frac{\tau c}{2}=\frac{1000\times10^{-6}\times3\times10^{8}}{2}=1.5\times10^{5}\,\mathrm{m}=150\mathrm{km}$；

波长 $\lambda=\frac{3\times10^{8}}{3\times10^{9}}=0.1\mathrm{m}$；多普勒频率 $f_{\mathrm{d}}=(3000.01-3000)\mathrm{MHz}=10\mathrm{kHz}$

径向速度 $v_{\mathrm{r}}=\frac{\lambda}{2}f_{\mathrm{d}}=\frac{0.1}{2}\times10^{4}=500\mathrm{m/s}$；线速度 $v=\frac{500}{\cos60^{\circ}}=1000\mathrm{m/s}$

参考文献

[1] 孙进平，白霞，王国华. 雷达波形设计与处理导论[M]. 北京：人民邮电出版社，2022.

[2] SLEPIAN D. Estimation of signal parameters in the presence of noise[J]. Transactions of the IRE professional group on information theory，1954，3(3)：68-89.

[3] MANASSE R. Range and velocity accuracy from radar measurements [M]. Norwood，MA：Massachusetts Institute of Technology，Lincoln Laboratory，1955.

[4] MALLINCKRODT A J，SOLLENBERGER T E. Optimum pulse-time determination[J]. Transactions of the IRE professional group on information theory，1954，3(3)：151-159.

[5] RIHACZEK A W. Principles of high-resolution radar[M]. Norwood，MA：Artech House，1996.

[6] HAO C，ORLANDO D，LIU J，et al. Advances in adaptive radar detection and range estimation[M]. Singapore：Springer，2022.

[7] EWELL G W. Radar transmitters[M]. New York：McGraw-Hill，1981.

[8] 左群声. 雷达系统导论[M]. 3 版. 北京：电子工业出版社，2014.

[9] 理查兹. 雷达信号处理基础[M]. 2 版. 北京：电子工业出版社，2017.

[10] 柯樱海，甄贞，李小娟. 遥感导论[M]. 北京：中国水利水电出版社，2019.

[11] 戴永江. 激光雷达技术[M]. 北京：电子工业出版社，2010.

[12] 徐祖帆，王滋政. 机载激光雷达测量技术及工程应用实践[M]. 武汉：武汉大学出版社，2009.

[13] 张国良，曾静. 组合导航原理与技术[M]. 西安：西安交通大学出版社，2008.

[14] 王永虹，徐玮，郝立平. STM32 系列 ARM Cortex-M3 微控制器原理与实践[M]. 北京：北京航空航天大学出版社，2008.

[15] 张小红. 机载激光雷达测量技术理论与方法[M]. 武汉：武汉大学出版社，2007.

[16] 松井邦彦. 传感器应用技巧 141 例[M]. 北京：科学出版社，2006.

[17] 李适民，黄维玲. 激光器件原理与设计[M]. 北京：国防工业出版社，2005.

[18] ERICB. 信号完整性分析[M]. 李玉山，李丽平，译. 北京：电子工业出版社，2005.

[19] 费业泰. 误差理论与数据处理[M]. 北京：机械工业出版社，2004.

[20] 潘君骅. 光学非球面的设计、加工与检验[M]. 苏州：苏州大学出版社，2004.

[21] 徐阳，等. 蓝绿激光雷达海洋探测[M]. 北京：国防工业出版社，2002.

[22] 李树楷，薛永祺. 高效三维遥感集成技术系统[M]. 北京：科学出版社，2000.

[23] 王本谦，熊辉丰. 激光雷达[M]. 北京：宇航出版社，1994.

[24] 申铉国，张铁强. 光电子学[M]. 北京：兵器工业出版社，1994.

[25] SCHREIBER P. The cauchy-bunyakovsky-schwarz inequality[J]. Hermann Graßmann(Lieschow，1994)，1994：64-70.

[26] LEVANON N. Radar principles[M]. New York：Wiley，1988.

[27] SCHLEHER D C. MTI and pulsed doppler radar with MATLAB[M]. Norwood，MA：Artech House，2010.

第4章 卫星基本原理

CHAPTER 4

卫星是指围绕一颗行星轨道并按闭合轨道做周期性运行的天然天体，人造卫星一般亦可称为卫星。人造卫星是由人类建造，利用火箭、航天飞机等载具发射到太空中，像天然卫星一样环绕地球或其他行星的装置。随着现代科技的不断发展，人类研制出了各种人造卫星，这些人造卫星和天然卫星一样，也绕着行星（大部分是地球）运转。

人造卫星的概念可能始于1870年。第一颗被正式送入轨道的人造卫星是苏联1957年发射的“人卫1号”。人造卫星可用于科学研究，而且在近代通信、天气预报、地球资源探测和军事侦察等方面已成为一种不可或缺的工具。本章从卫星运动的基本原理出发，对卫星轨道、星座原理进行探讨。

4.1 卫星运动基本原理

坐标系是描述物体运动与运动变化的基础，坐标系的选取决定了能否方便且准确地对卫星运动状态进行刻画。此外，卫星在轨道上的运动符合开普勒定律，利用该定律可以方便地计算如卫星飞行速度、卫星运动周期等重要参数。本节首先对卫星系统中的常用坐标系进行介绍，之后再对利用开普勒定律计算卫星运动参数的方法进行说明。

4.1.1 常用坐标系

在卫星系统中，常用的坐标系是地心坐标系。地心坐标系包括以地球质心为原点建立的地心空间直角坐标系和以球心与地球质心重合的地球椭球面为基准面建立的地心大地坐标系。使用地心空间直角坐标系或地心大地坐标系均可方便描述卫星相对地球的运动情况。

地心空间直角坐标系是在地球内建立的 O-xyz 坐标系，如图4-1所示。原点 O 设在地球质心，x 轴为本初子午面与赤道面的交线，向东为正。z 轴与地球旋转轴重合，向北为正。y 轴与 xz 平面垂直构成右手系。对于坐标系中的任意一点 S，可以采用三维坐标 (x_S, y_S, z_S) 描述其位置。

对于空间中任意一点 S，也可以采用纬度、经度和大地高度构成的三维坐标 (B_S, L_S, H_S) 描述其位置，由此形成的坐标系称为地心大地坐标系，如图4-2所示。纬度 B_S 的定义是点 S 的地面法线与赤道面的夹角，以赤道面为起点，B_S 向南为负，范围为 $-90°\sim0°$，向北为正，范围为 $0°\sim90°$；经度 L_S 由本初子午面起算，向东为正，向西为负，范围为 $-180°\sim180°$；H_S 指点 S 距离地面的竖直高度。

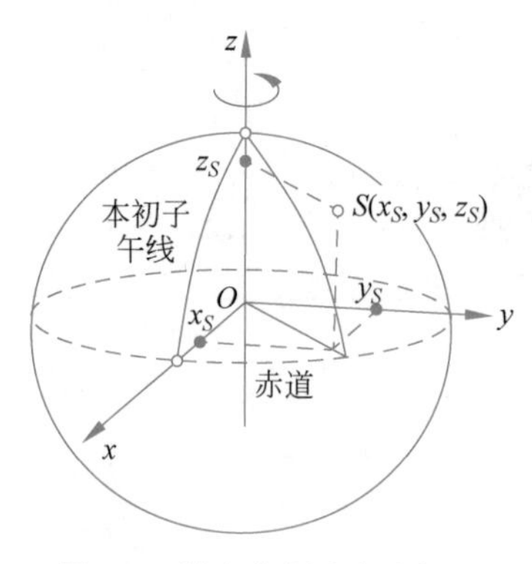

图 4-1 地心空间直角坐标系

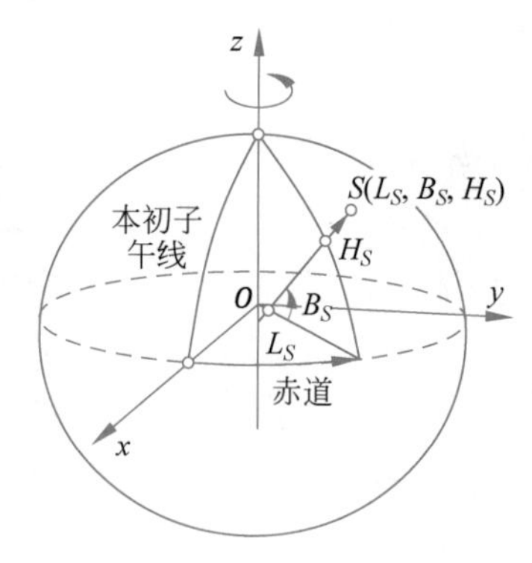

图 4-2 地心大地坐标系

对同一空间点，地心空间直角坐标系和地心大地坐标系参数间有以下转换关系，其中 N 为椭球卯酉圈的曲率半径，卯酉圈指经过椭球面上一点的法线且与该点子午面相垂直的法截面同椭球面相截形成的闭合圈，e 为椭球的第一偏心率，a，b 为椭球的半长轴与半短轴。

$$\begin{cases} N = \dfrac{a}{W} \\ W = (1 - e^2 \sin^2 B_S)^{\frac{1}{2}} \\ e^2 = \dfrac{a^2 - b^2}{a^2} \end{cases} \tag{4-1}$$

$$\begin{cases} B_S = \arctan\left[\dfrac{z_S + Ne^2 \sin B_S}{\sqrt{x_S^2 + y_S^2}}\right] \\ L_S = \arctan\left(\dfrac{y_S}{x_S}\right) \\ H_S = \dfrac{\sqrt{x_S^2 + y_S^2}}{\cos B_S} - N \end{cases} \tag{4-2}$$

【例 4-1】 若某点在地心大地坐标系下的坐标为$(B_S, L_S, H_S) = (1, 2, 3)$，该点对应的卯酉圈的半长轴与半短轴分别为 $a = 10$，$b = 5$，求该点在空间直角坐标系下的坐标。

【解 4-1】 按题意，卯酉圈的离心率 $e = \sqrt{\dfrac{a^2 - b^2}{a^2}} \approx 0.866$，卯酉圈的曲率半径为

$$N = \frac{a}{W} = \frac{a}{\sqrt{1 - e^2 \sin^2 B_S}} = \frac{10}{\sqrt{1 - 0.866^2 \times \sin^2(1)}} = 14.6$$

进一步可得

$$\sqrt{x_S^2 + y_S^2} = H_S \times \cos B_S + N \times \cos B_S = 9.51$$

利用$\sqrt{x_S^2 + y_S^2}$的计算结果，可得 z_S 为

$$z_S = \tan B_S \times \sqrt{x_S^2 + y_S^2} - Ne^2 \sin B_S = 5.6$$

又可得到

$$\frac{y_S}{x_S}=\tan L_S=-2.19$$

与$\sqrt{x_S^2+y_S^2}$的取值联立，可得

$$\sqrt{x_S^2+y_S^2}=x_S\times\sqrt{1+\tan^2 L_S}$$

因此，可解得

$$x_S=\frac{\sqrt{x_S^2+y_S^2}}{\sqrt{1+\tan^2 L_S}}=3.96,\quad y_S=\tan L_S\times x_S=-8.65$$

综上，该点对应的空间直角坐标系下得坐标为$(x_S,y_S,z_S)=(3.96,-8.65,5.6)$。

4.1.2　开普勒定律

开普勒定律是德国天文学家开普勒提出的关于行星运动的三大定律。如果假设地球是质量均匀分布的理想球体，同时忽略太阳、月亮及其他行星对卫星的引力作用，则卫星仅在地球引力下的运动是一个“二体问题”，符合开普勒三定律。这可以为研究轨道构型和卫星运动的一些基本性质提供理论基础。

1. 开普勒第一定律

开普勒第一定律的表述为：所有行星绕太阳的轨道都是椭圆的，太阳在椭圆的一个焦点上。根据此性质，可以得到卫星运行轨道的基本几何构型如图4-3所示。在图中，m_2为卫星，m_1为地心，是椭圆轨道的两个焦点之一；a为轨道半长轴，b为轨道半短轴；r为卫星到地心的瞬时距离；f是瞬时卫星-地心连线与地心-近地点连线的夹角，是卫星在轨道面内相对于近地点的相位偏移量。

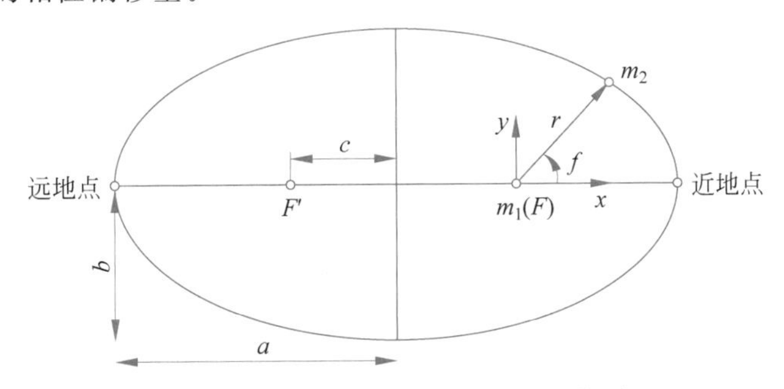

图4-3　卫星运行轨道的基本几何构型

通常还会使用以下参数对卫星轨道进行更详细的描述。

(1) 离心率e。离心率也是用来描述卫星围绕地球运动的重要轨道参数之一。当$0<e<1$时，轨道为椭圆形，当$e=0$时，轨道则会变为圆形。离心率与轨道半长轴和半短轴之间的关系满足：

$$e=\sqrt{1-(b/a)^2} \tag{4-3}$$

(2) 近地点。近地点是指r取值最小时卫星所处的轨道位置，近地点距离地心的长度可以表示为

$$r_p=a(1-e) \tag{4-4}$$

(3) 远地点。远地点是指r取值最大时卫星所处的轨道位置，远地点距离地心的长度

可以表示为

$$r_a = a(1+e) \tag{4-5}$$

根据上述参数和图 4-3 所示的几何关系，可以进一步得到卫星轨道平面的极坐标表达式为

$$r = \frac{a(1-e^2)}{1+e\cos f} \tag{4-6}$$

2. 开普勒第二定律

开普勒第二定律的表述为：在太阳系中，太阳和运动中的行星的连线(矢径)在相等的时间内扫过相等的面积。根据第二定律，可以推得卫星在椭圆轨道上做非匀速运动，在近地点速度最快，在远地点速度最慢。根据机械能守恒原理，可推导椭圆轨道上卫星的瞬时速度如下：

$$v = \sqrt{\mu\left(\frac{2}{r} - \frac{1}{a}\right)}\ (\mathrm{km/s}) \tag{4-7}$$

其中，$\mu = GM$，G 为引力常量，M 为地球质量，通常认为 $G = 6.67\times 10^{-11}\mathrm{N}\times\mathrm{m}^2/\mathrm{kg}^2$。

定理 4.1　卫星在椭圆轨道上运动时，其处于近地点和远地点的速度 v_p 和 v_a 可以分别表示为

$$\begin{cases} v_p = \sqrt{\dfrac{\mu}{a}\cdot\dfrac{1+e}{1-e}}\ (\mathrm{km/s}) \\ v_a = \sqrt{\dfrac{\mu}{a}\cdot\dfrac{1-e}{1+e}}\ (\mathrm{km/s}) \end{cases} \tag{4-8}$$

证明：

卫星在椭圆轨道上运动时，其瞬时速度可表示为 $v = \sqrt{\mu\left(\frac{2}{r} - \frac{1}{a}\right)}\ (\mathrm{km/s})$。近地点距地心的长度 $r_p = a(1-e)$，将 r_p 代入 v 的计算式中，可得

$$v_p = \sqrt{\mu\left(\frac{2}{a(1-e)} - \frac{1}{a}\right)} = \sqrt{\frac{\mu}{a}\cdot\frac{1+e}{1-e}}\ (\mathrm{km/s})$$

同理，将远地点距地心的长度 $r_a = a(1+e)$代入，可得

$$v_a = \sqrt{\mu\left(\frac{2}{a(1+e)} - \frac{1}{a}\right)} = \sqrt{\frac{\mu}{a}\cdot\frac{1-e}{1+e}}\ (\mathrm{km/s})$$

如果卫星所在轨道为圆轨道，那么理论上卫星将做匀速运动，且其速度恒为 $v = \sqrt{\frac{\mu}{r}}\ (\mathrm{km/s})$。

【例 4-2】　若某椭圆卫星轨道半长轴 $a = 7000\mathrm{km}$，半短轴 $b = 6800\mathrm{km}$，求卫星在该轨道上运动时，近地点和远地点的速度 v_p 和 v_a。

【解 4-2】　按题意，该轨道离心率 $e = \sqrt{1-(b/a)^2} \approx 0.237$，将参数代入公式可得

$$v_p = \sqrt{\frac{\mu}{a}\times\frac{1+e}{1-e}} = \sqrt{\frac{398332.4\times(1+0.237)}{7000\times(1-0.237)}} = 9.6\mathrm{km/s}$$

同理，远地点速度 v_a 为

$$v_a = \sqrt{\frac{\mu}{a}\times\frac{1-e}{1+e}} = \sqrt{\frac{398332.4\times(1-0.237)}{7000\times(1+0.237)}} = 5.9\mathrm{km/s}$$

3. 开普勒第三定律

开普勒第三定律的表述为：所有行星绕太阳一周的恒星时间 T_i 的平方与它们轨道半长轴 a_i 的立方成比例，即 $T_1^2/T_2^2=a_1^3/a_2^3$。根据此定律，可以得到卫星绕地球飞行的周期为

$$T=2\pi a\sqrt{\frac{a}{GM}} \tag{4-9}$$

由式(4-9)进一步整理得到

$$\frac{a^3}{T^2}=\frac{GM}{4\pi^2}=k \tag{4-10}$$

通常称 k 为开普勒常量，且可以发现卫星的轨道周期只与半长轴有关，而与轨道的离心率无关。因此，当卫星轨道为圆形轨道时，假设地球半径为 R_e，卫星高度为 h，那么此时轨道运行周期为

$$T=2\pi(R_e+h)\sqrt{\frac{R_e+h}{GM}} \tag{4-11}$$

4.2 卫星轨道

在卫星通信系统中，通信卫星可以有不同的运行轨道，而不同轨道的卫星系统在通信方式、网络构型和服务范围等方面均有差异。本节首先介绍轨道要素，之后根据不同轨道要素对卫星轨道进行分类，最后就卫星在轨道内的位置确定方法进行说明。

4.2.1 卫星轨道要素

在地心坐标系下，可使用轨道6要素来刻画卫星轨道，同时这些参数也能完整描述任意时刻卫星所处的空间位置。通常在人造卫星中，轨道6要素包括半长轴 a、离心率 e、轨道倾角 i、升交点经度 Ω、近地点幅角 ω 和平均近点角 M，如图4-4所示。

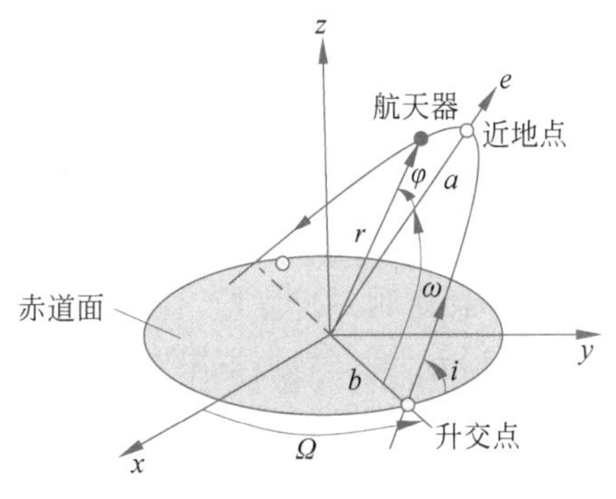

图 4-4 人造卫星轨道6要素示意

(1) 半长轴 a：半长轴指的是椭圆轨道长轴的一半，有时可视作平均轨道半径。

(2) 离心率 e：离心率的计算方式为半焦距与轨道半长轴之比，半焦距为椭圆中任意焦点到中心的距离，可计算为 $c=\sqrt{a^2-b^2}$。离心率可看作对轨道扁平程度的一种度量，其计算方式为 $e=\frac{c}{a}=\frac{\sqrt{a^2-b^2}}{a}$，且离心率越大，轨道越扁。因此，通常将离心率近似等于0的轨道称为近圆轨道，此时地球的质心几乎与轨道几何中心重合，而将离心率大于0但小于1的轨道称为椭圆轨道。

(3) 轨道倾角 i：轨道倾角是指赤道平面与卫星轨道平面之间的夹角，主要用于描述轨道的倾斜程度，其取值范围为 $0\leqslant i\leqslant\pi$。

(4) 升交点经度 Ω：升交点指卫星从南向北运动时与赤道面的交点，将升交点的经度

记为 Ω，取值范围为 $0 \leqslant \Omega < 2\pi$。经度的计量通常以春分点为原点，逆时针方向为正方向。

(5) 近地点幅角 ω：在卫星运行轨道内，从升交点开始沿逆时针方向到近地点经过的角度定义为近地点幅角。

(6) 平均近点角 M：假设卫星通过近地点的时刻为 t_p，卫星的轨道周期为 T，则卫星的平均角速度为 $\eta = 2\pi/T$。那么任意时刻 t，平均近点角 $M = \eta(t - t_p)$，$0 \leqslant M < 2\pi$。换言之，平均近点角是假设卫星以平均角速度在圆轨道上运行(该圆轨道与椭圆轨道共中心，轨道半径等于椭圆轨道长半轴长度)，在 t 时刻该虚拟卫星和地球的连线与近地点形成的夹角。真近点角 φ 指 t 时刻卫星和地球的连线与近地点形成的夹角，如图 4-4 所示。

在上述参数中，Ω、i、ω 定义了轨道方位，用于确定卫星相对于地球的位置；另外 3 个参数 e、a、M 定义了轨道的几何形状和卫星的运动特性，可以用来确定卫星在轨道面内的位置。对于特殊的圆形轨道，轨道的离心率为 0，近地点和轨道的升交点重合，此时只需要 4 个参数就可以完整地描述卫星在空间中的位置，这 4 个参数分别为升交点经度 Ω、轨道倾角 i、轨道高度 h 和平均近点角 M。此外，一般将从轨道升交点逆时针旋转至卫星所在位置对应的角度称为卫星的相位，在数值上来看其等于近地点幅角 ω 与真近点角 φ 相加之和。

4.2.2 卫星轨道分类

根据不同的轨道参数，可以对卫星轨道进行进一步分类。按照轨道形状分类，卫星轨道可分为圆形轨道和椭圆轨道；按照轨道倾角分类，可分为赤道轨道、极轨道、倾斜轨道，其中倾斜轨道又可以根据卫星的运动方向分为顺行轨道和逆行轨道；按照轨道高度分类，可分为 LEO、MEO、地球静止/同步轨道和大椭圆轨道；按照轨道周期分类，可分为回归轨道、准回归轨道和非回归轨道。此外还有一些特殊类型的轨道，如太阳同步轨道、冻结轨道、共振轨道和坟墓轨道等。

1. 轨道类型

按轨道形状分，卫星系统的轨道分为圆形轨道和椭圆轨道。

在圆形轨道($e=0$)上运行的卫星，距离地面的高度变化不大，有相对恒定的运动速度，同时可以提供较均匀的覆盖特性，通常被提供均匀全球覆盖的卫星通信系统采用。

椭圆轨道是偏心率不等于 0 的卫星轨道($0<e<1$)，卫星距离地面的高度、运行速度，以及覆盖范围都随着其位于轨道上位置的不同而不同，卫星在轨道上做非匀速运动，在近地点速度快，而远地点速度慢，且运行时间长，可以利用该特性实现对某特定区域连续长时间的覆盖。通常，椭圆轨道卫星在相对运动速度较慢(即位于远地点附近)时才提供通信服务，更加适合为特定的区域提供服务(特别是高纬度区域)，因此被俄罗斯广泛使用。

2. 轨道倾角

按照轨道的倾角(卫星轨道平面与赤道平面的夹角)分类，卫星轨道可分为赤道轨道、极轨道和倾斜轨道 3 类。其中，倾斜轨道又可以根据卫星的运动方向和地球自转方向的差别分为顺行轨道和逆行轨道，如图 4-5 所示。

(1) 赤道轨道的倾角为 0°，轨道上卫星的运行方向与地球自转方向相同，且卫星相对于地面的运动速度随着卫星高度的增加而降低，当轨道高度为 35786km 时，卫星运动的速度与地球自转的速度相同。如果此时轨道倾角 $i=0°$，即赤道面与轨道面重合，则卫星对地球的运动速度几乎为零，这种轨道就是静止轨道。由于这个轨道上的卫星相对地球是静止的，

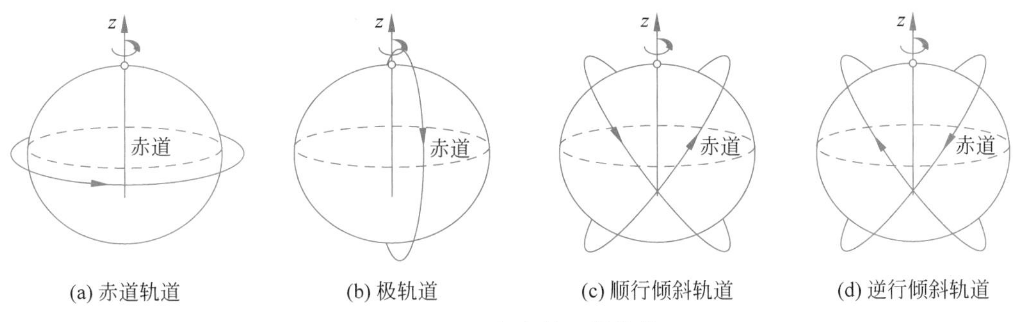

(a) 赤道轨道　(b) 极轨道　(c) 顺行倾斜轨道　(d) 逆行倾斜轨道

图 4-5　不同倾角的卫星轨道

能稳定地为地面上的固定区域服务，因此电视广播、通信和气象卫星大多使用这个轨道。

（2）极轨道的轨道面垂直于赤道平面，轨道倾角为 90°，是一种常见的轨道类型。极轨道卫星通常在较低的高度上飞行，每次飞行都绕过地球的南北两极。地球自转的时候，极轨道在空间中仍然是固定的，极轨道卫星可以掠过地球上很多区域。正是由于极轨道卫星对地球有较好的覆盖，具有在一定循环周期内可以扫过整个地球的轨道特性，因此极轨道常作为资源考察和光学摄影卫星使用的轨道。

（3）顺行倾斜轨道的倾角为 0°～90°，卫星在赤道面上投影的运行方向与地球自转方向相同，因而称为顺行轨道。逆行倾斜轨道的倾角为 90°～180°，卫星在赤道面上投影的运行方向与地球自转方向相反，因而称为逆行轨道。倾斜轨道的轨道平面倾斜于赤道平面，利用地球自转，可以实现对某纬度区域的覆盖，Walker 星座通常采用这种轨道。

3. 轨道高度

根据卫星运行轨道距地面的高度，可将卫星轨道分为 LEO、MEO、地球静止/同步轨道和大椭圆轨道。

（1）LEO 一般位于 2000km 以下，同时，考虑到大气阻力在 500km 以上的影响较小，所以，LEO 的轨道高度一般取：$500\text{km}<h<2000\text{km}$，$94\text{min}<T<115\text{min}$。其中，$h$ 为轨道高度；T 为轨道周期。

（2）MEO 一般位于 5500km 以上，以范·艾伦外带的核心区域为界分为两段：$5500\text{km}<h_1<13000\text{km}$，$19000\text{km}<h_2<25000\text{km}$。该轨道高度的卫星覆盖范围和可视时间都比较适中，可供选择的高度空间也很大，因此，很多宽带多媒体通信星座都考虑选择 5500～13000km 的轨道高度，如 ICO 等。同时该轨道高度受空间环境力摄动的影响较小，大气阻力可忽略，卫星轨道的稳定性较高，便于精密定轨和精密星历预报，是卫星导航系统部署的理想高度空间，GPS、GLONASS、GALILEO 等星座都选用了 19000～25000km 的 MEO。

（3）地球同步轨道（Geo-Synchronous Orbit，GSO）是指轨道周期与地球自转周期相同的轨道，即轨道周期为 1 个恒星日。由于轨道周期与轨道长半轴一一对应，故 GSO 的长半轴为 $a=42164.169\text{km}$。由于 GSO 对于轨道的形状和倾斜程度都没有要求，所以，GSO 可以有无数条。

（4）GEO 是一条非常特殊的 GSO，它是位于地球赤道上空，距离地球表面约 35786km 的一条圆形轨道。GEO 只有一条。GEO 上的卫星在赤道上空相对地球是静止的，对地覆盖区域保持不变，可以提供约地球表面 38.2%大范围的覆盖。因此，该轨道在通信、广播电视、导弹预警和导航星座中得到了广泛的应用。但是该轨道不能对地球两极附近的高纬度区域提供服务，而且发射费用昂贵，多普勒频率很低，同时由于轨道资源紧张，因此需要进行频繁的位置保持，不利于精密定轨和长期星历预报。

(5) 倾斜地球同步轨道(Inclined Geo-Synchronous Orbit，IGSO)也是一类非常特殊的GSO，除了轨道周期为1个恒星日外，还要求轨道所在的平面与赤道平面有一定的夹角，具体描述为：$a=42164.169\text{km}, i\neq 0°, e=0, T=1$ 恒星日。IGSO也属于GEO，其星下点轨迹是交点在赤道上、呈对称"8"字形的封闭曲线，卫星每天重复同一轨迹。

(6) 大偏心率轨道又称大椭圆轨道，近地点高度为几百千米，远地点高度通常在几万千米以上，因此轨道偏心率较大。卫星具有在远地点附近运动缓慢，可视时间长，可提供高仰角的优势，适合对特别地区的覆盖(如高纬度地区)，适合构建半球覆盖带的星座。

4. 轨道周期

太阳日是以太阳为参考方向，地球自转一圈所用的时间，即一天。太阳日长度为24h，即86400s。恒星日是以无穷远处的恒星为参考方向，地球自转一圈所用的时间。由于相对恒星自转时，地球的旋转角度比相对于太阳旋转时少了0.9856°，因此恒星日时长小于太阳日的时长，为23h56min04s(86164s)。由于地球的自转特性，卫星在围绕地球旋转一圈后，不一定会重复前一圈的轨迹，因此可以根据星下点轨迹的重复特性对卫星轨道进行分类。

将卫星星下点轨迹在 M 个恒星日，围绕地球旋转 N 圈后，重复的轨道称为回归/准回归轨道，其余的轨道统称为非回归轨道，M 和 N 都是整数。如果 $M=1$，称为回归轨道，其轨道周期为 $1/N$ 个恒星日；如果 $M>1$，称为准回归轨道，其轨道周期为 M/N 个恒星日。

回归轨道卫星组成的星座具有良好的重复覆盖能力，同时对于星历预测、地面通信与测控站选择、数据存储、转发的通信时延预测、系统性能的充分发挥等有着重要的意义。在星座设计的工程中，会选择具有回归特性的轨道，如GPS星座是1/2恒星日的回归轨道，GALILEO是10/17恒星日的回归轨道，GLONASS星座是8/17恒星日的回归轨道。

5. 特殊轨道

在实际星座设计中，除了考虑基本的轨道类型以外，为了提高卫星轨道的回归性和稳定性等，还会考虑轨道的一些其他特性，包括太阳同步轨道、冻结轨道、共振轨道和坟墓轨道等。

(1) 太阳同步轨道是由地球扁率引起的卫星轨道面的进动(自转的同时，绕着过接触点的铅直线旋转)角速度与平太阳(假想的天体，以匀速沿天赤道移动，角速度等于一年里真太阳沿黄道运动的角速度的平均值)在赤道上移动的角速度相等的轨道。太阳同步轨道有一个显著的特点，即航天器在太阳同步轨道上的每圈升段(或降段)经过同一纬度上空的当地时间相同。该轨道主要用于对地观测卫星，其优点是可以保持太阳光线与轨道面的夹角不变，卫星的太阳电池阵能够最大限度地利用太阳光照，同时得到地面上较好的光照条件。

(2) 冻结轨道是指轨道长半轴指向(即近地点俯角)不变的轨道，同时轨道的偏心率和形状都保持不变，即航天器同方向飞经同纬度的地方，轨道高度不变。与太阳同步轨道类似，冻结轨道有许多有用的性质。比如，冻结轨道的形状保持不变；冻结轨道的近地点幅角保持在90°，航天器从同方向飞越同纬度地区上空的高度保持不变。这些性质对于考察地面或者进行垂直剖面内的科学测量非常有利，美国的海洋卫星、陆地卫星都采用了冻结轨道。

(3) 共振轨道是卫星平运动和地球自转角速度成简单整数比的轨道，此时在地球引力场中，田谐项会对轨道半长轴产生明显的共振影响，并最终导致卫星相位的非线性变化。由共振轨道卫星组成的卫星星座，由于地球非球形对卫星轨道长半轴的长周期影响，星座结构无法长期实现稳定。在实际星座中，美国的 GPS 导航卫星星座为了满足短周期的星下点重复轨迹等需求，选择了轨道周期为 1/2 恒星日的回归轨道，即其回归周期为 1 天的 MEO。可见，该轨道是一条典型的共振轨道，从而导致 GPS 星座的轨道构型变化较快。该星座中的卫星每隔 8～16 个月就必须进行一次轨道控制来实现星座构型的保持，所以，GPS 星座每个月平均大约有两颗卫星需要进行构型保持控制。而欧空局提出的 GALILEO 导航卫星星座选择了 10 天 17 圈的回归轨道，显然这不是共振轨道，星座构型变化相对较慢。

(4) 坟墓轨道又叫垃圾轨道、弃星轨道，它高于那些运行正常的卫星轨道。确切地说，坟墓轨道位于地球上方 36050km 处，距离 GEO 300km，这就保证了在该轨道运行的卫星处于一个安全高度，丝毫不会影响到正常运行的卫星。为了尽可能避免产生太空垃圾，科技人员在设计航天器时就预想到卫星万一出现故障或寿终正寝后该如何处置。比较常见的方法是，一旦发现卫星不能正常工作，地面控制人员就会下达指令启动星上发动机，将失效卫星抬升到比 GEO 高的坟墓轨道上去，以免对正常轨道上的卫星构成威胁。中国的大部分卫星也都装有离轨系统，在废弃后能依靠剩余能量，自动进入"太空坟场"。国际组织太空废物协调委员会于 1977 年制定了一套规章，以保证 GEO 能够保持干净，没有废弃卫星。该组织指出，每颗卫星寿命终结时，它应该被推进到 GEO 上空 300km 处的"坟墓轨道"。

4.2.3 卫星的位置确定

卫星位置的确定分为卫星在轨道面内的定位，以及卫星对地球的定位。具体来说，本节根据轨道为圆轨道还是椭圆轨道，分别给出卫星在轨道面内的定位方法。此外，卫星对地球的定位可理解为卫星的星下点坐标，利用上一节介绍的轨道参数，给出卫星星下点坐标的计算方法。

1. 卫星在轨道面内的定位

如果卫星轨道为圆形轨道，通常使用升交点代替近地点作为轨道面内的相位参考点，由于在圆轨道上卫星以近似恒定的角速度 ω_0 飞行，若假设卫星的初始相位为 θ_0，则在任意 t 时刻，卫星与升交点之间的夹角 θ 可以通过下式计算，在得到 θ 后，即可确定任意时刻卫星在轨道面内的位置。

$$\theta=\theta_0+\omega(t-t_0) \tag{4-12}$$

如果卫星轨道为椭圆轨道，则卫星在轨的运动速度是时变的，此时确定卫星在轨道内的位置变得相对复杂。椭圆轨道内卫星位置确定方法如图 4-6 所示，其中，O 表示轨道中心点；F 表示地心，也是椭圆轨道的一个焦点；E 表示偏心近点角；ξ 表示真近点角；a 为椭圆轨道半长轴。如果能确定 ξ 和卫星在该时刻下距离地心 F 的距离，即可确定卫星目前处在轨道内的位置。

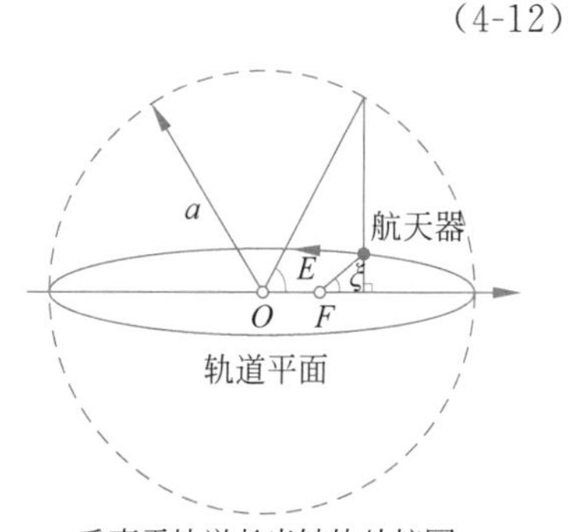

图 4-6 椭圆轨道内卫星位置确定方法

通常已知卫星初始的平均近点角 M_0、轨道周期 T、偏心率 e 和半长轴 a，则可按以下流程求解任意 t 时刻卫星在椭圆轨道内的位置。

(1) 利用轨道周期 T,通过 $\eta=2\pi/T$,计算轨道内卫星的平均角速度 η。

(2) 计算平均近点角,其计算公式为 $M=M_0+\eta t$。

(3) 通过开普勒方程式(4-13)计算此时的偏心近点角 E。

$$M=E-e\sin E \tag{4-13}$$

(4) 通过高斯方程式(4-14)计算出此时卫星的瞬时真近点角 ξ,再根据式(4-15)计算卫星距地心的距离 r,最终即可利用 ξ 与 r 表示 t 时刻卫星所在轨道内的位置。

$$\xi=2\arctan\left(\sqrt{\frac{1+e}{1-e}}\times\tan\frac{E}{2}\right) \tag{4-14}$$

$$r=a(1-e\cos E) \tag{4-15}$$

2. 卫星对地球的定位

星下点是卫星和地心连线与地面的交点,星下点轨迹是星下点随着卫星运动在地面形成的连续曲线。由于卫星在空间沿轨道绕地球运动,同时地球在自转,因此卫星运行一圈后,星下点一般不会再重复之前的运行轨迹。假设0时刻,卫星经过轨道升交点,则在任意 t 时刻,星下点的经度 λ_S 及纬度 φ_S 可以通过式(4-16)和式(4-17)确定。

$$\lambda_S(t)=\lambda_0+\arctan(\cos i\times\tan\theta)-\omega_e t\pm\begin{cases}-\pi & (-\pi\leqslant\theta<-\pi/2)\\ 0 & (-\pi/2\leqslant\theta\leqslant\pi/2)\\ \pi & (\pi/2<\theta\leqslant\pi)\end{cases} \tag{4-16}$$

$$\varphi_S(t)=\arcsin(\sin i\times\sin\theta) \tag{4-17}$$

在式(4-16)和式(4-17)中,λ_S 和 φ_S 分别表示卫星星下点的地理经度与纬度,λ_0 表示升交点经度;i 表示轨道倾角;θ 表示 t 时刻地心-卫星连线与地心-升交点连线之间的夹角,也表示卫星的相位;ω_e 表示地球自转角速度,$\pm$ 分别用于顺行轨道(+),以及逆行轨道(−)的相关计算。通过以上推导可以看到,地球自转仅会对卫星星下点的经度产生影响,因为只有 λ_S 的计算式含有 $\omega_e t$。轨道倾角决定了卫星星下点纬度的变化范围,星下点轨迹的纬度变化范围为 $[-i,i]$ $(i<\pi/2)$ 或 $[i-\pi,\pi-i]$ $(i>\pi/2)$。对于顺行轨道,卫星的星下点轨迹有时是从西南向东北,有时是从西北向东南;对于逆行轨道,星下点轨迹则为自东南向西北或者自东北向西南。

【例 4-3】 若某倾斜圆轨道星座的轨道高度为550km,卫星初始相位 $\theta_0=30°$,卫星所处轨道的升交点经度为 $\Omega_0=20°$,求5min后卫星的相位与其所处轨道升交点的经度为多少。

【解 4-3】 按题意,卫星运行的角速度为

$$\omega_S=\sqrt{\frac{\mu}{(h+R_e)^3}}=\sqrt{\frac{398332.4}{(550+6378)^3}}=1.09\times10^{-3}\,\text{rad/s}=0.062°/\text{s}$$

因此,5min后卫星的相位可计算为

$$\theta=\theta_0+\omega_S t=30+0.062\times300=48.6°$$

考虑轨道的升交点经度会随地球自转而发生改变,因此可计算为

$$\Omega=20-\frac{5}{24\times60}\times360°=18.75°$$

4.3 星座原理

在卫星应用早期，主要通过单颗卫星来完成任务。卫星在地球万有引力作用下始终以一定的速度围绕地球质心飞行，除 GEO 外，卫星无法固定在地球表面某一地点的上空，其覆盖区域总是随着时间的变化而变化，并且这种变化严格受轨道高度和轨道倾角等因素的制约。因此，在大多数情况下，单靠一颗卫星难以实现全球或特定区域的不间断通信、侦察、探测目的。同时，随着卫星技术的发展，卫星之间的联系也越来越密切。对于很多应用，如全球通信或导航，多颗卫星合作已成为卫星应用的主流形式，通过利用多颗卫星相互补充和衔接，拓展覆盖区域或者使特定区域的覆盖特性得到改善，保证目标区域能够以任务要求的时间间隔或覆盖重数被卫星覆盖来协同完成同一任务，这样一种新型的空间系统——卫星星座就出现了。星座中的卫星都部署在地球大气层以外的太空轨道上，并且这些卫星的轨道在太空中形成一个相对稳定的空间几何构型，同时这些卫星之间还保持着相关固定的时空关系。卫星星座的应用主要是扩大对地覆盖范围或者形成对目标区域的多重覆盖，通过卫星间的协同配合，大幅提升通信、导航和对地观测的应用效果。

最早提出卫星星座概念的是英国的 Arthur C. Clarke，他于 1945 年 10 月在 *Wireless World* 上发表的一篇名为 *Extra-Terrestrial Relays*？的文章中指出：在静止轨道上等间隔放置 3 颗卫星，可以实现全球除两极以外覆盖。因此，GEO 也被称为 Clarke 轨道。但是，GEO 卫星星座无法实现全球覆盖。同时，由于 GEO 只有一条，站位资源已经非常紧张，因此，卫星星座只有部署在低于 GEO 高度的轨道空间才能得到更多的应用。于是，就出现了轨道倾角不为 0°的倾斜轨道卫星星座、轨道形状为椭圆的椭圆轨道卫星星座，以及轨道高度介于 500～36000km 的不同轨道高度的卫星星座等。本节首先给出卫星星座的分类方法，再介绍当前常见的卫星通信星座，之后面向极轨星座与倾斜轨道星座给出星座设计原理，最后介绍了星座中单颗卫星覆盖特性的计算方法。

4.3.1 卫星星座分类

从不同角度出发，有 6 种卫星星座的分类方法。

1. 空间分布划分

从星座中卫星的空间分布来看，可将星座分为全球分布星座和局部分布星座。全球分布星座中的卫星散布在以地心为中心的天球表面上，相对地心有一定的对称性。而局部分布星座中的卫星则会形成一个卫星集群，像卫星编队一样围绕地球运动，且完成一次任务需要所有卫星的合作。

2. 轨道构型划分

从轨道构型的角度，可以将星座分为同构卫星星座和异构卫星星座。星座中所有卫星的轨道具有相同半长轴、偏心率和近地点角距，相对于某个参考平面有相同的倾角，每个轨道平面中有相同数量且均匀分布的卫星，这样的星座称为同构卫星星座，常见的 Walker 星座属于同构卫星星座。而由多种轨道类型卫星组成的卫星星座称为异构卫星星座，通常也称为混合卫星星座。

3. 应用功能划分

从星座的应用及功能的角度,可以将卫星星座大致分为单一功能卫星星座和混合功能卫星星座。面向某种具体应用、装载相同类型有效载荷的卫星星座称为单一功能卫星星座,如卫星通信星座。星座中卫星装载不同的有效载荷,面向同一航天任务时,称为混合功能卫星星座。

4. 对地覆盖划分

从星座对地覆盖区域的角度,星座的分类方式更多。根据覆盖区域的不同,卫星星座可分为全球覆盖卫星星座、纬度带覆盖卫星星座和区域覆盖卫星星座。严格意义上的全球覆盖星座指的是对地覆盖范围为经度$-180°\sim180°$,纬度$-90°\sim90°$的卫星星座,而通常情况下将覆盖范围为经度$-180°\sim180°$,纬度$-\lambda\sim\lambda$($\lambda<60°$,即地球人口主要分布区)的星座也称为全球覆盖卫星星座。纬度带覆盖卫星星座指的是对地覆盖范围为经度$-180°\sim180°$,纬度$\lambda_1,\lambda_2,\cdots,\lambda_n$ 的卫星星座。因此,覆盖范围为经度$-180°\sim180°$,纬度$-\lambda\sim\lambda$($\lambda<60°$)的卫星星座也是一类纬度带覆盖卫星星座。区域覆盖星座指的是对地球表面上任意给定区域实现覆盖的卫星星座,这里的任意区域一般指的是经度范围小于360°的区域。而事实上,除特殊位置的卫星如同步轨道卫星,由于卫星运动所固有的全球性,区域覆盖星座通常都具有全球覆盖能力。

5. 覆盖时间划分

按照覆盖时间分辨率的不同,可以将卫星星座分为连续覆盖卫星星座和间歇覆盖卫星星座。连续覆盖星座指的是能够对目标区域内的任意地点实现不间断覆盖的卫星星座,而间歇覆盖卫星星座是以一定的时间间隔对目标区域实现覆盖的卫星星座。通信星座通常要求是连续覆盖星座。

6. 覆盖重数划分

按照星座对目标区域的覆盖重数来划分,可分为单重覆盖卫星星座和多重覆盖卫星星座。单重覆盖卫星星座指的是覆盖区域内的任意一点在任意时刻都至少被星座中的一颗卫星覆盖的卫星星座。多重覆盖卫星星座指的是覆盖区域内的任意一点在任意时刻都至少被星座中的多颗(至少 N 颗,$N>1$)卫星覆盖的卫星星座,也称为重覆盖卫星星座。如GlobalStar 通信星座为单重覆盖卫星星座,无论是单重覆盖星座还是多重覆盖星座,它们都属于连续覆盖卫星星座。

4.3.2 常见的卫星通信星座

卫星星座的概念在1945年被提出,由于其巨大的技术优势和广阔的应用前景,引起了广泛的关注。但由于卫星星座同时也存在卫星数量多、发射成本高、建设周期长等现实约束,只有少数国家具备技术力量和经济基础来发展卫星星座。因此在整个20世纪,相比于卫星的迅猛发展,卫星星座的发展显得较为缓慢。直到进入21世纪后,随着计算机技术、小型化技术、载荷技术,以及先进发射技术等一系列新技术的出现和发展,使利用卫星星座完成特定航天任务的可能性不断增加。

卫星星座通常用星座轨道构型和星间链路构型进行描述。星座轨道构型指的是以轨道为基础,对星座中卫星的空间分布、轨道类型,以及卫星间相互关系的描述,反映的是星座中卫星的时空布局。星间链路指的是星座中卫星之间的信息链路,分为永久星间链路和临时

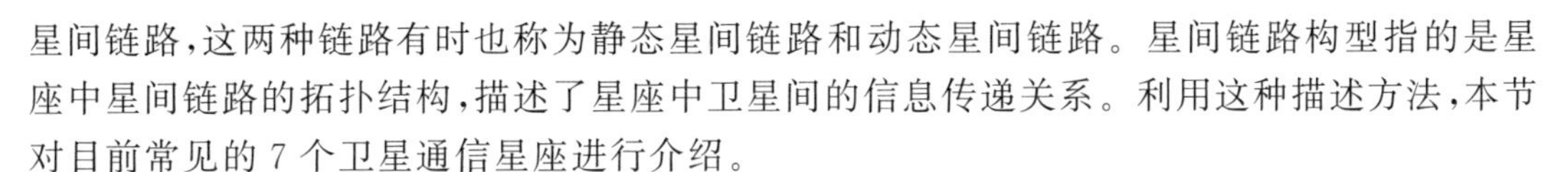

星间链路,这两种链路有时也称为静态星间链路和动态星间链路。星间链路构型指的是星座中星间链路的拓扑结构,描述了星座中卫星间的信息传递关系。利用这种描述方法,本节对目前常见的7个卫星通信星座进行介绍。

1. Milstar/AEHF 安全卫星通信系统

Milstar-Ⅰ系统有2颗卫星(Milstar-1和Milstar-2),分别定位于西经120°和东经4°的GEO上,Milstar-Ⅰ系统的两个卫星配对工作,能够覆盖南北纬60°之间的地面区域。

Milstar-Ⅱ系统以战略通信为主,星座包含了3颗卫星(Milstar-4、Milstar-5和Milstar-6),3颗卫星形成全球南北纬60°区域覆盖的抗干扰卫星通信网。

2. Orbcomm 卫星通信系统

Orbcomm卫星星座由分布在7个轨道面(分别用ABCDEFG 7个字母表示)上的41颗卫星组成。其中,A/B/C/D轨道面的轨道倾角为45°,轨道高度为825km,A/B/C轨道面各拥有8颗卫星;D轨道面只部署了7颗卫星;F和G为极轨道面,轨道倾角分别为70°和108°,轨道高度为740km,每个轨道面均部署2颗卫星,卫星之间间隔180°;E轨道面为赤道轨道,轨道高度为975km,卫星数量为6颗。

3. Indium 卫星通信系统

Indium卫星星座的星座构型为玫瑰星座,由72颗卫星组成,它们均匀部署在轨道高度为780km的6条极轨、近圆轨道上,每个轨道面包含11颗业务星和1颗备份星,轨道倾角为86.4°,备份星轨道高度为677km。

4. GlobalStar 卫星通信系统

GlobalStar卫星星座采用48/8/1的Walker星座构型,由48颗工作卫星和8颗备份卫星组成,均匀分布在8个轨道倾角为52°的圆轨道上,每个轨道面有6颗工作卫星和1颗备份卫星。每个卫星相对于临近轨道面上卫星的相位差为7.5°。卫星采用三轴稳定方式,轨道高度为1414km,运行速度为7.15km/s,运行周期为114min。

5. Ellipso 卫星通信系统

Ellipso卫星星座,10颗卫星均匀部署在两条轨道倾角分别为63.4°、116.6°的椭圆轨道上,近地点高度为520km,远地点高度7846km,轨道周期为3h,偏心率为0.35。其中,最高点在轨道最北端,用以覆盖北半球中高纬度地带,同时卫星轨道采用太阳同步轨道方式进行设计,与太阳相对方位保持不变。其余7颗卫星均匀部署在轨道高度为8063km赤道轨道上,轨道周期为4.8h(5圈/天),用以覆盖中低纬度地带。

6. Skybridge 卫星通信系统

Skybridge卫星星座采用80/20/15的Walker星座构型,由80颗重量为1250kg的LEO圆轨道卫星组成。Skybridge卫星星座从部署的角度可看作两个Walker子星座,每个子星座的40颗卫星均匀分布在10个轨道平面上,轨道高度为1469km,轨道倾角为53°,轨道周期约为115.297min,卫星轨道飞行速度为7.1272km/s。

7. Starlink 卫星通信系统

Starlink系统的空间部分由两个主要星座组成:低轨星座和极低轨星座,这两个星座相互协作,形成一个强大的全球通信网络。

低轨星座运行在540km到570km不等的190个轨道面上,终期部署的卫星数量为4408颗。其中,1584颗卫星分布在72个轨道面上,轨道高度为540km,轨道倾角为53.2°;1584颗卫星分布在另外72个轨道面上,轨道高度为550km,轨道倾角为53°;520颗卫星分布在 10 个轨道面上，轨道高度为 560km，轨道倾角为 97.6°；720 颗卫星分布在 36 个轨道面上，轨道高度为 570km，轨道倾角为 70°。

极低轨卫星又称为 VLEO 星座，运行在 208km 到 214km 的轨道平面上，预计在 2027 年之前完成 7518 颗卫星的发射。VLEO 星座的设计特点是其超低的轨道高度，这种设计最大化了卫星之间的距离，同时降低了通信延迟和发射成本。Starlink 系统通过这种大规模、多层次的卫星部署，提供了前所未有的全球互联网接入能力。

4.3.3 极轨/倾斜轨道星座设计原理

当前全球主流的卫星星座多采用极轨星座或倾斜轨道星座。当卫星轨道倾角为 90° 时，轨道穿越地球南北极上方，这样的轨道就是极轨道。极轨道星座的全球覆盖特性是其最大的优势，可以为全球用户提供各种通信、导航和观测服务。例如，在卫星通信领域，极轨道星座可以实现全球范围的通话、数据传输等服务；在卫星导航领域，极轨道星座可以为全球用户提供高精度的导航定位；在地球观测领域，极轨道星座可以进行全球范围的地球观测，掌握全球气象、环境等数据。极轨道星座是基于覆盖带的概念进行设计的，极轨道卫星覆盖带如图 4-7 所示。极轨道卫星基于同一轨道面内多颗卫星的相邻重叠覆盖特性，在地面上形成的一个连续覆盖区域。假设单颗卫星覆盖区域的半地心角为 α，每个轨道内有 S 颗卫星，那么对于任意圆轨道卫星系统，同一轨道面内卫星组合而成的覆盖带半地心角宽度 c 可以由式(4-18)计算。

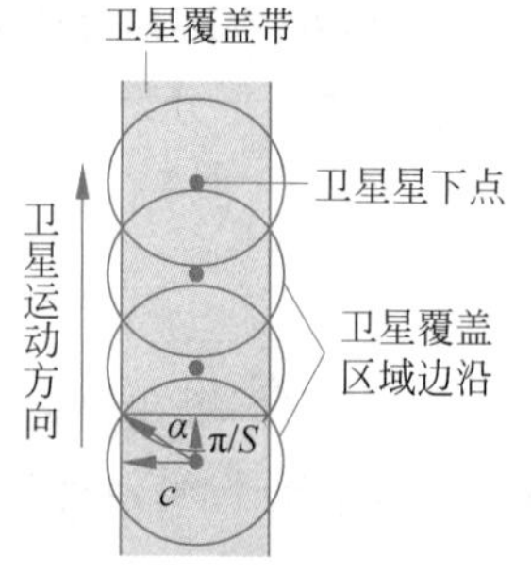

图 4-7　极轨道卫星覆盖带示意

$$c = \arccos\left[\frac{\cos\alpha}{\cos(\pi/S)}\right] \tag{4-18}$$

极轨道星座在赤道面的投影如图 4-8 所示。在极轨道星座中，相邻轨道面间的卫星存在着两种相对运动关系，即顺行和逆行。图 4-8(a)中的箭头表明了卫星在轨道上的运行方向。在顺行轨道面中，卫星之间保持固定的空间相位关系，而在逆行轨道面中，卫星之间的空间相位关系是变化的。因此，在顺行轨道面中，通过合理设计卫星间固定的相位关系，使覆盖带以外的覆盖区交错重叠，可形成连续的无缝覆盖，顺行轨道面覆盖几何关系如图 4-8(b)所示。这样设计可增大顺行轨道面间的相位差，从而减少星座实现全球覆盖所需的轨道面数量。由于逆行轨道面间存在相对运动，不能保证覆盖带以外覆盖区的交错重叠特性，因此覆盖带以外的覆盖区无法充分利用，最终逆行轨道面覆盖区的几何关系如图 4-8(c)所示。根据图 4-8(b)和图 4-8(c)，可得顺行、逆行轨道面之间的经度差 Δ_1 和 Δ_2 为

$$\Delta_1 = \alpha + c, \quad \Delta_2 = 2c \tag{4-19}$$

从图 4-8 可以清晰地看出，在两极的位置，卫星之间的距离最短，卫星的分布最密集；而在赤道位置，卫星之间的距离最远，卫星的分布最稀疏。因此，在考虑全球覆盖时，针对极轨星座，主要需要关注是否能够实现对赤道地区的全面覆盖。另外，在考虑对球冠区域的覆盖时，重点是确保对球冠的最低纬度圈能够实现连续覆盖，从而实现对整个球冠的持续覆盖。根据极轨星座的特点，可推导得出在星座实现全球覆盖时，星座参数应当满足式(4-20)，其中 P 表示星座中的轨道个数。

$$(P-1)\Delta_1 + \Delta_2 = \pi \tag{4-20}$$

(a) 极轨道星座赤道面投影

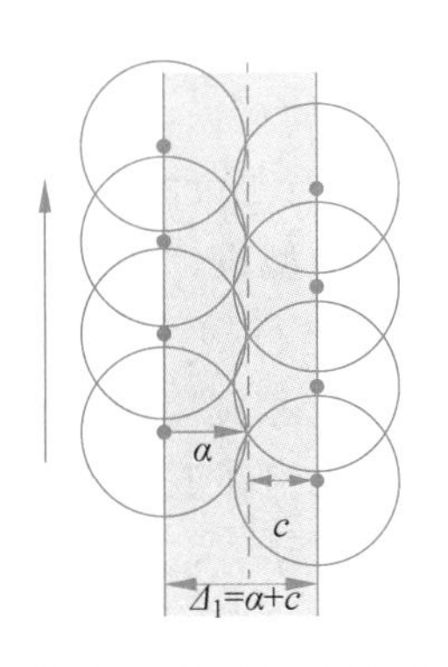

(b) 顺行轨道面覆盖几何关系

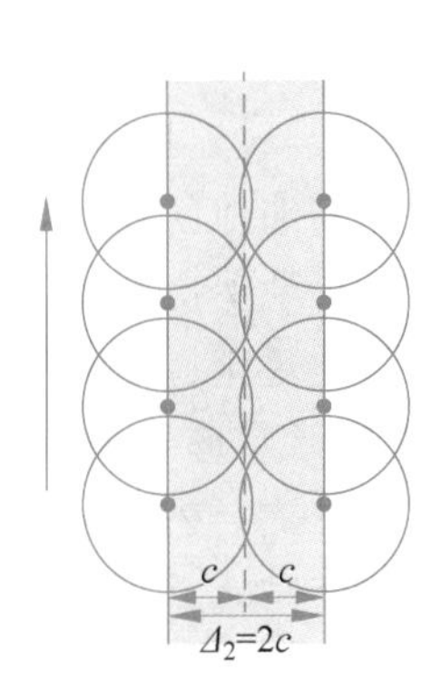

(c) 逆行轨道面覆盖几何关系

图 4-8　极轨道星座在赤道面投影

进一步推导可得

$$(P-1)\alpha+(P+1)\arccos\left[\frac{\cos\alpha}{\cos(\pi/S)}\right]=\pi \tag{4-21}$$

根据式(4-20)和式(4-21),可在给定星座轨道数与轨道内卫星数时,求解最小轨道高度,以及轨道面升交点经度差 Δ_1、Δ_2。同时,当给定轨道高度与轨道内卫星数时,也可以根据式(4-20)和式(4-21)求得所需的轨道数。

定理 4.2　若极冠区域需要覆盖的最低纬度为 φ,那么对极冠实现连续覆盖的,极轨星座中的轨道个数、半地心角 α,以及半地心角宽 c 需要满足方程:

$$(P-1)\alpha+(P+1)c=\pi\cos\varphi \tag{4-22}$$

证明:

实现对极冠地区的连续覆盖等价于实现纬度 φ 处的连续覆盖,即需满足:

$$(P-1)\Delta_1^*+\Delta_2^*=\pi\rightarrow(P-1)\alpha^*+(P+1)c^*=\pi$$

又因在纬度 φ 的纬度圈上,半地心角 α^* 和 c^* 与 α 和 c 存在如下变换关系:

$$\alpha=\alpha^*\cos\varphi,\quad c=c^*\cos\varphi$$

可进一步推导得到

$$(P-1)\frac{\alpha}{\cos\varphi}+(P+1)\frac{c}{\cos\varphi}=\pi\rightarrow(P-1)\alpha+(P+1)c=\pi\cos\varphi$$

进一步推导可得

$$(P-1)\alpha+(P+1)\arccos\left[\frac{\cos\alpha}{\cos(\pi/S)}\right]=\pi\cos\varphi$$

因此,在给定卫星轨道数量与轨道内卫星数后,可以求解单颗卫星的最大覆盖地心角 α,进而可以确定最小轨道高度,以及所需的轨道面精度差 Δ_1 与 Δ_2。此外,也可以在给定轨道高度与轨道面内卫星数量时,求解实现全球覆盖所需的轨道数。

【例 4-4】　若某极轨星座轨道数为 5,$\alpha=20°$,$c=10°$,求其可实现连续覆盖的最低纬度 $\varphi_{\min}$。

【解 4-4】　按题意,将参数代入式 $(P-1)\alpha+(P+1)c>\pi\cos\varphi_{\min}$,得

$$(5-1)\times20°+(5+1)\times10°>180°\times\cos\varphi_{\min}$$

因此，$\varphi_{\min}=38.94°$。

倾斜圆轨道星座是指轨道为圆形，且轨道倾角通常在30°～60°的星座。与极轨道星座相比，倾斜圆轨道星座无法实现对极区的覆盖，但是此类星座在中低纬度地区有更好的覆盖性能。与高纬地区相比，中低纬度地区有更大的人口密度与更多的流量需求，因此当前主流的Starlink星座就是基于倾斜圆轨道构型设计的，旨在为中低纬度区域提供更高的通信吞吐量。此类星座通常可采用5个元素进行描述，包括$T/P/F/h/i$。T表示星座中卫星的总数，P表示星座中的轨道数量，F表示相位因子。利用这些参数，可以确定相邻轨道卫星的相位差$\Delta\omega_f=2\pi F/T$，同一轨道内的相邻卫星间相位差$\Delta\Phi=2\pi P/T$。h和i则分别表示轨道高度与轨道倾角。

4.3.4 卫星对地覆盖特性

当用户与卫星建立通信链路时，通信链路与地平线之间的夹角称为用户对卫星的仰角。通常来说，只有仰角大于阈值的用户才能与卫星进行通信，换言之，卫星也只能与一定范围内的用户进行通信，称为卫星对地的覆盖特性。单颗卫星对地的覆盖特性如图4-9所示，其中R_e表示地球的平均半径，通常取6371km，h表示卫星的轨道高度。下面对图中其他参数的计算方法进行说明。

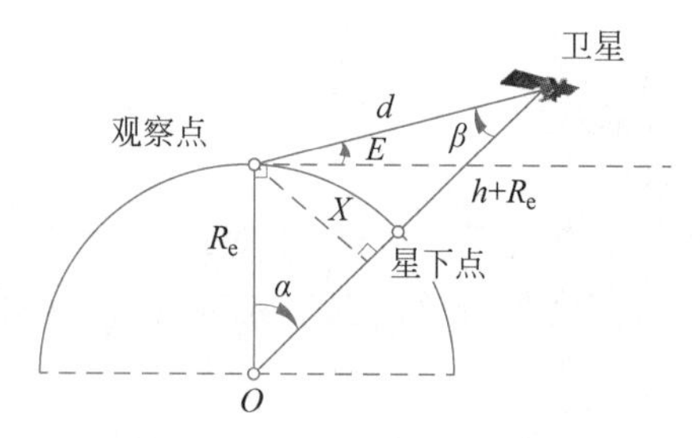

图4-9 单颗卫星对地覆盖特性示意

观察点与卫星间的地心角α：该参数的取值范围为$[0,\pi]$，如果$\alpha=0°$，意味着卫星运动到了观察点的正上方，如果$\alpha=180°$，则意味着卫星运行到了观察点对应的地球表面异侧点的正上方。根据图4-9，α的计算方法如式(4-23)：

$$\alpha=\arccos\left(\frac{R_e}{h+R_e}\cos E\right)-E=\arcsin\left(\frac{h+R_e}{R_e}\sin\beta\right)-\beta \tag{4-23}$$

卫星的半视角β：该参数的取值范围为$[0,\pi/2]$，β与α和观察点对卫星的仰角E之间存在一定的数学关系，β的计算方法如式(4-24)：

$$\beta=\arcsin\left(\frac{R_e}{h+R_e}\cos E\right)=\arctan\left[\frac{R_e\sin\alpha}{(h+R_e)-R_e\cos\alpha}\right] \tag{4-24}$$

观察点对卫星的仰角E：该参数是以观察点的地平线为参考，参数的取值范围为$[-\pi/2,\pi/2]$。如果观察者的仰角为$\pi/2$，说明卫星运行到了观察点的正上方。根据图4-9，E的计算方法如式(4-25)：

$$E=\arctan\left[\frac{(h+R_e)\cos\alpha-R_e}{(h+R_e)\sin\alpha}\right]=\arccos\left(\frac{h+R_e}{R_e}\sin\beta\right) \tag{4-25}$$

观察点到卫星的距离d：当卫星运行在一定高度的轨道上时，d随仰角的增大而减小，随着地心角的增大而增大。根据图4-9，d的计算方法如式(4-26)：

$$\begin{aligned}d&=\sqrt{R_e^2+(h+R_e)^2-2R_e(h+R_e)\cos\alpha}\\&=\sqrt{R_e^2\sin^2E+2hR_e+h^2}-R_e\sin E\end{aligned} \tag{4-26}$$

卫星覆盖区域半径X：其计算公式为

$$X = R_e \sin\alpha \tag{4-27}$$

若采用 A 表示卫星覆盖区域的面积，那么 A 可由式(4-28)进行计算：

$$A = 2\pi R_e^2 (1 - \cos\alpha) \tag{4-28}$$

在实际系统中，观察点和卫星的地理位置通常由经纬度坐标给出。若采用(λ_o, φ_o)表示观察者的瞬时经纬度，用(λ_S, φ_S)表示卫星的瞬时经纬度，那么二者的地心角可表示为

$$\alpha = \arccos[\sin\varphi_o \sin\varphi_S + \cos\varphi_o \cos\varphi_S \cos(\lambda_o - \lambda_S)] \tag{4-29}$$

一般情况下，对于给定的卫星系统，观察点的最小仰角应当是系统给定的一个指标，如果记该指标为 E_{min}，那么根据 E_{min} 和卫星的轨道高度 h，即可计算出卫星的最大覆盖地心角和最大星地传输距离。据此可以进一步确定卫星瞬时覆盖区域的覆盖半径及覆盖面积大小、覆盖区域内不同点的卫星天线辐射增益，以及覆盖边缘地区最大传输损耗等一系列参数。

定理 4.3　若圆形卫星轨道高度为 h，用户最小仰角为 E_{min}，那么卫星对用户的最长连续服务时间为

$$t_{max} = 2\left[\arccos\left(\frac{R_e}{h + R_e}\cos E_{min}\right) - E_{min}\right]\sqrt{\frac{(h + R_e)^3}{\mu}} \tag{4-30}$$

证明：当卫星为用户提供服务时，卫星与用户之间地心角的最大值为

$$\alpha_{max} = \arccos\left(\frac{R_e}{h + R_e}\cos E_{min}\right) \quad E_{min}$$

因此，当卫星为用户提供最长时间的连续服务时，卫星运行轨迹对应的地心角应为 $2\alpha_{max}$。又因为卫星在圆形轨道上做匀速运动，其角速度可表示为

$$\omega_s = \sqrt{\frac{\mu}{(h + R_e)^3}}$$

因此可得，卫星为用户提供的最长连续服务时间即为 $2\alpha_{max}/\omega_s$。

【例 4-5】　若某圆形卫星轨道高度为 550km，系统允许的用户最小仰角为 25°，试计算该卫星能为用户提供的最长连续服务时间。

【解 4-5】　最大地心角为

$$\alpha_{max} = \arccos\left[\frac{6378}{6378 + 550} \times \cos 25^\circ\right] - 25^\circ = 8.45^\circ$$

卫星在轨运动角速度为

$$\omega_s = \sqrt{\frac{\mu}{(h + R_e)^3}} = \sqrt{\frac{398332.4}{(550 + 6378)^3}} = 1.09 \times 10^{-3}\,\text{rad/s} = 0.062^\circ/\text{s}$$

所以，最长连续服务时间为

$$t_{max} = 2\alpha_{max}/\omega_S = 272.58\text{s} \approx 4.54\text{min}$$

章节习题

4-1　已知某点 s 在地心大地坐标系下的坐标为(20,145,2000)，其中椭球面中 $a = 6371$，$b = 6356$，求该点在地心空间直角坐标系下的坐标。

4-2　已知某卫星沿圆轨道绕地飞行，其轨道周期为 5400s，求该卫星的飞行速度。若卫星轨道为圆轨道，轨道高度为 550km，轨道倾角为 53°，设某卫星的初始相位 $\theta = 0^\circ$，升交点

经度 $\lambda_0=20°$，请计算该轨道的轨道周期，并表示出 10min 后该卫星所处轨道内的位置，同时给出此时卫星的星下点坐标(λ_s,φ_s)。

4-3 若卫星 S 高度为 550km，用户仰角最小值为 30°，请计算卫星的覆盖区域面积，同时给出地心角 α、卫星半视角 β，以及用户距卫星距离 d 三者的最大值分别是多少。

4-4 若极轨卫星轨道高度为 550km，用户最小仰角为 10°，轨道内卫星个数为 20 个，那么为实现全球覆盖，在该星座内需要至少几个轨道，并分别给出顺行轨道面和逆行轨道面之间的经度差 Δ_1 和 Δ_2。

4-5 Starlink 第一阶段星座为倾斜圆轨道星座，可表示为 1584°/72°/39°/550°/53°，假设初始时刻 1 号轨道的升交点经度为 Ω_0，1 号轨道中编号为 1 的卫星的相位为 φ_0。假设地球和卫星均做匀速运动，用 ω_e 表示地球自转角速度，ω_S 表示卫星飞行的角速度，请给出 t 时刻下，编号为 n 的轨道的升交点经度，并给出 n 号轨道上编号为 m 的卫星的相位大小。

习题解答

4-1 解：$(x_s,y_s,z_s)=(2374.7,1256.7,5982.8)$

卯酉圈的离心率 $e=\sqrt{\dfrac{a^2-b^2}{a^2}}\approx 0.069$，卯酉圈的曲率半径

$$N=\frac{a}{W}=\frac{a}{\sqrt{1-e^2\sin^2 B_s}}=\frac{6371}{\sqrt{1-0.069^2\times\sin^2(20)}}=6383.7$$

进一步可得

$$\sqrt{x_s^2+y_s^2}=H_s\times\cos B_s+N\times\cos B_s=2686.7$$

利用$\sqrt{x_s^2+y_s^2}$的计算结果，可得 z_s 为

$$z_s=\tan B_s\times\sqrt{x_s^2+y_s^2}-Ne^2\sin B_s=5982.8$$

又可得

$$\frac{y_s}{x_s}=\tan L_s=0.53$$

与$\sqrt{x_s^2+y_s^2}$的取值联立，可得

$$\sqrt{x_s^2+y_s^2}=x_s\times\sqrt{1+\tan^2 L_s}$$

因此，可解得

$$x_s=\frac{\sqrt{x_s^2+y_s^2}}{\sqrt{1+\tan^2 L_s}}=2374.7,\quad y_s=\tan L_s\times x_s=1256.7$$

综上，该点对应的空间直角坐标系下得坐标为：$(x_s,y_s,z_s)=(2374.7,1256.7,5982.8)$。

4-2 解：已知该卫星所处轨道为圆轨道，因此该轨道的离心率 $e=0$，根据其飞行周期为 $T=90\text{min}$ 可得，该轨道距地心的距离为

$$a=\sqrt[3]{\frac{T^2\mu}{4\pi^2}}=\sqrt[3]{\frac{5400^2\times 398332.4}{4\times\pi^2}}=6651.6\text{km}$$

进一步，由于卫星轨道为圆轨道，因此其在轨道内做匀速运动，飞行速度为

$$v=\sqrt{\frac{\mu}{a}}=\sqrt{\frac{398332.4}{6651.6}}=7.74\text{km/s}$$

4-3　解：卫星沿轨道做匀速运动，因此为轨道周期

$$T=\frac{2\pi}{\omega_S}=2\pi\sqrt{\frac{(h+R_e)^3}{\mu}}=5741\text{s}=95.7\text{min}$$

由于卫星轨道为圆轨道，因此 10min 后卫星距地心的距离 $r=550$km，此时卫星相位可计算为

$$\theta=360\times\frac{10}{95.7}=37.6^\circ$$

此时星下点坐标可计算为：$(\lambda_S(t),\varphi_S(t))=(42.4^\circ,29.16^\circ)$

$$\lambda_S(t)=\lambda_0+\arctan(\cos i\cdot\tan\theta)-\omega_e t$$

$$=20^\circ+\arctan(\cos53^\circ\cdot\tan37.6^\circ)-\frac{10}{24\cdot60}\times360^\circ=42.4^\circ$$

$$\varphi_S(t)=\arcsin(\sin i\times\sin\theta)=29.16^\circ$$

4-4　解：地心角最大值可计算为

$$\alpha_{\max}=\arccos\left(\frac{R_e}{h+R_e}\cos E_{\min}\right)-E_{\min}=\arccos\left(\frac{6387}{6387+550}\cos30^\circ\right)-30^\circ=7.12^\circ$$

卫星半视角的最大值可计算为

$$\beta_{\max}=\arcsin\left(\frac{R_e}{h+R_e}\cos E_{\min}\right)=\arcsin\left(\frac{6387}{550+6387}\cos30^\circ\right)=52.88^\circ$$

卫星与用户间的最远通信距离计算为

$$d_{\max}=\sqrt{R_e^2\sin^2E_{\min}+2hR_e+h^2}-R_e\sin E_{\min}=992.98\text{km}$$

卫星覆盖区域面积为

$$A=2\pi R_e^2(1-\cos\alpha)=2\pi\times6387^2\times(1-\cos53^\circ)=1.98\times10^6\text{km}^2$$

4-5　解：先计算单颗卫星覆盖时的半地心角为

$$\alpha_{\max}=\arccos\left(\frac{R_e}{h+R_e}\cos E_{\min}\right)-E_{\min}=\arccos\left(\frac{6387}{6387+550}\cos10^\circ\right)-10^\circ=14.94^\circ$$

进一步可得覆盖带得半地心角宽度为

$$c=\arccos\left[\frac{\cos\alpha}{\cos(\pi/S)}\right]=\arccos\left[\frac{\cos14.94^\circ}{\cos(\pi/20)}\right]=11.97^\circ$$

进一步解得 Δ_1 和 Δ_2 分别为

$$\Delta_1=\alpha+c=14.94^\circ+11.97^\circ=26.91^\circ,\quad \Delta_2=2c=23.94^\circ$$

从而，为实现全球覆盖至少需要轨道数为

$$P=\frac{\pi-\Delta_2}{\Delta_1}+1=7$$

由于地球以角速度 ω_e 匀速自转，因此轨道得 n 升交点经度为：$\Omega_n=\Omega_0+\omega_e(t-t_0)$。同理，轨道上的卫星以角速度 ω_S 匀速飞行，因此 t 时刻下，n 号轨道上编号为 m 的卫星的相位大小为：

$$\varphi_{n,m}=\varphi_0+\omega_S t+(n-1)\times\frac{2\pi\times39}{1584}+(m-1)\times\frac{2\pi}{22}$$

参考文献

[1] 赵钧.航天器轨道动力学[M].哈尔滨：哈尔滨工业大学出版社,2011.
[2] 刘林,汤靖师.卫星轨道理论与应用[M].北京：电子工业出版社,2015.
[3] 闵士权.卫星通信系统工程设计与应用[M].北京：电子工业出版社,2015.
[4] 刘林,侯锡云.轨道力学基础[M].北京：高等教育出版社,2017.
[5] 黄珹,刘林.参考坐标系及航天应用[M].北京：电子工业出版社,2015.
[6] 刘林,侯锡云.深空探测轨道理论与应用[M].北京：电子工业出版社,2015.
[7] 刘林,侯锡云.深空探测器轨道力学[M].北京：电子工业出版社,2012.
[8] 刘林,王歆.月球探测器轨道力学[M].北京：国防工业出版社,2006.
[9] 刘林,胡松杰,王歆.航天动力学引论[M].南京：南京大学出版社,2006.
[10] 刘林.航天器轨道理论[M].北京：国防工业出版社,2000.
[11] 刘林.天体力学方法[M].南京：南京大学出版社,1998.
[12] 刘林.人造地球卫星轨道力学[M].北京：高等教育出版社,1992.
[13] 布劳威尔,克莱门斯 G M.天体力学方法[M].刘林,丁华,译.北京：科学出版社,1986.
[14] 范录宏,皮亦鸣,李晋.北斗卫星导航原理与系统[M].北京：电子工业出版社,2021.
[15] 王博.卫星导航定位系统原理与应用[M].北京：科学出版社,2018.
[16] 朱立东,吴廷勇,卓永宁.卫星通信导论[M].北京：电子工业出版社,2015.
[17] 王占伟.低轨卫星星座的网络拓扑构型设计[D].西安：西安电子科技大学,2021.
[18] CHEN Q,GIAMBENE G,YANG L,et al. Analysis of inter-satellite link paths for leo mega-constellation networks[J]. IEEE Trans. Veh. Technol.,2021,70(3)：2743-2755.
[19] 刘哲聿.卫星组网结构设计与仿真[D].西安：西安电子科技大学,2011.
[20] 刁华飞,张雅声,程文华.掌握与精通 STK[D].北京：北京航空航天大学出版社,2021.
[21] 王振勇.多层卫星网络结构设计与分析[D].哈尔滨：哈尔滨工业大学,2006.
[22] 齐彧,黄华,张浩,等.一重覆盖的低轨通信星座设计与部署策略研究[J].西北工业大学学报,2018,36(S1)：41-48.
[23] STOCK G,FRAIRE J A,HERMANNS H. Distributed on-demand routing for leo mega-constellations：a starlink case study[C]// 2022 11th Advanced Satellite Multimedia Systems Conference and the 17th Signal Processing for Space Communications Workshop (ASMS/SPSC). Piscataway：IEEE Press,2022.
[24] 肖楠,梁俊,张基伟.多层卫星通信网络结构设计与分析[J].现代防御技术,2012,40(3)：104-108.

第 5 章 遥感探测技术原理

CHAPTER 5

遥感技术是一门广泛应用于地球科学、环境科学、资源管理等领域的技术，它的过程涉及数据获取、传输、接收和处理，以及数据解译、分析与应用。这些部分相互交织，相辅相成，构成了遥感技术的完整流程，如图 5-1 所示。

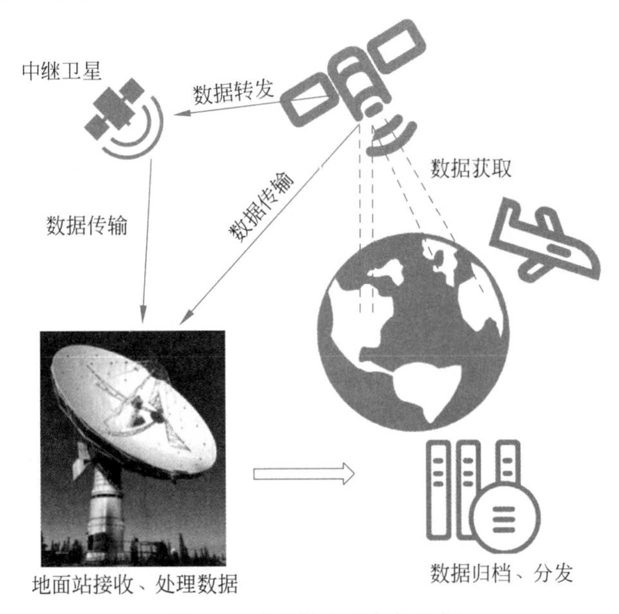

图 5-1　遥感技术的完整流程

首先，数据获取是遥感技术的核心环节。各种遥感平台（包括卫星、飞机、无人机等）搭载的传感器以成像或者非成像的方式获取不同波段和分辨率的遥感数据，存储在不同介质上。这些数据反映了地球表面的各种特征和变化，如地形、植被、土壤类型、水体分布等。

其次，数据传输、接收和处理是将采集到的遥感数据传输至地面接收站，并进行处理和存储的过程。在数据传输过程中，需要考虑到数据的传输速度、稳定性，以及对数据完整性和质量的保障。一旦数据到达地面接收站，就需要进行数据解压、处理和存储等操作，这一过程广泛运用了数学、计算机科学等领域的理论与方法，包括数据压缩、图像处理、数据融合等技术。

最后，数据解译、分析与应用是遥感技术的最终目的和价值所在。通过对遥感数据的解译和分析，可以获取地表的信息，了解地表的变化和特征，从而为环境监测、资源管理、灾害预警等提供数据支持。遥感应用以地学规律为基本分析方法，涉及地球科学、生物科学等学科知识的应用，例如利用遥感技术监测农作物的生长情况、调查森林覆盖变化、监测城市扩张等。

遥感技术的任务首先是数据获取，即通过不同的遥感系统来获取目标对象的数据。这里所说的遥感系统是指由遥感平台和传感器共同组成的数据获取系统。

数据获取涉及电磁波的发射、传播、接收和信号处理等环节。我们可以从电磁波的辐射源、传播过程，以及与大气的相互作用等方面解释遥感的工作原理，如图 5-2 所示。

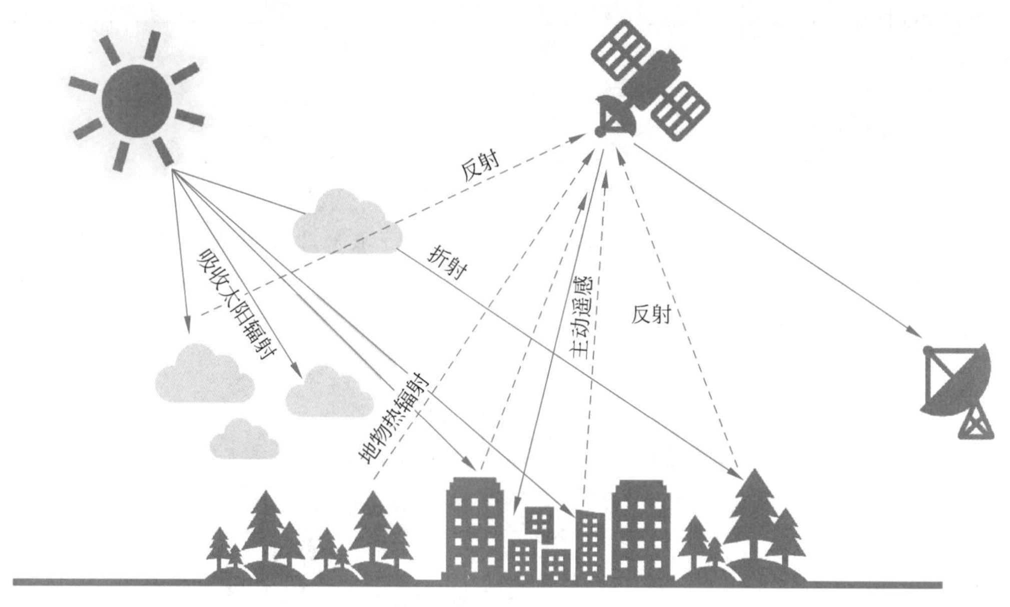

图 5-2 遥感的工作原理

电磁辐射源（电磁振源）是产生电磁辐射的物体和装置。电磁辐射以电磁波的形式向外传送能量。任何物体都可以是辐射源，它既可能自身发射能量（即发射辐射，又称热辐射），又可能被外部能源激发而辐射能量（即反射辐射）。不同辐射源可以向外辐射不同强度和不同波长的辐射能量。电磁波通过大气层，部分太阳辐射能被大气中的微粒散射和吸收，这种大气衰减效应随波长、时间、地点而变化。到达地表的能量与地表物质相互作用，由于地表特征的复杂和多变，不同波长的能量到达地表后，被选择性地反射、吸收、透射、折射等。地表反射或发射的能量蕴含着不同地表特征——波谱响应特性。大气的又一次吸收和散射作用导致辐射能量衰减。通过传感器获取并传输到地面接收站的遥感信息，通常会受到多种因素的影响，如传感器性能、平台姿态的稳定性、大气的影响、地球曲率、地物本身及周围环境等，这些因素使遥感影像记录的地物发生辐射畸变和几何畸变。因此，接收站接收的遥感图像必须经过地面数据处理中心的预处理才能提交给用户使用。

5.1 物体的辐射特性与大气效应

物体在地球表面或大气中发出、反射和吸收辐射，其辐射特性直接影响遥感数据的获取和解释。同时，大气的存在会引起辐射的散射和吸收，改变从物体到传感器的辐射路径。在研究遥感技术时，了解物体的辐射特性，以及大气对辐射的影响至关重要。

5.1.1 物体的辐射特性

电磁波是一种伴随变化的电场和磁场产生的横波，是物质运动、能量传递的一种特殊形式。将各种电磁波按照波长（频率）的大小，依次排列成图表，这个图表就叫电磁波谱，如图 5-3 所示。遥感中使用的电磁波覆盖了广泛的波长范围，不同波长的电磁波被用于获取不同类型的地表和大气信息。

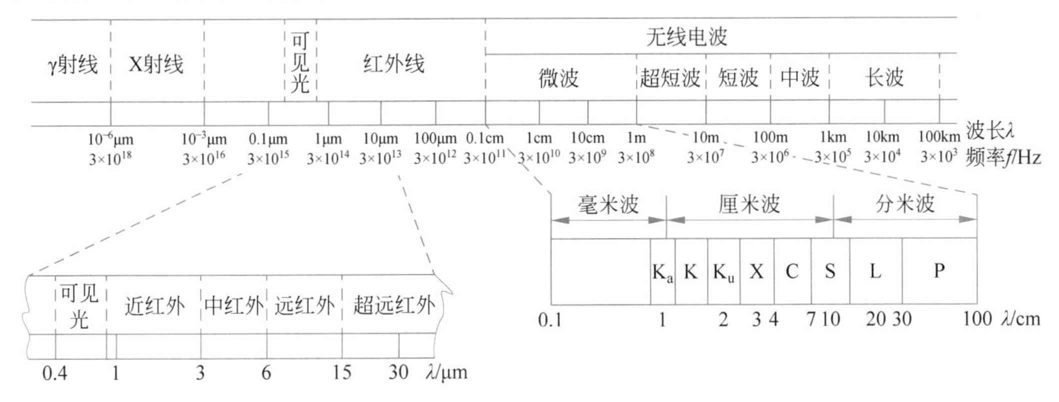

图 5-3 电磁波谱示意

电磁辐射是指电磁波通过空间传播能量的过程，过程中携带着能量。这种能量的传递方式就是电磁辐射。当电磁波与物质发生接触时，会发生吸收、发射、反射或透射等现象。这些相互作用是电磁辐射表现出来的结果。利用遥感手段探测物体，实际上是对物体辐射能量的测定与分析。

黑体是一个理想的辐射体，在任何温度下对任何波长的电磁辐射全部吸收，毫无反射和透射能力。黑体的热辐射称为黑体辐射，通常把黑体辐射作为度量其他地物发射电磁波能力的基准，通过研究黑体热辐射，进而研究实际地物热辐射规律。

1900 年，普朗克推导黑体辐射通量密度 W_λ 和其温度的关系，以及按波长 λ 分布的辐射定律：

$$W_\lambda = \frac{2\pi hc^2}{\lambda^5} \cdot \frac{1}{e^{ch/\lambda kT} - 1} \tag{5-1}$$

式中，W_λ 为光谱辐射的辐射通量密度，单位为 $W/(m^2 \cdot \mu m)$；λ 为波长，单位为 μm；$h = 6.626 \times 10^{-34} J \cdot s$，为普朗克常量；$k = 1.38 \times 10^{-23} J/K$，为玻尔兹曼常数；$c = 2.9981 \times 10^8 m/s$，为光速；$T$ 为黑体的绝对温度，单位为 K。

依据普朗克公式，不同温度下黑体的辐射光谱曲线如图 5-4 所示。

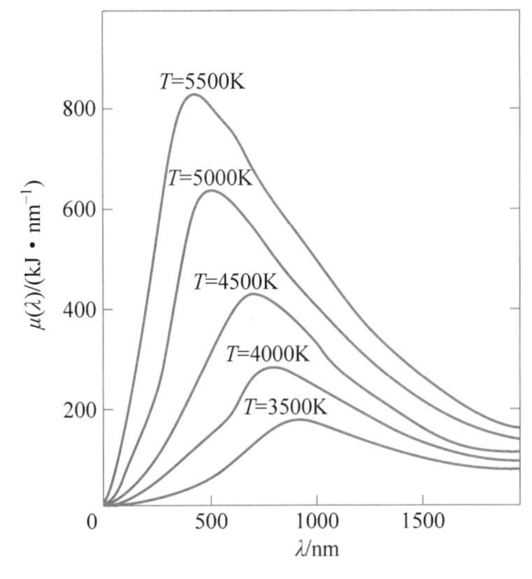

图 5-4 几种温度下的黑体波辐射幅度曲线

在图 5-4 中可直观地看出黑体辐射的 3 个特性。

（1）辐射通量密度随波长连续变化，温度的微小变化会引起与曲线下面积成正比的、很大的辐射通量密度变化。根据斯特藩-玻尔兹曼定律，在特定温度下，$1cm^2$ 面积的黑体辐射到半球空间里的总辐射通量密度为

$$W = \frac{2\pi^5 k^4}{15c^2 h^3} T^4 = \sigma T^4 \tag{5-2}$$

式中，$\sigma=2\pi^5k^4/15c^2h^3=5.6697\times10^{-12}\text{W}/(\text{cm}^2\cdot\text{K}^4)$，为斯特藩-玻尔兹曼常数，$T$ 为绝对黑体的绝对温度，单位为 K。在传感器具备同等敏感度的情况下，如果波段处于曲线峰值部位，传感器将获得较大的电磁波功率，可以正常工作；如果波段若处于远离曲线峰值的部位，传感器可能因得到较小的电磁波功率而无法工作。故可以参考黑体辐射特性曲线设置合理的工作波段。

（2）光谱辐射通量的峰值波长 λ_m 随温度的增加向短波方向移动。对普朗克公式微分后求极大值，表达式为

$$\frac{\partial W_\lambda}{\partial\lambda}=\frac{-2\pi hc^2\left[5\lambda^4\left(e^{\frac{ch}{\lambda kT}}-1\right)+\lambda^5e^{\frac{ch}{\lambda kT}}\left(-\frac{ch}{kT\lambda^2}\right)\right]}{\lambda^{10}\left(e^{\frac{ch}{\lambda kT}}-1\right)^2}=0 \tag{5-3}$$

令 $X=\dfrac{ch}{\lambda kT}$，解出 $X=4.96511$，根据维恩位移定律，得出黑体最大辐射能所对应的波长（λ_m）及其绝对温度（T）的关系式为

$$\lambda_mT=\frac{ch}{4.96511k}=2897.8\times10^{-3}\mu\text{m}\cdot\text{K} \tag{5-4}$$

根据维恩定律可知，可以通过物体温度推算出辐射功率密度最大的波段，据此原理选择遥感器和对特定的目标选择红外遥感的最佳波段。人体的正常体温是 310K，相应的辐射功率密度的峰值波长为 9.35μm，使用这一波长区域作为红外体温测试仪的工作波段最为合理。此外，还可以通过物体辐射特性曲线峰值波长估计物体的表面温度。

（3）每根曲线彼此不相交，所有波长上的光谱辐射通量密度随温度的升高而增大。故不同温度的黑体在任何波段处的辐射通量密度 W_λ 是不同的，可在分波段记录的遥感图像中进行区分。

【例 5-1】 利用普朗克公式计算太阳（6000K）在红（0.62μm）、绿（0.5μm）、蓝（0.43μm）3 个波长上的辐射出射度（辐射通量密度）。

【解 5-1】 普朗克公式表示为 $M=\dfrac{2\pi hc^2}{\lambda^5}\times\dfrac{1}{e^{hc/\lambda kT}-1}$，式中，$M$ 为辐射出射度，单位为 $\text{W}/(\text{m}^2\cdot\mu\text{m})$；$\lambda$ 为波长，单位为 μm；h 为普朗克常量，$h=6.626\times10^{-34}\text{J}\cdot\text{s}$；$k$ 为玻尔兹曼常数，$k=1.38\times10^{-23}\text{J/K}$；$c$ 为光速，$c=2.9981\times10^8\text{m/s}$；$T$ 为黑体的热力学温度，单位为 K；普朗克第一常数 $c_1=2\pi hc^2=3.7418\times10^8\text{W}\cdot\text{m}^2$，普朗克第二常数 $c_2=\dfrac{hc}{k}=1.439\times10^4\mu\text{m}\cdot\text{K}$。

当 $\lambda=0.62\mu\text{m}$ 时，

$$M=\frac{2\pi hc^2}{\lambda^5}\times\frac{1}{e^{\frac{hc}{\lambda kT}}-1}=\frac{c_1}{\lambda^5}\times\frac{1}{e^{\frac{c_2}{\lambda T}}-1}=8.73\times10^7\text{W}/(\text{m}^2\cdot\mu\text{m})$$

当 $\lambda=0.5\mu\text{m}$ 时，

$$M=\frac{2\pi hc^2}{\lambda^5}\times\frac{1}{e^{\frac{hc}{\lambda kT}}-1}=\frac{c_1}{\lambda^5}\times\frac{1}{e^{\frac{c_2}{\lambda T}}-1}=9.99\times10^7\text{W}/(\text{m}^2\cdot\mu\text{m})$$

当 $\lambda=0.43\mu\text{m}$ 时，

$$M=\frac{2\pi hc^2}{\lambda^5}\times\frac{1}{e^{\frac{hc}{\lambda kT}}-1}=\frac{c_1}{\lambda^5}\times\frac{1}{e^{\frac{c_2}{\lambda T}}-1}=9.69\times10^7\,\mathrm{W/(m^2\cdot\mu m)}$$

【例 5-2】 已知由太阳常数推算出太阳表面的辐射出射度 $M=6.284\times10^7\,\mathrm{W/m^2}$，求太阳的有效温度和太阳光谱中辐射最强波长 λ_{max}。

【解 5-2】

(1) 求太阳的有效温度 T。

斯特藩-玻尔兹曼定律表示为：$M=\sigma T^4$，其中，斯特藩-玻尔兹曼常数为 $\sigma=5.6697\times10^{-12}\,\mathrm{W/(cm^2\cdot K^4)}$。因此，

$$T=\sqrt[4]{\frac{M}{\sigma}}=\left(\frac{6.284\times10^7}{5.6697\times10^{-8}}\right)^{\frac{1}{4}}=5770\mathrm{K}$$

(2) 求太阳光谱中辐射最强波长 λ_{max}。维恩定律表示为 $\lambda_{max}\cdot T=b$。式中，b 为常数，$b=2.898\times10^{-3}\,\mu\mathrm{m}\cdot\mathrm{K}$。因此，

$$\lambda_{max}=\frac{b}{T}=\frac{2.898\times10^{-3}}{5770}=0.50\mu\mathrm{m}$$

太阳是地球生物的能源，也是遥感最重要的辐射源。太阳的辐射波谱从 X 射线一直延伸到无线电波，是个综合波谱。太阳辐射的大部分能量集中于近紫-中红外区内，占全部能量的 97.5%，其中可见光占 43.5%、近红外占 36.8%。而近紫外-短波红外(0.31～2.5μm)，占全部能量的 95%左右。由此可见，太阳辐射主要为短波辐射。在此光谱内，太阳辐射的强度变化很小，可以当作很稳定的辐射源；而 X 射线、γ 射线、远紫外，以及微波波段的太阳辐射能小于 1%，它们受太阳黑子和耀斑的影响，强度变化很大。在被动遥感中，白天遥感成像都是利用太阳作为辐射源，从探测物体对太阳辐射的反射能力来获取物体的信息。

自然界中的一切物体在一定温度下都不仅具有反射太阳辐射的能力，还具有向外辐射电磁波的能力。地球辐射接近温度为 300K 的黑体辐射，峰值波长为 9.66μm，因此，地球是红外遥感的主要辐射源，而地球的短波辐射可以忽略不计。地物对太阳的辐射反射和自身的电磁辐射交织在一起会影响遥感探测时间和波段的选择。

实际物体的辐射不仅依赖于波长和温度，还与构成物体的材料、表面状况等因素有关。地物的发射率 ε 也成为比辐射率或发射系数。比辐射率是指地物发射的辐射量 W' 与同温度下黑体的辐射通量 W 之比，是温度和波长的函数，即

$$\varepsilon=\frac{W'}{W} \tag{5-5}$$

同一地物在不同波段的光谱发射率也不相同。根据光谱发射率随波长的变化形式，将实际物体分为两类：一类是选择性辐射体，在各波长处的光谱发射率不同；另一类是灰体，在各波长处的光谱发射率相等。

根据基尔霍夫定律，在任一给定的温度和波长条件下，辐射通量密度和吸收率之比对任何材料都是一个常数，并且等于该温度下绝对黑体的辐射通量密度，用公式表示为

$$\frac{W'}{\alpha}=W \tag{5-6}$$

式中，α 为吸收率，由式(5-5)可知，根据发射率的定义，得出

$$\varepsilon = \alpha \tag{5-7}$$

即在给定温度下，任何地物的发射率在数据上等于同温度、同波长下的吸收率，故一个好的吸收体也是一个好的发射体。

遥感探测就是利用物体对太阳辐射的反射和自身辐射的特性，获取物体反射率随波长变化的特征，并经过一系列的处理和纠正，反映地面物体本身的特性。

5.1.2 大气效应

根据大气层垂直方向上温度梯度变化的特征，一般把大气层划分为对流层、平流层、中间层、热层和散逸层 5 个层次。

1. 大气对太阳辐射的反射

大气中有云层，当电磁波到达云层时产生反射现象。云层越厚反射量越大，厚度大于 50m 时，反射量达 50%以上；厚度为 500m 时，反射量超过 80%。大气层中直径大于 10^{-6}m 的其他微粒也会产生反射作用，使电磁波各波段受到不同程度的影响，削弱了电磁波到达地面的程度，因此应尽量选择无云的天气接收遥感信号。

2. 大气吸收

在紫外、红外与微波区，引起电磁波衰减的主要原因是大气吸收，而引起大气吸收的主要成分是氧气、臭氧、水、二氧化碳等。大气中的各种成分对太阳辐射有选择性吸收，形成大气吸收带，如表 5-1 所示。

表 5-1　大气吸收带的主要成分

吸收带	主要成份
O_2 吸收带	小于 0.2μm，0.76μm 窄带吸收(对航空遥感影响较小)
O_3 吸收带	0.2～0.36μm(紫外，高空遥感很少使用紫外波段)
H_2O 吸收带	在 0.5～0.9μm 有 4 个窄吸收带，在 0.95～2.85μm 有 5 个宽吸收带，在 6.25μm 附近有一个强吸收带。(红外和可见光的红光部分，对红外遥感影响很大)
CO_2 吸收带	在 1.35～2.85μm 有 3 个宽的弱吸收带，在 2.7μm、4.3μm 与 14.5μm 为强吸收带(量少，吸收作用主要在红外区，可以忽略不计)
尘埃	吸收量很小

3. 大气散射

太阳辐射在传播过程中受到大气中微粒(大气分子或气溶胶等)的影响而改变原来传播方向的现象称为散射。大气散射强度与微粒大小、微粒含量、辐射波长和能量传播所穿过的大气层厚度有关。大气散射改变了电磁波的传播方向，并干扰传感器接收，降低遥感数据质量，从而导致遥感影像模糊，影响判读。在可见光波段，引起电磁波衰减的主要原因是分子散射。

散射强度可用散射系数(γ)表示，与电磁波波长的关系如下：

$$\gamma \propto 1/\lambda^{\varphi} \tag{5-8}$$

式中，φ 为波长的指数，它由大气微粒直径 d 与波长 λ 的关系决定。散射的性质和强度取决于微粒的直径 d 与电磁波波长 λ 之间的关系。

根据大气中微粒的直径大小与电磁波波长的对比关系，通常把大气散射分为瑞利散射、米氏散射和非选择性散射 3 种主要类型。

当大气粒子的直径远小于入射电磁波波长($d \ll \lambda$)时，出现瑞利散射，此时散射系数与波长的 4 次方成反比，对红外波段影响很小，可以忽略不计，但是对波长较短的可见光影响较大。瑞利散射降低了图像的“清晰度”或“对比度”，是造成遥感图像辐射畸变、图像模糊的主要原因。瑞利散射还对高空摄影图像的质量有一定影响，能使彩色图像略带蓝灰色。

当大气粒子的直径约等于入射电磁波波长($d\approx\lambda$)时，出现米氏散射。米氏散射主要由大气中的烟尘、气溶胶、小水滴等引起。云雾的粒子大小与红外线(0.76～15μm)的波长接近，故米氏散射不可忽略。在一般大气条件下，瑞利散射起主导作用，但米氏散射能叠加于瑞利散射之上，使天空变得阴暗。在多云条件下，米氏散射更多地发生在低层大气空间，这里微粒更大、数量更多，散射强度也最大。

当大气粒子的直径远大于入射电磁波波长($d\gg\lambda$)时，出现非选择性散射。非选择性散射与波长无关，对任何波长的散射强度相同。大气中的云、雾、烟、尘埃等气溶胶引起的散射多属于非选择性散射，使云和雾呈现白色或灰色。近红外、中红外也满足 $d\gg\lambda$。非选择性散射使传感器接收到的数据严重衰减。

4. 大气窗口和大气屏障

太阳辐射在到达地面之前穿过大气层，大气折射只是改变太阳辐射的方向，并不改变辐射的强度。但是大气反射、吸收和散射对共同造成了辐射强度的衰减，剩余辐射才为透射部分。

不同电磁波段通过大气后衰减的程度是不一样的，因而遥感能使用的电磁波是有限的，有些波段的电磁辐射通过大气后衰减较小，透过率高，对遥感十分有利，这些波段通常称为大气窗口。相对大气窗口而言，有些波段受大气影响作用极大，透过率很小，甚至完全无法透过云层。这些波段就难于或者不能被遥感所使用，称为大气屏障。

5.2 地物反射及其反射波谱特性

电磁波从较稀疏的空气介质进入较紧密的物体介质的界面上时，将产生反射。按照界面的平滑程度不同，可分为镜面反射、漫反射和方向反射。

5.2.1 电磁波的地物反射

当界面起伏高度相对入射电磁波波长较小时，发生镜面反射。镜面反射光线很强，例如在摄影时，镜面反射光线会在照片上生成亮眼的白斑，应避免镜面反射光线。当界面较粗糙时，发生漫反射，电磁波向各方向均匀反射，各方向上反射的亮度值是一样的。当界面起伏介于上述两种情况之间，处于中等粗糙度时，产生方向反射，入射电磁波向各方向反射出去，但不同方向亮度值不同，一般镜面反射方向辐射亮度较强，其他方向较弱。

反射率是物体的反射辐射通量与入射辐射通量之比，这个反射率是在理想漫反射的情况下，地物在整个电磁波长范围内的平均反射率。实际上，由于地物固有的结构特点，以及受环境因素的影响，不同波长的电磁波会选择性反射。因此，地物的反射率通常指的是光谱反射率 ρ_λ，即地物在某波段的反射通量 $E_{\rho\lambda}$ 与该波段的入射通量 E_λ 之比。光谱反射用公式可表示为

$$\rho_\lambda=\frac{E_{\rho_\lambda}}{E_\lambda} \tag{5-9}$$

5.2.2 反射波谱特性

地物的反射率随入射波长变化而变化的规律，叫作地物反射波谱。按地物反射率随波长变化绘成的曲线(横轴为波长，纵轴为反射率)称为地物反射波谱曲线。以下是一些地物类型的典型波谱特点。

水体对可见光波段中的蓝色和绿色光线具有较高的反射能力。水体在近红外、中红外波段具有较强的吸收能力，反射率几乎为零，在此波段的黑白正片上，水体的色调很黑，与周围土壤有明显区别，据此可确定水体的位置和轮廓。

雪在可见光波段的电磁反射率很高，并且和太阳的能量光谱接近，因而表现为白色，又因为在紫光和蓝光波段反射率较大，几乎接近 100%，所以颜色偏蓝白。随着波长的增加，雪的反射率逐渐降低，在近红外波段具有很强的吸收能力。

土壤在自然状态下的反射率没有明显的峰值和谷值，反射波谱特性曲线较为平滑，在不同光谱段的遥感影像上亮度区别不明显。一般来说，土壤的光谱特性曲线与土壤类别、含水量、土壤表面粗糙度、粉砂相对百分含量等因素有关。此外，土壤的肥力也对反射率有一定的影响。

波谱特性可用于遥感图像分析和地物分类。通过分析地物在不同波段的反射率和吸收率，可以区分和识别不同类型的地物覆盖，这在农业、生态学、地质勘探、环境监测和城市规划等领域具有广泛的应用。

很多因素会引起地物反射率的变化，如地物本身的变异、太阳位置、传感器位置、地理位置、气候变化、大气状况等。不同地物具有不同的反射波谱特性，可以根据传感器接收到的电磁波波谱特征的差异来识别不同地物，这是遥感的基本出发点。地物存在“同物异谱”和“异物同谱”现象。“同物异谱”是指同种类型的个体地物，在某个波段上波谱特征不同。同一地物的光谱特性受制于所处的时间和空间。以春小麦为例，处于不同地理区域的春小麦具有不同的光谱响应。处于花期的春小麦反射明显高于灌浆期和乳熟期，而到了黄叶期，不再具备绿色植物特征，反射光谱接近一条直线。此外，同类地物反射波谱相似，但随着地物内在差异而有所变化，如植物叶片缺水或遭遇病虫害时，波谱特征会异于平常。“异物同谱”是指不同类型的地物在某个波段具有相同的波谱特征。地物反射率的变化是一种重要的遥感信息，分析其变化的原因和规律，为遥感监测地物的变化过程提供主要依据，对遥感图像的解译和信息提取有重要意义。

5.3 遥感传感器及成像原理

5.3.1 遥感传感器

1. 传感器的组成

传感器是在电磁波谱的多个波段上，采集感兴趣的目标或区域的电磁辐射信息，并将其转换为输出信号的设备，是遥感工作系统的主要部分。

遥感传感器一般由 4 部分构成：收集器、探测器、处理器和输出器。遥感传感器的一般构成如图 5-5 所示。

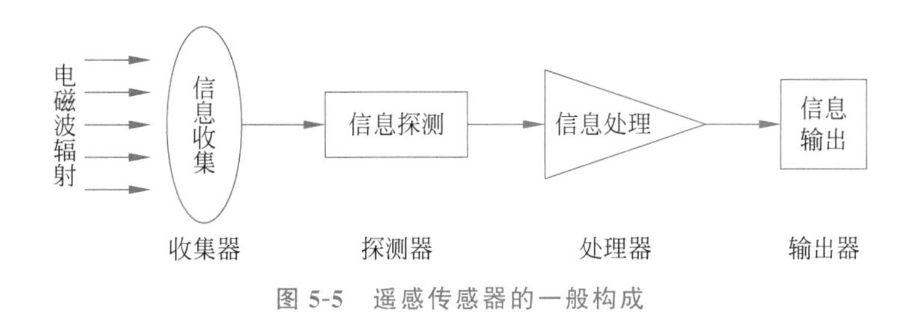

图 5-5　遥感传感器的一般构成

1）收集器

收集来自目标物的辐射能量。基本的收集元件如：摄影机的透镜组、扫描仪的反射镜组、天线等。如果是多波段遥感，其收集系统中包含按波段分波束的元件，如滤色镜、棱镜、光栅、分光镜、滤光片等。

2）探测器

实现能量转换。将收集的辐射能转变成化学能或电能，测量和记录接收到的电磁辐射能量。具体的元件如感光胶片、光电敏感元件、固体敏感元件、热探测器、波导等。

3）处理器

对收集的信号进行处理，如胶片的显影及定影，信号放大与变换、编码等。处理器的转换系统一般都是电光转换器。

4）输出器

输出获得的图像、数据，如扫描晒像仪、阴极射线管、磁带记录仪、电视显像管、光盘、硬盘等。

2. 传感器的分类

卫星遥感传感器可以根据工作方式、波段范围和成像原理进行不同的分类。

按照工作方式可以分为被动式传感器和主动式传感器。被动式传感器接收地面目标反射的来自太阳的能量或目标地物自身辐射的电磁波能量，如可见光与近红外传感器、热红外扫描成像传感器、多光谱扫描传感器、微波辐射计等。主动式传感器本身向目标发射电磁波，收集从目标物反射回的电磁波，如雷达传感器、激光雷达、声呐雷达等。

按波段范围可分为可见光传感器、红外传感器、雷达传感器和微波传感器。可见光传感器用于捕捉可见光波段(通常是 380～750nm)的光谱信息，生成彩色或黑白图像。红外传感器用于捕捉红外光波段的光谱信息，包括近红外、中红外和热红外波段。雷达传感器利用雷达波(无线电波)进行成像，通常包括合成孔径雷达(Synthetic Aperture Radar，SAR)和真实孔径雷达(Real Aperture Radar，RAR)。微波传感器用于捕捉微波波段的信号，通常用于海洋监测、大气研究、土壤湿度估算等。

另外，还可以按成像原理和所获取图像性质分类，可以分为摄影成像传感器、扫描成像传感器、微波遥感传感器。表 5-2 列出了按成像原理划分的 3 种传感器及常见设备。

表 5-2　按照成像原理划分的 3 种传感器及常见设备

传感器类型	常见设备
摄影成像传感器	框幅式摄影机
	缝隙式摄影机
	全景摄影机
	多光谱摄影机

续表

传感器类型	常见设备
扫描成像传感器	光机扫描仪
	推扫式扫描仪
	成像光谱仪
微波遥感传感器	雷达
	微波辐射计

5.3.2 遥感成像原理

1. 摄影成像

定义 5.1 **摄影成像**：摄影成像传感器通过成像设备来获取物体影像，在快门打开后几乎瞬间同时接收目标的电磁波能量，聚焦后记录下来成为一幅影像。

1）摄影成像的基本原理

摄影成像传感器包括框幅摄影机、缝隙摄影机、全景摄影机、多光谱摄影机等，摄影机的工作波段在 290～1400nm，覆盖紫外、可见光、近红外短波段，它获取的图像信息量大，分辨力高。但是航空摄影和航天摄影往往在晴朗的白天工作，不能进行全天候遥感。

最初的摄影成像方式与传统的照相机成像方式相同，传统摄影成像是通过镜头将地物反射或发射的电磁波聚焦在感光胶片上（曝光）成潜像，经显影和定影处理后产生图像即照片。以黑白摄影为例，黑白程度由胶片上卤化银聚集密度决定；密度越大，图像越黑；密度越小，图像越白。黑和白的强度与地物反射或发射电磁波强弱有密切关系，而且变化是逐渐过渡的。通过这种方式形成的图像是模拟图像，经扫描数字化后才能产生数字图像。而现在的数字摄像通过放置在焦平面的光敏元件经光电转换，以数字信号来记录物体的图像。

2）摄影像片的几何特征

（1）平面角与立体角。

在遥感技术中，物体辐射规律是遥感的物理基础之一，而定量表述物体辐射强度的一个基本物理量是立体角。立体角由弧度制下的平面角概念衍生而来，平面角的定义如下。

定义 5.2 **平面角**：以任意一个角的顶点为圆心，以任意长度为半径 r 作圆，角的两个边线所夹含的圆弧长度 s 与半径之比，单位为弧度。

$$\theta=\frac{s}{r} \tag{5-10}$$

将这一定义扩展到三维，即可得到立体角的定义。

定义 5.3 **立体角**：以锥或类锥体的顶点为球心，半径为 r 的球面被锥面或类锥体所截得的面积与整个球面的面积之比来度量的，其度量单位为球面度。

$$\Omega=\frac{A}{r^2} \tag{5-11}$$

式中，A 是锥面或类锥体所截得的球面面积，r 为球的半径。由式(5-11)可知，半个球体所张的立体角为 2π 球面度。平面角和立体角的定义示意如图 5-6 所示。

任意一个矩形平面 A' 与平面外的一点 c 都可以构成立体角。此时，类锥体的顶点就设在点 c，类锥体的曲面外接矩形平面 A'。以点 c 为球心，以 r 为半径作一个球面，而类锥体

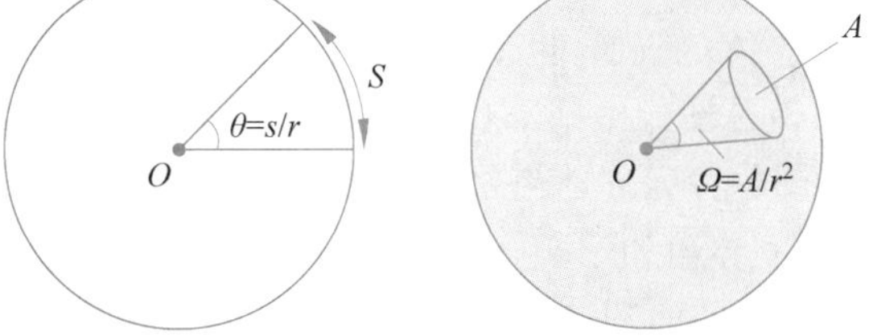

(a) 平面角　　(b) 立体角

图 5-6　平面角和立体角的定义示意

截获球面的面积，也就是矩形平面 A' 在类锥体方向在球面上的投影，即为面元 A。根据式(5-11)可计算出矩形平面 A' 与平面外的一点 c 构成立体角的数值。点 c 不一定要设在矩形平面 A' 的正上方，设在平面外的任意位置都可以形成类锥体。进一步扩展，A' 也可以不是平面，而是任意一个三维实体的曲面，立体角的定义仍然成立。

理论上，面元 A 应当是一个球面，当 r 充分大，r^2 远大于面元 A 面积时，面元 A 就可以用平面代替。比如在遥感拍摄影像时，r 为数千米甚至数百千米，而面元 A 只有几个平方千米，或小到仅数平方米，甚至不足 1m^2，此时由式(5-11)可以看出，r 增大，立体角减小。

点状地物向外各个方向辐射电磁波能量，立体角定义了在这个特定空间范围内接收到的辐射能量占点状地物总辐射能量的比例。随着立体角增大，捕获到的点状地物辐射能量也会增加。同理，对于球面上的局部区域(在遥感领域即地面单元)辐射出的能量，立体角表示在其垂直方位上角顶点接收到辐射能量的比例。对比飞机载荷的遥感传感器与卫星载荷的遥感传感器，对于相同的地面单元，前者与地面形成的立体角通常远大于后者。因此，飞机载荷的遥感传感器接收到的地面辐射能量，包括反射能量，比卫星载荷的遥感传感器要大得多。这也是飞机遥感影像数据相较于卫星遥感影像数据具有更高信噪比和更好图像质量的原因。为了获得更高质量的卫星遥感图像数据，通常需要采取多种措施来提升传感器的性能。例如，将传感器置于液态氮的恒低温环境下，尽可能降低热噪声，以解决图像数据信噪比较低的问题。

(2) 受光截面。

相对一个点光源 O，一个受光四边形 G 及其截面 G' 的几何关系如图 5-7 所示。四边形 G 相对点 O 构成一个立体角，将其投影到面 G' 的方向，面 G' 的法线通过点 O，面 G 与面 G' 的两面角为 φ，容易看到，四边形 G 的投影面 G' 还是四边形。四边形 G 的面积为 A，投影面 G' 的面积为 A'。面积 A 与面积 A' 的关系为

$$A' = A\cos\varphi \tag{5-12}$$

式中，φ 为矩形平面 G 与面元 G' 的夹角。显然，φ 越大，矩形平面 G 产生的有效面元 G' 就越小，甚至当 φ 为 90°时，其有效面元面积为零。

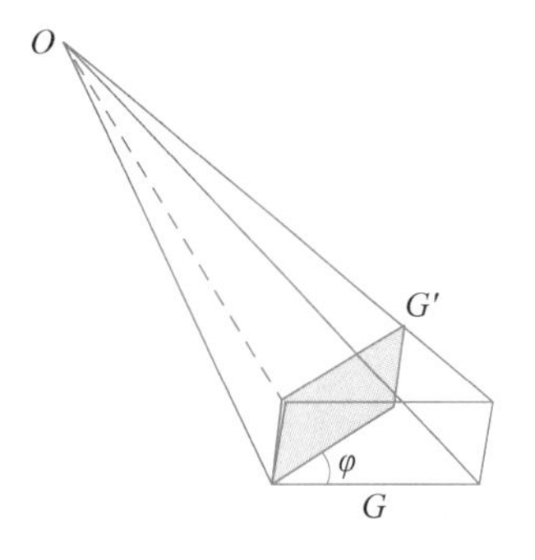

图 5-7　受光四边形 G 及其截面 G' 的几何关系

考虑遥感中的实际情况：点 O 为遥感传感器，四边形 G 为地面辐射或反射单元，点 O 与四边形 G 构成一个立体角，四边形 G 与其截面 G' 相对于传感器 O 的辐射或反射效果是等效的。因此，地面单元相对于传感器的方位非常重要，方位不同，有效截面不同，传感器接

收其辐射或反射效果有很大的差别。

卫星遥感中多数是等立体角成像，也就是说在遥感影像中，每一个像元与地面对应单元构成的立体角是相等的。但是图像中间部位的像元与左右两侧的像元同地面对应单元的距离是不一样的：图像中间部位像元同地面对应单元的距离小于左右两侧像元同地面对应单元的距离，根据式(5-11)对立体角的定义，为保持立体角 Ω 不变，当像元同地面对应单元的距离 r 增大时，地面对应单元的面积 A 势必要随之相应增大。这就是说，在一幅卫星遥感影像上，每个像元因其在图像的部位不同，对应地面单元的面积也随之不同：靠近图像南北中轴线像元的地面对应单元面积要小，成像精度要高；反之远离图像南北中轴线像元，即靠近图像东西两侧像元的地面对应单元面积要大，成像精度要低。此外，由于各像元与地面单元构成的立体角 Ω 相同，因而各地面单元相对于像元的散射截面是相同的。

2. 扫描成像

定义 5.4 **扫描成像**：扫描成像传感器依靠探测元件和扫描镜对目标地物或目标地物形成的影像进行逐点、逐行取样，以得到目标地物电磁辐射信息，形成一定谱段的图像。

扫描成像采用专门的光敏或热敏探测器，把收集到的地物电磁波能量变成电信号记录下来，然后通过无线电频道向地面发送，从而实现遥感信息的实时传输。探测范围包括紫外、红外、可见光和微波波段。扫描成像传感器包括光机扫描仪、推扫式扫描仪和成像光谱仪。

1) 光机扫描仪

光学/机械扫描仪是利用光学机械(扫描镜)在垂直于航向的方向(舷向)上向地面作横向扫描，通过飞行完成航向扫描，其扫描速度与飞行速度相适应，在终端形成一幅在航向上延伸、在舷向上有一定宽度的、连续的条带影像，并通过信息转换记录在磁带上。依靠探测元件和扫描镜对目标地物以瞬时视场为单位进行逐行取样，以得到目标地物电磁辐射特性信息，形成一定谱段的影像。光机扫描仪的成像过程如图 5-8 所示。

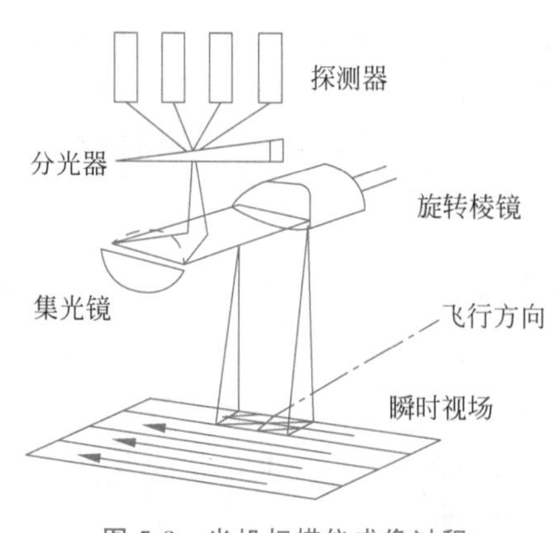

图 5-8 光机扫描仪成像过程

当旋转棱镜旋转时，第一个镜面对地面横越航向方向扫视一次，在地面瞬时视场内的地面辐射能由旋转棱镜反射到反射镜组，经其反射、聚焦到分光器上，经分光器分光后分别照射到相应的探测器上。探测器将辐射能转变为视频信号，再经电子放大器放大和调整，在阴极射管上显示瞬时视场的地面影像，在底片曝光后记录下来，称为一个像元；或者视频信号经模数转换器转换，变成数字的电信号，经采样、量化和编码，变成数据流，向地面实时发送或由磁带记录仪记录后做时延回放。随着棱镜的旋转，垂直于航向上的地面依次成像形成一条影像线，并被记录下来。平台在飞行过程中，扫描旋转棱镜依次对地面扫描，形成一条条相互衔接的地面影像，最后形成连续的地面条带影像。因此光机扫描成像方式也称垂直航迹扫描系统。

光机扫描仪按工作波段可分为红外扫描仪和多光谱扫描仪。

(1) 红外扫描仪。

红外扫描仪的成像原理是基于物体并根据其温度发射红外辐射的特性，使用红外探测器逐行扫描被观测区域，探测器对不同温度下发射的红外能量敏感，能够捕捉这些能量差异。随着扫描仪或平台（如卫星或飞机）的移动，红外探测器覆盖新的区域，逐步构建起整个场景的热图。探测到的红外辐射被转换成电信号，这些信号随后被数字化并处理，以生成表征目标区域温度分布的图像。通过这些图像，可以揭示物体的热特性，例如植被的健康状况、水体的温度分布或地表的热岛效应等。

红外扫描仪具有隐蔽性和夜间能见度高的优点，可以探测热辐射，因此不依赖于可见光，可在夜间或低光条件下工作，适用于军事监测、夜视和安全应用。此外，红外辐射可以穿透大气中的雾、烟雾和云层，因此对于一些恶劣天气条件下的观测和监测任务非常有用。但红外扫描仪存在一些不足，如：红外扫描仪的性能受环境温度变化的影响较大，需要进行校准和温度补偿；空间分辨率通常较低，不适用于需要高分辨率图像的应用。

(2) 多光谱扫描仪。

多光谱扫描仪使用一系列并排的探测器，每个探测器专门对应不同的光谱波段，比如可见光的红、绿、蓝波段，以及可能包括的近红外、远红外或其他光谱范围。在飞机或卫星移动的同时，对同一地区，在同一瞬间摄取多个波段影像，充分利用地物在不同光谱区有不同的反射这一特征，增多获取目标的信息量，并通过分光镜或滤光片将接收到的光分成不同的光谱组分，然后分别记录下各组分的光强。记录的信号转换为电信号，并经过放大、数字化后形成图像。这些图像随后可以被叠加处理，生成能够反映地表不同物质和对象光谱特性的彩色图像。因此，不仅可以根据扫描影像的形态和结构识别地物，而且可以利用不同谱段的差别来区分地物，为遥感数据的分析与识别提供了非常有利的条件。多光谱扫描仪常用于收集农作物、植物、土壤、森林、地质、水文和环境监测等方面的遥感资料。

2) 推扫式扫描仪

推扫式扫描仪是一种高分辨率的遥感成像设备，能够进行广域覆盖的成像。这种仪器的核心是一组线性排列的探测器阵列，它们能够捕获来自地表的光谱信息。与光机扫描仪相比，推扫式扫描仪没有机械装置，探测器的探测原理也不同。推扫式扫描仪使用的固体探测器件是电荷耦合器件（Charge-Coupled Device，CCD），是一种用于探测光的硅片，由时钟脉冲电压产生，并通过控制半导体势阱的变化，实现存储和传递电荷信息的固态电子器件。在 CCD 中，用电荷来表示信息，对信息的表达具有更高的灵敏度，在固体成像、信息处理和大容量存储器方面大有用途。

在成像过程中，推扫式扫描仪依靠载体（如卫星或飞机）的前进运动来逐行捕获图像，并聚焦在 CCD 线阵列元件上，然后，经过分光器，输出端以一路时序视频信号输出，在瞬间能同时得到垂直于航向的一条影像线，并随着平台的向前移动，以“推扫”方式获取沿轨道的连续影像条带。每一行的探测器同时记录下它们对准的地面上一细长条带的电磁波信息。

由于扫描仪本身不进行横向机械扫描，因此相较于传统的机械扫描仪器，推扫式扫描仪可以提供更加稳定和一致的成像质量。在推扫过程中，不同探测器元素对不同的光谱波段敏感，这就允许了多光谱或者高光谱的成像能力，每个波段都可以揭示地物的不同特性。探测器收集的数据在被数字化后，需经过复杂的处理以校正大气干扰、运动畸变和其他潜在的误差源。经过这些处理后，推扫式扫描仪生成的图像能够为研究者提供关于地面情况的详细视图，这对于环境监测、资源管理和地图制作等领域至关重要。

由于推扫式扫描仪能够捕捉到细致的地面细节并提供多光谱信息，因此在精密农业、城市规划、地质勘探和环境科学中扮演着日益重要的角色。另外，推扫式扫描仪能够提供高质量数据，是进行时间序列分析和变化检测的强有力基础。

3）成像光谱仪

不同于普通的多光谱扫描仪，成像光谱仪具有更多更窄的连续光谱波段，为更全面地理解地物提供了帮助。成像光谱仪把可见光、红外波谱分割成几十到几百个波段，每个波段都可以取得目标图像，同时对多个目标图像进行同名地物点取样，取样点的波谱特征值随着波段数越多越接近连续波谱曲线，既能成像又能获取目标光谱曲线，实现“谱像合一”。

成像光谱仪利用一排排的探测器阵列捕获来自地球表面的电磁辐射，每个探测器元素专门对应特定的光谱波段，当载体移动时，探测器能逐行收集对应波段的地表信息。这些数据随后被转换成电信号，并进行数字化处理以形成图像。

成像光谱仪的光谱分辨率高，使研究者能够分辨细微的物质组成差异，例如区分不同类型的矿物、植被和其他地表材料。通过这些详细的光谱信息，可以对物体的化学成分、健康状态等进行分析和解释。成像光谱仪对于环境监测、地质勘探、精密农业，以及军事侦察等领域尤其有价值，它能够揭示通常不可见的物质特性和变化过程。

3. 微波遥感

定义 5.5 **微波遥感**：微波遥感传感器用微波设备来探测、接收被测物体在微波波段的电磁辐射和散射特性，以识别远距离物体。

微波遥感有两种工作方式：一是主动方式，利用传感器向地面发射微波后接收其散射波，这种工作方式的传感器有雷达；二是被动方式，这种方式的传感器有微波辐射计。

1）雷达

雷达可以大体分为全景雷达和侧视雷达两种。全景雷达通常采用旋转天线或多个相控阵天线实现全方位监视，但不一定提供高分辨率成像。侧视雷达（Side Looking Radar，SLR）分为 RAR 和 SAR，由于 RAR 的分辨率较低，很少作为成像雷达使用，现在的 SLR 一般指视野方向与飞行器前进方向垂直、用来探测飞行器两侧地带的 SAR。

雷达成像需要有一个基本条件，即雷达发射出来的波束照在目标不同部位的时间有先后差异，从而从目标反射的回波也出现时间差，这样才能区分目标的不同部位。因此，雷达必须具备二维方向上的扫描。雷达天线在飞行器上，与飞行器同方向前进，发出的波束依次向前扫描，即航向扫描；天线发出的能量脉冲指向飞行器的一侧，与航线垂直方向的地面物体各部分反射的回波便可产生时间差，即距离向扫描。SLR 就是以这种连续带状形式对地表进行二维扫描，逐行成像。具体地说，SLR 的天线不转，固定后，在矩形荧光屏或感光胶片上形成一个纵（航）向条带的图像。侧视雷达由发射机向侧面发射一束窄脉冲，地物反射的微波脉冲（又称回波）被接收机接收。由于地面各点到发射机/接收机的距离不同，接收机收到的信号具有先后不同的次序，而信号的强度与窄脉冲带内各种地物的特性、形状和坡向等有关。接收到的信号经处理后在阴极射线管上形成一条表示地物反射特征的图像线，并记录在胶片上。遥感平台向前飞行时，不断地向侧面发射窄脉冲，在阴极射线管上形成一条条的图像线，胶片与遥感平台速度同步，就得到了由强弱不同的回波信号组成的图像。记录在胶片上的雷达图像属于遥感模拟图像。

（1）RAR。

RAR 的天线装在平台的侧面，发射机向侧向面内发射一束窄脉冲，经地物反射的微波脉冲由天线收集后，被接收机接收。由于地面各点到平台的距离不同，接收机接收到的相应信号以它们到平台距离的远近被记录，从而实现距离方向上的扫描。通过平台的前移，实现方位上的扫描，获取地表的二维影像。信号的强度与辐照带内各种地物的特性、形状和坡向等有关。

（2）SAR。

SAR 用一个小天线作为辐射单元，将此单元沿一直线不断移动。在移动中选择若干位置，在每个位置上发射一个信号，并接收相应发射位置的回波信号存储记录下来，在存储时保存接收信号的幅度和相位。当辐射单元移动一段距离 L 后，存储的信号和实际天线阵列诸单元接收的信号非常相似。SAR 是在不同位置上接收同一地物的回波信号，而 RAR 则在一个位置上接收目标的回波。如果把 RAR 划分成许多小单元，则每个单元接收回波信号的过程与 SAR 在不同位置上接收回波的过程十分相似。RAR 与 SAR 接收信号的相似性如图 5-9 所示。真实孔径天线接收目标回波后，就像物镜聚合成像；而合成孔径天线对同一目标的信号不是在同一时刻得到，在每一个位置上都要记录一个回波信号。由于目标到平台之间球面波的距离不同，每个信号相位和强度也不同。这样形成的整个影像，并不像 RAR 影像那样能看到实际的地面影像，而是得到相干影像，须经处理后才能恢复地面的实际影像。

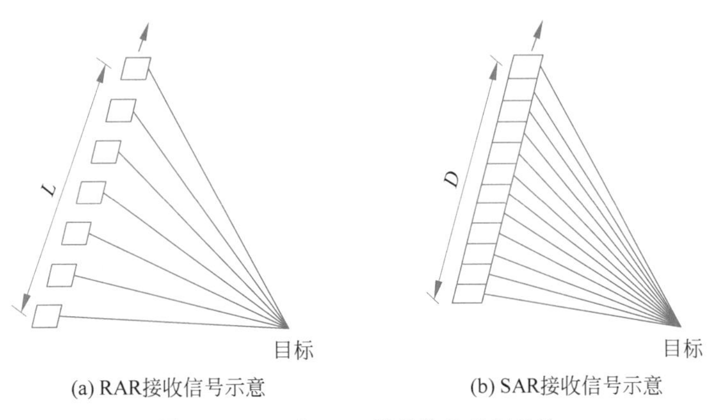

(a) RAR接收信号示意　(b) SAR接收信号示意

图 5-9　RAR 与 SAR 接收信号的相似性

2）微波辐射计

微波辐射计是一种被动遥感仪器，主要用于测量地球表面或大气发射的微波辐射能量。其成像原理不同于活动雷达系统，微波辐射计不发射任何辐射，而是仅仅侦测自然辐射的微波信号，因此不容易被发现，具有良好的保密性。同时辐射计的体积、功耗都很小。

微波辐射计是能够测量低电平微波辐射的高灵敏接收机。成像的过程如下。首先，微波辐射计接收从地表或大气中自然发射的微波能量，这种能量与物体的温度和介电特性有关。其次进行频率选择，辐射计通常在微波光谱中的特定频率上工作，它根据分子和材料的特定辐射特性来探测大气成分、水汽、陆地或海洋表面温度等。然后计算辐射温度，通过测量辐射强度，辐射计可以计算出辐射体的辐射温度，这可以通过普朗克辐射定律转换为辐射体的实际温度。之后生成图像，通过对从不同区域收集的辐射强度数据进行分析，可以生成显示温度变化和物质成分差异的图像。

微波辐射计可以连续监测，因此可以用来研究动态变化，如天气系统、海洋表面温度变化等。微波辐射计能在任何天气条件下进行观测，包括云层和雨雾，因此非常适合进行全天候的环境监测和气候研究。

5.4 遥感影像的4种分辨率及其相互作用

遥感技术的发展、遥感采集手段的多样性、观测条件的可控性，确保了所获得的遥感数据的多源性，即多平台、多波段、多角度等，多维的遥感数据通过不同的分辨率和特性来度量和描述。

5.4.1 空间分辨率

定义 5.6 **空间分辨率**：是指图像上能够详细区分的最小单元的尺寸或大小，或指遥感器区分两个目标的最小角度或线性距离的度量。它们均反映对两个非常靠近的目标物的识别、区分能力，有时也称分辨力或解像力。

一般来说，遥感系统的空间分辨率越高，其识别物体的能力越强。但是实际上，每一目标在图像的可分辨程度不完全取决于空间分辨率的具体值，而是和目标的形状、大小，以及它与周围物体亮度、结构的相对差异有关。例如，Landsat/MSS 的空间分辨率为 80m，但是宽度仅 15～20m 的铁路甚至仅 10m 宽的公路，当它们通过沙漠、水域、草原、农作区等背景光谱较单调或与道路光谱差异大的地区，往往清晰可辨。这是它独特的形状和较单一的背景值导致的。

5.4.2 光谱分辨率

定义 5.7 **光谱分辨率**：指遥感器所选用的波段数量的多少、各波段的波长位置及波段间隔的大小，即选择的通道数、每个通道的中心波长(遥感器最大光谱响应所对应的波长)、带宽(用最大光谱响应的半宽度来表示)，这 3 个因素共同确定光谱分辨率。

光谱波段的中心波长与光谱响应函数的最大值相对应。狭义的光谱分辨率仅指波段宽度(带宽)。

对于黑/白全色航空照片，照相机用一个综合的宽波段(0.4～0.7μm，波段间隔为 0.3μm)记录下整个可见光红、绿、蓝的反射辐射；Landsat/TM 有 7 个波段，能较好地区分同一物体或不同物体在 7 个不同波段的光谱响应特性的差异；航空可见、红外成像光谱仪 AVIRIS，有 224 个波段(0.4～2.45μm，波段间隔近 10nm)，可以捕捉到多种物质特征谱段的微小差异。可见，光谱分辨率越高，专题研究的针对性越强，可以更好地改善识别和提取信息特征的概率和精度。但是，波段分得越细，各波段数据间的相关性可能越大，因此造成的数据冗余，也会给数据传输、处理和鉴别带来新的困难。

5.4.3 辐射分辨率

任何图像目标的识别，最终依赖于探测目标和特征的亮度差异。这里有两个前提条件：一是地面景物本身必须有充足的对比度(指在一定波谱范围内亮度上的对比度)；二是遥感仪器必须有能力记录下这个对比度。因此，在遥感调查中，仪器的灵敏度以及地面目标与背景间存在的对比度总是至关重要的。

定义 5.8 **辐射分辨率**：指遥感器对光谱信号强弱的敏感程度、区分能力，即探测器的灵敏度——遥感器感测元件在接收光谱信号时能分辨的最小辐射度差，或指对两个不同辐射源的辐射量的分辨能力。

辐射分辨率一般用灰度的量化级数表示，即最暗到最亮灰度值（亮度值）之间的分级数目，Landsat/MSS 传感器起初以 6bit 记录反射辐射值，经数据处理把其中 3 个波段扩展到 7bit；而 Landsat/TM，6 个反射波段以 8bit 记录数据，显然 TM 比 MSS 的辐射分辨率高，图像的可检测能力增强。

5.4.4 时间分辨率

定义 5.9 **时间分辨率**：遥感探测器重复采集数据的最小周期，是遥感影像时间间隔的一项性能指标。

该周期由飞行器的轨道高度、轨道倾角、运行周期等参数所决定，与遥感传感器没有关系。

根据遥感系统探测周期的长短可将时间分辨率分为 3 种类型。超短或短周期时间分辨率以"小时"为单位，如气象卫星系列（极轨和静止气象卫星），可以用于探测大气海洋物理现象、突发性灾害监测、污染源监测等。中周期时间分辨率以"天"为单位，如对地观测的资源环境卫星系列（Landsat、SPOT、ERS、JERS. CBERS-1 等），可以用于探测植物的季相节律，捕捉某地域农时历关键时刻的遥感数据，以获取一定的农学参数，进行作物估产与动态监测、旱涝灾害监测及气候学、大气、海洋动力学分析等。长周期时间分辨率反映以"年"为单位的变化，如湖泊消长、河道迁徙、海岸进退、城市扩展、灾情调查、资源变化等。

5.4.5 4 种分辨率的关系

空间分辨率、光谱分辨率、辐射分辨率是相互协同又相互制约的关系，它们共同决定遥感影像表达与分辨地物的能力，同时又需要维持平衡。遥感传感器对于入射光能量变化的测试敏感程度有限。遥感传感器接收到的辐射能量变化有一个最小的限度，不满足限度，传感器就接收不到带有信息的电磁波信号了。在这一限度下，如果地面单元反射或自身辐射的能量积分起来，不到这一限度，只有扩大地面单元面积，在更大一点的面积上对辐射能量积分，使接收的辐射能量达到限度。这就是说，在光谱分辨率一定的情况下，为了保证地物有足够的反射或自身辐射能量，只能放宽空间分辨率。对于空间分辨率与辐射分辨率而言，遥感器内单个探测元件的受光角度或观测视野，即瞬时视场（Instantaneous Field of View，IFOV）越大，最小可分像素越大，空间分辨率越低；但是，IFOV 越大，光通量即瞬时获得的入射能量越大，辐射测量越敏感，对微弱能量差异的检测能力越强，则辐射分辨率越高。因此，空间分辨率的增大，将伴之以辐射分辨率的降低。可见，高空间分辨率与高辐射分辨率难以两全，它们之间必须有个折中。

时间分辨率体现遥感影像表达地物形态的能力受时间影响的大小，不受传感器的影响。时间分辨率还受到重访周期的影响。重访周期指首次拍摄某地后依然能够利用传感器上的侧摆角拍摄到此地的影像所需要的时间间隔，即利用卫星的侧摆快速拍摄同一地点图像所需要的最短时间，是根据应用要求人为设计的时间。如果传感器不能侧摆（垂直观测），就无须考虑重访周期。如果传感器具有侧视功能，则具有重访周期，如 OrbView 和 QuickBird

(快鸟)的传感器等,高分辨率卫星传感器一般具备重访周期。

章节习题

5-1 遥感技术中常用的电磁波波段有哪些?各有哪些特性?

5-2 电磁辐射的度量有哪些?

5-3 什么是黑体?试述黑体辐射特性。

5-4 自然界中有哪些主要的辐射源?各有什么特点?

5-5 请详细阐述太阳辐射穿过大气层能量衰减的原因。

5-6 什么是大气窗口和大气屏障?常用于遥感的大气窗口有哪些?

5-7 什么是地物的波谱特性?水、植被、土壤、雪和湿地的反射光谱各有哪些特点?

5-8 简述扫描成像的原理。

5-9 根据图5-8描述光机扫描仪的工作原理。

5-10 雷达成像的条件是什么?

5-11 遥感的4种分辨率对于遥感的实际应用有什么影响?

5-12 遥感的光谱分辨率、辐射分辨率、空间分辨率相互制约的根本原因是什么?这种制约对影像的技术参数设计有什么影响?

习题解答

5-1 解:(1) 可见光波段。波长范围:0.4μm(紫外线)～0.7μm(红光)。特性:可见光波段对人类眼睛可见,广泛用于拍摄彩色图像,用于地物识别和植被监测。

(2) 红外波段。①近红外波段。波长范围:0.7～1.4μm。特性:近红外波段对于植被健康和土地覆盖分类非常敏感,用于植被监测和土地利用规划。②热红外波段。波长范围:3～14μm。特性:热红外波段对于物体的温度和热分布敏感,用于热像仪和火灾监测。

(3) 微波波段。微波波段分为C波段、X波段、Ku波段、Ka波段等。波长范围:0.01～1m。特性:微波波段具有穿透云层和大气的能力,适用于地形测绘、海洋监测、降水估算和地表变形监测。

每个波段都有其独特的特性和应用,遥感科学家和工程师根据研究目标和应用需求选择适当的波段进行数据采集和分析。不同波段的数据可以用于地质勘探、农业监测、环境保护、气象预测等各种领域。

5-2 解:波长、频率、振幅、辐射能量、辐射通量、辐射出射度、辐射照度、辐射强度、辐射亮度等。

5-3 解:黑体是理想化的物体,它在热平衡状态下,对所有波长的电磁辐射都是完全吸收并完全辐射的,不会反射或透射任何辐射,因此被称为"黑体"。黑体是热辐射研究的重要理论模型,它的辐射特性由普朗克辐射定律和斯特藩-玻尔兹曼定律等公式描述。黑体辐射的主要特性如下。

(1) 吸收和辐射。黑体吸收所有入射的电磁辐射,无论波长如何,不反射也不透射。

然后，黑体以相同的方式辐射出热辐射，产生一个连续的辐射谱。

(2) 连续谱。黑体辐射谱是连续的，覆盖了广泛的波长范围，从长波辐射(红外)到短波辐射(紫外)都有。这个谱线在不同温度下呈现不同的形状。

(3) 普朗克辐射定律。这是描述黑体辐射强度的基本定律。普朗克辐射定律表明，黑体辐射强度与波长和温度有关。在不同温度下，黑体的辐射强度分布呈现出不同的形状，但总的积分辐射强度会随温度升高而增加。

(4) 斯特藩-玻尔兹曼定律。这个定律描述了黑体辐射功率与温度之间的关系。它表明，黑体辐射功率正比于绝对温度的 4 次方。这意味着随着温度升高，黑体的辐射功率迅速增加。

5-4 解：(1) 太阳辐射。太阳是地球上最重要的辐射源之一。它主要以可见光和近红外光的形式辐射能量。太阳辐射是自然界中最强大的辐射源，它提供了地球上所有生命的能源，并对气候和天气产生重要影响。

(2) 地球热辐射。地球释放热辐射，主要在红外波段，包括远红外和短波红外。地球热辐射是地球表面温度的表现，被用于气象学、地球科学和遥感应用，如热红外遥感。

(3) 大气辐射。大气中的气体和云层会吸收和辐射能量，产生大气辐射。大气辐射对于地球的热平衡和气候变化至关重要，也是遥感中需要考虑的因素之一。

(4) 地球自然辐射。地球内部放射性元素的衰变会释放地球自然辐射，包括伽马辐射、阿尔法辐射和贝塔辐射。地球自然辐射是地球内部热量的来源，也会影响地下水和土壤的辐射水平。

(5) 生物辐射。生物体内的放射性同位素，如钾-40、碳-14 等会产生内部辐射。这些辐射是生物体内的一部分，对人体健康和用放射性碳定年等方面有影响。

这些自然辐射源在地球上的分布和性质各不相同，它们对地球的能量平衡、气候和环境产生深远的影响，并在科学研究和工程应用中具有重要价值。

5-5 解：(1) 大气反射。大气中有云层，当电磁波到达云层时，产生反射现象。这种反射同样满足反射定律，云层越厚反射量越大：厚度大于 50m 时，反射量达 50%以上；厚度为 500m 时，反射量超过 80%。大气层中直径大于 10^{-6}m 的其他微粒也会产生反射作用。

(2) 大气散射。一部分太阳辐射会在大气分子和气溶胶颗粒上发生散射。这种散射会将一部分光线分散到不同的方向，导致光线的传播方向改变。这会减少光线直接到达地面的数量，使地表接收到的光强度减小。

(3) 大气吸收。大气层中的气体和云层中的水滴会吸收特定波长的太阳辐射。例如，臭氧分子会吸收紫外线辐射，水蒸气会吸收特定的红外辐射波段。这些吸收过程将能量转换为热量，并减少到达地表的太阳辐射。

(4) 大气折射。大气中的密度和温度变化会导致太阳辐射发生折射，从而改变光线的传播路径。这种折射也会分散太阳辐射，使其更广泛地分布在大气中。

5-6 解：大气窗口：通过大气而较少被反射、吸收和散射，透射率较高的电磁辐射波段。大气屏障：通过大气时被严重反射、吸收和散射，几乎不能到达地面的电磁辐射波段。

从紫外线到微波，目前用于遥感的大气窗口大体有 5 个。

(1) 0.3～1.3μm：包括全部可见光、部分紫外和摄影红外波段。是摄影成像的最佳波段,也是扫描成像的常用波段。这个波段应用范围广,如 Landsat 卫星的 TM 的 1-4 波段,SPOT 卫星的 HRV 波段。属地物的反射光谱,透射率达 90%以上。

(2) 1.5～2.5μm: 近红外波段。属地物反射光谱,只能用光谱仪和扫描仪记录地物的电磁波信息,白天强光照射下扫描成像。在波段(1.55～1.75μm)和波段(2.1～2.4μm),透射率都近 80%,如 TM(1.55～1.75μm)和(2.08～2.35μm)波段的影像可用于探测植物含水量,以及云、雪或用于地质制图等。

(3) 3.5～5.5μm: 中红外波段,可全天工作,扫描方式成像。该波段除了反射外,地面物体也可以自身发射热辐射能量,如 NOAA 卫星的 AVHRR 传感器用 3.55～3.93μm 探测海面温度,获得昼夜云图,透射率仅约为 70%。

(4) 8～14μm: 远红外(热红外)波段。该波段属热辐射波段范围内,采用扫描或红外辐射计检测,可全天工作。由于氧气、水汽、二氧化碳的影响,透射率仅为 60%～70%。

(5) 0.8～2.5cm: 属微波段,不受大气干扰,透射率可达 100%。采用雷达成像或微波辐射计检测,可全天候工作。

5-7 解: 地物的波谱特性指的是不同类型的地表覆盖物体(如水、植被、土壤、雪和湿地)对不同波长光线(即不同颜色的光)的吸收、反射和透射的行为。这些特性是遥感技术中用于识别和分类地物的重要依据。以下是这些地物类型的典型波谱特点。

(1) 水体对可见光波段中的蓝色和绿色光线具有较高的反射能力。水体在近红外、中红外波段具有较强的吸收能力,反射率几乎为零,在此波段的黑白正片上,水体的色调很黑,与周围土壤有明显区别,据此可确定水体的位置和轮廓。

(2) 雪在可见光波段的电磁反射率很高,并且和太阳的能量光谱接近,因而表现为白色,在紫光和蓝光波段反射率较大,几乎接近 100%,颜色偏蓝白。随着波长的增加,雪的反射率逐渐降低,在近红外波段具有很强的吸收能力。

(3) 土壤在自然状态下的反射率没有明显的峰值和谷值,反射波谱特性曲线较为平滑,在不同光谱段的遥感影像上亮度区别不明显。一般来说,土壤的光谱特性曲线与以下因素有关: 土壤类别、含水量、土壤表面粗糙度、粉砂相对百分含量等。此外,肥力也对反射率有一定的影响。

这些波谱特性可用于遥感图像分析和地物分类。通过分析地物在不同波段的反射率和吸收率,可以识别和区分不同类型的地物覆盖,这在农业、生态学、地质勘探、环境监测和城市规划等领域具有广泛的应用。

5-8 解: 扫描成像方式是传感器逐点逐行地收集信息,地表各点的信息按一定顺序先后进入传感器,经过一段时间后才能生成一幅图像。

5-9 解: 依靠探测元件和扫描镜对目标地物以 IFOV 为单位进行逐行取样,以得到目标地物电磁辐射特性信息,形成一定谱段的影像。当旋转棱镜旋转时,第一个镜面对地面横越航向方向扫视一次,在地面 IFOV 内的地面辐射能由旋转棱镜反射到反射镜组,经其反射、聚焦到分光器上,再经分光器分光后分别照射到相应的探测器上。探测器将辐射能转变为视频信号,再经电子放大器放大和调整,在阴极射管上显示 IFOV 的地面影像,在底片曝光后记录下来,称为一个像元; 或者视频信号经模数转换器转换,变成数字的电信号,经采样、量化和编码,变成数据流,向地面实时发送或由磁带记录仪记录后作时延回放。随着棱镜的旋转,垂直于航向上的地面依次成像,形成一条影像线，并被记录下来。平台在飞行过程中，扫描旋转棱镜依次对地面扫描，形成一条条相互衔接的地面影像，最后形成连续的地面条带影像。

5-10　解：雷达发射出来的波束照在目标不同部位的时间有先后差异，因此从目标反射的回波也出现时间差，从而区分目标的不同部位。为此，雷达必须具备二维方向上的扫描。雷达天线在飞行器上，与飞行器同方向前进，发出的波束依次向前扫描，即航向扫描；天线发出的能量脉冲指向飞行器的一侧，与航线垂直方向的地面物体各部分反射的回波便可产生时间差，即距离向扫描。

5-11　解：遥感的4种分辨率对实际应用有重要的影响，它们各自提供了不同方面的信息，可以满足不同领域和应用的需求。

(1) 更高的空间分辨率能够提供更详细的地表信息，例如建筑物、道路、植被类型等，对于城市规划、土地利用监测等高精度要求的应用尤为重要。在环境监测中，高空间分辨率可以帮助识别和监测小范围内的环境变化，如湖泊边缘、河流岸线等，对于水资源管理和生态保护具有重要意义。

(2) 光谱分辨率决定了遥感数据在不同波段上提供的信息量，可以用于地物分类、植被健康监测、土地覆盖分类等。对于农业领域，光谱分辨率能够帮助监测作物的生长状态、识别病害和营养不良等问题，指导农业生产管理。

(3) 较高的时间分辨率有助于监测地表的动态变化，例如城市扩展、植被生长、自然灾害等，对于紧急救援和灾害监测具有重要意义。在农业领域，定期获取遥感数据可以帮助农民监测作物生长情况、调整农业活动，提高农作物产量和质量。

(4) 辐射分辨率影响着遥感数据的灵敏度和精确度，高辐射分辨率可以提供更精确的地表反射率或辐射率信息。在大气和气候研究中，辐射分辨率的高低直接影响着对大气成分和能量平衡的监测与分析。

综合利用这些分辨率的信息，可以实现更全面、准确的遥感应用，从而为资源管理、环境保护、灾害监测、农业生产等领域提供支持和决策依据。

5-12　解：遥感传感器对入射光能量变化的测试敏感度有限。遥感传感器接收到的辐射能量变化有一个最小的限度，超过了限度，传感器就接收不到带有信息的电磁波信号了。在这个限度下，如果地面单元反射或自身辐射的能量积分起来，还达不到该限度，只有扩大地面单元面积，在更大一点的面积上对辐射能量积分，从而使接收的辐射能量达到限度。这就是说，在光谱分辨率一定的情况下，为了保证地物有足够的反射或自身辐射能量，只能放宽空间分辨率。

对于空间分辨率与辐射分辨率而言，一般IFOV越大，最小可分像素越大，空间分辨率越低。但是，IFOV越大，光通量即瞬时获得的入射能量越大，辐射测量越敏感，对微弱能量差异的检测能力越强，则辐射分辨率越高。因此，空间分辨率的增大，将伴之以辐射分辨率的降低。可见，高空间分辨率与高辐射分辨率难以两全，它们之间必须有个折中。

光谱分辨率影响传感器的波段设置和光学设计，决定了传感器可以提供的光谱信息的丰富程度。较高的光谱分辨率可提供更多的地物光谱信息，有助于更精确地识别和分类地物。

辐射分辨率影响传感器的灵敏度和测量精度，决定了传感器可以提供的辐射信息的精确程度。较高的辐射分辨率可提供更准确的地表反射或辐射信息，有助于更精确地定量分析地物特征。

空间分辨率影响传感器的光学设计和观测平台，决定了传感器可以提供的图像空间细节的清晰程度。较高的空间分辨率可提供更清晰的地物图像，有助于更精细地辨识地物和提取特征。

参考文献

[1] 陈述彭. 遥感大辞典[M]. 北京：科学出版社，1990.
[2] 邓良基. 遥感基础与应用[M]. 北京：清华大学出版社，2002.
[3] 彭望琭. 遥感概论[M]. 北京：高等教育出版社，2002.
[4] 戴昌达，姜小光，唐伶俐. 遥感影像应用处理与分析[M]. 北京：清华大学出版社，2004.
[5] 杨龙士，雷祖强，周天颖. 遥感探测理论与分析实力[M]. 台北：文魁电脑图书资料股份有限公司，2008.
[6] 周天颖. 地理资讯系统理论与实务[M]. 台北：儒林图书出版公司，2008.
[7] 赵英时. 遥感应用分析原理与方法[M]. 北京：科学出版社，2013.
[8] 周军其. 遥感原理与应用[M]. 武汉：武汉大学出版社，2014.
[9] 柯樱海，甄贞，李小娟，等. 遥感导论[M]. 北京：中国水利水电出版社，2019.
[10] 贾坤，李强子，田亦陈，等. 遥感影像分类方法研究进展[J]. 光谱学与光谱分析，2011，31(10)：18-23.
[11] 赵忠明. 空间信息技术原理及其应用[M]. 北京：科学出版社，2013.
[12] 孙家柄. 遥感原理与应用[M]. 武汉：武汉大学出版社，2003.
[13] 关履墓，元金明. 遥感基础与应用[M]. 广州：中山大学出版社，1987.
[14] ELACHI C. 遥感的物理学和技术概论[M]. 王松皋，等译. 北京：气象出版社，1995.
[15] 陈述彭，童庆禧，郭华东. 遥感信息机理研究[M]. 北京：科学出版社，1998.
[16] 日本遥感研究会. 遥感精解[M]. 北京：测绘出版社，2011.
[17] 王桥，魏斌，王昌佐，等. 基于环境一号卫星的生态环境遥感监测[M]. 北京：科学出版社，2010.
[18] 郑公望. 地貌学野外实习指导[M]. 北京：北京大学出版社，2005.
[19] 刘高焕，汉斯·德罗斯特. 黄河三角洲可持续发展图集[M]. 北京：测绘出版社，1997.

第6章 遥感数字影像处理基础

CHAPTER 6

本章主要介绍遥感所获取数字影像的处理方法,其中包括图像校正、图像增强和图像分类。图像校正主要是对因为传感器及环境造成的图像退化进行的模糊消除、噪声滤除、几何失真或非线性校正。校正完成后,使用图像增强去除噪声、增强图像整体的显示或突出图像中特定地物的信息,使图像更容易理解、解释和判读。在对图像进行校正和增强后,根据实际应用,对图像进行进一步分类。

6.1 图像校正

由于遥感成像过程复杂,会受到各种因素影响,导致传感器接收的电磁波能量和目标本身辐射能量不一致,从而产生几何形变。对此,在使用遥感图像前需先进行图像校正。图像校正分为辐射校正与几何校正两种。

6.1.1 辐射校正

辐射校正的目的是尽可能消除传感器自身、大气、太阳,以及地形等因素造成的失真现象。根据引起失真的不同因素,辐射校正的方法可分为传感器辐射定标、大气校正,以及太阳高度和地形引起的辐射误差校正。

1. 传感器辐射定标

定义6.1 **传感器辐射定标**:针对传感器因自身特性引起的误差进行校正,以确保传感器捕获的数据与实际地面反射率之间有可靠的、一致的关系。

传感器辐射定标的方法包括绝对定标和相对定标。绝对定标对目标做定量描述,得到目标的辐射绝对值;相对定标只能得出目标中某一点辐射亮度与其他点的相对值。

绝对定标需建立测量信号与对应辐射能量间的数量关系,设传感器入口处波段 i 的辐射度 L_i 与输出亮度值DN_i 之间存在线性关系,如式(6-1)所示:

$$\mathrm{DN}_i = A_i L_i + C_i \tag{6-1}$$

其中,A_i 为绝对定标增益系数,C_i 为常数。

相对定标在校正传感器中各个探测元件响应度差异时,会对测量到的原始亮度值进行归一化处理。当相对定标方法不能消除探测元件差异带来的影响时,可以用一些统计方法如直方图均衡化、均匀场景影像分析等方法来消除。

2. 大气校正

定义6.2 **大气校正**:考虑大气层对太阳辐射的散射和吸收效应,消除大气因素对遥感图像造成的影响，以获得更接近地表的真实情况。

大气校正是消除大气影响的过程，主要消除遥感图像中大气散射、吸收和反射作用造成的干扰。大气校正方法多种多样，根据校正方式，可分为绝对大气校正、相对大气校正和基于模型的大气校正。

绝对大气校正方法主要分为经验方程法和黑暗像元法，校正后图像的像素值为绝对值、辐亮度或反射率。经验方程法是将图像中多个光谱均一的目标作为暗、亮目标的定标点，测试地面反射率后，利用线性回归分析确定其与像素值间的关系。假定图像 DN 值与反射率 r 之间存在线性关系 $DN=kr+b$，则系数 k 和 b 即为所求。利用已知目标反射率的值进行转换的方法如图 6-1 所示。

黑暗像元法的校正依据为大气散射。大气散射对短波影响大，对长波影响小，将最暗的像元看作无散射影响，通过不同波段的对比分析即可计算出大气散射的干扰值。在黑暗像元法中，通常使用回归分析法或直方图法进行计算。

与绝对大气校正不同，相对大气校正的结果是相对值，主要方法包括内部平均法和平场域法。内部平均法假设地形变化程度大，将图像 DN 值与整幅图像的平均辐射光谱值的比值作为相对反射率，消除地形阴影和整体亮度的差异；平场域法要求图像中的区域面积大、亮度高、光谱响应曲线变化平缓，将每个像素值与该区域平均值的比值作为地表反射率，以此来消除大气的影响。这两种方法的计算公式如下：

$$\rho_\lambda = R_\lambda / F_\lambda \tag{6-2}$$

式中，ρ_λ 和 R_λ 分别表示相对反射率和像素值，而两种方法的 F_λ 含义不同。其中，内部平均法的 F_λ 表示整幅图像的平均值，平场域法的 F_λ 表示平场域内的平均值。

原始影像经过大气校正后的对比如图 6-2 所示。该图表明大气校正削弱了大气辐射带来的噪声，使图像中地物反差增强，提升了对比清晰度。

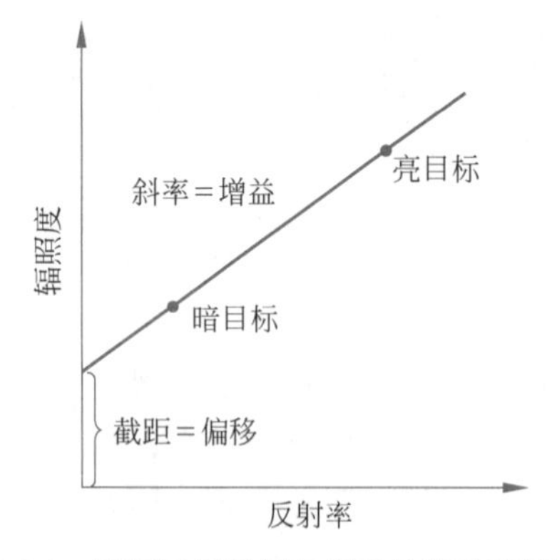

图 6-1 利用已知目标反射率的值进行转换

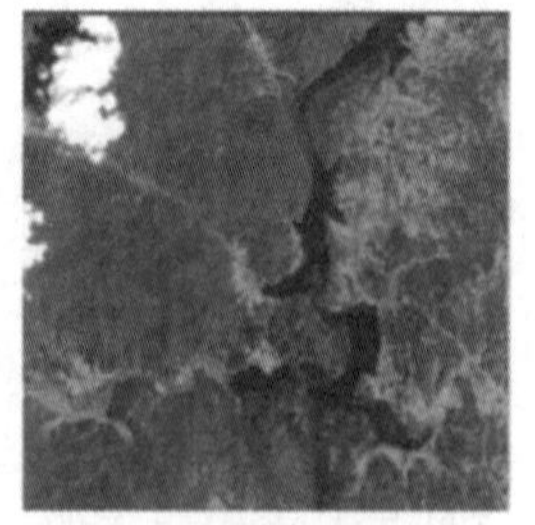

(a) 原始影像

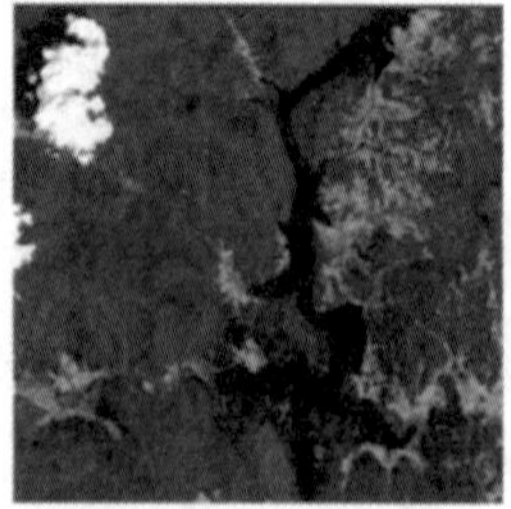

(b) 大气校正后影像

图 6-2 原始影像与大气校正后影像的对比

3. 太阳高度和地形引起的辐射误差校正

定义 6.3 **太阳高度和地形引起的辐射误差校正**：根据太阳的位置（特别是太阳高度）和地形差异对辐射影响校正，旨在消除由于太阳角度变化和地形起伏带来的辐射不均匀性。

太阳高度引起的辐射畸变校正是将太阳光线倾斜时获取的图像校正成太阳垂直照射时的图像。太阳高度角的校正通过调整一幅图像内的平均灰度来实现。在求出太阳高度角后，高度角 θ 斜射时得到的图像 $g(x,y)$ 与直射时的图像 $f(x,y)$ 有如下关系：

$$f(x,y)=\frac{g(x,y)}{\sin\theta} \tag{6-3}$$

因此,在辐射校正时需要知道成像时刻的太阳高度角。太阳高度角可在图像的元数据中找到,也可以根据成像的时间、季节和地理位置确定。

$$\sin\theta=\sin\varphi\sin\delta\pm\cos\varphi\cos\delta\cos t \tag{6-4}$$

式中,φ 为图像地区的地理纬度,δ 为太阳赤纬(成像时太阳直射点的地理纬度),t 为时角(地区经度与成像时太阳直射点地区经度的经差)。

地形中的坡度、坡向同样会引入辐射误差。地形校正的目的是去除由坡度、坡向等因素引起的光照度变化,使两个反射特性相同的地物经校正后在影像中具有相同的亮度值。光线垂直入射时,水平地表受到的光照强度 I_0 与倾角为 α 的坡面上入射点的光照强度 I 的关系如式(6-5)所示:

$$I=I_0\cos\alpha \tag{6-5}$$

因此,处在坡度为 α 的倾斜面上的地物影像 $g(x,y)$ 校正后的结果 $f(x,y)$ 为

$$f(x,y)=\frac{g(x,y)}{\cos\alpha} \tag{6-6}$$

地形坡度引起的辐射校正方法需要有图像对应地区的数字地面模型,校正较为麻烦,因此也可采用比值图像法消除因地形坡度产生的辐射量误差。

6.1.2　几何校正

由于获取的遥感图像存在几何形变,因此必须对遥感图像进行几何校正,保证遥感图像位置与地面实际情况一致。

几何校正分为粗校正和精校正。粗校正是指由地面接收站对传感系统本身和地球自转造成的失真做例行校正处理,可以进行调整像元大小、去偏斜等操作;精校正指消除图像中的几何变形,主要通过像素坐标变换和亮度值重采样两个操作实现。具体步骤为:选取控制点,选择纠正方法(数学模型)和纠正公式,计算变换参数,将各像元图像坐标转换为真实坐标,重采样。

1. 选取控制点

在选取控制点的过程中,通常有易获取、易分辨、分布均匀、数量充足、精度符合等要求。目前获取地面点的方式有传统人工选择、基于控制点库的影像匹配、基于松弛法的整体影像匹配等方式。

2. 选择纠正方法(数学模型)和纠正公式

目前的纠正方法有多项式法、共线方程法、随机场内插值法等,其中最常用的方法为多项式法,其使用的多项式纠正变换公式多为二阶,如式(6-7)所示:

$$\begin{cases}x=a_0+(a_1X+a_2Y)+(a_3X^2+a_4XY+a_5Y^2)+\cdots\\ y=b_0+(b_1X+b_2Y)+(b_3X^2+b_4XY+b_5Y^2)+\cdots\end{cases} \tag{6-7}$$

其中,(x,y)为原始遥感图像坐标,(X,Y)为对应地面坐标,a_i,b_i 为多项式待定系数。通过多组控制点的坐标关系可以求出纠正式(6-7)中的多项式待定系数,并应用于遥感图像中的任意点。

3. 计算变换参数,将各像元图像坐标转换为真实坐标

在输出图像边界及坐标系统确立后,可以按照纠正变换公式将原始数字图像中的像素

逐个变换到图像贮存空间中,包括直接法和间接法,如图 6-3 所示。直接法从原始图像阵列开始,按行列顺序依次求每个原始像素点在输出图像坐标系中的位置;而间接法从空白图像阵列开始,按行列顺序对每个输出像素点位求在原始图像中的坐标位置。当输入和输出图像对应坐标确定后,将原始图像点位上的亮度值按对应关系进行转移。

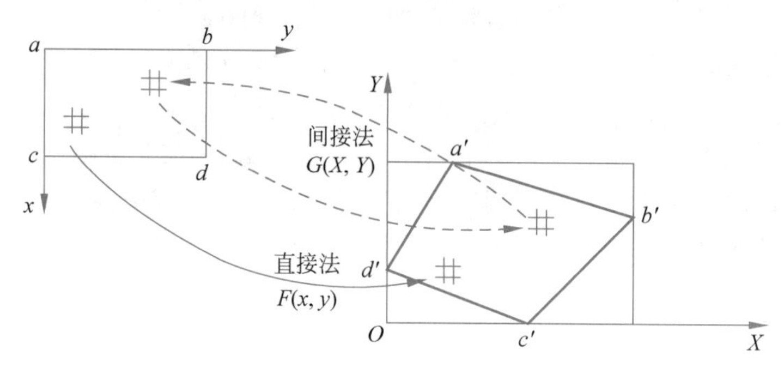

图 6-3 直接法和间接法

4. 重采样

重采样的常用方法有最邻近法、双线性内插法和三次卷积法。最邻近法在待纠正的图像中直接取距离(x,y)最近的像素值为重采样值,通常取 $x'=\text{int}(x+0.5)$,$y'=\text{int}(y+0.5)$处的像素值。双线性内插法和三次卷积法更为复杂,重采样精度也更高。

6.2 图像增强

将遥感图像进行校正后,通常使用图像增强突出图像的相关信息,并提取其中更有用的部分,提高图像的使用价值。此外,图像增强可以将图像转换为更适合人或机器进行分析处理的形式。

图像增强按作用空间分为光谱增强和空间增强。光谱增强对应每个像元,对目标的光谱特征进行增强与转换,其中包括对比度增强、指标提取等方法;空间增强对应空间特征,考虑像元之间的亮度关系,使空间几何特征突出或降低,其中包括空间滤波、傅里叶变换、边缘增强等方法。

6.2.1 对比度增强

对比度增强将图像中的亮度值范围拉伸或压缩成指定范围,从而提高图像对比度,其中最常用的为线性拉伸方法。设原图像 $f(x,y)$灰度范围为$[a,b]$,处理后图像 $g(x,y)$的灰度范围为$[c,d]$,则线性拉伸模型公式如式(6-8):

$$g(x,y)=\begin{cases} d, & f(x,y)>b \\ \dfrac{d-c}{b-a}[f(x,y)-a]+c, & a\leqslant f(x,y)\leqslant b \\ c, & f(x,y)<a \end{cases} \tag{6-8}$$

原图像 $f(x,y)$灰度范围为$[0,M_f]$,图像 $g(x,y)$的灰度范围为$[0,M_g]$,分段线性变换(拉伸)模型公式如式(6-9)所示,具体函数图像如图 6-4 所示。

$$g(x,y)=\begin{cases}\dfrac{M_g-d}{M_f-b}[f(x,y)-b]+d, & b\leqslant f(x,y)\leqslant M_f\\ \dfrac{d-c}{b-a}[f(x,y)-a]+c, & a\leqslant f(x,y)<b\\ \dfrac{c}{a}f(x,y), & 0\leqslant f(x,y)<a\end{cases}\tag{6-9}$$

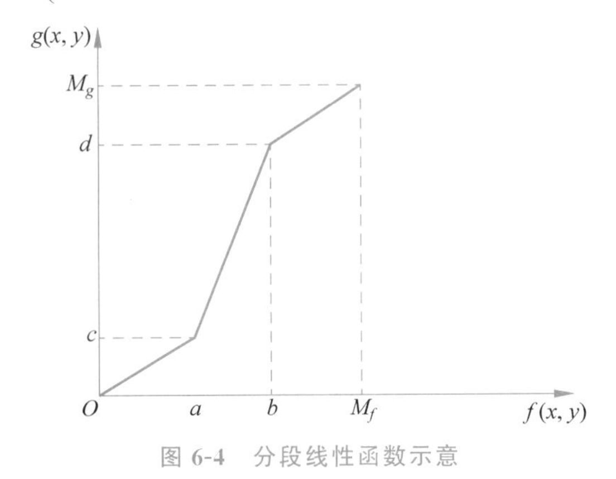

图 6-4 分段线性函数示意

此外，还有对数变换、指数变换等拉伸模型，各种对比度增强模型如图 6-5 所示。

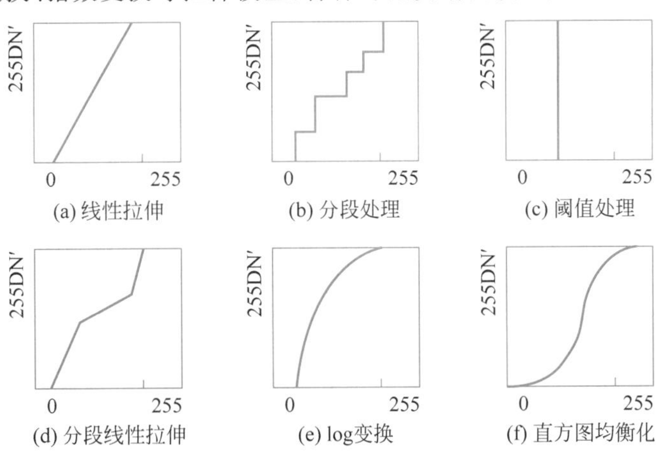

图 6-5 不同对比度增强模型

图 6-6 显示了图像经过线性变换前后的对比，可以发现地物特征更加明显。这说明了图像增强是用来突出图像中感兴趣区域的空间特征，改善视觉效果，方便进行后续处理。

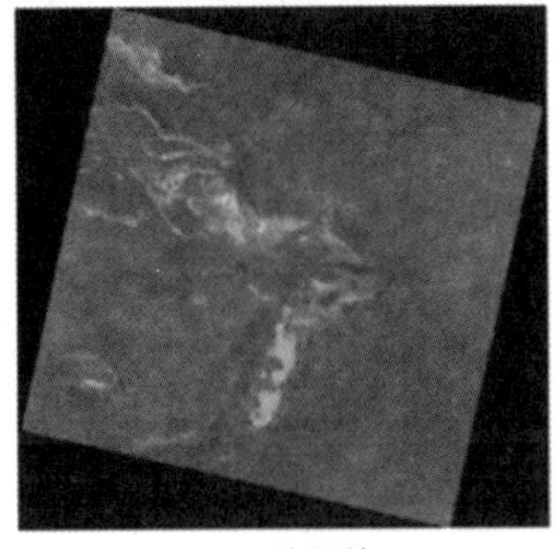

(a) 处理前

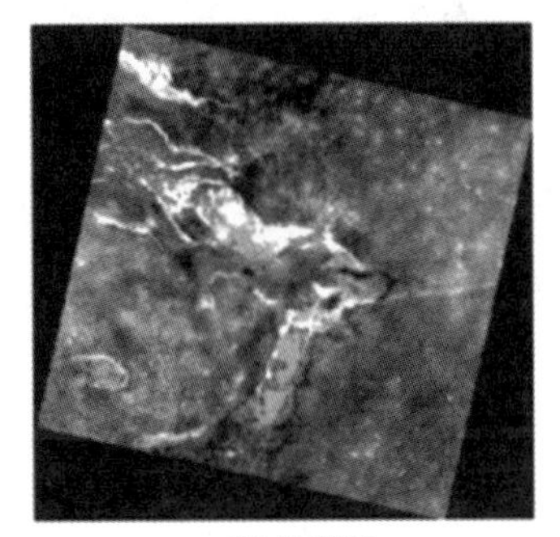

(b) 处理后

图 6-6 线性变换处理前后的图像对比

6.2.2 主成分分析

主成分分析(Principal Component Analysis,PCA)是建立在图像协方差矩阵基础上的线性正交变换,用来进行图像降维和噪声去除。

通过将多波段图像信息压缩到更有效的少数几个转换波段中,PCA 可以用几个综合性波段代表多波段的原图像,PCA 中主成分和原图像之间的空间关系如图 6-7 所示。通过平移和旋转坐标轴,原始数据被更真实地表现出来。从二维空间中的数据变成一维空间中的数据会产生信息损失,为了使信息损失最小,必须使一维数据的信息量(方差)最大,然后以此确定 y_1 轴的取向,新轴 y_1 被称作第一主成分 PC_1。为了进一步汇集剩余的信息,可求出与第一轴 y_1 正交且尽可能多地汇集剩余信息的第二个轴 y_2,新轴 y_2 被称作第二主成分 PC_2。

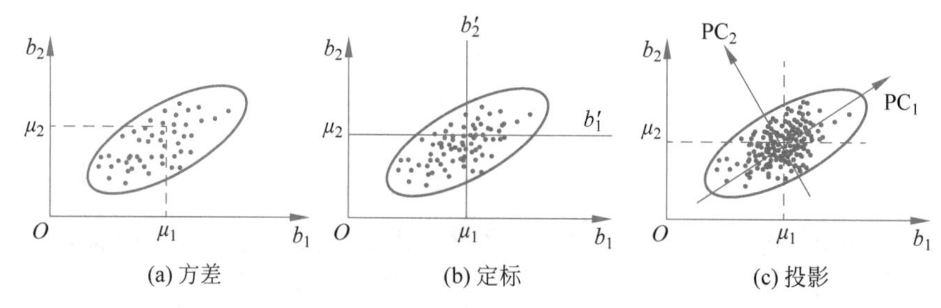

(a) 方差 (b) 定标 (c) 投影

图 6-7 PCA 中主成分和原图像之间的空间关系

PCA 的主要流程分为 3 个步骤:计算图像协方差矩阵、主成分正变换、主成分逆变换。其中,协方差矩阵用于表示不同波段之间的关系;主成分正变换过程基于协方差矩阵计算特征值与特征向量,选择主成分个数。若选择主成分个数与波段数量相等时,逆变换的结果与原始图像相同;若选择主成分个数少于波段数量,则逆变换会抑制图像中的噪声。

在实际的 PCA 中,主成分由原始数据线性变换得出,各主成分由各波段协方差矩阵的特征向量为加权系数线性组合而成,如式(6-10)所示:

$$\mathrm{PC}_i = \sum_{j=1}^{k} \omega_{ij} X_{ij} \tag{6-10}$$

其中,ω_{ij} 为权重,X_{ij} 为标准化数据。各下标中,i 表示主成分序号,j 表示标准化数据的维度,k 表示主成分的总数量。

假设已有几个波段的图像,λ_p 表示第 p 波段的特征值,λ_i 表示各波段特征值($i=1, 2,\cdots,n$),则各主成分中所包含的原数据总方差的百分比($\%_p$)可表示为 $\%_p = 100\lambda_p / \sum_{i=1}^{n}\lambda_p$,也即该主成分的贡献率。用 a_{kp} 代表第 k 波段和第 p 波段主成分之间的特征向量,$V_{a_{rk}}$ 为第 k 波段的方差,则两波段主成分之间的相关系数 R_{kp} 可表示为

$$R_{kp} = \frac{a_{kp}\sqrt{\lambda_p}}{\sqrt{V_{a_{rk}}}} \tag{6-11}$$

PCA 含有 3 个主要性质。

(1) 总方差不变。当主成分个数与原始数据维数相等时,变换过程只将原有方差在新的主成分上进行分配,并未改变总方差。

(2) 正交性。变换得到的主成分之间不相关。

(3) 从主成分中保留的前几个成分包含了总方差的大部分。一般各波段和第一主成分(PC1)的相关系数较高,和后面的主成分的相关系数逐渐变小,PC_1、PC_2、PC_3 基本包含了95%以上的信息。

【例 6-1】 已知总体波段信息 $\boldsymbol{X}=(X_1,X_2,X_3)^{\mathrm{T}}$ 的协方差矩阵 $\boldsymbol{A}$ 为 $\begin{bmatrix}2 & 2 & -2\\ 2 & 5 & -4\\ -2 & -4 & 5\end{bmatrix}$,求各主成分的贡献率与累计贡献率。

【解 6-1】 已知协方差矩阵,则各主成分对应的特征值满足如下条件:

$$|\lambda\boldsymbol{E}-\boldsymbol{A}|=0$$

计算行列式,可得

$$|\lambda\boldsymbol{E}-\boldsymbol{A}|=\begin{vmatrix}\lambda-2 & -2 & 2\\ -2 & \lambda-5 & 4\\ 2 & 4 & \lambda-5\end{vmatrix}=\begin{vmatrix}\lambda-2 & -2 & 2\\ -2 & \lambda-5 & 4\\ 0 & \lambda-1 & \lambda-1\end{vmatrix}=(\lambda-1)\begin{vmatrix}\lambda-2 & -4\\ -2 & \lambda-9\end{vmatrix}$$

$$=(\lambda-1)^2(\lambda-10)$$

主成分对应的 3 个特征值分别为 10、1、1。因此,PC_1 的贡献率为 $\frac{10}{10+1+1}=0.8333$;PC_2 的贡献率为 $\frac{1}{10+1+1}=0.0833$,PC_1 和 PC_2 的累计贡献率为 $\frac{10+1}{10+1+1}=0.9167$;$PC_3$ 的贡献率与 PC_2 相同。

6.2.3 边缘检测

图像的边缘检测能够大幅度减少数据量,同时保留重要的结构属性,这对于分析图像内容有着十分重要的作用。边缘检测基本可分为基于搜索和基于零穿越的检测方法。其中,基于搜索的方法通过寻找图像一阶导数中的最大值来检测边界,然后利用计算结果估计边缘的局部方向,通常采用梯度的方向,并利用此方向找到局部梯度模的最大值,其中 Sobel 算子就是一种经典算法。

Sobel 算子包含了横向和纵向两组 3×3 模板,如式(6-12):

$$\boldsymbol{G}_x=\begin{bmatrix}1 & 0 & -1\\ 2 & 0 & -2\\ 1 & 0 & -1\end{bmatrix},\quad \boldsymbol{G}_y=\begin{bmatrix}-1 & -2 & -1\\ 0 & 0 & 0\\ 1 & 2 & 1\end{bmatrix} \tag{6-12}$$

在算法过程中,Sobel 算子将模板作为卷积核与图像中每个像素点做卷积运算,选取合适的阈值以提取边缘,达到边缘增强效果。根据给定模板进行计算,原始图像 f 在点(i,j)处的横向梯度为

$$d_x(i,j)=f\boldsymbol{G}_x=\begin{bmatrix}f_{i-1,j-1} & f_{i,j-1} & f_{i+1,j-1}\\ f_{i-1,j} & f_{i,j} & f_{i+1,j}\\ f_{i-1,j+1} & f_{i,j+1} & f_{i+1,j+1}\end{bmatrix}\begin{bmatrix}1 & 0 & -1\\ 2 & 0 & -2\\ 1 & 0 & -1\end{bmatrix}$$

$$=[f_{i-1,j-1}+2f_{i-1,j}+f_{i-1,j+1}]-[f_{i+1,j-1}+2f_{i+1,j}+f_{i+1,j+1}] \tag{6-13}$$

在点(i,j)处的纵向梯度为

$$d_x(i,j)=f\boldsymbol{G}_y=\begin{bmatrix} f_{i-1,j-1} & f_{i,j-1} & f_{i+1,j-1} \\ f_{i-1,j} & f_{i,j} & f_{i+1,j} \\ f_{i-1,j+1} & f_{i,j+1} & f_{i+1,j+1} \end{bmatrix}\begin{bmatrix} -1 & -2 & -1 \\ 0 & 0 & 0 \\ 1 & 2 & 1 \end{bmatrix}$$

$$=[f_{i-1,j+1}+2f_{i,j+1}+f_{i+1,j+1}]-[f_{i-1,j-1}+2f_{i,j-1}+f_{i+1,j-1}] \quad (6\text{-}14)$$

该点近似梯度大小为$\sqrt{d_x^2(i,j)+d_y^2(i,j)}$，梯度方向为 $\arctan\left(\dfrac{d_x(i,j)}{d_y(i,j)}\right)$。

Sobel 算子计算像素点的上下左右邻节点灰度加权差，对噪声具有平滑作用，提供较为精确的边缘方向信息，在边缘处，梯度幅值达到极值，从而通过检测极值达到检测边缘的效果。Sobel 算子结合了高斯平滑和微分求导，因此具有较好的抗噪性，当精度要求不高时，Sobel 算子是一种较为常用的边缘检测方法。

6.3 图像超分辨率与去噪技术

遥感图像在获取和传输的过程中，受传感器和大气等因素的影响会产生噪声。在图像上，这些噪声表现为一些亮点或亮度过大的区域。为了抑制噪声、改善图像质量，提高图像清晰度，须进行图像超分辨率技术将图像分辨率提高，同时对图像进行去噪处理，得到符合要求的新图像。

6.3.1 图像超分辨率技术

图像超分辨率指的是将给定的低分辨率图像通过特定的算法恢复成相应的高分辨率图像，即从低分辨率图像中重建出高分辨率图像的过程。

在进行图像超分辨率时，若只参考当前低分辨率图像，不依赖其他相关图像，则称为单幅图像的超分辨率(Single Image Super-Resolution，SISR)。与之不同，通过取相邻几帧或利用多幅低分辨率图像组合成符合要求的高分辨率图像的方法，称为基于多图的超分辨率技术(Multi Image Super-Resolution，MISR)。本书将主要介绍 SISR。

1. 传统的图像超分辨率重建技术

传统的图像超分辨率重建技术主要包括以下 3 类。

(1) 基于图像插值的超分辨率重建。

基于插值的方法是通过在原有像素周围插入新像素来增大图像尺寸，之后为新像素赋值，从而达到提高图像分辨率的目的。根据赋值方式的不同，插值算法可分为线性插值法与非线性插值法。常见的线性插值法有最邻近法、双线性插值法、双三次插值法；非线性插值法包含基于边缘信息或小波系数的插值算法。

(2) 基于退化模型的超分辨率重建。

从图像的降质退化模型出发，假定高分辨率图像是经过了适当的运算变换、模糊及噪声处理才得到低分辨率图像。这种方法通过提取低分辨率图像中的关键信息，并结合对未知的超分辨率图像的先验知识来约束超分辨率图像的生成。常见的方法包括迭代反投影法、凸集投影法和最大后验概率法等。

（3）基于学习的超分辨率重建。

基于学习的方法是利用大量的训练数据，从中学习低分辨率图像和高分辨率图像之间的对应关系，然后通过学习到的映射关系预测低分辨率图像对应的高分辨率图像，实现图像的超分辨率重建过程。常见的基于学习的方法包括流形学习法、稀疏编码方法。

2. 基于插值法的超分辨率重建过程

插值法是通过某个点周围若干已知点的值，以及周围点和此点的位置关系，并根据一定的公式，计算出此点的值。以双线性插值法为例，对超分辨率重建技术进行具体介绍。

双线性插值法如图 6-8 所示，需要求出像素点 P 的值，其周围 4 个像素点 Q_{11}，Q_{12}，Q_{21}，Q_{22} 的值已知，则分别在 x 方向和 y 方向上分别进行插值。需要注意的是，在 x 方向和 y 方向上求插值的顺序不影响最终结果。

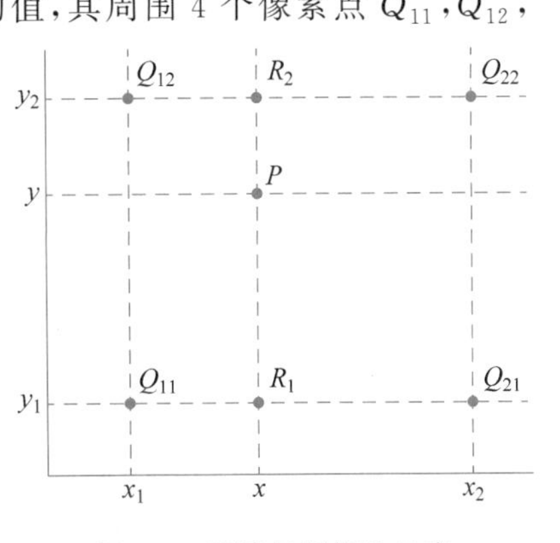

图 6-8　双线性插值法示意

通过在 x 方向上的插值，可以计算得出像素点 R_1，R_2 的值，具体如式(6-15)：

$$\begin{cases} f(R_1)=f(x,y_1)=\dfrac{x_2-x}{x_2-x_1}f(Q_{11})+\dfrac{x-x_1}{x_2-x_1}f(Q_{21}) \\ f(R_2)=f(x,y_2)=\dfrac{x_2-x}{x_2-x_1}f(Q_{12})+\dfrac{x-x_1}{x_2-x_1}f(Q_{22}) \end{cases} \tag{6-15}$$

随后，在 y 方向对 R_1，R_2 进行插值，可以得出 P 点的值，如式(6-16)：

$$f(P)=f(x,y)=\frac{y_2-y}{y_2-y_1}f(R_1)+\frac{y-y_1}{y_2-y_1}f(R_2) \tag{6-16}$$

整理可得

$$f(P)=\frac{1}{(x_2-x_1)(y_2-y_1)}\begin{bmatrix}x_2-x & x-x_1\end{bmatrix}\begin{bmatrix}f(Q_{11}) & f(Q_{12}) \\ f(Q_{21}) & f(Q_{22})\end{bmatrix}\begin{bmatrix}y_2-y \\ y-y_1\end{bmatrix} \tag{6-17}$$

由于取已知像素点时，通常为所求点周围的相邻像素点，因此 $x_2-x_1=y_2-y_1=1$，令 $x-x_1=\Delta x$，$y-y_1=\Delta y$，P 点的值可以整理成式(6-18)：

$$f(P)=\boldsymbol{W}_x\boldsymbol{I}\boldsymbol{W}_y^{\mathrm{T}}=\begin{bmatrix}1-\Delta x & \Delta x\end{bmatrix}\begin{bmatrix}f_{11} & f_{12} \\ f_{21} & f_{22}\end{bmatrix}\begin{bmatrix}1-\Delta y \\ \Delta y\end{bmatrix} \tag{6-18}$$

基于双线性插值法，可以对新像素点进行赋值，从而形成一幅高分辨率的新图像。

【例 6-2】　已知图像 f 中几个相邻像素点的对应灰度值：$f(2,2)=10$，$f(2,3)=20$，$f(3,2)=30$，$f(3,3)=40$。试用双线性插值法求像素点 $P(2.2,2.8)$的灰度值。

【解 6-2】　参考图 6-8，可知 $x_1=y_1=2$，$x_2=y_2=3$，$f(Q_{12})=20$，$f(Q_{11})=10$，$f(Q_{21})=30$，$f(Q_{22})=40$。

先求 R_1，R_2 处的灰度值：

$$\begin{cases} f(R_1)=\dfrac{x_2-x}{x_2-x_1}f(Q_{11})+\dfrac{x-x_1}{x_2-x_1}f(Q_{21})=\dfrac{3-2.2}{1}\times 10+\dfrac{2.2-2}{1}\times 30=14 \\ f(R_2)=\dfrac{x_2-x}{x_2-x_1}f(Q_{12})+\dfrac{x-x_1}{x_2-x_1}f(Q_{22})=\dfrac{3-2.2}{1}\times 20+\dfrac{2.2-2}{1}\times 40=24 \end{cases}$$

由 R_1, R_2 继续插值即可计算出点 P 处的灰度值

$$f(P)=\frac{y_2-y}{y_2-y_1}f(R_1)+\frac{y-y_1}{y_2-y_1}f(R_2)=\frac{3-2.8}{3-2}\times 14+\frac{2.8-2}{3-2}\times 24=22$$

6.3.2 图像去噪

由于噪声影响遥感图像采集和处理的各个环节，以及输出的全过程，因此图像去噪是改善图像质量必不可少的操作。其中，图像平滑消除各种干扰噪声，使图像中高频成分消退，平滑掉图像的细节并使其反差降低，最终保存图像的低频成分。图像平滑包括空间域处理和频率域处理两大类。下面介绍一些典型的去噪滤波器。

1. 均值滤波

均值滤波是最常用的线性低通滤波器，它均等地对待邻域中的每个像素。对于每个像素，取邻域像素值的平均作为该像素的新值。假定窗口大小为 $n\times m$，则对于图像 f 的任意一个像素 $g=f\times h$，均值滤波的计算公式为

$$g(x,y)=\sum_{k=1}^{n}\sum_{l=1}^{m}f(k,l)h(k,l) \tag{6-19}$$

其中，k,l 表示卷积计算过程中，图像 f 和模板 h 对应像素的行列序号。通常取 3×3 的窗口，则对应的默认模板 h 如式(6-20)所示。

$$\boldsymbol{h}=\frac{1}{9}\begin{bmatrix}1 & 1 & 1\\ 1 & 1 & 1\\ 1 & 1 & 1\end{bmatrix} \tag{6-20}$$

均值滤波算法简单，计算速度快，但在去掉尖锐噪声的同时会造成图像模糊，可根据图像去噪的不同要求选取合适的模板。

2. 中值滤波

中值滤波是一种最常用的非线性平滑滤波器，它将窗口内的所有像素值按高低排序后，取中间值作为中心像素的新值。窗口的行列数一般取奇数。由于使用中值替代了平均值，中值滤波在抑制噪声的同时能够有效地保留边缘，减少模糊。

图 6-9 为原始图像经过中值滤波前后的一个简单结果对比示例。在 3×3 的窗口中采用 1×3 的模板进行中值滤波。可以看到，原始图像中第二列的像素值经过中值滤波后都变成了原始图像中自身对应 1×3 模板中的中值。

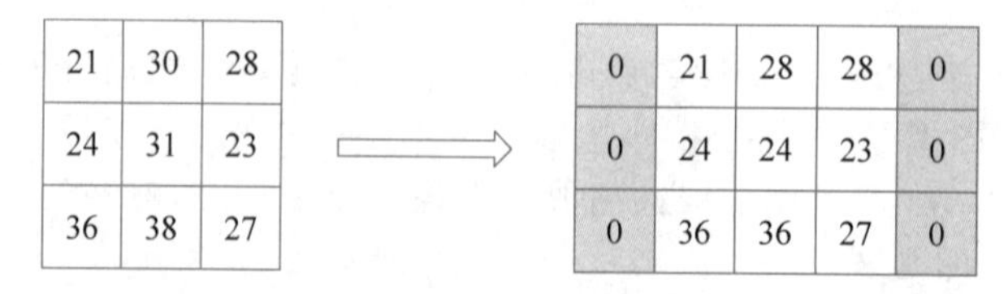

21	30	28
24	31	23
36	38	27

0	21	28	28	0
0	24	24	23	0
0	36	36	27	0

图 6-9 原始图像经过中值滤波前后的结果对比

3. 低通滤波

低通滤波属于频率域的去噪处理方法。图像中的噪声经频域变换后通常为高频成分，此时采用低通滤波即可将噪声成分滤掉，达到抑制噪声的目的。常见的低通滤波器分为 3 种，具体如图 6-10 所示。

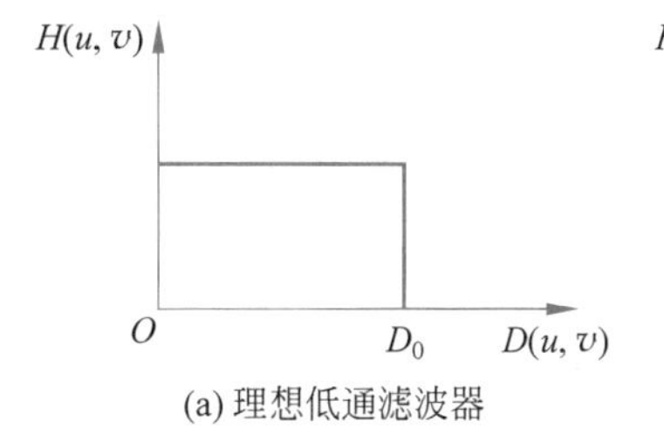

(a) 理想低通滤波器

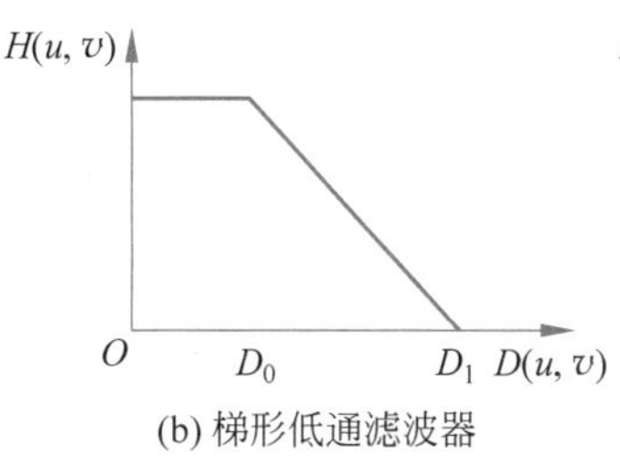

(b) 梯形低通滤波器

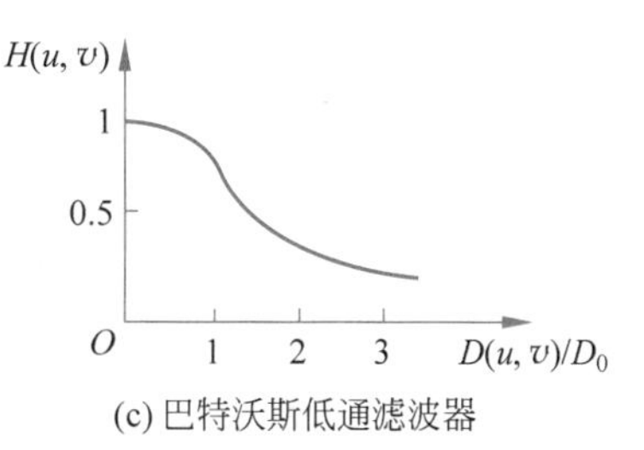

(c) 巴特沃斯低通滤波器

图 6-10　不同低通滤波器

(1) 理想低通滤波器。

理想低通滤波器如式(6-21)所示，其中 D_0 为截止频率，$D(u,v)=\sqrt{u^2+v^2}$ 为点(u,v)到频率域原点的距离。

$$H(u,v)=\begin{cases}1, & D(u,v)\leqslant D_0\\ 0, & D(u,v)>D_0\end{cases} \tag{6-21}$$

(2) 梯形低通滤波器。

梯形低通滤波器的表达形式如式(6-22)所示。

$$H(u,v)=\begin{cases}1, & D(u,v)<0_0\\ [D(u,v)-D_1]/(D_0-D_1), & D_0\leqslant D(u,v)\leqslant D_1\\ 0, & D(u,v)>D_1\end{cases} \tag{6-22}$$

(3) 巴特沃斯低通滤波器。

巴特沃斯低通滤波器的表达形式如式(6-23)所示。

$$H(u,v)=\left\{1+\left[\frac{D(u,v)}{D_0}\right]^{2n}\right\}^{-1} \tag{6-23}$$

截止频率 D_0 为 $H(u,v)$的值下降到原来一半时的 $D(u,v)$值。由于巴特沃斯低通滤波器在通过频率和滤去频域间没有明显不连续性，因此效果比前两者更为理想。

6.3.3　图像质量评估指标

针对有真实参考的图像生成任务，主要有两种质量评价指标：结构相似性(Structural Similarity，SSIM)和峰值性价比(Peak Signal to Noise Ratio，PSNR)，下面对这两种指标进行具体介绍。

1. SSIM

SSIM 是一种衡量两幅图像相似度(或失真程度)的指标，相比 PSNR 更符合人类的视觉特性。SSIM 由亮度 $l(x,y)$、对比度 $c(x,y)$、结构 $s(x,y)$组合而成，如式(6-24)所示。

$$S(x,y)=l(x,y)^{\alpha}\cdot c(x,y)^{\beta}\cdot s(x,y)^{\gamma} \tag{6-24}$$

其中，$l(x,y)$，$c(x,y)$，$s(x,y)$分别表示如下：

$$l(x,y)=\frac{2\mu_x\mu_y+C_1}{\mu_x^2+\mu_y^2+C_1},\quad c(x,y)=\frac{2\sigma_x\sigma_y+C_2}{\sigma_x^2+\sigma_y^2+C_2},\quad s(x,y)=\frac{\sigma_{xy}+C_3}{\sigma_x\sigma_y+C_3} \tag{6-25}$$

式(6-25)中，μ 为像素灰度平均值，σ 为像素灰度标准差，C 为避免式子接近 0 时的不稳定而配置的常数，通常取 $\alpha=\beta=\gamma=1$，$C_3=C_2/2$，则 SSIM 最终表示如式(6-26)所示。

$$S(x,y)=\frac{(2\mu_x\mu_y+C_1)(2\sigma_{xy}+C_2)}{(\mu_x^2+\mu_y^2+C_1)(\sigma_x^2+\sigma_y^2+C_2)} \tag{6-26}$$

2. PSNR

PSNR 同样是一种评价图像质量的度量标准。因为其值具有局限性，所以一般用于衡量最大值信号和背景噪声之间的图像质量参考值，定义如式(6-27)所示。

$$\mathrm{PSNR}=10\lg\left(\frac{\mathrm{MAX}_\mathrm{I}^2}{\mathrm{MSE}}\right) \tag{6-27}$$

其中，MAX_I 表示图像可能的最大像素值，由 B 位二进制表示，则 $\mathrm{MAX}_\mathrm{I}=2^B-1$。MSE 为灰度图与噪声图的均方误差。

一般而言，PSNR 大于 40dB 说明图像质量极好(即非常接近原始图像)；在 30～40dB 通常表示图像质量是好的(即虽然失真可以察觉，但可以接受)；在 20～30dB 说明图像质量差；PSNR 小于 20dB，图像不可接受。

6.4 影像分类原理及过程

影像分类是根据影像中的每个像元在不同波段的光谱亮度、空间结构特征或者其他信息，按照某种规则或算法划分为不同的类别。最简单的分类是只利用不同波段的光谱亮度值进行单像元自动分类。另一种分类不仅考虑像元的光谱亮度值，还利用像元和其周围像元之间的空间关系，如影像纹理、特征大小、形状、方向性、复杂性和结构，对像元进行分类。因此，影像分类比单纯的单像元光谱分类复杂，且计算量也大，对于多时相影像，由于时间变化引起的光谱及空间特征的变化也是非常有用的信息。例如，在对农作物的分类中，单时相影像无论具有多少波段，都较难区分不同作物，但是利用多时相信息，由于不同作物生长季节有差别，则比较容易区分。另外，在分类中，也经常会利用一些来自地理信息系统或其他来源的辅助信息。例如，在对城市土地的利用分类中，往往会参考城市规划图、城市人口密度图等，以便于更精确地区分居住区和商业区。根据在分类过程中人工参与的程度，影像分类可分为监督分类、非监督分类，以及两者结合的混合分类等。在实际分类中，并不存在一个单一"正确"的分类形式，选择哪种方法取决于影像的特征、应用要求和能利用的计算机资源。

6.4.1 监督分类

定义 6.4 **监督分类**：指事先对分类过程施加一定的先验知识，在影像上划定典型分类样区，由计算机统计分析各分类样区的数据特点进行分类。

监督分类过程可分为两个步骤：第一步，选择训练样本并提取统计信息；第二步，选择分类算法。

训练样本的选择是监督分类的关键，最终选择的训练样本应能准确地代表整个区域内每个类别的光谱特征差异，同时需要保证每个类别样本量的丰富性。计算各类训练样本的基本光谱特征信息，通过每个样本的基本统计值(如均值、标准方差、最大值、最小值、方差、协方差矩阵、相关矩阵等)，检查训练样本的代表性，可以评价训练样本的好坏，从而选择合适的波段。

根据分类的复杂度和精度需求等因素确定分类器。目前环境可视化图像的监督分类可分为：基于传统统计分析学的，包括平行六面体、最小距离、马氏距离、最大似然等；基于神经网络，包括支持向量机、模糊分类等，针对高光谱有波谱角，光谱信息散度，二进制编码等。

以最大似然法为例进行介绍。

使用最大似然法进行分类时，根据统计概率建立一个判别函数，随后根据判别函数来计算每个待分类点的类别归属概率，哪一类概率最大就判别其属于哪一类，这就是最大似然法。该方法所使用的判别函数要用到先验概率 $p(X)$ 和条件概率密度数 $p(X|\omega_i)$。所谓先验概率是指在未对某个事件发生概率进行判断前，根据经验与知识得到的各种事件类别发生的概率；而条件概率密度函数 $p(X|\omega_i)$ 是指在 ω_i 中发生 X 的概率。先验概率 $p(X)$ 通常根据各种先验知识给出或假设它们相等；而条件概率密度函数 $p(X|\omega_i)$ 是首先根据其分布形式给出，然后利用训练样区计算相应的参数。

最大似然法分为多种形式，最常用的是基于最小错误概率的 Bayes 分类器。下面对其进行介绍。

假设数据共分 n 个类别，分别用 $\omega_1,\omega_2,\cdots,\omega_n$ 来表示，每个类别的先验概率分别为 $p(\omega_1),p(\omega_2),\cdots,p(\omega_n)$；设某类别的样本 X，其类条件概率密度分别为 $p(\omega_1),p(\omega_2),\cdots,p(\omega_n)$；则根据 Bayes 定理可得到样本 X 出现的后验概率为

$$p(\omega_i \mid X) = \frac{p(X \mid \omega_i) \cdot p(\omega_i)}{p(X)} = \frac{p(X \mid \omega_i) \cdot p(\omega_i)}{\sum_{i=1}^{n} (X \mid \omega_i) p(X)} \tag{6-28}$$

Bayes 分类器是以样本 X 出现的后验概率为判别函数来确定样本 X 的所属类别，若

$$p(X \mid \omega_i) p(\omega_i) = \max_{j=1} p(X \mid \omega_j) p(\omega_j) \tag{6-29}$$

则 $X \in \omega_i$。由于在式(6-28)中，分母是与类别无关的常数，因此可以不考虑分母对 $p(\omega_i|X)$ 的影响，所以式(6-29)成立。

Bayes 分类器是通过把观测样本 X 的先验概率 $p(\omega_i)$ 转换为后验概率 $p(\omega_i|X)$ 来确定样本 X 的所属类别。按照 Bayes 分类器对样本 X 进行分类，可以使错误分类的概率 $p(e)$ 最小。以两类别问题为例，错误分类概率可以表示为

$$p(e) = \int_{r_2} p(\omega_1) p(X \mid \omega_1) \mathrm{d}X + \int_{r_2} p(\omega_2) p(X \mid \omega_2) \mathrm{d}X \tag{6-30}$$

错误分类概率 $p(e)$ 为图 6-11 中 A 区部分的面积和 B 区部分的面积之和，当区间 R_1 和区间 R_2 分界线在 t 位置时，错误分类概率 $p(e)$ 最小，而 t 位置正是判别界面所在位置，判别界的选择如图 6-11 所示。判别界面的方程为

$$p(\omega_1) p(X \mid \omega_1) = p(\omega_2) p(X \mid \omega_2) \tag{6-31}$$

在 Bayes 分类器中，先验概率 $p(\omega_i)$ 通常可以通过实际经验给出，而条件概率 $p(X|\omega_i)$ 则需要根据问题的实际情况作出合理的假设。从使用的角度来看，如果特征空间中某一类的特征较多地分布在这一类均值附近，远离均值的点较少，则此时假设 $p(X|\omega_i)$ 服从正态分布是合理的。下面研究 X 服从高维正态分布时 Bayes 分类器的表达形式。

设 $\boldsymbol{X}=(x_1,x_2,\cdots,x_n)^{\mathrm{T}}$ 且 X 服从高维正态分布，即有

$$p(\boldsymbol{X} \mid \omega_1) p(\omega_1) = \frac{1}{(2\pi)^{\frac{n}{2}} \mid \varepsilon_i \mid^{\frac{1}{2}}} \mathrm{e}^{\left[\frac{1}{2}(\boldsymbol{X}-M)^{\mathrm{T}} \sum_i^{-1} (\boldsymbol{X}-M)\right]} \tag{6-32}$$

式中，M 是 ω_i 类特征向量 $\boldsymbol{X}$ 的均值；ε_i 是第 ω_i 类特征向量 $\boldsymbol{X}$ 的方差。

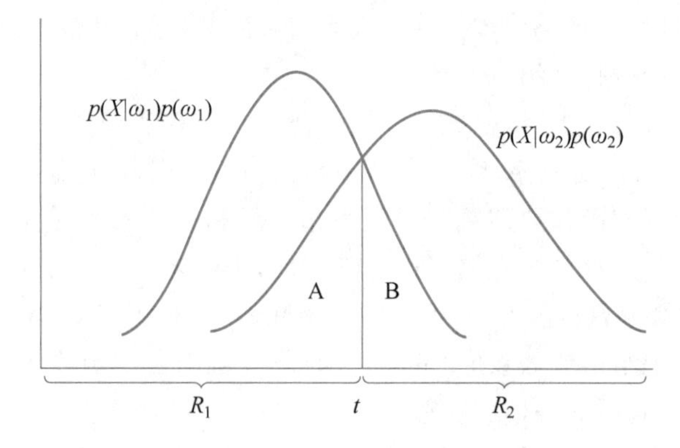

图 6-11 判别界的选择

令 $d_i^*(\boldsymbol{X})=p(\boldsymbol{X}|\omega_i)$，将上式代入 $d_i^*(\boldsymbol{X})$，两边取对数后得

$$\ln d_i^*(\boldsymbol{X})=\ln p(\omega_i)-\frac{n}{2}\ln(2\pi)-\frac{1}{2}\ln|\varepsilon_i|-\frac{1}{2}(\boldsymbol{X}-M_i)^{\mathrm{T}}\sum_i^{-1}(\boldsymbol{X}-M_i) \tag{6-33}$$

去掉式(6-33)中 ω_i 和 $\boldsymbol{X}$ 的常数项，并令 $d_i(\boldsymbol{X})=\ln d_i^*(\boldsymbol{X})$，得到

$$d_i(\boldsymbol{X})=\ln p(\omega_i)-\frac{1}{2}\ln|\varepsilon_i|-\frac{1}{2}(\boldsymbol{X}-M_i)^{\mathrm{T}}\sum_i^{-1}(\boldsymbol{X}-M_i) \tag{6-34}$$

式(6-34)为条件概率 $p(\boldsymbol{X}|\omega_i)$ 服从正态分布时的判别函数，此时判别规则如下，若

$$d_i(\boldsymbol{X})=\max_{j=1} d_j(\boldsymbol{X}) \tag{6-35}$$

则 $\boldsymbol{X}\in\omega_i$。

最大似然法提供了较高精度的分类结果，但较高的时间复杂度导致速度较慢，花费也较高。尽管如此，最大似然法依然被认为是分类效果最好的方法之一。

【例 6-3】 设样本服从正态分布 $N(\mu,\sigma^2)$，则似然函数为

$$L(\mu,\sigma^2)=\prod_{i=1}^{N}\frac{1}{\sqrt{2\pi}\sigma}\mathrm{e}^{-\frac{(x_i-\mu)^2}{2\sigma^2}}=(2\pi\sigma^2)^{-\frac{n}{2}}\mathrm{e}^{-\frac{1}{2\sigma^2}\sum_{i=1}^{n}(x_i-\mu)^2}$$

求似然函数的解。

【解 6-3】 似然函数的对数为

$$\ln L(\mu,\sigma^2)=-\frac{n}{2}\ln(2\pi)-\frac{n}{2}\ln(\sigma^2)-\frac{1}{2\sigma^2}\sum_{i=1}^{n}(x_i-\mu)^2$$

求导得方程组

$$\begin{cases}\dfrac{\partial\ln L(\mu,\sigma^2)}{2}=\dfrac{1}{\sigma^2}\displaystyle\sum_{i=1}^{n}(x_i-\mu)=0\\[2ex]\dfrac{\partial\ln L(\mu,\sigma^2)}{\partial\sigma^2}=-\dfrac{n}{2\sigma^2}+\dfrac{1}{2\sigma^4}\displaystyle\sum_{i=1}^{n}(x_i-\mu)^2=0\end{cases}$$

联合解得

$$\begin{cases}\mu^*=\bar{x}=\dfrac{1}{n}\displaystyle\sum_{i=1}^{n}x_i\\[2ex]\sigma^{*2}=\dfrac{1}{n}\displaystyle\sum_{i=1}^{n}(x_i-\bar{x})^2\end{cases}$$

似然方程有唯一解，且一定是最大值点，因为当$|\mu|\to\infty$或$\sigma^2\to(0$ 或$\infty)$时，非负函数$L(\mu,\sigma^2)\to 0$。于是μ和σ^2的极大似然估计为(μ^*,σ^{*2})。总结求最大似然估计量的一般步骤：第一步，写出似然函数；第二步，对似然函数取对数，并整理；第三步，求导数；第四步，解似然方程。

监督分类的主要优点集中在：可充分利用先验知识，有选择地决定分类类别；可控制训练样本的选择；可通过反复检验训练样本来提高分类精度，避免分类严重错误。监督分类的不足在于：需要一定的训练样本积累，若某类别由于未被定义，则监督分类不能识别；各种类别的训练样本的具体选取和精准度评估需花费人力和时间。

6.4.2 非监督分类

定义 6.5　**非监督分类**：指事先对分类过程不施加任何先验知识，仅凭数据（遥感影像地物光谱特征的分布规律）的自然特性进行分类。

非监督分类不需要人工选择训练样本，仅需极少的人工初始输入，计算机按一定规则自动地根据像元光谱或空间特征等组成集群组，然后分析者将每组与参考数据比较并分类。

和监督分类相比，非监督分类不需要熟悉分类场景，仅依靠知识来解释分组依据，减少了人为误差，还有可能发现样本量少、性质独特的新类别。然而，非监督分类产生的光谱集群组需进行大量分析处理，产生的类别更偏向于自然思维而非人类思维，而且，不能确定类别的属性。目前遥感非监督分类多采用聚类算法。聚类是将本身没有类别的像元聚集成不同的组，使相似的像元聚为一组。其分类对象往往是多波段的一组影像，每个像元的灰度是一个n维向量，即波段数目。

在聚类的过程中，通常是按照某种相似性准则对样本进行合并或分离的。在统计模式识别中常用的相似性度量有欧氏距离和马氏距离。

（1）欧氏距离：

$$D=\|\boldsymbol{X}-\boldsymbol{Z}\|=[(\boldsymbol{X}-\boldsymbol{Z})^{\mathrm{T}}(\boldsymbol{X}-\boldsymbol{Z})]^{\frac{1}{2}} \tag{6-36}$$

式中，$\boldsymbol{X}$、$\boldsymbol{Z}$为待比较的两个样本的特征矢量。

（2）马氏距离：

$$D=(\boldsymbol{X}-\boldsymbol{Z})^{\mathrm{T}}\boldsymbol{\Sigma}^{-1}(\boldsymbol{X}-\boldsymbol{Z}) \tag{6-37}$$

式中，$\boldsymbol{\Sigma}^{-1}$为$\boldsymbol{X}$、$\boldsymbol{Z}$的互相关矩阵。

特征矢量$\boldsymbol{X}$、$\boldsymbol{Z}$的角度定义为

$$S(\boldsymbol{X},\boldsymbol{Z})=\frac{\boldsymbol{X}^{\mathrm{T}}\boldsymbol{Z}}{\|\boldsymbol{X}\|\cdot\|\boldsymbol{Z}\|} \tag{6-38}$$

在相似性度量选定以后，需设定一个评价聚类结果质量的准则函数。按照定义的准则函数进行样本的聚类分析，必须保证在分类结果中，类内距离最小，而类间距离最大。也就是说在分类结果中，同类的点在特征空间中聚集得比较紧密，而不同类别的点在特征空间中相距较远。

非监督分类不依赖先验知识和训练样本，因此在分类之前，分析者需要对影像中主要的地物类别数量和光谱特征进行初步判断，并选择相应的算法。非监督分类的优势在于当研

究区域缺乏现场数据或先验知识时仍能继续工作。然而，在机器分类完成后，分析者需要重新对光谱集群组进行归类和标识。在遥感影像领域的主要非监督分类算法为 ISODATA、K-means。在实际应用中，K-means 应用更加广泛，因此以 K-means 为例进行介绍。

K-means 算法的基本思想是：以各类所有点到该类别中心点距离的平方和最小为优化目标，不断通过迭代移动各类的中心，直至所得结果最优为止。假设图像上的目标要分为 n 类别，n 为已知数，则 K-means 算法步骤如下。

(1) 适当地选取 n 个类别的初始聚类中心 $Z_1^{(1)}, Z_2^{(1)}, \cdots, Z_n^{(1)}$，初始聚类中心的选择对聚类结果有一定的影响，初始聚类中心的选择一般有 3 个步骤。

① 任选 n 个类别的初始聚类中心。

② 将全部数据随机地分为 n 个类别，计算每类的重心，将这些重心作为 n 个类别的初始聚类中心。

③ 在 k 次迭代中，对任一样本 X 按如下的方法把它调整到 n 个类别中的某一类中去。对于所有的 $i \neq j, i=1,2,\cdots,n$，如果 $\|X-Z_j^k\|<\|X-Z_i^k\|$，则 $X \in S_j^{(k)}$，其中 S 是以 Z_j^k 为聚类中心的类。

(2) 得到 $S_j^{(k)}$ 类新的聚类中心：

$$Z_j^{(k+1)} = \frac{1}{N_j} \sum_{X \in S_j^{(k)}} X \tag{6-39}$$

式中，N_j 为 $S_j^{(k)}$ 类中的样本数。$Z_j^{(k+1)}$ 是按照使 J 最小的原则确定的，J 的表达式为

$$J = \sum_{j=1}^{n} \sum_{X \in S_j^{(k)}} \|X - Z_j^{(k+1)}\|^2 \tag{6-40}$$

(3) 由对于所有的 $j=1,2,\cdots,n$，如果 $Z_j^{(k+1)} = Z_j^{(k)}$，则迭代结束，否则转到第二步继续进行迭代。

【例 6-4】 假设有一组二维数据点，我们希望使用 K-means 算法将它们聚类为两个簇(即 $n=2$)。初始时，随机选择两个点作为初始聚类中心。基于以下数据点和初始聚类中心，完成一轮 K-means 算法的迭代，包括分配步骤和更新步骤，并确定新的聚类中心。数据点：$A(1,2)$、$B(1,4)$、$C(1,0)$、$D(10,2)$、$E(10,4)$、$F(10,0)$。初始聚类中心：中心 1：(1,2)、中心 2：(10,4)。

【解 6-4】 首先依据公式(6-37)计算每个数据点与两个初始聚类中心的欧氏距离，并将其分配到最近的质心所代表的簇。计算完成后，数据点被分配到两个簇中。

簇 1：$A(1,2)$，$B(1,4)$，$C(1,0)$

簇 2：$D(10,2)$，$E(10,4)$，$F(10,0)$

对于每个簇，计算簇内所有点的平均值，并将该平均值设置为新的质心。簇 1 的新质心为(1,2)，簇 2 的新质心为(10,2)。

K-means 算法是一个迭代算法，迭代过程中类别中心按最小二乘误差的原则进行移动，因此聚类中心的移动是合理的，其缺点是事先确定类别数 n，而 n 通常是在实际中根据实验确定的。

章节习题

6-1 归纳起来，完整的辐射校正包括哪3种方式？

6-2 几何精校正过程中如何选择地面控制点？

6-3 遥感图像预处理过程中，应该先进行辐射校正还是几何校正？为什么？

6-4 简述PCA的特点。

6-5 图像滤波的主要作用是什么？有哪些主要方法？

6-6 非监督分类对于计算机系统来讲，在地物特征空间中做什么工作，做这种工作的原则是什么？

6-7 在非监督分类中，确立合理的聚类中心对于聚类结果有什么作用？

6-8 监督分类是通过什么方法实现用户对系统图像分类实施干预的？

习题解答

6-1 解：传感器定标、大气校正、太阳高度和地形校正。

6-2 解：控制点的数量由多项式的纠正公式决定，n 阶多项式最少需要 $n(n+1)/2$ 个控制点；选取的控制点需要在空间中分布均匀，且具有较明显的识别标志；控制点坐标可以通过地形图或实测获取。

6-3 解：辐射校正是消除图像数据中依附在辐射亮度里的各种失真过程。通过辐射校正，使像元的DN值最大限度地反映地物的波谱信息。几何校正是消除由各种原因引起的图像几何变形误差，使之实现与标准图像或地图的几何整合。对于同一个像元而言，几何校正后的DN值是通过重采样得到的。如果遥感图像没有进行辐射校正，那么在几何校正前，像元的DN值就无法真实地反映地表的辐射特征，几何校正过程中的重采样也就失去了意义。因此，遥感图像预处理过程中，应该先进行辐射校正，后进行几何校正。

6-4 解：PCA相当于对原始图像信息进行坐标旋转，取数据散布最集中的地方作为主分量；变换后的图像信息主要集中在前几个分量上，各主分量包含的信息量逐渐递减；PCA使用较少分量替代综合信息数据，实现数据压缩。

6-5 解：图像滤波采用滤波技术增强图像，通过突出或抑制图像特征进行去噪、边缘增强等操作，主要方法分为空间域和频率域两种。空间域滤波方法以图像卷积运算为基础，比如均值滤波和中值滤波可用于去噪，Sobel算子可用于边缘增强。

6-6 解：非监督分类在计算机系统中自动发现数据中的光谱簇，原则是最大化类间差异，最小化类内差异。

6-7 解：合理的聚类中心确保分类准确性，区分地物，提高效率，增强结果解释性。

6-8 解：监督分类通过用户提供的训练样本（已知类别的像素）来实现用户对系统图像分类的干预。用户根据地面验证或先验知识选择这些样本，系统利用这些样本训练分类器对整个图像进行分类。

参考文献

[1] 赵忠明,周天颖,严泰来,等.空间信息技术原理及其应用(上册)[M].北京:科学出版社,2013.
[2] 韦玉春,汤国安,汪闽,等. 遥感数字图像处理教程[M].3版.北京:科学出版社,2019.
[3] 邵振峰.城市遥感[M].武汉:武汉大学出版社,2021.
[4] 雷添杰,秦景,宫阿都.无人机遥感数据处理与实践[M].北京:中国水利水电出版社,2020.
[5] 单杰.众源影像摄影测量[M].北京:科学出版社,2019.
[6] 季顺平.智能摄影测量学导论[M].北京:科学出版社,2018.
[7] 刘良云.植被定量遥感原理与应用[M].北京:科学出版社,2014.
[8] 杜培军.城市环境遥感方法与实践[M].北京:科学出版社,2013.
[9] 赵英时.遥感应用分析原理与方法[M].北京:科学出版社,2013.
[10] 孙显,付琨,王宏琦.高分辨率遥感图像理解[M].北京:科学出版社,2011.
[11] 杜培军,谭琨,夏俊士.高光谱遥感影像分类与支持向量机应用研究[M].北京:科学出版社,2011.
[12] 程起敏.遥感图像检索技术[M].武汉:武汉大学出版社,2011.
[13] 马荣华.湖泊水环境遥感[M].北京:科学出版社,2010.
[14] 王永明,王贵锦.图像局部不变性特征与描述[M].北京:国防工业出版社,2010.
[15] 孙家抦.遥感原理与应用[M].武汉:武汉大学出版社,2009.
[16] 梅安新.遥感导论[M].北京:高等教育出版社,2001.
[17] 朱述龙,张占睦.遥感图象获取与分析[M].北京:科学出版社,2000.
[18] 舒宁.微波遥感原理[M].武汉:武汉大学出版社,2000.
[19] 周成虎.遥感影像地学理解与分析[M].北京:科学出版社,1999.
[20] 詹庆明,肖映辉.城市遥感技术[M].武汉:武汉测绘科技大学出版社,1999.
[21] 孙天纵,周坚华.城市遥感[M].上海:上海科学技术文献出版社,1995.
[22] 李德仁,王树根,周月琴.摄影测量与遥感概论[M].北京:测绘出版社,2008.
[23] 朱述龙,朱宝山,王红卫.遥感图像处理与应用[M].北京:科学出版社,2006.
[24] 吴泽群,刘继琳.遥感图像解译[M].武汉:武汉大学出版社,2006.
[25] 舒宁,马洪超,孙和利.模式识别的理论与方法[M].武汉:武汉大学出版社,2004.
[26] 赵英时.遥感应用分析原理与方法[M].北京:科学出版社,2003.
[27] 贾永红.数字图像处理[M].武汉:武汉大学出版社,2003.
[28] THOMAS M L,RALPH W K.遥感与图像解译[M].彭望琭,等译.北京:电子工业出版社,2003.
[29] 党安荣.ERDAS IMAGINE 遥感图像处理方法[M].北京:清华大学出版社,2003.
[30] HEIKKILA J,SILVÉN O. A four-step camera calibration procedure with implicit image correction[C]// Proceedings of IEEE computer society conference on computer vision and pattern recognition. IEEE,1997.
[31] CHAVEZ P S. Image-based atmospheric corrections-revisited and improved[J]. Photogrammetric engineering and remote sensing,1996,62(9):1025-1035.
[32] NAGY G. Digital image-processing activities in remote sensing for earth resources[J]. Proceedings of the IEEE,1972,60(10):1177-1200.
[33] RICHARDS J A,RICHARDS J A. Remote sensing digital image analysis[M]. Berlin/Heidelberg, Germany:Springer,2022.
[34] 赵英时. 遥感应用分析原理与方法[M].2版.北京:科学出版社,2013.
[35] YUE L,SHEN H,LI J,et al. Image super-resolution:the techniques,applications,and future[J]. Signal Processing,2016,128:389-408.
[36] LU D,WENG Q. A survey of image classification methods and techniques for improving classification performance[J]. International Journal of Remote Sensing,2007,28(5):823-870.
[37] 徐萌,王思涵,郭仁忠,等.遥感影像云检测和去除方法综述[J/OL].计算机研究与发展,2024:1-24.

第7章 空间信息数字化与地理信息系统

CHAPTER 7

GIS是一种用于获取、存储、分析和显示地理空间数据的信息技术，用于分析和处理在一定地理区域内分布的地理线实体、现象及过程，解决复杂的规划、决策和管理问题。GIS面向的操作对象是空间数据，包括空间定位数据、遥感图像数据、属性数据等。这些空间数据按照统一的地理坐标进行编码，用于描述多种地理实体和地理现象。

7.1 GIS的构成

GIS由计算机硬件系统、软件系统、空间数据、地学模型和管理人员组成。其中，硬件系统负责提供运行环境，主要包括输入、处理、存储和输出设备4部分；软件系统包括GIS的支撑软件、平台软件和应用软件3部分。

空间数据指以地球表面空间位置为参照的自然、社会、人文、经济数据，是描述空间实体或现象的位置、形状、大小及其分布特征等方面信息的载体。数据是地理信息系统的核心内容和应用基础，地理空间数据一般包括一系列显著的特征：空间特征、属性特征、时间特征、多尺度特征、多维性特征和非结构化特征。

GIS的功能包括数据采集、检测与编辑、数据处理、数据存储与组织、空间查询与分析、图形与交互显示等。GIS因其良好的数据综合、模拟与分析评价能力，能够获取常规方法难以得到的重要信息，实现地理空间变化过程的模拟和预测。

7.1.1 GIS的软件构成

GIS的软件系统包括计算机系统软件、地理信息系统软件和用于专题分析或建模的特定应用程序。

1. 计算机系统软件

计算机系统软件是指GIS运行所必需的各种软件环境，如操作系统、数据库管理系统、图形处理系统等。例如，常用的操作系统包括移动端的Android和iOS，计算机的Windows、LinuxOS和macOS等。GIS数据的存储管理，通常也需要依赖大型的企业级数据库，GIS常用的数据库包括Oracle、Microsoft SQL Server和PostSQL等，这些大型的企业级数据库，可以用来满足GIS数据的存储管理要求。此外，可能还需要一些用于支撑GIS运行的其他软件。

2. GIS 软件

GIS 软件是平台软件，包括实现功能所必需的各种处理软件和扩展开发包。GIS 的平台软件在满足系统功能的复杂性和需求多样性上发挥了重要作用。经典的 GIS 平台，如国外的 ArcGIS 商业平台，QGIS 开源平台等，中国的 SuperMap 和 MapGIS 等商业平台，这些大型 GIS 平台的主要表现形式为基础应用程序和软件开发包。这些 GIS 软件平台主要用于完成各种地理信息处理任务，软件开发包可以扩展成满足特定领域业务需求的应用型 GIS 软件。

3. 特定应用程序

特定应用程序是 GIS 功能的扩充与延伸，是主要针对某一特定专题开发的辅助工具。当基础平台软件提供的功能并不能满足各行业对 GIS 的业务需求时，GIS 应用软件一般是在 GIS 平台软件的基础上，通过二次开发形成具体的应用软件，再结合某个行业的具体业务需求，开发出符合行业需要的 GIS。例如辅助规划设计作业的软件、与不动产相关的审批系统、与国土相关的土地资源管理系统、与城市规划相关的辅助决策系统及与地名相关的地名管理与信息化服务系统等。

7.1.2 GIS 的功能

GIS 的功能包括空间数据的获取，空间数据的编辑处理，空间数据的组织、存储与管理，空间查询与空间分析，数据的显示与输出。

1. 空间数据的获取

通过各种数据采集设备，如数字化仪、全站仪、调查等来获取现实世界的描述数据，也可利用已有的数据进行转换来得到空间数据。

2. 空间数据的编辑处理

为保证数据在内容、逻辑、数值上的一致性和完整性，对获取到的数据进行编辑，比如编辑拼接、格式转换、比例转换、投影变换等，以此保证数据入库时在内容上的完整性。

3. 空间数据的组织、存储与管理

GIS 集成了包括几何数据及属性数据的组织和管理功能，常见的数据结构包括矢量数据结构、栅格数据结构、栅格-矢量一体化结构等。管理的模型可为层次模型、网络模型、关系模型。数据的组织和管理则有文件-关系数据库混合管理模式、全关系型数据管理模式、面向对象数据管理模式等。

4. 空间查询与空间分析

空间查询可进行位置、属性及拓扑查询，比如在一幅世界地图的矢量图中查询某个国家的属性，查询与某个乡相邻的乡镇穿过一个城市的公路。空间分析通过几何测量、缓冲区、空间叠加等方式对数据进行相关处理，例如利用趋势分析对人口变化的趋势进行预测。

5. 数据的显示与输出

GIS 的一个主要功能是计算机地图制图，包括地图符号的设计、配置与符号化，地图注记，图幅整饰，统计图表制作，图例与布局等内容。对数据进行处理后，可输出专题地图、影像地图、统计地图、地形图等。

7.2 地理空间数据表达

GIS的每个地理实体都有时间、空间和属性3个重要特征。在GIS的数据表达中，空间特征数据存储在不同的图层。空间特征表示了实体的位置和大小，属性特征表示实体的种类和性质。

GIS的空间数据一般有矢量格式和栅格格式两种基本格式，且两种格式可以相互转换。矢量数据模型用点、线和多边形来表示，具有清晰的空间位置和边界的空间要素，如河流和植被；栅格数据模型使用栅格和栅格元胞代表空间要素，如海拔和降水。GIS所用的数据很多是以栅格格式编码的，如数字高程模型和卫星图像。

7.2.1 地理参考系统与坐标系

所有的地理空间数据需要在统一的空间参考基准下才可以进行空间分析，因此，地理空间数据表达的数学基础主要包括地球参考系统、地理空间坐标系统和地图投影等。地球参考系统和地理空间坐标系统解决了地球的空间定位与数学描述问题，地图投影主要解决如何把地球曲面信息映射到二维平面上的问题。

1. 地球参考系统

由于地球的自然表面是一个极其复杂的不规则曲面，因此需要建立地球表面的几何模型。在大地测量和GIS应用中，一般都选择一个旋转椭球作为地球的理想模型，这样规则的数学曲面称为地球椭球，如图7-1所示。

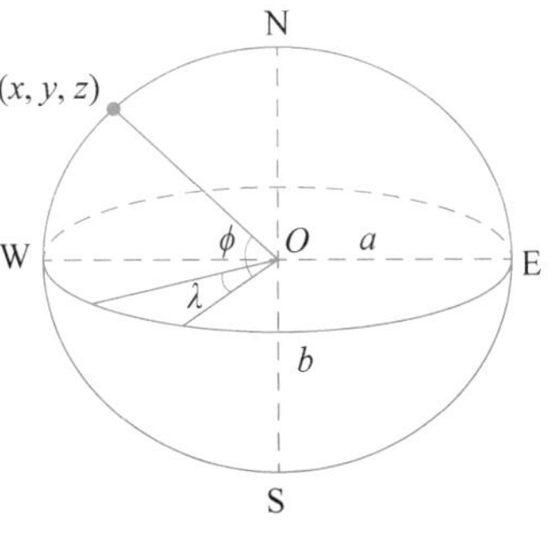

图7-1 地球椭球

如果空间中一点的三维坐标为(x, y, z)，设a为长半径，近似等于地球赤道半径；b为极轴半径，近似等于南极(北极)到赤道面的距离。地球椭球的简单数学公式表达如式(7-1)：

$$\frac{x^2}{a^2}+\frac{y^2}{a^2}+\frac{z^2}{b^2}=1 \tag{7-1}$$

2. 地理空间坐标系统

空间坐标系统用于在地球上定位和标识不同的地理位置，根据表达方式的不同，通常分为球面坐标系统和平面坐标系统。球面坐标系统主要包括一个地球椭球和一个大地基准面。大地基准是计算水平基准时地理坐标的参照或基础。例如大地地理坐标系，以地球椭圆为依据。平面坐标系统是按照球面坐标与平面坐标之间的映射关系，把球面坐标转绘到平面。因此，一个平面坐标系统除了包含与之对应的球面坐标系统的基本参数外，还必须指定球面坐标与平面坐标之间的映射关系。

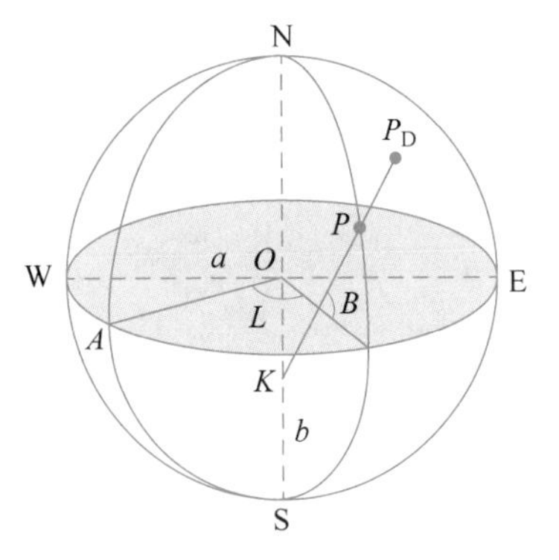

图7-2 大地地理坐标系

大地地理坐标系如图7-2所示。大地地理坐标系是依托地球椭球，用定义原点、轴系和相应基本参考面标示较大的地域地理空间位置的参照系。点在大地坐标系中的位置使用大地经纬度表示。WAE 为椭球赤道面，NAS 为大地首子午面，P_D 为地面任一点，P 为 P_D 在椭球上的投影，则地面点 P_D 对椭球的法线 P_DPK 与赤道面的交角 B 为大地纬度。从赤道面起算，向北为正，向南为负。大地首子午面与 P 点的大地子午面间的二面角为大地经度，常以 L 表示。以大地首子午面起算，向东为正，向西为负。

在实际应用中，许多公司和研究机构依赖大地地理坐标系来实现导航、地图制作、卫星导航系统，以及地球观测等方面的任务。例如，谷歌地图使用大地地理坐标系来提供用户准确的位置信息、导航路线，以及搜索附近地点的功能；美国国家地理空间信息局利用大地地理坐标系研究和制作地图，提供地理空间情报和地球测绘信息。

3. 地图投影

定义 7.1 **地图投影**：是指建立三维地球表面上的点与二维投影面上点之间的一一对应关系。这个转换过程的结果是通过经纬线在平面上的系统排列来代表地理坐标系统。在使用地理坐标系表述球面上的某个点位时，由于不便进行距离、方位、面积等参数的测量，因此把三维球面转换为二维平面更易于进行距离、方位、面积的计算和分析。为了将三维球体的表面转换成二维的平面，几何投影把椭球体面上的经纬线网投影到辅助投影上，再展开成地图平面。根据辅助投影面的类型的不同，几何投影可以分为方位投影、圆柱投影、圆锥投影。

圆柱投影是以一个圆柱面为投影面，典型的圆柱投影为墨卡托投影。这种圆柱投影保持了经距和纬距相等，经纬线呈正方形网格状，可以比较真实地展现整个地球的方向、距离、形状和面积属性。

图 7-3 展示了圆柱投影的正轴、横轴和斜轴形式。其中，正轴投影指的是投影面中心与地轴重合，横轴投影指的是投影面中心轴与地轴相互垂直，斜轴投影是指投影面中心与地轴斜交。

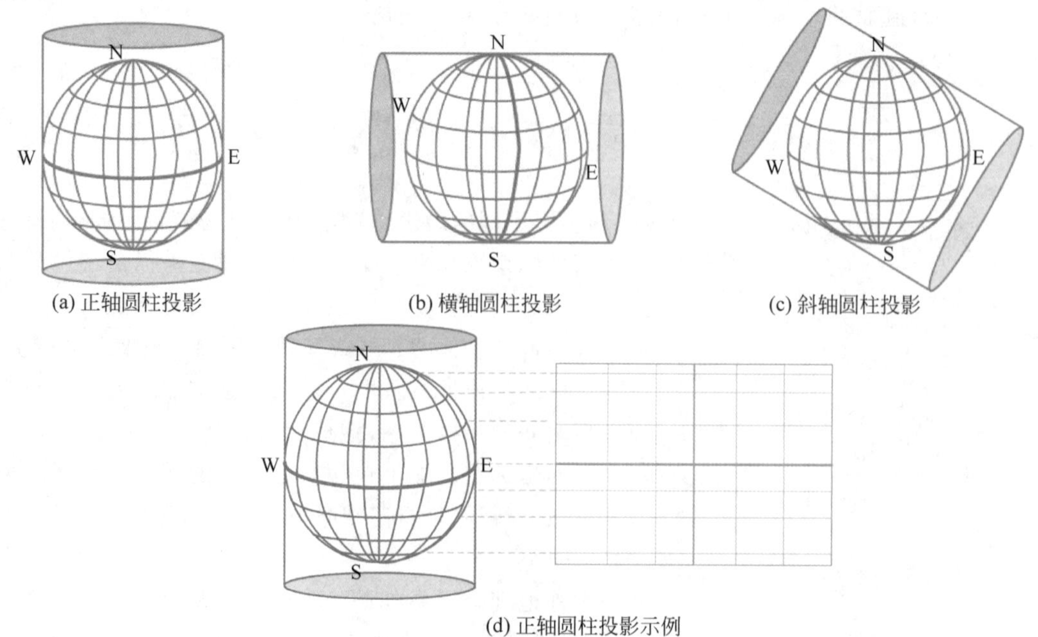

图 7-3 正轴、横轴和斜轴的圆柱投影

圆锥投影是以一个圆锥曲面为投影面，圆锥投影的正轴、横轴和斜轴形式如图 7-4 所示。由于圆锥投影具有沿共同平行线的失真恒定的特性，所以这种地图投影适合绘制东西向较长的区域地图，典型的圆锥投影类型如阿尔伯斯投影。对于圆锥地图投影，图像底部的距离失真最大，因此不适用于投射整个地球球体。

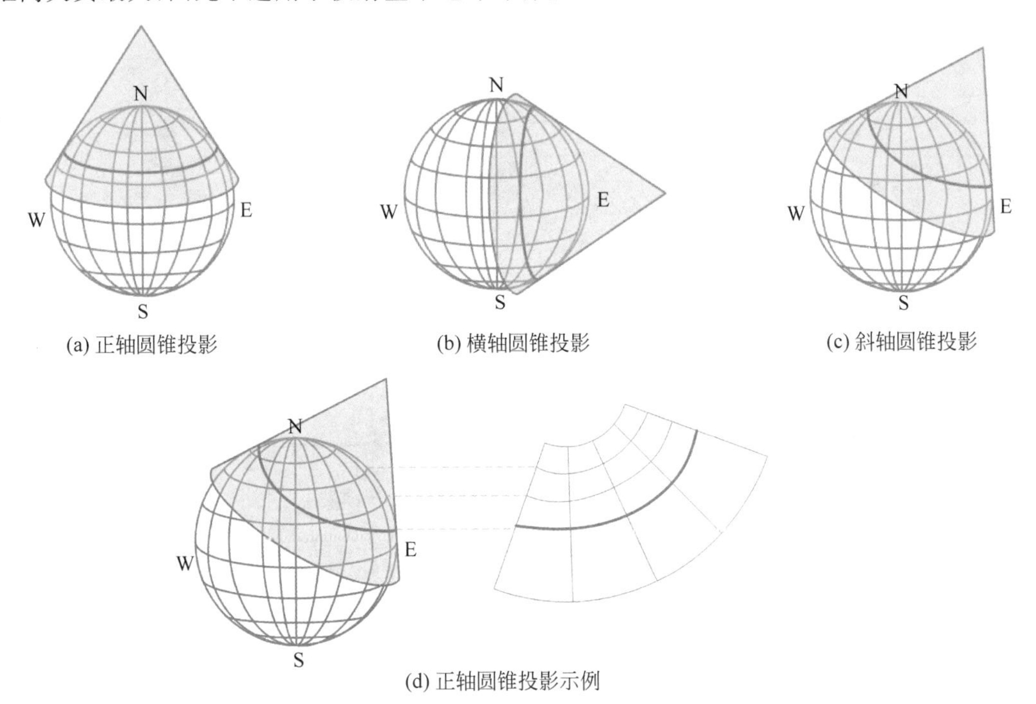

图 7-4 正轴、横轴和斜轴的圆锥投影

阿尔伯斯等面积圆锥投影通常用于显示需要等面积表示的国家，即地图上任何两个区域的面积比例与实际地球表面上的比例相同。例如，美国地质调查局将这种圆锥投影用于显示美国本土地图，用阿尔伯斯投影显示美国地图的方法如图 7-5 所示。阿尔伯斯投影使用两条标准纬线(分割线)，将地图中的所有区域按比例投影到地球上的所有区域。阿尔伯斯投影的地图距离和比例仅在两个标准纬线上都是正确的，且方向相当准确，投影面积与实地相等。

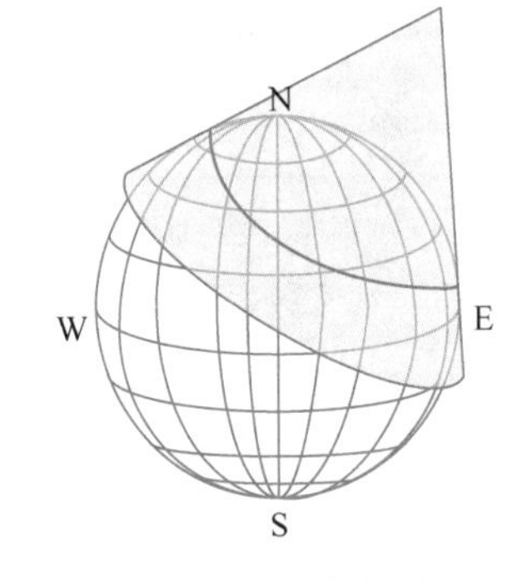

图 7-5 用阿尔伯斯投影显示美国地图的方法

方位投影是以一个平面作为投影面，方位投影的正轴、横轴和斜轴形式如图 7-6 所示。用方位投影绘制二维地球表面，可理解为从源头沿直线发出一束光线，光源可以从不同的位置发射，以不同的角度将地球截断到一个平面上，形成不同的方位图投影。由于方位投影的中心是没有变形的点，从中心到任何点的方位角没有变形，因此方位投影适合绘制圆形区域的地图和半球图，例如以极地为投影中心的球面极地投影。

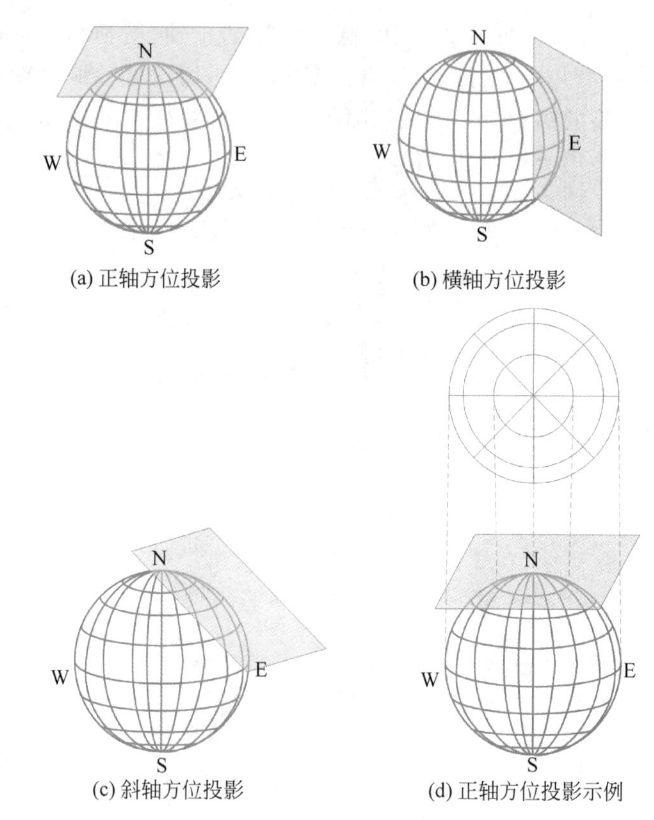

(a) 正轴方位投影 (b) 横轴方位投影

(c) 斜轴方位投影 (d) 正轴方位投影示例

图 7-6 方位投影的正轴、横轴和斜轴

7.2.2 空间信息矢量格式表达

定义 7.2 **矢量数据**：矢量数据是用点、线、面等几何图元来描述地理对象和现象的数据格式。它们以坐标点的形式来存储地理位置信息，并使用线段或曲线来表示地理特征之间的关系。

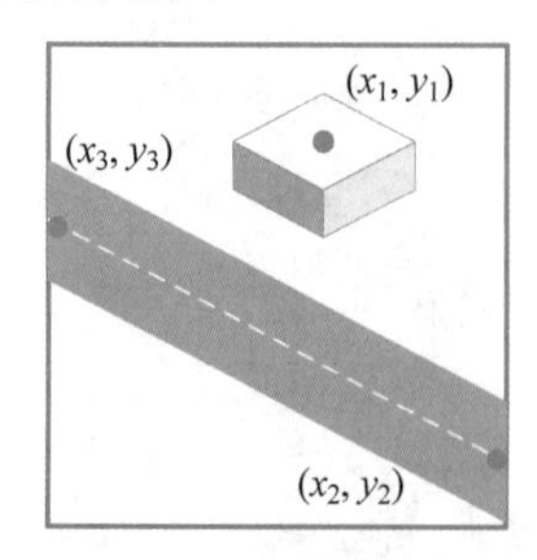

图 7-7 矢量数据模型

矢量数据模型是表达地理数据最常用的格式，如图 7-7 所示。矢量数据适用于表达有明显边界且稳定存在的离散地理对象，例如街道、河流、行政区域和地块。

矢量格式有 3 个数据特点：第一，使用离散的点线描述地理现象；第二，用拓扑关系来描述矢量数据之间的关系；第三，对矢量数据的操作是面向目标的操作。在计算机中，矢量数据的主要优点是存储量小，主要缺点是数据结构复杂且难以同遥感数据结合，难以处理求交、包含等位置关系。

1. 矢量格式中的点、线、面数据表达

矢量数据的 3 种基本符号类型是点、线和面。点是可以用点坐标(x, y)定位的实体，点是零维的，没有大小和方向，只有位置的性质。点要素可由一个点或一组点组成，例如地形图上的井、基准点和砾石坑，都能成为点要素。线是对线状地物或地物运动轨迹全部或局部的描述。一条线通常由有序的两个或多个坐标集合来表示。线是一维的，除了位置之外，还有长度的性质。面是一个边界完全闭合的空间联通区域，多数地理信息系统用多边形的内

点进行标识。面是二维的，除了位置之外，还有面积（大小）和周长的性质。

2. 矢量数据索引

空间信息系统数据量巨大，因此需要建立有效的索引机制。数据索引是对数据库中一列或多列的值进行排序的一种结构，使用索引可快速访问数据库中的特定信息。数据索引性能的优劣直接影响空间数据库和 GIS 的整体性能，常见的矢量数据索引有实体范围索引、R 树和 R+树索引等。

1）实体范围索引

利用实体范围检索空间实体时，首先根据空间实体的外接矩形范围，排除一些没有落入检索窗口内的空间实体，然后对外接矩形落在检索窗口的实体做进一步的判断，最后检索出那些真正落入窗口内的空间实体。基于实体获得的空间数据检索如图 7-8 所示，实体 B、C 完全落入查询窗，从而检索出了 B、C 的数据。

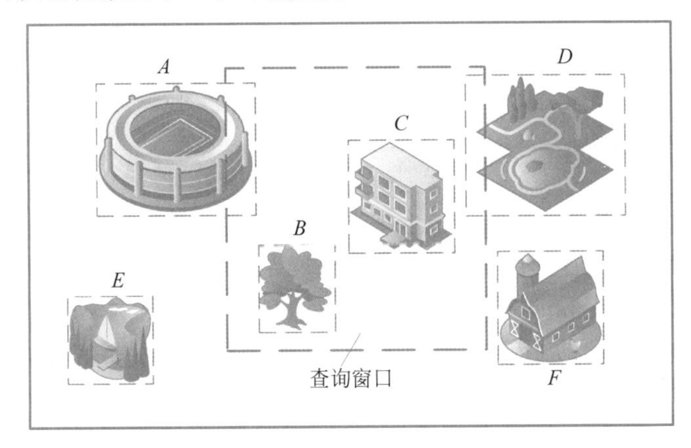

图 7-8 基于实体获得的空间数据检索

2）R 树

R 树数据结构运用了空间分割的思想，在查找满足某个要求的点时，只去查找它所属的空间域即可。在具体实现上，R 树采用了最小边界矩形的方法，R 树中的“R”代表的是矩形（Rectangle）。

R 树在进行空间数据检索时，第一步是判断哪些矩形落入了空间域内，第二步是判别哪些实体是被检索的内容。对于 R 树来讲，有 N 个空间实体被 N 个外接矩形包围，这一过程的测试次数与外接矩形个数成正比。为避免检索效率低下，R 树空间索引还将空间位置相近的实体的外接矩形重新组织为一个更大的虚拟矩形。对这些虚拟的矩形建立空间索引，它含有指向所包围的空间实体的指针。

R 树空间数据索引的实例如图 7-9 所示。首先，内层矩形为实体的外接矩形，构造出 11 个区域：D、E、F、G、H、I、J、K、L、M、N。然后，把距离比较靠近的区域合并为一个虚拟矩形，即外层矩形 A、B、C。如虚拟矩形 B 中包含了实体外接矩形 H、I、J、K。图 7-9 使用层状结构表示建立的 R 树。

下面用一个实际应用来说明 R 树索引的流程如图 7-10 所示。假设需要在谷歌地图上寻找北京市海淀区北京邮电大学附近的所有商店。第一步打开地图选择中国还是外国，相当于一个 R 树和它的根节点；第二步选择北京地区，相当于选择第一层节点；第三步选择海淀区，相当于第二层节点；第四步选择北京邮电大学所在区域，遍历所有叶子节点（存放最小矩形)判断是否满足条件。

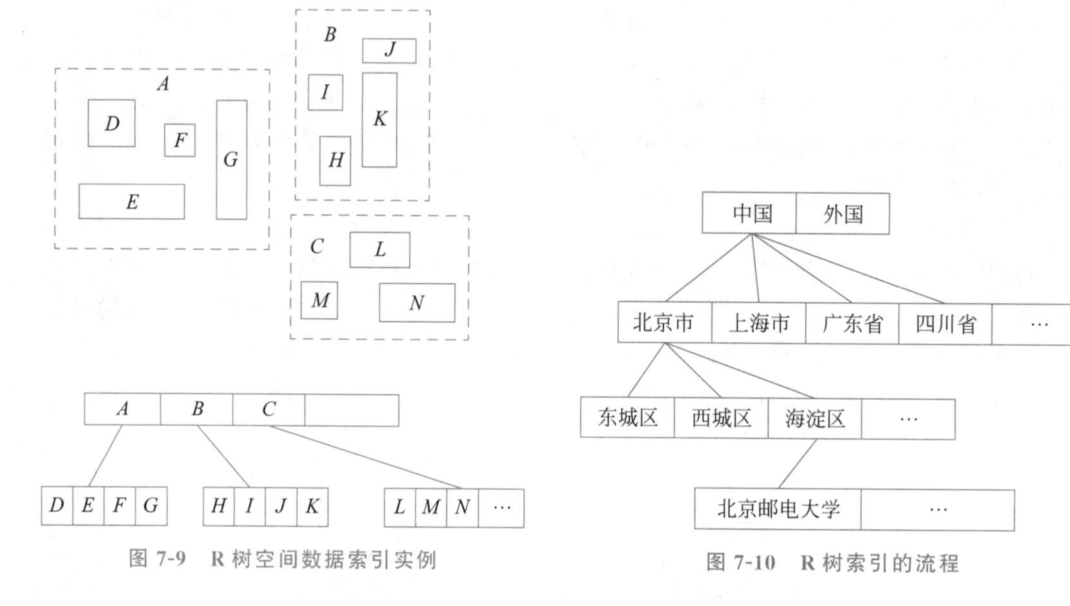

图 7-9　R 树空间数据索引实例

图 7-10　R 树索引的流程

R 树空间索引就是按包含实体的矩形来确定的,R 树的层次表达了分辨率信息,每个实体与 R 树的节点相联系。在计算机中,矩形的数据结构为:

RECT(Rectangle-ID,Type,Min-X,Min-Y,Max-X,Max-Y)

其中,Rectangle-ID 为矩形的标识符;Type 用于表示矩形的类别是实体的外接矩形还是虚拟矩形,在虚拟矩形与实体的外接矩形重合时,两者的标识符相同;Min-X 和 Min-Y 为该矩形的左下角坐标;Max-X 和 Max-Y 为该矩形的右上角坐标。

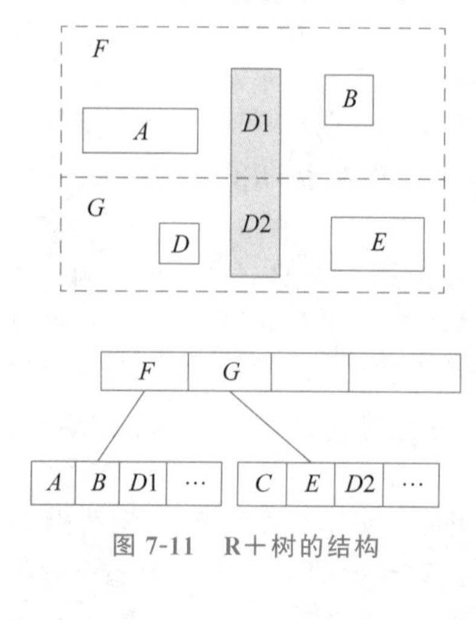

图 7-11　R+树的结构

3) R+树

在 R 树索引中,在构造外层虚拟矩形时,虚拟矩形方向与坐标方位轴一致,同时满足以下条件:包含尽可能多的空间实体;矩形间的重叠率尽可能少;允许在每个矩形内再划分小矩形。

R+树是对 R 树索引的一种改进,R+树的数据结构与 R 树相同,与 R 树不同的是 R+树允许虚拟矩形相互重叠,并分割下层虚拟矩形,允许一个空间实体被多个虚拟矩形包围。R+树的结构如图 7-11 所示,内层矩形为实体的外接矩形 A、B、C、D、F。然后,划分虚拟矩形 F、G,其中实体 D 被这两个虚拟矩形包围,分割成了 $D1$ 和 $D2$ 两部分,这两部分分别存储在 F 和 G 的子节点中。

7.2.3　空间信息栅格格式表达

定义 7.3　**栅格数据**:栅格数据是将空间分割成有规律的网格,每一个网格称为一个单元,并在各单元上赋予相应的属性值来表示实体的一种数据形式。

栅格数据格式常用于描述地表不连续、量化后和近似离散的地理空间数据。栅格的数据结构如图7-12所示，栅格数据模型使用格网和格网元胞代表空间要素：点要素由单个元胞表示，线要素由一个序列的相邻元胞表示，面要素由连续元胞的集合表示。元胞的值表示该元胞位置的空间要素属性。

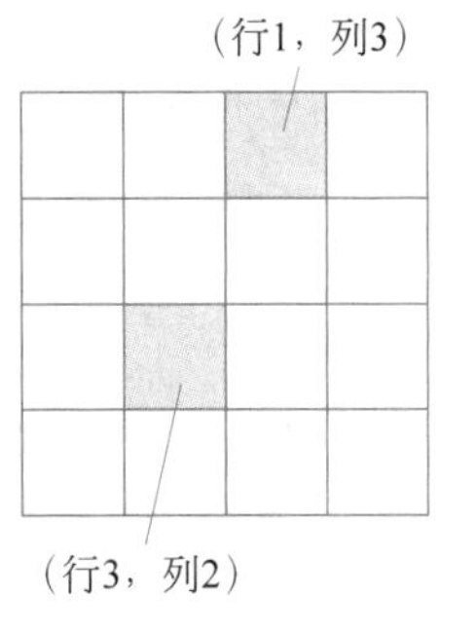

图7-12　栅格的数据结构

1. 栅格数据类型

栅格数据的最简形式的栅格由按行和列（或格网）组织的像元（或像素）矩阵组成，其中的每个像元都包含一个信息值（例如温度）。栅格阵列中每个单元的行列号确定位置，阵列中每个栅格单元上的数值表示空间对象的属性特征，属性值表示空间对象的类型和等级等空间特征。

与矢量数据相比，栅格数据直接记录属性的指针或属性本身，把数据在数据集中的行列序号转换成坐标获得定位。栅格数据的优势在于数据结构简单、数学模拟方便；缺点是数据量大、难以建立实体间的拓扑关系等。

GIS的栅格数据格式包括卫星影像、数字高程模型、数字正射影像和扫描文件等。其中，常用的有图形文件格式jpg、png、tif等，tif格式的数据不同之处在于它具有空间地理坐标。

2. 栅格数据索引与存储

栅格数据通常是由规则的网格或像素组成的，因此索引方法更多地侧重于像素的组织和存储，而不是几何对象。栅格数据索引的主要目标是加速对像素值的查询和处理。

栅格数据的存储方式较多，包括最简单的逐个像元编码、引入数据压缩思想的游程长度编码和四叉树（QuadTree）等。

1）逐个像元编码

逐个像元编码方式是将栅格看作一个数据矩阵，逐行逐个记录栅格单元的值，其数据结构如图7-13所示。通常这种编码为栅格文件或格网文件，可以每行都从左到右，也可奇数行从左到右而偶数行从右到左，或者采用其他特殊的方法。这是最简单最直接的一种栅格编码方法，其不采用任何压缩数据的处理，因此是最直观最基本的栅格数据组织方式。

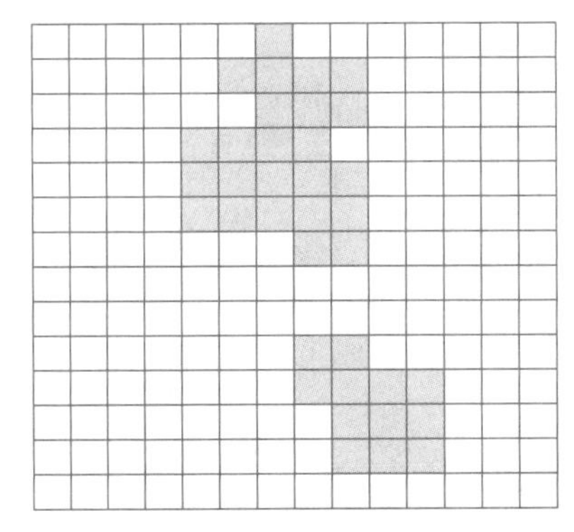

0 0 0 0 0 0 1 0 0 0 0 0 0 0
0 0 0 0 0 1 1 1 1 0 0 0 0 0
0 0 0 0 0 0 1 1 1 0 0 0 0 0
0 0 0 0 1 1 1 1 0 0 0 0 0 0
0 0 0 0 1 1 1 1 1 0 0 0 0 0
0 0 0 0 1 1 1 1 1 0 0 0 0 0
0 0 0 0 0 0 0 1 1 0 0 0 0 0
0 0 0 0 0 0 0 0 0 0 0 0 0 0
0 0 0 0 0 0 0 0 0 0 0 0 0 0
0 0 0 0 0 0 0 1 1 0 0 0 0 0
0 0 0 0 0 0 0 1 1 1 1 0 0 0
0 0 0 0 0 0 0 0 1 1 1 0 0 0
0 0 0 0 0 0 0 0 1 1 1 0 0 0
0 0 0 0 0 0 0 0 0 0 0 0 0 0

图7-13　逐个像元编码的数据结构

2）游程长度编码

游程长度编码，也称行程编码，是一种栅格数据无损压缩的重要方法。游程编码的基本思想来源于一幅栅格数据的行或列有若干相邻且重复的具有相同属性代码的点，因此可采用压缩编码方式表达重复数据。

游程编码过程中，只在各行或列的数据值发生变化时，依次记录该值及相同值重复的个数，从而实现数据的压缩。编码后，原始栅格数据阵列转换为(s_i，l_i)数据对，其中 s_i 为属性值，l_i 为行程，即相同值重复的个数。栅格数据沿行方向进行游程长度编码的结果如图 7-14 所示，对于第二行，有 6 个连续且重复的"0"和 4 个连续且重复的"3"，因此第二行记为((0,6)，(3,4))；对于第三行，有 3 个连续且重复的"0"、4 个连续且重复的"3"和 3 个连续且重复的"6"，第三行记为((0,3)，(3,3)，(6,3))，以此类推。最终，左侧一张栅格图中的 100 个数据仅使用了右侧 54 个整数即可表示。

0	0	0	0	3	3	6	6	6	6	(0, 4) (3, 2) (6, 4)
0	0	0	0	0	0	3	3	3	3	(0, 6) (3, 4)
0	0	0	3	3	3	3	6	6	6	(0, 3) (3, 3) (6, 3)
0	0	0	0	3	3	3	3	6	6	(0, 4) (3, 4) (6, 2)
3	3	3	3	6	6	6	6	6	6	(3, 4) (6, 6)
3	3	3	3	6	6	6	9	9	9	(3, 4) (6, 3) (9, 3)
3	3	3	6	6	6	9	9	9	9	(3, 3) (6, 3) (9, 4)
3	3	3	9	9	9	9	9	9	9	(3, 3) (9, 7)
3	3	6	6	6	6	6	9	9	9	(3, 2) (6, 5) (9, 3)
0	0	3	3	3	3	9	9	9	9	(0, 2) (3, 4) (9, 4)

图 7-14 栅格数据沿行方向进行游程长度编码的结果

可以看出，游程编码记录了数据的变化情况，在变化多的部分，游程数就多，变化少的部分游程数就少。因此，这种数据结构最适合面积较大的专题要素、遥感图像的分类结构。

3）四叉树

四叉树也是一种压缩编码格式，四叉树用递归分解法将栅格分成有层次的象限。递归分解指的是续分过程，直到四叉树的每个象限中仅有一个像元值。栅格数据四叉树的分割过程及关系如图 7-15 所示。这 4 个等分区称为 4 个子象限，按顺序为左上、右上、左下、右下，其结果是一棵倒立的树。为了保证四叉树能不断地分解下去，要求栅格数据的栅格单元数必须满足 $2n \times 2n$，n 为极限分割次数，$n+1$ 是四叉树的最大高度或最大层数。

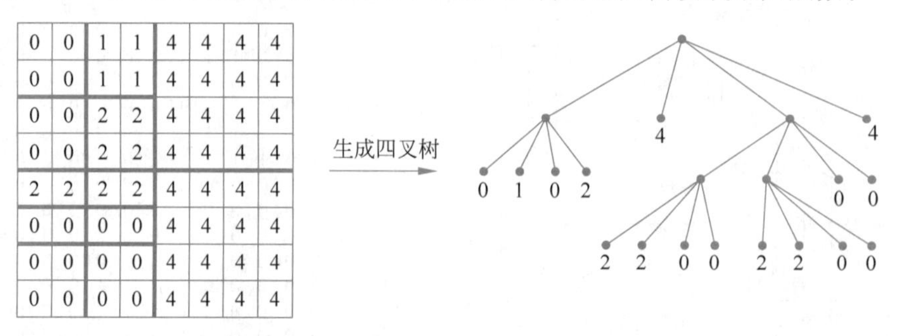

图 7-15 栅格数据四叉树的分割过程及关系

7.2.4 空间信息三角网格式表达

在空间信息系统中，x、y 平面坐标表达地点位置，x、y 的函数 z 坐标可以是高程，此时的三维曲面即地表曲面；如果 z 坐标是温度，此时的三维曲面表示的是地表温度的分布。场数据模型对空间现象的建模方式及主要表示方法如图 7-16 所示。根据网格结构的不同，分别有规则网格(如矩形、正三角形、正六边形网格等)和非规则网格(如三角形、四边形网格等)。其中不规则三角网(Triangulated Irregular Network，TIN)模型可以表达全三维地理信息，主要应用于表达复杂物体表面和较大区域的地理空间。

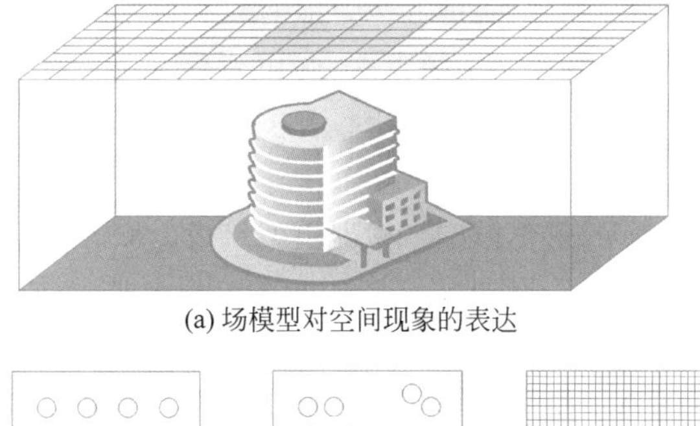

(a) 场模型对空间现象的表达

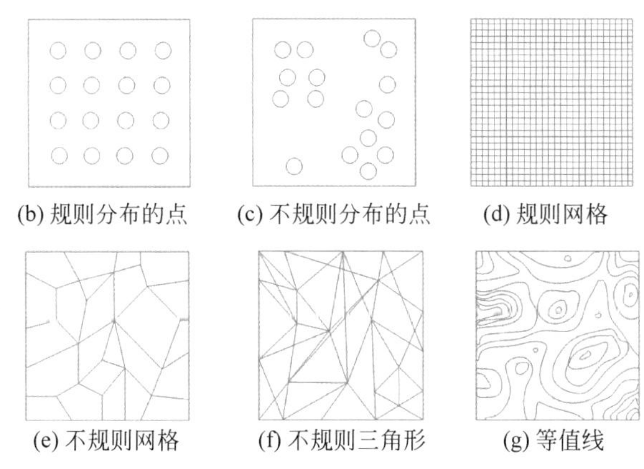

(b) 规则分布的点　(c) 不规则分布的点　(d) 规则网格

(e) 不规则网格　(f) 不规则三角形　(g) 等值线

图 7-16　场数据模型对空间现象的建模方式及主要表示方法

1. TIN 的基本概念

TIN 全部是由三角形组成的多边形网络。将平面区域划分为简单连通三角形区域，这些三角面通常不在同一平面，以此逼近连续的三维不规则曲面。三角形的顶点由样点定义，且每个顶点对应一个属性值；三角形区域内任意位置的属性值通过线性内插函数得到。

2. TIN 的数据组织

在 TIN 表达拓扑关系的基本要素包括点、线、面、体，并存储它们之间的拓扑关系。TIN 使用相邻三维坐标点连成三角形的边，三条首尾相接的边形成三角面，由相邻的多个三角面形成几何体。三角面是一个平面，各三角面的面积通常大小不等，面积大小取决于地表形状变化的“急”或“缓”。这些点、线、面、体之间的空间关系就是 TIN 数据结构的拓扑关系。

TIN 数据一般按照图幅进行组织，因此在相邻的两幅数字图件之间的数据要有对应的关系注释。TIN 库的空间索引可采用“网格＋链表”的形式组织，索引网格可用千米网格、经纬网格或按一定大小划分区域建立。

7.2.5　空间信息时序化表达

GIS 最初的研究工作对数据库的动态更新问题关注不多，而主要集中在空间数据的存储、分析和管理等静态功能上。时序地理信息系统(Temporal GIS，TGIS)将时间概念引入 GIS 中，描述地理现象的分布随时间的变化情况，在此基础上预测变化趋势。

1. 时空建模基础

时空数据建模的主要目标是动态模拟空间与属性随着时间的变化,因此对空间、时间、属性及变化语义的认知是构建时空数据模型的重要问题。地理空间是由一些具有准确位置坐标的地理实体组合排列而成的集合,重点在宏观上的空间分布和地理实体间的相互关系。属性用于表达地理实体在某一特定领域的语义,例如一个三角几何图形在通信网络中可能表达一个基站,而在输电网络应用中可能表达一个变电站。

2. 时空数据模型

时空数据模型由概念模型、逻辑模型与物理模型组成。概念模型是面向用户和现实世界的模型,表达地理实体间的关系,因此语义表达能力十分重要,例如 E-R 模型、扩充的 E-R 模型、面向对象模型。逻辑数据模型是系统抽象的中间层,目前有面向结构模型和面向操作模型两大类。其中,面向结构模型显式地表达了数据对象之间的关系。物理模型是在计算机内部系统抽象的底层,表达具体存储形式和操作机制。

7.3 地理空间数据处理

空间数据处理是 GIS 的核心功能之一,针对地图、遥感影像和统计数据等多种不同的数据源,有不同的数据处理方式。7.2.2 节和 7.2.3 节介绍了地理空间数据的表达方式,本节将概述地理空间数据的处理方法。首先介绍地理图像数据采集流程,然后依次介绍图形几何变换、欧拉定理、图形编辑技术。

7.3.1 图像数据的采集与处理

数据采集就是运用各种技术手段,收集数据的过程。服务于 GIS 的数据采集工作包括两方面内容:空间数据的采集和属性数据的采集。空间数据的来源多种多样,包括地图数据、遥感图像数据、野外实测数据、空间定位数据、多媒体数据等。不同的数据源,有不同的采集与处理方法,总体上讲,空间数据的采集与处理流程如图 7-17 所示。

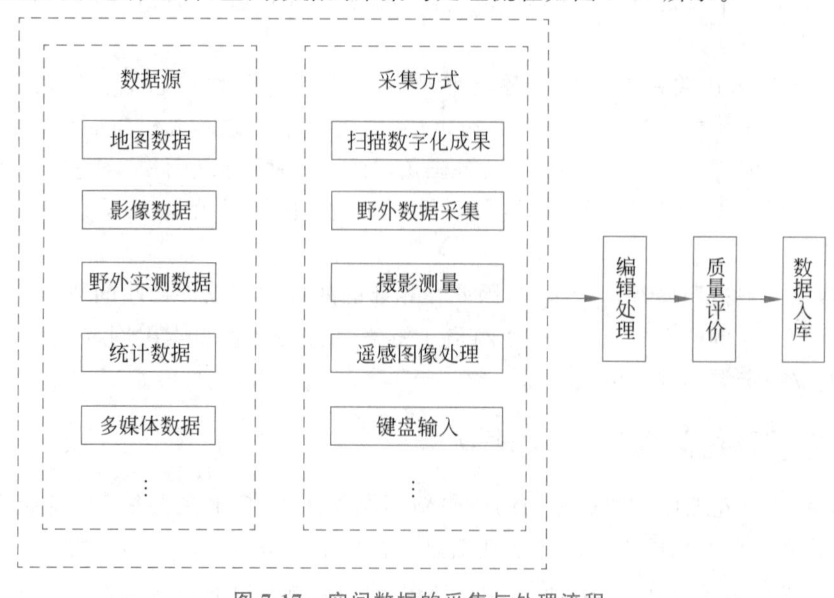

图 7-17 空间数据的采集与处理流程

7.3.2　图形的几何变换

空间坐标变换的目的是将来自不同空间参考系统的数据统一到同一空间参考系下，本质是建立两个空间参考系之间点的一一对应关系。坐标系统之间进行几何变换有不同的方法，各种方法的区别在于它能保留的几何特征，以及允许的变化。常见的几何变换的方法包括相似变换、仿射变换、投影变换等。

1. 相似变换

定义 7.4　**相似变换**：相似变换是由一个图形变换为另一个图形，在改变的过程中允许旋转矩形，保持形状不变，但是大小可以改变。

相似变换主要解决两个坐标系之间的坐标平移和尺度变换的问题，如图 7-18 所示。设 $x'O'y'$ 为新的平面直角坐标系，xOy 为旧的平面直角坐标系，两坐标系之间的坐标轴夹角为 θ，O' 相对于 xOy 坐标系原点 O 的平移距离为 A_0 和 B_0，两坐标系之间坐标的比例系数为 S_x 和 S_y。

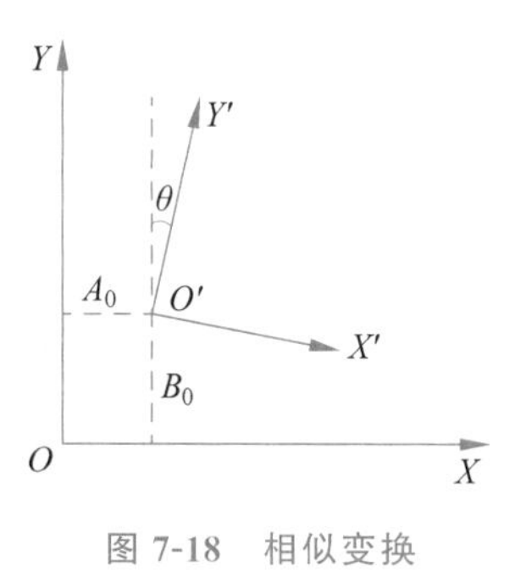

图 7-18　相似变换

定理 7.1　根据坐标变换原理，可得相似变换通式为

$$\begin{cases} x' = S_x(x\cos\theta + y\sin\theta) + A_0 \\ y' = S_y(-x\sin\theta + y\cos\theta) + B_0 \end{cases} \tag{7-2}$$

常用的相似变换有平移、旋转和缩放 3 种，图形形状均不发生变化，如表 7-1 所示，如果 (x, y) 为旧坐标，则 (x', y') 为新坐标。

表 7-1　相似变换中的平移、旋转和缩放

变　换	变换公式	示意图
平移	$x' = x + T_x$ $y' = y + T_y$	
旋转	$x' = x\cos\theta + y\sin\theta$ $y' = -x\sin\theta + y\cos\theta$	
缩放	$x' = xS_x$ $y' = yS_y$	

（1）平移变换是将图形的一部分或者整体移动到坐标系的其他位置，没有角度和大小的变化，需要横轴和纵轴方向的位移量 T_x 和 T_y。

（2）旋转变换在二维中是指图形绕着某一个点旋转一个角度，大小不变，需要假设顺时针旋转角度为 θ。

（3）缩放变换是改变图形大小的操作，形状和位置不变，需要横向和纵向的缩放比例 S_x 和 S_y。

【例 7-1】　假设有一个矩形 $ABCD$，其中 $A(2,1)$、$B(6,1)$、$C(6,4)$、$D(2,4)$。现在对

该矩形进行相似变换，使矩形的中心移动到原点(0,0)，并且将矩形的宽度和高度分别缩放为原来的一半。

【解7-1】 矩形的中心坐标是对角线 AC 的中点(4,2.5)。首先进行平移操作，将中心移动到原点(0,0)。由于中心坐标为(4,2.5)，所以需要将所有顶点坐标分别减去(4,2.5)。然后进行缩放操作，将矩形的宽度和高度分别缩放为原来的一半，这相当于将所有顶点的 x 坐标和 y 坐标分别缩放为原来的一半。变换后的矩形顶点坐标为

$$A'=\frac{(2-4,1-2.5)}{2}=(-1,-0.75)$$

$$B'=\frac{(6-4,1-2.5)}{2}=(1,-0.75)$$

$$C'=\frac{(6-4,4-2.5)}{2}=(1,0.75)$$

$$D'=\frac{(2-4,4-2.5)}{2}=(-1,0.75)$$

在地图制图中，可能需要将不同图层的要素对齐，使它们在地图上的位置一致。在遥感影像处理中，根据图像上的地理特征旋转图像，以便与其他图层对齐，或者在导航系统中旋转地图以匹配车辆的行驶方向。地理数据的比例可能不同，通过缩放可以使不同比例尺的数据集适应一致的比例尺，以进行地理分析。

GIS中的相似变换在一些实际场景中发挥着重要作用。例如在灾害响应中，GIS可以使用相似变换将先前的规划或地理信息与最新的遥感数据对齐，以支持灾区的应急规划和资源分配；在车辆导航系统中，通过旋转地图以匹配车辆行驶方向，或者缩放地图以适应不同的显示设备，提高导航的准确性和用户体验。

2. 仿射变换

定义7.5 **仿射变换**：是一种二维坐标到二维坐标之间的线性变换。

仿射变换在不同的方向上进行不同的压缩和扩张，允许矩形角度改变，保持二维图形的“平直性”和“平行性”，即保持二维图形间的相对位置关系不变，平行线还是平行线，相交直线的交角不变，可以将球变为椭球，将正方形变为平行四边形。

定理7.2 仿射变换公式为

$$\begin{cases}X'=A_1X+A_2Y+T_x\\Y'=B_1X+B_2Y+T_y\end{cases}\tag{7-3}$$

仿射变换还可用下面的矩阵乘法公式表示：

$$\begin{bmatrix}X'\\Y'\\1\end{bmatrix}=\begin{bmatrix}A_1 & A_2 & T_x\\B_1 & B_2 & T_y\\0 & 0 & 1\end{bmatrix}\begin{bmatrix}x\\y\\1\end{bmatrix}\tag{7-4}$$

其中，$\begin{bmatrix}A_1 & A_2 & T_x\\B_1 & B_2 & T_y\\0 & 0 & 1\end{bmatrix}$为变换矩阵，$[T_x,T_y]$表示平移量，参数 A_i 反映了图像不均匀缩放、旋转、剪切和平移等变化。在保留线条平行的前提下，仿射变换可以对矩形目标作旋转、平移、剪切和不均匀缩放等操作，如表7-2所示。

表 7-2 仿射变换中的不均匀缩放、旋转、平移和剪切

变 换	变换矩阵	示 意 图
不均匀缩放	$\begin{bmatrix} S_x & 0 & 0 \\ 0 & S_y & 0 \\ 0 & 0 & 1 \end{bmatrix}$	Y O X
旋转	$\begin{bmatrix} \cos\theta & -\sin\theta & 0 \\ \sin\theta & \cos\theta & 0 \\ 0 & 0 & 1 \end{bmatrix}$	Y O X
平移	$\begin{bmatrix} 1 & 0 & T_x \\ 0 & 1 & T_y \\ 0 & 0 & 1 \end{bmatrix}$	Y O X
剪切	$\begin{bmatrix} 1 & sh_x & 0 \\ sh_y & 1 & 0 \\ 0 & 0 & 1 \end{bmatrix}$	Y O X

(1) 不均匀缩放变换是指图形在 x 方向或 y 方向增大或缩小一定比例，S_x 和 S_y 为缩放比例。

(2) 旋转变换是将图形围绕原点顺时针旋转 θ 弧度。

(3) 平移变换指将图形原点移动到新位置，是一种“刚体变换”，不会产生形变。

(4) 剪切变换是将所有点沿着某一个指定方向成比例的平移，图形以其中心垂直轴不变动的方式发生变形。常见例子是正方形经过横向或者纵向拉伸变成平行四边形。sh_x 和 sh_y 是切变系数，h 和 w 分别是原图形高和宽。

$$\begin{aligned} sh_x &= T_x / h \\ sh_y &= T_y / w \end{aligned} \tag{7-5}$$

【例 7-2】 一个二维平面上的三角形 ABC，其中 $A(-1,1)$、$B(3,2)$、$C(0,4)$。进行仿射变换，将三角形 ABC 变换为新的三角形 $A'B'C'$，其中新的顶点坐标为 $A'(-2,0)$、$B'(1,3)$、$C'(2,1)$。求仿射变换的变换矩阵。

【解 7-2】 仿射变换可以表示为一个二维坐标到另一个二维坐标的线性变换加上一个平移操作。设变换矩阵为 $\boldsymbol{M}$，平移向量为 $\boldsymbol{T}$。

对于原始三角形 ABC 的 3 个顶点有

$$\begin{bmatrix} -1 \\ 1 \end{bmatrix} \rightarrow \begin{bmatrix} -2 \\ 0 \end{bmatrix}$$

$$\begin{bmatrix}3\\2\end{bmatrix}\rightarrow\begin{bmatrix}1\\3\end{bmatrix}$$

$$\begin{bmatrix}0\\4\end{bmatrix}\rightarrow\begin{bmatrix}2\\1\end{bmatrix}$$

通过矩阵乘法来表示这种变换关系：

$$\begin{bmatrix}-1 & 3 & 0\\ 1 & 2 & 4\end{bmatrix}\begin{bmatrix}A_1 & A_2 & T_x\\ B_1 & B_2 & T_y\\ 0 & 0 & 1\end{bmatrix}=\begin{bmatrix}-2 & 1 & 2\\ 0 & 3 & 1\end{bmatrix}$$

解方程组可以得到变换矩阵 $\boldsymbol{M}$，平移向量 $\boldsymbol{T}$。

$$\boldsymbol{M}=\begin{bmatrix}A_1 & A_2\\ B_1 & B_2\end{bmatrix}=\begin{bmatrix}-1 & 3\\ 1 & 2\end{bmatrix}^{-1}\begin{bmatrix}-2 & 1\\ 0 & 3\end{bmatrix}=\begin{bmatrix}-0.2 & 0.6\\ 0.2 & 0.4\end{bmatrix}$$

$$\boldsymbol{T}=\begin{bmatrix}T_x\\ T_y\end{bmatrix}=\begin{bmatrix}-1 & 3\\ 1 & 2\end{bmatrix}^{-1}\begin{bmatrix}2\\ 1\end{bmatrix}=\begin{bmatrix}-0.2\\ 0.6\end{bmatrix}$$

对于 GIS 实际应用场景，在航空影像纠正方面，航空影像可能由于拍摄时的姿态变化或飞行高度的差异而产生畸变。通过仿射变换可以对这些影像进行纠正，使其在地理空间中的几何形状更为准确。

3. 投影变换

定义 7.6 **投影变换**：是将三维地理坐标(经度、纬度、高程)转换为二维平面坐标的过程。已知变换前后的两个空间参考的投影参数，推算两个参考系之间点的一一对应函数关系。

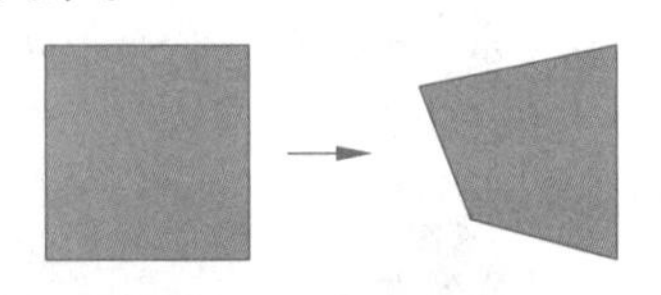

图 7-19 投影变换

投影变换如图 7-19 所示。投影变换允许角度和长度变形，使长方形变换成不规则四边形。

地球表面上的位置通常被表示为球面坐标系中的点，为了在平面地图上进行绘制、测量和分析等操作，通常需要将球面坐标系中的点投影到一个平面上。由于地球球面不能完美地映射到平面上，投影变换通常会引入形变。不同的地图投影方法会根据特定需求采用不同的投影变换，如保持距离、角度或面积的形变最小化。7.2.1 节介绍了多种类型的地图投影，采用了不同的投影变换方法。

投影变换是坐标变换中精度最高的变换方法。但是，有时投影变换的正解和反解很难直接推求，此时往往采用投影变换的综合算法，例如空间直角坐标的转换、投影解析转换、数值拟合转换。

7.3.3 空间拓扑关系中的欧拉定理

在空间数据处理过程中，可以利用地理信息系统利用点、线、面的关联关系，运用计算机快速建立空间目标间的拓扑关系，进而自动发现空间数据的错误。

这里的欧拉定理通常指的是欧拉多边形定理，而不是数学中的欧拉定理。

定理 7.3 **欧拉定理**：欧拉多边形定理(以下简称欧拉定理)是一项关于平面图形的性质，指的是一个平面地图或图形上的节点数 n、弧段数 a 和面数 b 之间的关系。

在 GIS 中，拓扑关系对于空间数据的分析和查询非常重要。欧拉定理有助于发现点、线、面的不匹配情况，以及多余或遗漏的图形元素，理解地图的拓扑结构。例如，在构建拓扑关系图时，可以通过验证欧拉定理来检查地图数据的一致性，保持数据的正确性和完整性。

对于一个一维的弧段，一条弧段由两个节点连接而成，弧段数 a 可以写成节点数 n 的函数。

$$a=a(n) \tag{7-6}$$

对于一个二维的面块，若为限定性表面，可通过节点和弧段的组合显式地表达，即将面块数 b 表达为节点数 n 和弧段数 a 的函数。

$$b=b(a,n) \tag{7-7}$$

因此，对于一个由若干节点及它们之间的一些不相交的边所组成的平面图，其节点数 n、弧段数 a 和面数 b 能够相互表示，该表示方法即是欧拉定理。

$$c=n-a+b \tag{7-8}$$

其中，c 是常数，称为多边形地图的特征。当 $c=2$ 时，面块数 b 包含边界里面和外面的多边形；当 $c=1$ 时，面块数 b 仅包含边界里面的多边形。

【例 7-3】　验证图 7-20(a)的拓扑关系是否正确。

【解 7-3】　多边形边数 $a=9$，面块数 $b=1$，且仅包含边界里面的多边形，即 $c=1$，多边形的节点数 $n=9$。代入欧拉定理公式得

$$1=9-9+1$$

该多边形欧拉定理成立，故拓扑关系正确。

利用平面几何欧拉定理，可以实现 GIS 中拓扑关系的自动检验。如图 7-20(b)多边形边数 $a=9$，节点数 $n=10$。面块数 $b=1$，且仅包含边界里面的多边形，即 $c=1$，代入多边形欧拉定理公式后发现等式不成立，图 7-20(c)同理。因此图 7-20(b)和图 7-20(c)均验证出欧拉定理不成立，存在节点丢失和多余的情况，故使用欧拉定理能检验出几何要素空间关系错误。

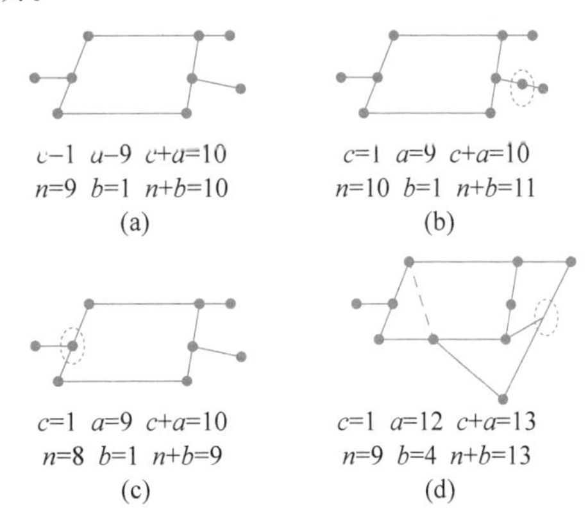

图 7-20　空间拓扑关系和欧拉定理

欧拉公式能发现点、线、面不匹配的情况，以及多余和遗漏的图形元素，若几何元素不满足欧拉公式，则几何要素存在空间关系错误。但是，满足了欧拉公式，也并不能说明图形空间关系不存在错误，如图 7-18(d)所示。

7.3.4　图形编辑

GIS 的图形编辑功能是图形位置编辑及图形间关系的编辑，包括图形的几何编辑、拓扑编辑、属性编辑 3 方面。

1. 图形几何编辑

系统对于图形的几何编辑，实质上是对系统空间数据文件的编辑，分为：点状地物数据的编辑、线状地物数据的编辑和面状地物数据的编辑。基础的几何编辑包括增加、删除、移动，拷贝，旋转一个点、线、面实体。点状空间数据删除和增加节点如图 7-21 所示。点状空间数据主要通过坐标点的移动、删除、复制等工作，完成成片多个图斑的删除与重新输入。这项功能常用在中国土地管理旧城改造的信息数据处理中。

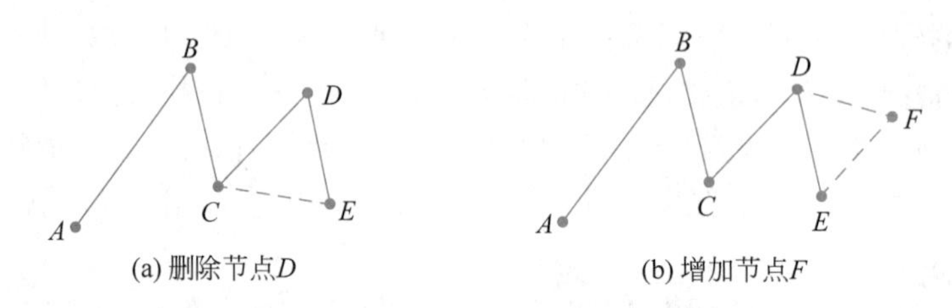

图 7-21 点状空间数据删除与增加节点示例

2. 图形拓扑编辑

拓扑编辑主要用于节点吻合、匹配、拓扑关系正确性检查，确保拓扑错误的消除。多边形目标常见的拓扑错误主要包括未闭合的多边形、两个相邻的多边形间存在缝隙、多边形重叠等。通常按拓扑关系检查、设置容差进行自动错误修正、手工修改剩余错误的步骤修复。

3. 图形属性编辑

属性编辑是指属性范围、内容、空值的检查修改。属性数据编辑包括两部分：一方面属性数据与空间数据是否正确关联，标识码是否唯一，不含空值；另一方面属性数据是否准确，属性数据的值是否超过其取值范围等。

7.4 地理空间数据分析

空间数据分析是 GIS 的重要功能，空间数据分析方法有多种分类方法。空间数据分析方法可以划分为：二维空间数据分析、三维数据空间分析等。

7.4.1 二维空间数据分析

二维数据的聚类、聚合分析是两种常用的数据处理方法，步骤是将地理空间数据系统经某种变换后得到具有新含义的数据系统。聚类算法原理详见本书 6.4.2 节。

数据的聚类、聚合分析处理方法在遥感图像处理中具有广泛应用。由数字高程模型转换为数字高程分级模型是空间数据的聚合；从遥感数字图像信息中提取某一地物的方法是栅格数据的聚类。在 GIS 中，聚类分析可用于研究地理空间数据的分布模式，如人口分布、土地利用类型等。例如，可以将城市划分为不同的群组，以研究不同城市之间的相似性和差异性。在 GIS 中，聚合分析可用于研究地理现象的空间分布和趋势，如人口聚合、犯罪热点分析等。例如，可以将城市划分为网格，计算每个网格内的平均人口密度，以了解人口在城市中的空间分布。

7.4.2 三维空间数据分析

三维空间数据分析实际上是对 xy 平面的第三维变量的分析。第三维变量可能是地形，也可能是降雨量、土壤酸碱度等变量。下面主要针对地形介绍表面积和体积计算。

1. 表面积计算

空间曲面表面积的计算方法可以看作在三角形格网上表面积的计算和在正方形格网上的表面积计算。对于全局拟合的曲面，通常也是将计算区域分成若干规则单元，对每个单元计算出其面积，再累计计算总面积。

基于三角形格网的曲面插值总是使用一次多项式模型，所以三角格网上的曲面片实质上是平面片。表面积计算立体模型如图7-22所示，$P_1P_2P_3$构成的三角形上的曲面片面积为

$$S=\sqrt{P(P-a)(P-b)(P-c)}$$
$$P=\frac{a+b+c}{2} \tag{7-9}$$

2. 体积计算

体积通常是指空间曲面与一基准平面之间的空间的体积，基准平面通常是一个水平面。体积的计算通常也是采用近似方法，下面介绍基于正方形格网和三角形格网的体积计算方法，体积计算的立体模型如图7-23所示。

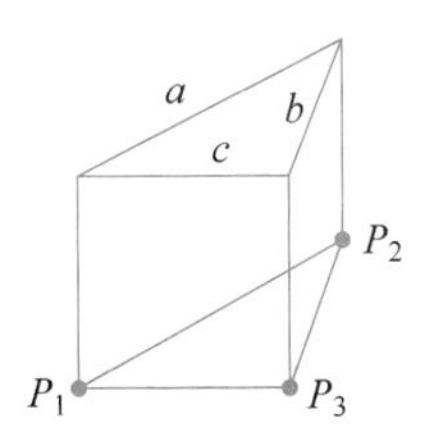

图7-22 表面积计算立体模型

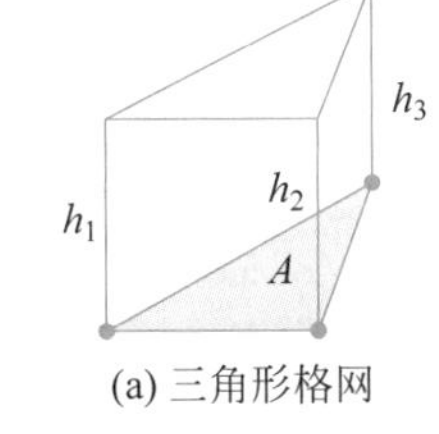

(a) 三角形格网

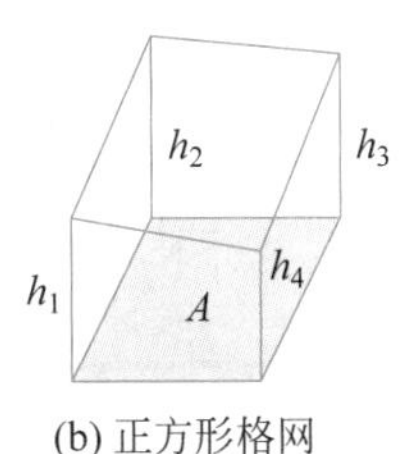

(b) 正方形格网

图7-23 体积计算的立体模型

体积计算的基本思想是以基底面积（三角形或正方形）A乘以格网点曲面高度的均值，区域总体积是这些基本格网的体积之和。图7-23(a)是基于三角形格网的体积计算公式

$$V=\frac{A(h_1+h_2+h_3)}{3} \tag{7-10}$$

该式给出的是相对于分块三角网曲面插值时的体积的精确值。图7-23(b)是基于正方形格网的体积计算公式：

$$V=\frac{A(h_1+h_2+h_3+h_4)}{4} \tag{7-11}$$

式(7-11)给出的是近似值，因为正方形格网上无法进行平面插值。

章节习题

7-1 GIS的主要组成部分包括：

A）计算机软硬件系统、地理数据和用户

B）计算机软硬件系统、地理数据和分析程序

C）计算机软硬件系统、地理数据和绘图机

D）计算机软硬件系统、网络和用户

7-2 矢量结构的特点是：

A）定位明显、属性隐含　　B）定位明显、属性明显

C）定位隐含、属性明显　　D）定位隐含、属性隐含

7-3 在栅格数据获取过程中，为减少信息损失提高精度可采取的方法是：

A）增大栅格单元面积　　B）缩小栅格单元面积

C）改变栅格形状　　D）减少栅格总数

7-4 空间实体具有4个基本特征，包括________特征、________特征、________特征和空间关系特征。

7-5 空间数据的拓扑关系包括以下几方面________关系、________关系、________关系和连通关系。

7-6 假设一个城市的中心点位于地理坐标系下的经度115°，纬度40°。现在，要制作一张该城市周围的平面地图，采用横轴墨卡托投影。请计算在该地理坐标点附近10km范围内，地理坐标系下经度和纬度的变化，并在横轴墨卡托投影下计算相应的平面坐标。某省决定坡度大于25°的耕地要退耕还林，设计算法思路，计算每个县可能退耕还林的面积，以及新增的林地面积。

7-7 假设有一个平面上的二维点集，需要使用四叉树进行空间数据索引。给定以下5个点的坐标：$A(2,5)$、$B(6,8)$、$C(3,4)$、$D(9,7)$、$E(5,2)$。构建一个四叉树来表示这些点，每个节点最多包含两个子节点。然后，给出一个查询范围，找出在该查询范围内的所有点。

7-8 假设有一张地图，上面有一片森林，森林的边界是一条直线，该直线的方程为 $y=2x+10$，表示森林的边缘。需要进行地图的仿射变换，将森林边界沿 y 轴正方向平移5个单位。请计算进行仿射变换后，新的森林边界的方程。

7-9 考虑一个包含岛屿和湖泊的地图，其中地图上的区域可以看作一个简单的平面图形。已知地图中有20个面，其中包括陆地和湖泊。地图中有30条边，表示陆地和湖泊之间的边界。地图中有15个节点，表示交叉点，即边界相交的点。请使用欧拉定理计算地图中的岛屿数量和湖泊数量。

习题解答

7-1 解：A

7-2 解：A

7-3 解：B

7-4 解：空间位置　属性　时间

7-5 解：邻接　关联　包含

7-6 解：地球半径 R 可以使用标准值6371km。横轴墨卡托投影中1°经度在赤道上的距离约为111km。

计算经度和纬度的变化：由于1°经度在赤道上的距离约为111km，可以通过简单的比例计算在纬度40°处的经度变化。在这里，要计算10km范围内的变化。由于纬度变化不影响横轴墨卡托投影，只需计算经度变化。经度变化 $\Delta\lambda$ 可以通过以下公式计算：

$$\Delta\lambda = 目标距离/1^\circ 经度距离 = 10/111^\circ$$

计算平面坐标：在横轴墨卡托投影中，经度变化直接映射到平面坐标。由于横轴墨卡托投影是等距离投影，纬度变化对平面坐标没有影响。平面坐标 x 可以通过以下公式计算：

$$x = \Delta\lambda \times 赤道上 1^\circ 经度的距离$$

计算结果：根据计算，得到在地理坐标系和横轴墨卡托投影下的坐标变化。

7-7　解：构建四叉树：在这个例子中，可以构建如图 7-24 所示的四叉树。

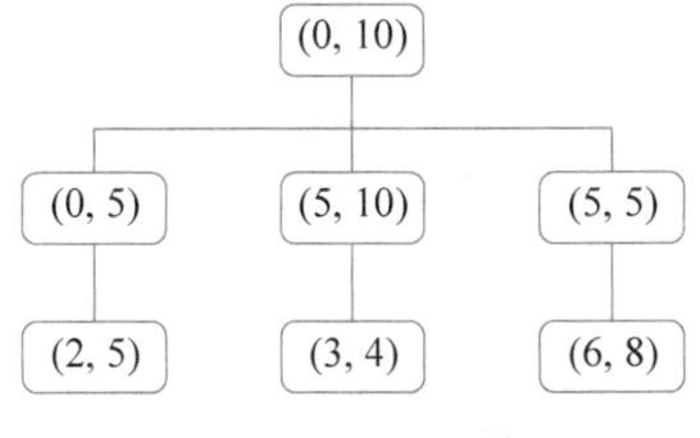

图 7-24　四叉树

查询范围内的点：查询结果 $A(2,5)$，$B(6,8)$，$C(3,4)$，$E(5,2)$

7-8　解：在进行地图的仿射变换时，对于平移操作，可以直接在原方程对应的变量上进行加减操作。对于沿 y 轴正方向平移 5 个单位，需要在原方程中的 y 上减去 5。所以，新的森林边界的方程为

$$y=2x+10-5$$

因此，进行仿射变换后，新的森林边界的方程为

$$y=2x+5$$

7-9　解：给定了地图中的节点数 $V=12$，边的数量 $E=30$，和面的数量 $F=20$。代入欧拉定理的公式：

$$12-30+20=2$$

解方程得：$2=2$。这是一个成立的方程，说明地图是一个连通的平面图。因此，可以根据欧拉定理计算岛屿数量和湖泊数量。

$$20-X=\text{岛屿数量}$$

其中，X 是地图中陆地的数量：$X=30/2=15$

所以，地图中有 5 个岛屿，湖泊数量等于岛屿数量。

参考文献

[1]　龚健雅. 地理信息系统基础[M]. 2 版. 北京：科学出版社，2019.
[2]　张康聪. 地理信息系统导论[M]. 陈健飞，译. 第 9 版. 北京：科学出版社，2019.
[3]　汤国安. 地理信息系统教程[M]. 2 版. 北京：高等教育出版社，2019.
[4]　赵忠明，周天颖，严泰来. 空间信息技术原理及其应用(上册)[M]. 北京：科学出版社，2013.
[5]　吴信才，吴亮，万波. 地理信息系统应用与实践[M]. 北京：电子工业出版社，2020.
[6]　黄杏元. GIS 理论、技术与应用研究[M]. 南京：南京大学出版社，2022.
[7]　吴国平，李闽. 数字地球导论[M]. 南京：南京大学出版社，2018.
[8]　王启亮. 地理信息系统应用[M]. 北京：中国水利水电出版社，2017.
[9]　王远，孙翔，葛怡. 环境信息系统实验教程[M]. 南京：南京大学出版社，2020.
[10]　GETIS A. spatial analysis and GIS：an introduction[J]. Journal of Geographical Systems，2000，2(1)：1-3.
[11]　马媛，闫菲. 数字化技术在地理信息系统中的应用[J]. 现代电子技术，2009，32(5)：3.
[12]　刘明皓. 地理信息系统导论[M]. 重庆：重庆大学出版社，2010.
[13]　朱欣娟，石美红，薛惠锋. 基于 GIS 的空间分析及其发展研究[J]. 计算机工程与应用，2002(18)：62-63.

第 8 章 卫星导航原理

CHAPTER 8

在卫星导航中，覆盖全球的多颗卫星连续发射一定频率的无线电信号，导航接收机接收卫星信号并测量到卫星的距离，最终利用卫星位置和测量得到的距离计算出自身位置。目前的全球导航卫星定位系统(Global Navigation Satellite System，GNSS)主要包括美国的GPS、欧洲的GALILEO、俄罗斯的GLONASS、中国的BDS等。

北斗卫星导航系统(Beidou Navigation Satellite System，BDS)是中国自主建设、独立运行且与世界其他卫星导航系统兼容的GNSS。BDS由空间段、地面段和用户段组成，基本原理是三边定位体制。空间段是一个包括5颗静止轨道卫星和30颗非静止轨道卫星的混合星座，地面段是由若干主控站、时间同步/注入站和多个监测站组成的分布式地面控制网络，用户段则包括所有的BDS用户终端及BDS与其他卫星导航系统兼容的用户终端。BDS的主要功能是为全球各类用户提供全天候、全天时的定位、导航与授时(Positioning Navigation and Timing，PNT)服务，并且提供双向短信息服务和星基增强服务功能。BDS同GPS、GLONASS和GALILEO一起，是联合国GNSS国际委员会正式认定的全球定位系统。

BDS采用“三步走”发展规划，第一步是建设“北斗一号”系统，又叫北斗卫星导航试验系统，实现了卫星导航从无到有；第二步是计划首先建成覆盖中国及周边地区的BDS区域服务；第三步是在2020年实现全球覆盖的BDS。现在，BDS已经具备全球范围的卫星PNT功能，为中国提供了更全面、更强大的导航服务。

本章从卫星导航服务性能出发描述了卫星导航的主要评价指标，介绍了卫星导航观测量及测量原理，在此基础上，阐述卫星导航的三大功能：定位、测速、授时，并进一步探讨了近年的热门领域——“导航增强”的相关知识，从而更深刻地认识卫星导航基础原理。

8.1 卫星导航服务性能指标

卫星导航系统本质上是利用无线电进行导航的一种实现形式。20世纪末，国际民航组织积极推动将卫星导航系统引入民用航空服务中，其中以该组织提出的航空无线电所需要的导航性能最具代表性，已经成为公认的用来评价卫星导航系统性能的指标参数，主要包括：精度、完好性、可用性和连续性。目前，各个卫星导航系统供应商均发布了各自系统的服务性能规范，虽然指标的名称和阐述方式不尽相同，指标所规定的范围也存在一定的差异，但都包括在4个性能指标之内。

8.1.1 精度

定义 8.1 **精度**：表示一个量的观测值与其真值接近或一致的程度。

精度是用户导航性能的最直接评价因素之一，在对卫星导航定位的精度进行评估时，常用均值与标准差、均方根误差、95%分位数误差、圆概率误差和球概率误差等指标进行衡量。

1. 精度评价参数

1）均值与标准差

对于一维离散型分布来说，随机变量 X 的可能取值 x_i 与其出现的概率 p_i 之积，称为随机变量 X 的数学期望或该分布的均值。对于离散型分布 $P(X=x_i)=p_i$ 其均值为

$$E(X)=p_1x_1+p_2x_2\cdots p_nx_n \tag{8-1}$$

若 $E\{[X-E(X)]^2\}$ 存在，则随机变量 X 的方差为

$$D(X)=\{[X-E(X)]^2\} \tag{8-2}$$

标准差也称为均方差，代表随机变量 X 相对均值的离散程度，在卫星导航领域，标准差往往被称为内符合精度，可以表示为

$$\sigma(X)=\sqrt{D(X)} \tag{8-3}$$

2）均方根误差

均方根误差(Root Mean Square Error，RMSE)反映观测或参数估计的实际可信度，描述导航定位估计值与真值的偏差程度，能较可靠地反映导航信号或导航解的偶然误差、系统误差及异常误差的综合影响。若被测量的真值已知为 $\widetilde{X}_i$，观测值为 X_i，真误差为 $\Delta x_i=\widetilde{X}_i-X_i$，则 m 个观测量的 RMSE 为

$$\mathrm{RMSE}(X)=\sqrt{\frac{1}{m}\sum_{i=1}^{m}(\Delta x_i)^2} \tag{8-4}$$

在实际测量中，由于估计量的真值难以获得，往往采用外部更加精确的观测方法得到估计量的估值，再利用式(8-4)计算，因此 RMSE 也被称为外符合精度。

3）圆概率误差和球概率误差

导航定位领域中，常以圆概率误差(Circular Error Probable，CEP)描述二维位置的精度。当以目标为圆心划一个圆，如果导航系统命中此圆的概率至少有 50%，则此圆的半径就是圆概率误差。CEP 被较为广泛用于水平误差度量，当二维高斯随机变量假定为零均值时，CEP 可近似地表示为

$$\mathrm{CEP}\approx 0.59(\sigma_L+\sigma_S) \tag{8-5}$$

式中，σ_L 和 σ_S 分别为 σ 误差椭圆的长轴和短轴，分别表示二维位置坐标分量的标准差。

对于三维位置，则以球概率误差(Spherical Error Probable，SEP)表示。SEP 是在以正确位置为球心的球内，偏离球心概率为 50%的误差分布，通常用于三维点位精度分布度量，SEP 可近似地表示为

$$\mathrm{SEP}\approx 0.51(\sigma_L+\sigma_S+\sigma_H) \tag{8-6}$$

式中，σ_L、σ_S 和 σ_H 分别为三维位置坐标分量的标准差。

2. 定位精度服务分析

现实中定位精度的测量误差无法避免，需要给出一个关于测量误差的模型。为了简化

定位精度的理论分析，可以对测量误差的模型做出以下两点假设。

(1) 各颗卫星的测量误差 $\varepsilon_{\rho}^{(n)}$ 均服从相同的正态分布，且均值为 0，方差为 σ_{URE}^2。则测量误差向量的均值为

$$E(\varepsilon_{\rho})=[0 \quad 0 \quad \cdots \quad 0]^{\mathrm{T}}=0 \tag{8-7}$$

如果每个卫星测量值中，从卫星到接收机的各个部分误差相互独立，那么 σ_{URE}^2 就等于各个部分测量误差方差的总和，即

$$\sigma_{\mathrm{URE}}^2=\sigma_{\mathrm{CS}}^2+\sigma_{\mathrm{P}}^2+\sigma_{\mathrm{RNM}}^2 \tag{8-8}$$

式中，σ_{URE}^2 通常称为用户测距误差(User Range Error，URE)的方差；σ_{CS}^2 是由地面监控部分产生的卫星星历和卫星钟差模型的误差方差；σ_{P}^2 是信号在传播途径上的大气时延校正误差方差；σ_{RNM}^2 是与接收机和多路径有关的测量误差方差。

(2) 不同卫星间的测量误差互不相关，则测量误差向量和协方差矩阵为对角阵。

$$\boldsymbol{K}_{\varepsilon_{\rho}}=E((\boldsymbol{\varepsilon}_{\rho}-E(\boldsymbol{\varepsilon}_{\rho}))(\boldsymbol{\varepsilon}_{\rho}-E(\boldsymbol{\varepsilon}_{\rho}))^{\mathrm{T}})=E(\boldsymbol{\varepsilon}_{\rho}\boldsymbol{\varepsilon}_{\rho}{}^{\mathrm{T}})$$

$$=\begin{bmatrix}\sigma_{\mathrm{URE}}^2 & 0 & \cdots & 0\\ 0 & \sigma_{\mathrm{URE}}^2 & \cdots & 0\\ \vdots & \vdots & & \vdots\\ 0 & 0 & \cdots & \sigma_{\mathrm{URE}}^2\end{bmatrix}=\sigma_{\mathrm{URE}}^2\boldsymbol{I} \tag{8-9}$$

式中，$\boldsymbol{I}$ 为 $N\times N$ 的单位矩阵。

由上述两个假设，可以极大地简化定位误差协方差矩阵，即

$$\mathrm{Cov}\left(\begin{bmatrix}\varepsilon_x\\ \varepsilon_y\\ \varepsilon_z\\ \varepsilon_{\delta tu}\end{bmatrix}\right)=E\left(\begin{bmatrix}\varepsilon_x\\ \varepsilon_y\\ \varepsilon_z\\ \varepsilon_{\delta tu}\end{bmatrix}\begin{bmatrix}\varepsilon_x & \varepsilon_y & \varepsilon_z & \varepsilon_{\delta tu}\end{bmatrix}\right)$$

$$=E((\boldsymbol{G}^{\mathrm{T}}\boldsymbol{G})^{-1}\boldsymbol{G}^{\mathrm{T}}\boldsymbol{\varepsilon}_{\rho}((\boldsymbol{G}^{\mathrm{T}}\boldsymbol{G})^{-1}\boldsymbol{G}^{\mathrm{T}}\boldsymbol{\varepsilon}_{\rho})^{\mathrm{T}})$$

$$=(\boldsymbol{G}^{\mathrm{T}}\boldsymbol{G})^{-1}\sigma_{\mathrm{URE}}^2=\boldsymbol{H}\sigma_{\mathrm{URE}}^2 \tag{8-10}$$

式中，$\boldsymbol{G}$ 为雅可比矩阵(详细推导过程参照 8.3.1 节)，$\boldsymbol{H}$ 矩阵通常被称为权系数阵，是一个 4×4 的对称矩阵，定义为

$$\boldsymbol{H}=(\boldsymbol{G}^{\mathrm{T}}\boldsymbol{G})^{-1} \tag{8-11}$$

式(8-11)表明，测量误差的方差被矩阵放大后转换为定位误差的方差，由此可知，定位精度与测量误差和卫星的几何分布这两个因素有关。在导航领域，采用精度衰减因子(Dilution of Precision，DOP)来表示误差的放大倍数。

精度衰减因子可以从权系矩阵中获得。

$$\begin{bmatrix}\sigma_x^2 & & & \\ & \sigma_y^2 & & \\ & & \sigma_z^2 & \\ & & & \sigma_{\delta tu}^2\end{bmatrix}=\begin{bmatrix}h_{11} & & & \\ & h_{22} & & \\ & & h_{33} & \\ & & & h_{44}\end{bmatrix}\sigma_{\mathrm{URE}}^2 \tag{8-12}$$

式中，等号左边是定位误差协方差矩阵，其对角元素 σ_x^2、σ_y^2、σ_z^2、$\sigma_{\delta tu}^2$ 是对应各个定位误差分

量，h_{ij} 为权系矩阵的对角线元素。三维空间定位误差的标准差为 σ_P

$$\sigma_P=\sqrt{\sigma_x^2+\sigma_y^2+\sigma_z^2}=\sqrt{h_{11}+h_{22}+h_{33}}\sigma_{URE}=PDOP\times\sigma_{URE} \tag{8-13}$$

式中，PDOP 被称为空间位置精度衰减因子，TDOP 被称为时间精度衰减因子，GDOP 被称为几何精度衰减因子值：

$$PDOP=\sqrt{h_{11}+h_{22}+h_{33}} \tag{8-14}$$

$$TDOP=\sqrt{h_{44}} \tag{8-15}$$

$$GDOP=\sqrt{h_{11}+h_{22}+h_{33}+h_{44}} \tag{8-16}$$

【例 8-1】 设某用户接收机利用四颗卫星进行定位时计算得到的 $\boldsymbol{G}$ 矩阵为

$$\rho_n^i=L_n^i+c\delta t_n+\varepsilon_n$$

请计算用户的几何精度衰减因子、位置精度衰减因子和时间精度衰减因子。

【解 8-1】 权系数阵为

$$\boldsymbol{H}=(\boldsymbol{G}^{\mathrm{T}}\boldsymbol{G})^{-1}=\begin{bmatrix}3.14599 & -0.529361 & -7.15304 & -2.26585\\ -0.529361 & 4.18651 & -4.62959 & -4.2371\\ -7.15314 & -4.62959 & 30.7488 & 14.3979\\ -2.26585 & -4.2371 & 14.3979 & 8.24198\end{bmatrix}$$

因此，GDOP、PDOP 和 TDOP 计算如下：

$$GDOP=\sqrt{h_{11}+h_{22}+h_{33}+h_{44}}=6.80612$$

$$PDOP=\sqrt{h_{11}+h_{22}+h_{33}}=6.171$$

$$TDOP=\sqrt{h_{44}}=2.87088$$

为了定义水平方向和竖直方向上的定位精度衰减因子，需要将直角坐标系中的各个定位误差分量转换到站心坐标系中。类似 $\boldsymbol{H}$ 是表达在地心地固直角坐标系中的权系数阵，$\tilde{\boldsymbol{H}}$ 是表达站心坐标系中的权系数阵。如果用 $\tilde{h}_{ij}$ 代表权系数阵的对角线元素，可以定义以下 DOP 值：

$$HDOP=\sqrt{\tilde{h}_{11}+\tilde{h}_{22}} \tag{8-17}$$

$$VDOP=\sqrt{\tilde{h}_{33}} \tag{8-18}$$

$$PDOP=\sqrt{\tilde{h}_{11}+\tilde{h}_{22}+\tilde{h}_{33}} \tag{8-19}$$

$$TDOP=\sqrt{\tilde{h}_{44}} \tag{8-20}$$

$$GDOP=\sqrt{\tilde{h}_{11}+\tilde{h}_{22}+\tilde{h}_{33}+\tilde{h}_{44}} \tag{8-21}$$

式中，HDOP 被称为水平位置精度衰减因子，VDOP 被称为垂直精度衰减因子。几何矩阵 $\tilde{\boldsymbol{G}}$ 变为

$$\tilde{\boldsymbol{G}}=\begin{bmatrix}-\cos\theta^{(1)}\sin\alpha^{(1)} & -\cos\theta^{(1)}\cos\alpha^{(1)} & -\sin\theta^{(1)} & 1\\ -\cos\theta^{(2)}\sin\alpha^{(2)} & -\cos\theta^{(2)}\cos\alpha^{(2)} & -\sin\theta^{(2)} & 1\\ \cdots & \cdots & \cdots & \cdots\\ -\cos\theta^{(n)}\sin\alpha^{(n)} & -\cos\theta^{(n)}\cos\alpha^{(n)} & -\sin\theta^{(n)} & 1\end{bmatrix} \tag{8-22}$$

式中，$\theta^{(n)}$、$\alpha^{(n)}$ 分别为第 n 个卫星的仰角和方位角。则权系矩阵为

$$\tilde{\boldsymbol{H}}=(\tilde{\boldsymbol{G}}^{\mathrm{T}}\tilde{\boldsymbol{G}})^{-1} \tag{8-23}$$

式(8-23)表明,几何矩阵 $\widetilde{\boldsymbol{G}}$ 和权系矩阵 $\widetilde{\boldsymbol{H}}$ 只与卫星相对于用户接收机的空间几何分布有关。考虑到获得权系数阵 $\boldsymbol{H}(\widetilde{\boldsymbol{H}})$需要相当的计算量,可以近似使用以下方法大致判断哪种卫星的几何分布具有较小的 GDOP 值。假设每颗可见卫星与用户接收机之间均相隔单位距离,那么以各颗卫星和接收机为顶点,可以组成一个以接收机为锥顶的单位边长的锥形多面体,则该多面体的体积大致与 GDOP 值成反比。该多面体包围的空间体积越大,GDOP 值就越小,卫星的几何分布也就越好。

8.1.2 完好性

定义 8.2 **完好性**:卫星导航系统的完好性是指系统在不能用于导航与定位服务时,及时向用户发出告警的能力。

卫星导航系统的完好性包括空间信号完好性和服务完好性。

1. 空间信号完好性

空间信号完好性是对提供定位和授时信息正确性的信任度,包括当空间信号不能用于定位或授时时,向用户接收机及时发出告警的能力,主要采用 4 个参数来描述,包括:服务失败率、SISRE 容许阈值、告警时间和告警标识。

1) 服务失败率

服务失败率表示瞬时空间信号测距误差(Instantaneous Signal-In-Space Range Error, ISISRE)超过容许阈值,但系统未及时告警的概率。当 ISISRE 满足正态分布时,长时间观测统计得到的空间信号用户测距精度(Signal-In-Space User Range Accuracy, SISURA)可以认为是 ISISRE 的统计精度。

如果 ISISRE 满足正态分布,即 ISISRE $\sim N(0,\text{SISURA}^2)$,则 ISISRE 超过 SISURA 的概率为

$$\begin{aligned} P(|\text{ISISRE}| \geqslant \text{SISURA}) &= 1 - P(|\text{ISISRE}| < \text{SISURA}) \\ &\approx 1 - 0.683 = 0.317 \end{aligned} \tag{8-24}$$

$$\begin{aligned} P(|\text{ISISRE}| \geqslant 4.42 \times \text{SISURA}) &= 1 - P(|\text{ISISRE}| < 4.42 \times \text{SISURA}) \\ &\approx 1 - 0.99999 = 1 \times 10^{-5} \end{aligned} \tag{8-25}$$

式(8-25)表明,ISISRE 超过 $4.42\times$SISURA 的概率仅为 1×10^{-5},可认为该概率的事件不可能发生,因此,当|ISISRE|$\geqslant 4.42\times$SISURA 时,认为卫星导航系统出现异常。例如在 GPS 标准定位服务性能标准中,该阈值取 $4.42\times$SISURA。

2) SISRE 容许阈值

健康卫星 SISRE 的容许阈值等于该卫星的 SISURA 的上界值的± 4.42 倍。

3) 告警时间

告警时间表示从系统识别到误导空间信息开始,直至播发实时告警信息的页所在的子帧结尾到达接收机天线的时间间隔。国际民航组织规定精密进近的告警时间不能超过 6s。

4) 告警标识

根据完好性风险和完好性故障机制的不同,分为 Alarm 型告警和 Warning 型告警,二者表示空间信号已处于不健康状态,但后者相比于前者风险较小。

2. 服务完好性

不仅要对卫星导航系统进行完好性监测,而且也要做好用户端的完好性监测。在卫星

导航系统产生故障的初始阶段，如果系统通过卫星自主完好性监测或者地面运控部分的监测能够有效地将故障排除，可将损失降到最低。但系统的完好性监测存在漏检概率，而且即使系统本身并未超限且无告警信息时，部分用户定位也会产生超限事件。其根本原因可能与可见卫星之间的空间几何构型、观测环境密切相关。因此，接收机除了要充分利用系统播发的完好性信息外，还应积极采取有效措施排除上述异常情况。描述服务完好性的主要参数包括：告警阈值、告警时间、完好性风险。

8.1.3 可用性

定义 8.3　**可用性**：是对卫星导航系统工作性能概率的度量，用以评估导航系统在高精度、高可靠的导航服务中作为唯一或主要导航系统的性能指标。可用性可以分为空间信号可用性和服务可用性两方面。

1. 空间信号可用性

空间信号可用性是指在星座中规定的轨道位置上的卫星提供“健康”状态的概率，包括单颗卫星的可用性和整个星座的可用性。

1）单星可用性计算

单颗卫星的可用性主要取决于卫星的设计、运行与控制部分，以及对在轨维护处理策略和异常问题的响应时间。考虑到卫星寿命的指数分布特性，马尔可夫链模型可以用于计算单颗卫星的可用性。

基于给定卫星的前后两次平均故障间隔时间（Mean Time Between Failures，MTBF）和出现故障后修复故障的平均修复时间（Mean Time To Repair，MTTR），利用马尔可夫链模型可以表示单颗卫星的可用性 PA^{s} 为

$$\mathrm{PA}^{s}=\frac{\mathrm{MTBF}}{\mathrm{MTBF}+\mathrm{MTTR}} \tag{8-26}$$

基于式(8-26)选择对应的 MTBF 和 MTTR 值，可以实现对长期故障、短期故障、维护停工条件下的单星可用性的分析计算。需要注意的是，在使用马尔可夫链模型进行相关分析时，是以假设以上几种故障（中断）概率是随时间均匀分布的，且互不相关为前提的。

2）星座可用性计算

为了确保卫星导航系统在计划性和非计划性中断时仍能提供导航和定位服务，通常会进行卫星地面备份和在轨备份。星座可用性不仅取决于单颗卫星的可用性，还与卫星的发射计划、备份和替代策略相关。利用马尔可夫链模型改进了卫星星座可用性模型，考虑了多星备份情况，并给出了相应的计算公式。此外，还考虑了卫星的发射和退役对星座可用性的影响，使模型计算更符合实际情况。考虑标称轨位卫星和备份性时的星座可用性 PA_i^{c} 为

$$\mathrm{PA}_i^{c}=\sum_{j=0}^{M}P_{s_j}P(i-j) \tag{8-27}$$

式中，PA_i^{c} 为标称轨位卫星数加备份星数共为 i 颗时的可用性，$P(i)$为标称轨位数为 i 的星座可用性，P_{s_j} 为第 j 颗备份星 s_j 的可用性。

2. 服务可用性

服务可用性是指卫星导航系统为服务区内用户提供满足一定需求的服务所用时间的百分比。服务可用性描述了卫星导航系统的预期性能，是一种可预测的性能指标。同时，在评

估卫星导航系统定位服务性能时，需考虑卫星星座几何分布的精度衰减因子(Dilution of Precision，DOP)和用户等效距离误差(User Equivalent Range Error，UERE)的影响。因此，该指标可进一步分为水平精度可用性和垂直精度可用性。评估服务可用性时需确定服务可用性阈值(Service Availability Threshold，SAT)值。描述水平、垂直方向的SAT值分别称为水平、垂直服务可用性阈值(Horizontal SAT，HSAT，Vertical SAT，VSAT)。SAT与DOP、UERE的计算关系如下：

$$\mathrm{HSAT}=\mathrm{UERE}(\alpha)\times \mathrm{HDOP} \tag{8-28}$$

$$\mathrm{VSAT}=\mathrm{UERE}(\alpha)\times \mathrm{VDOP} \tag{8-29}$$

式中，α 为百分数。若取 $\alpha=95\%$ 则表示HSAT和VSAT为UERE取95%分位数对应值。

得到HSAT和VSAT后，可直接使用式(8-30)和式(8-31)进行服务可用性判断。

如果

$$\Delta H=\sqrt{\Delta E^2+\Delta N^2}\leqslant \mathrm{HSAT} \tag{8-30}$$

同时满足

$$|\Delta V|\leqslant \mathrm{VSAT} \tag{8-31}$$

则认为服务可用，否则不可用。其中，ΔH、ΔV 分别为站心坐标系下的平面位置误差和高程位置误差。当定位结果可用后，定位精度的可用性为

$$\mathrm{Aoa}=\frac{\sum\limits_{t=t_{\mathrm{start}},\mathrm{inc}=T}^{t_{\mathrm{end}}}\{B(t)=\mathrm{TRUE}\}}{1+\dfrac{t_{\mathrm{end}}-t_{\mathrm{start}}}{T}} \tag{8-32}$$

式中，t_{start}、t_{end} 分别表示一组数据的起始和结束历元时刻；T 为数据的采样间隔，通常为1s，Aoa表示定位结果满足可用性条件的历元个数占总历元数的百分比。若定位结果满足可用性条件，则 $B(t)=\mathrm{TRUE}$ 并记为1，否则记为0。

8.1.4 连续性

定义 **8.4** **连续性**：卫星导航系统的连续性是指在一段时间内，整个系统持续提供服务而不发生非计划中断的能力，是满足精度和完好性的概率。

连续性可分为两方面：空间信号连续性和服务连续性。

1. 空间信号连续性

空间信号连续性是指一个“健康”状态的公开服务空间信号(Signal in Space，SIS)在规定时间内不发生非计划中断而持续工作的概率，影响SIS连续性的故障可分为硬故障、软故障、退役故障和运行维护停工故障等。

单位时间内，系统可靠运行的概率为

$$P_{\mathrm{c}}=\mathrm{e}^{-\frac{1}{\mathrm{MTBF}}} \tag{8-33}$$

其连续性风险为

$$P_{\mathrm{cr}}=1-P_{\mathrm{c}}=1-\mathrm{e}^{-\frac{1}{\mathrm{MTBF}}} \tag{8-34}$$

2. 定位服务连续性

定位服务连续性是指卫星导航在规定时间内的服务不发生非计划中断，持续提供满足

精度阈值的定位服务的概率。定位误差常用水平误差和垂直误差表示，判断定位误差是否满足要求，可直接将定位误差与相应的阈值进行比较判断。

判断水平和垂直方向定位精度故障的条件分别为

$$H_{\mathrm{a}} > H_{\mathrm{AL}} \tag{8-35}$$

$$V_{\mathrm{a}} > V_{\mathrm{AL}} \tag{8-36}$$

其中，H_{AL}、V_{AL} 分别为水平、垂直定位精度阈值。

定位精度的连续性计算公式为

$$\mathrm{Coa} = \frac{\sum\limits_{t=t_{\mathrm{start}},\mathrm{inc}=T}^{t_{\mathrm{end}}-\mathrm{wind}} \left\{ \prod\limits_{u=t,\mathrm{inc}=T}^{t_{\mathrm{end}}+\mathrm{wind}} \mathrm{B}(f(u)) = \mathrm{TRUE} \right\}}{\sum\limits_{t=t_{\mathrm{start}},\mathrm{inc}=T}^{t_{\mathrm{end}}-\mathrm{wind}} \{\mathrm{B}(f(t)) = \mathrm{TRUE}\}} \tag{8-37}$$

式中，t_{start}、t_{end} 分别表示一组数据的起始和结束历元时刻；T 为数据的采样间隔，通常为1s，wind 为滑动窗口的长度，一般取 1h。Coa 表示每小时定位误差持续满足定位要求的百分比。$f(t)$表示当前时刻 t 的定位结果(水平误差或垂直误差)。

8.2　卫星导航观测量及测量原理

卫星导航系统要实现定位、测速与授时功能，就需要解决卫星的观测量问题。本节将从到达时间、载波相位和多普勒 3 个角度出发，深入讲解卫星导航系统测量的基本原理。

8.2.1　基于到达时间测距

GNSS 利用到达时间测距原理来确定用户的位置。该原理需要从已知位置的信号源发出信号，测量信号到达用户接收机所经历的时间。该时间间隔称为信号传播时间，接收机通过测量从多个已知位置的发射源广播的信号的传播时间，便可确定自己的位置。

假设卫星到用户的距离为 r，利用卫星生成的测距码从卫星传送到用户接收机天线所需的传播时间来计算，传播时间的测量如图 8-1 所示。例如，在 t_1 时刻由卫星生成的特定码相位在 t_2 时刻到达接收机，传播时间由 Δt 表示。在接收机内，相对接收机时钟在 t 时刻生成相同编码的测距码，记为复现码。复现码在时间上移动，直到它与卫星生成的测距码实

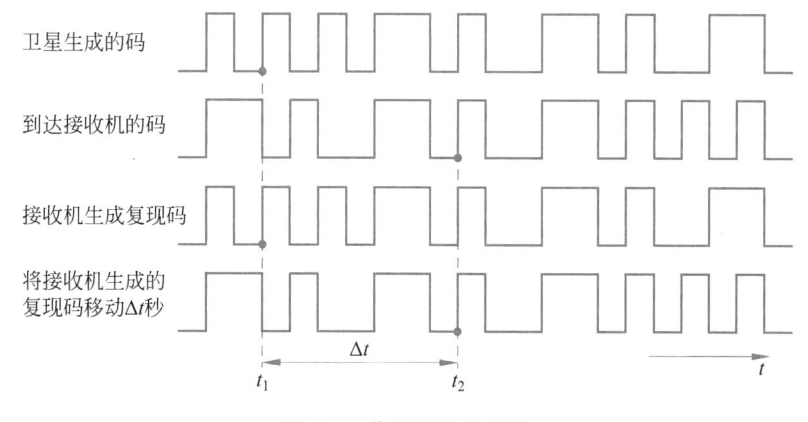

图 8-1　传播时间的测量

现相关。如果卫星时钟和接收机时钟完全同步,那么相关过程将得到真实的传播时间。将传播时间 Δt 乘以光速,便能算出卫星到用户的真实距离(即几何距离)。

然而,接收机时钟与系统时之间通常存在偏差。卫星时钟通常与系统时也存在偏差。因此,上述相关过程确定的距离就被记为伪距 ρ,ρ 是通过将信号传播速度 c 乘以两个非同步时钟之间的时间差得到的距离。这个观测量包含卫星到用户的真实几何距离,以及由系统时和用户时钟之差造成的偏移及系统时与卫星时钟之差造成的偏移。距离测量时序关系如图 8-2 所示。T_s 表示信号离开卫星的系统时;T_u 表示信号到达用户接收机的系统时;δt 表示卫星时钟与系统时之间的偏移,超前为正,滞后为负;t_u 表示接收机时钟与系统时之间的偏移;$T_s+\delta t$ 表示信号离开卫星时卫星时钟的读数;T_u+t_u 表示信号到达用户接收机时用户接收机时钟的读数。

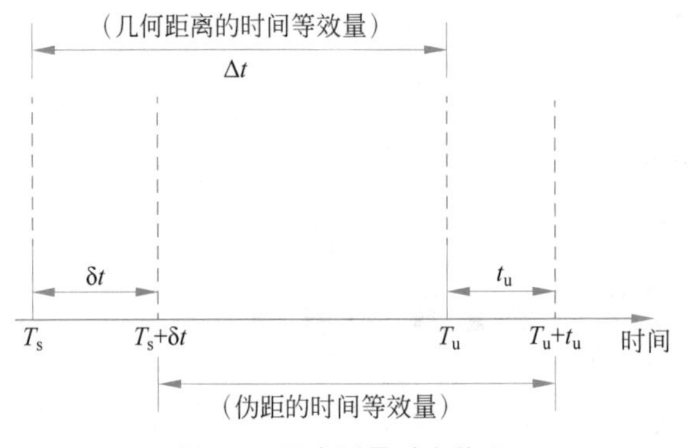

图 8-2 距离测量时序关系

几何距离为 $r=c(T_u-T_s)=c\Delta t$,c 表示光速,则伪距为

$$\rho=c[(T_u+t_u)-(T_s+\delta t)]=c(T_u-T_s)+c(t_u-\delta t)=r+c(t_u-\delta t) \tag{8-38}$$

因此,式(8-38)可以改写为

$$\rho-c(t_u-\delta t)=\|\boldsymbol{s}-\boldsymbol{u}\| \tag{8-39}$$

式中,t_u 是接收机时钟相对于系统时的超前量;δt 是卫星时钟相对于系统时的超前量;矢量 $\boldsymbol{s}$ 表示卫星在地心地固坐标系(Earth-Centered,Earth-Fixed,ECEF)下相对原点的位置向量,由卫星广播的星历数据计算得到;矢量 $\boldsymbol{u}$ 表示用户接收机相对于 ECEF 原点的位置。卫星时钟与系统时的偏移 δt 由偏差和漂移组成。卫星导航系统地面检测网络确定这些偏移分量的校正值,并将校正值发至卫星,再由卫星在导航电文中广播给用户。在用户接收机中利用这些校正值将每个测距码的发送时刻同步到系统时。

为了确定用户的三维位置(x_u,y_u,z_u)和偏移量 t_u,对 4 颗卫星进行伪距测量,得到方程组$(j=1,2,3,4)$:

$$\rho_j=\|\boldsymbol{s}_j-\boldsymbol{u}\|+ct_u \tag{8-40}$$

8.2.2 基于载波相位测量值测距

载波相位在分米级、厘米级的卫星导航精密定位中起关键作用。根据载波信号在传播途径上的位置不同,同一时刻有不同的相位值。载波相位的测量方法如图 8-3 所示,点 S 表示卫星信号发射机的零相位中心点。在载波信号传播途径上的 A 点与 S 点相距半个波长(0.5λ),且在任一时刻 A 点的载波相位始终落后 S 点的相位 180°。可以看出,传播途径上

的点离 S 点越远，该点的载波相位就越落后。如果能够测量出传播途径上两点间的载波相位差，则这两点之间的距离就可以被推算出来。B 点的载波相位距离 S 点是 $(N+0.5)\lambda$，其中 N 是一个未知的整数。同样，如果将接收机 R 点的载波相位与 S 点的相位比较，可以得到卫星和接收机之间的距离，只是该距离值中包含一个未知的整数周波长。这就是利用载波相位差进行距离测量的基本原理，但这种测量存在整周模糊度。

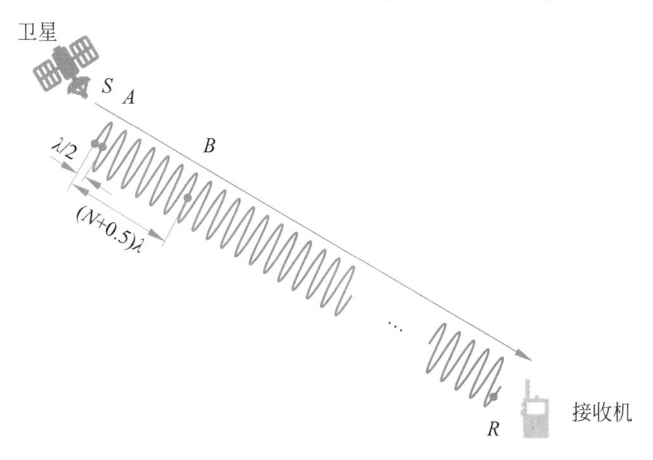

图 8-3　载波相位的测量方法

为了获得从卫星到接收机的距离，接收机需要在同一时刻测量载波在接收机 R 点及在卫星 S 点的相位，然后计算二者的相位差。以下介绍接收机测量载波相位差的工作原理，其中接收机产生一个载波信号副本。先假设接收机和卫星保持相对静止，且二者的时钟完全同步、同相，那么当接收机以卫星载波信号的中心频率为频率值复制载波相位信号时，在任何时刻接收机的复制载波信号相位就等于实际的卫星载波信号在卫星端的相位。若接收机采样时刻为 t_u，接收机内部复制的载波相位为 φ_u，接收机端测量带的卫星载波信号的相位为 $\varphi^{(s)}$，则载波相位测量值 ϕ 定义为接收机复制载波信号的相位 φ_u 与接收机接收到的卫星载波信号的相位 $\varphi^{(s)}$ 的差，即

$$\phi=\varphi_u-\varphi^{(s)} \tag{8-41}$$

式中，各个载波相位和相位差均以周为单位，即一个载波的波长。以周为单位的载波相位测量值 ϕ 乘以波长 λ 就可得出以距离单位表示的载波相位测量值。假设载波相位的测量不受钟差、大气时延等误差的干扰，则可得出信号传播途径上两点间的载波相位差与距离的关系为

$$\phi=\lambda^{-1}r-N \tag{8-42}$$

式中，r 仍为卫星与接收机之间的几何距离，N 是整周模糊度。若能确定载波相位测量值 ϕ 中的整周模糊值 N，则可根据式(8-42)，由 ϕ 反推出几何距离 r。

以上都是假设卫星与接收机保持相对静止，但当卫星与接收机之间有相对运动，式(8-41)和式(8-42)仍成立。卫星与接收机的相对运动使载波相位测量值 ϕ 发生变化，而变化大小反映了卫星与接收机在它们连线方向上的距离变化量。

【例 8-2】　在一次测量中，已测得测量信号的载波在卫星处的相位为 315°，测量信号的载波在接收机处的相位为 180°，那么载波相位差 ϕ 是多少？

【解 8-2】　因为接收机处的相位小于卫星处的相位，所以从测量的整周中取出一周加

到接收机处的相位，因此

$$\phi = 135° + 360° - 315° = 180° = 0.5 \text{ 周}$$

8.2.3 基于多普勒观测值测速

假设有一个卫星发射频率为 f^{s} 的信号，接收机以卫星为参考的相对速度 $\boldsymbol{v}^{s}$ 运动，当接收机接收到信号时，信号频率为 $f_{r} = f^{s} + f_{d}$，信号的频率发生了变化，则把信号接收频率 f_{r} 随卫星与接收机的相对运动而发生变化的现象称为多普勒效应，f_{d} 称为多普勒频率，如图 8-4 所示。从电磁波传播的基本理论可以推导出多普勒频率值的计算公式

$$f_{d} = \frac{\boldsymbol{v}^{s}}{\lambda}\cos\beta = \frac{f^{s}}{c}\boldsymbol{v}^{s}\cos\beta \tag{8-43}$$

$$\cos\beta = \frac{\boldsymbol{x}_{r} - \boldsymbol{x}^{s}}{\|\boldsymbol{x}_{r} - \boldsymbol{x}^{s}\|} \tag{8-44}$$

式中，λ 为与信号发射频率 f^{s} 相对应的信号波长，$\boldsymbol{x}^{s}$ 为卫星的位置矢量，$\boldsymbol{x}_{r}$ 为接收机的位置矢量，β 为信号入射角，c 为光速。由式(8-43)可知，多普勒频率值 f_{d} 与接收机和卫星的相对运动速度 $\boldsymbol{v}^{s}$ 有关。因此，多普勒观测值可用于测量用户接收机的运动速度。

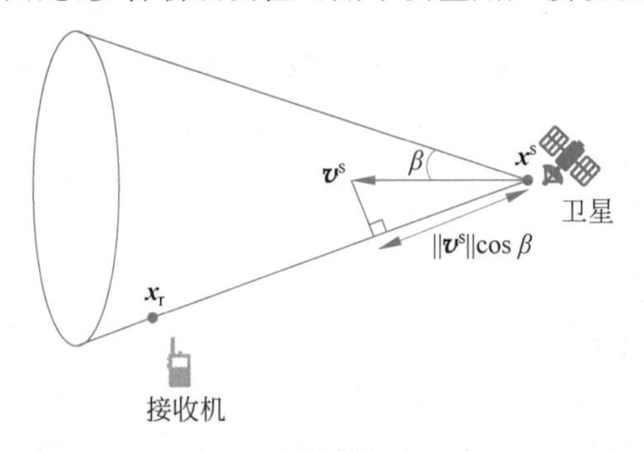

图 8-4 多普勒频率示意

8.3 卫星定位原理

卫星导航利用到达时间测距原理来确定目标接收机位置。假设卫星位置是精确已知的，并且卫星时钟和用户接收机时钟同步。此时，用测量得到的卫星信号至用户接收机所经历的时间将乘以信号传播速度，便得到卫星相对用户接收机之间的距离。用户接收机的位置在以卫星为圆心，确定距离为半径的球面上。如果同时测量 4 颗卫星分别到用户接收机之间的距离，则用户接收机的位置就确定在以 4 颗卫星为球心的球面交点上。伪距的测量示意如图 8-5 所示。

图 8-5 伪距的测量示意

8.3.1 伪距单点定位原理

定义 8.5 **伪距**：由于接收机时钟与卫星时钟不同步，卫星时钟与系统时之间存在偏差，接收机时钟与系统时之

间存在偏差，信号传播过程中的附加路径时延，以及测量噪声等，导致测量得到的距离值并非卫星与接收机之间的实际距离，而是包含测量误差的，因此把这个距离称为伪距。

在实际情况中，因为测量噪声、附加路径时延等因素造成的距离误差与时钟不同步造成的距离误差相比，可以忽略不计，所以在后面对伪距单点定位原理的讲解中，将省略除时钟误差以外的其他误差。

伪距的测量如图 8-6 所示。假设卫星 S 发射信号时的系统时为 t_S，卫星时钟读数为 $t_1=t_S+\delta t_S$。接收机接收信号的系统时为 t_r，接收机时钟读数为 $t_2=t_r+\delta t_r$。卫星时钟与系统时的偏差量记为 δt_S，超前为正，时延为负。接收机时钟与系统时的偏差量记为 δt_r，c 表示光速。则卫星与接收机之间的距离为 $r=c(t_r-t_S)=c\Delta t$，伪距 ρ 定义为

$$\rho=c[(t_r+\delta t_r)-(t_S+\delta t_S)]=r+c(\delta t_r-\delta t_S) \tag{8-45}$$

式中，卫星时钟和系统时的偏移 δt_S 是由卫星时钟的偏差和漂移组成的，通过地面站对卫星时钟偏移进行修正。这里假设 δt_S 已经被修正，忽略不计。

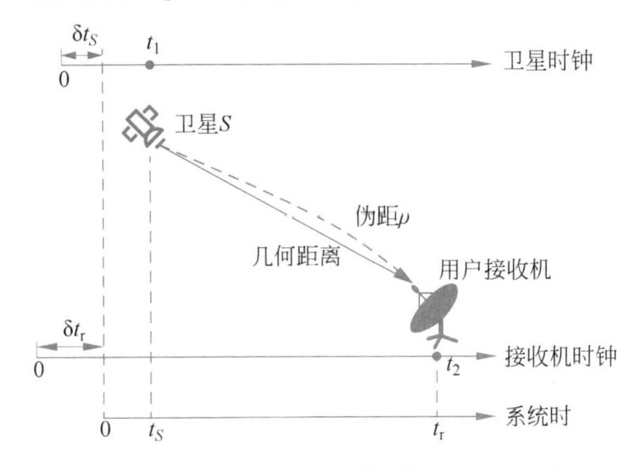

图 8-6 伪距的测量

假设未知的用户接收机位置的坐标向量为$[X_U,Y_U,Z_U]^T$，第 n 颗卫星的位置坐标向量为$[X_S^n,Y_S^n,Z_S^n]^T$。对 4 颗卫星进行伪距测量，得到一个四元非线性方程

$$\begin{cases}\sqrt{(X_S^1-X_U)^2+(Y_S^1-Y_U)^2+(Z_S^1-Z_U)^2}+c\delta t_r=\rho_1\\ \sqrt{(X_S^2-X_U)^2+(Y_S^2-Y_U)^2+(Z_S^2-Z_U)^2}+c\delta t_r=\rho_2\\ \sqrt{(X_S^3-X_U)^2+(Y_S^3-Y_U)^2+(Z_S^3-Z_U)^2}+c\delta t_r=\rho_3\\ \sqrt{(X_S^4-X_U)^2+(Y_S^4-Y_U)^2+(Z_S^4-Z_U)^2}+c\delta t_r=\rho_4\end{cases} \tag{8-46}$$

其中，每一个方程对应一颗可见星的伪距测量值。每颗卫星的位置坐标可以通过各自星历计算获得。通过求解上述方程，获得用户接收机位置和接收机时钟偏移。若知道用户接收机的近似位置(X_0,Y_0,Z_0)，可以确定用户接收机实际位置(X_U,Y_U,Z_U)及接收机时钟偏差量 δt_r，一般的做法是在用户近似位置坐标附近做泰勒级数展开，便可将实际位置与近似位置之间的偏移表示为已知坐标和伪距测量值的线性函数。

利用近似位置(X_0,Y_0,Z_0)和近似时钟偏差 δt_{r0}，可以计算出近似伪距：

$$\hat{\rho}_i=\sqrt{(X_S^i-X_0)^2+(Y_S^i-Y_0)^2+(Z_S^i-Z_0)^2}+c\delta t_{r0}=f(X_0,Y_0,Z_0,\delta t_{r0}) \tag{8-47}$$

用户接收机位置和接收机时钟偏差由近似分量和增量组成，即

$$\begin{cases} X_{\mathrm{U}}=X_0+\Delta X \\ Y_{\mathrm{U}}=Y_0+\Delta Y \\ Z_{\mathrm{U}}=Z_0+\Delta Z \\ \delta t_{\mathrm{r}}=\delta t_{\mathrm{r0}}+\Delta\delta t_{\mathrm{r}} \end{cases} \tag{8-48}$$

可以得到

$$f(X_{\mathrm{U}},Y_{\mathrm{U}},Z_{\mathrm{U}},\delta t_{\mathrm{r}})=f(X_0+\Delta X,Y_0+\Delta Y,Z_0+\Delta Z,\delta t_{\mathrm{r0}}+\Delta\delta t_{\mathrm{r}}) \tag{8-49}$$

进行泰勒展开可得

$$\begin{aligned} & f(X_0+\Delta X,Y_0+\Delta Y,Z_0+\Delta Z,\delta t_{\mathrm{r0}}+\Delta\delta t_{\mathrm{r}}) \\ &= f(X_0,Y_0,Z_0,\delta t_{\mathrm{r0}})+\frac{\partial f(X_0,Y_0,Z_0,\delta t_{\mathrm{r0}})}{\partial X_0}\Delta X+ \\ &\quad \frac{\partial f(X_0,Y_0,Z_0,\delta t_{\mathrm{r0}})}{\partial Y_0}\Delta Y+\frac{\partial f(X_0,Y_0,Z_0,\delta t_{\mathrm{r0}})}{\partial Z_0}\Delta Z+\frac{\partial f(X_0,Y_0,Z_0,\delta t_{\mathrm{r0}})}{\partial \delta t_{\mathrm{r0}}}\Delta\delta t+\cdots \end{aligned} \tag{8-50}$$

保留一次项，省略高次项，将非线性函数线性化，可得

$$\begin{cases} \dfrac{\partial f(X_0,Y_0,Z_0,\delta t_{\mathrm{r0}})}{\partial X_0}=-\dfrac{X_{\mathrm{S}}^i-X_0}{r_i}=-a_{xi} \\ \dfrac{\partial f(X_0,Y_0,Z_0,\delta t_{\mathrm{r0}})}{\partial Y_0}=-\dfrac{Y_{\mathrm{S}}^i-Y_0}{r_i}=-a_{yi} \\ \dfrac{\partial f(X_0,Y_0,Z_0,\delta t_{\mathrm{r0}})}{\partial Z_0}=-\dfrac{Z_{\mathrm{S}}^i-Z_0}{r_i}=-a_{zi} \\ \dfrac{\partial f(X_0,Y_0,Z_0,\delta t_{\mathrm{r0}})}{\partial \delta t_{\mathrm{r0}}}=c \end{cases} \tag{8-51}$$

其中，

$$r_i=\sqrt{(X_{\mathrm{S}}^i-X_0)^2+(Y_{\mathrm{S}}^i-Y_0)^2+(Z_{\mathrm{S}}^i-Z_0)^2}\quad(i=1,2,3,4) \tag{8-52}$$

可得

$$\rho_i=\hat{\rho}_i-a_{x1}\Delta X-a_{y1}\Delta Y-a_{z1}\Delta Z+c\delta t_{\mathrm{r0}} \tag{8-53}$$

将式(8-53)展开后可得

$$\begin{cases} a_{x1}\Delta X+a_{y1}\Delta Y+a_{z1}\Delta Z-c\delta t_{\mathrm{r0}}=\hat{\rho}_1-\rho_1 \\ a_{x2}\Delta X+a_{y2}\Delta Y+a_{z2}\Delta Z-c\delta t_{\mathrm{r0}}=\hat{\rho}_2-\rho_2 \\ a_{x3}\Delta X+a_{y3}\Delta Y+a_{z3}\Delta Z-c\delta t_{\mathrm{r0}}=\hat{\rho}_3-\rho_3 \\ a_{x4}\Delta X+a_{y4}\Delta Y+a_{z4}\Delta Z-c\delta t_{\mathrm{r0}}=\hat{\rho}_4-\rho_4 \end{cases} \tag{8-54}$$

令

$$\boldsymbol{G}=\begin{bmatrix} a_{x1} & a_{y1} & a_{z1} & 1 \\ a_{x2} & a_{y2} & a_{z2} & 1 \\ a_{x3} & a_{y3} & a_{z3} & 1 \\ a_{x4} & a_{y4} & a_{z4} & 1 \end{bmatrix} \tag{8-55}$$

$$\Delta\rho_i=\rho_i-\hat{\rho}_i \tag{8-56}$$

写成矩阵形式为

$$\boldsymbol{G}\begin{bmatrix}\Delta X\\ \Delta Y\\ \Delta Z\\ -c\delta t_{r0}\end{bmatrix}=\begin{bmatrix}\Delta\rho_1\\ \Delta\rho_2\\ \Delta\rho_3\\ \Delta\rho_4\end{bmatrix} \tag{8-57}$$

矩阵 $\boldsymbol{G}$ 非奇异并且可逆，因此可得

$$\begin{bmatrix}\Delta X\\ \Delta Y\\ \Delta Z\\ -c\delta t_{r0}\end{bmatrix}=\boldsymbol{G}^{-1}\begin{bmatrix}\Delta\rho_1\\ \Delta\rho_2\\ \Delta\rho_3\\ \Delta\rho_4\end{bmatrix} \tag{8-58}$$

由式(8-58)解得用户接收机实际位置与近似位置之间的差异值($\Delta X,\Delta Y,\Delta Z$)，以及实际时钟偏差与近似时钟偏差之间的差异值 δt_{r0}，若位置差异值低于误差要求，便可以计算出用户接收机实际位置，以及实际时钟偏差值($X_U,Y_U,Z_U,\delta t_r$)。否则，可以求解出的目标接收机位置和时钟偏差值作为近似值($X_0,Y_0,Z_0,\delta t_{r0}$)进行迭代，直到差异值满足阈值要求。

【例 8-3】 设用户近似坐标为(X_0,Y_0,Z_0)=(−720000，−5430000，3330000)，4 颗 GNSS 卫星的坐标分别为

$(X_S^1,Y_S^1,Z_S^1)=(15523371.175\quad -16649926.233\quad 13512272.387)$

$(X_S^2,Y_S^2,Z_S^2)=(-2304058.534\quad -23287906.465\quad 11917038.105)$

$(X_S^3,Y_S^3,Z_S^3)=(16681243.357\quad -3070625.561\quad 20378551.047)$

$(X_S^4,Y_S^4,Z_S^4)=(-14800931.395\quad -21426358.240\quad 6069947.224)$

假设钟差为 0，伪距观测值分别为

$\rho_1=22206656.038\quad \rho_2=19869590.179\quad \rho_3=24471743.127\quad \rho_4=21480377.802$

利用伪距单点定位解算用户位置(以上单位均为 m)。

【解 8-3】

① 计算用户近似坐标到不同卫星的距离

$$\begin{cases}\sqrt{(X_S^1-X_0)^2+(Y_S^1-Y_0)^2+(Z_S^1-Z_0)^2}=\rho_{01}=22212890.914\\ \sqrt{(X_S^2-X_0)^2+(Y_S^2-Y_0)^2+(Z_S^2-Z_0)^2}=\rho_{02}=19878412.617\\ \sqrt{(X_S^3-X_0)^2+(Y_S^3-Y_0)^2+(Z_S^3-Z_0)^2}=\rho_{03}=24474946.597\\ \sqrt{(X_S^4-X_U)^2+(Y_S^4-Y_U)^2+(Z_S^4-Z_U)^2}=\rho_{04}=21486354.197\end{cases}$$

② 计算系数矩阵 $\boldsymbol{G}$

$$\boldsymbol{G}=\begin{bmatrix}a_{x1} & a_{y1} & a_{z1}\\ a_{x2} & a_{y2} & a_{z2}\\ a_{x3} & a_{y3} & a_{z3}\\ a_{x4} & a_{y4} & a_{z4}\end{bmatrix}=\begin{bmatrix}-0.731259 & 0.505109 & -0.458395\\ 0.079687 & 0.898357 & -0.431978\\ -0.710982 & -0.096400 & -0.696572\\ 0.655343 & 0.744489 & -0.127520\end{bmatrix}$$

③ 求解用户坐标修正量，由于系数矩阵是超定矩阵，采用最小二乘法求解

$$\begin{bmatrix}\Delta X\\ \Delta Y\\ \Delta Z\end{bmatrix}=(\boldsymbol{G}^{\mathrm{T}}\boldsymbol{G})^{-1}\boldsymbol{G}^{\mathrm{T}}\begin{bmatrix}\Delta\rho_1\\ \Delta\rho_2\\ \Delta\rho_3\\ \Delta\rho_4\end{bmatrix}=(\boldsymbol{G}^{\mathrm{T}}\boldsymbol{G})^{-1}\boldsymbol{G}^{\mathrm{T}}\begin{bmatrix}\rho_1-\rho_{01}\\ \rho_2-\rho_{02}\\ \rho_3-\rho_{03}\\ \rho_4-\rho_{04}\end{bmatrix}=\begin{bmatrix}124.584\\ -7201.344\\ 5468.462\end{bmatrix}$$

④ 求解用户坐标 $X_{\mathrm{U}}=X_0+\Delta X, Y_{\mathrm{U}}=Y_0+\Delta Y, Z_{\mathrm{U}}=Z_0+\Delta Z$。

⑤ 求解用户坐标与 4 颗卫星之间的伪距值，并且与观测值作差，若不满足最大误差准则，则将求解用户坐标作为近似位置进行迭代，直到满足为止。

8.3.2 卫星无线电测定业务定位原理

定义 8.6 **RDSS**：卫星无线电测定业务(Radio Determination Satellite Service，RDSS)是一种利用地面站解算到导航卫星和用户接收机的距离来解算用户位置的一种定位方式，与伪距单点定位原理相比，所需卫星可降低到 2 颗，但由于位置解算由地面站完成，因此实时性和动态解算能力不如伪距单点定位方法，在北斗一代和二代系统中都采用了这种定位方法。RDSS 定位原理如图 8-7 所示。

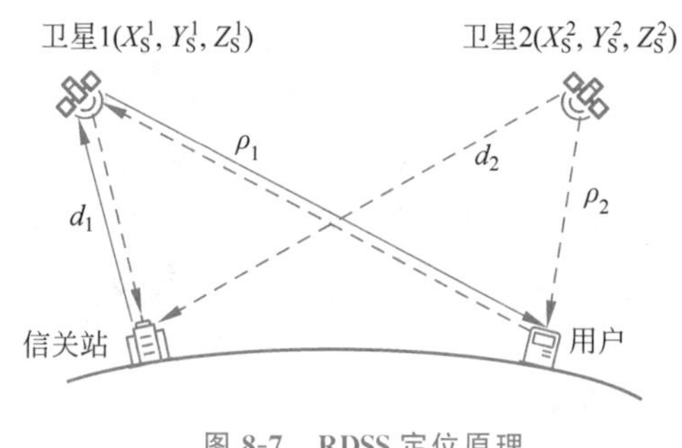

图 8-7　RDSS 定位原理

由双向测距得到信号传播距离为

$$\begin{cases}l_1=2(\rho_1+d_1)\\ l_2=\rho_2+d_2+\rho_1+d_1\end{cases}\tag{8-59}$$

其中，ρ_1、ρ_2 为用户到卫星 1、卫星 2 之间的距离，d_1、d_2 为测量站到卫星 1、卫星 2 之间的距离，l_1 和 l_2 为实际观测量。

相似椭球法如图 8-8 所示，已知地球长半轴为 a，短半轴为 b，卯酉圈曲率半径为 N，假设用户地面高度为 h，经过用户坐标点做一个与地球椭球相似的椭球，其长半轴为 a_{U}，短半轴为 b_{U}，卯酉圈曲率半径为 N_{U}。

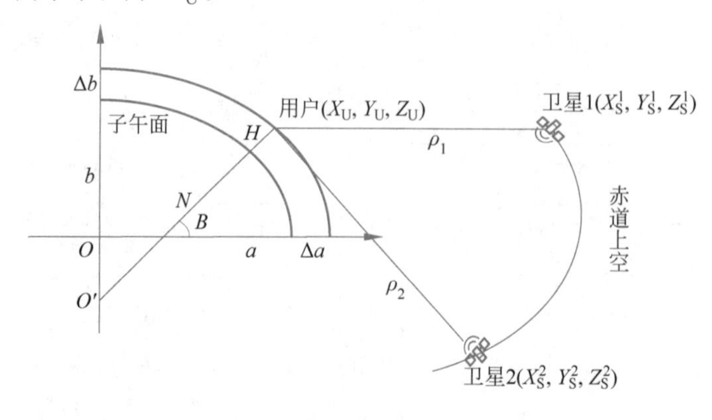

图 8-8　相似椭球法

则相似椭球方程为

$$\frac{X_U^2+Y_U^2}{a_U^2}+\frac{Z_U^2}{b_U^2}=1 \tag{8-60}$$

相似椭球与地球的长短半轴，以及曲率半径的关系为

$$a_U=a+\Delta a,\quad b_U=b+\Delta b,\quad N_U=N+h \tag{8-61}$$

可得

$$\frac{a_U}{a}=\frac{b_U}{b}=\frac{N+h}{N} \tag{8-62}$$

可推得

$$\begin{cases} a_U=a+\dfrac{a}{N}h \\ b_U=b+\dfrac{b}{N}h \end{cases} \tag{8-63}$$

联合 $b_U^2/a_U^2=1-e^2$（e 是地球偏心率），得出

$$(1-e^2)(X_U^2+Y_U^2)+Z_U^2=\left[\frac{b}{N}(N+h)\right]^2 \tag{8-64}$$

下一步得出

$$N+h=\frac{N}{b}\sqrt{(1-e^2)(X_U^2+Y_U^2)+Z_U^2} \tag{8-65}$$

将距离用坐标表示，可得

$$\begin{cases} l_1=2\sqrt{(X_S^1-X_U)^2+(Y_S^1-Y_U)^2+(Z_S^1-Z_U)^2}+2d_1 \\ l_2=\sqrt{(X_S^1-X_U)^2+(Y_S^1-Y_U)^2+(Z_S^1-Z_U)^2}+ \\ \qquad \sqrt{(X_S^2-X_U)^2+(Y_S^2-Y_U)^2+(Z_S^2-Z_U)^2}+d_1+d_2 \\ l_3=N+h=\dfrac{N}{b}\sqrt{(1-e^2)(X_U^2+Y_U^2)+Z_U^2} \end{cases} \tag{8-66}$$

其中，$\boldsymbol{L}=(l_1,l_2,l_3)$为观测值，卫星 i 位置$\boldsymbol{S_i}=(X_S^i,Y_S^i,Z_S^i)$，用户近似坐标$\boldsymbol{U}_0=(X_0,Y_0,Z_0)$，用户实际位置$\boldsymbol{U}=(X_U,Y_U,Z_U)$，位置差异$\Delta\boldsymbol{U}=(\Delta X,\Delta Y,\Delta Z)$。由于上述方程为非线性方程组，将其线性化的方法为在用户近似坐标处进行一阶泰勒展开。

$$\begin{bmatrix} \dfrac{\partial l_1}{\partial X_U} & \dfrac{\partial l_1}{\partial Y_U} & \dfrac{\partial l_1}{\partial Z_U} \\ \dfrac{\partial l_2}{\partial X_U} & \dfrac{\partial l_2}{\partial Y_U} & \dfrac{\partial l_2}{\partial Z_U} \\ \dfrac{\partial l_3}{\partial X_U} & \dfrac{\partial l_3}{\partial Y_U} & \dfrac{\partial l_3}{\partial Z_U} \end{bmatrix} \begin{bmatrix} \Delta X \\ \Delta Y \\ \Delta Z \end{bmatrix}=\begin{bmatrix} l_1-l_{10} \\ l_2-l_{20} \\ l_3-l_{30} \end{bmatrix} \tag{8-67}$$

其中，l_{i0} 是将用户近似坐标$\boldsymbol{U}_0=(X_0,Y_0,Z_0)$替代用户实际位置$\boldsymbol{U}=(X_U,Y_U,Z_U)$后的观测值。式(8-67)左侧系数矩阵为

$$G=\begin{bmatrix}\dfrac{2(X_S^1-X_0)}{r_1} & \dfrac{2(Y_S^1-Y_0)}{r_1} & \dfrac{2(Z_S^1-Z_0)}{r_1}\\ \dfrac{X_S^1-X_0}{r_1}+\dfrac{X_S^2-X_0}{r_2} & \dfrac{Y_S^1-Y_0}{r_1}+\dfrac{Y_S^2-Y_0}{r_2} & \dfrac{Z_S^1-Z_0}{r_1}+\dfrac{Z_S^2-Z_0}{r_2}\\ \left(\dfrac{N_0}{a}\right)^2\dfrac{X_0}{N_0+H} & \left(\dfrac{N_0}{a}\right)^2\dfrac{Y_0}{N_0+H} & \left(\dfrac{N_0}{b}\right)^2\dfrac{Z_0}{N_0+H}\end{bmatrix} \tag{8-68}$$

其中，

$$r_1=\sqrt{(X_S^1-X_0)^2+(Y_S^1-Y_0)^2+(Z_S^1-Z_0)^2}$$

$$r_2=\sqrt{(X_S^2-X_0)^2+(Y_S^2-Y_0)^2+(Z_S^2-Z_0)^2}$$

$$N_0=\frac{a}{\sqrt{1-e^2\sin^2 B}}$$

$$\tan B=\frac{1}{\sqrt{X_U^2+Y_U^2}}\left[Z_U+\frac{ae^2\tan B}{\sqrt{1+(1-e^2)\tan^2 B}}\right]$$

【例 8-4】 设卫星 S_1 坐标(X_S^1,Y_S^1,Z_S^1)和 S_2 坐标(X_S^2,Y_S^2,Z_S^2)分别为 42164000(cos80°,sin80°,0)和 42164000(cos140°,sin140°,0)，地面控制中心的坐标为$(X_3,Y_3,Z_3)=$ 6378137(cos40°cos116. 4°，cos40°sin116. 4°，sin40°)，观测值 $L_1=1.52898\times10^8$ m，$L_2=1.51838\times10^8$ m。测站大地坐标取为$(B,L,h)=(30°38',114°17',50\text{m})$。计算其系数矩阵 $\boldsymbol{A}$。

地球椭球长半轴 $a=6378137$。

地球椭球短半轴 $b=6356755$。

地球椭球偏心率 $e=0.081819190742622$。

卫星轨道半径 $Rh=42164000$。

地球半径 $R=6378137$。

$$B=\left(30+\frac{38}{60}\right)\times\frac{\pi}{180},\quad L=\left(114+\frac{17}{60}\right)\times\frac{\pi}{180},$$

$$H=50,\quad N_0=\frac{a}{\sqrt{1-e^2\sin^2 B}}=6383687.10$$

注：大地坐标系中任一点可以表示为坐标向量(x_d,y_d,z_d)或者纬度、经度和大地高度(B,L,h)。ECEF 与大地坐标系之间的转换为

$$\begin{bmatrix}B\\L\\h\end{bmatrix}=\begin{bmatrix}\arctan\left[\tan\phi\left(1+\dfrac{ae^2}{Z}\dfrac{\sin B}{\sqrt{1-e^2\sin^2 B}}\right)\right]\\ \arctan\left(\dfrac{Y}{X}\right)\\ \dfrac{R\cos\phi}{\cos B}-N\end{bmatrix}$$

【解 8-4】 ① 空间直角坐标系与大地坐标系的转换关系为

$$X_0=(N_0+h)\cos B\cos L=-2.25893\times10^6$$

$$Y_0=(N_0+h)\cos B\sin L=5.00687\times 10^6$$

$$Z_0=(N_0(1-e^2)+h)\sin B=3.23101\times 10^6$$

② 计算卫星 S_1 和卫星 S_2 及地面控制中心的空间直角坐标系：

$$\sqrt{(X_1-X_0)^2+(Y_1-Y_0)^2+(Z_1-Z_0)^2}=\rho_{01}=3.78905\times 10^7$$

$$\sqrt{(X_2-X_0)^2+(Y_2-Y_0)^2+(Z_2-Z_0)^2}=\rho_{02}=3.74312\times 10^7$$

$$\sqrt{(X_1-X_3)^2+(Y_1-Y_3)^2+(Z_1-Z_3)^2}=S_{01}=3.85597\times 10^7$$

$$\sqrt{(X_2-X_3)^2+(Y_2-Y_3)^2+(Z_2-Z_3)^2}=S_{02}=3.79595\times 10^7$$

③ 计算系数矩阵：

$$\boldsymbol{G}=\begin{bmatrix} \dfrac{2\times(X_1-X_0)}{\rho_{01}} & \dfrac{2\times(Y_1-Y_0)}{\rho_{01}} & \dfrac{2\times(Z_1-Z_0)}{\rho_{01}} \\ \dfrac{X_1-X_0}{\rho_{01}}+\dfrac{X_2-X_0}{\rho_{02}} & \dfrac{Y_1-Y_0}{\rho_{01}}+\dfrac{Y_2-Y_0}{\rho_{02}} & \dfrac{Z_1-Z_0}{\rho_{01}}+\dfrac{Z_2-Z_0}{\rho_{02}} \\ \left(\dfrac{N_0}{a}\right)^2\dfrac{X_0}{N_0+h} & \left(\dfrac{N_0}{a}\right)^2\dfrac{Y_0}{N_0+h} & \left(\dfrac{N_0}{b}\right)^2\dfrac{Z_0}{N_0+h} \end{bmatrix}$$

$$=\begin{bmatrix} 0.505702 & 1.92748 & -0.170545 \\ -0.549704 & 1.55404 & -0.171591 \\ -3.547705 & 0.786341 & 0.510857 \end{bmatrix}$$

8.3.3　精密定位基本原理

为进一步提高卫星定位的精度，实现精密定位，需要尽量降低或消除引起定位误差的因素，卫星差分定位技术发挥着关键作用。本节基于 GPS 和 GNSS 的差分定位系统，从卫星差分定位的基本原理展开，探讨两种差分定位技术的区别和联系，深入分析不同技术的应用场景。

1. 差分定位技术基本原理

差分定位技术的基本工作原理是，利用卫星时钟误差、卫星星历误差、电离层时延与对流层时延等系统误差所具有的空间和时间的相关性，对定位结果进行改正，从而提高定位精度。需要特别注意的是，在同一区域范围内的接收机，卫星误差源在空间和时间上高度相关，如果可以设立一个或多个参考点，针对误差进行测量，为接收机实时提供修正信息，可以提升定位的精度。参考点实际上就是以选定的接收机作为参考，该接收机所在位置即可称为基准站，对应的接收机也被称为基准站接收机。基准站的坐标位置点是确切已知的，于是可以通过基准站接收机对卫星的距离测量值与真实位置相比较，得到基准站接收机对这个卫星的测量误差。卫星差分定位技术分类很多，包括绝对差分定位和相对差分定位，局域、区域和广域，单差、双差和三差等多种形式。

2. 基于伪距测量的差分定位技术

伪距差分是目前使用最广泛的一种差分技术，覆盖了几乎所有的商用差分 GPS 接收机。它是通过基准站产生伪距差分校正量，然后，用户接收机利用差分校正量进行误差消除的方法。伪距差分系统原理如图 8-9 所示，如果基准站不能确定其具体位置的坐标误差，则将其所观测到的每颗卫星的伪距校正传递给用户接收机。若基准站具备已知位置坐标，那么可以利用已知的测量位置来估计误差,并且以校正的形式向用户提供该信息,用户的定位精度会有很大的改善。

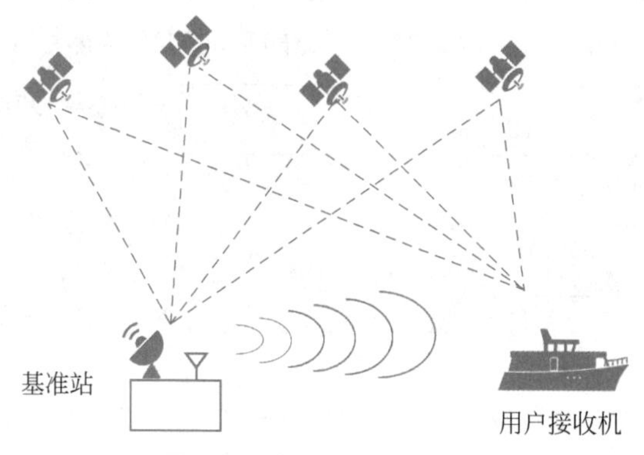

图 8-9 伪距差分系统原理

假设第 i 颗卫星在 t 时刻的 ECEF 中的坐标位置为(x_i, y_i, z_i),同时通过测量得到基准站的坐标位置为(x_n, y_n, z_n),则从卫星和基准站之间的基准距离 L_n^i 为

$$L_n^i = \sqrt{(x_i - x_n)^2 + (y_i - y_n)^2 + (Z_i - Z_n)^2} \tag{8-69}$$

若基准站对第 i 颗卫星的伪距测量值为 ρ_n^i,δt_n 为在特定的公共时标(GPS 或 GNSS 等卫星系统时)下的基准站钟差,ε_n 为卫星信号传播中的各项误差(包含由多径和接收机噪声在内引起的伪距测量误差等),可表示为

$$\rho_n^i = L_n^i + c\delta t_n + \varepsilon_n \tag{8-70}$$

其中,c 表示光速。

利用式(8-70)可得基于伪距的差分校正量 $\Delta\rho_n^i$。假设用户 u 对第 i 颗卫星在 t 时刻的伪距测量值为 ρ_u^i,卫星和用户接收机的真实几何距离为 L_u^i,则针对用户接收机对同一卫星的观测量进行校正为

$$\Delta\rho_n^i = L_n^i - \rho_n^i = -c\delta t_n - \varepsilon_n \tag{8-71}$$

$$\rho_u^i + \Delta\rho_n^i = L_u^i + c\delta t_u + \varepsilon_u + (-c\delta t_n - \varepsilon_n) \tag{8-72}$$

对于局域差分系统而言,用户接收机同基准站之间的基线距离较短,除多径和接收机噪声外,卫星 i 在两者位置的电离层误差、对流层时延等各项伪距测量误差大致相同,因此校正后的伪距测量值为

$$\rho_{u,c}^i = L_u^i + \varepsilon_{un} + c\delta t_{un} \tag{8-73}$$

式中,$\varepsilon_{un} = \varepsilon_u - \varepsilon_n$ 为剩余的伪距误差,$\delta t_{un} = \delta t_u - \delta t_n$ 为用户接收机钟差和基准站接收机的钟差的差值,利用坐标表示为

$$\rho_{u,c}^i = \sqrt{(x_i - x_u)^2 + (y_i - y_u)^2 + (Z_i - Z_u)^2} + \varepsilon_{un} + c\delta t_{un} \tag{8-74}$$

因此,用户接收机用伪距测量值去除了电离层时延、对流层时延误差和卫星钟差;同时,基准站可以提供所观测到的卫星全部的伪距修正量,用户接收机可以基于对 4 颗卫星或多颗卫星的伪距测量后实现更加高精度的定位。

【例 8-5】 在一次单点位置差分定位中,已知基准站的位置坐标为(90,36,134),基准站通过卫星测得自己的位置坐标为(89,35,135),请问基准站应向短基线内的用户播发的位置差分校正数分别是什么?

【解 8-5】 基准站应向用户播发的位置差分校正数分别为

$$\Delta X = 90 - 89 = 1$$

$$\Delta Y = 36 - 35 = 1$$

$$\Delta Z = 134 - 135 = -1$$

为了提升系统差分服务效率，提供更精准的定位，基准站还发送伪距变化率校正，让用户接收机实现伪距测量误差的补偿。于是，在 t_m 时刻传输的伪距校正 $\Delta\rho_n^i(t_m)$ 和伪距变化率 $\Delta\dot{\rho}_n^i(t_m)$ 为

$$\begin{cases} \Delta\rho_n^i(t_m) = L_n^i(t_m) - \rho_n^i(t_m) \\ \Delta\dot{\rho}_n^i(t_m) = \Delta\rho_n^i(t_m)/\Delta t \end{cases} \tag{8-75}$$

因此，用户接收机根据其在 t 时刻，调整对第 i 颗卫星的伪距校正量变化为

$$\Delta\rho_n^i(t) = \Delta\rho_n^i(t_m) + \Delta\dot{\rho}_n^i(t_m)(t - t_m) \tag{8-76}$$

那么，在 t 时刻进行差分校正的用户接收机的伪距测量值为

$$\rho_{u,c}^i(t) = \rho_{u,c}^i(t_m) + \Delta\rho_n^i(t_m) \tag{8-77}$$

通过对 4 颗或更多颗卫星进行伪距测量后，用户接收机可以根据 8.3 节中讨论的定位坐标解算方法之一确定接收机位置。

3. 基于载波相位测量的差分定位技术

1）单差

每个单差测量值只包含两台接收机在同一时刻对同一卫星的测量值，它是两个基准站对同一颗卫星测量值的一次差分，消除了大气时延和卫星钟差；每个双差测量值都包含两台接收机在同一时刻对两颗卫星的测量值，它在两颗不同卫星的单差之间进行差分，即在站间和星间各求一次差分，消除了接收机钟差；每个三差测量值包含两台接收机在两个时刻对两颗卫星的载波相位测量值，它对两个测量时刻的双差再进行差分，可以消除整周模糊度。单差、双差和三差示意如图 8-10 所示。

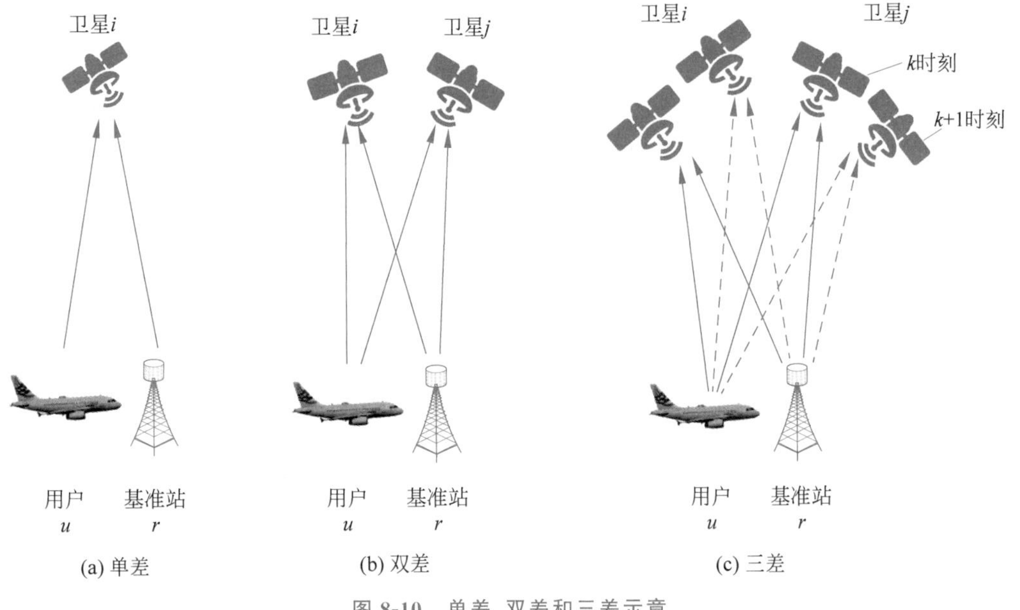

图 8-10　单差、双差和三差示意

两台相距不远的用户接收机 u 和基准站接收机 n 同时跟踪测量一颗编号为 i 的卫星，以波长单位表示的接收机 u 和 n 对卫星 i 的载波相位测量值可分别表示为

$$\phi_u^{(i)} = \lambda^{-1}(r_u^{(i)} - I_u^{(i)} + T_u^{(i)}) + f(\delta t_u - \delta t^{(i)}) + N_u^{(i)} + \varepsilon_{\phi,u}^{(i)} \tag{8-78}$$

$$\phi_n^{(i)} = \lambda^{-1}(r_n^{(i)} - I_n^{(i)} + T_n^{(i)}) + f(\delta t_n - \delta t^{(i)}) + N_n^{(i)} + \varepsilon_{\phi,n}^{(i)} \tag{8-79}$$

其中，$N_u^{(i)}$ 和 $N_n^{(i)}$ 分别为接收机 u 和 n 对卫星 i 的载波相位测量的整周模糊度，$r_u^{(i)}$ 和 $r_n^{(i)}$ 分别为接收机 u 和 n 与卫星 i 之间的几何距离。观察式(8-78)和式(8-79)，关心接收机几何距离，其他的误差参量可以通过差分消除。将式(8-78)和式(8-79)做差得两台接收机的载波相位测量值之差，即

$$\phi_{un}^{(i)} = \lambda^{-1}(r_{un}^{(i)} - I_{un}^{(i)} + T_{un}^{(i)}) + f\delta t_{un} + N_{un}^{(i)} + \varepsilon_{\phi,un}^{(i)} \tag{8-80}$$

当用户和基准站相距不远且处于同一高度时，单差电离层时延 $I_{un}^{(i)}$ 和对流层时延 $T_{un}^{(i)}$ 约为零。对于短基线系统，式(8-80)可以简化为

$$\phi_{un}^{(i)} = \lambda^{-1} r_{un}^{(i)} + f\delta t_{un} + N_{un}^{(i)} + \varepsilon_{\phi,un}^{(i)} \tag{8-81}$$

由式(8-78)～式(8-81)可见，卫星钟差 $\delta t^{(i)}$ 被完全消除，而单差测量噪声 $\varepsilon_{\phi,un}^{(i)}$ 的均方差增大至原载波相位测量噪声 $\varepsilon_{\phi,u}^{(i)}$(或 $\varepsilon_{\phi,n}^{(i)}$)均方差的$\sqrt{2}$倍。

类似地，可以将伪距组合成单差伪距测量值。根据基准站接收机与用户接收机对卫星的伪距测量方程，在短基线情况下，用户与基准站到卫星 i 的单差几何距离 $r_{un}^{(i)}$，以及两台接收机对卫星的单差伪距测量值的定义和观察方程为

$$\rho_{un}^{(i)} = \rho_u^{(i)} - \rho_r^{(i)} = r_{un}^{(i)} + c\delta t_{un} + \varepsilon_{\rho,un}^{(i)} \tag{8-82}$$

2) 双差

每个双差测量值都包含两台接收机在同一时刻对两颗卫星的测量值，它在两颗不同卫星的单差之间进行差分，即在站间和星间各求一次差分。

如图 8-10 所示，假设用户接收机 u 和基准站接收机 n 同时测量卫星 i 和卫星 j，由单差测量可知，双差载波相位测量值 $\phi_{un}^{(ij)}$ 为

$$\phi_{un}^{(ij)} = \phi_{un}^{(i)} - \phi_{un}^{(j)} = \lambda^{-1} r_{un}^{(ij)} + N_{un}^{(ij)} + \varepsilon_{\phi,un}^{(ij)} \tag{8-83}$$

由式(8-83)可见，接收机钟差 δt_{un} 被完全消除，并且可以用不同站间和星间的伪距测量值组成双差伪距，即 u 和 n 对卫星 i 和 j 的双差伪距测量值 $\rho_{un}^{(ij)}$ 为

$$\rho_{un}^{(ij)} = \rho_{un}^{(i)} - \rho_{un}^{(j)} = r_{un}^{(ij)} + \varepsilon_{\rho,un}^{(ij)} \tag{8-84}$$

3) 三差

单差消除了大气时延和卫星钟差，双差消除了接收机钟差，但双差载波相位测量值 $\phi_{un}^{(ij)}$ 仍存在双差整周模糊度 $N_{un}^{(ij)}$。每个三差测量值包含两台接收机在两个时刻对两颗卫星的载波相位测量值，它对两个测量时刻的双差再进行差分，就可以消除整周模糊度。

假设将测量时刻 k 的双差载波相位测量值记为 $\phi_{un,k}^{(ij)}$，则该时刻的三差 $\Delta\phi_{un,k}^{(ij)}$ 定义为 k 与 $k-1$ 时刻的双差的差，即

$$\Delta\phi_{un,k}^{(ij)} = \phi_{un,k}^{(ij)} - \phi_{un,k-1}^{(ij)} = \lambda^{-1}\Delta r_{un,k}^{(ij)} + \Delta\varepsilon_{\phi,un,k}^{(ij)} \tag{8-85}$$

经过 3 次差分后，载波相位测量值中的所有误差和整周模糊度都被消除，但却付出了相应代价，包括差分测量噪声变强、互相独立的差分测量值数目变少，以及差分观测方程中的 DOP 值变差等，不能像双差测量那样可利用其整数特性作为衡量观测质量的一个标志。需要注意的是，如果考虑测量误差、噪声和 DOP 值三方面的因素，那么高阶的差分定

位的精度未必一定比低阶的差分定位精度高。综上所述，双差载波相位是实现相对定位的关键值。

8.4　卫星测速原理

导航卫星系统具有求解用户三维速度的能力。用户的速度 $\dot{\boldsymbol{v}}$ 可以通过对其位置向量 $\boldsymbol{z}$ 进行求导来估计，即

$$\dot{\boldsymbol{v}}=\frac{\mathrm{d}\boldsymbol{z}}{\mathrm{d}t}=\frac{\boldsymbol{z}(t_2)-\boldsymbol{z}(t_1)}{t_2-t_1} \tag{8-86}$$

刻 t_1 和 t_2，用户速度保持恒定（即不存在加速度与加加速度），
的位置向量 $\boldsymbol{z}(t_1)$ 和 $\boldsymbol{z}(t_2)$ 之间的差值来估计用户平均速度的

当物体以恒定的速率沿某一方向移动时，传播路程差会造成相
变化称为多普勒频率。

用户测得的卫星信号多普勒
个曲线中，接收到的频率随着
着卫星远离用户接收机而减
多普勒频率为零的时刻，通常
。在这个点上，卫星相对于
卫星经过这一点时，曲线上
线处，接收频率 f_R 可以由

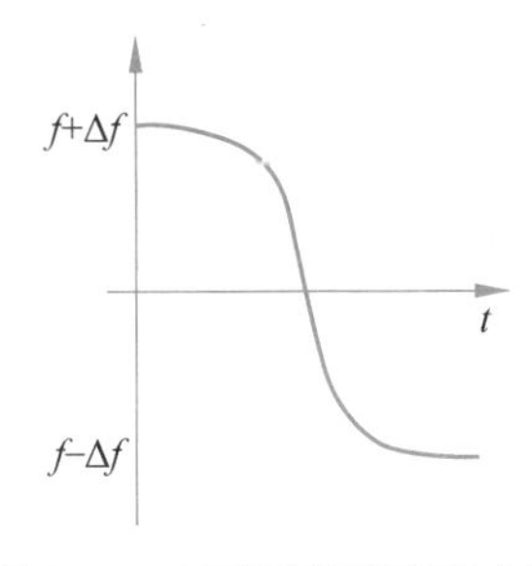

图 8-11　多普勒频率变化曲线

$$f_R=f_T\left(1-\frac{(\boldsymbol{v}_r\cdot\boldsymbol{I})}{c}\right) \tag{8-87}$$

星与用户之间的相对速度矢量，$\boldsymbol{I}$ 是用户到卫星的视线
达式如下：

$$\boldsymbol{v}_r=\boldsymbol{v}_s-\dot{\boldsymbol{v}} \tag{8-88}$$

速度矢量，二者均在相同参考坐标系下。由相对运动导
到，即

$$-f_T=-f_T\frac{(\boldsymbol{v}-\dot{\boldsymbol{v}})\cdot\boldsymbol{I}}{c} \tag{8-89}$$

575.42MHz，用户相对卫星最大视线速度约为 800m/s，
频率是多少？
视线速度约为 800m/s 可知

$$\cdot\dot{\boldsymbol{v}})\cdot\boldsymbol{I}=-800\text{m/s}$$

发射功率 $f_T=1575.42\text{MHz}$。

代入由相对运动导致的多普勒频率关系式，可得最大多普勒频率为

$$\Delta f=-f_T\frac{(\boldsymbol{v}-\dot{\boldsymbol{v}})\cdot\boldsymbol{I}}{c}=\frac{-1575.42\times10^6\times(-800)}{3\times10^8}\approx4.2\text{kHz}$$

对第 i 颗卫星而言，由于其信号频率是基于原子钟的频率产生的，并且原子钟与系统时之间存在一定误差，因此其发射时刻的频率 f_{T_i} 与接收时刻的频率 f_{R_i} 之间相差一个频率偏差的偏移量。地面控制网络会定期对这种漂移进行修正，广播星历中给出了这种修正信息，因此，发射时刻真实的信号频率为

$$f_{\mathrm{T}_i}=f_{\mathrm{T}_0}+\Delta f_{\mathrm{T}_i} \tag{8-90}$$

式中，f_{T_0} 是卫星标称频率，Δf_{T_i} 是从广播星历中得到的改正信息。

与此同时，接收时刻测量得到的频率 f'_{R_i} 与理想接收信号频率 f_{R_i} 之间存在误差，这个误差与接收机钟漂 Δt 有关。接收机钟漂 Δt、测量接收频率 f'_{R_i}，以及接收频率 f_{R_i} 之间的关系为

$$f_{\mathrm{R}_i}=f'_{\mathrm{R}_i}(1+\Delta t) \tag{8-91}$$

式中，若用户时钟走得快，Δt 为正，反之为负。将上述式(8-90)和式(8-91)联立可得

$$\frac{c(f'_{\mathrm{R}_i}-f_{\mathrm{T}_i})}{f_{\mathrm{T}_i}}+\boldsymbol{v}_i\cdot\boldsymbol{I}_i=\boldsymbol{z}\cdot\boldsymbol{I}_i-\frac{cf'_{\mathrm{R}_i}\Delta t}{f_{\mathrm{T}_i}} \tag{8-92}$$

将 $\boldsymbol{z}\cdot\boldsymbol{I}_i$ 写成分量形式，得

$$\frac{c(f'_{\mathrm{R}_i}-f_{\mathrm{T}_i})}{f_{\mathrm{T}_i}}+v_{xi}l_{xi}+v_{yi}l_{yi}+v_{zi}l_{zi}=\dot{x}_u l_{xi}+\dot{y}_u l_{yi}+\dot{z}_u l_{zi}-\frac{cf'_{\mathrm{R}_i}\Delta t}{f_{\mathrm{T}_i}} \tag{8-93}$$

其中，$\boldsymbol{v}_i=(v_{xi},v_{yi},v_{zi})$，$\boldsymbol{I}_j=(l_{xj},l_{yj},l_{zj})$，$\boldsymbol{z}=(\dot{x}_u,\dot{y}_u,\dot{z}_u)$。

为了简化方程，引入新变量 d_i，并且式(8-93)中的 $f'_{\mathrm{R}_i}/f_{\mathrm{T}_i}$ 接近 1，因此近似为 1。

$$d_i=\dot{x}_u l_{xi}+\dot{y}_u l_{yi}+\dot{z}_u l_{zi}-c\Delta t \tag{8-94}$$

式(8-94)中共有 4 个未知量，因此可以用 4 颗卫星的测量值来求解，与前文伪距单点定位原理方法类似，通过矩阵代数求解线性方程组的方式来计算未知数，式(8-94)用矢量形式表示为

$$\boldsymbol{d}=\begin{bmatrix}d_1\\d_2\\d_3\\d_4\end{bmatrix},\quad \boldsymbol{G}=\begin{bmatrix}l_{x1}&l_{y1}&l_{z1}&1\\l_{x2}&l_{y2}&l_{z2}&1\\l_{x3}&l_{y3}&l_{z3}&1\\l_{x4}&l_{y4}&l_{z4}&1\end{bmatrix},\quad \boldsymbol{u}=\begin{bmatrix}\dot{x}_u\\\dot{y}_u\\\dot{z}_u\\-c\Delta t\end{bmatrix} \tag{8-95}$$

矩阵形式表示为

$$\boldsymbol{d}=\boldsymbol{G}\boldsymbol{u} \tag{8-96}$$

速度和时钟漂移的解为

$$\boldsymbol{u}=\boldsymbol{G}^{-1}\boldsymbol{d} \tag{8-97}$$

本章节采用的频率估计是由相位测量得到的，而相位测量值受到测量噪声和多径等因素的影响。此外，用户速度的计算精度取决于用户位置的精度，以及卫星星历和卫星速度的准确性。如果对 4 颗及以上的卫星进行测量，可以采用最小二乘估计算法来改善未知数的估计值，从而提高位置和速度估计值的准确性。

8.5 卫星授时原理

目前的卫星授时主要指卫星导航系统的授时。尽管卫星导航系统是一种用于导航定位的系统，但其基本原理是时间同步。因此，卫星导航系统也具有授时功能，并且是目前应用

最广泛的授时系统。现有的卫星导航系统主要包括美国的 GPS、俄罗斯的 GLONASS，以及欧洲的 GALILEO 和中国的 BDS。

授时是指将标准时间播发到异地的过程，校频在这一节中笼统地指授频与比较两频率。通常将专门用于提供时间与频率信号的导航卫星接收机分别称为卫星时间接收机与频率接收机，以区别于通常意义上的卫星定位接收机。

卫星均搭载晶体振荡器或原子钟，产生一个标准频率信号，并且在自己的电文中播发一个时间，播发这个时间的信号边沿是和这个时间值严格对应的。通过测量这个边沿，可以在本地恢复出一个精确的变化边沿，这个边沿是与发射时刻同步的。导航电文中提供了当前时刻所在的“周数”，这个周数是从卫星导航系统的起始时间开始计数的，另外通过计算调制在载波上的伪随机码的信息可以知道当前的周内秒，有了这些信息即可实现授时功能。

根据接收机对卫星测量值的不同运作方式，卫星授时与校频方法大致分为单向测量、共视测量和载波相位技术 3 种。

(1) 单向测量技术是指利用卫星接收机接收卫星信号，经过处理后输出标准时间或频率信号，用于授时或校频。如果接收机的位置已知，那么只须利用一颗卫星的伪距测量值，就能采用 8.3.1 节伪距单点定位原理公式解出接收机钟差 δt_r。由于地面监控站负责保持卫星时间与世界标准时间同步，因此卫星接收机输出的时间和频率信号具有非常高的长期精度。

(2) 共视测量技术是指地球上任意两地（或多地）的卫星接收机同时对同一颗卫星的时间信号进行测量，进而比较位于两地的时钟或振荡器频率。共视测量技术如图 8-12 所示，位于 A 地和 B 地的卫星接收机同时测量卫星 i 的信号，两地接收机的伪距观测方程式为

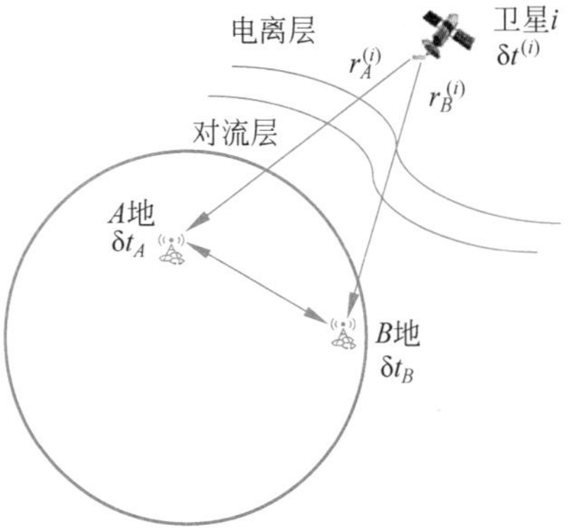

$$\begin{cases}\rho_A^{(i)} - r_A^{(i)} = \delta t_A - \delta t^{(i)} + I_A^{(i)} + T_A^{(i)} + \varepsilon_{\rho A}^{(i)} \\ \rho_B^{(i)} - r_B^{(i)} = \delta t_B - \delta t^{(i)} + I_B^{(i)} + T_B^{(i)} + \varepsilon_{\rho B}^{(i)}\end{cases} \tag{8-98}$$

图 8-12　共视测量技术

式中，$\rho_A^{(i)}$ 与 $\rho_B^{(i)}$ 分别是两台接收机对卫星 i 的伪距测量值，两台接收机到卫星的几何距离 $r_A^{(i)}$ 与 $r_B^{(i)}$ 是已知的，两地的电离层和对流层时延值可根据相关公式进行估算。两台接收机的测量数据经交换后，对比得

$$(\rho_A^{(i)} - r_A^{(i)}) - (\rho_B^{(i)} - r_B^{(i)}) = (\delta t_A - \delta t_B) + \Delta I_{AB}^{(i)} + \Delta T_{AB}^{(i)} + \Delta \varepsilon_{\rho AB}^{(i)} \tag{8-99}$$

式中，等号右边第一项$(\delta t_A - \delta t_B)$是接收机 A 与 B 的钟差之差。算出位于 A 地与 B 地的卫星接收机钟差之差后，可对分别处于 A 地与 B 地的两个时钟进行间接比较。当两台接收机相距较近时，它们的测量误差公共部分基本上能被抵消，于是共视法具有更好的效果。

(3) 载波相位技术利用卫星双频接收机，以单向或共视形式对卫星的载波相位信号进行测量，目的是在进行国际性的时钟与频率比较时，尽量降低卫星测量误差。

8.6　卫星导航增强

GNSS 在多领域发挥了重要的作用，但是民用航空、精密测量等领域对导航定位系统的精度、可靠性有着更高的要求。同时，卫星信号落地电平低、易受干扰的特点，对定位结果有

着十分不利的影响。因此为了提供更加可靠精准的导航定位授时服务，需要采取适当的空间导航增强措施。

空间导航增强系统可以是星基的，通过广域差分校正，提升卫星导航系统的可用性和连续性；也可以是地基的，增强特定区域的导航服务质量；同时，也可以是空基的为低空用户提供可靠的服务，特别是民航或无人机系统。

8.6.1 星基增强系统

星基增强系统(Satellite Based Augmentation System，SBAS)是在广域差分 GNSS 的基础上，利用矢量差分技术和完好性检测技术，提升的系统导航服务性能。

1. 工作原理

星基增强系统通过由一定数量的位置坐标确定的广域参考站组成监测网络，对卫星信号进行连续监测，同时监测电离层时延和对流层时延等参数，将伪距和载波相位等原始观测数据通过数据链路传送至数据处理中心。然后根据这些观测数据对空间信号中的各种误差进行分类和建模，计算卫星轨道、星钟误差，以及电离层时延误差所对应的差分校正数据，同时计算系统的完好性，最后，生成的增强数据经由通信链路发送给用户。用户接收到差分校正数和完好性信息后，可以对测距误差进行校正，并根据完好性信息决定系统当前是否可用，最终实现星基导航的增强。

2. 系统组成

星基增强系统由空间段、地面段和用户段 3 部分组成，如图 8-13 所示。空间段主要由 GEO 卫星组成，用于发送空间导航增强信号；地面段主要用于生成导航增强数据，利用卫星数据处理中心处理导航增强数据并生成增强信号，通过地面网络欧洲地球静止导航重叠服务广域网(European Geostationary Overlay Service WAN，EWAN)，传递给用户；用户段能够同时接收空间导航定位信号和空间导航增强信号，实现对定位精度和完好性的增强。

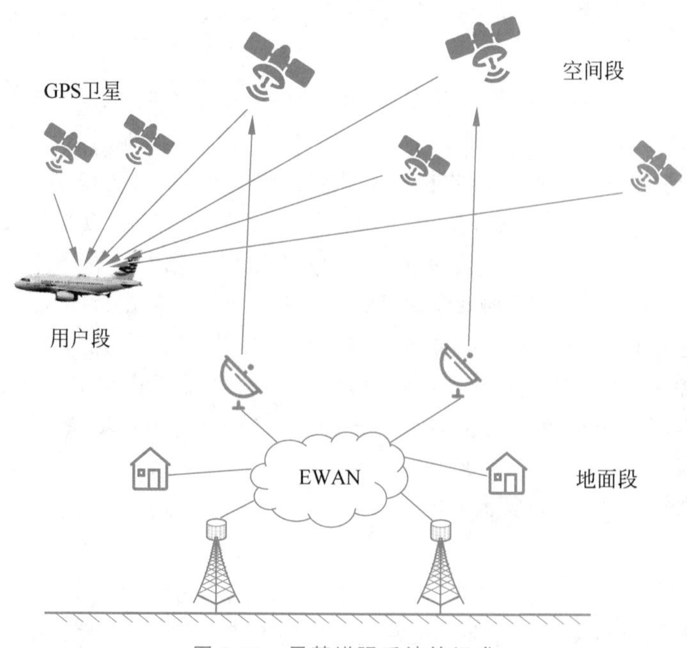

图 8-13 星基增强系统的组成

3. 典型应用

美国广域增强系统与1992年开始建设，主要服务于民用航空，并于2003年初步建成，为美国本土、阿拉斯加、加拿大和墨西哥提供服务覆盖。欧洲地球静止轨道卫星导航重叠服务(European Geostationary Navigation Overlay Service，EGNOS)是欧洲的星基增强系统，主要为GPS提供PNT增强服务。该系统为用户提供交通运输领域内的航空、航海、铁路等涉及生命安全的导航增强服务。

8.6.2 地基增强系统

地基增强系统(Ground-Based Augmentation System，GBAS)是在局域差分GNSS的基础上，利用标量伪距差分技术和完好性检测技术，提升的系统导航服务性能。

1. 工作原理

GBAS通常是对卫星导航的区域增强，利用位置坐标确定的基准站获取卫星的伪距观测量，采用局域差分定位技术，获取差分校正量，通过用户观测量和地面基准站观测量之间做差可以削弱甚至消除这些具有相关性的误差来提高伪距测量精度，进而提高用户的定位精度。同时通过完好性监视算法，给出系统的完好性信息，利用地面通信链路向用户发送差分校正数和完好性信息，进而提高GNSS定位精度增强系统的完好性和可用性，GBAS的性能较空基增强系统(Airborne Based Augmentation System，ABAS)的性能有明显提高。GBAS的工作原理如图8-14所示。

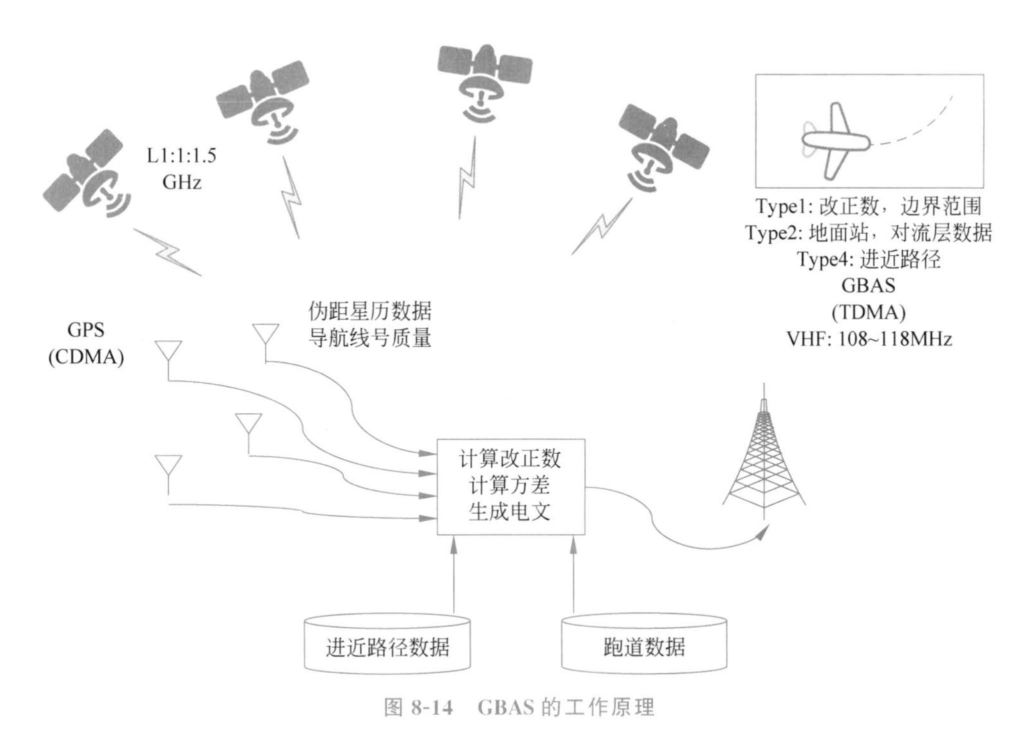

图 8-14 GBAS的工作原理

2. 系统组成

GBAS由空间段卫星星座、地面段基准站和用户段机载接收机组成，如图8-15所示。地面站配置多个高精度卫星导航监测接收机，接收机天线位置安装在位置坐标确定点处，无线电发射机和信息处理计算机提供数据传输和处理功能。机载设备接收 GBAS 广播的差分校正参数并计算飞机位置，从而评估 GBAS 的完好性。

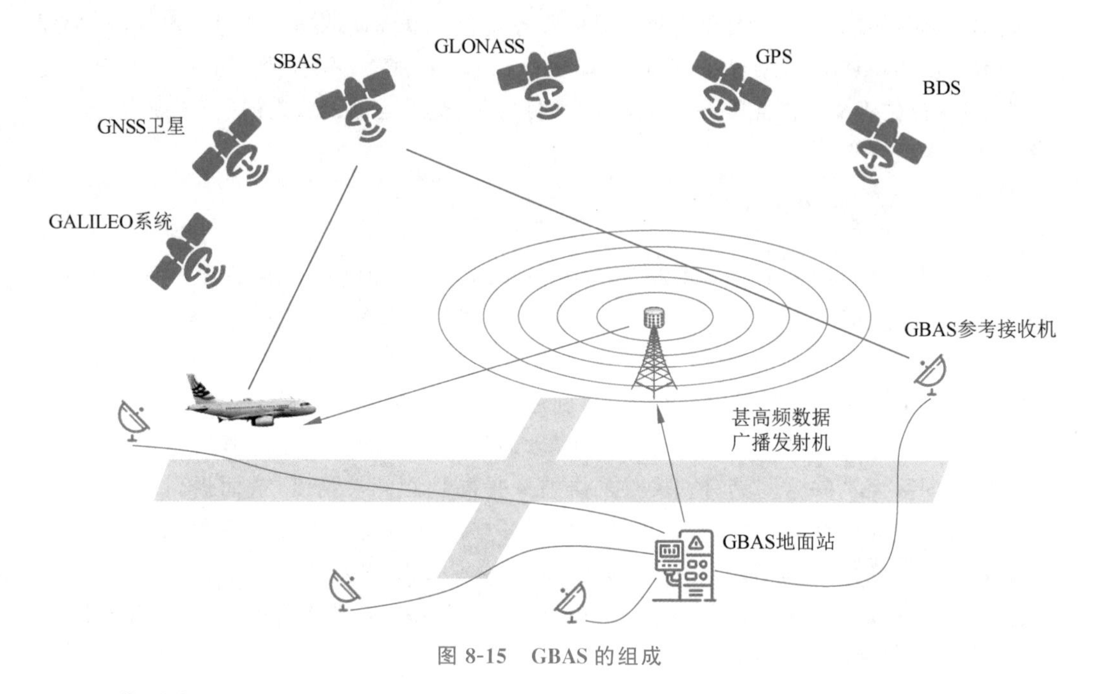

图 8-15　GBAS 的组成

3. 典型应用

美国的局域增强系统通过基准站接收机提供机载接收机的差分校正数据和系统完好性信息，利用无线电通信链路实现数据传递，为民用航空飞机的进近、着陆、场面滑行提供精密的定位服务。中国的北斗 GBAS 由地面站、北斗卫星和机载设备构成，提供全国范围的航空用户的精密进近服务。

8.6.3　空基增强系统

ABAS 是当导航系统不能用于期望的飞行操作，系统出现任何功能失效或定位结果超出告警阈值时，通过自我完好性检测，给出告警信息的操作。ABAS 的基本工作原理是：当卫星导航系统不能为航空用户提供符合要求的导航授时服务时，民航飞机可以通过机载综合电子系统辅助提升导航性能，其中包含惯导系统、距离测量设备、雷达、视距传感器等。这些系统应用原理与卫星导航系统不同，不会受到相同干扰产生误差，因此可以替代相关测量信息辅助位置解算，提升定位精度。

章节习题

8-1　目前 GNSS 包括哪些，比较这些系统的基本性能。

8-2　计算由 4 颗卫星组成的上述最佳几何分布的各种 DOP 值。

8-3　利用到达时间测距原理，求解地球表面用户的位置。已知 3 颗卫星在 ECEF 下的坐标分别为 (x_1, y_1, z_1)、(x_2, y_2, z_2) 和 (x_3, y_3, z_3)，分别测得卫星至用户的距离为 r_1、r_2、r_3，又已知地球半径为 R，请列出求解用户坐标 (x, y, z) 的方程组。

8-4 在一次测量中，已测得测量信号的载波在卫星处的相位为 270°，测量信号的载波在接收机处的相位为 90°，并通过一定手段测得整周模糊度为 1×10^8，测量信号的频率为 1575.42MHz，求卫星到接收机的几何距离（不考虑其他误差）。

8-5 利用测距码进行测量，为确定用户接收机的三维位置至少需要多少颗卫星？请写出伪距的观测方程并进行简要分析。

8-6 假设在某历元使用一台卫星接收机同时观测 5 颗卫星，接收机天线概略坐标为 $(X_0, Y_0, Z_0)=(-2441267.856, 4790213.953, 3419994.410)$，卫星的瞬时空间直角坐标分别为

$$(X_S^1, Y_S^1, Z_S^1)=(13550285.883, 18190574.884, 13721537.673)$$

$$(X_S^2, Y_S^2, Z_S^2)=(-9754080.537, 21155869.384, -12506802.672)$$

$$(X_S^3, Y_S^3, Z_S^3)=(13615174.294, 7856984.053, 21398396.517)$$

$$(X_S^4, Y_S^4, Z_S^4)=(-20328139.067, 508157.447, 17172573.272)$$

$$(X_S^5, Y_S^5, Z_S^5)=(-21641940.073, 15217052.005, -1309766.601)$$

伪距观测值分别为

$$\rho_S^1=23244182.861 \quad \rho_S^2=23934824.154 \quad \rho_S^3=24181945.803$$

$$\rho_S^4=22957572.280 \quad \rho_S^5=22385541.968$$

观测误差（包括卫星钟差、对流层时延误差、电离层时延误差等）为

$$V_S^1=-024286.492 \quad V_S^2=-043822.577 \quad V_S^3=-116967.755,$$

$$V_S^4=-007834.145 \quad V_S^5=030330.506$$

利用伪距单点定位（仅一次迭代）解算用户位置（以上单位均用 m 表示）。

8-7 观测到 4 颗 GPS 卫星发射频率均为 1575.42MHz，多普勒频率均为 3kHz，卫星坐标和运行速度由星历信息给出：

$$\boldsymbol{v}_1=(111,117,128), \quad \boldsymbol{v}_2=(145,138,122), \quad \boldsymbol{v}_3=(181,137,125),$$

$$\boldsymbol{v}_4=(177,137,135)$$

$$(X_S^1, Y_S^1, Z_S^1)=(13550285.883, 18190574.884, 13721537.673)$$

$$(X_S^2, Y_S^2, Z_S^2)=(-9754080.537, 21155869.384, -12506802.672)$$

$$(X_S^3, Y_S^3, Z_S^3)=(13615174.294, 7856984.053, 21398396.517)$$

$$(X_S^4, Y_S^4, Z_S^4)=(-20328139.067, 508157.447, 17172573.272)$$

用户坐标为 $(X, Y, Z)=(-2441269.843, 4790216.487, 3420003.855)$，运用多普勒频率求解用户速度和时钟漂移 Δt。

8-8 设卫星 S_1 坐标 (X_S^1, Y_S^1, Z_S^1) 和 S_2 坐标 (X_S^2, Y_S^2, Z_S^2) 分别为 42164000(cos80°, sin80°, 0) 和 42164000(cos140°, sin140°, 0)，地面控制中心的坐标为 $(X_3, Y_3, Z_3)=$ 6378137(cos40°cos116.4°, cos40°sin116.4°, sin40°)，观测值 $L_1=1.52898\times10^8$ m，$L_2=1.51838\times10^8$ m，测站大地坐标取为 $(B, L, H)=(30°38', 114°17', 50\text{m})$。计算用户坐标。

地球椭球长半轴 $a=6378137$。

地球椭球短半轴 $b=6356755$。

地球椭球偏心率 $e=0.081819190742622$。

卫星轨道半径 $R_h=42164000$。

地球半径 $R=6378137$。

$$B=\left(30+\frac{38}{60}\right)\times\frac{\pi}{180},\quad L=\left(114+\frac{17}{60}\right)\times\frac{\pi}{180},\quad H=50$$

$$N_0=\frac{a}{\sqrt{1-e^2\sin^2 B}}=6383687.10$$

8-9 简述全球定位基本原理并解释为何需要至少4颗卫星？

8-10 请简要描述卫星导航系统中的授时功能的实现方法。

8-11 GPS载波相位观测中，常用哪3种差分形式，它们的优点是什么？

8-12 在一次单点位置差分定位中已知基准站的位置坐标为(88.563,35.371,134.506)，基准站通过卫星测得自己的位置坐标为(89.321,35.278,135.101)，请问基准站应向短基线内的用户播发的位置差分改正数分别是什么？

习题解答

8-1 解：目前全球技术成熟的导航系统有GPS、GALILEO、GLONASS、“北斗二代”。其中美国的GPS占主要市场，“北斗二代”系统是后起之秀，在亚太地区发展迅猛，其余两个系统由于资金投入不足，卫星更新慢，市场逐渐在萎缩。

8-2 解：如果可见卫星的最小仰角为零，那么由4颗卫星组成的最佳几何分布是当一颗卫星位于用户正上方而另外3颗卫星均匀分布在用户所在的水平面上的情形。在以用户为原点的站心坐标系中，位于正上方的那颗卫星的仰角为90°，无意义的方位角表达成$\alpha^{(1)}$，其余3颗卫星的仰角均为0°，方位角假设分别为0°、120°和240°。需要说明的是，因为不计算东向或北向的DOP值，所以均匀分布在水平面上的3颗卫星与东向坐标轴的相对位置关系不影响其他DOP值。这样，根据公式可得几何矩阵

$$\widetilde{\boldsymbol{G}}=\begin{bmatrix}\begin{vmatrix}-\cos90^\circ\sin\alpha^{(1)}\\-\cos0^\circ\sin0^\circ\\-\cos0^\circ\sin120^\circ\\-\cos0^\circ\sin240^\circ\end{vmatrix} & \begin{vmatrix}-\cos90^\circ\cos\alpha^{(1)}\\-\cos0^\circ\cos0^\circ\\-\cos0^\circ\cos120^\circ\\-\cos0^\circ\cos240^\circ\end{vmatrix} & \begin{vmatrix}-\sin90^\circ & 1\\-\sin0^\circ & 1\\-\sin0^\circ & 1\\-\sin0^\circ & 1\end{vmatrix}\end{bmatrix}=\begin{bmatrix}0 & 0 & -1 & 1\\0 & -1 & 0 & 1\\\frac{\sqrt{3}}{2} & \frac{1}{2} & 0 & 1\\-\frac{\sqrt{3}}{2} & \frac{1}{2} & 0 & 1\end{bmatrix}$$

则权系矩阵为

$$\widetilde{\boldsymbol{H}}=\left(\begin{bmatrix}0 & 0 & -1 & 1\\0 & -1 & 0 & 1\\\frac{\sqrt{3}}{2} & \frac{1}{2} & 0 & 1\\-\frac{\sqrt{3}}{2} & \frac{1}{2} & 0 & 1\end{bmatrix}^{\mathrm{T}}\begin{bmatrix}0 & 0 & -1 & 1\\0 & -1 & 0 & 1\\\frac{\sqrt{3}}{2} & \frac{1}{2} & 0 & 1\\-\frac{\sqrt{3}}{2} & \frac{1}{2} & 0 & 1\end{bmatrix}\right)^{-1}=\begin{bmatrix}\frac{3}{2} & 0 & 0 & 0\\0 & \frac{3}{2} & 0 & 0\\0 & 0 & 1 & -1\\0 & 0 & -1 & 4\end{bmatrix}^{-1}$$

$$
=\begin{bmatrix} \frac{3}{2} & 0 & 0 & 0 \\ 0 & \frac{3}{2} & 0 & 0 \\ 0 & 0 & \frac{4}{3} & \frac{1}{3} \\ 0 & 0 & \frac{1}{3} & \frac{1}{3} \end{bmatrix}
$$

于是,各个 DOP 值可计算为

$$\mathrm{HDOP}=\sqrt{\frac{2}{3}+\frac{2}{3}}=\frac{2}{\sqrt{3}}=1.155$$

$$\mathrm{VDOP}=\sqrt{\frac{4}{3}}=1.155$$

$$\mathrm{PDOP}=\sqrt{\frac{2}{3}+\frac{2}{3}+\frac{4}{3}}=2\sqrt{\frac{2}{3}}=1.633$$

$$\mathrm{TDOP}=\sqrt{\frac{1}{3}}=0.577$$

$$\mathrm{GDOP}=\sqrt{\frac{2}{3}+\frac{2}{3}+\frac{4}{3}+\frac{1}{3}}=\sqrt{3}=1.732$$

如果位于同一水平面上的 3 颗卫星的方位角分别为 β,$\beta+120°$与 $\beta+240°$,其中 β 为任一角度,那么可以验证此时的 DOP 值依然与以上计算结果相吻合。

8-3 解:当利用 3 球交汇时,得出两个解,又根据已知条件用户在地球表面,可以利用这一信息多列一个方程得出用户的唯一坐标解。方程组如下

$$
\begin{cases}(x-x_1)^2+(y-y_1)^2+(z-z_1)^2=r_1^2 \\ (x-x_2)^2+(y-y_2)^2+(z-z_2)^2=r_2^2 \\ (x-x_3)^2+(y-y_3)^2+(z-z_3)^2=r_3^2 \\ x^2+y^2+z^2=R^2\end{cases}
$$

8-4 解:根据公式 $\phi=\lambda^{-1}r-N$,几何距离 $r=(\phi+N)\lambda$。

先求载波相位,因为接收机处的相位小于卫星处的相位,所以从 1×10^8 周中取出一周加到接收机处的相位,所以 $\phi=90°+360°-270°=180°=0.5$ 周,则 $N=1\times10^8-1$,$\lambda=\frac{c}{f}=\frac{3\times10^8}{1575.42\times10^6}=0.19\mathrm{m}$,$r=(0.5+1\times10^8-1)\times0.19=19000\mathrm{km}$。

8-5 解:伪距的观测方程为 $\rho_j=\|\boldsymbol{s}_j-\boldsymbol{u}\|+ct_{\mathrm{u}}$,其中 $\boldsymbol{s}_j$ 为卫星的已知位置向量,方程中的未知数有 4 个,分别是 $\boldsymbol{u}$ 向量中的三维坐标元素和用户的时钟偏移量 t_{u},所以,方程式共含有 4 个未知数,需要联立 4 个方程,即需要 4 颗卫星。

8-6 解:

① 假设钟差 $\delta t_{r0}=0$ 计算接收机天线概略坐标到不同卫星的距离为

$$\begin{cases}\sqrt{(X_S^1-X_0)^2+(Y_S^1-Y_0)^2+(Z_S^1-Z_0)^2}-c\delta t_{r0}=\rho_{01}=23268460.5780\\ \sqrt{(X_S^2-X_0)^2+(Y_S^2-Y_0)^2+(Z_S^2-Z_0)^2}-c\delta t_{r0}=\rho_{02}=23978631.5766\\ \sqrt{(X_S^3-X_0)^2+(Y_S^3-Y_0)^2+(Z_S^3-Z_0)^2}-c\delta t_{r0}=\rho_{03}=24298916.7595\\ \sqrt{(X_S^4-X_U)^2+(Y_S^4-Y_U)^2+(Z_S^4-Z_U)^2}-c\delta t_{r0}=\rho_{04}=22965399.9529\\ \sqrt{(X_S^5-X_U)^2+(Y_S^5-Y_U)^2+(Z_S^5-Z_U)^2}-c\delta t_{r0}=\rho_{05}=22355209.7858\end{cases}$$

② 计算系数矩阵 $\boldsymbol{H}$

$$\boldsymbol{H}=\begin{bmatrix}a_{x1}&a_{y1}&a_{z1}\\a_{x2}&a_{y2}&a_{z2}\\a_{x3}&a_{y3}&a_{z3}\\a_{x4}&a_{y4}&a_{z4}\end{bmatrix}\begin{bmatrix}a_{x1}&a_{y1}&a_{z1}&1\\a_{x2}&a_{y2}&a_{z2}&1\\a_{x3}&a_{y3}&a_{z3}&1\\a_{x4}&a_{y4}&a_{z4}&1\\a_{x5}&a_{y5}&a_{z5}&1\end{bmatrix}=\begin{bmatrix}-0.6873&-0.5759&-0.4427&1\\0.3050&-0.6825&0.6642&1\\-0.6608&-0.1262&-0.7399&1\\0.7789&0.1865&-0.5988&1\\0.8589&-0.4664&0.2116&1\end{bmatrix}$$

③ 构造观测向量(伪距观测值-接收机与卫星之间的概略距离-观测误差)

$$\boldsymbol{L}=\begin{bmatrix}\Delta\rho_1\\\Delta\rho_2\\\Delta\rho_3\\\Delta\rho_4\\\Delta\rho_5\end{bmatrix}=\begin{bmatrix}8.7550\\15.1544\\-3.2015\\6.4721\\1.6762\end{bmatrix}$$

④ 求解用户坐标修正量,由于系数矩阵是超定矩阵,采用最小二乘法求解

$$\begin{bmatrix}\Delta X\\\Delta Y\\\Delta Z\\-c\delta t_{r0}\end{bmatrix}=(\boldsymbol{H}^{\mathrm{T}}\boldsymbol{H})^{-1}\boldsymbol{H}^{\mathrm{T}}\begin{bmatrix}\Delta\rho_1\\\Delta\rho_2\\\Delta\rho_3\\\Delta\rho_4\\\Delta\rho_5\end{bmatrix}=(\boldsymbol{H}^{\mathrm{T}}\boldsymbol{H})^{-1}\boldsymbol{H}^{\mathrm{T}}\begin{bmatrix}\rho_1-\rho_{01}\\\rho_2-\rho_{02}\\\rho_3-\rho_{03}\\\rho_4-\rho_{04}\\\rho_5-\rho_{05}\end{bmatrix}=\begin{bmatrix}-1.9871\\2.5339\\9.4448\\8.5660\end{bmatrix}$$

⑤ 得到接收机坐标值

$$X=X_0+\Delta X=-2441269.843$$

$$Y=Y_0+\Delta Y=4790216.487$$

$$Z=Z_0+\Delta Z=3420003.855$$

8-7 解:① 求解用户与卫星之间的距离值

$$\begin{cases}\sqrt{(X_S^1-X_0)^2+(Y_S^1-Y_0)^2+(Z_S^1-Z_0)^2}=\rho_{01}=23268456.3027\\ \sqrt{(X_S^2-X_0)^2+(Y_S^2-Y_0)^2+(Z_S^2-Z_0)^2}=\rho_{02}=23978635.5146\\ \sqrt{(X_S^3-X_0)^2+(Y_S^3-Y_0)^2+(Z_S^3-Z_0)^2}=\rho_{03}=24298910.7644\\ \sqrt{(X_S^4-X_U)^2+(Y_S^4-Y_U)^2+(Z_S^4-Z_U)^2}=\rho_{04}=22965393.2217\end{cases}$$

② 求解用户到卫星的视线方向的单位向量

$$
\boldsymbol{L}=\begin{bmatrix} L_1 \\ L_2 \\ L_3 \\ L_4 \end{bmatrix}=\begin{bmatrix} \frac{X_S^1-X_0}{\rho_{01}} & \frac{Y_S^1-Y_0}{\rho_{01}} & \frac{Y_S^1-Y_0}{\rho_{01}} \\ \frac{X_S^2-X_0}{\rho_{02}} & \frac{Y_S^2-Y_0}{\rho_{02}} & \frac{Z_S^2-Z_0}{\rho_{02}} \\ \frac{X_S^3-X_0}{\rho_{03}} & \frac{Y_S^3-Y_0}{\rho_{03}} & \frac{Z_S^3-Z_0}{\rho_{03}} \\ \frac{X_S^4-X_U}{\rho_{04}} & \frac{Y_S^4-Y_U}{\rho_{04}} & \frac{Z_S^4-Z_U}{\rho_{04}} \end{bmatrix}=\begin{bmatrix} 0.6873 & 0.5759 & 0.4427 \\ -0.3050 & 0.6825 & -0.6642 \\ 0.6608 & 0.1262 & 0.7399 \\ -0.7789 & -0.1865 & 0.5988 \end{bmatrix}
$$

③ 构建观测矩阵

$$
\boldsymbol{A}=\begin{bmatrix} \frac{c(f'_{R_1}-f_{T_1})}{f_{T_1}}+v_{x1}L_{x1}+v_{y1}L_{y1}+v_{z1}L_{z1} \\ \frac{c(f'_{R_2}-f_{T_2})}{f_{T_2}}+v_{x2}L_{x2}+v_{y2}L_{y2}+v_{z2}L_{z2} \\ \frac{c(f'_{R_3}-f_{T_3})}{f_{T_3}}+v_{x3}L_{x3}+v_{y3}L_{y3}+v_{z3}L_{z3} \\ \frac{c(f'_{R_4}-f_{T_4})}{f_{T_4}}+v_{x4}L_{x4}+v_{y4}L_{y4}+v_{z4}L_{z4} \end{bmatrix}=\begin{bmatrix} 370.9 \\ 602.3 \\ 341.8 \\ 653.8 \end{bmatrix}
$$

④ 构造系数矩阵

$$
\boldsymbol{H}=\begin{bmatrix} l_{x1} & l_{y1} & l_{z1} & 1 \\ l_{x2} & l_{y2} & l_{z2} & 1 \\ l_{x3} & l_{y3} & l_{z3} & 1 \\ l_{x4} & l_{y4} & l_{z4} & 1 \end{bmatrix}=\begin{bmatrix} -0.6873 & -0.5759 & -0.4427 & 1 \\ 0.3050 & -0.6825 & 0.6642 & 1 \\ -0.6608 & -0.1262 & -0.7399 & 1 \\ 0.7789 & 0.1865 & -0.5988 & 1 \end{bmatrix}
$$

⑤ 利用矩阵变换求解用户速度(单位为 m/s)和时钟漂移(单位为 m)

$$
\boldsymbol{u}=\boldsymbol{H}^{-1}\boldsymbol{A}=\begin{bmatrix} \dot{x}_u \\ \dot{y}_u \\ \dot{z}_u \\ -c\Delta t \end{bmatrix}=\begin{bmatrix} 236.4 \\ -85.8 \\ -11.1 \\ 479.0 \end{bmatrix}
$$

8-8　解：① 空间直角坐标系与大地坐标系的转换关系为

$$
X_0=(N_0+H)\cos B\cos L=-2.25893\times 10^6
$$

$$
Y_0=(N_0+H)\cos B\sin L=5.00687\times 10^6
$$

$$
Z_0=(N_0(1-e^2)+H)\sin B=3.23101\times 10^6
$$

② 计算卫星 S_1、卫星 S_2 和地面控制中心的空间直角坐标系

$$
\sqrt{(X_1-X_0)^2+(Y_1-Y_0)^2+(Z_1-Z_0)^2}=\rho_{01}=3.78905\times 10^7
$$

$$
\sqrt{(X_2-X_0)^2+(Y_2-Y_0)^2+(Z_2-Z_0)^2}=\rho_{02}=3.74312\times 10^7
$$

$$\sqrt{(X_1-X_3)^2+(Y_1-Y_3)^2+(Z_1-Z_3)^2}=S_{01}=3.85597\times10^7$$

$$\sqrt{(X_2-X_3)^2+(Y_2-Y_3)^2+(Z_2-Z_3)^2}=S_{02}=3.79595\times10^7$$

③ 计算系数矩阵

$$\boldsymbol{A}=\begin{bmatrix}\dfrac{2\times(X_1-X_0)}{\rho_{01}} & \dfrac{2\times(Y_1-Y_0)}{\rho_{01}} & \dfrac{2\times(Z_1-Z_0)}{\rho_{01}}\\ \dfrac{X_1-X_0}{\rho_{01}}+\dfrac{X_2-X_0}{\rho_{02}} & \dfrac{Y_1-Y_0}{\rho_{01}}+\dfrac{Y_2-Y_0}{\rho_{02}} & \dfrac{Z_1-Z_0}{\rho_{01}}+\dfrac{Z_2-Z_0}{\rho_{02}}\\ \left(\dfrac{N_0}{a}\right)^2\dfrac{X_0}{N_0+H} & \left(\dfrac{N_0}{a}\right)^2\dfrac{Y_0}{N_0+H} & \left(\dfrac{N_0}{b}\right)^2\dfrac{Z_0}{N_0+H}\end{bmatrix}$$

$$=\begin{bmatrix}0.505702 & 1.92748 & -0.170545\\ -0.549704 & 1.55404 & -0.171591\\ -3.547705 & 0.786341 & 0.510857\end{bmatrix}$$

④ 计算自由项

$$\begin{bmatrix}l_1-l_{10}\\ l_2-l_{20}\\ l_3-l_{30}\end{bmatrix}=\begin{bmatrix}-2330.77\\ -2811.64\\ 5435.2\end{bmatrix}$$

⑤ 计算坐标改正数

$$\begin{bmatrix}\Delta X\\ \Delta Y\\ \Delta Z\end{bmatrix}=A^{-1}\begin{bmatrix}l_1-l_{10}\\ l_2-l_{20}\\ l_3-l_{30}\end{bmatrix}=\begin{bmatrix}561.975\\ -332.987\\ 11569.6\end{bmatrix}$$

⑥ 计算改正之后的坐标值

$$\begin{bmatrix}X\\ Y\\ Z\end{bmatrix}=\begin{bmatrix}X_0\\ Y_0\\ Z_0\end{bmatrix}+\begin{bmatrix}\Delta X\\ \Delta Y\\ \Delta Z\end{bmatrix}=\begin{bmatrix}-2.25837\times10^6\\ 5.00653\times10^6\\ 3.24258\times10^6\end{bmatrix}$$

8-9 解：卫星导航利用到达时间测距原理来确定目标接收机位置。测量卫星信号至用户接收机所经历的时间，并乘以信号传播速度，便得到卫星相对用户接收机之间的距离。由于用户接收机使用的时钟与卫星星载时钟不可能总是同步，所以除了用户的三维坐标 x、y、z 外，还要引进一个 δt，即卫星与接收机之间的时间差作为未知数，故共有 4 个未知数。需要用 4 个方程将这 4 个未知数解出来。如果同时测量 4 颗卫星分别到用户接收机的距离，则用户接收机的位置就确定在以 4 颗卫星为球心的球面交点上。

8-10 解：实现方法包括单向测量技术、共视测量技术和载波相位技术。单向测量技术通过卫星接收机接收卫星信号，输出标准时间或频率信号，适用于已知接收机位置且具有高长期精度的场景。共视测量技术利用不同地点的卫星接收机对同一颗卫星的时间信号进行测量，以抵消测量误差的公共部分，提高精度。

8-11 解：常用的 3 种差分形式：单差、双差、三差。

优点：单差观测值中可以消除与卫星有关的载波相位及其钟差项，双差观测值中可以消除与接收机有关的载波相位及其钟差项，三差观测值中可以消除与卫星和接收机有关的初始整周模糊度项 N。

8-12 解：基准站应向用户播发的位置差分改正数分别为

$$\Delta X = 88.563 - 89.321 = -0.758$$
$$\Delta Y = 35.371 - 35.278 = 0.093$$
$$\Delta Z = 134.506 - 135.101 = -0.595$$

载波相位技术是利用双频接收机对卫星的载波相位信号进行测量，用于降低测量误差，特别适用于国际性的时钟与频率比较。

参考文献

[1] 杨恒，魏丫丫，李彬，等. 定位技术[M]. 北京：电子工业出版社，2013.

[2] 张梓巍，白玉星，李晨曦. 全球导航卫星系统的发展综述[J]. 科技与创新，2023(09)：150-152.

[3] NAVSTAR GPS Joint Program Office(JPO). GPS NAVSTAR User's Overview[R]. GPS JPO，1991.

[4] 俞一鸣，姚远，程学虎. TDOA 定位技术和实际应用简介[J]. 中国无线电，2013,(11)：57-58.

[5] 寇艳红，沈军. GPS/GNSS 原理与应用[M]. 3 版. 北京：电子工业出版社，2021.

[6] 张荣之，杨开忠. 航天器飞行碰撞预警技术[M]. 北京：国防工业出版社，2017.

[7] 张世杰，赵亚飞，王峰，等. 航天器编队飞行：动力学、控制与导航[M]. 北京：国防工业出版社，2015.

[8] 周舒涵，陈明剑，景鑫，等. 低轨通信卫星多普勒定位性能分析[J]. 天文学报，2023,64(02)：115-125.

[9] FARRELL，JAY A，MATTHEW J B. The global positioning system and inertial navigation[M]. New York：McGraw-Hill，1999.

[10] van Graas F，Lee S W. High-accuracy differential positioning for satellite-based systems without using code-phase measurements 1[J]. Navigation，1995,42(4)：605-618.

[11] KAPLAN E D，HEGARTY C J. GPS/GNSS 原理与应用[M]. 北京：电子工业出版社，2021.

[12] 范录宏. 北斗卫星导航原理与系统[M]. 北京：电子工业出版社，2020.

[13] 谢军，王海红，李鹏. 卫星导航技术[M]. 北京：北京理工大学出版社，2018.

[14] 王海涛，仇跃华，梁银川. 卫星应用技术[M]. 北京：北京理工大学出版社，2018.

[15] 董绪荣. GPS/INS 组合导航定位及其应用[M]. 长沙：国防科技大学出版社，1998.

[16] 张树侠，孙静. 捷联式惯性导航系统[M]. 北京：国防工业出版社，1992.

[17] 郭允晟. 脉冲参数与时域测量技术[M]. 北京：中国计量出版社，1989.

[18] 吴守贤. 时间测量[M]. 北京：科学出版社，1983.

第9章 电磁波传播

CHAPTER 9

目前空间信息的传递主要依赖电磁波这一载体。电磁波在空间中传播时受到电离层、大气现象、地物、平台相对运动等影响，产生能量衰落和多径传播，附加额外的频移和相移，并受到噪声及干扰的破坏，这些过程产生的影响相互交织融合，构成了电磁波传播的信道特性，直接影响接收信号的强度与通信质量。

电磁波传播的基本理论出发点是电磁理论，即麦克斯韦方程组和来源于物理学中的电动力学。地球、地球大气层以及外层空间是电磁波传播的媒质，多种多样的媒质产生丰富多彩的电磁波传播内容。电磁波传播按频率分为极长波传播、超长波传播、长波传播、中波传播、短波传播、超短波传播、微波和毫米波传播等；按媒质分为地下电磁波传播、地波传播、对流层电磁波传播、电离层电磁波传播和磁层电磁波等。

电磁波传播已成为地球物理、气象学、大气物理、空间物理和天文等方面常用而又极其重要的观测手段之一。电磁波传播理论与数学的联系特别密切。它既利用场论和数学物理方法和数理统计等方面最新的结果，同时又促进这些方面的发展。

本章将从无线电磁波传播的基本概念出发，介绍电磁频谱划分准则，关键空间媒介和最为基础的自由空间传播特性，特别是围绕大气层影响、多径效应、多普勒效应、噪声与干扰和雨衰等，介绍电磁波在空间传播时，信道传播特性的产生机理、数学模型及关键性质，最后介绍了链路预算方法。

9.1 电磁波传播基本概念

电磁波传播在空间中的特性主要受到电磁波频率、传播路径、传播媒介的影响。不同频率电磁波的特性具有一定差异，为了规范研究与应用，首先需要了解电磁频谱的划分方法，进而给出从电磁场理论的角度对电磁波传播原理的理解。其次，在关键的卫星通信场景下，电磁波需要穿透大气层到达宇宙中的卫星接收机，因此本节将简要介绍近地大气层结构与相应传播特性。最后，揭示电磁波最为广泛且基础的传播特性。

9.1.1 电磁频谱划分

不同频率的电磁波在媒介中传播时，会表现出不同的性质。因此在实际中，一般依据频率或者波长对电磁波进行分类，以便构建出规范的电磁频谱。通信系统涉及的电磁波频率范围通常为3Hz～300GHz。常见的分类方法为按照10倍频一段进行划分，将此频率范围内的电磁波分为极低频、超低频、特低频、甚低频、低频、中频、高频、甚高频、特高频、超高频、极高频11个频段。此外根据基本物理原理可知，电磁波频率 f 与波长 λ 之间具有以下关系：

$$\lambda=\frac{c}{f} \tag{9-1}$$

其中，$c=3\times10^8\mathrm{m/s}$ 是电磁波在真空中的传播速度。因此，可以根据不同频段的电磁波频率所对应波长的数量级将电磁波分为不同波段，具体划分方式如表9-1所示。

表9-1 电磁波频率波长分段

频段名称	频　率	波　长	波段名称
极低频(ELF)	3～30Hz	10^5～10^4km	极长波
超低频(SLF)	30～300Hz	10^4～10^3km	超长波
特低频(ULF)	300～3000Hz	1000～100km	特长波
甚低频(VLF)	3～30kHz	100～10km	甚长波
低频(LF)	30～300kHz	10～1km	长波
中频(MF)	300～3000kHz	1000～100m	中波
高频(HF)	3～30MHz	100～10m	短波
甚高频(VHF)	30～300MHz	10～1m	米波
特高频(UHF)	300～3000MHz	1～0.1m	分米波
超高频(SHF)	3～30GHz	10～1cm	厘米波
极高频(EHF)	30～300GHz	10～1mm	毫米波

不同频段电磁波的特性有一定差异，大体来说低频电磁波穿透性较强，而高频电磁波可用频带较宽，因此不同频段电磁波的使用场景也不相同，一些典型应用场景如下。

(1) 极低频。典型应用为对潜通信、地下通信、全球通信、地下遥感、电离层与磁层研究。由于频率低，因而信息容量小，信息速率低(约1b/s)。该频段中，垂直极化的天线系统不易建立，并且受雷电干扰强。

(2) 超低频。典型应用为地质结构探测，电离层与磁层研究，对潜通信，地震电磁辐射前兆检测。超低频由于波长太长，因而辐射系统庞大且效率低，人为系统难以建立，目前主要由太阳风与磁层相互作用、雷电及地震活动所激发。近来在频段高端已有人为发射系统用于对潜艇发射简单指令，以及对地震活动中深地层特性变化的检测。

(3) 特低频。通常于矿场内坑道通信使用，也可以应用于地质勘探。

(4) 甚低频。典型应用为超远程及水下相位差导航系统，全球电报通信及对潜指挥通信，时间频率标准传递，地质探测。该波段难于实现电尺寸高的垂直极化天线和定向天线，传输数据率低，雷电干扰也比较强。

(5) 低频。典型应用为远程脉冲相位差导航系统，时间频率标准传递，远程通信广播。

(6) 中频。用于广播、通信、导航(机场着陆系统)。采用多元天线可实现较好的方向性，但是天线结构庞大。

(7) 高频。用于远距离通信广播，超视距天波及地波雷达，超视距地-空通信。

(8) 甚高频。用于语音广播，移动(包括卫星移动)通信，接力(50km跳距)通信，航空导航信标，以及容易实现具有较高增益系数的天线系统。

(9) 特高频。用于电视广播、飞机导航、着陆、警戒雷达、卫星导航、卫星跟踪、数传及指令网、蜂窝无线电通信。

(10) 超高频。用于多路语音与电视信道、雷达、卫星遥感、固定及移动卫星信道。

(11) 极高频。用于短路径通信、雷达、卫星遥感。此波段及以上波段的电磁波传输容量超过所有低频段，是卫星通信当前及今后进一步发展的重要方向。

【例 9-1】 2023 年世界无线电通信大会对卫星固定业务设定频率限值，以保护 36～37GHz 频段的卫星地球探测业务。试求 36～37GHz 频段对应的波长，并给出对应波段的名称。

【解 9-1】 通过电磁波频率与波长之间的关系式 $\lambda=c/f$，可以得到 36～37GHz 频段对应的波长范围为 8.100～8.333mm。对应的波段名称为毫米波。

9.1.2 电磁波传播方式

1. 电磁波传播基本机理

无线通信领域中采用喇叭天线辐射信号是实现电磁波传播的关键技术。麦克斯韦方程组是描述天线辐射的基本定律，由麦克斯韦在 19 世纪提出。麦克斯韦方程组将电场和磁场之间的关系，以及它们与电荷和电流之间的相互作用公式化，包括高斯定律、高斯磁定律、法拉第电磁感应和安培环路定律的 4 个方程：

$$
\begin{cases}
\nabla\times \boldsymbol{E}=\rho/\varepsilon_0 \\
\nabla\times \boldsymbol{B}=0 \\
\nabla\times \boldsymbol{E}=-\partial\boldsymbol{B}/\partial t \\
\nabla\times \boldsymbol{H}=\boldsymbol{J}+\partial\boldsymbol{D}/\partial t
\end{cases}
\tag{9-2}
$$

其中，$\boldsymbol{E}$ 为电场强度，$\boldsymbol{B}$ 为磁感应强度，$\boldsymbol{D}$ 为电位移矢量，$\boldsymbol{H}$ 为磁场强度，ρ 为电荷密度，$\boldsymbol{J}$ 为电流密度，ε_0 为真空介电常数。可以得知，变化的磁场与电场相互激发从而实现电磁波能量在空间的传导。

2. 大气层电磁波传播信道

空间通信中大气层信道示意如图 9-1 所示。该图反映了空间通信中对于星地链路具有重要影响的大气层电磁波传播信道的特征，在各种传播方式中，媒质电参数(包括介电常数，磁导率与电导率)的空间分布、时间变化和边界状态，陆地、海洋、地表和近地大气层都是传播特性的决定性因素。近地大气层的结构及其信道特征可以概括为 4 个方面。

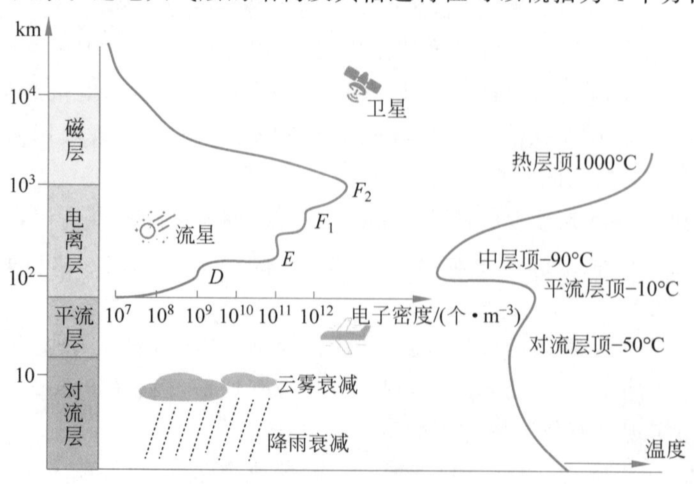

图 9-1 空间通信中大气层信道示意

（1）对流层。离地面10～12km（两极地区为8～10km，赤道地区达15～18km），大气是相互对流的，风云雨雪就发生在这里。对流产生的原因是大气吸收了阳光的能量，温度升高，向上传输而形成对流。对流层的主要特点包括温度是下高上低，顶部气温约在－50℃。对流层集中了约3/4的大气质量和90%以上的水汽。

（2）平流层。离地面10～60km的空间，气体温度随高度的增加而略有上升，但气体的对流现象减弱，主要是沿水平方向流动，故称平流层。这里空气相对稀薄，杂质也少，对电磁波传播影响小。

（3）电离层。60～1000km的区域，由自由电子、正离子、负离子、中性分子和原子等组成的等离子体。使高空大气电离的主要电离源有：太阳辐射的紫外线、X射线、高能带电微粒流、为数众多的微流星、其他星球辐射的电磁波，以及宇宙射线等，其中最主要的电离源是太阳光中的紫外线。该层虽然只占全部大气质量的2%左右，但因存在大量带电粒子，所以对电磁波传播有极大影响。

（4）磁层。从电离层至几万千米的高空存在着由带电粒子组成的辐射带，称为磁层。磁层顶是地球磁场作用所及的最高处，出了磁层顶就是太阳风横行的空间。在磁层顶以下，地磁场起了主宰的作用。

【例9-2】　假设你是一位通信工程师，负责设计一种星地通信系统，该系统利用卫星中继来实现地面与卫星之间的通信。请详细描述电磁波在星地通信系统中的传播过程，并解释每个阶段中可能涉及的主要因素和挑战。

【解9-2】　分为4个过程，具体如下。

（1）发射阶段。在地面站点产生的电磁波首先被发送至卫星，涉及选择合适的频段和调制技术，以及确保信号的强度和方向性以便与卫星进行有效的通信。

（2）卫星中继。卫星接收到地面站发送的信号后，进行中继并将信号再次发送至目标地点。

（3）信道传播。信号从卫星传播至地面站时，会经过对流层、平流层、电离层、磁层。大气中的各种因素，如大气密度、湿度和温度变化等，以及存在的折射、散射和衰减现象，会对信号的传播产生影响。

（4）地面接收。接收阶段，要考虑到接收天线的性能、信号强度，以及可能存在的干扰和噪声等因素。

9.1.3　自由空间电磁波传播特性

电磁波的现实传播环境较为复杂，在传播过程中受山峰、水面、建筑物、大气层等不确定性因素的影响，自由空间传播是最为基础的传播场景，所有复杂场景都包含有这一传播特性。根据物理直觉，电磁波在自由空间传播时，功率密度会不断衰减。为了便于对各种传播方式进行定量比较，有必要对电磁波在自由空间传播的特性进行讨论。

根据弗里斯公式，功率为P_t的电磁波经增益为G_t的天线发射，增益为G_r的接收天线在距离为r处的接收功率为

$$P_r = P_t \frac{G_t G_r \lambda^2}{(4\pi r)^2} \tag{9-3}$$

其中，$\lambda = c/f$为电磁波的波长。

定义 9.1 **自由空间损耗**：自由空间传播损耗为不考虑天线增益时，自由空间中发射天线输入功率 P_t 与接收天线输出功率 P_r 之比为

$$L_f = \frac{P_t}{P_r} \tag{9-4}$$

定理 9.1 自由空间损耗具有以分贝为单位的实用表达形式，如下：

$$\begin{aligned}[L_f]_{dB} &= 32.45 + 20\lg f(\mathrm{MHz}) + 20\lg r(\mathrm{km}) \\ &= 121.98 + 20\lg r(\mathrm{km}) - 20\lg\lambda(\mathrm{cm})\end{aligned} \tag{9-5}$$

证明：

结合弗里斯公式，自由空间损耗可以表示为

$$L_f = \frac{P_t}{P_t \dfrac{\lambda^2}{(4\pi r)^2}} = \left(\frac{4\pi r}{\lambda}\right)^2$$

利用光速和频率表示波长可得

$$L_f = \left(\frac{4\pi f r}{c}\right)^2$$

等式的左右两边同时取对数，并提出常量进行合并，可以得到自由空间损耗的分贝表达形式为

$$\begin{aligned}\lfloor L_f \rfloor_{dB} &= 121.98 + 20\lg r(\mathrm{km}) - 20\lg\lambda(\mathrm{cm}) \\ &= 32.45 + 20\lg f(\mathrm{MHz}) + 20\lg r(\mathrm{km})\end{aligned}$$

证毕。

【例 9-3】 一颗近地卫星发射信号频率为 5GHz，设其与地面站接收机之间为视距传播，传播距离为 600km，地面接收机的灵敏度为 -130dBm（接收到并仍能正常工作的最低信号强度）。若卫星向地面发射 40dBm 的电磁波信号，只考虑理想条件下的自由空间传播损耗，地面接收机能否成功接收到信号？

【解 9-3】 根据自由空间传播损耗公式，可以得出信号传播过程中的损耗为

$$\begin{aligned}[L_f]_{dB} &= 32.45 + 20\lg f(\mathrm{MHz}) + 20\lg r(\mathrm{km}) \\ &= 32.45 + 20\lg(5000) + 20\lg(600) \\ &\approx 32.45 + 73.98 + 55.56 = 161.99\mathrm{dB}\end{aligned} \tag{9-6}$$

卫星向地面发射的信号功率为 40dBm，地面接收机的灵敏度为 -130dBm。那么，接收信号功率可以表示为

$$\begin{aligned}P_r &= P_t - [L_f]_{dB} = 40\mathrm{dBm} - 161.99\mathrm{dB} \\ &= -121.99\mathrm{dBm} > -130\mathrm{dBm}\end{aligned} \tag{9-7}$$

如果接收信号功率大于接收机灵敏度，地面接收机就可以成功接收到信号。因此，可以得出结论为地面接收机能成功接收到信号。

9.2 对流层电磁波传播特性

电磁波通过对流层传播时，必然会受到它的影响。对流层中所包含的氧分子、水蒸气分子和云、雾、雨、雪等均会吸收和散射电磁波，从而形成对信号的损耗特性。这种损耗与电磁

波频率、波束的仰角、气候好坏、地理位置等关系密切。对流层对卫星信道的这种影响，通常在电磁波传播频率低于 1GHz 时可以忽略不计，但当采用较高频率时较为显著，应当予以考虑。具体来说，对流层对通信信道的影响包括：气体吸收、云雾衰减和去极化等。

9.2.1 气体吸收损耗

定义 9.2 **气体吸收损耗**：是在对流层中，因不同气体成分对电磁能量的吸收而形成的电磁波能量衰减。

大气的不同成分对不同频率电磁波的衰减如图 9-2 所示。对于厘米波和毫米波来说，气体吸收仅限于氧分子、水蒸气分子对电磁能量的吸收。氧分子在 118.74GHz 有一孤立吸收线，在 50～70GHz 有一系列密集的吸收线，还有一条吸收线在零频。水蒸气分子在 350GHz 以下有 22.3GHz、183.3GHz 和 323.8GHz 三条吸收线。在所有这些吸收线及其附近，吸收很大，这种区域称为“壁区”。“壁区”外吸收较小的区域称作“窗区”。在确定频率上，总的吸收为上述各吸收线的贡献总和。气体吸收对信号造成的损耗量的大小决定于信号频率、仰角、海拔高度、水蒸气密度等。当频率低于 1GHz 时，可以忽略气体吸收的影响。

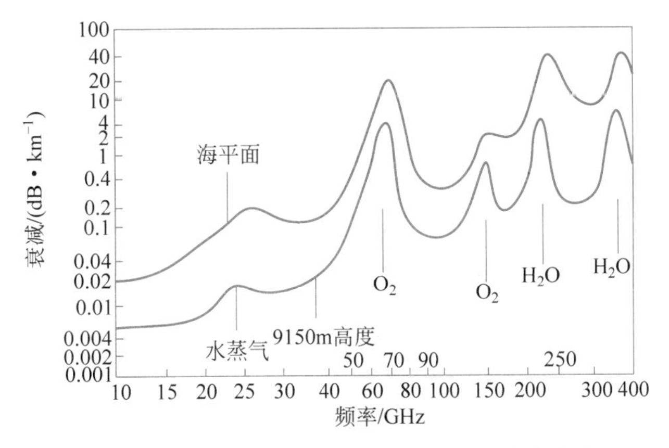

图 9-2 大气的不同成分对不同频率电磁波的衰减

倾斜地空路径(简称斜路径)损耗是由于大气中氧分子和水蒸气分子的吸收效应而产生的气体吸收损耗。据 ITU-R 有关报告，二者造成的损耗都可以按各自的地面损耗率与穿过对流层的等效路径长度的乘积计算，斜路径损耗即为这两项损耗之和。

首先介绍氧分子和水蒸气分子损耗率的计算方法。大气中氧气的成分较为固定，因此氧分子的损耗率主要由电磁波频率 f(GHz)决定，对于 57GHz 以下频段，可按式(9-8)近似计算：

$$\gamma_0 = \left[7.19 \times 10^{-3} + \frac{6.09}{f^2 + 0.227} + \frac{4.81}{(f-57)^2 + 1.50}\right] \times f^2 \times 10^{-3} \text{(dB/km)} \tag{9-8}$$

大气中水蒸气成分的波动较为明显，因此水蒸气分子的损耗率与电磁波频率和水蒸气密度 p_w(g/m^3)有关，对于 350GHz 以下的频段都可以用式(9-9)计算：

$$\gamma_w = \left[0.05 + 0.0021 p_w + \frac{3.6}{(f-22.7)^2 + 8.5} + \frac{10.6}{(f-183.3)^2 + 9.0} + \frac{8.9}{(f-325.4)^2 + 26.3}\right] \times f^2 \times p_w \times 10^{-4} \text{(dB/km)} \tag{9-9}$$

电磁波斜穿对流层的路径长度主要由等效高度和路径仰角决定，对流层的氧气等效高度 h_0 和水蒸气等效高度 h_w 可以分别由式(9-10)确定：

$$\begin{cases} h_0 = 6(\text{km}) \quad (f < 57\text{GHz}) \\ h_w = h_{w0}\left[1 + \dfrac{3.0}{(f-22.2)^2+5} + \dfrac{5.0}{(f-183.3)^2+6} + \right. \\ \left. \dfrac{2.5}{(f-325.4)^2+4}\right](\text{km}) \quad (f < 350\text{GHz}) \end{cases} \tag{9-10}$$

其中，h_{w0} 对晴空条件取 1.6km，对降雨条件取 2.1km。

结合电磁波斜路径长度与对流层高度的关系，可以按照路径仰角 θ 的不同情况，进行斜路径损耗 A_g 的计算，具体方式如下：

$$A_g(\text{dB}) = \begin{cases} \dfrac{\gamma_0 h_0 e^{-h_s/h_0} + \gamma_w h_w}{\sin\theta}, & \theta > 10^\circ \\ \dfrac{\gamma_0 h_0 e^{-h_s/h_0}}{g(h_0)} + \dfrac{\gamma_w h_w}{g(h_w)}, & \theta \leqslant 10^\circ \end{cases} \tag{9-11}$$

其中，h_s 为地球站海拔高度，R_e 为考虑折射时有效地球半径，$h_s<1\text{km}$ 时，R_e 的经验值为 8500km，$g(h)=0.661X+0.339\times\sqrt{X^2+5.5h/R_e}$，$X=\sqrt{\sin^2\theta+2h_s/R_e}$。

【例 9-4】 若卫星使用 52GHz 的电磁波在路径仰角 $\theta=30^\circ$ 的晴空条件下与海拔高度为 0km 的地面接收机进行通信，计算电磁波在穿过对流层时由于分子吸收产生的斜路径损耗。假设此时水蒸气密度为 20g/m^3。

【解 9-4】 氧分子损耗率和水蒸气分子损耗率为

$$\gamma_0 = \left[7.19\times10^{-3} + \frac{6.09}{f^2+0.227} + \frac{4.81}{(f-57)^2+1.50}\right]\times f^2\times10^{-3} \approx 0.5163\text{dB/km}$$

$$\gamma_w = \left[0.05 + 0.0021p_w + \frac{3.6}{(f-22.7)^2+8.5} + \frac{10.6}{(f-183.3)^2+9.0} + \frac{8.9}{(f-325.4)^2+26.3}\right]\times f^2\times p_w\times10^{-4}$$
$$=0.5240\text{dB/km}$$

晴空条件下，对流层的氧气等效高度 h_0 和水蒸气等效高度 h_w 分别为

$$h_0 = 6\text{km}$$

$$h_w = h_{w0}\left[1+\frac{3.0}{(f-22.2)^2+5}+\frac{5.0}{(f-183.3)^2+6}+\frac{2.5}{(f-325.4)^2+4}\right]$$
$$=1.6059\text{km}$$

对于路径仰角 $\theta=30^\circ$ 的情况，得到的斜路径损耗为

$$A_g = \frac{\gamma_0 h_0 e^{-h_s/h_0} + \gamma_w h_w}{\sin\theta} = \frac{\gamma_0 h_0 + \gamma_w h_w}{\sin\theta} \approx 7.88\text{dB}$$

9.2.2 云雾损耗

定义 9.3 **云雾损耗**：因对流层中云雾对电磁波能量的吸收或散射而形成的电磁波能

量衰减。

对流层中另一大损耗的来源是云层和雾气对电磁波能量的衰减，虽然云雾的影响较雨滴而言相对较弱，但是对于高频段、低仰角的高纬度地区或波束区域边缘，云和雾的影响是不可忽略的。云雾损耗的大小与工作频率、穿越的路程长短，以及云雾的浓度有关。可以使用国际电信联盟(ITU-R)模型来刻画云雾所引起的损耗：

$$A_c = \frac{0.4095 fL}{\varepsilon''[1+(2+\varepsilon'/\varepsilon'')^2]\sin\theta} \tag{9-12}$$

其中，L 为云层厚度，ε' 和 ε'' 分别为水介电常数的实部和虚部，θ 为地球站天线仰角。

9.2.3 大气闪烁

定义 9.4 **大气闪烁**：因对流层中大气折射率的不规则起伏而导致的接收信号幅度起伏。

大气闪烁的衰落率通常持续约几十秒，幅度起伏主要包括两方面因素，一是来波本身幅度的起伏，二是来波波前的不相干性引起的天线增益降低。综合以上因素，幅度起伏的标准偏差可以近似表示为

$$\sigma = \sigma_{\text{ref}} \times f^{7/12} \times g(X)/(\sin\theta)^{1.2} \quad (\text{dB}) \tag{9-13}$$

其中，f 为电磁波频率(GHz)，θ 为视在仰角(°)，σ_{ref} 为基准偏差(dB)，$g(X)$为天线平均函数。基准偏差 σ_{ref} 的具体形式如下：

$$\sigma_{\text{ref}} = 3.6\times 10^{-3} + 1.03\times 10^{-4} \times N_{\text{wet}} \quad (\text{dB}) \tag{9-14}$$

其中，N_{wet} 为折射率湿项，它与月周期以上的平均环境温度 t(℃)和平均水汽压强 e(mb)有如下关系：

$$N_{\text{wet}} = 3.73\times 10^5 \times e/(273+t)^2 \tag{9-15}$$

天线平均函数可以由式(9-16)计算：

$$g(X) = \sqrt{3.86\times(X^2+1)^{11/12}\times\sin\left(\frac{11}{6}\arctan\frac{1}{X}\right) - 7.08\times X^{5/6}}$$

$$X = 1.22\times\eta\times D_g^2\times f/L \tag{9-16}$$

其中，η 为天线效率，D_g 为天线口面直径，L 为有效湍流路径长度，与视在仰角具有如下关系：

$$L = \frac{2000}{\sqrt{\sin^2\theta + 2.35\times 10^{-4}} + \sin\theta} \quad (\text{m}) \tag{9-17}$$

p%时间超过的衰落深度提供了信道衰落深度的统计描述，有助于精确地量化大气闪烁特性，p%时间超过的大气闪烁衰落深度可以表示为

$$A_p = \tau(p)\times\sigma \tag{9-18}$$

其中，$\tau(p) = -0.061\times(\log p)^3 + 0.072\times(\log p)^2 - 1.71\times\log p + 3.0 (0.01\leqslant p\leqslant 50)$。

【例 9-5】 计算在 Leeheim 观测点由大气闪烁产生的幅度起伏的标准偏差。其中频率为 11.8GHz，仰角为 32.9°，温度为 18℃，水汽压强为 13.1mbar，天线口径为 0.057m，天线效率为 0.5。

【解 9-5】 根据上述幅度起伏标准偏差的近似表示，以及天线平均函数等公式可以进

行以下计算,从而得出 Leeheim 观测点由大气闪烁产生的幅度起伏的标准偏差为

$$
\begin{aligned}
\sigma &= \sigma_{\text{ref}} \times f^{7/12} \times g(X)/(\sin\theta)^{1.2} \\
&= (3.6 \times 10^{-3} + 1.03 \times 10^{-4} \times N_{\text{wet}}) \times (11.8)^{7/12} \times g(X)/(\sin(32.9°))^{1.2} \\
&= 9.575 \times 10^{-3} \times (11.8)^{7/12} \times g(X)/(\sin(32.9°))^{1.2} \\
&= 0.076\text{dB}
\end{aligned}
$$

9.2.4 去极化效应

定义 9.5 **去极化效应**:指电磁波极化特性受对流层传输媒介影响而发生改变的现象。

无线通信中需要确保发射与接收电磁波的极化方向相同从而耦合最大功率,即同极化匹配,此时可以实现最佳接收。然而,电磁波在传播路径上可能受到去极化效应的影响,发生极化特性的变化。产生去极化效应的主要原因是对流层中大气分子、雨雾水滴的各向异性特性。

无论是线极化还是圆极化方式,通常都可以采用交叉极化鉴别率(Cross Polar Discrimination,CPD)(一般写作 XPD)来度量极化纯度,其定义为

$$
\text{XPD} = 10\lg \frac{\text{同极化分量的功率}}{\text{交叉极化分量的功率}} \quad (\text{dB}) \tag{9-19}
$$

鉴别度可以更好地了解信号在传输过程中保持其极化特性的能力,同时也可以量化传输媒介对电磁波极化方向的影响程度。

对流层中的雨滴和雪晶是引起电磁波去极化效应的主要因素,当电磁波穿过雨区时,雨滴形状(因空气阻力和自身重量而呈扁平状)所形成的各向异性将会导致信号发生去极化。雪晶的形状和排列方式虽不同于雨滴,但同样具有各向异性特性,也能够影响电磁波的极化状态。

1. 雨滴引起的去极化

雨滴形成去极化效应的基本机理如图 9-3 所示。具体而言,由于空气有阻力及雨滴自身有重量,因此实际雨滴的形状不是圆球而是稍呈扁平状(如图 9-3 中虚线所示)。当入射电磁波的极化面与雨滴的长轴方向(图中 x 轴)一致时,产生的相移和衰耗最大;而与短轴方向(图中 y 轴)一致时,具有最小的相移和衰耗。

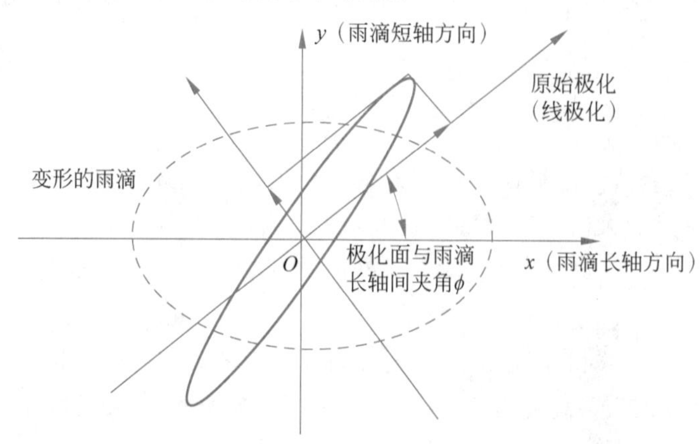

图 9-3 雨滴去极化效应的基本机理

因此,当一个线极化波以与 xOy 平面垂直的方向入射到雨滴,并且其极化面与长轴方向呈一定夹角 φ 时,经过雨滴后的电磁波将不再是线极化,而变为具有一定倾角的椭圆极化波。此过程不仅损耗电磁波能量并产生吸收噪声,还会形成交叉极化分量,对于采用正交双极化方式的通信系统来说,将导致噪声分量进一步增加。

为量化降雨损耗引起的去极化的统计规律,通常需要以下几个参数:A_p(共极化损耗,表示在特定路径上超过要求时间百分比 p 的降雨损耗),τ(极化倾斜角,表示线极化电场矢量相对于水平面的倾斜角,对于圆极化 $\tau=45°$),f(频率)和 θ(路径仰角)。这些参数提供了分析和预测去极化效应的重要依据。本书将根据降雨损耗统计规律对交叉极化鉴别度进行推导,此方法主要适用于 $8\text{GHz} \leqslant f \leqslant 35\text{GHz}$ 且 $\theta \leqslant 60°$ 的情景。不超过 $p\%$ 时间的降雨交叉极化鉴别度可以表示为

$$\mathrm{XPD_{rain}} = C_f - C_A + C_\tau + C_\theta + C_\sigma \quad (\mathrm{dB}) \tag{9-20}$$

其中,

$$C_f = 30\log f$$

$$C_A = \begin{cases} 12.8 f^{0.19} \lg A_p, & 8 \leqslant f \leqslant 20\text{GHz} \\ 22.6, & 20 < f \leqslant 35\text{GHz} \end{cases} \tag{9-21}$$

$$C_\tau = -10\lg[1 - 0.484(1+\cos 4\tau)] \tag{9-22}$$

$$C_\theta = -40\lg(\cos\theta) \quad \theta \leqslant 60° \tag{9-23}$$

$$C_\sigma = 0.0052\sigma^2 \tag{9-24}$$

这里需要注意,当 $\tau=45°$时,$C_\tau=0$;当 $\tau=0°$或 $90°$时,C_τ 取最大值 15dB。σ 为雨滴长轴相对于水平面倾斜角的分布的有效偏差,对于 $p=1$、0.1、0.01 和 0.001 的不同时间百分数取值,σ 分别取 0°、5°、10°和 15°。

2. 雪晶体引起的去极化

当电磁波穿越温度低于 0℃的大气层时,雪晶体的存在同样会对电磁波产生去极化效应。为了量化雪晶体对信号去极化的影响,不超过 $p\%$ 时间的雪晶交叉极化鉴别度可用式(9-25)来近似计算:

$$C_{\mathrm{ice}} = \mathrm{XPD_{rain}} \times (0.3 + 0.1\lg p)/2 \quad (\mathrm{dB}) \tag{9-25}$$

3. 雨雪交叉极化统计特性的长期频率和极化定标

雨滴和雪晶体均会引起去极化效应,因此接收电磁波的交叉极化鉴别度将受到雨滴和雪晶体共同作用的限制。综合考虑二者的影响,不超过 $p\%$ 时间的总体交叉极化鉴别度可以表示为

$$\mathrm{XPD}_p = \mathrm{XPD_{rain}} - C_{\mathrm{ice}} = \mathrm{XPD_{rain}} \times (0.85 - 0.05\lg p) \quad (\mathrm{dB}) \tag{9-26}$$

为了更全面地了解雨雪引起的去极化效应的统计特性,需要对不同频率和极化倾斜角下的交叉极化鉴别度进行长期统计。然而,实际测量中很难覆盖所有可能的频率和极化倾斜角组合。因此,在实际中,基于已有的交叉极化鉴别度长期统计数据,通过考虑频率和极化倾斜角的变化规律,构建半经验公式来估算其他条件下的交叉极化鉴别度。在 $4 \leqslant f_1$,$f_2 \leqslant 30\text{GHz}$ 的频率范围内,半经验公式形式如下:

$$\mathrm{XPD_2} = \mathrm{XPD_1} - 20\lg\left[\frac{f_2\sqrt{1-0.484(1+\cos 4\tau_2)}}{f_1\sqrt{1-0.484(1+\cos 4\tau_1)}}\right] \tag{9-27}$$

其中，XPD_1 和 XPD_2 是分别对于频率 f_1 和 f_2、极化倾斜角 τ_1 和 τ_2，在相同不超过时间百分比条件下的交叉极化鉴别度。因此，若测量到了某一频率和极化倾斜角下的交叉极化鉴别度，即可根据公式(9-27)来估计其他频率和极化倾斜角组合下的交叉极化鉴别度，从而有效提高测量效率。

9.3 电离层电磁波传播特性

电离层是地球大气层中因受到太阳高能辐射及宇宙线激励而发生电离的部分，位于距离地面 60km 以上的区域。在这一区域内，大气处于部分电离或完全电离状态，其电磁特性可以描述为各向异性的分层等离子体媒质。当电磁波穿越电离层时，会经历折射、反射和散射等复杂现象，产生电磁波极化面旋转、幅度相位发生随机时变等传播效应。

9.3.1 电离层概况

电离层具体指的是 60～1000km 的大气层区域，它由自由电子、正离子、负离子、中性分子和原子等组成的等离子体构成。主要的电离源包括太阳辐射的紫外线、X 射线、高能带电微粒流，以及宇宙射线等，其中尤以太阳紫外线的影响最为显著。尽管电离层仅占大气总质量的约 2%，但由于其中存在大量带电粒子，它对电磁波传播的影响十分显著。

根据电子密度的不同，电离层可细分为 D、E、$F1$、$F2$ 四层。从低层到高层，电子密度逐渐增大，到达 $F2$ 层后迅速下降。这种分布规律是由气体密度和射线照射强度两个因素共同决定的，内层气体密度大但照射较弱，外层气体密度小但照射强烈，因此电子密度在电离层中间达到最大值。

电离层对电磁波传播的基本影响可以概括为电离层的反射能力，与电磁波频率和入射角有关，频率越低或入射角越大，电磁波越容易被反射。对于频率低于 12GHz 的电磁波，电离层的影响十分显著，对于频率低于 3GHz 的卫星通信业务影响尤甚。这种影响主要体现在下列 3 个方面：

(1) 背景电离作用会引起信号极化面的旋转(法拉第旋转)、信号的时延和由于折射造成的信号到达角的变化等；

(2) 由于其不规则性，使得电离层就像一个收敛和发散的透镜对电磁波进行聚焦和散焦，从而造成信号的振幅、相位和到达角等发生短周期的不规则变化，产生所谓的“电离层闪烁”现象；

(3) 电离层中的电子会对电磁波产生吸收损耗。

以上 3 个方面的影响可以统称为“电离层效应”。在空间通信中，设计卫星通信系统时，需要特别考虑电离层效应的影响。

9.3.2 法拉第旋转

定义 9.6　**法拉第旋转**：电磁波极化面受电离层磁场与等离子体媒质各向异性的影响而发生缓慢旋转的现象。

法拉第旋转角度 θ 的大小与电磁波频率、地球磁场强度、等离子体的电子密度、传播路径长度等因素关系密切，可以表示为

$$\theta = 2.36 \times 10^{2} \times B_{\mathrm{av}} \times N_{\mathrm{T}} \times f^{-2} \quad (\mathrm{rad}) \tag{9-28}$$

其中，B_{av} 表示地球平均磁场强度，f 表示电磁波频率，N_{T} 表示总电子含量。从这个公式中可以发现一些重要性质：法拉第旋转角与电磁波频率的平方成反比关系，这意味着当电磁波的频率越低时，旋转角度会越大；同时，旋转角也与电离层的电子密度成正比，因此，在白天由于电离层电子密度的增加，旋转值会达到最大；此外，旋转角度也正比于地磁场强，沿地磁场线方向传播时，旋转效应会更为显著；最后，当地球站的仰角较低时，电磁波通过电离层的路径会更长，从而导致更大的旋转角度。

对于校正后的天线而言，其交叉极化鉴别度 XPD 与法拉第旋转角 θ 的关系可以用式(9-29)表示：

$$\mathrm{XPD} = -20\lg(\tan\theta) \quad (\mathrm{dB}) \tag{9-29}$$

值得注意的是，旋转角与频率的关系并不是在所有传播方向上都是相同的。当电磁波沿经度线方向传播，即平行于地球磁场线时，旋转角与频率的平方成反比；而当电磁波沿垂直于地球磁场线的方向传播时，旋转角与频率的立方成反比。因此，对于较低的频率，为克服法拉第旋转效应，必须采用圆极化波传播或者采用极化跟踪技术。频率高于数 GHz 后，旋转角会变得很小，此时就可以采用线极化波进行传播。而频率大于 10GHz 时，法拉第旋转效应则完全可以忽略不计。

9.3.3 电离层闪烁效应

定义 9.7 **电离层闪烁效应**：由电离层结构的不均匀性和随机的时变性导致的信号振幅、相位、到达角，以及极化状态发生短周期不规则变化的现象。

电离层闪烁效应的影响因素主要包括工作频率、地理位置、地磁活动情况，以及当地的季节和时间等。特别地，地磁纬度和当地时间对电离层闪烁的影响最为显著。当频率高于 1GHz 时，电离层闪烁的影响通常会大大减轻，但在地磁低纬度区，即使工作于 C 波段的系统，也可能会受到显著影响。

国际上通常将地磁赤道及其南北 20°以内区域称为赤道区或低纬度区，地磁 20°～50°的区域为中纬度区，地磁 50°以上为高纬度区。在这些区域中，地磁赤道附近和高纬度区(特别是地磁 65°以上)的电离层闪烁现象更为严重和频繁。需要指出的是，虽然 ITU-R 已经公布了一些关于电离层闪烁的研究结果，但在实际应用中，最好还是采用本地的实测数据，因为电离层闪烁的特性与具体位置密切相关。

接下来，为了量化描述闪烁效应的影响程度，本书将针对电离层闪烁的强度分布相关内容进行介绍。对于频率低于 3GHz 的信号来说，穿过电离层时将会遭受明显的电离层闪烁效应。通常用闪烁指数 S_4 来描述电离层闪烁的强度，其定义如下：

$$S_4^2 = \frac{\langle I^2 \rangle - \langle I \rangle^2}{\langle I \rangle^2} \tag{9-30}$$

其中，I 是信号强度，〈·〉为取平均操作。

根据式(9-30)可以发现，闪烁指数与信号的峰-峰闪烁强度密切相关，具体形式取决于信号强度分布，表 9-2 给出了 S_4 与近似的峰-峰闪烁 P_{fluc} 之间的经验转换关系。

表 9-2 闪烁指数的经验转换关系

S_4	0.1	0.2	0.3	0.4	0.5	0.6	0.7	0.8	0.9	1.0
P_{fluc}/dB	1.5	3.5	6	8.5	11	14	17	20	24	27.5

当 S_4 的变化范围较大时，Nakagami 分布能够最佳地描述信号强度的分布。在此分布下，信号强度 I 的概率密度函数为

$$p(I)=\frac{m^m}{\Gamma(m)}I^{m-1}\mathrm{e}^{-mI} \tag{9-31}$$

其中，I 的平均强度电平已归一化。Nakagami 分布的"m 系数"与闪烁指数 S_4 关系为

$$m=1/S_4^2 \tag{9-32}$$

根据以上数学推导，电离层闪烁效应下，信号强度的累积分布函数可用式(9-33)近似计算：

$$P(I)=\int_0^I p(x)\mathrm{d}x=\frac{\Gamma(m,mI)}{\Gamma(m)} \tag{9-33}$$

其中，$\Gamma(m,mI)$和 $\Gamma(m)$分别为不完全伽马函数和伽马函数。那么，利用此式就可以计算电离层闪烁过程中信号强度高于或低于某一给定阈值的时间比率，例如信号低于均值 X(dB)的时间比率由 $P(10^{-X/10})$给出，而信号高于均值 X(dB)的时间比率为 $1-P(10^{-X/10})$。

电离层闪烁的强度受到多种因素的影响，包括频率、几何位置和太阳活动等。首先，闪烁与频率的关系在不同的地点可能会有所不同。在没有实测数据的情况下，工程应用中通常采用 $S_4=f^{1.5}$(f 为信号频率，单位 GHz)的关系进行估算。其次，闪烁强度还与观测点相对于电离层不均匀体的位置有关。据研究表明 S_4^2 正比于传播路径的天顶角 i 的正割，并且此关系最大可在 $i\approx70°$时成立，而在更高的天顶角(即更低的仰角)下，S_4^2 近似介于天顶角 i 的正割的 1/2 次幂和 1 次幂之间。此外，由于受到地球磁场作用，电离层不均匀体在 300km 左右高度上沿地磁场延伸，当 VHF 频段以上的电磁波传播方向贴近地磁场方向时，闪烁强度明显增强。最后，太阳活动也是影响电离层闪烁的重要因素。在赤道地区，随着太阳黑子数的增加，闪烁强度和闪烁出现率也会相应增强。在中纬度地区，目前尚未发现明显的对应关系。

9.4 多径传播效应

定义 9.8 **多径传播**：从发射机天线发射的无线电波(信号)在传播过程中，沿着两个及以上不同的路径到达接收机天线的现象。

无线电波是电磁波的一种，其传播方式主要包括直射、反射、绕射、散射，以及这些方式的组合。由于空间中物体的多样性，无线电波在空间传播过程中会产生不同的反射和散射，从而形成多样的传播路径。所以在任何一个接收位置处均可能收到来自不同路径的同源无线电波，形成电波的多径传播。多径传播对信号的影响被称为多径效应。这种效应会导致信号幅度的波动、相位的跳变，以及信号时延的变化，造成信号失真、衰落和干扰，从而影响通信质量。此外，多径效应还可能引起信号的频率选择性衰落，使不同频率成分的信号受到不同程度的衰减。

9.4.1 多径效应

当移动台(如无人机)穿梭于建筑群与障碍物之间时,接收到的信号强度会受到多种路径上电磁波的影响。这些电磁波包括直射波和经过各种障碍物反射、折射后形成的波。由于电磁波具有随时间变化的幅度和相位特性,因此当这些波在接收点叠加时,它们之间的相位关系也会随时间变化。这一叠加过程实际上是矢量的合成,故而各分量场的随机干涉将导致接收信号的总体强度产生波动,即信号衰落。更为复杂的是,在不同频率下,分量间的相位关系存在差异,因而形成的干涉效果也有所不同,这种特性被称为频率选择性,在宽带信号传输中,频率选择性的影响更为明显。此外,由于路径传播时延不同,同一时刻发出的信号经由不同路径后将在接收点前后分散开。

除了直射波和地面反射波,电磁波在实际传播过程中还会遇到其他障碍物,如树木、建筑物等,产生散射波,从而加剧多径效应。多径现象大致可以分为两类:可分离多径和微分多径。前者主要由不同跳数的射线、高角和低角射线等形成,多径分量之间的传播时延差较大;后者主要由电离层不均匀体引起,多径分量间传播时延差异相对较小。由于湍流团和对流层层结的存在,对流层电磁波传播信道中多径效应将是一个不可忽视的问题。

与地面无线通信相比,卫星通信系统常用于服务地面网络无法覆盖或不足以支撑业务需求的区域,其电磁波传播路径通常较为清晰,不会遇到大量反射体。但在某些情况下,如宽波束或低仰角通信时,仍可能出现由建筑物或障碍物反射引起的明显多径效应。此外,当电磁波穿越电离层时,由于电离层内电子密度的随机不均匀性,信号可能会发生折射产生额外的传播路径,它们也会与直射分量一起构成多径传输。

为了描述多径信道的特性,人们引入了一系列参数,如时间色散参数、相干带宽、多普勒扩展、相干时间和衰落等。其中,时延扩展和相干带宽用于描述信道的时间色散特性,而多普勒扩展和相干时间则描述了小尺度内信道的时变特性。这些时变特性由移动台与基站间的相对运动或传播路径中物体的运动引起。

在数学上,可以将发射信号经过多条路径传播到接收端的过程建模为一个叠加过程。假设发射信号为 $x(t)=A\cos\omega_0 t$,它经过 n 条不同的路径传播到接收端,此时接收信号 $R(t)$ 可以表示为

$$R(t)=\sum_{i=1}^{n}\mu_i(t)\cos\omega_0[t-\tau_i(t)]=\sum_{i=1}^{n}\mu_i(t)\cos[\omega_0 t+\varphi_i(t)] \tag{9-34}$$

其中,$\mu_i(t)$ 为第 i 个多径分量的振幅;$\tau_i(t)$ 为第 i 条路径所引入的时延;$\varphi_i(t)=-\omega_0\tau_i(t)$。式(9-34)的 $\mu_i(t)$,$\tau_i(t)$,$\varphi_i(t)$ 都是随机变化的。

结合三角公式可将式展开为如下形式:

$$R(t)=\sum_{i=1}^{n}\mu_i(t)\cos\varphi_i(t)\cos\omega_0 t-\sum_{i=1}^{n}\mu_i(t)\sin\varphi_i(t)\sin\omega_0 t \tag{9-35}$$

对于角频率为 ω_0 的正余弦信号来说,振幅 $\mu_i(t)$ 和相位 $\varphi_i(t)$ 随时间变化相对缓慢,因此 $R(t)$ 可以看作由两个相互正交的分量构成,二者的振幅分别是缓慢随机变化的 $X_c(t)$ 和 $X_S(t)$,即

$$X_{c}(t)=\sum_{i=1}^{n}\mu_{i}(t)\cos\varphi_{i}(t) \tag{9-36}$$

$$X_{S}(t)=\sum_{i=1}^{n}\mu_{i}(t)\sin\varphi_{i}(t) \tag{9-37}$$

将式(9-36)和式(9-37)代入式(9-35),可将接收信号表示为

$$R(t)=X_{c}(t)\cos\omega_{0}t-X_{S}(t)\sin\omega_{0}t=V(t)\cos[\omega_{0}t+\varphi(t)] \tag{9-38}$$

其中,$V(t)=\sqrt{X_{c}^{2}(t)+X_{S}^{2}(t)}$为接收信号包络,$\varphi(t)=\arctan(X_{S}(t)/X_{c}(t))$为接收信号相位。可知$V(t)$和$\varphi(t)$也是随机慢变的,因此接收信号$R(t)$可以看作一个振幅和相位做缓慢随机变化的窄带信号。相较于恒幅、单音的发射信号,接收信号的包络有了起伏,频率得到扩展。

【例 9-6】 令$x(t)$为基带发射信号,请表示出其对应的通带信号,以及通过具有I条传播路径的散射信道后的信号。

【解 9-6】 相应的通带发射信号为$\tilde{x}(t)=\mathrm{Re}[x(t)\mathrm{e}^{\mathrm{j}2\pi f_{c}t}]$,通过多径信道后的通带接收信号可表示为

$$\tilde{y}(t)=\mathrm{Re}\left[\sum_{i-1}^{I}c_{i}\mathrm{e}^{\mathrm{j}2\pi(f_{c}+f_{i})(t-\tau_{i})}x(t-\tau_{i})\right]$$

其中,c_{i}、τ_{i}和$f_{i}=f_{m}\cos\theta_{i}$分别表示第$i$条传播路径的信道增益、时延和多普勒频率,$f_{m}$为最大多普勒频率,$\theta_{i}$为第$i$个到达角。

同相和正交分量形式表示为

$$\tilde{y}(t)=h_{I}(t)\cos2\pi f_{c}t-h_{Q}(t)\sin2\pi f_{c}t$$

其中,$h_{I}(t)=\sum_{i=1}^{I}c_{i}\cos\phi_{i}(t)$,$h_{Q}(t)=\sum_{i=1}^{I}c_{i}\sin\phi_{i}(t)$,$\phi_{i}(t)=2\pi\{(f_{c}+f_{i})\tau_{i}-f_{i}t_{i}\}$。

定义 9.9 **衰落**:接收信号包络随时间变化产生起伏的现象。

多径传播导致衰落的周期虽长于信号周期,但是仍然在秒和秒以下的数量级,通常可以与数字信号的码元周期相当,因此由多径效应引起的衰落常被称为小尺度衰落。除了多径效应外,路径上的环境变化(如季节、日夜、天气等)也会导致信号产生衰落,这种衰落的周期较长,被称为大尺度衰落。信道的大小尺度衰落具有相对性,下面首先了解时延扩展与相干带宽的概念。

9.4.2 时延扩展与相干带宽

为了使分析过程简洁易懂,以最基础的两径传播情景为例进行讨论,进而得到一般性结论。设想如下多径传播的场景,其中信号通过两条路径到达接收端,这两条路径虽然衰减程度相同,但传播时延却有所不同。令发射信号为$f(t)$,经过两条路径后的接收信号分别为$Af(t-\tau_{0})$和$Af(t-\tau_{0}-\tau)$。其中A为传播损耗,τ_{0}是第一条路径时延,τ是两条路径的相对时延差。为了探究这一多径信道的特性,需要推导其传输函数。

设发射信号$f(t)$的傅里叶变换(即其频谱)为$F(\omega)$,根据傅里叶变换性质可将各分量与接收信号的频谱表示为

$$Af(t-\tau_0) \Leftrightarrow AF(\omega)\mathrm{e}^{-\mathrm{j}\omega\tau_0} \tag{9-39}$$

$$Af(t-\tau_0-\tau) \Leftrightarrow AF(\omega)\mathrm{e}^{-\mathrm{j}\omega(\tau_0+\tau)} \tag{9-40}$$

$$Af(t-\tau_0)+Af(t-\tau_0-\tau) \Leftrightarrow AF(\omega)\mathrm{e}^{-\mathrm{j}\omega\tau_0}(1+\mathrm{e}^{-\mathrm{j}\omega\tau}) \tag{9-41}$$

根据通信原理可知，信号通过信道等效于时域卷积信道的冲击响应，对应于频域响应相乘，因此可以计算多径信道传输函数：

$$H(\omega)=\frac{AF(\omega)\mathrm{e}^{-\mathrm{j}\omega\tau_0}(1+\mathrm{e}^{-\mathrm{j}\omega\tau})}{F(\omega)}=A\mathrm{e}^{-\mathrm{j}\omega\tau_0}(1+\mathrm{e}^{-\mathrm{j}\omega\tau}) \tag{9-42}$$

其中，A 为常数衰减项，$\mathrm{e}^{-\mathrm{j}\omega\tau_0}$ 对应了确定的传输时延 τ_0，$1+\mathrm{e}^{-\mathrm{j}\omega\tau}$ 是和信号频率 ω 有关的复因子，其模为

$$|1+\mathrm{e}^{-\mathrm{j}\omega\tau}|=|1+\cos\omega\tau-\mathrm{j}\sin\omega\tau|=\left|\sqrt{(1+\cos\omega\tau)^2+\sin^2\omega\tau}\right|=2\left|\cos\frac{\omega\tau}{2}\right| \tag{9-43}$$

由此可以看出，信号的衰减将由时延差 τ 确定，在角频率 $\omega=2n\pi/\tau$（n 为整数）处的频率分量得到最大增益，而在 $\omega=(2n+1)\pi/\tau$ 处的频率分量则被抑制。这种频率选择的特性意味着不同频率的信号成分在经历多径传播后，其强度可能会出现显著差异。在实际中，τ 是随时间变化的，所以对于确定频率的信号，将会形成衰落现象。因此，将这种与频率有关的衰落称为频率选择性衰落。

特别地，对于宽带信号而言，如果信号带宽大于 $1/\tau$，那么信号经过这两径信道传播后，接收信号频谱中不同分量的幅度将出现明显的差异。因此，$1/\tau$ 的频率范围被称为该信道的相干带宽，它刻画了信道对不同频率信号的响应一致性。虽然在实际的多径信道中，路径数量通常不止两条，且每条路径的信号衰减也可能各不相同。但无论如何，接收信号的包络都会出现随机起伏，即衰落现象。

定义 9.10　**相干带宽与时延扩展**：多径信道的相干带宽为最大路径相对时延差 τ_m 所对应的频率范围 $1/\tau_m$；多经信道的时延扩展为传播主要能量的路径中最长与最短路径时间之差，可以表示为

$$T_d=\max_{i\neq j}|\tau_i(t)-\tau_j(t)| \tag{9-44}$$

相干带宽揭示了多径信道频率响应在频率宽度 W_c 范围内具有近似不变性（等增益与线性相位），这也是 W_c 得名“相干带宽”的原因。信道的时延扩展反映了其频率相干性，即信道随频率变化的快慢。对于多径传播的情况，差分相位的存在可能导致频率选择性衰落，此情景下相干带宽 W_c 与时延扩展 T_d 具有如下关系：

$$W_c \propto \frac{1}{T_d} \tag{9-45}$$

式(9-45)表明，W_c 与 T_d 之间成反比关系，时延扩展越大，相干带宽越小。

由于具有相同 T_d 的不同信道，在时延范围内信号强度曲线可能具有明显差异，时延扩展 T_d 不一定是描述传播特性的最好参数，实际中更常用的参数是均方根时延扩展，具体形式为

$$\sigma_\tau=\sqrt{\overline{\tau^2}-(\bar{\tau})^2} \tag{9-46}$$

其中，$\bar{\tau}$ 是时延的均值，$\overline{\tau^2}$ 是二阶原点矩。

【例 9-7】 以基于 Lambertian 模型的 1THz 星间太赫兹通信信道为例，时延扩展约为 0.03ns，求该场景下的相干带宽大小。

【解 9-7】 一般来说，相干带宽与均方根时延扩展成反比，即 $W_c \approx 1/\sigma_\tau$，则相干带宽约为 33.3GHz。然而相干带宽的定义并不固定，例如，更常用的定义为相干带宽是相关函数大于或等于 0.5 所对应的带宽，即 $W_c \approx 1/5\sigma_\tau$，此时相干带宽约为 6.67GHz。

9.4.3 平坦衰落与频率选择性衰落

根据信道时延扩展 T_d 和信号码元时间 T_s 的关系，可以将信道衰落现象划分为频率选择性衰落和平坦衰落两类。

定理 9.2 如果 $T_d > T_s$ 成立，信道呈现频率选择性衰落。如果 $T_d < T_s$ 成立，信道呈现平坦衰落。

信道呈现频率选择性衰落意味着在信号传输过程中，一个码元的多径分量在时间上发生的扩展将超出码元的持续时间，落入相邻码元符号中引发码间串扰（Inter-Symbol Interference，ISI），造成频率选择性失真；信道呈现平坦衰落时，一个码元的所有多径分量在码元持续时间之内到达接收端，时延扩展并不导致相邻接收码元的显著重叠，从而不存在 ISI。但多径分量还可能会以相消方式叠加，导致信噪比降低，影响信号接收质量。为了缓解平坦衰落带来的信噪比降低问题，通常需要提高接收信号的信噪比或降低系统所需的信噪比。在数字通信系统中，信号分集技术和纠错编码技术是提升平坦衰落信道下系统性能的有效手段。

从频域的角度来看，平坦衰落与频率选择性衰落也有其独特的解释。相干带宽可以看作频率范围的统计量，在该带宽内能通过信号的所有频率成分，并获得等值增益和线性相位响应。因此，相干带宽描述了通过信道后，信号谱分量幅值间强相关的范围，即此频率范围内信道响应具有相似的增益，以及线性相位。

对应于利用时延扩展的划分方式，若有 $W_c < 1/T_s \approx B$ 成立，则认为信道衰落具有频率选择性，此处 $1/T_s$ 为信号码元速率，通常取信号带宽 B。但实际中由于系统滤波或数据调制类型的不同，B 可能与 $1/T_s$ 间存在一定差异。信号经过频率选择性衰落信道将会产生频率选择性衰落失真，在相干带宽内外的信号频谱分量受到的影响不同（相互独立）。不同信道传递函数与发送信号频谱密度的关系如图 9-4 所示。频率选择性衰落情况如图 9-4(a) 所示，此时 $W_c < B$ 成立，表明信道对传输信号不同频谱分量的影响是不同的。

对平坦衰落情况，$W_c > B$ 是必要不充分条件。图 9-4(b) 给出了一般的平坦衰落情景，此时信道对信号所有频谱分量的作用是相似的。一般为防止出现频率选择性失真，需要信道是平坦衰落，因此若接收端不采用均衡器，信道相干带宽 W_c 将决定传输速率的上限。然而，当接收机改变位置时，即便满足 $W_c > B$ 的条件，接收信号也可能会出现频率选择性失真，如图 9-4(c) 所示，信道传递函数在传输信号的频谱密度函数中出现了深凹口，导致基带信号严重受损。所以，平坦衰落信道有时也会出现频率选择性衰落。一个归类为平坦衰落的无线移动信道，不会在所有时刻都表现为平坦衰落特性。当 W_c 远大于 B 时，图 9-4(c) 中情况出现的可能性较低。

为进一步刻画信道的频域特征，可以采用滤波器的方式来描述衰落信道的信号色散，平坦衰落与频率选择性衰落的特性如图 9-5 所示。图 9-5(a) 描述了宽带滤波器及其对信号在

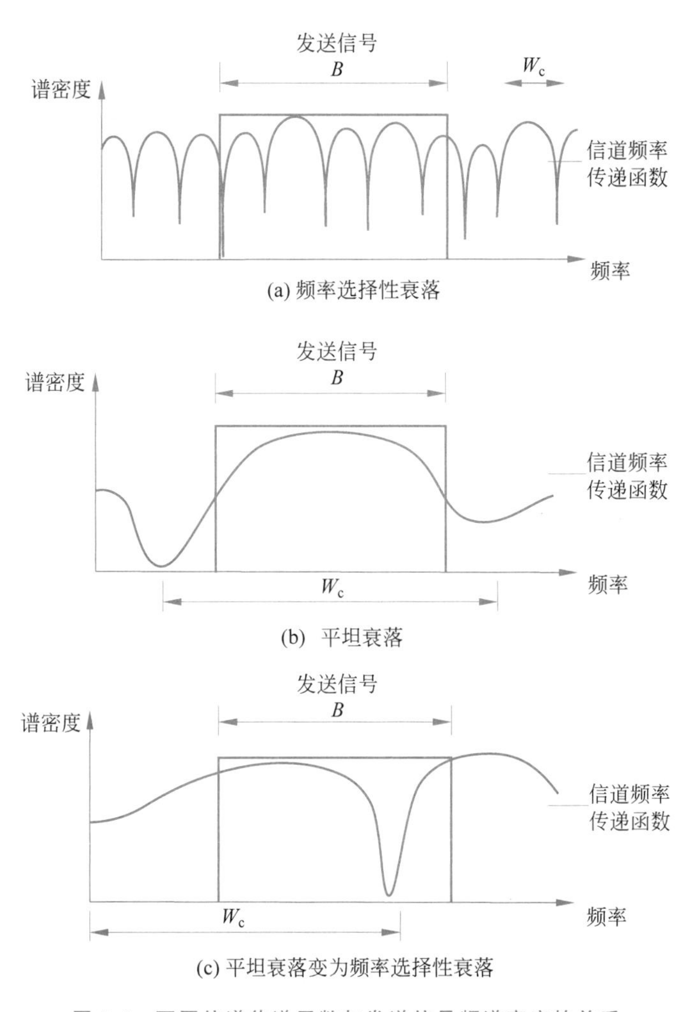

图 9-4　不同信道传递函数与发送信号频谱密度的关系

时域和频域的影响。这种滤波器类似于平坦衰落信道，一般不会产生失真输出。图 9-5(b)代表窄带滤波器影响，输出信号在时域和频域上都有较大的失真，该过程类似于频率选择性信道。

【例 9-8】 已知信道的传输特性在频域上表示为

$$H(\omega)=\begin{cases}e^{-j(\omega-\omega_c)t_0}, & |\omega-\omega_c|\leqslant\Delta\omega/2\\ e^{-j(\omega+\omega_c)t_0}, & |\omega+\omega_c|\leqslant\Delta\omega/2\\ 0, & 其他\end{cases}$$

其输入为已调信号 $s(t)=m(t)\cos 2\pi f_c t$ 且满足 $W<\Delta\omega$，请问该信号将经历什么类型的衰落?

【解 9-8】 已调信号变换至频域表示为

$$S(\omega)=\frac{1}{2}M(\omega+\omega_c)+\frac{1}{2}M(\omega-\omega_c)$$

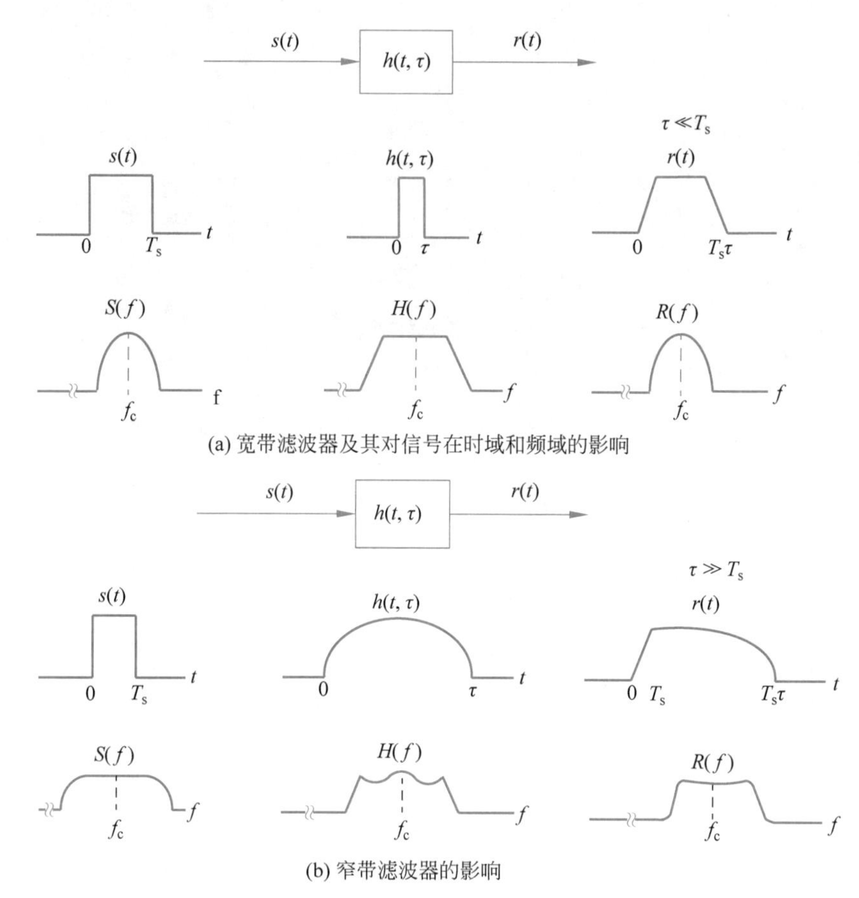

图 9-5 平坦衰落与频率选择性衰落的特性

则输出信号的频谱为

$$Y(\omega)=S(\omega)H(\omega)=\frac{1}{2}M(\omega+\omega_c)e^{-j(\omega+\omega_c)t_0}+\frac{1}{2}M(\omega-\omega_c)e^{-j(\omega-\omega_c)t_0}$$

变换至时域信号为

$$y(t)=\frac{1}{2}m(t-t_0)e^{-j\omega_c t}+\frac{1}{2}m(t-t_0)e^{j\omega_c t}=m(t-t_0)\cos\omega_c t$$

对比输入信号,信号整体有失真,故而经历了频率选择性衰落。

9.5 多普勒效应

多普勒效应由奥地利物理学家及数学家克里斯琴·约翰·多普勒于 1842 年首先提出,即波源与观测者之间的相对运动会导致物体辐射的波长发生变化。例如当火车接近时,汽笛声会显得更尖锐,而远离时则变得低沉。波源的运动速度越快,这种效应就越明显。多普勒效应不仅适用于声波,还广泛应用于各类波动现象,包括电磁波。当无线通信中的移动台向基站靠近时,接收信号频率会上升;当移动台远离基站时,接收信号频率则会下降。对于人体而言,由于其运动速度相对较慢,通常不会造成显著的频率偏移。但是,对于航海器、航空器乃至航天器等高速运动的平台,它们的运动速度会对通信产生显著影响。因此,多普勒效应是空间通信中电磁波传播的重要特性。

9.5.1 多普勒频率

多普勒效应表明：当波源向观察者靠近时，接收到的频率会升高；当波源远离观察者时，接收到的频率会降低。可以从声波的角度来理解这一现象，声源全振动一次将辐射出一个波长的完整波，单位时间内完整波的数目对应了发射频率。那么，观察者听到的音调将由其接收声波的频率决定，即音调由单位时间接收到完整波的个数确定。当波源向观察者运动时，观察者在单位时间内接收到的完整波的数目增多，即接收到的频率增大。同理，当波源远离观察者时，观察者在单位时间内接收到的完整波的数目减少，即接收到的频率减小。

对于微波传输而言，多普勒效应同样适用。在无线通信中，当发送端和接收端之间存在相对运动时，接收端接收到的信号频率会与发送端发送的信号频率存在差异，这种现象称为多普勒频率。多普勒频率是无线通信领域的普遍问题，在卫星通信系统中，尤其是低轨卫星通信系统，卫星的高速运动将会导致比地面移动通信系统更大的多普勒频率，因此多普勒频率成为卫星通信领域需要重点关注的问题。

多普勒频率的大小与收发双方的相对运动速度和信号频率有关。当相对运动速度远小于光速 c 时，多普勒频率 f_d 可表示为

$$\frac{f_d}{f_c}=\frac{v_T}{c} \tag{9-47}$$

其中，v_T 为发射机较接收机的径向速度，f_c 为发送信号频率。

进一步考虑空间角度关系，多普勒频率 f_d 可以写为

$$f_d=\frac{f_c}{c}v\cos\varphi \tag{9-48}$$

其中，v 为发射机线速度，φ 为收发机间连线与速度 v 方向的夹角。

【例 9-9】 已知某卫星的轨道高度为 1450km，瞬时速度 $v=7.1358\text{km/s}$，假设接收机位于轨道平面内，系统标称工作频率为 2.5GHz，试求卫星位于接收机所在水平面时，接收端的多普勒频率。如果系统工作频率为 20GHz，同样条件下的多普勒频率取值如何？

【解 9-9】 空间几何关系如图 9-6 所示。

卫星与接收机间的径向速度 v_T 为

$$v_T=v\cos\theta=7.1358\times\frac{6378.137}{6378.137+1450}=5.8140\text{km/s}$$

因此，工作频率 2.5GHz 时的多普勒频率的大小为

$$\begin{aligned}f_d&=v_T\times f_c/c=5.814\times2.5\times10^9/(3\times10^5)\\&=48450\text{Hz}=48.45\text{kHz}\end{aligned}$$

工作频率 20GHz 时的多普勒频率的大小为

$$\begin{aligned}f'_d&=v_T\times f'_c/c=5.814\times20\times10^9/(3\times10^5)\\&=387600\text{Hz}=387.6\text{kHz}\end{aligned}$$

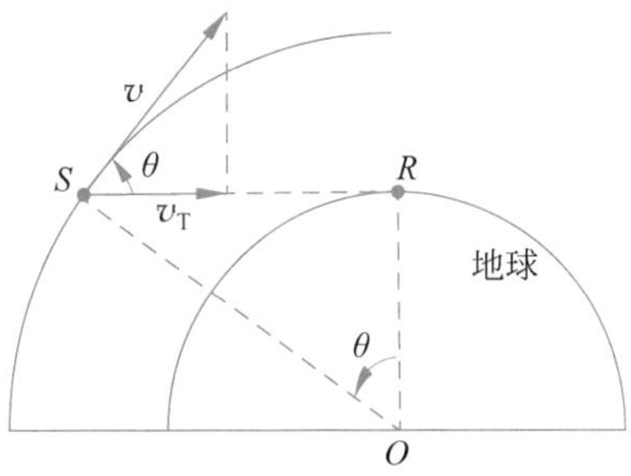

图 9-6 空间几何关系示意

9.5.2 相干时间

信道波动的时间尺度是一个非常重要的信道参数，它衡量了信道特征随时间变化的平

稳程度。为了量化这种变化，人们提出了多普勒扩展的概念。多普勒扩展 D_s 可以表示为

$$D_s = \max_{i \neq j} \mid f_c[\tau_i(t)] - f_c[\tau_j(t)] \mid \tag{9-49}$$

其中，$\tau_i(t)$为传播主要能量的路径中第 i 条路径的传输时延，$f_c[\tau_i(t)]$为第 i 个路径分量的中心频率。

多径传输时延的时间波动引起的幅度增益变化与带宽成正比，而相位变化与载波频率成正比。因此，实际传输窄带信号时，相位的快速变化会引起等效信道滤波器(如图 9-5 示例)的最快速变化，并且在时延变化 $1/(4D_s)$内非常明显。无线信道的相干时间 T_c 是指等效信道滤波器出现重大变化(在数量上)所需的时间间隔。结合上述分析，可以得出相干时间与多普勒扩展的关系为

$$T_c \propto \frac{1}{4D_s} \tag{9-50}$$

此关系式在一定程度上存在不精确性，因为最大多普勒频率可能来源于信号非常微弱、难以区分的路径。当将 $\pi/4$ 的相位变化视为重大变化时，可将关系式分母中的系数 4 替换为 8，一些教材中还去除了这一系数。然而，无论因子如何变化，重要的是要认识到决定相干时间的主要因素是多普勒扩展。它们之间的关系是互逆的，多普勒扩展越大，相干时间就越小。

【例 9-10】 总的来说，针对变化十分缓慢的信号，相干时间与多普勒扩展成反比，即 $T_c \approx 1/B_d$，$B_d = 2f_m$ 为多普勒频谱带宽；当信号快速变化时，相干时间通常定义为相关函数大于 0.5 所对应的时间，即 $T_c \approx 9/16\pi f_m$。综合上述两种情况，相干时间最常见的定义为两者的几何平均，即 $T_c = \sqrt{9/16\pi f_m^2} \approx 0.423/f_m$。以 LEO 对地通信为例，工作在 C 波段时的最大多普勒频率典型值为 400kHz，试求该场景下的相干时间。

【解 9-10】 通过相干时间最常见的几何平均定义计算，该情况下的相干时间约为

$$T_c \approx \frac{0.423}{400000} \approx 1.06\mu s$$

9.5.3 快衰落与慢衰落

9.4 节介绍的时延扩展和相干带宽展示了局部信道的时间扩展特性，然而，这些特性并未全面考虑发射机和接收机之间的相对移动或信道内物体的运动所带来的信道时变特性。

在无线移动通信中，发射机和接收机之间的相对移动会导致传播路径改变，从而使信道表现出时变性。当传送的是连续波信号时，这种时变性会导致接收信号的幅值和相位发生波动。如果所有散射物构成的信道是平稳的，当移动停止时，接收信号的幅值和相位会保持稳定，信道呈现出时不变性。然而，一旦移动重新开始，信道又会表现出时变性。由于信道特征与发射机和接收机的位置密切相关，信道时变性实际上等同于空间变化特性。

相干时间 T_c 是一个重要的时间量度，它描述了信道对信号的响应在多大程度上是时不变的。在相干时间内，信道对信号的传递特性保持相对稳定。因此，信道衰落根据时变特性还可以分为快衰落和慢衰落两类。快衰落主要描述的是信道相干时间小于码元周期时的情况，此时信道状态在一个码元持续时间内会发生多次变化，使接收信号谱分量不能一直保持相关性，导致基带脉冲波形失真。这种失真会引起不可降低的差错率，并可能带来同步问题和滤波器设计的困难；相对地，当信道相干时间大于码元持续时间时，通常认为信道是慢

衰落的。在慢衰落信道中，信道状态在一个码元持续时间内保持不变，从而避免了基带脉冲失真。然而，慢衰落信道的主要影响是信噪比的损失，同样会对通信质量产生影响。

类似地，快衰落与慢衰落也可以从多普勒域（频域）进行解释。多普勒扩展由多普勒频率的区间决定。多径环境下不同分量的传输距离和到达角度不同，形成了差异化的多普勒频率，表明多普勒扩展是影响接收信号的根本原因，而不是频移本身。多普勒扩展也被称为衰落率、衰落带宽或者谱展宽等，由式(9-50)可知多普勒扩展和相干时间 T_c 成反比关系，因此，可认为多普勒频率 f_d（或 $1/T_c$）是信道的典型衰落率，而 T_c 是使信道脉冲响应能够基本保持不变的持续时间。

衰落信道与数字键控两者频谱展宽的相似性如图 9-7 所示。经由键控函数乘积产生的有限长单音信号即为图 9-7(c)中的数字信号，其频谱是图 9-7(a)中的无限长正弦信号频谱的理想冲激函数与图 9-7(b)中矩形窗 sinc 频谱函数的卷积。采取如图 9-7(d)所示的快键控形式缩短窗函数长度后，产生的信号频谱如图 9-7(e)所示，可以发现所得数字信号在频谱上具有更大的扩展。衰落信道的状态改变与这种键控十分类似，信道就像开关一样使信号“断断续续”。信道状态变化率越高，所传输信号的频谱扩展就越大。由 9.4 节可知，为了避免信号由时间色散导致的频率选择性失真，信号速率的上限是相干带宽。那么相对的，为了避免由于多普勒扩展导致的快衰落，信号速率的下限是信道衰落率。

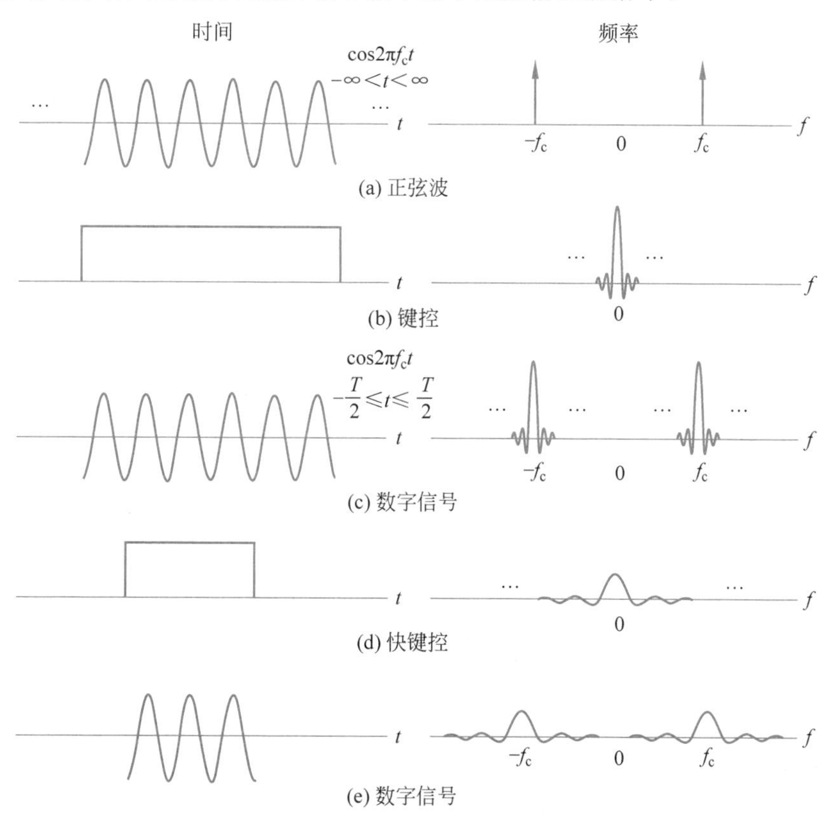

图 9-7　衰落信道与数字键控两者频谱展宽的相似性

【例 9-11】　令一个移动台发射信号频率为 900MHz，并且以 120km/h 的速度向基站方向移动，假设该移动台采用的信息传输速率为 200kb/s，且调制方式为正交相移键控

(Quadrature Phase Shift Keying,QPSK),请问该信号将经历什么类型的衰落?

【解 9-11】 基站接收到该移动台信号所经历的最大多普勒频率为

$$f_{\mathrm{m}}=f_{\mathrm{c}}\frac{v}{c}=100\mathrm{Hz}$$

相干时间为

$$T_{\mathrm{c}}\approx\frac{1}{f_{\mathrm{m}}}=0.01\mathrm{s}$$

根据通信参数可以计算符号速率为

$$R_{\mathrm{s}}=\frac{R_{\mathrm{b}}}{\mathrm{lb}M}=100\mathrm{ksym/s}$$

符号时间为

$$T_{\mathrm{s}}=\frac{1}{R_{\mathrm{s}}}=0.01\mathrm{ms}$$

由于符号时间远小于相干时间 0.01s,因此该发射信号将经历慢衰落。

9.5.4 统计信道模型

多普勒扩展和时延扩展被定义为与特定接收机的位置、速度和时刻密切相关的参数。然而,更需要关心的是在一定范围内有效的信道特征。这就意味着,如果想要将信道模型构建为一个有限长冲激响应滤波器的形式,需要了解滤波器所需阶数、信道变化速度,以及变化程度的统计特征。这种特征需要采用信道滤波器各阶系数的概率模型来获得,而系数值可以通过信道的统计测量得到。

基于 9.4 节中信道对正弦输入信号 $\phi(t)=\cos2\pi f_0 t$ 响应的探讨,接收信号可以表示为

$$\sum_{i=1}^{n}a_i(f,t)\phi(t-\tau_i(f,t)) \tag{9-51}$$

其中,$a_i(f,t)$和 $\tau_i(f,t)$分别为第 i 条路径在时刻 t 的传播衰减和传播时延。如果进一步假定 $a_i(f,t)$和 $\tau_i(f,t)$与频率 f 无关,可以将这种输入输出关系推广至非零带宽的任意输入信号 $x(t)$,公式如下:

$$y(t)=\sum_{i}a_i(t)x(t-\tau_i(t)) \tag{9-52}$$

考虑线性信道情景,可以利用在 t 时刻的冲激响应 $h(\tau,t)$将输入输出关系表示为

$$y(t)=\int_{-\infty}^{+\infty}h(\tau,t)x(t-\tau)\mathrm{d}\tau \tag{9-53}$$

通过比较式(9-52)和式(9-53),可以得出衰落多径信道的冲激响应为

$$h(\tau,t)=\sum_{i}a_i(t)\delta(t-\tau_i(t)) \tag{9-54}$$

在发射机、接收机与周围环境均稳定的特殊情况下,衰减 $a_i(t)$和传播时延 $\tau_i(t)$与时间无关,于是得到一般的线性时不变信道,其冲激响应为

$$h(\tau)=\sum_{i}a_i\delta(t-\tau_i) \tag{9-55}$$

式(9-55)准确描述了各个路径时延和幅度,此处暂不考虑加性噪声,仅考察多径与多普勒对合成接收信号的影响。

接下来,可以推导得出对应的基带等效冲激响应:

$$h_b(\tau)=\sum_i a_i e^{-j2\pi f_c \tau_i} x(t-\tau_i) \tag{9-56}$$

利用采样定理,按照正交基$\{\text{sinc}(Bt-m)\}_m$进行展开,可以得出用信道滤波器表示的离散时间基带模型如下:

$$h_l[m]=\sum_i a_i(m/B)e^{-j2\pi f_c \tau_i(m/B)}\text{sinc}[l-\tau_i(m/B)B] \tag{9-57}$$

其中,l表示滤波器阶数的编号,$h_l[m]$对应各阶抽头系数,m是离散采样时刻,$a_i(m/B)$是幅度增益。各信道抽头$h_l[m]$包含了时延被基带信号带宽平滑掉的全部路径。

【例 9-12】 假定一个系统的输入输出关系为

$$y(t)=\frac{a}{\sqrt{K}}\sum_{i=0}^{K-1}x(t-\tau_i(t))$$

其中,K为到达接收机的路径数目,$\tau_i(t)$为第i条到达接收机的路径的时延,$a_i=a/\sqrt{K}$为时不变增益。设通信载波为f_c,信号带宽为W。试给出该信道冲击响应$h(\tau,t)$的和单抽头离散时间基带模型$y[m]=h_0[m]x[m]$中抽头$h_0[m]$的表达式。

【解 9-12】 $h(\tau,t)$是信道对发生在$t-\tau$时刻的脉冲的响应,即$\delta(t-(t-\tau))$。用$\delta(t-(t-\tau))$代替$x(t)$,可以得到

$$h(\tau,t)=\frac{a}{\sqrt{K}}\sum_{i=0}^{K-1}\delta(\tau-\tau_i(t))$$

单抽头表示所有路径的影响都集中于抽头增益过程$h_0[m]$中,$h_0[m]$为许多来自各个路径的相互独立基值之和:

$$h_0[m]=\frac{a}{\sqrt{K}}\sum_{i=0}^{K-1}e^{-j2\pi f_c \tau_i(m/W)}\text{sinc}(-\tau_i(m/W)W)$$

1. 瑞利衰落与莱斯衰落

信道建模中常采用一些假设来简化信道滤波器概率模型的推导,其中最为基础的情况是存在大量统计上相互独立的反射路径和散射路径,此时可以得到最简单的信道滤波器概率模型。此假设下每一条路径在特定的时延窗口内都具有随机的幅度,第i条路径的相位变化量与传播距离d_i和载波波长λ有关,可以表示为$(2\pi d_i/\lambda)\text{mod}2\pi$。由于反射体与散射体的位置相对于载波波长要远得多,即$d_i \gg \lambda$,因此可以认为各路径相位相互独立,服从$0\sim2\pi$上的均匀分布。此时可以将每条路径对抽头增益的贡献建模为循环对称复随机变量,具体形式如下:

$$a_i(m/W)e^{-j2\pi f_c \tau_i(m/W)}\text{sinc}[\ell-\tau_i(m/W)W] \tag{9-58}$$

由于各抽头$h_\ell[m]$是大量较小的独立循环对称随机变量之和,幅度响应可以看作许多较小的独立实随机变量之和。因此根据中心极限定理可以合理地将这种幅度响应建模为零均值的高斯随机变量。同样地,由于各路径相位都服从均匀分布的,相位响应也可以被视为方差相同的高斯随机变量。从而,在整体上保证了抽头增益服从$\mathcal{N}(0,\sigma_\ell^2)$的循环对称复高斯分布。

进一步地,如果假设$h_\ell[m]$的方差是抽头ℓ的函数,但与时刻m无关,那么第ℓ个抽头的模$|h_\ell[m]|$将为瑞利随机变量,其概率密度为

$$\frac{x}{\sigma_\ell^2}\exp\left\{\frac{-x^2}{2\sigma_\ell^2}\right\} \tag{9-59}$$

模的平方 $|h_\ell[m]|^2$ 在描述能量的随机变化时很有帮助，它服从指数分布，概率密度具有如下形式：

$$\frac{1}{\sigma_\ell^2}\exp\left\{\frac{-x}{\sigma_\ell^2}\right\} \tag{9-60}$$

这一信道滤波器系数的概率模型称为瑞利衰落模型，可以很好地解释存在大量小尺寸反射体时信道对电磁波的散射机理。主要用于分析没有主导路径，仅由大量小尺寸反射体造成散射的通信情景。有趣的是，虽然这个模型被普遍称为瑞利模型，但其假设抽头增益为循环对称复高斯随机变量。

然而在实际环境中，有时还会存在一个幅度较大且相对稳定的主导路径，如视距路径。此情况下抽头增益的统计特性将会发生改变，需要使用另外一种常用的模型来描述信道的行为，即莱斯衰落模型。除视距路径外，莱斯衰落模型中还存在大量独立的反射路径和散射路径。视距路径的幅度是已知的，并且具有均匀的相位分布。而其他路径的总和类似于瑞利衰落模型中的描述。在这种情况下，$h_\ell[m]$可以被建模为

$$h_\ell[m]=\sqrt{\frac{\kappa}{\kappa+1}}\sigma_\ell \mathrm{e}^{\mathrm{j}\theta}+\sqrt{\frac{1}{\kappa+1}}\ell\,\mathcal{N}(0,\sigma_\ell^2) \tag{9-61}$$

其中，第一项对应于以均匀相位 θ 到达的镜像路径，第二项对应于大量与 θ 相互独立的反射路径和散射路径总和。参数 κ 是镜像路径能量与散射路径能量之比，κ 越大，信道的确定性就越强。抽头的模 $|h_\ell[m]|$ 将会服从莱斯分布，莱斯分布的密度函数相对复杂，但它比瑞利模型更能准确地描述存在主导路径时的信道行为。

【例 9-13】 对于一个振幅为瑞利分布的信号，接收信号功率比平均值至少低 20dB、10dB、6dB、3dB 的概率是多少？

【解 9-13】 从瑞利信号的概率密度函数可知，瑞利信号包络均方值：$\overline{x^2}=2\sigma^2$，功率水平低于平均功率 20dB 对应于：

$$\frac{x_{\min}^2}{2\sigma^2}=\frac{1}{100}$$

那么，根据累积分布函数可知：

$$P\{x<x_{\min}\}=1-\exp\left(-\frac{1}{100}\right)=9.95\times10^{-3}$$

类似地，10dB、6dB、3dB 的结果分别为 0.0952、0.221 和 0.393。

2. 抽头增益自相关函数

信道波动的速率对于通信问题的诸多方面都会产生重要的影响，虽然将各 $h_\ell[m]$建模为复随机变量可以提供部分所需的统计描述，但更为核心的问题是这些量是如何随时间变化。

为了建立随时间变化关系的模型，可以引入一个关键统计量——抽头增益自相关函数 $R_\ell[N]$。此函数描述了抽头随时间变化时，其随机变量序列的自相关性，可以表示为

$$R_\ell[N]=E\{h_\ell[m]h_\ell[m+n]\} \tag{9-62}$$

由于对任意给定的 ℓ,随机变量序列$\{h_\ell[m]\}$都有与 m 无关的均值和协方差函数,因此该随机序列具有广义平稳性,即 $R_\ell[N]$不是时间 m 的函数。考虑到不同时延路径对抽头取值的贡献,也可以合理地假定对于所有的 $\ell \neq \ell'$,以及所有的 m 与 m',作为随机变量的 $h_\ell[m]$ 与 $h'_\ell[m']$相互独立。

相关系数 $R_\ell[0]$与第 ℓ 个抽头的接收能量成比例,因此多径扩展 T_d 可以定义为包含总能量$\sum_{\ell=0}^{+\infty} R_\ell[0]$的绝大部分的抽头时延范围与带宽 B 之比。这使 $R_\ell[N]$在特定带宽 B 下有助于表示抽头增益变化的统计量,但在选择通信带宽的问题上只能提供有限的信息。如果增大带宽,情况将会发生以下变化。首先,分布于不同抽头 ℓ 的时延范围会变得更窄,这意味着每个抽头对应的路径数量减少,从而使瑞利近似变得不再准确。其次,由于 $R_\ell[0]$给出了宽度为 $1/B$ 的第 ℓ 个时延窗口内的接收功率的细化结果,将该模型用于更大的带宽 B 时,可得到更为详细的关于时延及相关信息,但这些信息的不确定性也会增加。

【例 9-14】 信道抽头增益 $h_\ell[m]$随时间变化(m 的函数)的各种原因及各种动态因素在不同时间尺度上的表现都基于窄带假设,即通信载波频率为 f_c,带宽为 W,且 $f_c \gg W$。这一假设不适用于超宽带(UWB)通信系统,试分析 UWB 通信系统,找出抽头增益以最快时间尺度波动的主要机理以及时间尺度的决定因素。

【解 9-14】 使抽头增益随时间波动的因素:多普勒频率和多普勒扩展;相干时间由特定抽头的路径的多普勒频散决定。随着信号带宽 W 的增大,路径采样的分辨率提高,每个抽头对应路径数量减少。因此,多普勒扩展会随着 W 的增大而减小,从而减小对抽头增益变化的影响。$a_i(t)$随时间的变化:$a_i(t)$的变化缓慢,其变化的时间尺度远大于所讨论的其他效应。然而,随着 $\boldsymbol{W}$ 的增大,到与 f_c 相当时,会在所有频率的相应路径上施加一个同等的增益。此外,散射体的反射系数可能与频率有关,对于非常大的带宽,需要改变散射模型。路径的演化:$\tau_i(t)$随 t 的变化而变化,相应的路径从一个抽头转移到另一个抽头。随着带宽 W 的增加,每个抽头对应的路径越来越少,当路径从一个抽头转移到另一个抽头时,抽头增益会发生显著变化。当 $\Delta\tau_i(t)W=1$ 或 $\Delta\tau_i(t)W/\Delta t=1/\Delta t$ 时,路径从一个抽头移动到另一个抽头。因此,这种变化发生的时间尺度为 $\Delta t \sim 1/(W\tau'_i(t))$。随着 W 的增大,这种效应开始在较小的时间范围内发生,并成为信道抽头增益时间变化的主要原因。

9.6 噪声与干扰

电磁波在空间中传播时会受到各种噪声和干扰的破坏,主要包括系统热噪声、宇宙噪声和外部环境干扰等,因此噪声与干扰也是关键的信道传播特性。不同类型的噪声和干扰都会造成接收信号强度下降,影响同步质量或判决性能。其中,同频干扰和临频干扰可以利用频率协调、系统设计和算法处理进行抑制,但是系统热噪声、宇宙噪声和外部环境噪声难以完全抑制,进行通信系统设计时需要充分考虑其影响。

9.6.1 系统热噪声

前端放大器是通信接收机中保障接收质量的关键元件,主要用于将微弱接收信号放大至期望水平。为了最大化放大器输出信噪比,以增强信号可检测性,前端放大器通常采用低噪声放大器的形式。尽管它的设计初衷是减少噪声，但放大器本身也会产生噪声，这类噪声被称为热噪声，主要源于传导媒质中带电粒子(通常是电子)的随机运动。衡量低噪声放大器性能的关键指标包括噪声温度、增益和1dB压缩点等，其中噪声温度尤其重要，应使其尽可能低以获得良好的接收灵敏度。

1. 等效噪声温度

实际通信系统中通过各个部件(或称为网络)间协同工作，实现信号的处理与传递。只要承载和传导信号的媒质不是处于热力学意义上的零度(即绝对零度：-273.15℃)，其中的带电粒子就会产生随机运动，从而产生热噪声破坏信号。噪声的大小通常以其功率谱密度 n_0 来量度，它与温度密切相关：

$$n_0 = kT \tag{9-63}$$

其中，$k=1.38\times10^{-23}$ J/K 为玻耳兹曼常数；T 为噪声源的噪声温度(以 K 为单位)。由式(9-63)可以发现，热噪声的功率谱密度与频率无关，因此通常称其为白噪声，这与白光由不同波长的单色光组成类似。

由于任何可实现的网络总是具有有限的带宽 B，并且假设网络处理增益为常数 A，此时输出端的噪声功率将由两部分组成：一部分来自网络输入端匹配电阻产生的噪声，对应的输出噪声功率记为 N_i，另一部分则是网络内部噪声对输出噪声功率的贡献 ΔN。因此，输出噪声功率 N_o 可以表示为

$$N_o = N_i + \Delta N = kT_0BA + kT_eBA \tag{9-64}$$

其中，T_0 为输入匹配电阻的噪声温度，T_e 为网络的等效噪声温度。这种将网络内外噪声综合考虑的方式，引出了等效噪声温度的概念。

定义 9.11 **等效噪声温度**：将实际网络内部噪声折算为具有相同输出功率的输入端匹配电阻的噪声温度。

等效噪声温度可以看作一个虚拟噪声源的噪声温度，当这个噪声源连接到理想无噪声网络时，它产生的输出噪声功率与相同参数的实际网络相同。

2. 噪声系数

等效噪声温度将处理系统引入的热噪声等效为输入端噪声源，从而可以把系统看作理想无噪声网络，便于简化复杂系统的噪声性能分析流程。例如，卫星通信系统中，信号传播距离远，损耗大，设计时就需要利用等效噪声系数来精确估算多级复杂接收系统的整体内部噪声，以防不当的系统要求导致无谓的硬件开销。工程中除了采用等效噪声温度来估算系统噪声性能，还广泛使用噪声系数来评价接收机的内部噪声。噪声系数 N_F 定义为输入信噪比与输出信噪比之比，结合等效噪声温度的定义，可将其表示为

$$N_F = \frac{S_i/N_i}{S_o/N_o} = \frac{S_i/kBT_0}{S_i/kB(T_0+T_e)} = 1 + \frac{T_e}{T_0} \tag{9-65}$$

从而，可以使用噪声系数计算等效噪声温度为

$$T_e = (N_F - 1)T_0 \tag{9-66}$$

根据式(9-66)可知，理想无噪声系统的等效噪声温度 T_e 为零，系统噪声系数为1，而实际系统中热噪声的存在使输出信噪比下降，导致系统噪声系数大于1。因此，当噪声系数较小时，一般采用等效噪声温度作为噪声性能指标，用以表示简洁，而噪声系数较大时，建议直接采用噪声系数作为噪声性能指标。

3. 有耗无源网络的等效噪声温度

除有源器件构成的有源网络外，实际通信接收系统中还普遍存在馈线、电容、电感及变压器等无源线性元件，它们构成的无源网络同样会产生热噪声，损耗输入能量，降低输出信噪比。

假设有耗无源网络的损耗为 L_F，环境温度为 T_0。在输入、输出端匹配的情况下，输出端负载得到的噪声功率 N_o 为

$$N_o = kBT_0 \tag{9-67}$$

根据等效噪声系数的定义，可以将此类网络的输出噪声功率看作噪声温度为 T_0 的输入噪声与等效噪声温度为 T_e 的网络内部噪声对输出的贡献之和，于是 N_o 可表示为

$$N_o = \frac{kBT_0}{L_F} + \frac{kBT_e}{L_F} \tag{9-68}$$

进而，结合式(9-67)和式(9-68)可以得到此类网络的等效噪声温度为

$$T_e = (L_F - 1)T_0 \tag{9-69}$$

可见，有耗无源网络的损耗越大，其等效噪声温度越高。将式(9-69)与式(9-66)对比，可得有耗无源网络的噪声系数 N_F 为

$$N_F = L_F \tag{9-70}$$

4. 级联网络的等效噪声温度

实际通信接收系统通常是由天线、馈线、低噪声放大器、混频器等器件组成的级联网络，接收系统的整体噪声性能是决定接收机灵敏度的关键因素，因此十分有必要讨论如何考虑级联后接收机总体的等效噪声温度。

假定所级联的 n 个网络的增益和等效噪声温度分别为 $A_1, A_2, \cdots, A_n$ 和 $T_{e1}, T_{e2}, \cdots, T_{en}$，并认为 n 个网络具有相同的等效噪声带宽 B，可得第 $1,2,\cdots,n$ 级网络的输出噪声功率分别为

$$\begin{cases} kB(T+T_{e1})A_1 \\ kB(T+T_{e1})A_1A_2 + kBT_{e2}A_2 \\ \cdots \\ kB(T+T_{e1})A_1A_2\cdots A_n + kBT_{e2}A_2A_3\cdots A_n + kBA_nT_{en} \end{cases} \tag{9-71}$$

其中，T 为输入端噪声温度。

定理 9.3 级联网络的等效噪声温度 $T_{e\Sigma n}$ 为

$$T_{e\Sigma n} = \frac{\sum_{i=1}^{n}\left[T_{ei}\prod_{j=i}^{n}A_j\right]}{\prod_{i=1}^{n}A_i} = T_{e1} + \sum_{i=2}^{n}\left[T_{ei}/\prod_{j=1}^{i-1}A_j\right] \tag{9-72}$$

证明：

如果将 n 个网络级联后的网络看作一个整体，其具有级联增益 $A_1A_2\cdots A_n$。用 $T_{e\Sigma n}$ 表示级联网络的等效噪声温度，则级联网络的输出噪声功率可表示为

$$kB(T+T_{e\Sigma n})A_1A_2\cdots A_n$$

此式应与式(9-71)中第 n 级网络的输出噪声功率相同，即：

$$kB(T+T_{e\Sigma n})A_1A_2\cdots A_n = kB(T+T_{e1})A_1A_2\cdots A_n + kBT_{e2}A_2A_3\cdots A_n + kBA_nT_{en}$$

简化可得

$$T_{e\Sigma n}=\frac{\sum_{i=1}^{n}(T_{ei}\prod_{j=i}^{n}A_j)}{\prod_{i=1}^{n}A_i}=T_{e1}+\sum_{i=2}^{n}(T_{ei}/\prod_{j=1}^{i-1}A_j)$$

证毕。

从级联网络噪声温度的表达式(9-72)中可以看出，第二级网络内部噪声(其等效噪声温度为 T_{e2})对级联网络等效噪声温度的贡献为 T_{e2}/A_1，第三级网络的贡献为 T_{e3}/A_1A_2，后级网络对总体等效噪声的贡献将逐级衰减。因此，只要第一级网络的增益 A_1 足够大，就可以充分减小第二级网络的内部噪声对接收机总噪声的影响。同理，当 A_1A_2 足够大时，第三级网络内部噪声的影响可以忽略。以此类推，第一级网络的内部噪声将成为总体等效噪声温度的主导因素，这也是实际中射频前端放大器的第一级常采用低噪声系数放大器的主要原因。

【例 9-15】 考虑如图 9-8 所示接收机，不同元件参数已标注于图中，环境温度为 290K，试求其等效噪声温度。

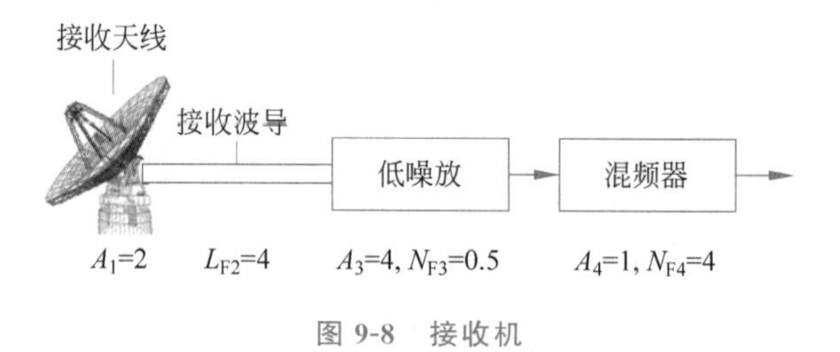

图 9-8 接收机

【解 9-15】 接收天线与接收波导为无源器件，根据式(9-69)可知其等效噪声温度分别为

$$T_{e1}=\left(\frac{1}{A_1}-1\right)T_0=-0.5T_0$$

$$T_{e2}=(L_{F2}-1)T_0=3T_0$$

低噪放与混频器为有源器件，根据式(9-66)可以计算对应等效噪声温度为

$$T_{e3}=(N_{F3}-1)T_0=-0.5T_0$$

$$T_{e4}=(N_{F4}-1)T_0=3T_0$$

根据式(9-72)所示级联网络等效噪声温度公式可得

$$\begin{aligned}T_{e\Sigma n}&=T_{e1}+\frac{T_{e2}}{A_1}+\frac{T_{e3}}{A_1A_2}+\frac{T_{e4}}{A_1A_2A_3}\\&=-0.5T_0+\frac{3T_0}{2}+\frac{-0.5T_0}{2\times0.25}+\frac{3T_0}{2\times0.25\times4}\\&=1.5T_0=435\text{K}\end{aligned}$$

9.6.2 宇宙噪声

宇宙噪声来源于外层空间中星体热气体在星际空间的辐射，由于太阳是距离地球最近的恒星，因此太阳是宇宙噪声最主要的来源。表 9-3 中详细列出了太阳处于静寂期时，采用增益为 53dBi 的天线在不同频率下所接收的太阳噪声温度。实验数据表明，当太阳处于静

寂期，只要接收机的天线不直接对准太阳，太阳噪声对系统的影响相对有限。然而在卫星通信中，当太阳位置与地球站天线指向卫星的延伸方向接近时，太阳辐射便会从主瓣进入接收机，引入高强度的宇宙噪声，导致通信受到干扰甚至中断。这一现象的出现主要由太阳系天体运行规律决定，通常在每年的春分和秋分前后约20天内。比如，对工作于4GHz、使用11m天线、半功率波束宽度为0.44°的地球站来说，考虑主瓣和第一旁瓣，每年将会受到2次太阳的干扰，每次5天，每天大约持续7min(太阳穿过天线波束的时间)。干扰发生的具体时间取决于地球站的具体位置。

表9-3 太阳静寂期的噪声温度(天线增益53dBi)

频率/MHz	噪声温度/K
300	7×10^{5}
600	4.6×10^{5}
1000	3.6×10^{5}
3000	6.5×10^{4}
10000	1.1×10^{4}

对于LEO卫星移动通信系统而言，采用激光或毫米波(如20/30GHz)构建星座内卫星间星际链路是重要的技术发展方向。那么随着星座的运行，太阳可能恰好位于某些星际链路的延长线上，此时太阳将位于某卫星天线的前向视角内，其强烈的干扰不仅会阻塞链路，还可能对高灵敏度的光接收机前端(若采用激光链路)造成物理性损害。在这种情况下，星座的运行可使太阳处于某些星际链路的延长线上，此时太阳在某卫星天线的前向视角内，其干扰将阻塞该链路，甚至会对灵敏的光接收机前端(如果采用激光链路的话)造成物理性损坏，从而极大影响整个空间网络的路由选择和通信效率。因此，宇宙噪声在空间通信系统的设计中需要采取有效措施进行防范。

9.6.3 外部环境噪声

外部环境噪声对信号的影响主要包括大气噪声、降雨噪声和地面噪声。大气噪声是在电磁波穿过电离层、对流层时，除了能量被吸收形成损耗外，还额外产生电磁辐射而形成的噪声。这种噪声主要由大气中的水蒸气和氧分子引起，其影响与通信视线的仰角密切相关，仰角越高，影响越小。此外，大气噪声的影响还与通信频率有关。

降雨噪声是由于雨、雾等吸收电磁波能量引起雨衰的同时，产生电磁辐射而造成的噪声，其影响在暴雨时尤为严重。与雨衰类似，降雨噪声在高频段(如10GHz以上)的影响更为显著。具体的雨衰特性及其规避方法将在9.7节中进行详细探讨。

地面噪声是由于地球同其他天体一样作为热辐射源产生电磁辐射而形成的噪声。当接收机天线对准地球时会受到地面噪声影响，这一现象多见于基于航天平台的通信系统。对于地面天线而言，若旁瓣、后瓣增益不是很低，也会因直接接收到地球产生的热辐射而受到地面噪声的影响。

【例9-16】 若大气环境温度为270K，晴朗天气对Ku频段电磁波的吸收损耗为0.5dB，降雨时的雨衰为3.0dB，分别求大气层晴天和降雨时的天线噪声温度。注：大气噪声并不能全部进入接收机天线，通常考虑0.90～0.95的耦合系数(例题中以0.90计算)。

【解9-16】 大气噪声或降雨噪声的噪声温度可以通过将吸收损耗或雨衰看作系统噪

声系数,利用等效噪声温度与噪声系数关系进行计算。根据题目条件,大气层晴天的噪声温度为

$$T_c = 270(1 - 10^{-\frac{0.5}{10}}) = 29\text{K}$$

考虑 0.90 的耦合系数,此时大气吸收损耗引起接收机天线噪声温度为

$$T_c = 0.9 \times 29 = 26\text{K}$$

若降雨时的雨衰为 3.0dB,则此时的天线噪声温度为

$$T_r = 0.9[270(1 - 10^{-\frac{3.0}{10}})] = 121\text{K}$$

经过以上计算可知,晴天的天线噪声温度为 26K,而降雨时的噪声温度将上升到 121K。

例题中方法适用于天线指向除银河系中心外其他所有方向时,接收天线的大气噪声和降雨噪声的分析。对于地面噪声来说,接收天线的噪声温度通常采用地球表面平均温度。工程中往往一并考虑降雨噪声与雨衰的影响,通过预留足够的系统余量来应对这些挑战。

9.6.4 同频干扰

同频干扰是由于不同通信终端间所占用频率资源未完全正交而导致的干扰。以卫星通信系统为例,同频干扰可分为不同卫星系统间的干扰和卫星与地面通信系统间的干扰。由于地球的频率轨位资源有限,卫星天线和地球站天线的副瓣可能导致不同卫星通信系统间产生同频干扰。同时,卫星通信使用的部分频段与地面网络也有重复,将会导致卫星与地面通信系统间形成同频干扰。目前,ITU 以静态分配为主要指导思想,遵循先到先得、同步轨道优先的原则,对各卫星通信业务进行频轨资源的协调,已基本完成同步轨道卫星间、同步轨道与非静止轨道卫星间的协调规则的制定。但随着非静止轨道卫星星座规模的快速增长及地面 5G/6G 系统的多频段、大带宽的发展,频轨资源紧张问题将再次凸显。

9.6.5 临频干扰

临频干扰通常来自相邻信道间频率响应的非理想特性和终端器件的非线性特性。已调数字信号的大部分能量集中在主瓣所占据的带宽内,若经过如图 9-9 所示的非理想幅度响应存在重叠的信道,信号的部分能量便会泄漏进入邻近信道中,从而产生临频干扰。

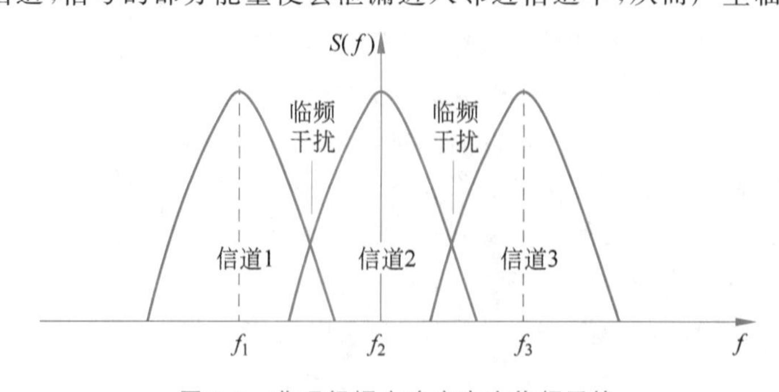

图 9-9 非理想幅度响应产生临频干扰

此外,当发射机以大功率进行信号发射或接收机功放位于饱和区时,已被滤除的信号旁瓣也可能会再次产生并落入相邻信道中产生临频干扰。

9.7 雨衰与应对

降雨对信号的衰减作用是不可忽视的自然现象，雨衰是由于雨滴对电磁波的吸收和散射而形成的衰减。从传播原理分析，当电磁波信号穿越降雨区域时，雨滴不仅吸收和散发电磁波的一部分能量，还可能作为散射体将信号反射到周围空间，并且造成二次反射；此外，当雨滴的主轴长度与电磁波传播的波长满足一定关系时，将产生共振效应使电磁信号被雨滴吸收。

9.7.1 雨衰的影响

降雨对电磁信号传播的影响较为显著，主要体现在系统噪声的增加、信号交叉极化率的降低，以及信号电平的衰减。

1. 系统噪声温度升高

首先，降雨升高了系统的噪声温度，这是因为雨滴在吸收电磁波能量的同时，也产生了额外的噪声，使系统的信噪比降低。降雨环境下噪声温度 ΔT 的具体表达如下：

$$\Delta T = (1 - 10^{\frac{-A}{10}}) \cdot T \tag{9 73}$$

其中，A 表示降雨衰减，T 表示雨水介质的有效温度，在长时间的降雨环境中可视为固定值。

当雨衰增大时，噪声温度 ΔT 增大，进一步导致系统总体噪声分量的增加和链路信噪比的降低。

2. 信号交叉极化鉴别度降低

降雨还会影响信号的交叉极化鉴别度。为了进一步的增加频谱利用效率，考虑在同一个信道中传输极化方式相互正交的两路不同信号，使信号互不干扰。降雨时雨滴产生的信号去极化效应将会导致原本正交的两个信号失去正交性，降低信号的交叉极化鉴别度，进而影响信号的质量。

降雨对信号去极化的原因在于雨滴的异性特性，即水蒸气刚凝结成雨滴时形状是圆形，但是在下落的过程中因为空气的阻力和自身质量，雨滴的下表面受到压力变成椭圆形。电磁波通过椭圆形的雨滴时，极化面会与雨滴的主轴形成一定的夹角，从而产生了去极化效应。具体原理已在 9.2.4 节中给出，此处不再重复赘述。

3. 信号电平衰减

最后，降雨还会直接导致接收信号电平的衰减，这种衰减由宏观角度和微观角度下的多种因素共同决定。从宏观角度来说，主要因素包括降雨云层的高度、厚度、含水量、形状、水汽的混合状态、电磁波穿越雨区的距离等；从微观角度来说，包括雨滴自身的大小、形状、散射的电磁波波长等因素。通常采用 ITU-R 模型对降雨衰减进行建模，该模型可以准确描述 55GHz 以下的降雨衰减。模型中使用的主要参数如表 9-4 所示。

表 9-4 模型参数

参 数	含 义
$R_{0.01}$	年平均 0.01%时间降雨强度(mm/h)
h_S	地球站平均海拔高度(km)

续表

参　数	含　义
θ	天线仰角(°)
φ	地球站纬度(°)
F	频率(GHz)
R_e	地球有效半径(8500km)

本书利用 ITU-R 模型计算雨衰的流程，概括如下。

(1) 确定降雨高度(km)：$h_R = h_0 + 0.36$，其中 h_0 为高于平均海拔(km)的 0°等温线高度或冻结高度。

(2) 计算倾斜路径长度(km)，方法为

$$\begin{cases} L_S = \dfrac{h_R - h_S}{\sin\theta}, & \theta \geqslant 5^\circ \\ L_S = \dfrac{2(h_R - h_S)}{\left(\sin^2\theta + \dfrac{2(h_R - h_S)}{R}\right)^{1/2} + \sin\theta}, & \theta < 5^\circ \end{cases} \tag{9-74}$$

(3) 计算倾斜路径长度的水平投影(km)：$L_G = L_S\cos\theta$ 。

(4) 获得超过年平均时间 0.01%的降雨强度 $R_{0.01}$。如果不能从当地数据来源获得这一长期统计数据，可以根据 ITU 提供的方法获得这一参数。若 $R_{0.01}=0$，则任何时间百分比的预测降雨衰减为零，不需要进行以下步骤。

(5) 假设给定了频率相关系数，根据上一步中得出的降雨强度 $R_{0.01}$，计算雨衰率 γ_R(dB/km)：$\gamma_R = k(R_{0.01})^\alpha$ 。

(6) 计算 0.01%时间的水平路径衰减因子 $r_{0.01}$，公式如下：

$$r_{0.01} = \frac{1}{1 + 0.78\sqrt{\dfrac{L_G\gamma_R}{f}} - 0.38(1 - e^{2L_G})} \tag{9-75}$$

(7) 计算 0.01%时间的垂直调整因子：首先求得 3 个参数。

$$\zeta = \arctan\left(\frac{h_R - h_S}{L_G r_{0.01}}\right)(^\circ) \tag{9-76}$$

$$\begin{cases} L_R = \dfrac{L_G r_{0.01}}{\cos\theta}, & \zeta > \theta \\ L_R = \dfrac{h_R - h_S}{\sin\theta}, & \text{其他} \end{cases} \tag{9-77}$$

$$\begin{cases} x = 36 - |\varphi|(^\circ), & |\varphi| < 36^\circ \\ x = 0(^\circ), & \text{其他} \end{cases} \tag{9-78}$$

之后可得垂直调整因子为

$$v_{0.01} = \frac{1}{1 + \sqrt{\sin\theta}\left[31(1 - e^{-(\theta/(1+x))})\dfrac{\sqrt{L_R\gamma_R}}{f^2} - 0.45\right]} \tag{9-79}$$

(8) 根据有效路径长度 $L_E = L_R v_{0.01}$(km)，计算年平均超过 0.01%时间的衰减值 $A_{0.01}$(dB)：$A_{0.01} = \gamma_R L_E$。

(9) 利用 $A_{0.01}$ 计算其他年百分比时间概率(0.001%～10%)的降雨衰减值 A_p(dB)，当 $p \geqslant 1\%$时，$\beta = 0$；当 $p \leqslant 1\%$，有

$$\begin{cases} \beta = 0, & |\varphi| \geqslant 36^\circ \\ \beta = -0.005(|\varphi| - 36), & |\varphi| \leqslant 36^\circ, \theta \geqslant 25^\circ \\ \beta = -0.005(|\varphi| - 36) + 1.8 - 4.2\sin\theta, & |\varphi| \leqslant 36^\circ, \theta < 25^\circ \end{cases} \tag{9-80}$$

则可以获得：$A_p = A_{0.01}\left(\dfrac{p}{0.01}\right)^{-(0.655+0.0331\ln(\varphi)-0.045\ln(A_{0.01})-\beta(1-p)\sin\theta)}$。

基于上述方法能够实现降雨衰减的统计估算，提供长期描述。综合整体流程后可以发现，降雨衰减是由若干因素造成的，包括降雨率、仰角、频率、地球站海拔高度等，任意一个参数发生变化，降雨衰减也将相应改变。

下面将以降雨对 Ka 和 Q/V 频段的影响为例，针对 Ka 波段 30GHz、Q 波段 40GHz、V 波段 50GHz 的雨衰值进行仿真。考虑仿真情景为 GEO 卫星定点于 92°E，年平均 0.01%时间降雨率 $R_{0.01}$ 为 58mm/h，纬度为 39.90°N，经度为 116.42°E，海拔为 49m。图 9-10 给出了不同波段的雨衰值随年平均降雨时间概率的变化情况，针对 0.001%的年平均降雨概率，50GHz 频段的降雨衰减约为 150dB，在 40GHz 时，降雨衰减为 120dB 以上，均远高于 Ka 频段，说明电磁波频率越高，降雨衰减越大。降雨衰减将会成为制约工作于较高频段的通信系统的关键因素，在系统设计时应留有足够的链路余量，并采用抗雨衰措施。

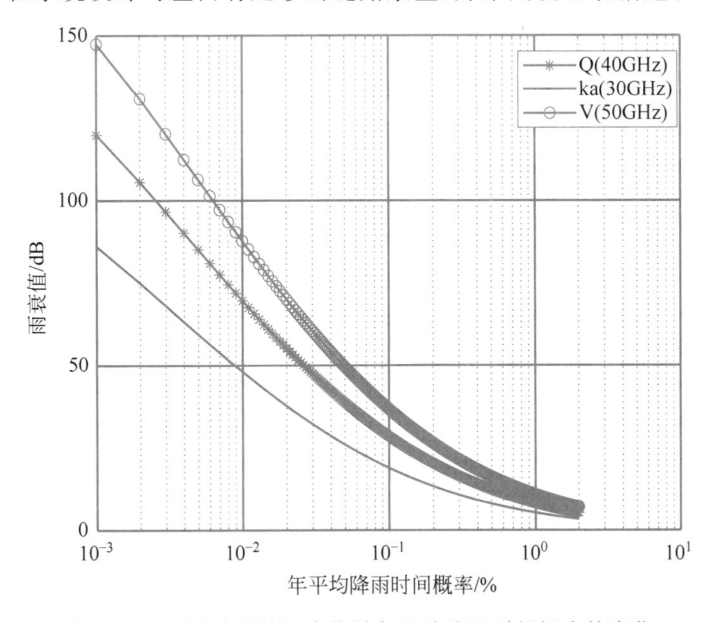

图 9-10 不同波段的雨衰值随年平均降雨时间概率的变化

为进一步分析中国地理位置的高频段降雨衰减情况，选取了 4 个典型城市的地理和气象信息，在 V 波段(50GHz)进行了降雨衰减仿真，仿真参数如表 9-5 所示，不同城市雨衰结果如图 9-11 所示。

表 9-5　中国典型站点地理位置和降雨率的仿真参数

站　　名	纬度(北纬)	经度(东经)	海拔/m	降雨率/(mm·h^{-1})
北京	39.80°	116.47°	31.2	58
南京	32.00°	119.80°	8.9	81.7
广州	23.13°	113.32°	6.3	122
乌鲁木齐	43.57°	87.10°	635.5	5

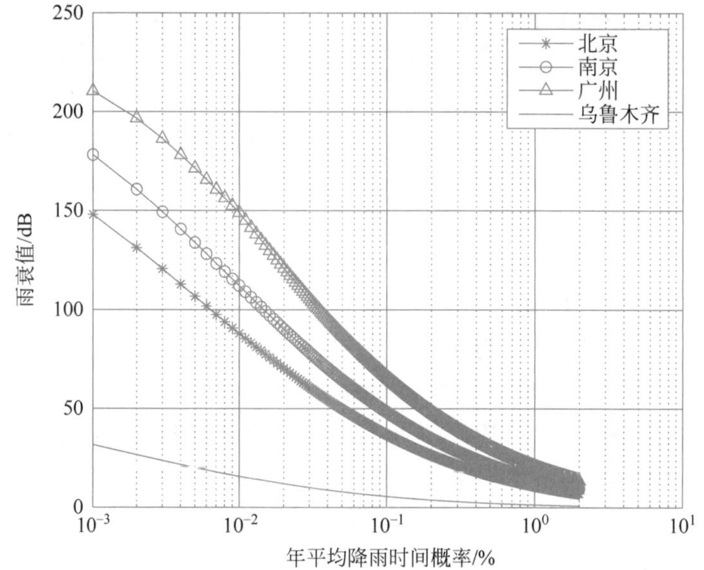

图 9-11　不同城市雨衰结果对比(V 波段)

从图 9-11 的对比发现,广州和乌鲁木齐两地的降雨衰减相差为 130dB,但两地的年平均 0.01%时间降雨率 $R_{0.01}$ 仅相差 28dB,可见降雨衰减除了与降雨率有关,还与地球站纬度、海拔和天线仰角等因素有关。由于中国幅员辽阔,降雨衰减也有显著差异,系统设计时同样应当加以考虑。

9.7.2 抗雨衰技术

雨衰是影响无线通信系统稳定性的重要因素,尤其是在雷暴雨等极端天气条件下,可能导致信号质量显著下降,甚至中断正常通信。为抵消或缓解降雨造成的影响,可以采取增加链路备余量、自适应编码调制、位置分集技术等手段。

1. 链路余量

链路余量法是传统通信链路设计中一种较为常用的方法,通过考虑大气、雨、雪、雾等多种传输因素的影响及其统计特性,从而设计链路时在总的链路阈值信噪比上留出一定的余量,用于对抗信道衰减。特别是在一些降雨较少地区,完全可通过链路余量方法来满足系统可用度的要求。但这种方法并不是在任何情况下都有效,对于降水量较多的地区或者工作频段较高的系统(例如 Ka 或者 Q/V 频段),如果完全通过设置较大余量的方法来对抗雨衰,将造成巨大的功率开销。此外,对于由小口径终端组成的系统来说,也难以实现足够的功率余量来对抗雨衰,因此增加链路余量通常需要配合其他方法共同使用。

2. 自适应编码调制

自适应编码调制(Adaptive Coding and Modulation,ACM)技术相对于固定编码调制(Constant Coding and Modulation,CCM)在频谱效率上有了显著的改善,由于减小了需要预留的链路余量,可以支持更高阶的调制方式和更高的编码效率。

ACM的基本框架如图9-12所示,主要包括信号发送端、卫星、网关和接收端。信息由发送端发出,经过卫星中继转发,最终到达接收端。接收端根据接收到的信号进行信噪比估计,信噪比估计值可以表征当前信道的状态,通过反向链路将信道状态反馈给网关;网关据此选择合适的调制编码方式,对下一时刻发送信息的调制编码方式进行控制,从而使整个系统构成一个完整的回路。

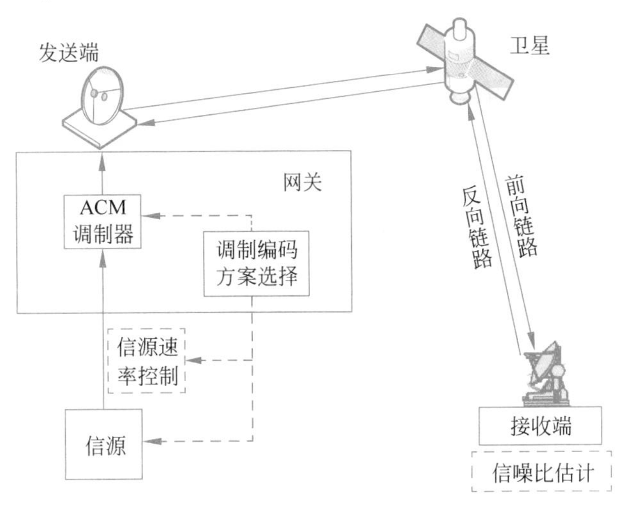

图9-12 ACM的基本框架

在降雨强度较大的环境下,网关控制发射端使用较低阶的调制方式和较低码率的编码方式,以维持整个卫星系统的可靠通信;在没有降雨或降雨强度较小的环境下,采用较高阶的调制方式和较高码率的编码方式,以充分利用系统资源。由于在不同时刻使用的调制方式和码率可能不同,需要在每一帧的帧头里插入相应的控制信息来表示当前使用的调制方式和码率,以实现系统的收发端同步。

自适应编码调制技术使通信系统可以根据不同降雨情况下的信道状态来选择对应的调制方式和编码码率,从而能够减少链路设计中的所需余量,充分提升资源利用率,最终有效提升通信系统性能。

3. 位置分集

当两个地球站位置相隔越远,同时经历较大降雨的概率就越小,即某一地球站正在经受较大降雨,同时另一地球站也经历较大降雨的概率较小。因而,当一个地球站降雨时可以依靠另一个地球站来实现信息的收发。多数情况下对于较大的降雨,当两个地球站的距离超过20km时,可认为是不相关的。基于这个特性,可采用位置分集方法来提高系统的整体可用度。位置分集系统中对于来自两个地球站的信号可采用多种合并技术,如线性合并、取较大值等方法。位置分集方案的缺点是需要额外增加一个地球站的建设和维护成本。

9.8 链路预算

链路预算的目的在于定量评估传输质量，整体过程需要全面考虑发射端的发射功率与天线增益、传输过程中的各种损耗、噪声与干扰，以及接收系统的天线增益、噪声性能等因素。数字通信系统中每编码比特能量与噪声功率谱密度之比 E_b/N_0 决定了系统译码输出误比特率，它和载波功率与噪声功率之比 C/N 间的关系可以表示为 $E_b/N_0=CB/NR_b$，其中 B 为有效带宽，R_b 为比特速率。因此，给定系统参数时，载噪比是衡量传输质量的关键指标。通信链路预算大致可分为以下两类任务：

- 根据通信业务的性能要求，确定通信系统的基本参数，如发射机等效全向辐射功率、接收机品质因数等；
- 在已知发射机和接收机的基本参数的情况下，计算接收机能得到的载噪比，验证系统能否满足用户的使用要求，即链路传输质量分析。

9.8.1 链路预算分析

结合 9.1.3 节中对自由空间损耗 L_f 的定义，考虑发射机到发射天线的馈线（波导）损耗 L_t 和接收天线到接收机的波导传播损耗 L_r，可得接收信号功率为

$$P_r=\frac{P_tG_tG_r}{L_fL_tL_r} \tag{9-81}$$

其中，P_t 为发射功率，G_t 为发射天线增益，G_r 为接收天线增益。此式也被称为功率平衡方程。图 9-13 给出了该方程的参数（以 dB 计）与微波链路单元电路的对应关系。

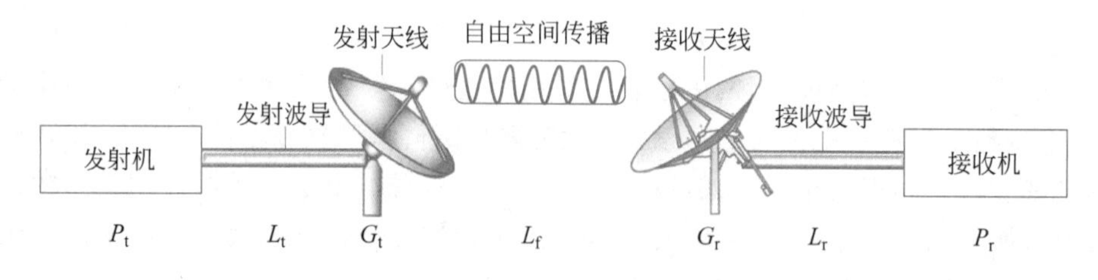

图 9-13 微波链路单元电路与功率平衡方程的示意

信噪比是确定链路传输质量的指标，但纵观整个传输链路，信号经长距离传输后到达接收机的输入端时强度最弱，因此主要关注接收机的输入信噪比。根据前述小节关于热噪声的分析，有效带宽为 B 的接收机处输入噪声功率 N_i 可以表示为

$$N_i=kTB \tag{9-82}$$

式中，$k=-228.6\text{dBW/(K·Hz)}$ 为玻耳兹曼常数，T 是接收系统等效噪声温度(K)。

采用符号 C、G 和 N 来表示接收信号（载波）功率、接收天线增益和接收端的噪声功率，并定义发射机的等效全向辐射功率 EIPR 为发射机功率与发射天线的乘积：

$$\text{EIRP}=P_tG_t \tag{9-83}$$

由式(9-83)可知，EIPR 是综合考虑天线定向辐射与发射机功率时衡量射频功率辐射能力的指标。

于是,可以将接收信号的载噪比(载波功率与噪声功率之比)表示为

$$C/N = \frac{\mathrm{EIRP} \cdot G}{L_f L_t L_r kBT} \tag{9-84}$$

在进行链路预算分析时,为了避免涉及接收机的带宽,除了将载噪比 C/N 作为系统的重要参数外,也常用载波功率与等效噪声温度之比 C/T。为了简化表达,令 $L = L_f L_t L_r$,于是有

$$C/n_0 = \frac{\mathrm{EIRP}}{L} \times \frac{G}{T} \times \frac{1}{k} \tag{9-85}$$

结合输入噪声功率谱密度 n_0 和等效噪声温度 T 间关系,易得

$$C/T = \frac{\mathrm{EIRP}}{L} \cdot \frac{G}{T} \tag{9-86}$$

可以发现 G/T 值越大,载噪比越高,从而接收性能越好。因此 G/T 是评价接收机性能好坏的重要参数,也被称为品质因数。用分贝表示时,按式(9-87)计算:

$$[G/T] = [G] - [T] \quad (\mathrm{dB/K}) \tag{9-87}$$

G/T 值由天线噪声温度、天线接收增益、馈线及低噪放的噪声温度决定。其中,天线噪声温度还受天线仰角和降雨的影响。因此,G/T 值还会与所处的地理位置和当时的天气情况有关。对于不同类型的通信系统,对 G/T 的要求有所不同。例如,国际通信卫星 6 号(IS-VI)是工作于全球波束的卫星,其 G/T 值为 $-11.5\mathrm{dB/K}$,天线仰角大于 5°的 A 型标准地球站,在晴天的 G/T 值应满足:

$$G/T \geqslant 40.7 + 20\lg\frac{f}{4} \tag{9-88}$$

其中,f 为工作频率,单位为 GHz。

在卫星移动通信系统中,地面移动终端天线的接收增益通常只有 1～2dB,因此 G/T 值为 -23～$-22\mathrm{dB/K}$。

9.8.2 全链路传输质量

通信系统全链路的传输质量主要取决于上行和下行链路的载波(功率)与噪声温度之比。参照式(9-86),上行链路 C/T 值为

$$(C/T)_u = \frac{(\mathrm{EIRP})_e}{L_u}\left(\frac{G}{T}\right)_s \tag{9-89}$$

式中,$(\mathrm{EIRP})_e$ 为终端等效全向辐射功率,$(G/T)_s$ 为基站接收系统品质因数,L_u 为上行链路传输损耗。

同理,下行链路 $(C/T)_d$ 值为

$$(C/T)_d = \frac{(\mathrm{EIRP})_s}{L_d}\left(\frac{G}{T}\right)_e \tag{9-90}$$

式中,$(\mathrm{EIRP})_s$、$(G/T)_e$ 和 L_d 分别为基站的等效全向辐射功率、终端接收系统品质因数和下行链路传输损耗。

考虑放大器非线性导致互调噪声的产生,其影响用载波噪声温度比 $(C/T)_i$ 来表示。为了确定表征全链路传输质量的载波噪声温度比 C/T,总的等效噪声温度 T 应为各部分的噪声温度之和,所以有

$$[C/T]^{-1} = [(C/T)_u]^{-1} + [(C/T)_d]^{-1} + [(C/T)_i]^{-1} \tag{9-91}$$

上述分析结果仍无法直接应用于实际工程中，还必须考虑到不同应用的非理想情况的影响，并做量化计算获得更加精确的结果，以便留有足够的余量。余量的考虑有两种方法：一是在等式的右端再加一项$[(C/T)_p]^{-1}$作为系统余量；二是设计链路实际能提供的信噪比为要求的阈值信噪比之上的某一数值，设计值与阈值之差即为系统余量。余量的考虑包括了尚未计入的附加损耗（如雨衰、大气衰耗、天线指向和跟踪误差引起的损耗，以及多径引起的信号衰落等）和设备不理想情况（调制解调器同步恢复、正交极化波的鉴别率下降等因素引起的性能恶化等）。

【例 9-17】 计算 Ku 波段下工作频率 $f=14.25\text{GHz}$，带宽为 2MHz 的上行链路预算。若下行链路载噪比$(C/N)_d=45\text{dB}$，试计算全链路总载噪比。其中，发射机天线口径为 0.9m，天线效率为 70%。并且天线的有向损耗 L_p 为 4.345dB，发送功率 $P_t=10\text{dBW}$。接收机天线增益 $G_r=34.2\text{dBi}$、等效噪声温度为 300K。上行链路的长度 d 为 35801km 并且发送站附近的雨衰 L_R 为 0.11dB。

【解 9-17】 根据链路预算流程可以进行不同参数的计算，包括发射机无线增益、自由空间路径损耗、噪声功率、接收机输入端载噪比和全链路的总载噪比。

发射机天线增益为

$$G_t=10\lg[0.7\times(\pi D/\lambda)^2]=40.99\text{dBi}$$

自由空间路径损耗为

$$L_f=92.45+20\lg(d\cdot f)=206.6\text{dB}$$

噪声功率为

$$N=kTB=-228.6+24.7+63.01=-140.89\text{dBW}$$

接收机输入端载噪比$(C/N)_u$的值为

$$\begin{aligned}(C/N)_u&=P_t+G_t+G_r-L_f-L_p-L_R-N(\text{dB})\\&=15.03\text{dB}\end{aligned}$$

全链路的总载噪比为

$$1/(C/N)_o=1/(C/N)_u+1/(C/N)_d$$

$$1/(C/N)_o=\frac{1}{31.84}+\frac{1}{31622}=0.0314$$

$$(C/N)_o=31.85=15.03\text{dB}$$

章节习题

9-1 一颗近地卫星发射信号频率为 40GHz，设其与地面站接收机之间为视距传播，传播距离为 500km。若在卫星路径仰角 $\theta=5°$的降雨条件下与海拔高度为 0 的地面接收机进行通信，假设此时水蒸气密度为 50g/m^3。计算卫星与地面接收站通信过程中由自由空间传播损耗和对流层氧气、水蒸气吸收产生的损耗之和。

9-2 计算由 Chilbolton 观测点得到的，由大气闪烁产生的幅度起伏的标准偏差。其中频率为 11.8GHz，仰角为 30°，温度为 16.5℃，水汽压强为 14.1mbar，天线口径为 8.5m，天线效率为 0.5。

9-3 若卫星在与地面接收机通信过程中使用 32GHz 的电磁波，且路径仰角 $\theta=60°$，超过要求的时间百分比 0.01% 的降雨损耗 $A_p=5\text{dB}$，求不超过 0.01% 时间的极化倾斜角 $\tau=45°$ 及 $\tau=90°$ 时的降雨交叉极化鉴别度。

9-4 设随参信道的多径时延扩展为 5×10^{-6}s，欲传输 100kb/s 的信息速率，问以下哪种调制方式可以不使用均衡器。

(1) BPSK；

(2) 将数据经过串并变换为 100 个并行支路后使用 100 个不同的载频按照 BPSK 调制传输。

9-5 进行小尺度传播测量需要确定适合的空间取样间隔，以保证连续取样值之间有很强的时间相关性。在载频为 1.9GHz 及移动速度为 50m/s 的情况下，移动 10m 需要多少个样值？假设测量是在运动车辆上实时完成的，问需要多少时间完成？信道的多普勒扩展为多少？

9-6 已知瑞利衰落的包络的一维概率密度函数为 $f(V)=\dfrac{V}{\sigma^2}\mathrm{e}^{-\frac{V^2}{2\sigma^2}}$ $(V\geqslant0,\sigma>0)$，求 V 为何值时，其一维概率密度函数最大，并求出对应的数学期望与方差。

9-7 计算方差为 σ^2 的循环对称复高斯随机变量 X 的模 $|X|$ 的概率密度函数。

9-8 由 9.5.4 节的第 1 小节可知，在特定时刻 m 的信道增益 $h_l[m]$ 可以假定为循环对称的，将该结论推广，并证明对于任意 n，假定复随机矢量：

$$\boldsymbol{h}:=\begin{bmatrix}h_l[m]\\h_l[m+1]\\\vdots\\h_l[m+n]\end{bmatrix}$$

为循环对称同样是合理的。

9-9 若大气环境温度为 300K，晴朗天气对 Ku 频段电磁波的吸收损耗为 0.5dB，降雨时的雨衰为 4.2dB，大气噪声进入接收机天线时考虑 0.95 的耦合系数。求大气层晴天的噪声温度及在此条件下降雨时的噪声温度。

9-10 若 Ku 波段的上行链路 $f=12.25\text{GHz}$，已知接收地球站的天线口径为 6m，天线效率为 70%。卫星的发送功率 p_w 为 19.8dBW。下行链路的长度 d 为 35790km，并且接收站附近的雨衰 L_y 为 1.04dB。计算 Ku 波段的下行链路预算，以及上行链路载噪比 $(C/N)_u=15.03\text{dB}$ 时全链路的总载噪比。

习题解答

9-1 解：自由空间损耗为

$$\begin{aligned}[L_f]_{\text{dB}}&=32.45+20\lg f(\text{MHz})+20\lg r(\text{km})\\&=32.45+20\lg(40\times10^3)+20\lg(500)=178.47\text{dB}\end{aligned}$$

氧分子和水分子损耗分别为

$$\gamma_0=\left[7.19\times10^{-3}+\frac{6.09}{40^2+0.227}+\frac{4.81}{(40-57)^2+1.50}\right]\times40^2\times10^{-3}=0.0441(\text{dB/km})$$

$$\gamma_w=\left[0.05+0.0021\times 50+\frac{3.6}{(40-22.7)^2+8.5}+\frac{10.6}{(40-183.3)^2+9.0}+\frac{8.9}{(40-325.4)^2+26.3}\right]\times 40^2\times 50\times 10^{-4}(\mathrm{dB/km})=1.3289(\mathrm{dB/km})$$

降雨条件下，对流层的氧气等效高度 h_0 和水蒸气等效高度 h_w 分别为

$$h_0=6\mathrm{km}$$

$$h_w=2.1\left[1+\frac{3.0}{(40-22.2)^2+5}+\frac{5.0}{(40-183.3)^2+6}+\frac{2.5}{(40-325.4)^2+4}\right]=2.1182\mathrm{km}$$

对于路径仰角小于10°的情况有

$$X=\sqrt{\sin^2\theta+2h_S/R_e}=\sqrt{\sin^2 5^\circ}=0.0872$$

$$g(h_0)=0.661X+0.339\times\sqrt{X^2+5.5h_0/R_e}=0.661\times 0.0872+0.339\times\sqrt{0.0872^2+5.5\times 6/8500}=0.0940$$

$$g(h_w)=0.661X+0.339\times\sqrt{X^2+5.5h_w/R_e}=0.661\times 0.0872+0.339\times\sqrt{0.0872^2+5.5\times 2.1182/8500}=0.0898$$

$$A_g(dB)=\frac{\gamma_0 h_0 e^{-h_s/h_0}}{g(h_0)}+\frac{\gamma_w h_w}{g(h_w)}=\frac{0.0441\times 6}{0.0940}+\frac{1.3289\times 2.1182}{0.0898}=34.16\mathrm{dB}$$

9-2 解：根据幅度起伏标准偏差的近似表示，以及天线平均函数等公式可以进行以下计算：

$$N_{\mathrm{wet}}=3.73\times 10^5\times e/(273+t)^2=3.73\times 10^5\times 14.1/(273+16.5)^2=62.7525$$

$$L=\frac{2000}{\sqrt{\sin^2\theta+2.35\times 10^{-4}}+\sin\theta}=\frac{2000}{\sqrt{0.5^2+2.35\times 10^{-4}}+0.5}=1999.53\mathrm{m}$$

$$X=1.22\times\eta\times D_g^2\times f/L=1.22\times 0.5\times 8.5^2\times 11.8/1999.53=0.2601$$

$$g(X)=\sqrt{3.86\times(X^2+1)^{11/12}\times\sin\left(\frac{11}{6}\arctan\frac{1}{X}\right)-7.08\times X^{5/6}}=\sqrt{3.86\times(0.2601^2+1)^{11/12}\times\sin\left(\frac{11}{6}\arctan\frac{1}{0.2601}\right)-7.08\times 0.2601^{5/6}}=1.3371$$

因此，在 Chilbolton 观测点由大气闪烁产生的幅度起伏的标准偏差为

$$\sigma=\sigma_{\mathrm{ref}}\times f^{7/12}\times g(X)/(\sin\theta)^{1.2}=(3.6\times 10^{-3}+1.03\times 10^{-4}\times N_{wet})\times(11.8)^{7/12}\times g(X)/(\sin(30^\circ))^{1.2}=(3.6\times 10^{-3}+1.03\times 10^{-4}\times 62.7525)\times(11.8)^{7/12}\times 1.3371/(\sin(30^\circ))^{1.2}=0.1304\mathrm{dB}$$

9-3 解：结合降雨交叉极化鉴别度的定义有

$$C_f=30\lg f=30\times\lg 32=45.1545\mathrm{dB}$$

$$C_A = 22.6\text{dB}$$

$$C_\theta = -40\lg(\cos\theta) = -40\lg(\cos 60°) = 12.0412\text{dB}$$

根据所需时间百分数可知 $p=0.01$,此时

$$C_\sigma = 0.0052\sigma^2 = 0.0052 \times 10^2 = 0.52\text{dB}$$

当 $\tau=45°$时,$C_\tau=0$,降雨交叉极化鉴别度为

$$\begin{aligned}\text{XPD}_{\text{rain}} &= C_f - C_A + C_\tau + C_\theta + C_\sigma \\ &= 45.1545 - 22.6 + 0 + 12.0412 + 0.52 \\ &= 35.1157\text{dB}\end{aligned}$$

当 $\tau=90°$时,$C_\tau=15\text{dB}$,降雨交叉极化鉴别度为

$$\begin{aligned}\text{XPD}_{\text{rain}} &= C_f - C_A + C_\tau + C_\theta + C_\sigma \\ &= 45.1545 - 22.6 + 15 + 12.0412 + 0.52 \\ &= 50.1157\text{dB}\end{aligned}$$

9-4 解:采用 BPSK 调制时,码元速率为

$$R_s = R_b = 100\text{kb/s}$$

对应的码元时间为

$$T_s = 1/R_s = 10\mu\text{s}$$

此时,多径时延扩展 $T_d < T_s$ 成立,说明多径分量在一个码元时间内到达,不会形成ISI,因此可以不使用均衡器。

并行后的等效码元速率为

$$R_s^P = R_b/100 = 1\text{kb/s}$$

对应的码元时间为

$$T_s = 1/R_s^P = 1000\mu\text{s}$$

更加不会形成 ISI,所以同样可以不使用均衡器。

9-5 解:根据多普勒频率公式和相干时间的几何平均定义,可得信道相干时间为

$$T_c \approx \frac{0.423}{f_m} = \frac{0.423c}{f_c v} = \frac{0.423 \times 3 \times 10^8}{1.9 \times 10^9 \times 50} = 0.0014\text{s}$$

测量时间为

$$T = \frac{10}{50} = 0.2\text{s}$$

实时测量需要:

$$\Delta t \leqslant \frac{T_c}{2}$$

因此,采样值数目应满足:

$$N = \frac{T}{\Delta t} \geqslant \frac{2T}{T_c} = \frac{2 \times 0.2}{0.0014} = 285.7143$$

故而需要 286 个采样值。

9-6 解:利用指数函数求导法则,可得最大值点位于 $V=\sigma$。

根据数学期望公式有

$$E(V)=\mu(V)=\int_{-\infty}^{+\infty}Vf(V)\mathrm{d}V=\int_{0}^{+\infty}\frac{V^2}{\sigma^2}\mathrm{e}^{-\frac{V^2}{2\sigma^2}}\mathrm{d}V=\int_{0}^{+\infty}-V\mathrm{d}\mathrm{e}^{-\frac{V^2}{2\sigma^2}}$$

$$=-V\mathrm{e}^{-\frac{V^2}{2\sigma^2}}\Big|_0^{\infty}+\int_{0}^{+\infty}\mathrm{e}^{-\frac{V^2}{2\sigma^2}}\mathrm{d}V=0+\sqrt{2\pi}\sigma\int_{0}^{+\infty}\frac{1}{\sqrt{2\pi}\sigma}\mathrm{e}^{-\frac{V^2}{2\sigma^2}}\mathrm{d}V$$

$$=\sqrt{2\pi}\sigma\times\frac{1}{2}=\sqrt{\frac{\pi}{2}}\sigma\approx1.253\sigma$$

根据方差公式有

$$D(X)=E(X^2)-[E(X)]^2=\int_{0}^{+\infty}\frac{x^3}{\sigma^2}\mathrm{e}^{-\frac{x^2}{2\sigma^2}}\mathrm{d}x-[E(X)]^2$$

$$=\int_{0}^{+\infty}-x^2\mathrm{d}\mathrm{e}^{-\frac{x^2}{2\sigma^2}}-[E(X)]^2=-x^2\mathrm{e}^{-\frac{x^2}{2\sigma^2}}\Big|_0^{+\infty}+\int_{0}^{+\infty}\mathrm{e}^{-\frac{x^2}{2\sigma^2}}\mathrm{d}x^2-[E(X)]^2$$

$$=0-2\sigma^2\mathrm{e}^{-\frac{x^2}{2\sigma^2}}\Big|_0^{+\infty}-[E(X)]^2=2\sigma^2-\left(\sqrt{\frac{\pi}{2}}\sigma\right)^2$$

$$=\frac{4-\pi}{2}\sigma^2\approx0.429\sigma^2$$

9-7 解：由题意可知 $X=A+Bi, A, B\sim N(0,\sigma^2/2)$

$$f(a,b)=\frac{1}{2\pi\sigma^2}\exp\left(-\frac{a^2+b^2}{2\sigma^2}\right)$$

根据复合函数概率密度推导，首先计算分布函数：

$$F_{|X|}(x)=P(|X|<x)=P(\sqrt{A^2+B^2}<x)$$

$$=\iint_{A^2+B^2<x^2}\frac{1}{\pi\sigma^2}\exp\left(-\frac{a^2+b^2}{\sigma^2}\right)\mathrm{d}a\,\mathrm{d}b=\int_0^{2\pi}\mathrm{d}\theta\int_0^x\frac{1}{\pi\sigma^2}\exp\left(-\frac{r^2}{\sigma^2}\right)r\,\mathrm{d}r$$

$$=\frac{2}{\sigma^2}\int_0^x\exp\left(-\frac{r^2}{\sigma^2}\right)r\,\mathrm{d}r=\int_0^x\exp\left(-\frac{r^2}{\sigma^2}\right)\mathrm{d}\,\frac{r^2}{\sigma^2}$$

$$=-\exp\left(-\frac{r^2}{\sigma^2}\right)\Big|_0^x=1-\exp\left(-\frac{x^2}{\sigma^2}\right)$$

进而，求导可得 $f_{|X|}(x)=[F_{|X|}(x)]'=\frac{2x}{\sigma^2}\exp\left(-\frac{x^2}{\sigma^2}\right), x>0$

9-8 解：复随机矢量可以表示为实部实随机矢量与虚部实随机矢量的和，由于每个元素均为复高斯随机变量，对应的实随机矢量均为 n 维联合高斯分布。那么，复随机矢量的概率密度为实部和虚部的联合概率密度函数，服从 $2n$ 维联合高斯分布，因此同样可以假定为循环对称的。

9-9 解：根据噪声系数与等效噪声温度关系，可得大气层晴天的噪声温度为

$$T_c=300(1-10^{-\frac{0.5}{10}})=32.62\mathrm{K}$$

考虑耦合系数为 0.95，此时接收机天线噪声温度为

$$T_c^A=32.62\times0.95=30.99\mathrm{K}$$

同理，可得降雨时天线噪声温度为

$$T_r^A = 0.95\left[300(1-10^{-\frac{4.2}{10}})\right] = 176.64\mathrm{K}$$

9-10　解：根据下行链路参数，可以计算下行链路损耗为

$$L_d = 92.45 + 20\lg(df) = 205.29\mathrm{dB}$$

接收站天线增益

$$G_r = 10\lg[0.7 \times (\pi D/\lambda)^2] = 56.17\mathrm{dBi}$$

下行链路的载噪比$(C/N)_d$为

$$(C/N)_d = p_w + G_w + G_r - L_d - L_y - N = 44.73\mathrm{dB}$$

全链路的总载噪比计算公式如下

$$1/(C/N)_o = 1/(C/N)_u + 1/(C/N)_d$$

$$1/(C/N)_o = \frac{1}{31.84} + \frac{1}{29717} = 0.0314$$

$$(C/N)_o = 31.85 = 15.03\mathrm{dB}$$

参考文献

[1]　康士峰，郭相明. 电波环境及微波超视距传播[J]. 微波学报，2020，36(1)：118-123.
[2]　张更新，张杭，等. 卫星移动通信系统[M]. 北京：人民邮电出版社，2001.
[3]　张明高. 对流层对卫星移动业务的影响[J]. 无线电通信技术，1990，16(1)：22-30.
[4]　Recommendation ITU-R P. 618-5，Propagation data and prediction methods required for the design of Earth-space Telecommunication system[S].
[5]　涂师聪. 电离层闪烁对卫星通信的影响[J]. 无线电通信技术，1990，16(2)：21-26
[6]　Recommendation ITU-R P. 531-4，Ionospheric propagation data and prediction methods required for the design of satellite services and systems[S].
[7]　Recommendation ITU-R P. 837，Characteristics of precipitation for propagation modelling[S]. 2013.
[8]　TSE D，VISWANATH P. 无线通信基础[M]. 李锵，译. 北京：人民邮电出版社，2007.
[9]　樊信昌. 通信原理[M]. 北京：国防工业出版社，2001.
[10]　朱立东，吴廷勇，卓永宁. 卫星通信导论[M]. 北京：电子工业出版社，2009.
[11]　中华人民共和国通信行业标准. 卫星通信链路大气和降雨衰减计算方法 YD/T 984-1998[S]. 北京：人民邮电出版社，2020.
[12]　王月清，王先义，王健. 电磁波传播模型选择及场强预测方法[M]. 北京：电子工业出版社，2015.
[13]　张丽娜. Ka 频段通信链路雨衰特性研究[D]. 西安：西安电子科技大学，2012.
[14]　NAKAJO R，MAEKAWA Y. Characteristics of rain attenuation time variation in Ka band satellite communications for the kind of rain types in each season[C]//Proceedings of 2012 International Symposium on Antennas and Propagation (ISAP). Piscataway：IEEE Press，2012.
[15]　Recommendation ITU-R P. 839-3，Rain height model for prediction methods[S]. 2001.
[16]　FELDHAKE G S，AILES S L. Comparison of multiple rain attenuation models with three years of Ka band propagation data concurrently taken at eight different locations[J]. Online Journal of Space Communication，2002，1(2)：12.
[17]　CIONI S，GAUDENZI R De，RINALDO R. Channel estimation and physical layer adaptation techniques for satellite networks exploiting adaptive coding and modulation[J]. International Journal of Satellite Communications and Networking，2008，26(2)：157-188.
[18]　ANASTASIADOU N，GARDIKIS G，NIKIFORIADIS A，et al. Adaptive coding and modulation-

enabled satellite triple play over DVB-S2(digital video broadcasting-satellite-second generation): a techno-economic study[J]. International Journal of Satellite Communications and Networking, 2012, 30(3): 99-112.

[19] WANG Y, JI H, LI Y. On-board processing adaptive coding and modulation for regenerative satellite systems[C]//Proceedings of National Doctoral Academic Forum on Information and Communications Technology 2013. London: IET, 2013.

[20] 吴彦鸿，王聪，徐灿. 无线通信系统中电磁波传播路径损耗模型研究[J]. 国外电子测量技术，2009, 28(8): 35-37.

[21] 姚展予，赵柏林，李万彪，等. 大气波导特征分析及其对电磁波传播的影响[J]. 气象学报，2000(5): 605-616.

[22] 李焜，王喆. 无线通信电磁波传播模型的研究[J]. 无线通信技术，2008(1): 10-12.

[23] 刘勇，周新力，金慧琴. 电磁波传播预测模型分析与研究[J]. 舰船电子工程，2011, 31(7): 84-86.

[24] 陈聪，周骏，龚沈光. 海水中电磁波传播特性的研究[J]. 海军工程大学学报，2004(2): 61-64.

[25] 梁百先，李钧，马淑英. 我国的电离层研究[J]. 地球物理学报，1994(S1): 51-73.

[26] 洪伟. 计算电磁学研究进展[J]. 东南大学学报(自然科学版)，2002(3): 335-339.

[27] 蒋泽，顾朝志. 无线信道模型综述[J]. 重庆工学院学报，2005(8): 63-67.

[28] 王祖良，樊文生，郑林华. 海面电磁波传播损耗模型研究与仿真[J]. 电波科学学报，2008, 23(6): 1095-1099.

第10章 卫星通信原理

CHAPTER 10

卫星通信是指在地面、水面和大气层中的无线电通信站之间，利用人造卫星作为中继站进行通信的一种通信方式。这种通信方式具有覆盖范围广、对地面基础设施依赖程度低等优点，可以成为地面移动通信网络的有效补充。

本章阐述卫星通信载荷的功能与技术特点，并介绍卫星通信的调制与编码技术，从而初步构建卫星通信基础知识框架。

10.1 卫星通信载荷

卫星通信载荷是卫星通信系统的重要组成部分，主要实现电磁波信号的接收、处理及发射。

10.1.1 卫星通信载荷架构

通信卫星的有效载荷是指卫星上用于提供通信服务的设备和系统。

1. 现有通信卫星的有效载荷

1）传统通信卫星的有效载荷

传统通信卫星有效载荷的功能如图10-1所示，传统通信卫星的有效载荷通常包括转发载荷和天线载荷。

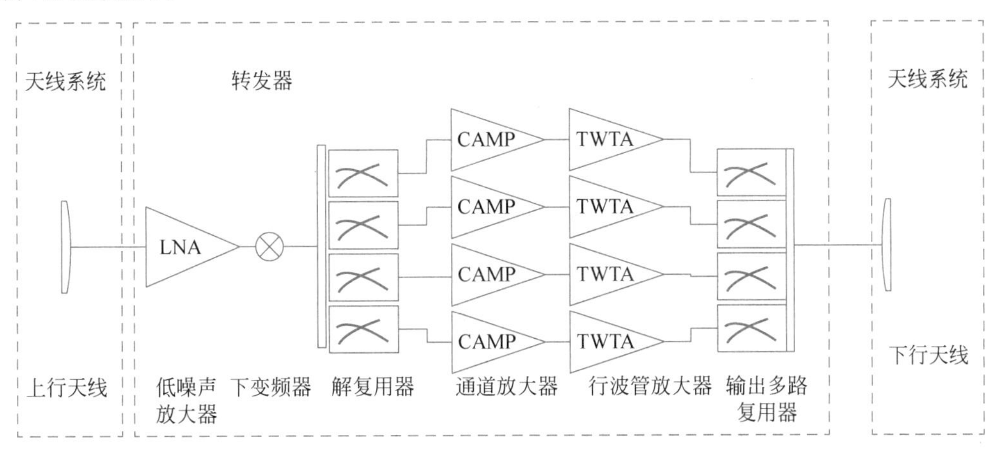

图10-1 传统通信卫星有效载荷的功能

(1) 转发载荷：低噪声放大器(Low Noise Amplifier,LNA)和输出多路复用器(Output Multiplexer,OMUX),以及两者之间的设备,转发载荷输入为上行天线传递的输入,转发载荷输出为 OMUX 输出。

(2) 天线载荷：天线用于接收和发射无线信号。

卫星通信载荷进行信号中转的过程如下。

(1) 卫星的上行天线接收到上行通信信号后,由 LNA 进一步处理。LNA 的主要功能是放大接收到的微弱信号。

(2) 下变频器主要用于将高频信号转换为较低频率的信号,以便进一步处理和传输。

(3) 解复用器用于将多路复用的信号分解为单独的信号流,以便进行独立的处理和传输。

(4) 通道放大器(Channel Amplifier,CAMP)主要用于放大和增强单独的信号通道,以提高信号的强度和质量。

(5) 行波管放大器(Traveling Wave Tube Amplifier,TWTA)的输出作为输出复用器的输入,输出多路复用器的功能与解复用器相反,最后信号通过下行天线发送。

2) 高通量卫星有效载荷

高通量卫星的有效载荷是从传统通信卫星有效载荷演变而来的。当前高通量卫星有效载荷的工作流程如图 10-2 所示。包括前向有效载荷和反向有效载荷两部分。

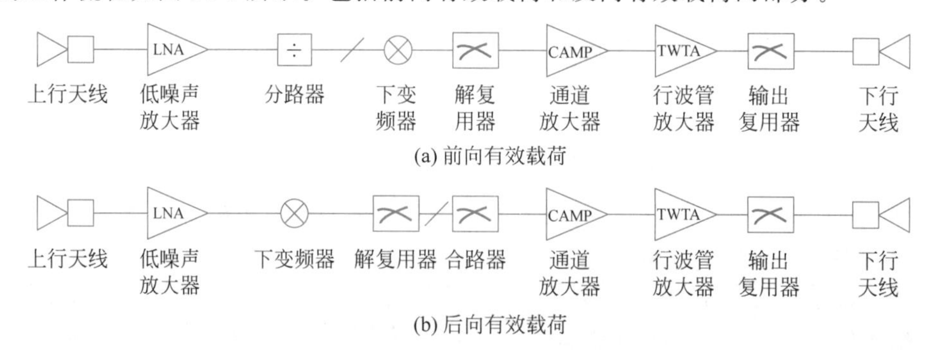

图 10-2 高通量卫星有效载荷的工作流程

前向(信关站→卫星→用户)有效载荷的工作流程如图 10-2(a)所示。上行信号被上行馈电链路(信关站与卫星间的通信链路)频带中的 LNA 放大,并向下转换为用户下行频带。信号被转换为用户下行频带后,通过 CAMP 放大来自滤波器的信号并驱动 TWTA。如果 TWTA 携带单个数据流就可占据完整的波束通道,放大器可达到饱和或接近饱和状态,从而最大化功率使用率。TWTA 进行高功率放大后,对信号进行过滤,并馈入天线下行系统中波束的相应端口,完成前向链路信号的转发。

反向(用户→卫星→信关站)有效载荷的工作流程如图 10-2(b)所示。上下行链路是正交的,流程与前向有效载荷大致相似。主要包括信号的放大、解复用、再放大、过滤和输入相应端口的过程。

3) 两种传统有效载荷的差异

传统通信卫星有效载荷和高通量卫星有效载荷之间存在一些功能上的差异性,主要包括数据速率、波束覆盖区域和频谱管理。

(1) 数据速率：传统有效载荷通常用于低数据速率的传输,如广播和电视信号,而高通量卫星有效载荷设计用于支持高速数据传输，如高清视频流、互联网接入等。

(2) 波束覆盖区域：传统有效载荷通常具有较大的波束覆盖区域。而高通量卫星有效载荷采用多波束技术，可以将卫星的资源更加高效地分配给不同的用户，提高频谱利用率和网络容量。

(3) 频谱管理：高通量卫星有效载荷具有灵活的频谱管理能力，可以根据需要调整不同波束的频率和带宽，而传统的有效载荷通常采用固定的频率和带宽，不具备频谱动态调整的能力。

2. 高通量卫星数字有效载荷

1) 数字有效载荷功能架构

高通量卫星数字有效载荷通常涉及3个系统，包括：上行链路天线系统、下行链路天线系统和载荷处理系统，其中载荷处理系统是核心，其负责接收、处理和转发卫星上的数字数据，通常使用数字信号处理(Digital Signal Processing，DSP)以实现星上数据处理的灵活性。高通量卫星数字有效载荷如图10-3所示。

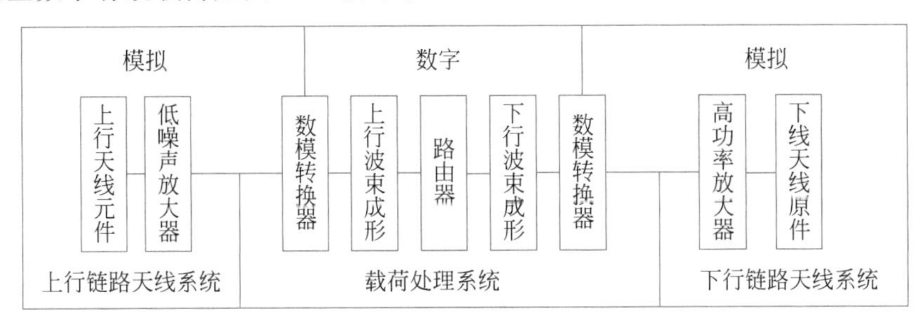

图10-3　高通量卫星数字有效载荷

数字有效载荷具有两项优势。

(1) 数据处理和传输效率高：数字有效载荷可以利用数字信号处理和压缩技术，提高数据处理和传输效率。

(2) 灵活性和可配置性好：数字有效载荷可以通过软件配置和控制实现灵活的功能和参数调整。

2) 数字有效载荷的技术特征

高通量卫星数字有效载荷的技术特征包括自适应波束形成、跳波束技术和高级差错控制和纠正技术。

(1) 自适应波束形成：高通量卫星数字有效载荷利用自适应波束形成技术，根据用户位置和需求动态调整波束的形状和方向。这种技术可以提供更好的信号质量和更高的数据传输速率。

(2) 跳波束技术：通过在不同的波束之间跳变进行数据传输，跳变图案根据具体的系统设计和需求进行调整。

(3) 高级差错控制和纠正技术：高通量卫星数字有效载荷采用高级差错控制和纠正技术，如Turbo码、低密度奇偶校验(Low-density Parity-check，LDPC)码等，以提高数据传输的可靠性和纠错能力。

10.1.2　频率复用与波束间干扰计算

一般来说，卫星通信载荷所使用的频带是由国际标准化组织、国家政府机关进行规范的。为实现频谱资源的高效利用,卫星通信载荷一般采用多波束及频率复用的方式为覆盖用户提供服务,但该方式也将引入波束间干扰问题。

1. 频率复用

高通量卫星使用多点波束覆盖服务区域,可通过频率复用的方式,在分配同等带宽的情况下,提升卫星容量。频率复用技术包括空间复用和正交极化复用。

(1) 空间复用:将一段可用带宽分配给卫星后,带宽被划分成若干子带,每一个波束使用其中的一段频率。由于高通量卫星覆盖范围广,相同频率段可通过空间隔离,在满足隔离度的要求下可被多次使用,从而提高系统容量。

(2) 正交极化复用:指在同一波束区内,利用正交极化波间的隔离特性实现频率复用,增加卫星容量。常用极化方式包括左旋极化和右旋极化。

综合空间复用和多色复用后,频率复用率定义为

$$F_R = \frac{N_P N_B}{N_C} \tag{10-1}$$

式中,N_P 是极化数(1 或 2),N_B 是卫星的波束数,N_C 是颜色数。

3 种频率复用的配置方案如图 10-4 所示。其中每个子带和极化类型的组合共同构成一种颜色。为防止各子带间出现干扰,通常会预留 5%~10%的保护频带。

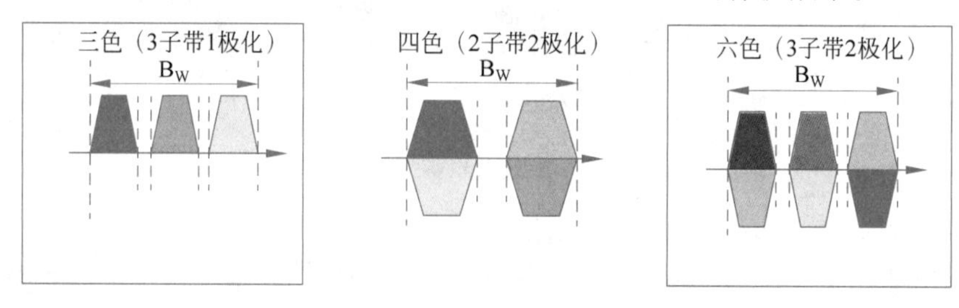

图 10-4 3 种频率复用的配置方案

通过将每种颜色分配到一个点波束中,并在不重叠波束中尽可能重复使用,可有效提升频率复用率。中国第一颗高通量卫星“中星 16 号”采用了 4 色复用(2 子带 2 极化),实现了 26 个波束覆盖,覆盖区域如图 10-5 所示。

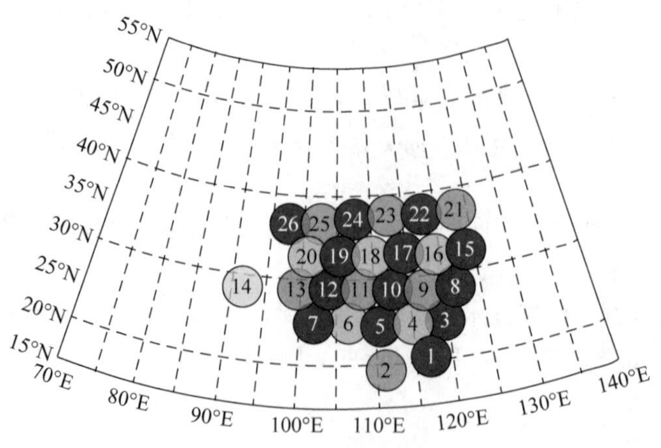

图 10-5 “中星 16 号”卫星用户波束覆盖

2. 相邻波束干扰

多波束网络通信系统设计的一个主要考虑因素是规避具有相同频率及极化方式的波束对彼此下行链路的干扰。为衡量多波束卫星通信系统的下行链路干扰，引入信号干扰比(Signal to Interference Ratio，SIR)。

令目标用户服务波束的射频发射功率为 P_t，单位为 W，g_t 为该波束的发射天线增益，g_r 为用户接收天线增益，ℓ_{FS} 为自由空间路径损耗，ℓ_o 为其他路径损耗，则用户的接收信号功率为

$$P_r = P_t g_t g_r \left(\frac{1}{\ell_{FS}\ell_o}\right) \tag{10-2}$$

接下来以波束间 4 色复用场景为例，进行 SIR 计算过程推导。4 色复用下的位置关系如图 10-6 所示。

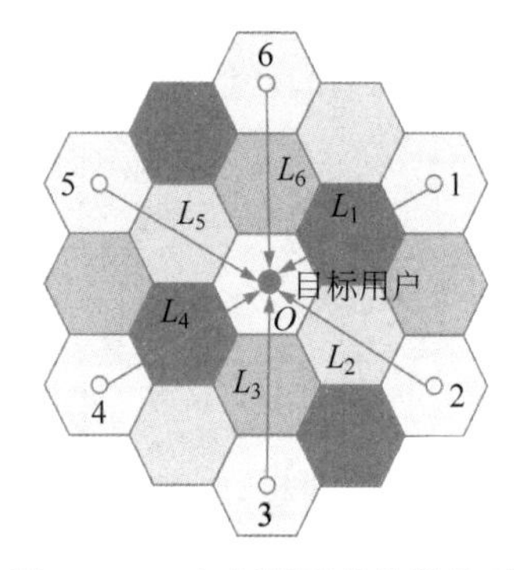

图 10-6 4 色复用下的位置关系

假设卫星每个下行波束都使用相同的射频发射功率、天线波束宽度和天线辐射模式。波束中心 o 处的目标用户受到来自最近的 6 个同色波束的功率和为

$$P_S = \sum_{i=1}^{6} P_t g_t^i(\varphi_i) g_r \left(\frac{1}{\ell_{FS}^i \ell_o^i}\right) = P_t g_r \sum_{i=1}^{6} \frac{g_t^i(\varphi_i)}{\ell_{FS}^i \ell_o^i} = \frac{P_t g_r}{\ell_{FS}} \sum_{i=1}^{6} \frac{g_t^i(\varphi_i)}{\ell_o^i} \tag{10-3}$$

式中，$g_t^i(\varphi_i)$ 为 6 个波束中的第 i 个波束在用户接收方向上的天线增益，φ_i 为第 i 个波束中心方向和用户卫星连线的夹角，ℓ_{FS}^i 为第 i 个波束的自由空间路径损耗，ℓ_o^i 为第 i 个波束的其他路径损耗。

波束 o 服务的目标用户的信号干扰比为

$$\text{SIR} = \frac{P_t g_t g_r \left(\dfrac{1}{\ell_{FS}\ell_o}\right)}{P_t g_r \displaystyle\sum_{i=1}^{6} \frac{g_t^i(\varphi_i)}{\ell_{FS}^i \ell_o^i}} = \frac{\dfrac{g_t}{\ell_{FS}\ell_o}}{\displaystyle\sum_{i=1}^{6} \frac{g_t^i(\varphi_i)}{\ell_{FS}^i \ell_o^i}} = \frac{g_t}{\ell_o \displaystyle\sum_{i=1}^{6} \frac{g_t^i(\varphi_i)}{\ell_o^i}} \tag{10-4}$$

频率为 f(单位 GHz)的信号，在信号传播距离为 r(单位 m)时的自由空间损耗为

$$\ell_{FS} = \left(\frac{4\pi r}{\lambda}\right)^2 = \left(\frac{40\pi}{3} r f\right)^2 = \left(\frac{40\pi}{3}\right)^2 r^2 f^2 \tag{10-5}$$

故有

$$\text{SIR} = \frac{g_t}{\ell_o \displaystyle\sum_{i=1}^{6} \frac{g_t^i(\varphi_i)}{\ell_o^i}} \tag{10-6}$$

其中，r 为从卫星到地面接收终端的路径长度，单位 m，r_i 为从卫星到第 i 个相邻波束中心的路径长度，单位 m。

为了确定卫星发射天线在地面接收方向上的离轴增益 $g(\varphi_i)$，需要找到第 i 个同色波束中心与地面终端接收机之间的离轴角 φ_i。卫星、目标用户终端和第 i 个同色波束中心的空间位置关系如图 10-7 所示，可以看到：$r_i^2 = r^2 + L_i^2 - 2rL_i\cos(180° - \theta)$，即

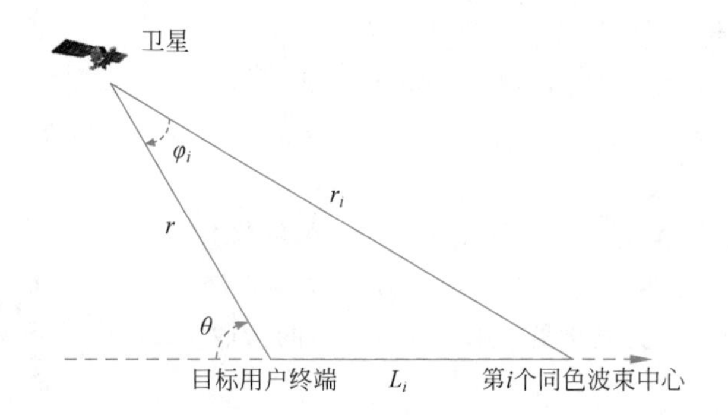

图 10-7 卫星、目标用户终端、第 i 个同色波束中心的位置关系

$$r_i = \sqrt{r^2 + L_i^2 + 2rL_i\cos(\theta)} \tag{10-7}$$

根据空间几何关系，φ_i 计算方式如下

$$\varphi_i = \cos^{-1}\frac{r^2 + r_i^2 - L_i^2}{2rr_i} \tag{10-8}$$

其中，L_i 表示从地面终端到相邻波束干扰中心的距离。从图 10-6 可以看出

$$L_1 = L_2 \cdots = L_6 = 2\sqrt{3}R = 3.464R \tag{10-9}$$

对于大多数多波束天线，可以认为各个波束的其他路径损失 ℓ_o^i 与 ℓ_o 是一致的，则 SIR 可以简化为

$$\mathrm{SIR} = \frac{g_t}{\sum_{i=1}^{6} g_t^i(\varphi_i)} \tag{10-10}$$

由式(10-10)可以看出，在多波束天线设计中，卫星发射天线的发射增益、波束宽度、相邻波束距离(频率复用系数)决定了干扰的大小。

【例 10-1】 以图 10-6 所示的 4 色复用方案为例，考虑接收用户位于中心波束的中心点，仅考虑与中心波束最邻近的 6 个同色波束。假设任一卫星天线在相邻同色波束中心方向的归一化增益为 1/150，忽视路径长度及其他因素影响，试求接收用户处的 SIR。

【解 10-1】 SIR 公式为

$$\mathrm{SIR} = \frac{g_t}{\sum_{i=1}^{6} g_t^i(\varphi_i)}$$

由于接收用户位于中心波束中心点，因此相邻同频波束的轴偏角相同，假设中心波束中心点处的方向增益为 1，即

$$g_t^1(\varphi_i) = g_t^2(\varphi_i) = g_t^i(\varphi_i) = \frac{1}{150}$$

此时 SIR 可计算如下：

$$\mathrm{SIR} = \frac{g_t}{\sum_{i=1}^{6} g_t^i(\varphi_i)} = \frac{1}{0.04} = 25$$

10.1.3 卫星容量计算及提升方法

除了从用户角度可用 SIR 作为网络耗能外，还可使用卫星容量作为评价标准。

1. 带宽限制下的卫星容量

由于频率复用的影响，此时系统的总带宽为

$$b_{\mathrm{ToT}} = N_{\mathrm{B}} \times \left(\frac{b_{\mathrm{a}}}{N_{\mathrm{C}}/N_{\mathrm{P}}}\right) \tag{10-11}$$

其中，N_{B} 为总波束数，N_{P} 为极化方向数，N_{C} 是使用的颜色数，b_{a} 为分配给网络的带宽资源。根据系统总带宽公式，可给出频率复用率的另一种表示形式：

$$F_{\mathrm{R}} = \frac{N_{\mathrm{B}}}{N_{\mathrm{C}}/N_{\mathrm{P}}} = \frac{b_{\mathrm{ToT}}}{b_{\mathrm{a}}} \tag{10-12}$$

多波束卫星网络容量的单位通常用 b/s 表示。多波束卫星的容量还取决于采用的调制类型和编码等因素。假设此时卫星传输的频谱效率为 β，则多波束卫星的系统总容量可表示为

$$C = \beta \times F_{\mathrm{R}} \times b_{\mathrm{a}} \times (1 - \eta_{\mathrm{s}}) = \beta\left(\frac{N_{\mathrm{B}} N_{\mathrm{P}}}{N_{\mathrm{C}}}\right) b_{\mathrm{a}}(1 - \eta_{\mathrm{s}}) \tag{10-13}$$

其中，η_{s} 为子带间的保护带比例，一般取值为 5%～10%。

【例 10-2】 已知某一多波束卫星的总波束数为 9，颜色数为 4，采用双极化方式进行数据传输。若给该卫星分配的带宽为 100MHz，则该多波束卫星的可用总带宽是多少？若该卫星通信载荷可支持的频谱效率为 5b/(s·Hz)，子带间的保护带宽比例为 5%，则该多波束卫星的总容量是多少？

【解 10-2】 将具体数值代入可用总带宽计算公式，有

$$b_{\mathrm{ToT}} = N_{\mathrm{B}} \times \left(\frac{N_{\mathrm{P}} b_{\mathrm{a}}}{N_{\mathrm{C}}}\right) = 9 \times \left(\frac{2 \times 100}{4}\right) = 450\mathrm{MHz}$$

同时将计算得到的总可用带宽代入卫星容量计算公式，有

$$C = \beta \times F_{\mathrm{R}} \times b_{\mathrm{a}} \times (1 - \eta_{\mathrm{s}}) = 5 \times 450 \times (1 - 0.05) = 2137.5\mathrm{Mb/s}$$

通过对总容量公式的观察，可从 3 方面提升卫星系统总容量：扩大分配给卫星的频域带宽、提高频率复用率和提高频谱效率。

1）扩大频域带宽

提升卫星容量的第一个手段就是扩大分配给卫星的频域带宽，但分配的带宽由频谱可用性及 ITU 的分配确定。目前，Ku 频段及以下的频谱高度拥塞，且卫星可用的带宽受到规定的限制，无法轻易扩展。只可从以下两方面做适当的提升：采用 Ka 或 Q/V 这样的高频段来建立通信；馈电链路和用户链路复用相同的频段。

2）提高频率复用率

从频率复用率的定义可看出，提升频率复用率最有效的方法是增加卫星的波束。在卫星发射功率足够的前提下，要想增加给定区域点波束的数量，以增加卫星容量，必须降低波束宽度。由于波束宽度与频率和天线反射面的直径成反比，因此需要使用更高频率或更大口径的卫星天线。

3）提高频谱效率

频谱效率反映了单位带宽每秒可携带的信息比特数。根据奈奎斯特采样定律可知，带

通系统信道每赫兹的最高符号传输率为每秒 1 个符号。考虑到信道编码和频域理想矩形窗难以实现等因素,此时的频谱效率可表示为

$$\beta=\rho\frac{W_{\text{ideal}}}{W_{\text{ideal}}+W_{\text{extra}}}\text{lb}(M)=\frac{\rho}{\alpha}\text{lb}(M) \tag{10-14}$$

其中,M 是调制阶数,ρ 为前向纠错码率,W_{ideal} 为频域理想矩形窗宽度,W_{extra} 为非矩形窗所引入的额外频谱占用,α 为滤波器滚降系数。前向纠错码率 ρ 是传输的信息比特数与实际比特数的比值。低码率意味着信道可以容忍/纠正更多的错误(或容忍更低的信噪比),但同时也在信号中加入了大量的冗余比特,需要综合考虑,调整范围有限。滤波器滚降系数 α 通常在 10%~20%,可调范围有限。因此,提高频谱效率的唯一有效手段是提高调制阶数。

卫星通信调制方式包括幅度相位键控(Amplitude Phase Shift Keying,APSK)、正交幅度调制(Quadrature Amplitude Modulation,QAM)。两种方式都是利用载波振幅和相位的同时变化来传输一个包含多比特信息的"符号"。图 10-8 展示了 16-QAM 和 16-APSK 的调制方式。

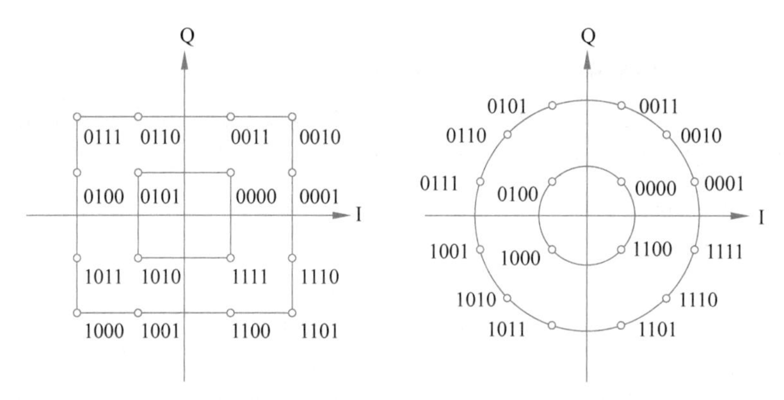

图 10-8 16-QAM(左)和 16-APSK(右)调制编码方式

随着调制阶数的增加,星座点间距降低,接收机区分信号和噪声变得越来越复杂,因此,高阶调制需要更高功率的放大器。

2. 功率限制下的卫星容量

卫星容量不仅受到带宽限制,还受到航天器上的功率资源限制。香农极限给出了噪声信道的理论最大容量,其表达式为

$$R=\frac{\beta}{2^{\beta}-1}\cdot\frac{S}{N_0}=\frac{\beta}{2^{\beta}-1}\cdot\frac{P_{\text{T}}G_{\text{T}}G_{\text{R}}}{L_{\text{P}}L_{\text{a}}kT_{\text{t}}} \tag{10-15}$$

其中,β 为频谱效率,S 为信号功率,N_0 为噪声功率谱密度,P_{T} 为发射功率,L_{P} 为自由空间损耗,L_{a} 为大气损耗,k 为玻尔兹曼常数,T_{t} 为等效噪声强度,G_{T}、G_{R} 分别为接收和发射天线增益。通过该部分的分析可知,在给定频谱效率的情况下,可通过以下 3 种方式提升卫星容量:提高馈送给卫星发射天线的射频功率、增加卫星发射天线增益、增强地面接收系统的能力。在实际系统中,卫星容量是带宽限制和功率限制共同作用的结果。

【例 10-3】 若某卫星系统中,接收端接收的信号功率为−90dBm,信道噪声功率谱密度为−170dBm/Hz,频谱效率为 5b/(s·Hz),试求该卫星的理论最大容量。

【解 10-3】 将具体数值代入功率限制下的最大容量计算公式，可得

$$R=\frac{\beta}{2^{\beta}-1}\cdot\frac{S}{N_0}=\frac{5}{2^5-1}\times 10^{\frac{-90-(-170)}{10}}=16.13\text{Mb/s}$$

10.2 调制技术

调制是把信号形式转换成适合在信道中传输的技术，核心是利用载波的某一个或某几个参数携带调制信号的信息，按照调制信号是模拟信号还是数字信号将调制分为模拟调制与数字调制。

10.2.1 卫星通信中的模拟调制

早期的卫星通信系统，例如 Telestar 1 低轨卫星和“中继 1 号”卫星，使用模拟调制技术，并且主要以频率调制为主，地面站和用户终端通常需要专用的模拟设备接收和处理这些信号。频率调制(Frequency Modulation，FM)根据基带信号的变化改变载波的瞬时频率，并以此携带信息。通常情况下，未经调制的信号可表示为 $x(t)=A\cos 2\pi ft$，其中 A 为载波振幅，f 为信号频率。调制后的信号可表示为 $s(t)=A\cos(2\pi ft+\varphi(t))$，其中 $\varphi(t)$ 为瞬时相位偏移，$2\pi ft+\varphi(t)$ 为瞬时相位，记作 $\theta(t)$。可得瞬时频率为 $\frac{1}{2}\frac{\mathrm{d}\theta(t)}{\mathrm{d}t}=f+\frac{1}{2}\frac{\mathrm{d}\varphi(t)}{\mathrm{d}t}$，瞬时频率变化为 $\frac{\mathrm{d}\varphi(t)}{\mathrm{d}t}$。

对于 FM 信号，载波的频率偏移随基带信号线性变化，可以表示为

$$\frac{1}{2}\frac{\mathrm{d}\varphi(t)}{\mathrm{d}t}=K_{\mathrm{F}}m(t) \tag{10-16}$$

其中，$m(t)$ 为基带信号，K_{F} 为调频灵敏度，代表单位幅度基带信号引起的频率偏移量。

由此可得瞬时相位偏移的计算公式(10-17)，为方便起见，φ_0 的值通常取 0。综合前文介绍，FM 信号可由公式(10-18)表达。

$$\varphi(t)=2\pi K_{\mathrm{F}}\int_{-\infty}^{t}m(\tau)\mathrm{d}\tau=2\pi K_{\mathrm{F}}\int_{0}^{t}m(\tau)\mathrm{d}\tau+\varphi_0 \tag{10-17}$$

$$s_{\mathrm{FM}}(t)=A\cos[2\pi ft+\varphi(t)]=A\cos\left[2\pi ft+2\pi K_{\mathrm{F}}\int_{0}^{t}m(\tau)\mathrm{d}\tau+\varphi_0\right] \tag{10-18}$$

【例 10-4】 假设某 FM 信号振幅为 10V，$f(t)=10^7+5\times10^3\cos(2\pi\times10^3 t)$Hz 为瞬时频率，试求：

(1) 该 FM 信号时域表达式。

(2) 该 FM 信号最大频偏。

【解 10-4】 FM 信号瞬时相位为

$$\begin{aligned}\theta(t)&=\int_{-\infty}^{t}2\pi f(\tau)\mathrm{d}\tau=\int_{-\infty}^{t}2\pi[10^7+5\times10^3\cos(2\pi\times10^3\tau)]\mathrm{d}\tau\\&=2\pi\times10^7 t+5\sin(2\pi\times10^3 t)\end{aligned}$$

$$s_{\mathrm{FM}}(t)=10\cos\theta(t)=10\cos[2\pi\times10^7 t+5\sin(2\pi\times10^3 t)]$$

最大频偏可由瞬时频率表达式 $f(t)$得出：

$$\Delta f_{max}=5\times 10^3\,\text{Hz}$$

10.2.2 卫星通信中的数字调制

在 20 世纪 80—90 年代，随着数字通信技术的广泛应用，卫星通信步入数字信号阶段。数字调制与模拟调制相比，具有更好的抗干扰性和更好的安全性（正交相移键控(Quadrature Phase Shift Keying，QPSK)）。利用载波的 4 个不同相位携带信息，每种相位用两个二进制比特表示，在 T_s 的符号持续时间内，发送以下 4 种信号之一，其中 $g_T(t)$为 T_s 符号间隔内的信号脉冲波形。

$$\begin{cases} s_1(t)=Ag_T(t)\cos(2\pi ft+\theta_1) \\ s_2(t)=Ag_T(t)\cos(2\pi ft+\theta_2) \\ s_3(t)=Ag_T(t)\cos(2\pi ft+\theta_3) \\ s_4(t)=Ag_T(t)\cos(2\pi ft+\theta_4) \end{cases} \tag{10-19}$$

QPSK 信号的产生是通过正交调制实现的，正交调制也叫 IQ 调制，是将输入的二进制序列经串并转换后分为两路并行的序列，分别进入同相支路(I 路)和正交支路(Q 路)，I 路信号与 $\cos 2\pi ft$ 相乘，Q 路信号与 $\sin 2\pi ft$ 相乘，随后将两路信号叠加。通常 Q 路信号在叠加时会乘系数－1，此时输出信号为 $s(t)=a\cos 2\pi ft-b\sin 2\pi ft$。QPSK 信号的生成原理如图 10-9 所示。

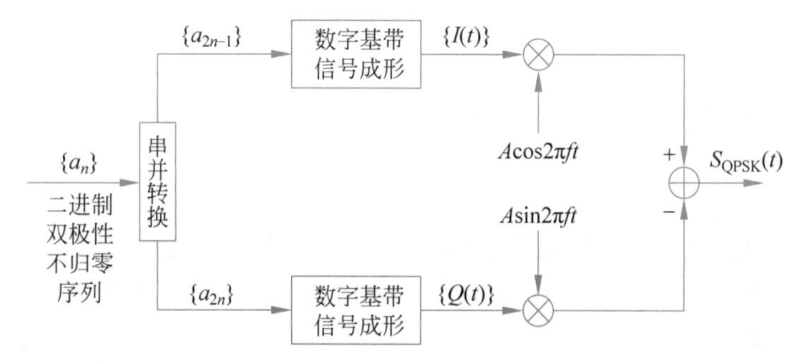

图 10-9　QPSK 信号的生成原理

首先二进制序列需先经极性变换，将 01 二进制序列转为±1 双极性序列，随后经过串并变换分成两路并行码流，经过数字基带信号成形滤波器，再与相互正交的载波相乘，最后两路信号相互叠加生成 QPSK 信号，QPSK 信号在每个符号的持续时间由式(10-20)表示，其中，$I(t)=g_T(t)\cos\theta_i$，$Q(t)=g_T(t)\sin\theta_i$。

$$\begin{aligned} s_i(t)&=Ag_T(t)\cos(2\pi ft+\theta_i) \\ &=Ag_T(t)\cos\theta_i\cos 2\pi ft-Ag_T(t)\sin\theta_i\sin 2\pi ft \\ &=I(t)\times A\cos 2\pi ft-Q(t)\times A\sin 2\pi ft \end{aligned} \tag{10-20}$$

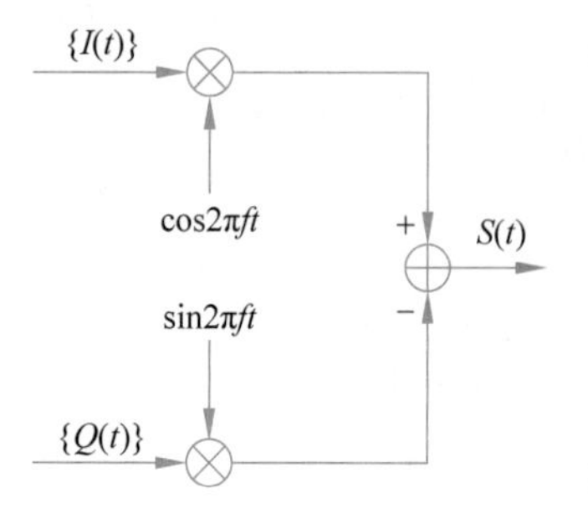

图 10-10　QPSK 调制示意

【例 10-5】 请根据如图 10-10 所示的 QPSK 调制示意，求输入序列为 01001110 时，输出信号 $s(t)$将得到什么？双极性码映射规则为 0 对应－1，1 对应＋1。

【解 10-5】 根据双极性码映射规则，0 对应－1、1 对应＋1 得到 I 路与 Q 路输入分别为(－1，－1，＋1，＋1)、(＋1，－1，＋1，－1)。

$$I=-1,Q=+1,s(t)=-\cos 2\pi ft-\sin 2\pi ft=\sqrt{2}\cos(2\pi ft+3\pi/4)$$

$$I=-1,Q=-1,s(t)=-\cos 2\pi ft+\sin 2\pi ft=\sqrt{2}\cos(2\pi ft+5\pi/4)$$

$$I=+1,Q=+1,s(t)=\cos 2\pi ft-\sin 2\pi ft=\sqrt{2}\cos(2\pi ft+\pi/4)$$

$$I=+1,Q=-1,s(t)=\cos 2\pi ft+\sin 2\pi ft=\sqrt{2}\cos(2\pi ft+7\pi/4)$$

10.3　编码技术

信道编码技术是通过各种编码来实现系统的抗干扰能力和纠错能力，减少信号传输中的误码。在卫星通信系统中，前向链路大多采用级联编码，并以 LDPC 码为内码，以 BCH 码为外码；反向链路采用 Turbo 编码技术。下面对这几种编码技术进行介绍。

10.3.1　BCH 码

BCH 码属于循环码，具有一定的纠错能力，在译码同步方面具有很多独特的优点，所以卫星通信系统中常用 BCH 码来降低传输中的误码率。BCH 码分为两类：一是本原 BCH 码；二是非本原 BCH 码。本原 BCH 码的码长 n 为 $2m-1$(m 为正整数)，其生成的多项式由若干最高次数为 m 的因式相乘构成：

$$g(x)=\mathrm{LCM}[m_1(x),m_3(x),\cdots,m_{2t-1}(x)] \tag{10-21}$$

式中，t 为能纠错的码字个数，$m_i(x)$为最小多项式，LCM[・]代表取括号内所有多项式的最小公倍式。满足以上特点的就是本原 BCH 码，最小码距 $d\geqslant 2t-1$。而非本原 BCH 码的生成多项式却不包含这种本原多项式，并且其码长 n 是 $2m-1$ 的一个因子，即码长 n 一定能除尽 $2m-1$。

现在介绍 BCH(15,5)码的生成以加深理解。BCH(15,5)码可以纠正 3 个随即独立差错，即 $t=3$，最小码距 $d\geqslant 2t-1=7$，码长 $n=15=2^m-1$，计算得出 $m=4$。查不可约多项式表可得

$$\begin{aligned}m_1(x)&=(23)_8=010011=x^4+x+1\\ m_3(x)&=(37)_8=011111=x^4+x^3+x^2+x+1\\ m_5(x)&=(07)_8=000111=x^2+x+1\end{aligned} \tag{10-22}$$

最终得到 BCH 码的生成多项式 $g(x)$：

$$\begin{aligned}g(x)&=\mathrm{LCM}[m_1(x),m_3(x),m_5(x)]\\ &=(x^4+x+1)(x^4+x^3+x^2+x+1)(x^2+x+1)\\ &=x^{10}+x^8+x^5+x^4+x^2+x+1\end{aligned} \tag{10-23}$$

10.3.2　LDPC 码

LDPC 码属于线性分组码，信息位长为 k，编码后码字长度为 n，码率 $r=k/n$，由 n 列、m 行的监督矩阵 $\boldsymbol{H}$ 确定，监督矩阵 $\boldsymbol{H}$ 是稀疏矩阵，绝大多数元素为 0，非零元素占很小的比

例。监督矩阵 $\boldsymbol{H}$ 行中 1 的个数为该行的行重，用 k 表示，列中 1 的个数称为列重，用 j 表示。规则 LDPC 码的所有行的行重相同，所有列的列重也相同，如果行重或列重不一致则称其为不规则 LDPC 码，通常用(n,j,k)三个参数表示规则 LDPC 码。

LDPC 码主要有两种编码方式，两种编码方式都需要先构造校验矩阵，第一种方式是将校验矩阵先转换为生成矩阵，进而得到编码码字；第二种方式是直接采用校验矩阵求解，具体步骤如下。

首先将尺寸(m,n)的校验矩阵写成如式(10-24)所示。

$$\boldsymbol{H}=[\boldsymbol{H}_1 \quad \boldsymbol{H}_2] \tag{10-24}$$

其中，$\boldsymbol{H}_1$ 为 m 行 k 列的矩阵，$\boldsymbol{H}_2$ 为 m 行 m 列的矩阵。设编码后码字行向量为 $\boldsymbol{c}$，它的长度为 n，如式(10-25)所示，式中 $\boldsymbol{s}$ 代表信息位的行向量，长度为 k，$\boldsymbol{p}$ 为校验位行向量，长度为 m。

$$\boldsymbol{c}=[\boldsymbol{s} \quad \boldsymbol{p}] \tag{10-25}$$

根据校验矩阵与码字相乘为 0 的特性，在 $\boldsymbol{H}_2$ 可逆时可进行下列转换，以此计算校验位，结合信息位可以获得编码后的码字。

$$\begin{gathered}
[\boldsymbol{H}_1 \quad \boldsymbol{H}_2]\begin{bmatrix}\boldsymbol{s}^{\mathrm{T}} \\ \boldsymbol{p}^{\mathrm{T}}\end{bmatrix}=0 \\
\boldsymbol{p}\times\boldsymbol{H}_2^{\mathrm{T}}=\boldsymbol{s}\times\boldsymbol{H}_1^{\mathrm{T}} \\
\boldsymbol{p}=\boldsymbol{s}\times\boldsymbol{H}_1^{\mathrm{T}}\times\boldsymbol{H}_2^{-\mathrm{T}}
\end{gathered} \tag{10-26}$$

【例 10-6】 请根据以下监督矩阵，求输入信息为 010110 时的编码后码字序列。

$$\boldsymbol{H}=\begin{bmatrix}1 & 1 & 0 & 1 & 0 & 0 \\ 0 & 1 & 1 & 0 & 1 & 0 \\ 1 & 1 & 1 & 0 & 0 & 1\end{bmatrix}$$

【解 10-6】 将监督矩阵分割为 $\boldsymbol{H}_1$ 和 $\boldsymbol{H}_2$，矩阵大小都为 3 行 3 列。

$$\boldsymbol{H}_1=\begin{bmatrix}1 & 1 & 0 \\ 0 & 1 & 1 \\ 1 & 1 & 1\end{bmatrix}, \quad \boldsymbol{H}_2=\begin{bmatrix}1 & 0 & 0 \\ 0 & 1 & 0 \\ 0 & 0 & 1\end{bmatrix}$$

根据校验矩阵结构可知，该码字的信息位和校验位长度都是 3，编码后的码字长度为 6，当输入信息为 010110 时，可以编码为两个码字，第一个码字信息位是 010，第二个码字信息位是 110。

$$\boldsymbol{p}=\boldsymbol{s}\times\boldsymbol{H}_1^{\mathrm{T}}\times\boldsymbol{H}_2^{-\mathrm{T}}$$

由上式可以分别计算两个码字校验位信息，分别是 111 与 010，因此在输入信息为 010110 时，编码后码字序列为 010111110010。

10.3.3 Turbo 码

Turbo 码是一种级联编码形式，相较于传统的级联编码方案，其编码增益有很大改善，纠错性能几乎接近香农极限。Turbo 码的特点在于采用递归系统卷积码(Recursive Systematic Convolutional Code，RSC)作为构造级联码的子码，同时利用交织器将 RSC 进行并行级联，并通过多个交织器级联构成高维 Turbo 码，Turbo 码编码器的一般结构如图 10-11 所示。

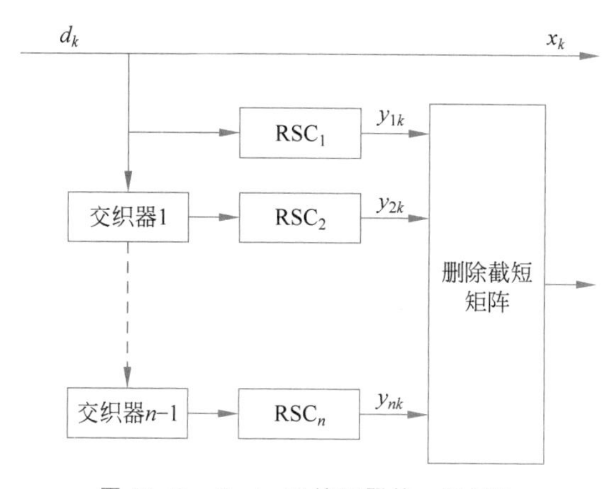

图 10-11 Turbo 码编码器的一般结构

在某一时刻，信息序列 d_k 直接进入信道和编码器 RSC_1，分别得到信息位 x_k 和第一个校验位 y_{1k}，d_k 通过交织器 1 后会得到一个新的序列，该序列进入编码器 RSC_2 得到第二个校验位 y_{2k}，以此类推，通过交织器 $n-1$ 的序列进入编码器 RSC_n 得到第 n 个校验位 y_{nk}，用删除截短矩阵对 $y_{1k}, y_{2k}, \cdots, y_{nk}$ 进行删除和截短，最后与 x_k 构成 Turbo 码的码字。

现有一个码率为 1/3 的 Turbo 码编码器，其结构图如图 10-12 所示。

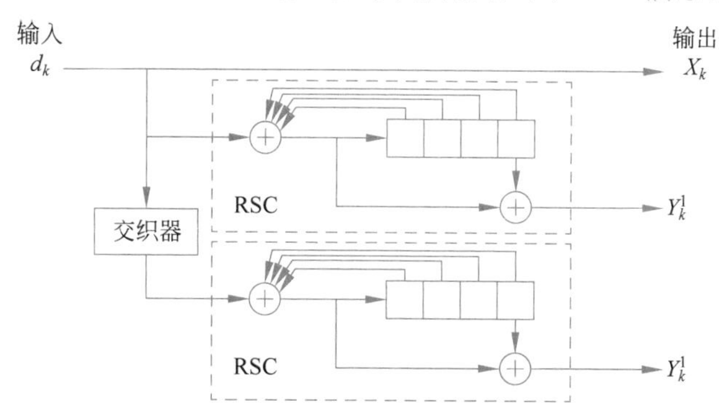

图 10-12 码率为 1/3 的 Turbo 码编码器结构

根据该编码器结构，可以计算当输入序列 $d_k=1011001$ 时，第一路输出 $X_k=1011001$。输入序列进入第一路卷积编码器，得到输出 $Y_k^1=1110001$。假设 d_k 进入交织器后得到序列 1101010，则该序列进入第二个卷积编码器得到卷积编码结果 $Y_k^2=1000000$，最终得到编码后的 Turbo 码序列为 111，010，110，100，000，000，110。

章节习题

10-1 已知某一多波束卫星的总波束数为 7，颜色数为 4，采用双极化方式进行数据传输。若给该卫星分配的带宽为 20MHz，求该多波束卫星的可用总带宽。若该卫星通信载荷可支持的频谱效率为 2b/(s·Hz)，子带间的保护带宽比例为 10%，试求该多波束卫星的总容量。

10-2 以图 10-6 所示的 4 色复用方案为例，考虑接收用户位于中心波束的中心点，仅考虑与中心波束最邻近的 6 个同频波束。假设卫星天线在相邻同频波束中心处的归一化增益为 1/100，忽视路径长度及其他因素影响，试求接收用户处的 SIR。

10-3 若某卫星接收的信号功率为 −100dBm，信道噪声功率谱密度为 −190dBm/Hz，频谱效率为 3b/(s·Hz)，试求卫星的理论最大容量。

10-4 在 50Ω 的负载电阻上，有一调制信号如下表示：

$$s(t)=20\cos[2\times10^{8}\pi t+3\sin(2000\pi t)]$$

对于这个调制信号，请问：(1)平均功率为多少？(2)最大频偏为多少？

10-5 现有 LDPC 码监督矩阵如下所示，请根据监督矩阵直接求出输入序列 11000110 时的编码码字序列。

$$\boldsymbol{H}=\begin{bmatrix}1&0&0&1&1&0&0&1\\0&1&1&0&1&0&1&0\\1&0&1&0&0&1&0&1\\0&1&0&1&0&1&1&0\end{bmatrix}$$

10-6 请根据图 10-10 所示的 QPSK 调制示意，画出输入序列为 1101001010 时，输出信号 $s(t)$ 的波形，以及 IQ 两路的波形。双极性码映射规则为 0 对应 −1，1 对应 +1。

习题解答

10-1 解：

$$b_{\text{ToT}}=N_{\text{B}}\times\left(\frac{N_{\text{P}}b_{\text{a}}}{N_{\text{C}}}\right)=7\times\left(\frac{2\times20}{4}\right)=70\text{MHz}$$

$$C=\beta\times F_{\text{R}}\times b_{\text{a}}\times(1-\eta_{s})=126\text{Mb/s}$$

10-2 解：

$$\text{SIR}=\frac{\dfrac{g_{\text{t}}}{r^{2}}}{\sum_{i=1}^{6}\dfrac{g_{\text{t}}^{i}(\varphi_{i})}{r_{i}^{2}}}=\frac{1}{0.01\times6}=16.67$$

10-3 解：

$$R=\frac{\beta}{2^{\beta}-1}\cdot\frac{S}{N_{0}}=\frac{3}{2^{3}-1}\times10^{\frac{-100-(-190)}{10}}=428.57\text{Mb/s}$$

10-4 解：对于平均功率：

$$P=\frac{U^{2}}{2R_{\text{L}}}=\frac{20^{2}}{2\times50}=40\text{W}$$

对于频偏，先求瞬时相位表达式：

$$\theta(t)=2\times10^{8}\pi t+3\sin(2000\pi t)\text{rad}$$

随后求瞬时频率：

$$f(t)=\frac{1}{2\pi}\times\frac{\mathrm{d}\theta(t)}{\mathrm{d}t}=\frac{1}{2\pi}\times\frac{\mathrm{d}[2\times10^{8}\pi t+3\sin(2000\pi t)]}{\mathrm{d}t}=10^{8}+3\times10^{3}\sin(2000\pi t)\text{Hz}$$

最后得到最大频偏：

$$\Delta f_{\max}=3\times10^{3}\text{Hz}$$

10-5 解：根据校验矩阵结构可知，该码字的信息位和校验位长度都是 4，编码后的码字长度为 8，当输入信息为 11000110 时，可以编码为两个码字，第一个码字信息位是 1100，第二个码字信息位是 0110，将监督矩阵分解为 $\boldsymbol{H}_1\boldsymbol{H}_2$ 可得。

$$\boldsymbol{H}_1=\begin{bmatrix}1&0&0&1\\0&1&1&0\\1&0&1&0\\0&1&0&1\end{bmatrix},\quad \boldsymbol{H}_2=\begin{bmatrix}1&0&0&1\\1&0&1&0\\0&1&0&1\\0&1&1&0\end{bmatrix}$$

$$\boldsymbol{H}_2^{-\mathrm{T}}=\begin{bmatrix}0&0&1&1\\1&0&-1&1\\-1&1&1&0\\1&-1&0&1\end{bmatrix}$$

$$\boldsymbol{p}=\boldsymbol{s}\times\boldsymbol{H}_1^{\mathrm{T}}\times\boldsymbol{H}_2^{-\mathrm{T}}$$

计算出信息位 1100 与 0110 时的校验位分别为 1011 与 0011，因此编码后的码字为 1100101101100011。

10-6 解：根据双极性码映射规则，0 对应−1、1 对应+1 得到 I 路与 Q 路输入分别为(−1，−1，+1，+1)、(+1，−1，+1，−1)。

$$I=-1,Q=+1,s(t)=-\cos2\pi ft-\sin2\pi ft=\sqrt{2}\cos(2\pi ft+3\pi/4)$$

$$I=-1,Q=-1,s(t)=-\cos2\pi ft+\sin2\pi ft=\sqrt{2}\cos(2\pi ft+5\pi/4)$$

$$I=+1,Q=+1,s(t)=\cos2\pi ft-\sin2\pi ft=\sqrt{2}\cos(2\pi ft+\pi/4)$$

$$I=+1,Q=-1,s(t)=\cos2\pi ft+\sin2\pi ft=\sqrt{2}\cos(2\pi ft+7\pi/4)$$

首先根据双极性码映射得 IQ 路基带信号波形，如图 10-13 所示。

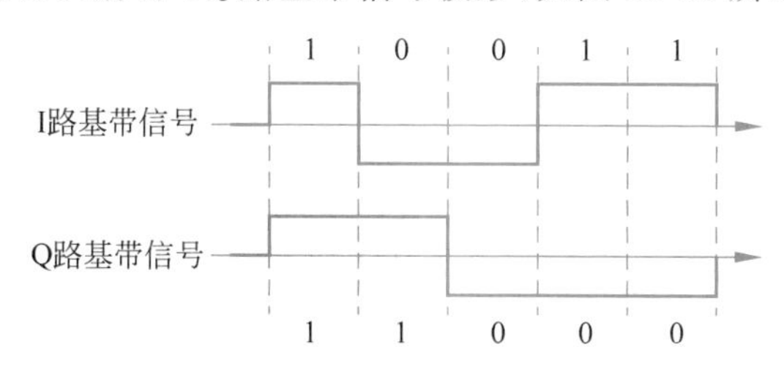

图 10-13 IQ 路基带信号波形

得到两路调制信号，如图 10-14 所示。

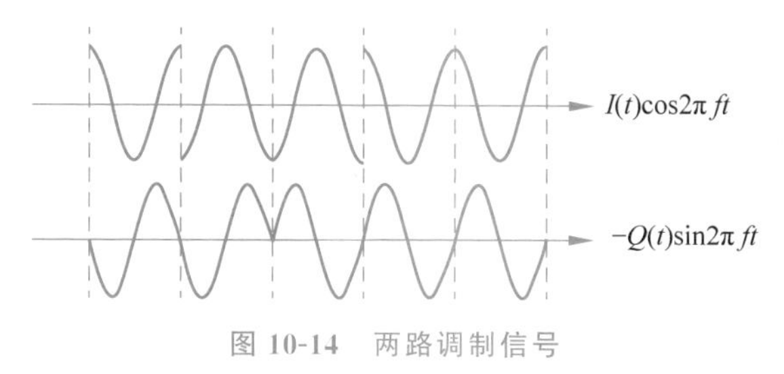

图 10-14 两路调制信号

最终得到 QPSK 信号 $s(t)$的波形，如图 10-15 所示。

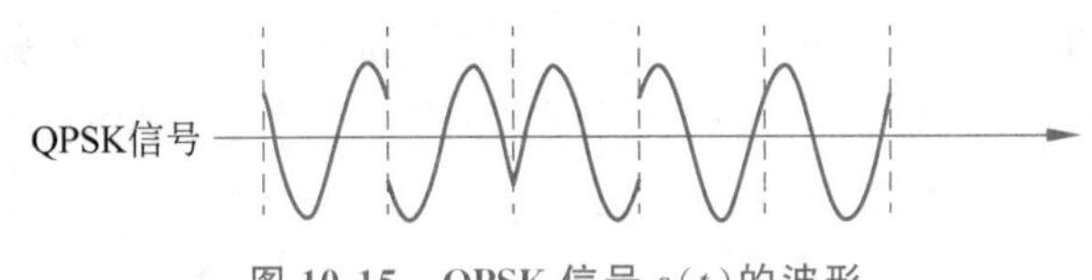

图 10-15 QPSK 信号 $s(t)$的波形

参考文献

[1] 于洪喜.通信卫星有效载荷技术的发展[J].空间电子技术,2015,12(3):1-3.

[2] 阮晓刚.高通量卫星技术与应用[M].北京:电子工业出版社,2023.

[3] 雒明世,冯建利.卫星通信[M].北京:清华大学出版社,2019.

[4] 张俊祥.卫星通信发展展望[J].无线电通信技术,2012,38(4):1-4.

[5] 赵龙,王文博,龙航,等.卫星通信[M].北京:北京邮电大学出版社,2022.

[6] 程剑,蔡编.卫星通信系统与技术基础[M].北京:机械工业出版社,2020.

[7] 周炯槃.通信原理[M].北京:北京邮电大学出版社,2015.

[8] 王江汉.移动互联网概论[M].西安:电子科技大学出版社,2018.

[9] 刘光毅,黄宇红,向际鹰,等.5G 移动通信系统[M].北京:人民邮电出版社,2016.

[10] 李卫东.网络与新媒体应用模式[M].北京:高等教育出版社,2015.

[11] 王丽娜,王兵.卫星通信系统[M].北京:国防工业出版社,2014.

[12] 蒋青泉.接入网技术[M].北京:人民邮电出版社,2005.

[13] 张乃通.卫星移动通信系统[M].北京:电子工业出版社,2000.

[14] 赵和平,何熊文,刘崇华,等.空间数据系统[M].北京:北京理工大学出版社,2018.

[15] 李劲东.卫星遥感技术[M].北京:北京理工大学出版社,2018.

[16] 高耀南.宇航概论[M].北京:北京理工大学出版社,2018.

[17] 张庆君,郭坚.空间数据系统[M].北京:中国科学技术出版社,2016.

[18] 闵士权.卫星通信系统工程设计与应用[M].北京:电子工业出版社,2015.

[19] 萨瓦拉,鲁伊斯.基于临近空间平台的无线通信[M].佩宁译.北京:国防工业出版社,2014.

[20] 沈海军,程凯,杨莉.近空间飞行器[M].北京:航空工业出版社,2012.

[21] 周辉,郑海昕,许定根.空间通信技术[M].北京:国防工业出版社,2010.

[22] 陈树新,王锋,周义建,等.空天信息工程概论[M].北京:国防工业出版社,2010.

[23] 余金培.现代小卫星技术与应用[M].上海:上海科学普及出版社,2004.

[24] LI Y,WANG L L,SUN Y. The design of network low density parity check codes for wireless multiple-access Relay networks [C]//Proceedings of 2011 IEEE International Conference on Advanced Information Networking and Applications. Biopolis,Singapore:IEEE Press,2011.

[25] TANNER R. A recursive approach to low complexity codes[J]. IEEE Transactions on information theory,1981,27(5):533-547.

[26] VUCETIC B,YUAN J. Turbo codes:principles and applications[M]. Germany:Springer Science & Business Media,2012.

第11章 CHAPTER 11

高空散射通信

根据温度、湿度、气压的特点，可将大气层分为多个子层：从地球表面到高度为15km左右的大气空间称为对流层；从15～60km的空间称为平流层；从60～400km的空间称为电离层。高空散射通信便是指利用大气层中由于传播媒介的不均匀性（"公共散射体"）对电磁波产生散射作用而进行的超视距通信。常用的高空散射通信可分为3种：流星余迹散射通信、对流层散射通信和大气波导通信。大气层划分与高空散射通信如图11-1所示。

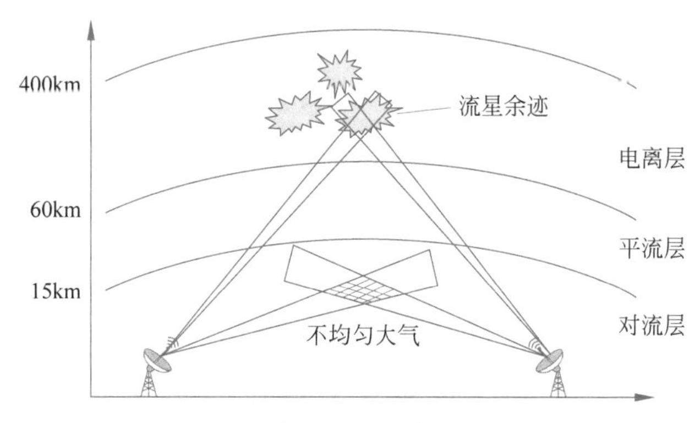

图11-1 大气层划分与高空散射通信

流星余迹散射通信：流星余迹位于电离层内，是流星进入大气层时，与大气层分子剧烈摩擦而发生电离产生的。流星余迹散射通信就是利用流星余迹对超短波的反射和散射作用而实现的远距离快速无线电通信技术。

对流层散射通信：对流层处在大气层中的最底层，其中分布着大量的空气漩涡和云团，它们大小不同，形状各异，而且不断发生变化。当超短波、微波等电磁波辐射到这些不均匀介质时，就会产生散射，从而实现对流层散射通信。

大气波导通信：当对流层内出现逆温或水汽急剧减小时，会导致空气密度和折射率的垂直变化很大，造成电磁波在该层大气的上下壁之间来回反射并向前传播。该现象就如同电磁波在波导内进行传播，故而被称为大气波导，利用此现象进行通信被称为大气波导通信。

11.1 流星余迹散射通信

位于宇宙空间的小颗粒称为流星体。流星体落入地球大气层与大气分子发生剧烈摩擦而燃烧发光并完全烧毁的现象，称为流星。

定义 11.1 **流星余迹**：流星体以高速进入地球大气层后，与大气分子和原子发生剧烈碰撞和摩擦产生高温，从流星体中蒸发出众多快速飞行的原子，它们与空气中的中性分子和原子碰撞，电离成正离子和自由电子，从而在高空中形成细长的圆柱状电离尾迹，称为流星余迹。

随着电离气体的扩散与复合，流星余迹中的电子密度逐渐下降直至消失。通常，流星余迹在空中存在的时间为几百毫秒到几秒。流星余迹如图 11-2 所示。

图 11-2 流星余迹

11.1.1 流星余迹散射通信基本原理

流星余迹通信在一定程度上与卫星通信很相似。不同的是，流星余迹通信不是以通信卫星为中继进行信号传输，而是以流星余迹为媒介，对电磁波进行散射或反射，从而实现通信的目的。VHF 频段(30～300MHz)的电磁波具有较好的穿透能力和反射性能，能够在流星余迹中有效传播。而且流星余迹寿命很短，VHF 频段的电磁波传播速度快且时延低，因此流星余迹通信通常使用 VHF 频段的电磁波进行通信。流星余迹通信常用频率为 30～70MHz，最佳工作频率为 40～50MHz。而 HF 频段(3～30MHz)的电磁波虽然具有良好的电离层反射能力，但在流星余迹中很难有效传播，因此在流星余迹通信中并不常用，流星余迹通信机制如图 11-3 所示。据此，对流星余迹通信的定义如下。

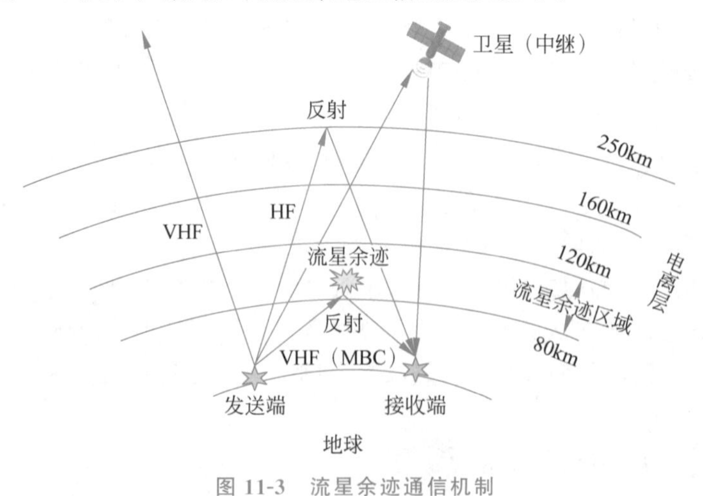

图 11-3 流星余迹通信机制

定义 11.2 **流星余迹通信(Meteor Burst Communication，MBC)**：是一种借助流星体射入高空大气层摩擦燃烧后在高空形成的电离余迹，并利用 VHF 电磁波的前向散射作用而实现的远距离突发通信方式。

流星余迹通信的基本工作过程可以分为探测、建链、传输、拆链、等待5个工作状态。一般情况下，工作站通过持续发送探测序列或探测帧来实时探测可用余迹的出现，一旦可用的流星信道建立，则迅速开始信息的传输。与常规通信方式不同的是，流星余迹通信的建立和维持需要依赖可用余迹信道的出现，这一点在通信中表现为接收信噪比的阈值判决。只有当通信站的接收信噪比在预先设定的阈值值以上时，才按照设定速率传输包含有用信息的数据。流星余迹通信过程是与自适应变速率传输相结合的，系统会根据接收信噪比的大小来确定相应的传输速率。下面以传输报文为例简单说明流星余迹通信的基本工作过程。

(1) 探测状态。

为了随时探测可能出现的可用流星余迹，发端发射机(至少是一端)经天线向路径中点80～120km的高空连续发送探测信号，收端接收机亦连续检测接收信噪比的变化，并将待传送的报文送入存储器。

(2) 建链状态。

当接收信噪比大小超过设定阈值时，系统立即转入建链状态。通信双方经过短暂的握手和交互之后，发端迅速取出发送存储器中的报文信息开始传输。

(3) 传输状态。

发端发送的射频信号经过流星余迹信道传输到接收端，经接收机解调、解交织、译码等处理后，存入接收存储器，并进行组帧、恢复完整报文等操作，直至信噪比下降到阈值以下为止。

(4) 拆链状态。

当流星余迹信道无法支持通信时，系统经过短暂的停动过程，由传输状态返回到等待状态。

(5) 等待状态。

若通信双方没有通信，则系统处于等待状态。一般情况下，等待状态很短，系统也可以根据实际情况不经过等待状态而直接进入探测状态，继续进行下一个可用流星余迹探测。

11.1.2 流星余迹散射通信信道

流星余迹信道以流星电离余迹对电磁波的前向散射为基础，这种自然现象的特殊性决定了流星余迹通信信道不同于其他典型的无线信道。流星余迹信道最主要的特点是随机性、间歇性及突发性。为了进一步了解流星余迹的信道特点，不仅需要知道流星余迹信道传播电磁波的机制，还需要了解流星余迹的物理特性及统计特性。

1. 流星余迹物理特性

(1) 流星体进入大气层的相对速度。

流星体进入地球大气的速度是流星的一个重要物理参量，会影响流星体与大气的相互作用，也是流星尾部烧蚀高度和流星余迹初始半径的重要决定因素。流星进入地球大气层的最大相对速度 $V_{\max}$ 是流星自身的最大速度 v_s(太阳系的逃逸速度)加上地球的公转线速度 v_e，即

$$V_{\max}=v_s+v_e=42.2+29.8=72\text{km/s} \tag{11-1}$$

如果是流星体赶上地球或地球赶上流星体，流星体被地球的引力捕获而进入大气层，这

时流星体进入大气层的最小相对速度便是地球的逃逸速度，即

$$V_{\min} = 11.2\text{km/s} \tag{11-2}$$

此外，还要考虑地球自转速度，但地球自转速度相对于公转速度很小，在高纬度地区可以忽略。

(2) 余迹形成的高度。

流星余迹的电离强度除了正比于流星质量之外，还正比于大气密度。而大气密度随高度呈指数衰减，所以能用于通信的流星存在高度上限。这个高度上限理论依赖于流星质量和速率，然而实际上当流星的质量分布和速率变化不大时，这个高度上限通常被认为是120km。

当通信站点位置确定后，可用于通信的流星余迹的范围大概位于联接这两站的大圆路径中点左右两侧约100km的区域内，流星余迹反射区的高度h(单位为km)与发射信号的频率f(单位为MHz)的关系为

$$h = 124 - 17\lg f \tag{11-3}$$

(3) 余迹的长度。

由于流星体的直线运动，流星余迹在形成的初期表现为电离气体的直线柱，典型电离余迹的长度最大可达50km，平均长度大约25km。流星余迹的长度主要和流星体的大小、运行速度，以及入射角度有关。流星体的质量越大、飞行速度越大，流星出现时的天顶角距越大，形成的流星余迹长度越长。

(4) 余迹的初始半径。

余迹形成的起始时期会持续几分之一毫秒。这个时期内，从流星体中气化的微粒的速度可以降到0.5km/s左右，流星余迹的形状是一个细长的圆柱状尾迹，流星余迹的初始半径，指的就是这个圆柱状尾迹的半径大小。无线电测试得到的余迹半径为0.55～4.35m。

(5) 电子线密度。

在形成阶段，流星余迹由大量的自由电子、正离子和少量的负离子构成。流星余迹电离的程度可用离子化气体柱内平均每米所含有的自由电子数目表示，即每米的电子数目q(单位为e/m)，称为流星余迹的电子线密度。

(6) 余迹扩散及畸变。

流星余迹内不同极性带电微粒的扩散会引起余迹迅速扩散，使余迹的电子线密度下降，扩散强度用扩散系数来表示。流星余迹扩散系数D(单位为m^2/s)与发送频率f的关系为

$$\lg D = 2.708 - 1.139\lg f \tag{11-4}$$

流星余迹开始时沿直线路径形成，随着时间的变化，受上层强烈的大气风的影响会使余迹发生弯曲，称为余迹的畸变。

2. 流星余迹分类与信道建模

按照电子线密度的大小，流星余迹可以分为两类：电子线密度小于10^{14} e/m的称为欠密类流星余迹；电子线密度大于10^{14} e/m的称为过密类流星余迹。下面分别介绍两种流星余迹信道建模。

(1) 欠密类流星余迹信道建模

欠密类流星余迹的产生源是小流星。当小流星与大气层摩擦电离空气后，由于体积小，划过的面积小，因此电离的空气也少。余迹内部的电子浓度小于反射特定频率电磁波的临

界值，入射电磁波几乎可以无衰减地穿透余迹，直觉上似乎不能将电磁波给反射回去。但是余迹内部每个电子会在入射波交变电磁场的作用下发生振动，每个电子都相当于一个可以独立产生电磁辐射的小天线，接收点的场强就是各个电子二次辐射场的叠加。余迹形成阶段时间极短，在该阶段，接收信号强度突然上升。然后，随着余迹扩散膨胀，各个电子的二次辐射场相干性下降，信号强度也随之逐渐下降。

欠密类余迹散射的主要特征是散射，具有很强的方向性，欠密类流星余迹散射路径如图 11-4 所示。

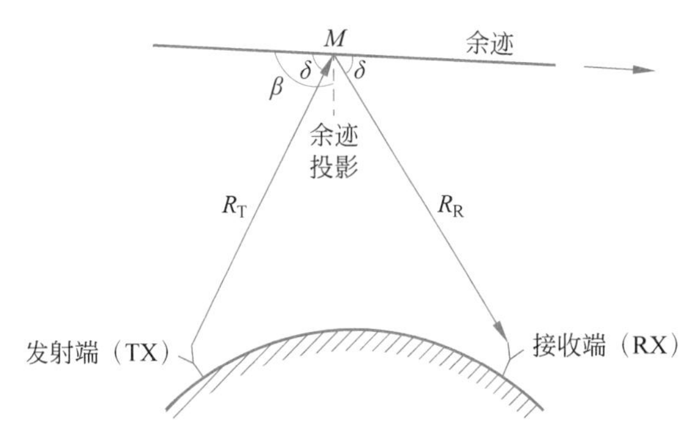

图 11-4 欠密类流星余迹散射路径

在已知设备参数的条件下，欠密类流星余迹的接收信号功率和发射功率的关系可表示为

$$\frac{P_{\mathrm{R}}(t)}{P_{\mathrm{T}}}=\frac{G_{\mathrm{T}}G_{\mathrm{R}}\lambda^{3}r_{\mathrm{e}}^{2}q^{2}\sin^{2}\alpha}{16\pi^{2}R_{\mathrm{T}}R_{\mathrm{R}}(R_{\mathrm{T}}+R_{\mathrm{R}})(1-\cos^{2}\beta\sin^{2}\varphi)}\times \exp\left(-\frac{8\pi^{2}r_{0}^{2}}{\lambda^{2}\sec^{2}\varphi}\right)\exp\left(-\frac{32\pi^{2}Dt}{\lambda^{2}\sec^{2}\varphi}\right) \tag{11-5}$$

其中，P_{T} 是发射功率；G_{T} 和 G_{R} 分别是发射天线和接收天线的增益；λ 是工作波长；q 是余迹的电子线密度；R_{T} 和 R_{R} 分别是发射点和接收点到余迹中心的路径距离；φ 是入射线 TM 与散射线 MR 之间的夹角的一半；β 是余迹轴与传播平面 TMR 之间的夹角；α 是入射波电场矢量与射线 MR 之间的夹角；r_{e} 是电子的等效半径；r_0 是余迹的初始半径；D 是余迹的扩散系数。

由式(11-5)可见，接收信号功率随时间成指数形式变化，即

$$P_{\mathrm{R}}(t)=P_{\mathrm{R}}(0)\exp(-t/\tau) \tag{11-6}$$

$$\tau=\lambda^{2}\sec^{2}\varphi/(32\pi^{2}D) \tag{11-7}$$

其中，τ 是衰减因子，$P_{\mathrm{R}}(0)$是接收信号功率的初始值，也就是峰值。

可以看出，欠密类流星余迹散射信号的强度在很快的时间内达到峰值，然后由于余迹的扩散，信号强度大致按指数规律衰减，持续时间由时间常数决定，通常为几百毫秒到 1 秒。

(2) 过密类流星余迹信道建模

过密类流星余迹是由体积较大的流星体形成的，因此电离的空气也多，形成了较为稠密的电离子。过密类流星余迹电子密度较大，余迹内的电子浓度大于反射特定频率电磁波的临界值。在这种情况下，电磁波不再能穿透余迹，余迹可等效为一个金属圆柱体，其等效半径就是等效介电常数为负值的圆柱区的半径。

过密类流星余迹传输方程可表示为

$$\frac{P_R}{P_T}=\frac{G_T G_R \lambda^2 \sin^2\alpha}{32\pi^2 R_T R_R (R_T+R_R)(1-\cos^2\beta\sin^2\varphi)}\times\left[\frac{4Dt}{\sec^2\varphi}\ln\left(\frac{r_e q\lambda^2\sec^2\varphi}{4\pi^2 Dt}\right)\right]^{1/2} \tag{11-8}$$

式(11-8)一直可用,直到时间近似为

$$\tau'=\frac{r_e q\lambda^2\sec^2\varphi}{4\pi^2 D} \tag{11-9}$$

在此之后,由于扩散,过密类余迹转换为欠密类余迹,最大接收功率 $P_R(t)$ 出现在 $\frac{\tau'}{e}$ 时,其值为

$$\frac{P_R(\tau',e)}{P_T}=\frac{G_T G_R \lambda^2 \sin^2\alpha}{32\pi^2 R_T R_R (R_T+R_R)(1-\cos^2\beta\sin^2\varphi)}\left(\frac{r_e q}{e}\right)^{1/2} \tag{11-10}$$

欠密类和过密类余迹的分界线大致是 $q=0.75\times10^{14}\,\mathrm{e/m}$。

【例 11-1】 假设有一条欠密类流星余迹,已知发送频率 $f=30\mathrm{MHz}$,入射线和散射线之间的夹角为 150°,推导该余迹衰减因子。已知接收信号功率峰值为 25μW,求 100ms 后接收功率的大小。

【解 11-1】 流星余迹扩散系数 D 与发送频率 f 的关系满足:

$$\lg D=2.708-1.139\lg f$$

代入数据得到 $D=10.6062\mathrm{m^2/s}$。

入射线和散射线之间的夹角为 150°,所以前向散射半角 $\varphi=75°$。将上述参数代入欠密类流星余迹的衰减因子:

$$\tau=\frac{\lambda^2\sec^2\varphi}{32\pi^2 D}$$

得到余迹衰减因子为 $\tau=0.45$。

接收信号功率随时间按指数形式变化:

$$P_R(t)=P_R(0)\exp(-t/\tau)$$

代入数据得到 100ms 后的接收功率约为 20.02μW。

3. 流星余迹信道的统计特性

流星余迹通信属于机会式通信,只有在流星余迹出现时才可以进行通信。流星信号的发生具有很大的随机性,但从长期统计的结果看,其到达分布服从随时间和季节变化的泊松过程。流星余迹信道具体有以下统计特性。

(1) 出现概率的昼夜变化。

流星数目的昼夜变化取决于地球的自转及地球绕太阳的公转。假如地球不动,而流星微粒从各个方向均匀地进入大气,那么在地球上任意点观测到的流星数目将是常数。然而由于地球公转,地球上太阳升起的一面(黎明时)正是地球公转轨道上朝向太阳运行方向的一面,所以该面上掠过流星的数目总是比较多,而另一面(黄昏时)则较少。

(2) 出现概率的季节变化。

由于流星体在地球公转轨道上的分布不均匀,以及地球地轴相对于椭球面的倾斜,每小时流星出现的平均数目在一年内的不同时期不同,称为季节变化。每年 9 月,北半球流星到达概率增加,南半球区域降低;每年 3 月,情况相反。

（3）流星余迹的电子线密度与出现概率成反比。

流星余迹的电子线密度与流星体的大小成正比，又由于流星体的大小与流星出现的概率成反比，所以流星余迹电子线密度与流星出现的概率成反比。

11.1.3　流星余迹散射通信链路性能

作为利用流星这一种特殊自然现象而实现的超远距离通信方式，流星余迹散射通信的链路传输具有显著的特殊性。

1. 链路组成

流星余迹通信系统的主要结构与一般通信系统相似。根据所处理信号频带和功能的不同，流星余迹通信系统主要可以分为基带设备、射频设备、网络管理与控制设备和用户终端显示设备等部分，如图 11-5 所示。

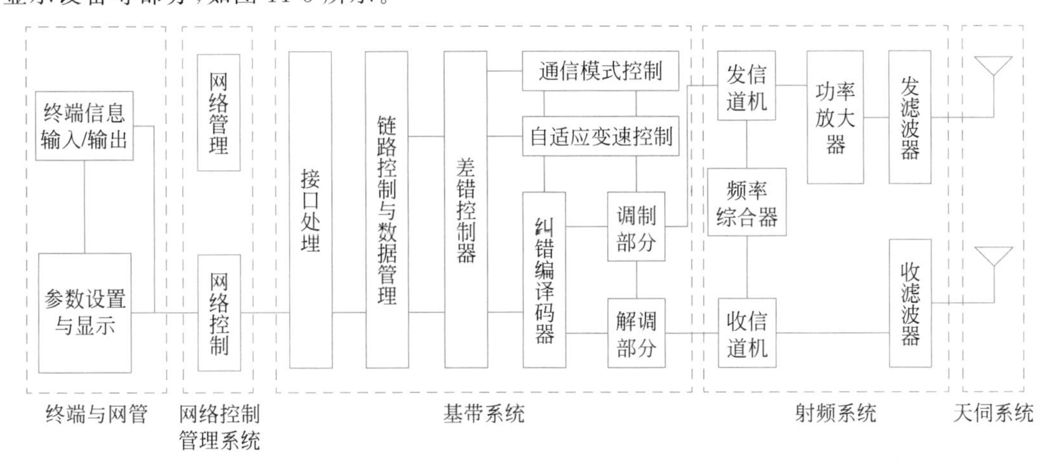

图 11-5　流星余迹通信系统组成

基带设备是指用于数字基带信号处理的通信部件。一般由模数、数模转换模块，数字上/下变频模块，数字信号处理模块组成，完成信号的模数转换、调制/解调、纠错编译码及数字信号处理等功能。

射频设备主要由射频收信机、射频发信机、通道滤波器、功率放大器、天线与伺服设备等部件组成，完成系统信号在基带系统和信道之间的实时转换。

在流星余迹通信系统中，网络管理和控制功能可以由计算机或独立的网络管理控制板来完成。网络管理与控制设备由网络管理模块、协议转换模块和数据处理模块组成，用于协调控制各通信模块的正常运行和组网功能的实现。

用户终端与显示设备一般为计算机，主要完成设备控制、状态显示和用户界面等功能。一般由状态查询模块、设备控制模块和用户界面组成。

2. 链路传输性能参数

流星余迹通信链路传输的主要性能参数有：通信距离、通信持续时间、平均等待时间、占空因子、信息吞吐量等，这些参数之间是相互关联的。

通信需求决定通信距离。通信距离是指通信双方所处位置间的大圆距离，单位为 km。它直接决定着信号的自由空间传输损耗，进而影响着通信的有效持续时间。

通信持续时间是指在一次流星突发中，从余迹突发开始到信息停止发送的时间段长度，如图 11-6 所示。图 11-6 所示为两次流星余迹通信的接收信号功率随时间的变化情况。对于余迹 1,其突发时间为 t_1,该余迹实现了信息单元的两次传输,对于这一余迹,其通信持续时间为

$$L_1 = t_2 - t_1 \tag{11-11}$$

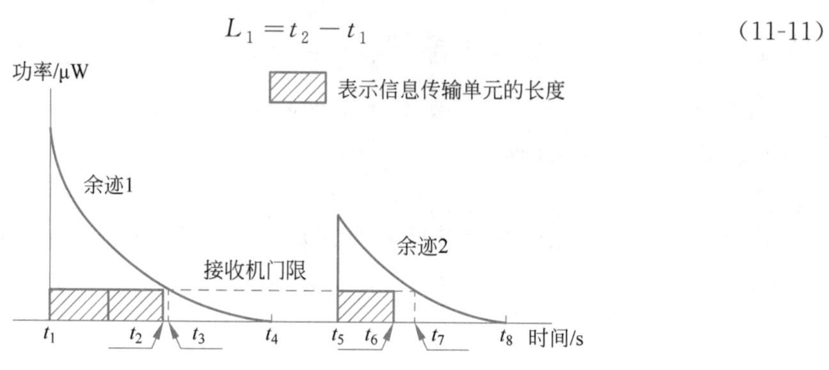

图 11-6 通信持续时间

等待时间是指从一次通信结束到下一个可供通信余迹出现时,通信处于等待状态的时间。等待时间由余迹的通信持续时间和流星的突发间隔决定。图 11-6 中,对于余迹 1,通信从 t_1 开始到 t_2 结束,而余迹 2 的突发时刻为 t_5。此时的流星余迹突发间隔为

$$t_B = t_5 - t_1 \tag{11-12}$$

等待时间就是

$$t_W = t_5 - t_2 \tag{11-13}$$

由式(11-11)、式(11-12)、式(11-13)可得

$$t_B = t_W + L_1 \tag{11-14}$$

即等待时间是流星突发间隔与通信持续时间的差。

占空因子是指在一次流星突发中,从通信链路建立到拆除的时间与这次突发到下一突发时间间隔的比值。占空因子用于描述和比较流星余迹通信的链路性能,该值越大,链路性能越好。占空因子的计算方式为

$$\text{占空因子} = \frac{\text{通信持续时间}}{\text{流星突发间隔}} \tag{11-15}$$

信息吞吐量是指系统在一条特定链路上可传输的最多业务量,单位为 b/s。也可用平均每分钟、每小时或每天能有效传输的业务信息量来表示。信息吞吐量与通信持续时间成正比。

3. 链路传输性能估算

1) 突发链路功率估算

功率估算分析是一种简单而有效,且广泛应用于分析无线通信链路的技术。在设计链路和系统时,可以通过功率估算来合理设置发射功率和选择天线的增益。

在流星余迹通信中,接收功率的大小可通过式(11-16)进行估算:

$$P_R = P_T + G_T - L_L - L_R + G_R \tag{11-16}$$

其中,P_T 为发射功率,G_T 与 G_R 分别为发射和接收两端的天线增益,L_L 和 L_R 分别为传输损耗和反射损耗。路径损耗可由式(11-17)估算:

$$L_L = 32.45 + 20\lg f + 20\lg(R_T + R_R) \tag{11-17}$$

2）链路性能分析

通过链路性能估算，能够求得反映链路性能的主要参数，进而指导链路设计。在分析一条流星链路时，首先需要以下参数：通信距离 L、工作频率 f、频带宽度 B、发射机的发射功率 P_T、收发两端的天线增益 G_T 与 G_R、接收机阈值 T_R、工作环境、接收机的噪声系数、信号采用的调制方式、信息速率等。在链路性能分析中，还需要给定某条链路上的流星余迹突发速率 M_T 作为参考。

分析链路性能时，要按以下步骤进行。

(1) 根据系统工作频率、频带宽度、工作环境等计算系统的噪声特性。

(2) 根据接收机最低阈值和噪声特性求得系统对接收功率 P_R 的要求。

(3) 根据 P_T、G_T、G_R、P_R 计算该链路的功率因子。功率因子 PF 定义为

$$\mathrm{PF}=\frac{P_T G_T G_R}{P_R} \tag{11-18}$$

(4) 通过参考链路上的流星余迹突发速率 M_T，计算该链路上的流星突发速率 M

$$\frac{M}{M_T}=(\mathrm{PF}/\mathrm{PF}_T)^{1/2}\cdot(f_T/f)^{3/2} \tag{11-19}$$

其中，PF_T 为已知系统的功率因子，f_T 为已知系统的工作频率。需要注意的是，M 是一个平均值，由于余迹的出现是突发的，出现余迹的数目与时刻和季节有关，因而某一时段产生的余迹可能远小于 M。

(5) 计算通信持续时间、等待时间和信息吞吐量。

不同余迹的接收信号功率可根据式(11-6)和式(11-8)得到；根据流星余迹的分布特性，可以得到接收信号功率的分布函数，这样就可以通过流星余迹突发速率、信息传输机制、变速阈值、最低接收机阈值等对链路进行建模，得出该链路的通信持续时间、等待时间和信息吞吐量等。

11.2 对流层散射通信

当电磁波沿着地平线发射时，由于对流层的不均匀性会产生一种主要能量集中于前方的弯管传输现象，这样，远方就能够收到微弱的无线电信号。

11.2.1 对流层散射通信基本原理

定义 11.3 **对流层散射通信**：是一种利用对流层大气媒介中的不均匀体对电磁波的前向弯管传输效应而实现的超视距无线通信方式。

对流层散射通信的原理如图 11-7 所示。关于对流层对电磁波的前向散射作用的原理，目前有 3 个主流理论：散射理论、反射理论和多模理论。

散射理论(湍流非相干散射)认为，电磁波在对流层中的散射传播是湍流不相干散射传播。由于在对流层中不断产生大气涡流(湍流)，使温度、湿度和气压发生随机变化，引起大气折射率的变化。当电磁波进入这种折射指数不断起伏的区域(散射体)时，由大气的不均匀性产生散射。部分前向散射波落到接收天线的波束内从而形成超视距传播。

反射理论(稳定层相干反射)认为，在对流层中经常存在折射指数的不均匀层，接收信号

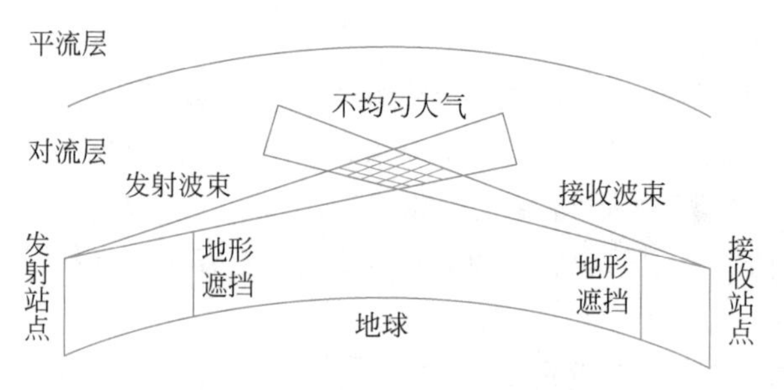

图 11-7 对流层散射通信原理

是这些不均匀层反射信号的矢量和。由于各层相对稳定,所以各层反射的电磁波有确定的相位关系,因此是相干反射。这种反射机理很容易解释只有通信方向上存在反射波,该反射波在接收天线主波束内被有效接收。

多模理论(不规则层非相干反射)认为,在某些条件下,大气中会形成一种折射指数锐变层,这种锐变层很多,形状强度不一,位置取向极不规则,并随气流作杂乱无章的运动。这种不规则的锐变层对入射的电磁波产生部分反射。由于各层在电气性能上互相独立,这种反射是不相干的,因此有的多模论者也称这种传播为不规则层的非相干反射。既然同样是反射机理,所以只有通信方向上的反射波可以在接收天线主波束内被有效接收。

得益于这些特殊的传播机制,对流层散射通信具有以下优点。

(1) 通信容量大。作为中远距离无线通信方式,散射通信的容量要比短波、超短波通信大得多。这主要是由于散射信道的相关带宽很宽,在 C 频段 200km 的距离上相关带宽可达几兆赫兹。目前,散射通信的速率已经达到 20Mb/s 以上。

(2) 传播信道可靠存在。对流层传播信道支持一年 365 天、一天 24 小时工作,基本不受雷电、极光、磁暴和太阳黑子活动等恶劣自然环境的影响。同时,对流层传播信道也不受核爆影响,因此非常适于军事用途。

(3) 抗干扰、抗截获能力强。首先,对流层散射通信可以使用很高的频段,使其难被发现和干扰。其次,收发天线仰角接近地平线,不易被侦查设备发现和追踪。最后,由于散射路径传输损耗巨大,敌方只有使用更大功率发射机并且瞄准天线主瓣(或第一旁瓣)才可能有效地实施干扰。

对流层散射通信也有一些不可避免的缺点。

(1) 信道传输损耗非常大。散射通信的路径传输损耗与频率、距离和地形都有关系,且有明显的日变化和季节变化,夏季信号电平比冬季高 10~20dB。

(2) 信号衰落严重。散射信号不是恒参的,它用瑞利衰落来描述较契合。典型的衰落速率为几赫兹至十几赫兹。为克服信号的快速衰落,空间、频率、时间等各个维度的分集措施都被提出、研究和采用,这也是散射通信设备复杂、成本较高的主要原因。

11.2.2 对流层散射通信信道

对流层散射通信传播机制复杂,接收信号可以包含多个种类。同时,大气中的湍流、锐边层,以及大气波导等都会引起多径传播,使对流层散射信道遭受严重的快衰落。而气象的变化又会使对流层散射信道具有独特的慢衰落现象。

1. 散射信号分类

从通信的角度来看，对流层散射链路上接收到的信号可分为3类。

(1) 典型散射信号。从时域看，这类信号具有明显的快衰落特征，衰落速率一般在10Hz以内，并且随着频率的升高和距离的变远而加快。对通信链路来说，它是接收机信号处理的最典型的对象，因此称为"典型散射信号"。

(2) 大气波导信号。这种信号最明显的特点是接收电平比典型散射信号高出10～20dB甚至更多，或者说它的路径传输损耗比典型散射信号小10～20dB，就好像信号从发射站发出，经由"大气中的波导管"直接到达接收站，因而称为"大气波导信号"。从时域上看，该类信号基本不衰落，一旦出现这种反常现象，信道相关带宽将展宽数倍，通常远大于正常通信所使用的频谱带宽，所以信道不再具有明显的时变特性，而是变为一个相对稳定的恒参信道。大气波导通信在11.3节中有详细说明。

(3) 近似大气波导信号。近似大气波导信号经常出现在典型散射信号和稳定的大气波导信号之间的转换时段。它的特点是平均信号电平同样很高，但电平瞬时值不稳定，也具有明显的快衰落现象，只是衰落周期比典型散射信号长，有时可达几秒。在频域上，信道的相关带宽也比出现典型散射信号的时段宽。

2. 快衰落特性

快衰落是散射信号在秒至分钟时间间隔内信号的强度变化，其特性与工作频率、通信距离等因素有关。由于不同气候区域的气象条件多变，快衰落速率的变化范围很大。理论分析指出，快衰落速率受对流层介质运动的影响最大，介质运动越快，快衰落速率越大，对流层介质的运动取决于平均风速和湍流速度。此外快衰落速率还与散射角和频率成正比，并与天线方向性有关，天线方向性越窄，快衰落速率越小。对流层散射信道的快衰落特性可通过以下方式建模并分析。

1) 快衰落统计特性

一般接收机收到的信号属于"典型散射信号"的比例不低于70%。在瑞利分布下，t时刻接收信号的电压有效值$V(t)$的概率密度函数(Probability Density Function, PDF)如式(11-20)，考虑到各态历经性，以下将t省略，$V(t)$简记为V，得到

$$p(V)=\frac{2V}{\bar{V}^2}\exp\left(-\frac{V^2}{\bar{V}^2}\right) \tag{11-20}$$

其中，$\bar{V}$为V的均方根值，$\bar{V}=\sqrt{E(V^2)}$。

接收信号V超过某个阈值V_t的概率由式(11-21)确定：

$$P(V>V_t)=\int_{V_t}^{+\infty}p(V)\mathrm{d}V=\int_{V_t}^{+\infty}\frac{2V}{\bar{V}^2}\exp\left(-\frac{V^2}{\bar{V}^2}\right)\mathrm{d}V=\exp\left(-\frac{V_t^2}{\bar{V}^2}\right) \tag{11-21}$$

根据式(11-20)和式(11-21)可得信号功率的概率密度和超过某个功率的累积分布概率(Cumulative Distribution Function, CDF)，令$W_t=V^2$和$\bar{W}=\bar{V}^2$，$\bar{W}$为接收信号的平均功率，代入式(11-21)得到

$$P(W>W_t)=\exp\left(-\frac{W_t}{\bar{W}}\right) \tag{11-22}$$

假设接收信号功率都高于阈值W_t的概率为50%(或接收信号功率有50%的时间高于

阈值 W_t），即 $P(W>W_t)=50\%$，则这个阈值称为信号的中值 W_m，W_m 和 $\overline{W}$ 的关系为

$$W_m=\ln 2\cdot\overline{W} \tag{11-23}$$

若用信号功率的中值 W_m 而不是均值 $\overline{W}$ 来表示式(11-22)，即为

$$P(W>W_t)=\exp\left(-\ln 2\frac{W_t}{W_m}\right) \tag{11-24}$$

式(11-22)或式(11-24)常用于分析信道测试时采集的样本是否服从瑞利分布，分析过程如下。

(1) 外场实验中，记录一组信号功率值(真值，不以 dB 表示)。

(2) 计算该组数据的均值 $\overline{W}$(或中值 W_m)。

(3) 设 W_t 是某个信号功率的阈值，显然 W_t 越低，在全部样本中超出 W_t 的数目越多，反之越少；取 W_t 等于 $0.1\overline{W}$，根据式(11-22)，如果样本符合瑞利分布，那么超过 W_t 的样本数目应该占到全部样本数的 90%左右。

(4) 再取 W_t 为 $0.2\overline{W}$，同理，大于 W_t 的样本数目应该约占全部样本的 82%；以此类推，取 W_t 为 $0.3\overline{W}_t$、$0.4\overline{W}_t$、$1.5\overline{W}_t$，对应的样本比例应为 74%、67%、2%。

(5) 如果上面的统计大致成立，那么即可确认该时段信号的衰落情况确为瑞利衰落。

2) 描述快衰落的主要参数

描述快衰落的主要参数有衰落深度、衰落幅度、衰落速率和衰落持续时间等。若 90% 的时间，接收信号的功率都超过值 W_{t1}，只有 10%的时间信号功率超过值 W_{t2}，则衰落深度 A_d 定义为信号中值 W_m 减去 W_{t1} 所得之差，衰落幅度 A_a 定义为 W_{t2} 与 W_{t1} 之差，单位为 dB。衰落速率 f_d 定义为单位时间内信号电平以正向(反向也可)通过某个阈值电平的次数。衰落持续时间定义为信号电平低于某一阈值的持续时间，在取样时间内，用信号电平低于某一电平的总时间除以该电平上的衰落次数，所得结果为该电平上的平均衰落持续时间。

3) 快衰落的时间、空间和频率选择性

快衰落使得对流层散射信号的接收电平不断发生大幅波动，如不采取有效措施予以抑制，瞬时信噪比的降低将导致通信断链或误码性能严重恶化。快衰落具有明显的空间选择性、频率选择性和时间选择性，可利用信号衰落的选择特性来实现分集接收以抑制其影响。

(1) 空间选择性。

快衰落的空间选择性是指当天线安装在不同的位置时，信号的衰落特性不同。测试结果表明，当不同的接收点之间的距离在几十个波长以上时，各点接收信号的衰落几乎是不相关的。

(2) 频率选择性。

如果发射机同时发射两个频率，且频率间隔大于某一数值，则接收机收到的异频信号的衰落是不相关的，即快衰落具有频率选择性。

频率相关系数 $\rho(\Delta f)$ 是表征信号频率相关特性的主要参数，两个不同频率的快衰落号的包络之间的相关系数可通过实验测定，$\rho(\Delta f)$ 可依据式(11-25)计算

$$\rho(\Delta f)=E\left(\frac{[A(f+\Delta f)-E(A(f))]\times[A(f)-E(A(f))]}{E([A(f)-E(A(f))]^2)}\right) \tag{11-25}$$

其中，$A(f)$ 是频率为 f 的信号的瞬时幅度；$E(\cdot)$ 为数学期望；$E(A(f))$ 是频率为 f 的信

号的幅度期望值(均值)。

(3) 时间选择性。

若发射机重复发射同一信号,且接收机两次收到的信号副本的衰落特性不同,则当副本的时间间隔超过某一数值时衰落也渐不相关,即是快衰落的时间选择性。

3. 慢衰落特性

慢衰落是指信号电平长时间的中值波动,如小时变化、日变化、月变化、年变化等。

(1) 小时变化。对于中国大部分地区,C 频段散射链路信噪比在凌晨至日出之后信号最强,正午至午后 4 点信号最差。散射信号的小时变化的幅度与距离有关,距离越远变化幅度越小,具体数值还与链路所处的气候区、月份和距离等因素有关。一般来讲,夏季信号电平的逐小时变化比冬季更剧烈,在气象条件急剧变化时,2 小时之间的电平变化有时可超过 10dB。

(2) 日变化。多数情况下,散射信号电平的日变化并无明显规律,这是因为每天的气象条件不同,一月之中何日出现的阴、晴、雨、雪等天气现象并不确定,当然,若用较多月份的测试数据,平均结果可能趋为平缓。

(3) 月变化。散射信号的月变化规律十分显著。在中国内陆和东南沿海地区(温带和亚热带大陆性气候区),夏季信号电平最高、冬季最低,最好的月份为 6—8 月,最差的月份在 12—次年 2 月。对目前使用最多的 C 频段,200km 链路年波动在 20dB 以上,距离越远波动越小。在计算年传播可靠度时,以 95%为例,一年之中通信质量最差(或可能发生中断)的 18 天常常发生在最冷的 1 月。

(4) 年变化。散射信号电平的年中值也有所不同,但由于其测试周期长,除早年低频段有一些资料,现在全国、全球范围内的可信数据缺乏。

11.2.3 对流层散射通信链路性能

对流层散射通信链路的性能受地形地貌和气象条件等因素影响。本节将介绍相关地形参数的计算方法,以及传输损耗的估算方法。

1. 散射角计算

散射角是影响对流层散射通信链路性能的一个关键参数,需要根据收发站点间的地形进行计算。与地形有关的参数计算示意如图 11-8 所示。为不失一般性,假设 A、B 两站均有架高,海拔高度分别是 h_{st} 和 h_{sr},两站的大圆距离为 d,远方分别有障碍(山峰或高大人工建筑)X 和 Y 遮挡,最高障碍物的海拔高度分别为 h_{lt} 和 h_{lr},距两站的大圆距离分别为 d_{lt} 和 d_{lr},a 是等效地球的半径。下标 s 的含义为散射(scatter)或站点(station);l 表示视距(line-of-sight);t 表示发射机(transmitter);r 表示接收机(receiver)。

用 θ_{et} 和 θ_{er} 分别表示两站天线波束方向和本地地平线的夹角,在图 11-8 中两者为负值,表示天线主波束方向俯于地平线之下,这是由于站址地势较高而障碍点“并不太高”,但这种情况较少,多数地形剖面 θ_{et} 和 θ_{er} 都是正值。

θ_{et} 和 θ_{er} 的简便计算公式为

$$\theta_{et}=\frac{h_{lt}-h_{st}}{d_{lt}}+0.5\frac{d_{lt}}{a} \tag{11-26}$$

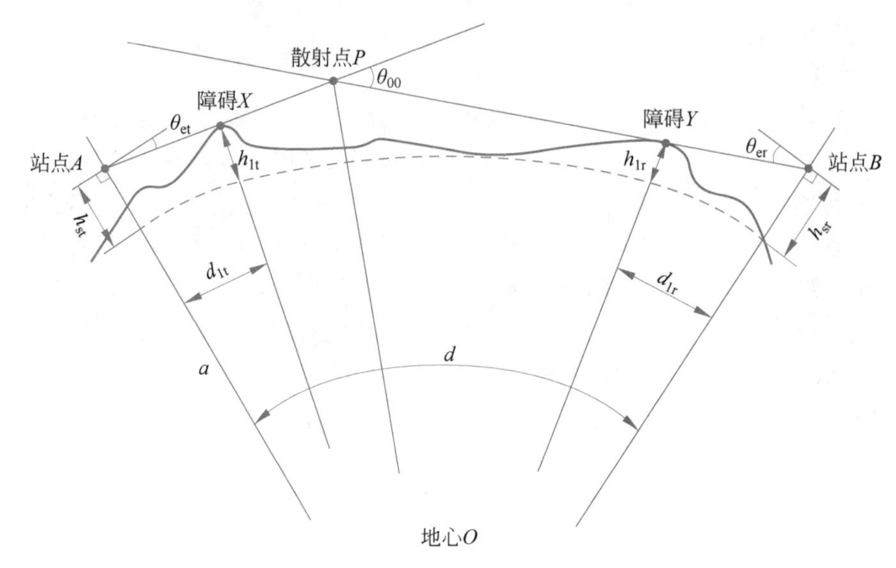

图 11-8 与地形有关的参数计算示意

$$\theta_{er}=\frac{h_{lr}-h_{sr}}{d_{lr}}+0.5\frac{d_{lr}}{a} \tag{11-27}$$

其中,第一项考虑的是站址和障碍点的地势差,第二项考虑的是地球曲率的影响。

在站 A、散射点 P、站 B 和地心 O 组成的4边形 $APBO$ 中的各角为

$$\angle PAO=\frac{\pi}{2}+\theta_{et} \tag{11-28}$$

$$\angle PBO=\frac{\pi}{2}+\theta_{er} \tag{11-29}$$

$$\angle AOB=d/a \tag{11-30}$$

$$\angle APB=2\pi-\angle PAO-\angle PBO-\angle AOB \tag{11-31}$$

得到散射角(又称链路的角距离)θ_{00} 为

$$\begin{aligned}\theta_{00}&=\pi-\angle APB=\pi-(2\pi-\angle PAO-\angle PBO-\angle AOB)\\&=\theta_{et}+\theta_{er}+d/a\end{aligned} \tag{11-32}$$

【例 11-2】 对于某对流层散射通信链路,已知 A、B 两站的海拔高度 h_{st} 和 h_{sr} 分别为120m 和 180m,大圆距离 d 为 70km。在距两站 10km 和 20km 处分别有山峰遮挡,两山的海拔高度 h_{lt} 和 h_{lr} 分别为 300m 和 500m。取等效地球的半径 $a=8580$km,请计算散射角 θ_{00}。

【解 11-2】

$$\theta_{et}=\frac{(300-120)\times10^{-3}}{10}+0.5\frac{10}{8580}=0.0186\text{rad}=1.065^\circ$$

$$\theta_{er}=\frac{(500-180)\times10^{-3}}{20}+0.5\frac{20}{8580}=0.0172\text{rad}=0.984^\circ$$

$$\theta_{00}=0.0186+0.0172+\frac{70}{8580}=0.0439\text{rad}=2.516^\circ$$

2. 链路性能估算

在获得地形参数后,便可以继续估算收发站点间的传输损耗。下面介绍两种经典的传

输损耗预测方法，包括 L. P. Yeh 方法和美国的 NBS-TN-101 方法。

1) L. P. Yeh 方法

L. P. Yeh 方法是预报对流层散射链路的长期小时中值传输损耗的一种简便方法，虽然精度不高，但它简单明了地指出了传输损耗和各种约束参数的关系，因此是一个很好的链路设计基础参考公式。

$$L_{Ye}=53.5+30\lg(f)+20\lg(d)+10\theta-0.2(N-310)+L_c \tag{11-33}$$

其中，f 是链路使用频率，单位为 MHz；d 是收发天线大圆弧线距离，单位为 km；θ 是链路的角距离（散射角），单位为度(°)；N 是链路公共体处的地面大气折射率；L_c 是天线的介质耦合损耗，可通过查经验曲线得到，单位为 dB。

L. P. Yeh 公式表明，散射链路的长期传输损耗正比于频率的 3 次方。另外，如果通信距离相同，因为收、发天线的前方有山峰或其他障碍物而必须将波束仰角抬高时，仰角每抬高 1°损耗将增加 10dB。实际上这个关系的使用条件有一定的限制，对于 300～400km 的距离，这个关系基本成立。除此之外，公式还指出了传输损耗与大气折射率 N 的关系，N 越高传输损耗越小。最后解释介质耦合损耗 L_c，到达接收天线的前向散射电磁波往往不是简单的平面波，而电磁波的非平面特性会引起天线效率的降低，天线口径越大，实际增益相对于理论增益的下降越明显，二者之间的差值称为介质耦合损耗 L_c。L. P. Yeh 给出了 L_c 的经验曲线供设计人员查找。

2) NBS-TN-101 方法

美国国家标准局的 NBS-TN-101 方法是一种可以预报全球大多数气候条件下的链路长期损耗和年传播可靠度的方法，由于它考虑因素全面，计算结果具有较高可信度，因此一直被美军采用。

NBS-TN-101 的传输损耗中值 L_{bsr} 可按式(11-34)预报：

$$L_{bsr}=30\lg(f)-20\lg\left(\frac{d^2}{r_0}\right)+F(\theta d)-F_0+H_0+A_\alpha \tag{11-34}$$

其中，f 是链路使用频率，单位为 MHz；d 是收发天线平均海拔处的大圆弧线距离，单位为 km；r_0 为收发天线直线距离，与 d 近似相等，单位为 km；$F(\theta d)$ 为衰减函数，由电磁波传播路径的几何和气候参数决定，单位为 dB，可通过查表获得；θ 为链路角距离，是大圆平面内两射线的夹角，即链路最小散射角，单位为 rad；F_0 为散射效率因子，考虑大气层高处散射效率降低而引入的修正量，单位为 dB；H_0 为频率增益函数，用于评估地面对电磁波的反射作用引入的修正量，单位为 dB；A_α 为大气吸收衰减，在长距离链路、频率高于 1GHz 时应考虑，单位为 dB。

对于目前对流层散射常用的 C 频段，如果通信距离不太远（比如 250km 以内），散射效率因子 F_0 的影响不大；地面对电磁波的反射作用可以忽略（天线架设经常高于几十个波长）；而大气吸收衰减 A_α 也在 1dB 以内，在频率较高时可根据频率 f、距离 d 查表而获得。所以式(11-34)中起关键作用的是前 3 项，后 3 项的影响适当考虑即可。

气象因素的多变使传输损耗的预报具有不准确性，这种不准确性通常可用传播可靠度来修正。散射信号年传播可靠度的预测是建立在对多条链路长年观测的基础之上的，有些地区建设的链路很多（如美国和欧洲），因而观测数据丰富，预报可信度较高，而其他区域实测数据少，甚至没有建设过散射链路，所以只能以气候相近的其他链路作为参考。NBS-

TN-101 计算传播可靠度的流程如下。

(1) 根据天线架高和使用频率计算链路的等效距离 d_e。在等效地球半径 a 为 9000km 的光滑球面上,设 θ_s 为绕射和前向散射损耗近乎相等时的角距离,那么此时链路大圆距离 d_s 等于 $9000\theta_s$,且有

$$d_s = 65\left(\frac{100}{f}\right)^{1/3} \tag{11-35}$$

其中,f 单位为 MHz。在光滑地球上,两架高天线的最大视距通信距离为

$$d_1 = 3\sqrt{2}\left(\sqrt{h_{et}} + \sqrt{h_{er}}\right) \tag{11-36}$$

其中,天线等效高度 h_{et} 和 h_{er} 的单位为 m,d_s 和 d_1 的单位为 km。研究人员发现,当链路的大圆距离 d 比 d_s+d_1 略大时,传输损耗的小时中值的慢衰落最严重,NBS-TN-101 人为规定链路的等效距离 d_e 为

$$d_e = \begin{cases} 130d/(d_s + d_1), & d \leqslant d_s + d_1 \\ 130 + d - (d_s + d_1), & d > d_s + d_1 \end{cases} \tag{11-37}$$

(2) 再次考虑气候区的影响,根据链路的等效距离 d_e,对传输损耗的长期参考值 L_{sr}(L_{sr} 是对 L_{bsr} 修正后的结果)进行修正,修正量为 $V_n(d_e)$,修正后得到传播可靠度为 50% 时的传输损耗 $L_n(0.5)$,即 50%的小时中值传输损耗都不高于 $L_n(0.5)$,$L_n(0.5)$表示为

$$L_n(0.5) = L_{sr} - V_n(d_e) \tag{11-38}$$

(3) 假设接收信号功率慢衰落服从对数正态分布,那么 $L_n(0.5)$可视为传输损耗的均值,如果根据气候区和链路特征能确定该随机变量的方差,即可求出与链路的长期传播可靠度;但是 NBS-TN-101 并未给出小时中值传输损耗的方差,而是直接给出了累计分布 $Y_n(d_e,f,q)$的一组曲线,即

$$L_n(q) = L_n(0.5) - Y_n(d_e,f,q) \tag{11-39}$$

$Y_n(d_e,f,q)$是对于等效距离为 d_e、频率为 f 的链路,当传播可靠度为 q 时,估计的传输损耗 $L_n(q)$与 $L_n(0.5)$的差值。于是,根据链路所使用的频率气候区,可查阅相关图表得到 $Y_n(d_e,f,q)$后进行链路长期传输损耗预报。

11.3 大气波导通信

波导是用来定向引导电磁波的结构。在电磁学和通信工程中,波导这个词可以指在它的端点间传递电磁波的任何结构,最常见的含义是指用来传输电磁波的空心金属管。下面给出大气波导和大气波导通信的概念:

定义 11.4 **大气波导**:一种特殊的电磁波传播环境。当对流层内出现逆温即温度随着高度的增加而增加,或水汽急剧减小,将会导致空气密度和折射率的垂直变化很大,造成电磁波在该层大气的上下壁之间来回反射并向前传播。该现象就如同电磁波在波导内进行传播,故而被称为大气波导。

定义 11.5 **大气波导通信**:利用大气波导现象进行的通信被称为大气波导通信。

11.3.1 大气波导通信基本原理

大气波导通信依赖于大气折射现象,这种现象受多种气象因素影响,具有明显的空间和

时间变化特性。通过特定大气层结(大气中温度、湿度等气象要素的垂直分布)的折射和反射作用,可以实现电磁波在大气中的超视距传播。大气波导分为蒸发波导、表面波导和抬升波导,它们各具特点,实现有效通信需要电磁波参数与大气条件相匹配。

1. 大气波导概念

大气是一种不均匀的介质,电磁波在大气层中传播时,由于电磁波在其中的传播速度变化而产生的偏折效应称为大气折射,其折射程度可用折射指数 n 来衡量,折射指数 n 定义为电磁波在自由空间中的传播速度 c(光速)与介质中的传播速度 v 的比值,即

$$n=\frac{c}{v} \tag{11-40}$$

地球表面大气折射率的正常值一般为 1.00025～1.0004。由于数值较小,n 值在电磁波传播研究中不方便实际应用,所以定义一个与折射指数可换算的量,即大气折射率 N。在微波和以下频段,大气折射率 n 或大气折射率 N 可由常规气象要素确定,其关系为

$$N=(n-1)\times 10^{6}=\frac{77.6}{T}\times\left(p+\frac{4810e}{T}\right) \tag{11-41}$$

其中,p 为大气压强,单位为 hPa;T 为大气热力学温度,单位为 K;e 为水汽分压,单位为 hPa,即

$$e=\frac{6.105R_{h}\mathrm{e}^{x}}{100} \tag{11-42}$$

$$x=25.22\,\frac{T-273.2}{T}-5.31\ln\left(\frac{T}{273.2}\right) \tag{11-43}$$

其中,R_{h} 为大气相对湿度。

当电磁波传播距离较近时可近似认为地球表面为平面,但若电磁波传播距离较远时则必须考虑地球曲率的影响。为了在分析中将地球表面处理成平面,以便更易于评价大气折射率梯度及其对电磁波传播的影响,需要定义一个代替大气折射率而经常使用的修正折射率,即通常使用经地球曲率修正的大气修正折射率 M,它与大气折射率 N 的关系为

$$M=N+\frac{z}{r_{\mathrm{e}}}\times 10^{3}=N+0.157z \tag{11-44}$$

其中,r_{e} 为地球平均半径(通常设为 6371km);z 为海拔高度(单位为 km);M 采用 M 单位。由于折射率本身是一个无量纲的数,因此,大气修正折射率也没有单位,是一个纯数字。

将大气折射率 N、大气修正折射率 M 表达式分别对高度 z 求导,可得

$$\frac{\mathrm{d}N}{\mathrm{d}z}=-\frac{77.6}{T^{2}}\left(p+\frac{9620e}{T}\right)\frac{\partial T}{\partial z}+\frac{77.6}{T}\frac{\partial P}{\partial z}+\frac{373256}{T^{2}}\frac{\partial e}{\partial z} \tag{11-45}$$

$$\frac{\mathrm{d}M}{\mathrm{d}z}=\frac{\mathrm{d}N}{\mathrm{d}z}+0.157 \tag{11-46}$$

当大气折射率 N 的垂直梯度 $\mathrm{d}N/\mathrm{d}z>0$ 时,导致光线弯曲不足,视线不能到达远方目标,容易引发地平线下方出现虚假图像的海市蜃楼现象,被称为欠折射;当大气折射率 N 的垂直梯度 $-79<\mathrm{d}N/\mathrm{d}z<0$ 时,这是最常见的折射现象,例如太阳光穿过大气层时,由于正常折射,看到的太阳位置稍高于实际位置;当大气折射率 N 的垂直梯度 $-157<\mathrm{d}N/\mathrm{d}z<-79$ 时,大气折射率随高度增加的程度更大,造成光线强烈向下弯曲,可能导致海市蜃楼等强烈折射现象;当大气折射率 N 的垂直梯度 $\mathrm{d}N/\mathrm{d}z<-157$(N 单位/km)或大气修正折射

率 M 的垂直梯度 $dM/dz<0$（M 单位/km）时，电磁波的弯曲曲率半径小于地球半径，电磁波向地面折射，只要频率和角度合适，电磁波能量就会在此大气层结内反复折射，或者在此大气层结及其下垫面之间反复折射和反射，使电磁波能量限制在相应的大气层结范围内并传播到视距以外，这便是大气波导传播现象，对流层中符合这一折射率梯度条件的大气层结就称为大气波导。对流层大气折射状态如图 11-9 所示。

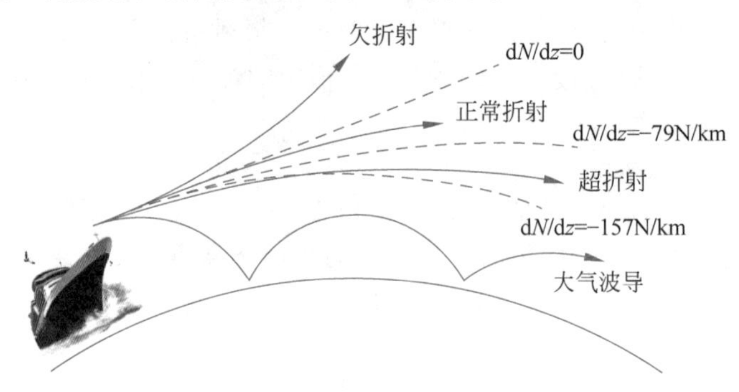

图 11-9　对流层大气折射状态

2. 大气波导的分类

对流层的大气波导现象通常分为 3 种：蒸发波导、表面波导和抬升波导。前者主要形成于海洋上空，后两种在陆地上空和海洋上空均有发生。

（1）蒸发波导。蒸发波导是海洋大气环境中常出现的一种特殊表面波导，它是海面水汽蒸发在近海面小范围内因大气湿度随高度锐减而形成的。蒸发波导随地理纬度、季节和一天内的时间不同有关，通常发生在低纬度海域的夏季白天。

（2）表面波导。表面波导发生于日常大气环境中，比如在一个天气晴好的稳定环境中，此时低层大气存在一个较稳定的逆温层，且湿度随高度递减。

（3）抬升波导。抬升波导是下边界悬空的大气波导。抬升波导下边界高度通常距地面数十米或数百米。

3. 大气波导的主要特点

总体来说，大气波导是对流层大气尤其是大气边界层中出现的一种超折射自然现象。大气波导的形成与气象条件密切相关，具有明显的空间尺度和区域地理特征。大气波导的主要特点如下。

（1）大气波导与宏观天气形势、区域地形地貌、陆-海交界形态、海区和大气温度（梯度）、相对湿度（梯度）、大气压力、风速风向、海表（水体）温度等地理、气象水文环境紧密相关。

（2）大气波导具有日变化、季节性和地（海）域性。以蒸发波导为例，在夏季、白天、近赤道附近，蒸发波导高、范围大、持续时间长。

（3）大气波导的水平尺度为数千米至数百千米，垂直尺度为数米至数百米（蒸发波导、表面波导）、数百米至数千米（悬空波导或抬升波导）。同时，在不同尺度上，大气波导特征参数随时间和空间分布呈不均匀、随机性变化。

（4）海上大气波导比在陆地上显著、频繁和持久。由于陆地上局部或区域地形的影响经常破坏大气边界层的水平均匀性，在平坦荒芜地区或沙漠地区比较容易出现大气波导现象，但范围小、持续时间短。而在开阔的海洋上，大尺度天气过程影响范围广，海洋与大气的相互作用产生的大气波导特别是蒸发波导的过程可理论化、模式化。

（5）不同类型的大气波导在不同区域、不同时间的发生概率不同。海上蒸发波导几乎在所有海域、所有时间内都可能存在，只是大气波导特征参数有所不同。表面波导和悬空波导的发生概率相对较低，主要与海岸地形和天气形势等因素关系较大。

（6）利用大气波导实现超视距传播还需要电磁波参数满足一定的频率和角度条件。若频率和角度合适，大气层结又有一定范围的水平扩展，电磁波能量就会在此大气层结内或与其下部的地海面之间反复折射、反射，使电磁波能量限制在相应的大气层结范围内，并传播到视距以外，否则，即使在大气波导内也不能实现超视距传播。

一般来说，频率越高的电磁波越易于被大气波导捕获，可以被波导捕获的最小频率称为最低陷获频率或极限频率，与极限频率对应的波长称为截止波长。根据波导模理论，在理想导体边界条件下，当大气波导传播时，水平极化波和垂直极化波的截止波长分别为

$$\lambda_H = 0.25 n_t \left(\frac{\Delta N}{n_t d_h} - \frac{10^6}{r_e + h_t}\right)^{\frac{1}{2}} d_h^{\frac{3}{2}} \tag{11-47}$$

$$\lambda_V = 3\lambda_H \tag{11-48}$$

其中，n_t、r_e、h_t 分别为天线所在位置的折射指数、地球半径、天线高度；d_h 为波导层厚度，H、V 分别为水平极化波和垂直极化波，波长单位是 cm。在波导层中 $\Delta N = |\Delta M| + d_h / r_e \times 10^6$，$\Delta M$ 为波导强度，指波导层顶高度和波导层底高度处的大气修正折射率 M 的差值。

在实际阻抗边界条件下，垂直极化波截止波长稍小于水平极化波截止波长。由于波导厚度和强度的差异，表面波导和悬空波导对 30MHz 频率以上的电磁波传播都可能产生较大影响，而蒸发波导往往只对 1GHz 以上电磁波传播形成显著的超视距效应。

大气波导传播中涉及的另一个关键参数是穿透角。穿透角是指在一定的大气波导特征参数条件下，能够被大气波导捕获，从而形成大气波导传播的最大仰角或俯角，传播角绝对值小于穿透角的电磁波有可能形成大气波导传播。在满足波长和穿透角的条件下，电磁波传播在大气波导环境中才可能实现超视距传播。

电磁波穿透角（单位为 rad）为

$$\theta_c = \sqrt{2\left[\left(\frac{\Delta N}{n_t d_h} \times 10^{-6} - \frac{1}{r_e + h_t}\right) d_h\right]} \tag{11-49}$$

由 $h_t \ll r_e$，$n_t \approx 1$，所以有

$$\theta_c \approx \sqrt{2 \times |\Delta M|} \times 10^{-3} \tag{11-50}$$

由式(11-50)可知，穿透角大小主要取决于波导强度 ΔM。

【例 11-3】　分别求当波导强度 ΔM 为 10M、20M、30M 和 40M 时，对应的穿透角 θ_c 是多少度。

【解 11-3】　当 $\Delta M = 10\text{M}$，$\theta_c \approx \sqrt{2 \times |\Delta M|} \times 10^{-3} \approx 0.0045\text{rad} \approx 0.256°$。

当 $\Delta M = 20\text{M}$，$\theta_c \approx \sqrt{2 \times |\Delta M|} \times 10^{-3} \approx 0.0063\text{rad} \approx 0.362°$。

当 $\Delta M = 30\text{M}$，$\theta_c \approx \sqrt{2 \times |\Delta M|} \times 10^{-3} \approx 0.0077\text{rad} \approx 0.443°$。

当 $\Delta M = 40\text{M}$，$\theta_c \approx \sqrt{2 \times |\Delta M|} \times 10^{-3} \approx 0.0089\text{rad} \approx 0.512°$。

11.3.2 大气波导通信链路性能

电磁波在真空中的传播称为自由空间传播,其基本传播特征为电磁波能量随着传播距离增加而逐渐衰减。为了便于研究与应用,根据电磁波的频率(或波长)大小把电磁波划分为各种不同的频段(或波段)。不同频段的空间电磁波传播方式主要依赖于传播介质或环境的特性,在实际环境中的主要传播方式有地波传播、对流层传播、天波传播和地空传播。大气波导传播是电磁波在对流层中特殊条件下的一种特殊传播方式,它主要发生在对流层底层大气中。

1. 对流层传播方式

地球表面和对流层大气对超短波和微波传播有显著的影响。对流层大气为时变非均匀随机介质,对电磁波传播的影响主要包括当大气折射率随高度变化时,电磁波射线发生折射弯曲;大气湍流运动引起局部折射率的起伏变化产生散射;满足大气修正折射率负梯度条件时形成大气波导;大气中各种成分如氧气和水蒸气的吸收作用;云、雾、雪等降水对微波的吸收和散射等。当电磁波在低层大气中传播时,地球表面的几何和物理特性、植被、海洋、河流、湖泊等对电磁波还将产生反射、散射和绕射等作用。

在一般大气情形下,无线电系统收发天线之间的直射波最远距离为视距,即

$$d_0 = 3.57\sqrt{K}\left(\sqrt{h_t} + \sqrt{h_r}\right) \tag{11-51}$$

$$K = \frac{1}{1 + r_e \dfrac{dn}{dh}} \tag{11-52}$$

其中,h_t、h_r 分别为发射天线和接收天线的高度;K 为等效地球半径因子(标准大气情况下 $K=4/3$);r_e 为地球半径;dn/dh 为大气折射率梯度。

可以看出,电磁波视距传播距离与大气条件有关。超视距传播可以通过特殊的大气环境将电磁波能量传播到更远的区域,在对流层散射和大气波导条件下,电磁波传播距离可以远超视距。

2. 电磁波传播损耗

电磁波在复杂介质中传播时,产生扩散、吸收、反射、折射、绕射和散射等现象,引起电磁波的损耗或衰减。为了准确描述系统性能,需要用传播损耗来定量描述理论和实验研究在各种条件下的电磁波传播衰减特性。

自由空间基本传播损耗 L_{bf} 可表示为

$$L_{bf}(\mathrm{dB}) = 32.45 + 20\lg[f(\mathrm{MHz})] + 20\lg[r(\mathrm{km})] \tag{11-53}$$

并且在非理想条件或实际环境下的传播特性一般都以自由空间传播特性为参考或比较对象。在工作频率、发射天线、发射功率和传播距离相同的情况下,将接收点的实际场强 E 和自由空间场强 E_0 的幅度之比定义为该电路的传播因子或衰减因子 F,即

$$\frac{E}{E_0} = F e^{-j\phi} \tag{11-54}$$

其中,ϕ 为场强之间的相位差。通常将传播因子表示为分贝形式,即

$$F = 20\lg\left(\left|\frac{E}{E_0}\right|\right) \tag{11-55}$$

因此，考虑复杂环境综合影响因素后的基本传播损耗为

$$L_b(\mathrm{dB}) = L_{bf} - F(\mathrm{dB}) \tag{11-56}$$

实际情况下，传播损耗或衰减可能由传播介质的吸收或散射引起，也可能由球形地面或障碍物的绕射而引起，这些损耗都会使接收点场强小于自由空间传播时的场强。在多径传播情况下(包括大气波导传播)，还将发生直接波与反射波的干涉作用或者多个方向到达波的相互作用，引起接收点场强小于或大于自由空间场强，因此传播因子分贝数可为负值也可为正值。

在大气波导超视距传播条件下，电磁波能量由于大气折射效应被限制在一个波导层中，沿着地球表面或空间从一定高度向前传播，而不是以自由空间或正常大气中球面波的形式产生扩散损耗，但是大气折射和多径传播环境可能引起电磁波干涉效应，造成电磁波的空间与时间衰落。通过传播机理分析和计算，除了大气波导盲区，大气波导在其他区域的传播因子经常出现正值，即表示大气波导中的接收信号场强或功率大于自由空间，大气波导将增大雷达作用距离或提高通信系统的信噪比。在这种特定环境下，大气波导传播因子在视距之外可以称为超视距传播因子。因此，对与超视距传播效能相关的大气波导环境中的传播损耗研究可归结为对超视距传播因子的研究。

使用射线跟踪技术可预测大气波导超视距传播轨迹，利用抛物方程模型计算可得场强覆盖示意，如图 11-10 所示。当发射角小于穿透角或临界仰角时，射线被波导捕获并沿小于地球曲率半径的圆弧折向地面，经地面反射后，射线以相同的曲率在大气波导层结内向前折射，从而形成超视距传播。图 11-10(a)为 200km 范围的表面波导环境中光滑楔形地形上的

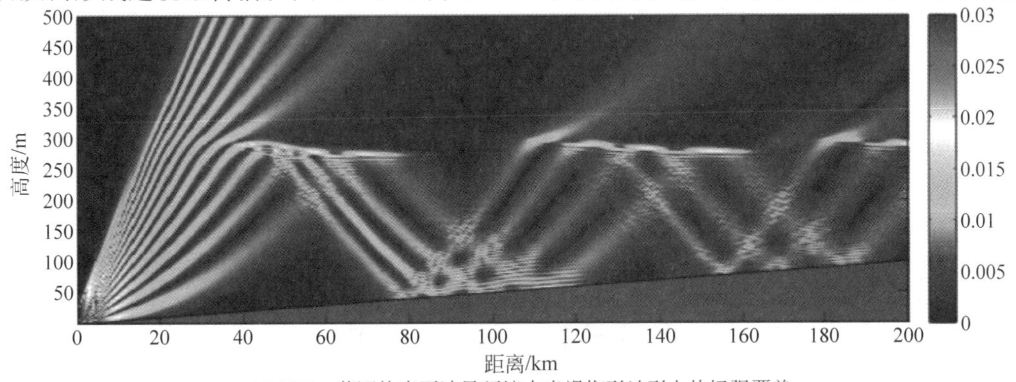

(a) 200km范围的表面波导环境中光滑楔形地形上的场强覆盖

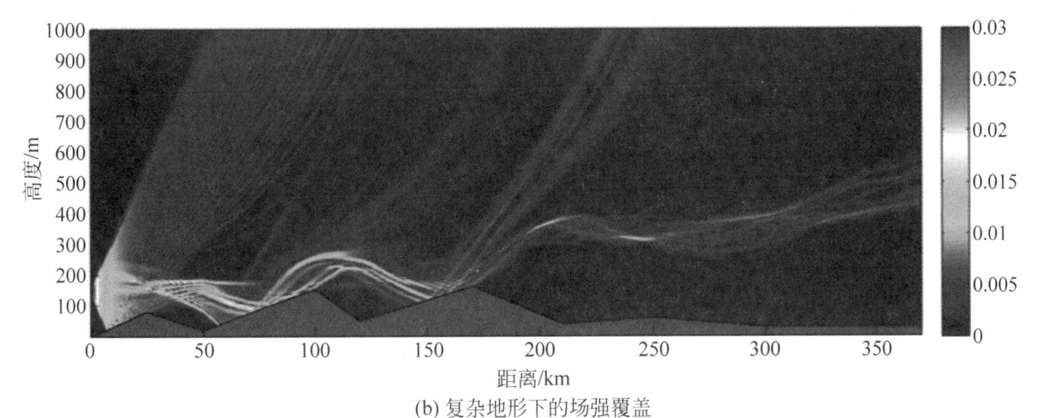

(b) 复杂地形下的场强覆盖

图 11-10　场强覆盖示意

场强覆盖示意。底部闭合的深颜色表示地形轮廓。沿着传播路径，由于斜坡地形反射改变了反射角，使一些光线超过了临界角，一些捕获的光线被释放到上部空间。在更复杂的地形下，场强覆盖如图 11-10(b)所示。在 0～370km，捕获层缓慢增加，其中波导逐渐从表面波导演变为抬升波导。

11.3.3 大气波导预测方法

电磁波在空间的传播遵从麦克斯韦方程组，不管是在连续介质中还是不连续介质中，只要获得了空间中传播介质特性、源分布和边界条件，在理论上就可以确定电磁波在空间的传播状况。由于麦克斯韦方程组的复杂性，一般情况下只能用数值方法求解，对波长较短的情形所需计算量较大。传统上使用的简化模型有：波导模理论，不考虑后向散射的抛物型方程方法、从光学研究中演化而来的几何光学理论等。本节主要介绍由几何光学理论延伸的射线跟踪法和抛物型方程法两种数值方法。

利用射线跟踪技术对传播轨迹进行预测，可以对电磁波覆盖区域、盲区范围、到达位置等给出比较清晰的物理图像，但无法给出传播信号具体大小和作用距离。如果对大气波导环境中无线电信息系统的性能进行定量分析，则需要利用抛物方程数值算法对大气波导传播损耗进行预测。

1. 射线跟踪法

由麦克斯韦方程组可推导出适用几何光学的基本方程，即程函方程，并进一步推导出射线的微分方程和斯涅尔定律。由于被大气波导陷获的射线初始角一般都在零度附近，因此，基于斯涅尔定律，射线跟踪算法可以利用小发射角特性进行泰勒级数近似，从而分析大气波导传播。

采用修正折射指数 $m=n(1+h/r_e)$，将球面等效成平地面，高度为 h_1 和 h_2 处对应的修正折射指数 m_1 和 m_2 与入射角度 θ_1 和 θ_2 满足如下斯涅尔定律：

$$m_1\cos\theta_1=m_2\cos\theta_2 \tag{11-57}$$

当 θ_1、θ_2 较小时，将式进行泰勒二阶级数展开得

$$m_1\left(1-\frac{\theta_1^2}{2}\right)=m_2\left(1-\frac{\theta_2^2}{2}\right) \tag{11-58}$$

由于低层大气修正折射指数接近于 1，式(11-58)可简化为

$$m_2-m_1=\Delta m\approx\frac{\theta_2^2-\theta_1^2}{2} \tag{11-59}$$

假设大气修正折射指数在 h_1 和 h_2 间随高度线性变化，且线性变化率为 g，则

$$m_2-m_1=g(h_2-h_1) \tag{11-60}$$

由式(11-59)和式(11-60)可得

$$h_2=h_1+\frac{\theta_2^2-\theta_1^2}{2g} \tag{11-61}$$

写成微分形式为

$$\mathrm{d}h=\frac{\theta\mathrm{d}\theta}{g} \tag{11-62}$$

地面距离增量 $\mathrm{d}x$ 与高度步长 $\mathrm{d}h$ 的关系为

$$\frac{\mathrm{d}h}{\mathrm{d}x}=\tan\theta\approx\theta \tag{11-63}$$

由式(11-62)和式(11-63)可得

$$\mathrm{d}x=\frac{\mathrm{d}\theta}{g} \tag{11-64}$$

即

$$x_2=x_1+\frac{\theta_2-\theta_1}{g} \tag{11-65}$$

由于采用泰勒二阶近似和 $\tan\theta\approx\theta$ 近似,所以以上各式适用于小传播角射线跟踪。

在大气水平不均匀情况下跟踪射线,当前射线在高度 h 处的修正折射率可通过高度方向上的插值求出,即

$$M=M_i+g\times(h-h_i) \tag{11-66}$$

其中,M_i 为修正折射率剖面中低于高度 h 的前一个高度层 h 的修正折射率。设 M_{i+1} 为折射率剖面中高于高度 h 的后一个高度层 h_{i+1} 的修正折射率,g 为两高度层间的修正折射率梯度,则

$$g=\frac{M_{i+1}-M_i}{h_{i+1}-h_i} \tag{11-67}$$

当大气水平不均匀时,大气折射率除了与高度相关,还与距离有关。因此在跟踪每一步的射线轨迹时,首先在距离方向上进行插值,得到当前距离的折射率剖面后再在高度方向上插值。设当前射线轨迹的地面距离为 x,则

$$q=\frac{x-x_j}{x_{j+1}-x_j} \tag{11-68}$$

其中,x_j 和 x_{j+1} 分别为已知剖面中位于 x 前一个的距离和后一个的距离。则当前距离 x 处各高度层的修正折射率为

$$M=M_j+q\times(M_{j+1}-M_j) \tag{11-69}$$

其中,M_j、M_{j+1} 分别为距离 j 和 $j+1$ 处各高度层的修正折射率。获得该处剖面各高度层的修正折射率后再进行任意高度处折射率 M 的插值计算,方法同前。

2. 抛物型方程法

抛物型方程法是电磁波传播的波导模理论预测模型基于多层结构的本征求解法,可用于多层分段线性折射率结构的海面大气波导中,超视距电磁波传播的数值求解。由于任何大气折射率结构均可以采用分段线性函数逼近,所以原则上也适用于任意大气折射率结构。在大气波导传播的抛物型方程方法发展以前,基于波导模理论的 MLAYER 模型是预测大气波导传播特性的主要方法。

抛物型方程是电磁波波动方程的近似,可用来在锥形区域内模拟沿近轴传播方向的能量传播。目前抛物型方程结合其他有效的数值算法,对远距离电磁波传播问题可提供快速数值解,成为大气波导超视距传播数值计算和电磁波传播特性分析的主要方法,同时该方法也越来越多地被应用于小尺度散射问题,如城市环境中的电磁波传播或雷达散射截面的评估。

1) 直角坐标系中的抛物型方程

建立与水平面垂直的正交直角坐标系 xOz,电磁波能量近轴传播如图 11-11 所示。

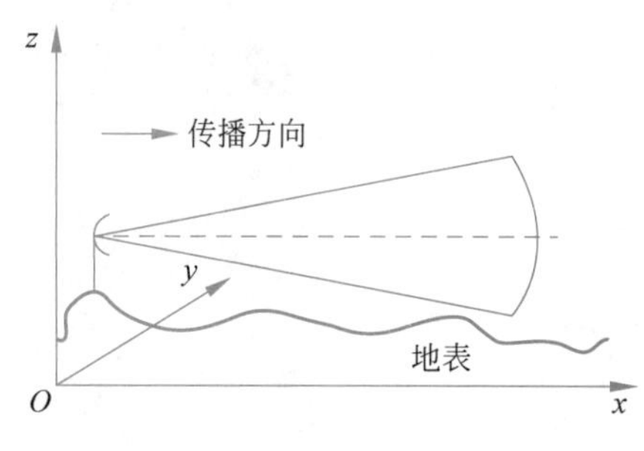

图 11-11 电磁波能量近轴传播示意

假设 x 轴表示距离方向，z 轴表示高度方向，二维标量波动方程可表示为

$$\frac{\partial^2\psi}{\partial x^2}+\frac{\partial^2\psi}{\partial z^2}+k^2n^2\psi=0 \tag{11-70}$$

其中，ψ 表示标量场，即水平极化的电场或垂直极化的磁场；k 表示真空中的波数；n 表示大气折射率。

直角坐标系中，由于求解波动方程所采用的谐函数形式通常为 e^{-ikx}，所以可引入与 x 相关的衰减函数，即

$$u(x,z)=\mathrm{e}^{-ikx}\psi(x,z) \tag{11-71}$$

将 $u(x,z)$ 代入波动方程中，可得

$$\frac{\partial^2 u}{\partial x^2}+2ik\frac{\partial u}{\partial x}+\frac{\partial^2 u}{\partial z^2}+k^2(n^2-1)u=0 \tag{11-72}$$

因式分解可得

$$\left\{\frac{\partial u}{\partial x}+ik(1-Q)\right\}\left\{\frac{\partial u}{\partial x}+ik(1+Q)\right\}u=0 \tag{11-73}$$

其中，伪微分算子 Q 表示为

$$Q=\sqrt{\frac{1}{k^2}\frac{\partial^2}{\partial z^2}+n^2(x,z)} \tag{11-74}$$

由于式(11-74)中两个因式互不相关，所以可以得到以下两个关于坐标 x 的方程

$$\frac{\partial u}{\partial x}=-ik(1-Q)u \tag{11-75}$$

$$\frac{\partial u}{\partial x}=-ik(1+Q)u \tag{11-76}$$

式(11-75)和式(11-76)分别对应于前向传播和后向传播的电磁波。前向传播方程式忽略了后向散射场，其解可以表示为

$$u(x+\Delta x)=\mathrm{e}^{ik\Delta x(-1+Q)}u(x) \tag{11-77}$$

给定垂直分布初始场、计算区域的顶部和底部边界条件，前向传播场便可以通过步进方法求解，而椭圆形波方程必须在积分域对求解变量 x 和 z 上所有的点同时进行计算。对伪微分算子 Q 进行泰勒一阶展开，可得求解对流层电磁波传播问题的标准抛物型方程(Standard Parabolic Equation，SPE)，即

$$\frac{\partial^2 u}{\partial x^2}+2ik\frac{\partial u}{\partial x}+k^2(n^2-1)u=0 \tag{11-78}$$

2）分步傅里叶变换算法原理

电磁波在自由空间中传播的抛物型方程既可以解析求解，也能用基于傅里叶变换的数值算法求解。当存在折射指数变化和特定边界条件时，一般不能得到解析解且不能直接利用傅里叶变换技术。Hardin 和 Tappert 提出分步傅里叶变换(Split-Step Fourier Transform，SSFT)技术，该技术把最初的问题替换为相位屏序列的传播问题。SSFI 算法的步进距离可以取很大且采用 FFT，不需要进行矩阵运算，SSFT 求解速度很快。

引入函数 $u(x,z)$ 关于高度的傅里叶变换 $U(x,p)$：

$$U(x,p)=Fu(x,p)=\int_{-\infty}^{+\infty}u(x,z)\mathrm{e}^{-2i\pi pz}\mathrm{d}z \tag{11-79}$$

傅里叶逆变换为

$$u(x,z)=\int_{-\infty}^{+\infty}U(x,p)\mathrm{e}^{2i\pi pz}\mathrm{d}p \tag{11-80}$$

其中，$u(x,p)=F^{-1}U(x,p)$。

傅里叶逆变换将垂直方向的场 $u(x,z)$ 分解为基于谱变量 p 的平面波角谱。若传播介质是真空，则标准抛物型方程转换为

$$\frac{\partial^2 u(x,z)}{\partial z^2}+2ik\frac{\partial u(x,z)}{\partial x}=0 \tag{11-81}$$

式(11-81)的傅里叶变换为

$$-4\pi^2 p^2 U(x,p)+2ik\frac{\partial U(x,p)}{\partial x}=0 \tag{11-82}$$

转变为可以用闭合形式求解的普通微分方程：

$$U(x,p)=\mathrm{e}^{\frac{-2i\pi^2 p^2 x}{k}}U(0,p) \tag{11-83}$$

式中指数项 $\mathrm{e}^{-2i\pi^2 p^2 x/k}$ 的傅里叶变换为

$$F^{-1}\{\mathrm{e}^{\frac{-2i\pi^2 p^2 x}{k}}\}=\sqrt{\frac{1}{\lambda x}}\mathrm{e}^{\frac{-i\pi}{4}}\mathrm{e}^{\frac{-ikz^2}{2x}} \tag{11-84}$$

其中，λ 是波长。

变换到原场的积分式为

$$u(x,z)=\sqrt{\frac{1}{\lambda x}}\mathrm{e}^{\frac{i\pi}{4}}\int_{-\infty}^{+\infty}u(0,z')\mathrm{e}^{\frac{ik(z-z')^2}{2x}}\mathrm{d}z' \tag{11-85}$$

式(11-85)表明，任意距离的场可由初始场 $u(0,z)$ 决定，获得的闭合表达式事实上只是针对均匀介质中的传播情况。通常抛物型方程需要通过数值方法求解，因此不可能直接得到任意距离的场。式(11-85)的逆变换可写为

$$u(x,z)=F^{-1}\left\{\mathrm{e}^{-\frac{2i\pi^2 p^2 x}{k}}U(0,p)\right\} \tag{11-86}$$

上述方程式提供一种场的数值计算方法，即对初始场 $u(0,z)$ 进行变换，乘以谱域传播项，然后再进行傅里叶逆变换。该算法可通过离散化分步正弦变换求解。在微波频段和小掠射角条件下，可假设海面阻抗为无限大，这对于水平和垂直极化波都是一种良好的近似。

3) 初始场和路径损耗计算

(1) 初始场。

数值求解过程从垂直初始场开始。假设发射源在零距离处，以天线波束远场方向图来定义发射源孔径场分布，则需要利用天线近/远场变换获得初始场。对于标准抛物型方程情况，采用 FFT 能够方便地计算孔径场分布。自由空间中的孔径场为

$$u_{\mathrm{fs}}=\sqrt{2\pi}\int_{-\infty}^{+\infty}B(\lambda p)\mathrm{e}^{2inpz}\mathrm{d}p \tag{11-87}$$

其中，$B(\theta)$ 为以角度 θ 的函数表示的天线波束方向图。

半功率波束宽度为 β 的抛物面天线高斯型波束为

$$B(\theta)=A\exp\left(-2\lg 2\frac{\theta^2}{\beta^2}\right) \tag{11-88}$$

其中，A 为归一化常数。

对于高度为 z、仰角为 θ_0、半功率波束宽度为 β 的高斯型波束发射源，由傅里叶变换得到其孔径场表示式为

$$u_{\mathrm{fs}}(0,z)=A\frac{k\beta}{2\sqrt{2\pi\lg 2}}\exp(-ik\theta_0 z)\exp\left(-\frac{\beta^2}{8\lg 2}k^2(z-z_s)^2\right) \tag{11-89}$$

(2) 路径损耗或传播因子。

路径损耗 L_{p} 为实际天线轴向等效全向辐射功率与等效全向接收天线接收功率的比值。一般情况下，传播距离 x 相对于地球半径很小，以抛物型方程场函数 u 表示的路径损耗为

$$L_{\mathrm{p}}(x,z)=-20\lg|u(x,z)|+20\lg(4\pi)+10\lg(x)-30\lg(\lambda) \tag{11-90}$$

传播因子 F 是接收天线处的实际场强相对于自由空间场强幅度的比值，用场函数 u 和分贝形式表示为

$$F(x,z)=20\lg|u(x,z)|+10\lg(x)+10(\lambda) \tag{11-91}$$

章节习题

11-1 假设有一条欠密类流星余迹，已知发送频率 $f=50\mathrm{MHz}$，入射线和散射线之间的夹角为 $160°$，推导该余迹衰减因子。已知接收信号功率峰值为 $20\mu\mathrm{W}$，求 100ms 后接收功率大小。

11-2 图 11-12 中表示了两条流星余迹。其中，$t_1=0.3$，$t_2=0.6$，$t_5=10$，单位为秒。计算通信持续时间、突发间隔、等待时间和占空因子。

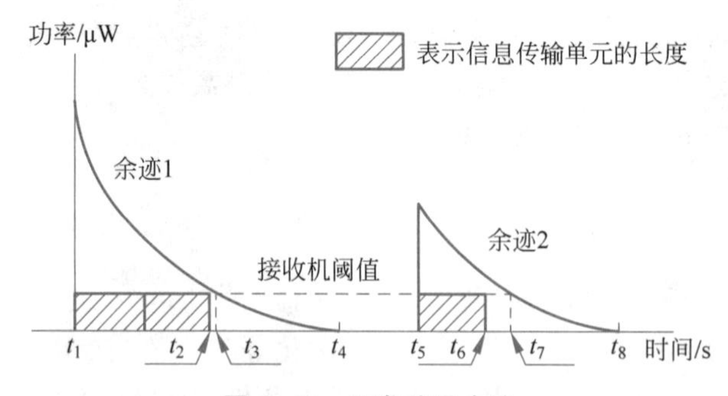

图 11-12 两条流星余迹

11-3 对于某对流层散射信号，一次实验在 10s 内自动记录了 100 条采样数据。经统计，信号功率的中值为 $W_{\mathrm{m}}=11.8\mu\mathrm{W}$，有 90% 的样本数目超过 $W_{t1}=1.79\mu\mathrm{W}$，有 10% 的样本数目超过 $W_{t2}=39.17\mu\mathrm{W}$，请计算衰落深度 A_{d} 和衰落幅度 A_{a}。

11-4 对于某对流层散射通信链路，使用频率为 $f=5\mathrm{GHz}$，A、B 两站的海拔高度 h_{st} 和 h_{sr} 分别为 110m 和 150m，大圆距离 d 为 65km。在距两站 7km 和 25km 处分别有山峰遮挡，两山的海拔高度 h_{lt} 和 h_{lr} 分别为 310m 和 450m。取等效地球的半径 $a=8580\mathrm{km}$，地面大气折射率 $N=320$，天线介质耦合损耗 $L_c=3.3$。请利用 L. P. Yeh

公式计算传输损耗。

11-5 请解释大气波导现象，并说明大气折射率 N 和大气修正折射率 M 在形成大气波导时应满足的条件。

11-6 假设在某地的大气压力 p 为 1013hPa，大热力学温度 T 为 293.2K，相对湿度 R_h 为 60%，海拔高度 z 为 500m。请计算该地的大气折射率 N 和大气修正折射率 s。

11-7 为什么电磁波在大气波导中可以超视距传播？

习题解答

11-1 解：流星余迹扩散系数 D 与发送频率 f 的关系满足

$$\lg D = 2.708 - 1.139\lg f$$

代入数据得到 $D=5.9279\text{m}^2/\text{s}$。

入射线和散射线之间的夹角为 160°，所以前向散射半角 $\varphi=80°$。

将上述参数代入欠密类流星余迹的衰减因子可得

$$\tau = \frac{\lambda^2 \sec^2\varphi}{32\pi^2 D}$$

得到余迹衰减因子为 $\tau=0.64$。

接收信号功率随时间按指数形式变化

$$P_{\text{R}}(t) = P_{\text{R}}(0)\exp(-t/\tau)$$

代入数据得到 100ms 后的接受功率约为 $17.1\mu\text{W}$。

11-2 解：通信持续时间 $L_1=t_2-t_1$，突发间隔 $t_{\text{B}}=t_5-t_1$，等待时间 $t_{\text{W}}=t_5-t_2$，代入参数得：$L_1=0.3\text{s}$，$t_{\text{B}}=9.7\text{s}$，$t_{\text{W}}=9.4\text{s}$，占空因子为 $\frac{L_1}{t_{\text{B}}}=0.0309$。

11-3 解：衰落深度 $A_{\text{d}}=10\lg W_{\text{m}}-10\lg W_{t1}=8.19\text{dB}$，

衰落幅度 $A_{\text{a}}=10\lg W_{t2}-10\lg W_{t1}=13.4\text{dB}$。

11-4 解：首先计算散射角：

$$\theta_{\text{et}} = \frac{(310-110)\times 10^{-3}}{7} + 0.5\,\frac{7}{8580} = 0.0290\text{rad} = 1.66°$$

$$\theta_{\text{er}} = \frac{(450-150)\times 10^{-3}}{25} + 0.5\,\frac{25}{8580} = 0.0135\text{rad} = 0.771°$$

$$\theta_{00} = 0.029 + 0.0135 + \frac{65}{8580} = 0.0500\text{rad} = 2.866°$$

然后根据 L. P. Yeh 公式计算传输损耗

$$L_{\text{Ye}} = 53.5 + 30\lg(5000) + 20\lg(65) + 10\times 2.866 - 0.2(320-310) + 3.3$$

得到 $L_{\text{Ye}}=230\text{dB}$。

11-5 解：大气波导是一种特殊的大气传播现象，它发生在对流层中具有特定折射率垂直梯度的大气层结。当大气折射率 N 或大气修正折射率 M 的垂直变化导致电磁波射线在传播过程中弯曲，且曲率半径小于地球半径时，电磁波将强烈向地面方向折射。若电磁波的频率与入射角度配合恰当，并且这种折射率异常的大气层有足够大的水平延伸范围,那么电磁波能量会在该大气层内部或在与下垫面间经历反复的折射和反射,由此限制电磁波只能在这一层大气范围内传播,即使超出常规视线距离也能维持信号强度。这样的传播机制就是大气波导传播,而具备这一特征的大气结构即被称为大气波导。其中,大气折射率 N(km)的垂直梯度满足 $\mathrm{d}N/\mathrm{d}z<-157$,大气修正折射率 M(km)的垂直梯度满足 $\mathrm{d}M/\mathrm{d}z<0$。

11-6 解:

$$x=1.3452$$
$$e\approx 0.1406$$
$$N\approx 268.7$$
$$M\approx 347.2$$

11-7 解:首先,在满足大气波导超视距传播条件下,电磁波能量由于大气折射效应被限制在一个波导层中,沿着地球表面或空间从一定高度向前传播,而不是以自由空间或正常大气中球面波的形式产生扩散损耗。

其次,在大气波导传播中,会发生直射波与反射波的干涉作用,或者多个方向到达波的相互作用。这种多径传播环境可能引起电磁波的干涉效应,类似于波束赋形,导致接收点场强小于或大于自由空间场强,使得传播因子分贝数可为负值也可为正值。

通过传播机理分析和计算,除了大气波导盲区,大气波导在其他区域的传播因子经常出现正值,即表示大气波导中的接收信号场强或功率将大于自由空间,在这些区域,大气波导将增大雷达作用距离或提高通信系统的信噪比。

参考文献

[1] 李赞,刘增基,沈健. 流星余迹通信理论与应用[M]. 北京:电子工业出版社,2011.

[2] 李志勇,秦建存,梁进波. 对流层散射通信工程[M]. 北京:电子工业出版社,2017.

[3] 张涛,刘莹,孙柏昶,等. 对流层散射通信及其应用[M]. 北京:电子工业出版社,2020.

[4] WEITZEN J A. Meteor scatter communication: A new understanding[J]. Meteor Burst Communications, 1993: 9-58.

[5] MILLER S L, MILSTEIN L B. A comparison of protocols for a meteor-burst channel based on time-varying channel model[J]. IEEE transactions on communications, 1989, 37(1): 18-30.

[6] VINCENT W R, WOLFRAM R T, SIFFORD B M, et al. Analysis of oblique path meteor-propagation data from the communications viewpoint[J]. Proceedings of the IRE, 1957, 45(12): 1701-1707.

[7] 李志勇,秦建存,梁进波. 对流层散射通信工程[M]. 北京:电子工业出版社,2017.

[8] 康士峰,张玉生,王红光. 对流层大气波导[M]. 北京:科学出版社,2014.

[9] 姚展予,赵柏林,李万彪,等. 大气波导特征分析及其对电磁波传播的影响[J]. 气象学报,2000(5): 605-616.

[10] 官莉,顾松山,火焰,等. 大气波导形成条件及传播路径模拟[J]. 南京气象学院学报,2003(5): 631-637.

[11] ZHAO X, YANG P. A simple two-dimensional ray-tracing visual tool in the complex tropospheric environment[J]. Atmosphere, 2017, 8(2): 35.

[12] LEVY M F. Parabolic Equation Methods for Electromagnetic Wave Propagation [M]. London: The Institution of Engineering and Technology, 2000.

[13] 武广友. 流星余迹通信系统与网络结构[J]. 移动通信,2004(S1): 149-152.

[14] 李引凡,伍红明.流星突发通信特性分析及其应用与发展[J].空间电子技术,2007(1):29-33.
[15] 张金平,韩娟娟,金力军.流星余迹通信信道建模与性能仿真[J].无线电通信技术,2002(5):41-44.
[16] 徐鼎伟.流星突发通信的发展和前景(一)[J].无线电通信技术,2000(6):25-28.
[17] 张更新.流星余迹突发通信[J].军事通信技术,2004,25(3):23-28.
[18] 胡炳轻,陈鸣.流星突发通信在军事通信中的应用分析[J].无线电通信技术,2008(3):58-61.
[19] 王诚国.流星余迹数据通信发展探讨[J].数据通信,1995(3):66-71.
[20] 习建德,金力军.流星通信中最佳距离和天线覆盖区的研究[J].通信学报,2004(10):163-167.
[21] 周俊,李赞,金力军.OFDM在流星余迹通信中的应用[J].电讯技术,2005(4):34-37.

第12章 深空通信与探测

CHAPTER 12

深空通信技术是深空探测的重要保障。深空通信指的是地球上的实体与处于月球及月球以外的宇宙空间中的航天器之间的通信,深空探测指的是探测地球以外天体及星际空间的行为。本章首先介绍深空通信的基础知识,深空通信的链路组成与优化方法,以及深空通信中天线设计与调制编码技术。随后,介绍深空探测的基本概念,以及深空通信中的无线电测量技术与光学测量技术。

12.1 深空通信概述

12.1.1 深空通信的概念

深空通信是指地球上的通信实体与处于深空(离地球的距离等于或大于 2×10^6 km 的空间)的、离开地球卫星轨道进入太阳系的飞行器之间的通信。“旅行者一号”探测器执行深空通信任务如图12-1所示。深空通信的距离可达几百万千米甚至亿万千米。深空通信是维系人类与深空探测器的纽带,是实现深空探测的基础和重要保证。地球上的通信实体与在距离地球小于 2×10^6 km 空间中地球轨道上的飞行器之间的通信被称为“近空通信”。这些飞行器包括各种人造卫星、载人飞船、航天飞机等,它们的飞行高度从几百千米到几万千米不等。月球是地球的卫星,然而月球与地球之间的通信和常说的卫星通信大不相同,也将地球与月球,以及其他行星之间的通信称为深空通信。

图12-1 “旅行者一号”探测器

深空通信包括 3 种形式：一是地球站与航天飞行器之间的通信；二是飞行器之间的通信；三是通过飞行器的转发或反射进行的与地球站之间的通信。当飞行器离地球太远时，由于信号太弱，可采用中继的方式来延长通信距离，由最远处的飞行器将信号传到较远处的飞行器进行转接，再将信号传到地球卫星上或直接传到地球站上。

12.1.2 深空通信的特点

与地面通信或一般的地球卫星通信相比，深空通信具有一些独特的特点，主要包括 8 个方面。

(1) 传输距离极远，传输时延大且不稳定。月球距地球约 3.8×10^5km，火星距地球最近时约 6×10^7km，其他行星距地球大都在几亿千米以上。地球往月球的通信时间一般在秒级，与火星的信号传输至少需要 4 分钟，若要从地球到海王星建立联系，信息传输往返时间约为 8 小时。

(2) 衰落巨大，接收信噪比极低，数据传输的误比特率较高。深空通信信道实际上是一个具有时变衰落特性的信道。点对点的远距离通信通常采用无中继无线电通信，这种情况下，电磁波的损耗与距离的平方成正比，信噪比极低，误比特率增大，通信的可靠性难以保证。

(3) 地面天线体积巨大，对发射功率要求高。由于深空通信的路径损耗大，只能靠更大直径的地面天线来接收信号，更大的地面天线带来更大的天线增益。

(4) 链路联接断断续续，面临通信中断问题。由于深空通信中的通信双方相对于彼此是处于运动状态的，通信信道有中断的可能。双方之间的遮挡物是一部分原因，另外，由于地球自转的缘故，一个深空通信设施不可能对航天器进行 24 小时观测。

(5) 通信环境复杂。深空通信中电磁波近似在真空中传播，没有大气等效噪声和热噪声，因此传播条件比地面无线通信好。通信地面站收到的噪声包括由地面大气对电磁波的吸收而形成的等效噪声、热噪声和宇宙噪声，其中宇宙噪声是由射电星体、星间物质和太阳等产生的。不过在有些星球上，温差变化很大，温度辐射和振动等环境比地球上恶劣和复杂得多。

(6) 工作频率高，可用频带宽。高频段可用频带宽，深空通信可以充分地使用频带。深空通信普遍采用抛物面天线，其增益与载波波长的平方成反比，也就是载波频率越高，天线的增益越大。因此，深空通信的工作频段越来越高，从 S 波段(2GHz)到 X 波段(8GHz)再到 Ka 波段(26GHz 以上)。

(7) 深空通信系统的全天候工作能力。深空通信系统通常是全天候工作的，即航天器在宇宙中漫长的飞行期间，无论什么时间和地面气候条件下，深空通信设施和航天器之间应始终保持不间断的联系。

(8) 费用昂贵。深空通信是很昂贵的一种通信方式，这使复杂的编译码技术成为必需的选择。航天器单位载荷的发射成本和信息传输成本较高，通常需要低质量、低功率和低成本的航天器系统。

12.2 深空通信系统组成

深空通信系统用于处在深空中的航天器与地面站之间的信息传输。一个典型的深空通信系统如图 12-2 所示，它具有 3 个基本功能：跟踪功能、遥测功能和指令功能。

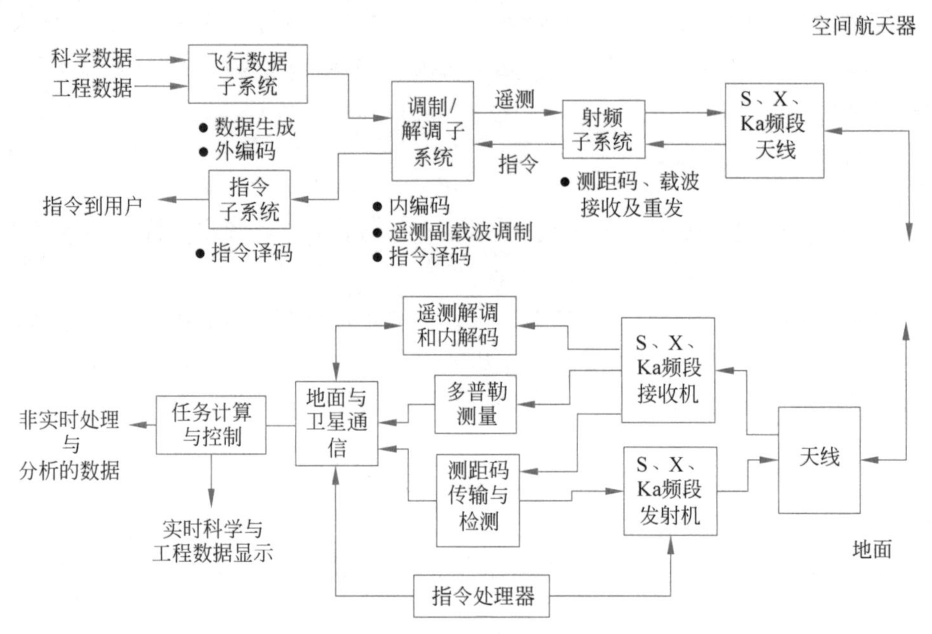

图 12-2 一个典型的深空通信系统

跟踪功能负责产生航天器位置、速度、无线电传输媒质和太阳系属性等信息，实现航天器轨道监视和航天器导航。通过无线电信号的精确测量，确定航天器的位置、速度和加速度，同时，获得有关大气层的温度、结构和成分等重要信息。跟踪数据具有极低数据率、长期稳定性和测量的极其精确性等特点。

遥测功能负责从航天器到地面的信息传输，这些信息通常由科学数据、工程数据和图像数据等组成。遥测功能为探测器运行状态监测和科学任务提供支持。它通过编码、调制和发射等手段实现探测器到地面站的数据传输。工程数据反映航天器和系统的状态，这些数据的数据量较低，需要适中的传输质量。图像数据的数据量极大，需要适中的传输质量。

指令功能负责从地面到航天器的信息传输，具有较低的数据量。虽然航天器具有高度自动化和适应能力，但是仍然需要指令来控制航天器，依据具体参数，指示航天器采用具体的措施，例如改变飞行路径。指令链路具有低数据率和高传输质量的特点。

12.3 深空通信链路

无线电信号从深空网天线传输到遥远的航天器所经过的链路称为上行链路。无线电信号从航天器传输到深空网所经过的链路称为下行链路。上行链路和下行链路由各种调制信号所在载波组成。上行链路主要负责传输指令信息、遥测遥控信息、跟踪导航信息、自控和轨道控制信息等；下行链路负责传输遥测的科学数据、文件、声音和图像等信息。

航天器通信链路若仅仅包含上行链路或下行链路，则这种链路称为单向链路，这种通信方式称为单向通信方式。当航天器接收上行链路信号的同时深空网能够接收下行链路信号，这种通信方式称为双向通信方式，这种链路称为双向链路。单向通信方式和双向通信方式在深空通信系统中发挥着重要作用。

12.3.1　深空通信链路结构

与近地通信相比，深空信号要弱得多，有时用常见的商用接收系统甚至检测不到，因此深空通信链路的优化至关重要。

对于深空通信这种极长距离的数据传输，目前常采用单中继（单跳）结构链路进行信号传输，如图12-3所示。中继点的地面端是一个直径为10～70m的反射天线。发射器的发射功率为1kW～1MW。在飞行器端，天线的直径通常为0.1～10m，发射功率为10～100mW。

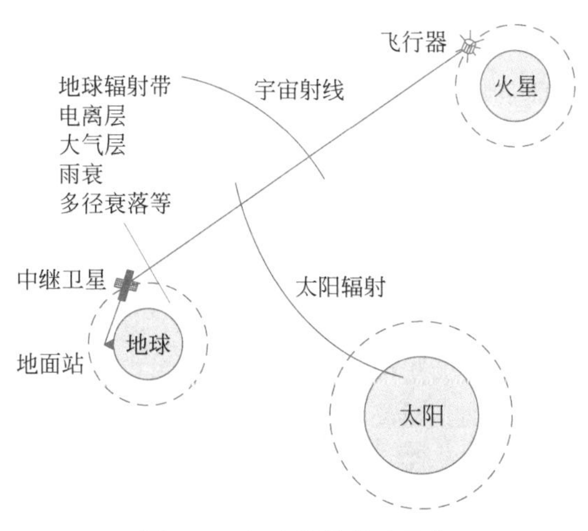

图12-3　深空通信链路示意

地球与飞行器终端特性的巨大不同反映了这样一个现实：布置天线区域、发射电源，获得低噪声温度，或是安置在遥远太空中的基站或地球上的基站解码器，在保证通信可靠性的同时，还需要考虑高昂的花费。面对种种限制，深空通信通常采用单中继（单跳）方案，使通信资源布置最优化，这样可以把数量巨大且繁杂的工作放到地面，从而保证航天器尽可能轻巧与可靠。相比于单跳而言，深空通信中多中继（多跳）结构的设计方式依靠引入控制可靠性与噪声的技术后，是一个有较好效费比的新方案。

12.3.2　深空通信链路优化

单跳通信链路如图12-4所示。这里认为单跳通信链路的传输距离为S，发射天线的物理范围为A_t，功率为P_t。实际中发射天线会在某些方向上消耗更多能量，因此需要增益G_t，并且有效全向辐射功率（Effective Isotropic Radiated Power，EIRP）$=P_tG_t$指向良好的反射天线，其远场增益为

$$G_t=\frac{4\pi\eta_t A_t}{\lambda^2} \tag{12-1}$$

式中，λ是发射信号的波长；η_t是天线效率（小于1，典型范围为0.4～0.8）。通常情况下，天线距离非常遥远（且$S^2 \gg A_r$），在其接收端产生了一个照度W，有

$$W=\frac{EIRP}{4\pi S^2}=\frac{P_tG_t}{4\pi S^2} \tag{12-2}$$

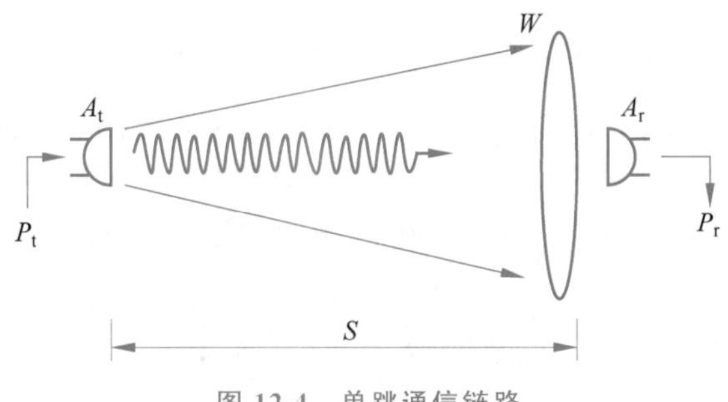

图 12-4　单跳通信链路

接收天线获取的能量为 P_r，其与天线的范围 A_r 和效率 η_r 成正比：$P_r=\eta_r A_r W$。接收到的能量基本上比发射总能量低，主要原因是一些能量从接收天线周围漏过，并且最终消散在自由空间中。

一种测量链路"有效性"的方法是计算比值 P_r/P_t，这个比值代表了用于通信功能时，接收器端接收到的有效发送能量。有效性用 α 表示，结合式(12-1)和式(12-2)，有

$$\alpha=\frac{P_r}{P_t}=\frac{\eta_t\eta_r A_t A_r}{\lambda^2 S^2}=a \tag{12-3}$$

式(12-3)给出了通信链路为单跳情况下的通信性能。基于此，下面讨论通信链路分为 n 跳(n 个中继)时的情况，多跳通信链路如图 12-5 所示。每一跳在一个方向上传送数据，并在每一个位置的发射设备都保持一致。接收设备在其他位置，并于发射设备保持空间间隔。这些中继点与终端本身有所区别：其不被包括在传输链条之内，并在同一位置同时具有发送和接收设备。假定链条中段的终端设备被放置于朝向数据的方向，接收器朝向下一个中继点的发射器；并且假定其具有纠错检错能力，使接收时引入的错误并不会传送至下一中继点。

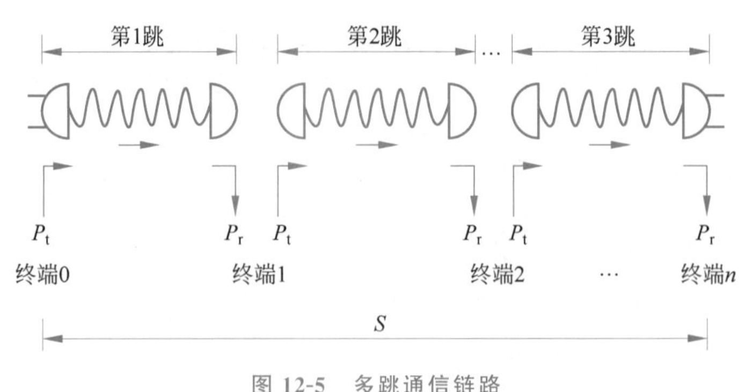

图 12-5　多跳通信链路

当前，可以认为这些中继点都是相同的，除了覆盖面积不同，功能与原先单跳结构相同，但真实的系统未必这么简单。这些终端不需要等距离，A_t 与 A_r 在每个终端也不需要相同等。这种简单的设计会带来有趣的变化，即覆盖距离被参数 n 缩短了，因此，每一中继新的有效性公式为

$$\alpha'=\frac{\eta_t\eta_r A_t A_r}{\lambda^2 (S/n)^2}=n^2 a \tag{12-4}$$

显然，有效性因为参数 n^2 而增加了。这表明可以通过增加通信链路的中继数量来优化通信性能。

【例 12-1】 考虑采用单跳结构的深空通信链路，已知其传输距离为 36000km，发射天线的直径为 1.5m、效率为 0.55，接收天线直径为 34m，效率为 0.55，且波长为 3.5cm。计算此单跳链路的有效性。

【解 12-1】 由题目可知，此深空通信链路为单跳结构，其传输距离 $S=36000\text{km}$、发射天线的物理范围 $A_t=\pi\left(\frac{d_t}{2}\right)^2=1.77\text{m}^2$、效率 $\eta_t=0.55$，接收天线的物理范围 $A_r=\pi\left(\frac{d_t}{2}\right)^2=908\text{m}^2$、效率 $\eta_r=0.55$，又已知波长 $\lambda=3.5\text{cm}$，现将上述已知参数代入公式，即可得到此通信链路的有效性为

$$\alpha=\frac{\eta_t\eta_r A_t A_r}{\lambda^2 S^2}=\frac{0.55\times0.55\times1.77\times908}{(3.5\times10^{-2})^2\times(36000\times10^3)^2}=3.06\times10^{-10}$$

12.3.3 深空通信天线

深空通信天线技术是深空通信的基本技术之一，为了满足探索太空的需求，深空通信天线必须满足频率稳定度高、指向精确度高和可用性强的严格要求。

深空通信普遍采用抛物面天线，具有以下优点。

(1) 高增益：抛物面天线能够提供非常高的增益，这对于进行跨越长距离通信至关重要，尤其是在深空环境中。

(2) 良好的定向性：抛物面天线的主要特点是定向性良好，能够将信号精确地聚焦到目标飞行器上，减少信号的衰减和干扰。

(3) 简单可靠：抛物面天线结构相对简单，易于制造和维护，具有较高的可靠性和稳定性。

(4) 宽带性能：抛物面天线通常具有较宽的频率覆盖范围和带宽，能够支持多种通信协议和数据传输速率，满足不同应用的需求。

(5) 适应性强：抛物面天线在不同的深空任务和通信场景中都能表现出良好的性能，适用于各种类型的太空探测器和卫星。

随着人类迈向深空的步伐越来越快，仅靠单个大口径天线已经不能满足深空测控任务对测控和数据传输的需求，因此，天线组阵技术随之发展起来。天线组阵是测控通信领域前沿技术之一，就是利用分布在不同地点的多个天线组成天线阵列，发射或接收同一信号，并在接收端进行合成聚力增效，从而获得更高的信号质量，保证和深空探测器之间可靠的信息流。这一系统不仅可以实现对单个深空探测器的高精度跟踪测控，每台天线也可单独工作，从而实现对多个深空目标的同时跟踪，还可以与其他天文观测站实现异地组阵，开展联合射电天文观测活动。天线组阵示意如图 12-6 所示，天线组阵技术是通过天线信号之间的互相关运算，在天线信号时延、多普勒和相位差修正的基础上，实现信号的合成，组阵后的等效接收面积是所有天线接收面积的和。通常采用的合成方法包括：全频谱合成，复符号合成、符号流合成、基带合成等。

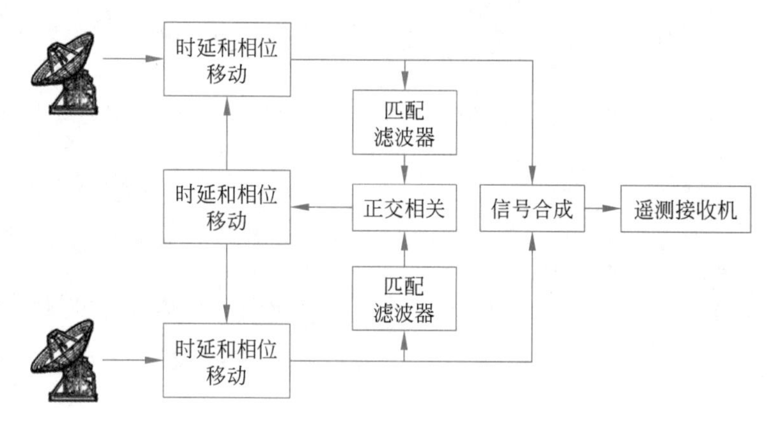

图 12-6 天线组阵示意

12.3.4 调制

通信系统所采用的调制方式通常会对系统的通信质量产生一定影响。通过采用适当的调制方式可使调制后的通信信号与信道特性相匹配,可以获得最佳的通信质量。调制方式的选择通常取决于通信环境和系统的信道特性,因此对深空信道特性的研究,以及对深空信道调制技术的研究是十分必要的,这有助于提高深空通信系统的性能。

一般来说,深空通信调制解调系统可建模如图 12-7 所示。深空通信调制解调系统面临着以下 5 项特殊困难:

(1) 极低的接收端输入信噪比;

(2) 接收信号具有多普勒频率;

(3) 饱和功率放大器引入非线性特性;

(4) 需要有较高的带宽利用率来满足未来的高速数据传输任务;

(5) 需要有较高的功率利用率来满足系统基本性能。

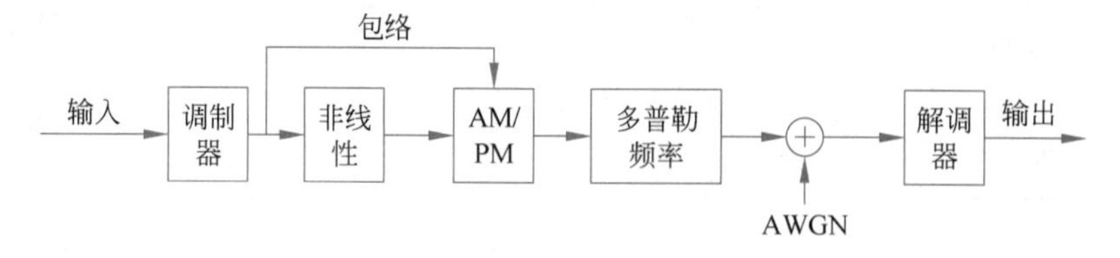

图 12-7 深空通信调制解调系统模型

深空通信信道是一个典型的带限非线性变参信道,具有非线性变参数特性。首先,深空的非线性是因为在深空通信中,空间探测器的发射功率严格受限。为了有效地利用探测器的功率,发送信号功率放大器通常采用高功率非线性放大器,而这种非线性放大器具有幅相效应,也就是当输入信号的幅度变化时,相应的输出信号的相位也发生变化,从而造成了信号的失真。其次,深空信道对输入信号的特性有着更高的要求,这是因为采用带限信号可以滤除信号频谱中的一部分带外分量,可以有效地避免邻道干扰,但同时也使滤波后的信号发生畸变,所以输入信号就需要有频谱主瓣窄,快速滚降的特点。为了避免深空信道的幅相效应,降低带限信号产生的影响,要求调制后的信号波形的包络波动尽量小,频带利用率尽量高。因而,在深空通信中选择合适的调制方式应兼顾以上两点。

考虑以上因素，深空通信需要采用一些新的调制技术，保证发射机有高的功率效率及带宽效率。深空通信常采用恒包络调制、准恒包络调制和非恒包络调制3种调制技术。

(1) 恒包络调制。严格的恒包络调制技术具有高带宽效率，当经过饱和非线性信道传输时，具有最高功率效率。恒包络调制包括目前在移动通信中广泛采用的BPSK、QPSK、OQPSK、差分编码QPSK、π/4 QPSK、MSK、SFSK、GMSK等调制方式。

(2) 准恒包络调制。轻微偏离恒包络的调制技术称为准恒包络调制，包括FQPSK、IJF-QPSK、SQORC、互相关网格编码正交调制(XTCQM)、整形偏移QPSK等调制方式。由于在恒包络方面对调制信号要求的降低，因此准恒包络调制可以在带宽效率方面获得比较大的提高，以更好地避免信号产生失真。

(3) 非恒包络调制。在非恒定包络调制中，信息可以对载波频率的振幅进行调制，如AM和SSB就是属于常见调制方案。这种调制方式的功率谱效率总是高于恒定包络调制等其他调制方式。一些常见的非恒包络调制技术包括：16QAM、64QAM、256QAM。

12.3.5 编码

在通信过程中，当发射端完成对数据信息的调制后，如何确保信道的传输速率和质量也是需要研究的问题。尤其在深空通信中，通信距离极远，通信信号的自由空间传播损耗巨大，接收信号的信噪比极低，因此研究高效率信道编码技术来提高信道编码增益和增强微弱信号接收能力，是深空通信领域的技术热点。

传统的深空通信任务的特点是具有较低的数据传输速率和中等的信道带宽要求，这样的通信链路从本质上来说是由能量效率驱动的，即信号发射功率和信号的能量才是主要问题，因此传统的深空通信要求操作的信噪比相当低，以获得良好的传输性能。对应常用的编码方案有卷积码、格雷码、雷德-密勒码、里德-所罗门码、RS码与卷积码的级联码等。

然而随着通信任务的需求提升，现有深空通信链路对未来新的空间通信任务会造成严重的束缚与影响，也就是说，未来深空通信对信道带宽、信号能量和高数据率要求等不同方面都有严格要求。因此，迫切需要开发新的有效信道带宽，即通过采用具有接近香农极限，并且复杂度较低的信道编码方式来解决未来的通信问题。

在未来深空通信中，不同的应用场合面临着不同的任务需求，但总的来说，设计能够胜任这些任务的新编码方式就必须保证：

(1) 新的信道编码必须具有大的编码增益；

(2) 新的信道编码必须能够具有高的频谱利用效率；

(3) 新的信道编码必须具有较低的编码和解码复杂度。

深空通信中目前比较成熟的一种编码方式是Turbo码，即并行级联卷积码，它巧妙地将卷积码和随机交织器结合在一起，实现了随机编码的思想，并获得了接近香农极限的性能。然而，由于Turbo码存在着运算复杂度高、编码时延大、错误平层高等问题，因而只适合传输速率低的深空通信任务。针对其自身缺点，未来Turbo码的主要研究方向应该集中在提高实时性和降低译码复杂度2个问题上。

低密度奇偶校验(Low-Density Parity-Check，LDPC)码是迄今为止性能最好的码，是信道编码领域与深空通信纠错编码领域的研究热点。其性能优于Turbo码，具有较大的灵活性和较低的错误流程；它的描述简单，对严格理论分析具有可验证性；译码复杂度低于

Turbo 码,且可实现完全的并行操作,硬件复杂度低,因而适合硬件实现;吞吐量大,极具高速译码潜力。总的来说,LDPC 码在良好的距离性、低复杂度和高并行译码方法上都展示出了更为优越的性能。

12.4 深空探测概述

深空探测指的是探测地球以外天体和星际空间,其主要目的是帮助人类了解地球、太阳系和宇宙的结构与起源,进而有助于对其他天体进行考察、探测、资源利用甚至定居。

传统地球轨道航天器与基于地面测控网的探测存在实时性、可观察性、稳定性和运行成本的问题,较难满足距离更远、探测时间更长且探测目标种类更多的深空探测需要。因此如何基于现有无线电和光学测量等技术实现对深空目标的高效观测已经成为国内外航天器研究的热点。

20 世纪 50 年代末开始,美国和苏联就进行了包括月球探测、行星探测、行星际探测和小行星与彗星探测的一系列深空探测研究和深空探测器的研制与发射工作。目前世界各国已发射的月球及月球以外天体的深空探测器共有 200 多个。

12.4.1 深空探测概念

1. 地基无线电探测

地基无线电探测系统包括地基雷达、光学望远镜和射电望远镜等,其中地基雷达对深空探测效果最好。地基雷达主要通过雷达电磁波的发射与接收来实现对深空目标的观测,相较而言,地基光学望远镜无法测量目标距离,较难实现对深空目标的快速定轨,且探测分辨率低,较难获取目标的精确结构信息;而大口径射电望远镜(如 FAST)则主要依赖接收天体的辐射信号进行探测,对深空中的射电脉冲星具有较好的观测效果,但由于本身不发射电磁波,所以难以对不发射电磁信号的深空行星进行探测,存在探测盲区。此外,地基雷达系统探测相较于深空探测航天器具有探测成本低、任务执行时间短、探测范围大等优势。

总之,地基雷达探测系统在执行深空探测任务时具有以下优势:

(1) 观测条件易满足,可全时全天候观测,受天气光照因素影响小;

(2) 能够精确测距,实现对天体的快速定轨;

(3) 观测分辨率高,最高可达米级至亚米级;

(4) 观测成本低,无须发射,可重复利用,且观测效率高;

(5) 观测类型全,系统可自身发射电磁波观测更多类型天体。

2. 天基光学探测

天基光学探测指利用光学成像敏感器获取天体图像数据,并对图像数据进行分析和处理,最终得到关于天体的观测信息。相较于其他深空探测方式,天基光学探测具有测量信息独立、数据准确、自主性强的优势。但曾由于观测数据量大、观测干扰严重和处理算法复杂等问题严重限制了天基光学探测的应用,而随着芯片集成度与算法性能的不断提升,天基光学探测技术越来越多地被应用到深空探测任务中。

根据不同探测轨道段的特点,基于光学图像数据可以得到中心点信息、边缘点信息和特征点信息。

(1) 中心点信息。利用图像处理方法,可从光学成像敏感器获取由近天体和远天体图像中提取的近天体中心和远天体能量中心。这是光学探测最常用的测量信息,例如"深空一号",利用光学成像敏感器对小行星和背景恒星进行光学测量,获得小行星和背景恒星的图像信息。

(2) 边缘点信息。利用图像处理方法,可从光学成像敏感器获取由近天体图像中提取的天体边缘点信息。利用球形天体的边缘点信息(即使当深空探测器距天体太近只能获得天体部分边缘图像),除了可以确定天体中心方向之外,还可以确定天体的视半径。根据形状不规则小天体的三维模型与不规则天体的图像边缘信息和图像模型进行匹配,可以确定边缘点的参考位置信息。

(3) 特征点信息。利用图像处理方法,可从光学成像敏感器获取的天体表面图像中提取出天体表面特征点(含人工目标)信息,并与模型匹配使用。

12.4.2 深空探测特点

深空探测是一项具有挑战性的科学探索活动,面临着多种困难和障碍,其中,信噪比低、动态变化范围大,探测对象与方式多元化,以及探测环境复杂、不确定等特点是深空探测面临的主要挑战。这些挑战使深空探测需要具备高度的技术水平和创新能力,以克服探测任务的复杂性。

(1) 探测信噪比低、动态变化范围大。与近地探测相比,深空探测的观测距离远、信噪比低,例如月球距地最远约 40 万千米,是同步轨道距离(3.6 万千米)的 11.26 倍,传播路径损耗比同步轨道大 21.03dB;火星距地最远约 4 亿千米,是同步轨道距离的 11147.2 倍,传播路径损耗比同步轨道大 60.94dB。因此,在地基无线电探测中,深空站接收的信号通常非常微弱,这极大限制了深空数据传输效率。在天基光学探测中,深空航天器飞行已超过了第二宇宙速度(11.2km/s),再加上需采用高频段测控,所以深空航天器的多普勒频率和多普勒变化率比近地航天器大很多。例如,在 Ka 频段多普勒变化范围为±1100kHz,多普勒变化率为 110kHz/s。深空探测中较高的传播路径损耗和多普勒变化率导致深空探测更加困难,需要更高精度的观测方法。

(2) 探测对象与方式多元化。深空探测相对于近地探测有更多的探测对象,不再局限于近地轨道卫星,已扩展到行星、恒星、陨石等对象,这就对探测器适用范围提出了更高要求。深空探测增加了更多的探测方式,包括软着陆与巡视、无人取样返回、行星往返运输及载人登陆等。

(3) 探测环境复杂、不确定。在天基探测方法中,深空环境更加复杂、不确定,同时深空中通信与控制更难及时响应,因此对深空探测提出更加严峻挑战。此外,深空探测一般持续时间较长,任务设计复杂。中国的小行星探测任务已明确提出"一次任务完成近地小行星伴飞、附着、取样返回和主带彗星探测",这就要求深空探测设备具有更强的稳定性与更加丰富的功能。

12.5 深空探测无线电测量

深空测控通信系统有 3 个基本任务:一是测量并预报航天器的位置;二是通过下行链路获取探测器的健康状态和科学探测数据;三是通过上行链路对探测器发送遥控指令实施

相应的控制。针对以上基本任务，首先要通过测距、测速和测角等基本外测手段，实现对探测器位置的实时测量，并根据轨道模型，预计出未来一段时间内探测器的飞行轨迹，完成对探测器的跟踪任务。本节主要介绍了深空无线电的测距、测速和测角3种测量方式，同时也介绍了在深空远距离大传输时延条件下的再生伪码测距体制的信号模型。

12.5.1 深空无线电测距

深空无线电测距技术在探索宇宙奥秘的征途中扮演着关键角色。为了准确测量天体间的距离，深空探测使用了多种测距方式和测距体制。在测距方式上，双向测距和三向测距是两种主要方法，二者的不同本质来自收发源的不同。而在测距体制方面，纯测音测距、音码混合测距和伪随机码测距是常用的方式。纯测音测距通过测量信号的时差来确定距离，而音码混合测距和伪随机码测距引入了编码信号，以提高测距精度和抗干扰能力。这些技术的应用为探索宇宙提供了有效工具，带领我们深入探索宇宙的未知领域，推动深空探测事业的不断发展。

1. 测距方式

深空探测器进行距离测量时，按照测距信息的发送站和接收站是否为同一个地面站，可将测距方式分为双向测距和三向测距。

由同一个地面测控站发送上行信号并接收下行信号来完成距离测量的方式称为双向测距。

受地球自转的影响，测控站发射信号后不再能接收到探测器返回的信号，需由另一个测控站完成信号接收，或者，需要利用不同测控站分别完成测距信号的发射和接收，这种距离测量方式称为三向测距。

深空无线电测距的基本原理如下。设测距信号为 f_R，整秒点 t_1 时刻发射到测控站测距信号的相位为 $\varphi_{\mathrm{tx}}(t_1)$，探测器到两个测控站的往返光行时为 $\mathrm{RTLT}(t_1)$。定义 $\Delta t\in[0,1]$，经过 $\mathrm{RTLT}(t_1)+\Delta t$ 后，在接收测控站的整秒点 $t_2(t_2=t_1+\mathrm{RTLT}(t_1)+\Delta t)$ 时刻，发射站和接收站的测距信号相位可以分别表示为

$$\varphi_{\mathrm{tx}}(t_2)=\varphi_{\mathrm{tx}}(t_1)+2\pi f_R[\mathrm{RTLT}(t_1)+\Delta t] \tag{12-5}$$

$$\varphi_{\mathrm{rx}}(t_2)=\varphi_{\mathrm{tx}}(t_2)-2\pi f_R\mathrm{RTLT}(t_2) \tag{12-6}$$

式中，$\mathrm{RTLT}(t_2)$ 为 t_2 时刻探测器到两个测控站的往返光行时。所以得到时刻收发测距信号的相位差为

$$2\pi f_R\mathrm{RTLT}(t_2)=\varphi_{\mathrm{tx}}(t_2)-\varphi_{\mathrm{rx}}(t_2)=\varphi_{\mathrm{tx}}(t_1)+2\pi f_R[\mathrm{RTLT}(t_1)+\Delta t]-\varphi_{\mathrm{rx}}(t_2) \tag{12-7}$$

式中，$\mathrm{RTLT}(t_1)+\Delta t$ 为整秒倍时间，且大于 t_1 时刻的往返光行时。当测距信号频率为整周频率时，其值为 $2n$ 的整数倍，所以该项可以忽略，式(12-7)可以变为

$$2\pi f_R\mathrm{RTLT}(t_2)=\varphi_{\mathrm{tx}}(t_1)-\varphi_{\mathrm{rx}}(t_2) \tag{12-8}$$

从测量原理和测距信息的构成上，双向测距和三向测距是一样的，其本质区别是双向测距的信息收发是同一个地面站，而三向测距的信息收发不是同一个地面站。由于收发不同源，三向测距时信号发射站和接收站采用不同的时间和频率标准，导致测距误差增大，测距精度较低。

2. 测距体制

深空探测中根据测距信号类型的不同，可以将测距方式分为纯测音测距、音码混合测距

和伪随机码测距。

在纯侧音测距体制中,测距信号由一组不同频率的正弦波或方波组成,这些正弦波或者方波又称为侧音。纯侧音测距信号形式为

$$S(t)=\sqrt{2S_{u}}\sin[2\pi f_{tx}t+m_{r}\cos(2\pi f_{r}t)] \tag{12-9}$$

式中,S_{u} 为上行信号功率,f_{tx} 为上行载波频率,f_{r} 为侧音频率,m_{r} 为测距信号对载波调制系数。

该测距过程分为捕获阶段和跟踪阶段。捕获阶段轮发各个侧音,完成距离解模糊,而跟踪阶段只发主侧音,保证测距精度。其体制频谱较为简单不易形成干扰,能量集中易于实现高精度测距。但其距离解模糊过程比较复杂,需要根据信号的往返时间制定一个精密的测距捕获过程,并且随着距离的增加,侧音数目较多,匹配过程更复杂。

音码混合测距体制中,上行信号为遥控副载波及测距信号对载波 PM 调制。上行测距信号包括高侧音和由其分谐波得到的 $C_{n}(t)$码,对高侧音相位调制 PM 后,再将高侧音对载波 PM 调制,得到音码混合测距信号:

$$S(t)=\sqrt{2S_{u}}\sin\{2\pi f_{tx}t+m_{tc}d(t)\cos(2\pi f_{tc}t+\varphi_{tc})+ m_{ru}d(t)\cos[2\pi f_{r}t+k_{tone}C_{n}(t)]\} \tag{12-10}$$

式中,m_{tc} 为遥控信号对载波调制系数,$d(t)$为遥控数据流,f_{tc} 为遥控副载波频率,φ_{tc} 为遥控副载波相位,m_{ru} 为测距信号对载波调制系数,k_{tone} 为测距码对高侧音调制系数,$C_{n}(t)$为高侧音分谐波得到的 n 级测距码。

该测距过程发送测距码时,按照频率从高到低的顺序依次发送,测距码之间采用异或方式复合。测距码捕获过程简单,不需要测量相位,只需要判定相关器积累结果是否超出阈值,确定其极性即可。而且其序列码的相关性较侧音信号好,更适合于远深空、极低信噪比情况下的测距。但是其测距信号频谱较宽,容易形成干扰。

伪随机码的结构可以预先确定、并可重复产生和复制、具有某种随机序列统计特性的序列。利用伪随机码作为测距信号,测距随机误差取决于伪码时钟频率和信噪比,距离解模糊能力取决于伪码周期。伪码测距上行信号形式如下:

$$S(t)=\sqrt{2S_{u}}\sin[2\pi f_{c}t+\beta_{1}\mathrm{PN}(t)+\beta_{2}D(t)P(t)+\varphi_{c}] \tag{12-11}$$

式中,PN(t)为测距 PN 码,β_{1} 为测距调制度,β_{2} 为遥控副载波调制度,$D(t)$为遥控数据,$P(t)$为遥控副载波。

伪码测距体制在信号设计中,给测距时钟信号分配了更多的能量,而其他测距信号仅占用解模糊所需要的能量,这就做到了能量分配的优化设计。该体制不需要有单独的距离捕获过程,测距过程对信号往返传输时延的依赖小,应答机上使用伪码再生转发方式提高下行测距信号的幅度,但应答机采用再生转发方式的过程较为复杂。

12.5.2 深空无线电测速

深空探测器的速度测量与近地轨道航天器测速类似,利用观测到的载波频偏进行测速,基本原理是无线电信号在空间传播时发生的多普勒效应。当发射机与接收机相对运动而彼此接近时,接收机收到的信号频率将高于发射机发射的信号频率;而当彼此远离时,接收信号频率低于发射信号频率。

定义目标接近测控站时的速度为负，远离测控站时的速度为正。多普勒频率为接收信号频率减去发射信号频率，即 $f_d = f_R - f_T$，其中 f_d 为多普勒频率，f_R 为测控站接收信号频率，f_T 为目标发射信号频率。根据跟踪模式的不同，深空探测器的速度测量可以分为 3 种方式：单向测速、双向测速和三向测速，如图 12-8 所示，其中，A 为探测器，B 和 C 分别为地面测控站。

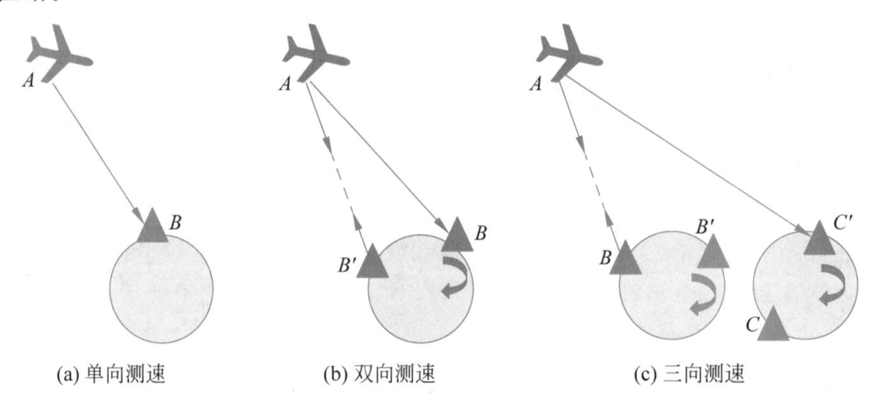

图 12-8　深空探测器的速度测量

1. 单向测速

在单向跟踪模式下，深空探测器以高稳频率振荡器为参考，产生标称下行发射信号，经过空间传播与时延后被地面站接收，地面站测量接收到的信号相对于以地面站高稳频率振荡器为参考产生的标称下行发射信号的频率差。单向测速系统一般由探测器上的信标机和地面接收设备组成。设探测器发射信号频率为 f_T，地面接收信号频率为

$$f_R = \sqrt{\frac{c+v}{c-v}} f_T \tag{12-12}$$

其中，c 为光速，v 为探测器的径向速度。若地面站能够精确复制探测器发射信号频率 f_T，则所得多普勒频率为

$$f_d = f_R - f_T = \left(\sqrt{\frac{c+v}{c-v}} - 1\right) f_T \approx \frac{v}{c} f_T \tag{12-13}$$

由此可以计算得到探测器相对于地面站的径向速度。

2. 双向测速

双向测速是指地面测控站发射上行信号，探测器应答机接收上行信号并根据相干转发比完成下行载波的相干转发；地面测控站通过测量返回信号的多普勒频率来计算探测器相对于测控站的径向飞行速度。设地面站发射频率为 f_T，探测器相对于地面站的径向速度为 v，则探测器接收的信号频率 f'_R 为

$$f'_R = \sqrt{\frac{c+v}{c-v}} f_T \tag{12-14}$$

设探测器对接收信号进行相干转发的转发比为 q，则探测器发射信号频率为

$$f'_T = q f'_R = q\sqrt{\frac{c+v}{c-v}} f_T \tag{12-15}$$

地面站接收信号频率为

$$f_R=\sqrt{\frac{c+v}{c-v}}f'_T=\frac{c+v}{c-v}qf_T \tag{12-16}$$

因此测量得到的多普勒频率为

$$f_d=f_R-qf_T=\left(\frac{c+v}{c-v}-1\right)qf_T\approx\frac{2v}{c}qf_T \tag{12-17}$$

当 v 远小于光速时,式(12-17)近似成立。

双向测速示意如图 12-8(b)所示。双向测速适用于测控弧段内单测控站完成信号收发的情况,是深空测速过程中使用最多、精度最高的测速手段。

3. 三向测速

随着深空探测器与地球之间距离的逐渐增大,受地球自转影响,发射上行信号的地面测控站可能无法接收到探测器相干转发的下行信号,因此需要使用另一个测控站完成下行信号的接收。或者,需要采用不同的测控站分别完成上行信号的发射和下行信号的接收。

设地面站 B 的发射频率为 f_T^B,探测器相对于地面站的径向速度为 v_B,则探测器接收的信号频率为

$$f'_R=\sqrt{\frac{c+v_B}{c-v_B}}f_T^B \tag{12-18}$$

设探测器对接收信号进行相干转发的转发比为 q,则探测器发射信号频率为

$$f'_T=f'_R=q\sqrt{\frac{c+v_B}{c-v_B}}f_T^B \tag{12-19}$$

设探测器相对于地面站 C 的径向速度为 v_C,则地面站 C 接收信号频率为

$$f_R=\sqrt{\frac{c+v_C}{c-v_C}}f'_T=\sqrt{\frac{c+v_C}{c-v_C}\cdot\frac{c+v_B}{c-v_B}}qf_T \tag{12-20}$$

考虑到探测器相对于地球站的距离非常远,可以认为 $v_C=v_B=v$,因此有

$$f_R=\frac{c+v}{c-v}qf_T \tag{12-21}$$

若地面站 C 能够精确复制地面站 B 的发射信号频率 f_T,则可测得多普勒频率为

$$f_d=f_R-qf_T=\left(\frac{c+v}{c-v}-1\right)qf_T\approx\frac{2v}{c}qf_T \tag{12-22}$$

当 v 远小于光速时,式(12-22)近似成立。

三向测速示意如图 12-8(c)所示。由于两个测控站之间的频率标准和时间标准之间的差异,导致了一定误差的产生。因此三向测速系统的测速精度优于单向测速,但比双向测速差。

【例 12-2】 一艘宇宙飞船正在接近地球,它发出的无线电信号接收到地面天文台发射的信号频率为 $f_1=8420\text{MHz}$。当宇宙飞船距离地球 100 万千米时,天文台收到的信号频率为 $f_2=8390\text{MHz}$,求宇宙飞船相对于地球的速度。

【解 12-2】 解答该题应使用多普勒测速公式

$$f_2=\frac{c+v}{c-v}f_1\approx\frac{c+v}{c}f_1$$

其中,f_1 为宇宙飞船的发射信号频率,f_2 为天文台接收信号频率,c 为光速,v 是宇宙飞船

相对于地球的速度。

将题目中的已知值代入上式中

$$v=c\left(\frac{f_2}{f_1}-1\right)=3\times10^5\times\left(\frac{8390}{8420}-1\right)=-1069\text{km/s}$$

因此，宇宙飞船相对于地球的速度约为 1069km/s，负号表示运动方向相反。

12.5.3 深空无线电测角

角度测量是探测器轨道确定的重要手段之一。实现对探测器跟踪的首要条件是确保地面天线能够随时对准探测器。角度跟踪信息一般可通过来波信号的幅度和来波信号的相位获取。

相位比较测角基于相位干涉原理，通过不同地面站天线接收信号测量来波射频信号的相位差，获取地面站和航天器连线矢量与地面站坐标轴的方向余弦，从而给出航天器相对地面站天线的俯仰和方位角度。这种相位干涉测量方案可获得相对较高的测角精度，是目前深空测角的主要方式。常用的工程实现方案有非常长基线干涉测量(Very Long Baseline Interferometry，VLBI)，以及在此基础上改进的 ΔVLBI 和同波束干涉(Same Beam Interferometry，SBI)等技术。

1. VLBI

VLBI 技术诞生于 20 世纪 60 年代，最初应用于天文观测，它是两个或更多测站精确测量来自同一银河外射电源(Extra-Galactic Radio Resource，EGRS)的信号波到达两个测站的时间差。两个观测站同时观测同一个 EGRS，在每个观测站，接收信号的瞬时相位(一个随机的高斯过程)被记录在每一个通道上，即 VLBI 数据获取。将两个观测站记录的数据送至同一个处理中心，将来自两个观测站匹配通道上的数据进行互相关，即 VLBI 数据的互相关，以确定几何时延。通过考虑其他介质等因素的影响修正时延，即可得到信号方向与基线方向的夹角。通过足够的观测，并在一定的解算模型下，即可得到每个观测站的站址坐标、被观测源的角位置及其他与信号传播路径有关的参数。

VLBI 技术是目前角分辨率最高的天文观测技术，利用该技术可以直接测量得到探测器的角度数据，对探测器横向位置和速度有较好约束。

2. ΔVLBI

20 世纪 70 年代，基于差分的 VLBI 技术开始在深空探测中得到应用。为消除传统测量过程中的站间时间同步误差、设备时延误差、站址误差，以及大气电离层、对流层等公共误差源产生的影响，VLBI 提出了采用分时工作、顺序观测的工作方式，对角距接近的航天器与参考射电源进行交替观测。其中参考射电源的位置由先验信息获取，在假设各项误差源对射电源观测量，以及航天器观测量影响一致的前提下，通过将测量结果相应做差，消除各项公共误差，这一处理思想称为差分干涉测量技术(ΔVLBI)，当其测量元素为差分单向距离差时，称之为 ΔDOR(Delta Differential One-way Ranging)技术；相应地当测量元素为差分单向速度差时，称为 ΔDOD(Delta Differential One-way Doppler)技术。由于 ΔDOR 技术能够提供更精确的探测器角位置，因此在深空探测导航中应用得更为广泛。ΔDOR 的测量原理如图 12-9 所示。

航天器从深空向地面发射侧音信号，地球上不同地理位置的测站对接收信号同步采集

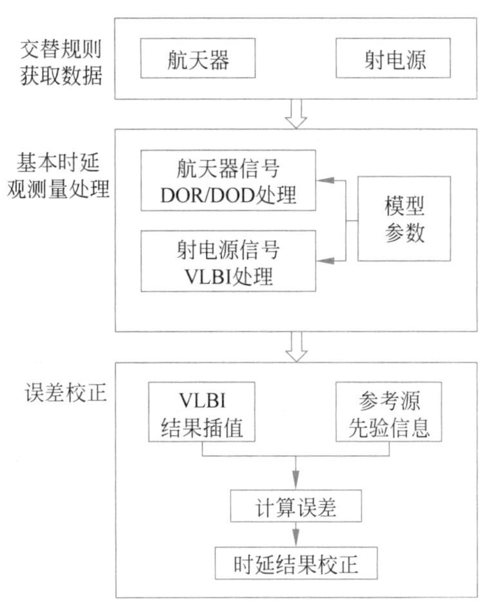

图 12-9 ΔDOR 的测量原理

记录，并存储于本地磁盘中。对各站的观测数据进行相关处理就可以解算出信号到达各站的时延差，从而确定航天器角位置。理论上，测量时延量取决于航天器与基线间的几何构型，但实际测量过程中会引入信号传播介质（如对流层、电离层等）、设备钟差，以及设备通道等因素引入的误差，误差值为

$$\tau_{SC}=\tau_{g\_SC}+\Delta\tau_{SC}=\tau_{g\_SC}+\tau_{clock\_SC}+\tau_{atm\_SC}+\tau_{path\_SC} \tag{12-23}$$

式中，τ_{SC} 为相关处理得到的时延观测量；τ_{g_SC} 为几何构型引起的时延值；$\Delta\tau_{SC}$ 为观测误差之和；τ_{clock_SC} 为测站钟差；τ_{atm_SC} 为传播介质引入的时延误差；τ_{path_SC} 为通道时延。

为了消除这些误差，ΔDOR 引入参考射电源作为基准，通过对参考射电源的观测获取射电源时延观测量为

$$\tau_{egrs}=\tau_{g\_egrs}+\tau_{clock\_egrs}+\tau_{atm\_egrs}+\tau_{path\_egrs} \tag{12-24}$$

通常，参考射电源的位置由国际天文组织经过长期观测得到，典型的角位置精度可达到1nrad 量级，可以认为它们在天空中的位置精确已知，即射电源观测量的理论值 τ_{egrs_TRUE} 已知。因此参考射电源观测误差量为

$$\Delta\tau_{egrs}=\tau_{egrs}-\tau_{egrs\_TRUE} \tag{12-25}$$

在实际工程应用中，观测台站将观测射电源的频带的中央放在航天器的侧音频率上，即保证射电源信号与航天器信号频率接近，且两者所经过的信道路径一致，因此认为空间环境、设备通道钟差等因素引入的时延误差对航天器和射电源影响近似一致。即

$$\Delta\tau_{SC}=\Delta\tau_{egrs} \tag{12-26}$$

因此，最终航天器的校正时延观测量为

$$\begin{aligned}\tau_{SC\_EST}&=\tau_{SC}-\Delta\tau_{SC}\\&=\tau_{SC}-\Delta\tau_{egrs}\\&=\tau_{SC}-\tau_{egrs}+\tau_{egrs\_TRUE}\end{aligned} \tag{12-27}$$

通过引入差分处理技术，测站时钟偏差、介质影响和测量设备的群时延影响几乎可以消

除,用这种方法能够大大减小由于未校准介质影响和基线矢量模型不准引起的误差。对DOD观测量而言,采用对射电源航天器轮流观测的方法同样可抵消电离层和对流层等公共误差的影响。分别计算射电源、航天器的DOD观测量,将结果做差即得到ΔDOR测量值。

3. SBI

当两个航天器在角度上非常接近时,可以在一个地面站天线的同一个波束内观测。使用两个地面站天线对两个航天器同时观测,可以形成双差分干涉测量,得到天平面上两个航天器精度较高的相对距离信息,这一技术称为SBI技术。相比于传统ΔVLBI技术,SBI技术能够更有效地消除系统差,并且其相位时延的测量方式能够获得比群时延更高的测量精度。

基本的SBI观测系统包含双测站、双航天器和多频点(一般多于3频点)信号。假设两个航天器A、B同时播发3个信号,其频率依次对应为f_{A1}、f_{A2}、f_{A3}和f_{B1}、f_{B2}、f_{B3},且满足$f_{A1}<f_{A2}<f_{A3}$,$f_{B1}<f_{B2}<f_{B3}$,$f_{A1}-f_{B1}\approx f_{A2}-f_{B2}\approx f_{A3}-f_{B3}$。

地面两个测站1、2接收来自航天器的信号。记航天器$h(h=A、B)$的$f_{hn}(n=1,2,3)$信号到达测站$k(k=1,2)$的传播时延为τ_{ob_hkn},该时延可以写成

$$\tau_{\mathrm{ob}\_hkn}=\tau_{\mathrm{g}\_hk}+\tau_{\mathrm{t}\_hk}+\tau_{\mathrm{s}\_hkn}+\tau_{\mathrm{e}\_hkn} \tag{12-28}$$

式中,τ_{g_hk}表示由航天器到测站的理论时延,τ_{t_hk}表示航器与测站间的钟差,τ_{s_hkn}表示由大气、等离子体等介质引入的传播介质时延,τ_{e_hkn}表示测站k的设备时延,这两部分时延与信号频率有关。则航天器h到两个测站的时延差为

$$\begin{aligned}\tau_{\mathrm{ob}\_hn}&=\tau_{\mathrm{ob}\_h1n}-\tau_{\mathrm{ob}\_h2n}\\&=(\tau_{\mathrm{g}\_h1}-\tau_{\mathrm{g}\_h2})-(\tau_{\mathrm{t}\_h1}-\tau_{\mathrm{t}\_h2})+\\&\quad(\tau_{\mathrm{s}\_h1n}-\tau_{\mathrm{s}\_h2n})+(\tau_{\mathrm{e}\_h1n}-\tau_{\mathrm{e}\_h2n})\end{aligned} \tag{12-29}$$

对两航天器的站间时延差再做差得到

$$\begin{aligned}\tau_{\mathrm{ob}\_n}&=\tau_{\mathrm{ob}\_An}-\tau_{\mathrm{ob}\_Bn}\\&=((\tau_{\mathrm{g}\_A1}-\tau_{\mathrm{g}\_A2})-(\tau_{\mathrm{g}\_B1}-\tau_{\mathrm{g}\_B2}))+\\&\quad((\tau_{\mathrm{s}\_A1n}-\tau_{\mathrm{s}\_A2n})-(\tau_{\mathrm{s}\_B1n}-\tau_{\mathrm{s}\_B2n}))+\\&\quad((\tau_{\mathrm{e}\_A1n}-\tau_{\mathrm{e}\_A2n})-(\tau_{\mathrm{e}\_B1n}-\tau_{\mathrm{e}\_B2n}))\end{aligned} \tag{12-30}$$

从式(12-30)可以看出双差测量消除了共有的钟差项。当两个航天器的角距很小时,且$f_{An}\approx f_{Bn}$时,可认为对应每个航天器的站间传播介质时延差和设备时延差是相等的,则式(12-30)可以简化为

$$\tau_{\mathrm{ob}\_n}=(\tau_{\mathrm{g}\_A1}-\tau_{\mathrm{g}\_A2})-(\tau_{\mathrm{g}\_B1}-\tau_{\mathrm{g}\_B2}) \tag{12-31}$$

SBI技术的基本思想与ΔDOR技术的相同,其观测特点使其相比于ΔDOR更能够达到可观的导航精度。在不考虑热噪声的影响时,任意频点对应的双差时延测量值即等于理论双差时延,且与频率无关,记为$\Delta\nabla\tau$。在进行双差计算时,消去了多项系统误差,即可以获得两个航天器在天平面上的高精度分离角测量值,这是对传统多普勒测量的有效补充。

12.6 深空探测光学测量

光学测量是深空探测的重要手段之一。在深空探测任务中的不同轨道,往往会选择不同的天体作为测量对象。

12.6.1 深空天体类型与特点

太阳系中可观测到的且星历信息已知的自然天体主要有太阳、行星、卫星、小行星和彗星等5类。其中，太阳的亮度超出了一般成像式导航敏感器的动态范围；彗星的外层呈现云雾状，彗核中心的提取难度较大。因此，太阳和彗星一般不作为光学测量对象。

目前，可作为光学测量对象的深空天体主要包括行星及其卫星，以及小行星3类。

1. 行星

行星的普遍特征有以下4点：

(1) 体积大、亮度高，在相对远的距离也能被观测到；

(2) 有足够大的质量克服固体应力以达到流体静力平衡的形状，外形近似于球体，易于从图像中提取中心和视半径信息；

(3) 轨道环绕太阳，较为规则和稳定，星历精度很高；

(4) 已经清空了其轨道附近的区域。

太阳系中属于行星的天体共有8颗，按照与太阳的距离排序，由近至远依次为水星、金星、地球、火星、木星、土星、天王星和海王星。其中，水星、金星、地球和火星属于类地行星，其余4颗行星属于类木行星。行星可以作为深空探测光学测量对象，但数量有限，无法全部满足深空探测器所有轨道段对信息的需求。

2. 行星的卫星

行星的天然卫星与行星距离很近，只有在近距离观测时才能从图像上将两者区分开来，因此仅适合作为深空观测器接近轨道段和环绕轨道段的光学测量对象。各行星的天然卫星数量及典型天然卫星明细如表12-1所示。

表12-1 行星天然卫星数量及典型天然卫星明细

行　　星	反　照　率	天然卫星数量	典型天然卫星
水星	0.138	0	
金星	0.67	0	
地球	0.367	1	月球
木星	0.52	63	伽利略卫星
火星	0.15	2	火卫一、火卫二
土星	0.47	62	土卫二
天王星	0.51	27	天卫三
海王星	0.41	13	海卫一

3. 小行星

小行星在太阳系中也做绕日运动，其体积和质量普遍较小，易受到行星引力摄动干扰，轨道不如行星稳定。大型小行星的外形大致是球形，但是大多数小行星的形状都不规则。至今为止在太阳系内一共发现了约70万颗小行星，据估计，太阳系内小行星的总数量应该在数百万。小行星数量众多并且分布广泛，成像条件次于行星但优于彗星，是转移轨道段理想的光学测量对象。

根据轨道特征，可以把小行星划分为一些群、族和流。轨道半长轴相近的小行星构成一个小行星群。在一个小行星群中，轨道偏心率和轨道倾角也相近的小行星划分为一个小行星族。在一个小行星族中，升交点黄经和近日点幅角也相近的成员划分一个小行星流。

小行星按照光谱特性的分类如表12-2所示。C型小行星占所有小行星数量的75%,是数量最多的小行星,多分布于小行星主带的外层。S型小行星占所有小行星数量的17%,是数量第二多的小行星,一般分布于小行星主带的内层。

表 12-2 小行星按照光谱特性的分类

类别	反照率	光谱特征(波长0.3~1.1μm)
C	0.05	中性,波长小于或等于0.4μm,微弱吸收
D	0.04	波长大于或等于0.7μm,很红
F	0.05	平坦
P	0.04	无特征,斜向红
G	0.09	与C类相似,但波长小于或等于0.4μm有较深吸收
K	0.12	与S类相似,但斜率小
T	0.08	中等斜率,有弱的紫外和红外吸收带
B	0.14	与C类相似,但略向长波倾斜
M	0.14	无特征,斜向红
Q	0.21	波长为0.7μm,两侧有强吸收特征
S	0.18	波长小于或等于0.7μm,很红,有波长0.9~1.0μm吸收带
A	0.42	波长小于或等于0.7μm,极红,有波长大于0.7μm的深吸收
E	0.44	无特征,斜向红
R	0.35	与A类相似,但有略弱的吸收带
V	0.34	波长小于或等于0.7μm很红,波长为0.98μm,附近有深吸收
其他	任何	上面类别之外的

12.6.2 天体光学测量原理

天体光学测量主要是指利用光学敏感器获取周围环境的光学图像,并对获取的图像进行分析处理,通过对拍摄的景物进行识别或者与已有的先验信息进行匹配等手段来得到所需的信息。光学测量原理可分为两部分,一部分是光学成像,另一部分是图像处理。

光学成像模型指三维空间的物体在平面的投影关系,理想的投影成像模型是光学中的小孔成像模型,小孔成像的原理示意如图12-10所示。图中,平面 S 为二维成像平面(即视平面CCD靶面),C 为小孔的位置(光学中心)。S 平面上的点 $p(x,y)$ 是三维空间点 $P(X,Y,Z)$ 在视平面上的投影(成像),C 点与 S 面的距离称为该光学系统的焦距 f。一般取 C 为空间三维坐标原点,光轴方向为 Z 方向。

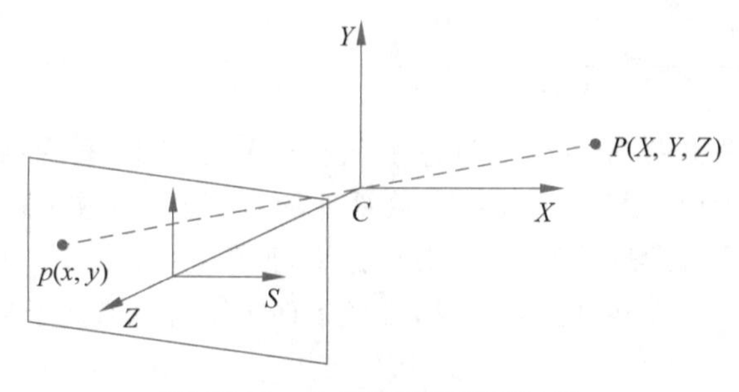

图 12-10 小孔成像的原理示意

尽管小孔成像具有很好的物理性质,但实际的成像系统通常是透镜成像,如图12-11所示,设 u 为物距,v 为像距,则有

$$\frac{1}{f}=\frac{1}{u}+\frac{1}{v} \tag{12-32}$$

一般情况下由于物距 $u \gg f$，于是像距 $v \approx f$，此时可以将透镜成像模型近似地用小孔成像模型代替。为方便起见，坐标系取为成正实像的投影变换坐标系，即将视平面的位置与光心的位置对调，以此作为视觉坐标系，如图 12-12 所示，原点为视点，视平面与视点之间的距离为 f。

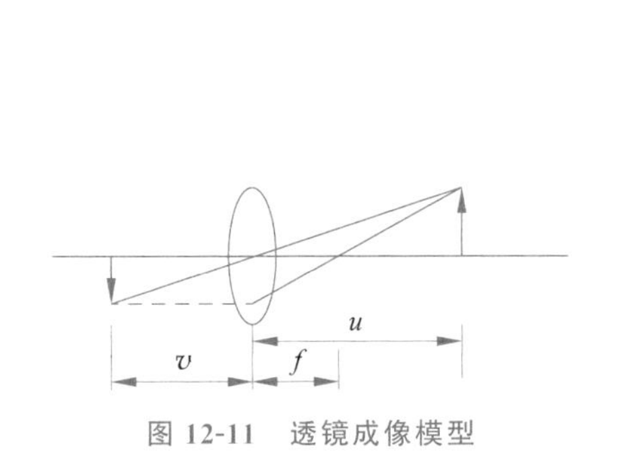

图 12-11　透镜成像模型

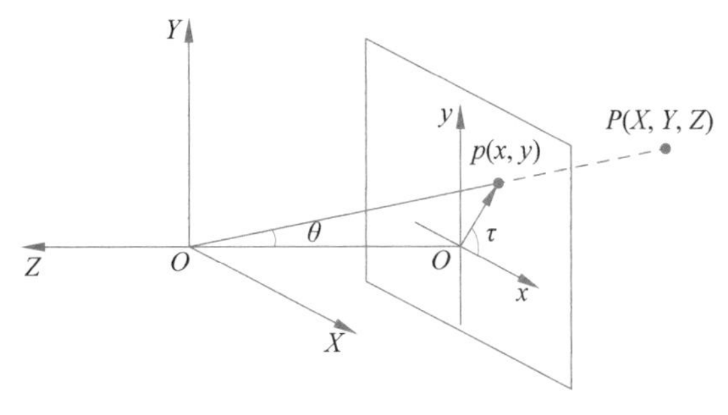

图 12-12　视觉坐标系

在图 12-12 所示的视觉坐标系中，视平面上的点 $p(x,y)$ 与空间中对应点 $P(X,Y,Z)$ 之间有如下的几何关系：

$$\begin{cases} x=f\dfrac{X}{Z} \\ y=f\dfrac{Y}{Z} \end{cases} \tag{12-33}$$

视觉坐标系在计算机视觉中也常称为摄像机坐标系，视点即是摄像机的光心（透镜的光学中心，所有光线过该点）。对于无穷远目标，可以利用敏感器坐标系下的目标点单位矢量完成成像坐标的表示与求解。以图 12-12 为例，设矢量 $\overrightarrow{OP}$ 与光轴夹角为 θ，$\overrightarrow{OP}$ 在 OXY 平面投影与 X 轴夹角为 τ，则

$$\overrightarrow{OP}=[\sin\theta\cos\tau \quad \sin\theta\sin\tau \quad \cos\theta]^{\mathrm{T}} \tag{12-34}$$

成像点与 CCD 中心的距离为

$$r=f\cdot\tan\theta \tag{12-35}$$

成像点在 CCD 上的坐标为

$$x_{\mathrm{ccd}}=r\cdot\cos\tau \tag{12-36}$$

$$y_{\mathrm{ccd}}=r\cdot\sin\tau \tag{12-37}$$

在实际工程应用中，由于各种误差的存在，透镜成像模型并不是一个理想的小孔模型，最终的成像会在镜头畸变差的影响下发生不同程度的畸变。对于普通 CCD 镜头而言，它的畸变可以达到几个甚至几十像素。实际透镜成像镜头畸变差示意如图 12-13 所示。一般考虑的镜头畸变模型包含径向畸变、偏心畸变和像平面畸变 3 种，可以通过相应的算法对不同类型的畸变进行矫正。

当敏感器的姿态发生了平移或旋转后，被摄目标的姿态也会发生相对的变化，此时需要变换视觉坐标系。将原坐标系记为 $O_1X_1Y_1Z_1$，变换后坐标系记为 $O_2X_2Y_2Z_2$。坐标系平移、旋转示意如图 12-14 所示。

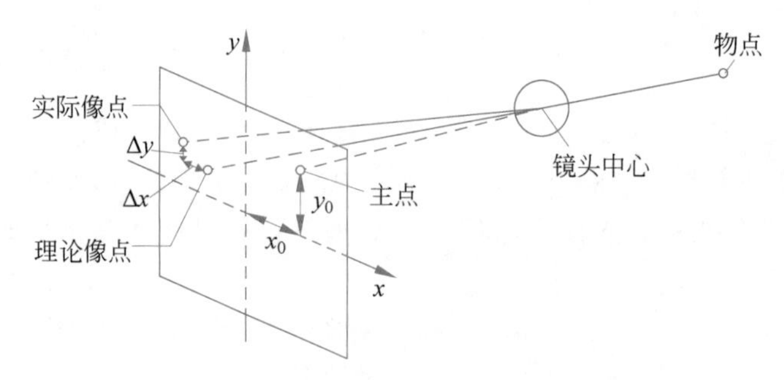

图 12-13 实际透镜成像镜头畸变差示意

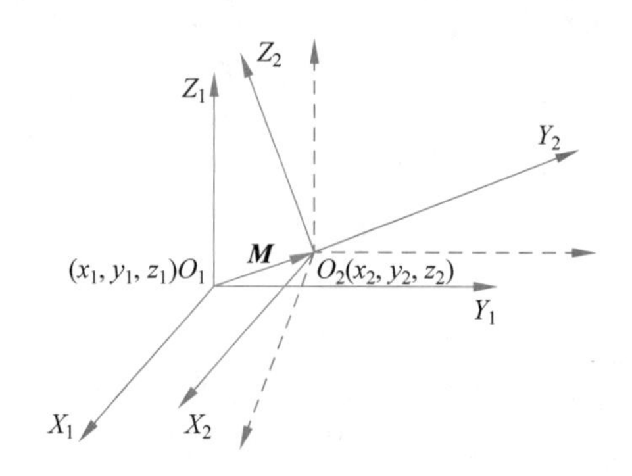

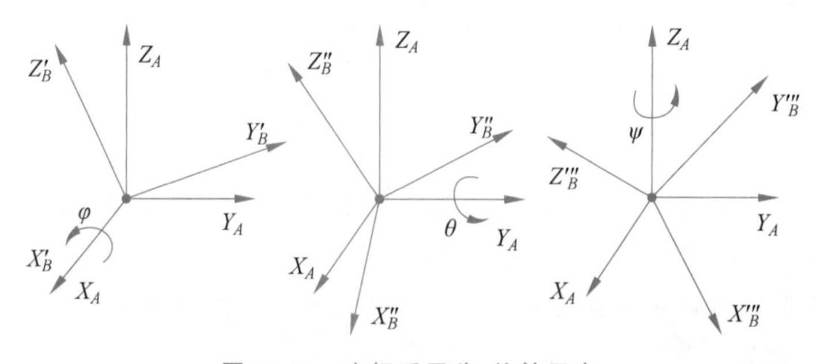

图 12-14 坐标系平移、旋转示意

首先考虑平移变化，平移量为 $\boldsymbol{M}(\mathrm{d}x,\mathrm{d}y,\mathrm{d}z)$，那么空间点从原坐标系到新坐标系的关系为

$$[x_2,y_2,z_2]^{\mathrm{T}}=[x_1,y_1,z_1]^{\mathrm{T}}-\boldsymbol{M}^{\mathrm{T}} \tag{12-38}$$

$$x_2=x_1-\mathrm{d}x,\quad y_2=y_1-\mathrm{d}y,\quad z_2=z_1-\mathrm{d}z \tag{12-39}$$

再考虑姿态变化，如图 12-14 所示，记姿态变换阵为 $A(\varphi,\theta,\psi)$，转序为 3-2-1，那么空间点从原坐标系到新坐标系的关系为

$$[x_2,y_2,z_2]^{\mathrm{T}}=\boldsymbol{A}[x_1,y_1,z_1]^{\mathrm{T}} \tag{12-40}$$

$$\boldsymbol{A}(\varphi,\theta,\psi)=\boldsymbol{R}_X\boldsymbol{R}_Y\boldsymbol{R}_Z \tag{12-41}$$

式中，

$$\boldsymbol{R}_Z=\begin{bmatrix}-\cos\psi & \sin\psi & 0\\ -\sin\psi & \cos\psi & 0\\ 0 & 0 & 1\end{bmatrix}$$

$$\boldsymbol{R}_Y=\begin{bmatrix}\cos\theta & 0 & -\sin\theta\\ 0 & 1 & 0\\ \sin\theta & 0 & \cos\theta\end{bmatrix} \tag{12-42}$$

$$\boldsymbol{R}_X=\begin{bmatrix}1 & 0 & 0\\ 0 & \cos\varphi & \sin\varphi\\ 0 & -\sin\varphi & \cos\varphi\end{bmatrix}$$

设空间点 P 原坐标为(x_{p1},y_{p1},z_{p1}),则对应的成像坐标:

$$x_{\text{ccd1}}=f\frac{x_{p1}}{z_{p1}}\quad y_{\text{ccd1}}=f\frac{y_{p1}}{z_{p1}} \tag{12-43}$$

变换后点 P 的新坐标为

$$(x_{p2},y_{p2},z_{p2})^{\mathrm{T}}=\boldsymbol{A}[(x_{p1},y_{p1},z_{p1})^{\mathrm{T}}-\boldsymbol{M}] \tag{12-44}$$

对应的成像坐标:

$$x_{\text{ccd2}}=f\frac{x_{p2}}{z_{p2}}\quad y_{\text{ccd2}}=f\frac{y_{p2}}{z_{p2}} \tag{12-45}$$

在光学测量中,采用图像处理方法的本质是在图像中提取需要的像点信息,并根据基本的成像原理、拍摄条件和敏感器参数换算为指定坐标系下该像点表示的空间矢量指向信息。

【例 12-3】 已知 t_1 时刻某天体位于以某探测器为坐标系原点的坐标系中,坐标为(436,355,562),随后探测器向(1,0,0)方向平移了 35,并以 $\boldsymbol{A}\left(\frac{\pi}{4},\frac{\pi}{4},\frac{\pi}{6}\right)$ 的姿态变换阵进行姿态旋转,探测器位置变化后,在 t_2 时刻重新对天体进行观测,求 t_2 时刻天体成像位置(单位为 km,探测器光学元件焦距为 f)。

【解 12-3】 ①计算姿态变换矩阵:

$$\boldsymbol{R}_Z=\begin{bmatrix}-\cos\psi & \sin\psi & 0\\ -\sin\psi & \cos\psi & 0\\ 0 & 0 & 1\end{bmatrix}=\begin{bmatrix}-\cos\frac{\pi}{6} & \sin\frac{\pi}{6} & 0\\ -\sin\frac{\pi}{6} & \cos\frac{\pi}{6} & 0\\ 0 & 0 & 1\end{bmatrix}=\begin{bmatrix}-0.8660 & 0.5000 & 0\\ -0.5000 & 0.8660 & 0\\ 0 & 0 & 1\end{bmatrix}$$

$$\boldsymbol{R}_Y=\begin{bmatrix}\cos\theta & 0 & -\sin\theta\\ 0 & 1 & 0\\ \sin\theta & 0 & \cos\theta\end{bmatrix}=\begin{bmatrix}\cos\frac{\pi}{4} & 0 & -\sin\frac{\pi}{4}\\ 0 & 1 & 0\\ \sin\frac{\pi}{4} & 0 & \cos\frac{\pi}{4}\end{bmatrix}=\begin{bmatrix}0.7071 & 0 & -0.7071\\ 0 & 1 & 0\\ 0.7071 & 0 & 0.7071\end{bmatrix}$$

$$\boldsymbol{R}_X=\begin{bmatrix}1 & 0 & 0\\ 0 & \cos\varphi & \sin\varphi\\ 0 & -\sin\varphi & \cos\varphi\end{bmatrix}=\begin{bmatrix}1 & 0 & 0\\ 0 & \cos\frac{\pi}{4} & \sin\frac{\pi}{4}\\ 0 & -\sin\frac{\pi}{4} & \cos\frac{\pi}{4}\end{bmatrix}=\begin{bmatrix}1 & 0 & 0\\ 0 & 0.7071 & 0.7071\\ 0 & -0.7071 & 0.7071\end{bmatrix}$$

$$\boldsymbol{A}=\boldsymbol{R}_X\boldsymbol{R}_Y\boldsymbol{R}_Z=\begin{bmatrix}0.6124 & 0.3536 & -0.7071\\ 0.0794 & 0.8624 & 0.5000\\ 0.7866 & -0.3624 & 0.5000\end{bmatrix}$$

② 计算平移量：

$$\boldsymbol{M}=[-35,0,0]$$

$$(x_1,y_1,z_1)=(436,355,562)$$

③ 计算 t_2 时刻坐标系中的天体坐标：

$$(x_2,y_2,z_2)^{\mathrm{T}}=\boldsymbol{A}[(x_1,y_1,z_1)^{\mathrm{T}}-\boldsymbol{M}]=(16.5364,624.5552,522.8308)^{\mathrm{T}}$$

④ 计算 t_2 时刻成像点坐标：

$$(x_{\mathrm{ccd2}},y_{\mathrm{ccd2}})=\left(f\frac{x_2}{z_2},f\frac{y_2}{z_2}\right)=(0.0316f,1.1946f)$$

12.6.3 星点与天体图像处理

1. 星点图像处理

星点图像的处理方法较为成熟，主要包括星点图像的去噪、畸变校正、星点的位置确定和星图匹配识别等步骤。

从敏感器得到的数字图像中，一般含有各种各样的噪声，为了从这种图像中提取图像本来的信息，必须通过前期处理尽量去除噪声。星点图像去噪的常用方法有线性滤波、中值滤波、低通滤波和小波分析等。最简单的线性滤波器是局部均值运算，即每一个像素值用其局部邻域内所有值的均值置换，用公式描述如下：

$$h(i,j)=\frac{1}{M}\sum_{(k,l)\in N}f(k,l) \tag{12-46}$$

式中，M 为邻域 N 内的像素点总数。

低通滤波主要针对傅里叶变换后的频域特性进行滤波，假设滤波器的频率特性为

$$H(\omega_1,\omega_2)=\begin{cases}1, & \sqrt{\omega_1^2+\omega_2^2}\leqslant R\\ 0, & \text{其他}\end{cases} \tag{12-47}$$

即可实现低通滤波，式中，R 为滤波阈值。

畸变校正主要是采用非线性模型来校正光学系统的变形，就是按照标定的参数和模型对镜头畸变造成的成像误差进行补偿。

星点的位置确定主要是定位提取光点的位置，可以采用阈值分割和局部熵方法。局部熵方法的原理是利用图像熵值进行目标分割。局部熵反映了图像灰度的离散程度，灰度突变时，熵值也发生突变，利用局部区域的熵值处理易于检测确定恒星位置。设 $f(i,j)$ 为图像中 (i,j) 点处灰度，$f(i,j)>0$，对于一幅 $M\times N$ 大小的图像，定义图像的熵为

$$H_i=-\sum_{i=1}^{M}\sum_{j=1}^{N}p_{ij}\lg p_{ij} \tag{12-48}$$

$$p_{ij}=f(i,j)\Big/\sum_{i=1}^{M}\sum_{i=1}^{N}f(i,j) \tag{12-49}$$

式中，H_i 为图像的熵；p_{ij} 为图像的灰度分布。

星图匹配识别方法中，较常用的有三角形匹配算法、角距匹配算法、栅格算法和神经网络算法等。

三角形算法是基于角距匹配算法的代表方法，也是使用最为广泛的星图识别算法。其

基本过程为：首先在观测星星图和导航星星图中根据角距和星等特征匹配出3颗星并组成主三角形，再匹配其他恒星的星等，以及它们与这3颗星之间的角距，取最大匹配星组作为识别结果。该算法的优点是实现简单，占用容量小，能利用整幅星图特征，不易出现误匹配，可以用于全天球星图识别。

角距匹配法是整体星图匹配识别的基础，它在星敏感器视场中利用直接匹配法已成功匹配了一对观测星的角距 $d(\boldsymbol{O}_i,\boldsymbol{O}_j)$ 与一对导航星的角距 $d(\boldsymbol{S}_i,\boldsymbol{S}_j)$，当有且只有一对导航星满足下列条件时，视为正确识别。

$$\begin{cases} |d(\boldsymbol{O}_i,\boldsymbol{O}_j)-d(\boldsymbol{S}_i,\boldsymbol{S}_j)|<\mu \\ d(\boldsymbol{O}_i,\boldsymbol{O}_j)<\varepsilon \\ d(\boldsymbol{S}_i,\boldsymbol{S}_j)<\varepsilon \end{cases} \tag{12-50}$$

2. 规则天体图像处理

在深空探测接近轨道段，光学成像目标逐渐靠近，成为面目标图像，此时图像处理时目标像的尺寸不能忽略，算法将以目标像的边缘点作为姿态确定的有效信息源，输出信息包含中心指向和视半径大小。本节主要考虑规则的行星图像，介绍面目标的图像处理方法。

对于深空探测任务，通常处理思路是首先提取目标边缘点，再根据边缘点通过拟合算法来完成几何中心的确定，然后以几何中心作为天体中心求取两轴姿态角。姿态确定运算流程如图12-15所示。

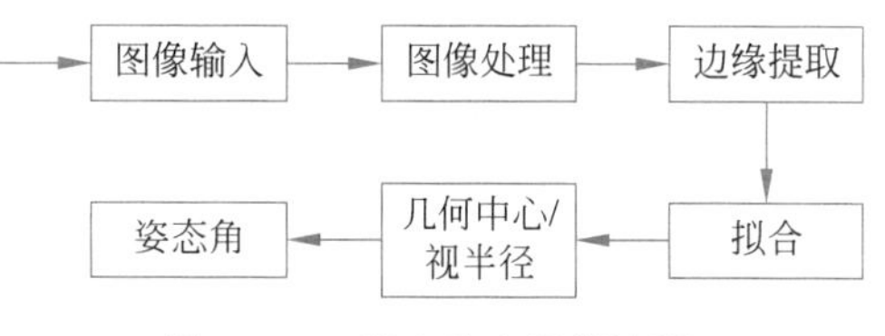

图12-15 姿态确定运算流程

边缘提取的方法主要有3种，分别是直方图提取算法、边界跟踪方法和滤波模板方法。直方图是描述图像像素灰度分布的统计量表示。直方图函数 $H(t)$ 代表图像中像素灰度大小等于 t 的个数，一般而言，直方图函数具有双高斯函数组合特性。可以根据直方图，利用P参数法、波谷寻找法、最大类间方差法和极大熵法等确定阈值进行像素搜索。

利用边缘曲线的椭圆特性实现姿态测量，算法原理源于边缘曲线的几何形状特性，属于几何模型估计法。算法具体步骤是首先拟合曲线，然后由曲线方程来解算中心矢量和姿态角，目标曲线满足标准二次曲线方程：

$$a_{11}x^2+2a_{12}xy+a_{22}y^2+2a_{13}x+2a_{23}y=1 \tag{12-51}$$

拟合算法利用最小二乘法，对应为

$$\boldsymbol{H}_i=[x_i^2 \quad x_i\cdot y_i \quad y_i^2 \quad x_i \quad y_i] \tag{12-52}$$

$$\boldsymbol{X}=[a_{11} \quad 2a_{12} \quad a_{22} \quad 2a_{13} \quad 2a_{23}] \tag{12-53}$$

$$\boldsymbol{Z}=[1 \quad 1 \quad \cdots \quad 1] \tag{12-54}$$

则拟合方程

$$\boldsymbol{Z}=\boldsymbol{H}\times\boldsymbol{X} \tag{12-55}$$

参数拟合结果

$$\hat{\boldsymbol{X}}=(H^{\mathrm{T}}\boldsymbol{H})^{-1}\boldsymbol{H}^{\mathrm{T}}\boldsymbol{Z} \tag{12-56}$$

由此完成了椭圆曲线方程参数估计，可由椭圆参数求解姿态角。

3. 不规则天体图像处理

在深空探测接近和撞击小行星或彗星等任务阶段，需要利用光学敏感器提供撞击前几小时内的小行星或彗核图像。由于撞击的星体体积不大，形状不规则，虽然星体也是面目标图像，但是由于缺乏精确的形状模型，边缘点拟合算法一般无法使用。此时图像处理的主要目的是目标像的中心提取，输出信息是目标点的指向信息。下面介绍不规则天体的图像处理方法，主要包括目标分割和中心提取两个方法。

目标分割方法主要用于使目标和背景达到最佳分离程度，可以采用指定阈值法或 P 参数法、波谷寻找法、最大类间方差法、极大熵法，以及 Fisher 分割等自动确定阈值的方法。指定的阈值可以在不同的象限对应不同的取值，也可以对图像进行背景相减后设定。下面以 Fisher 分割方法为例，介绍目标分割的过程。

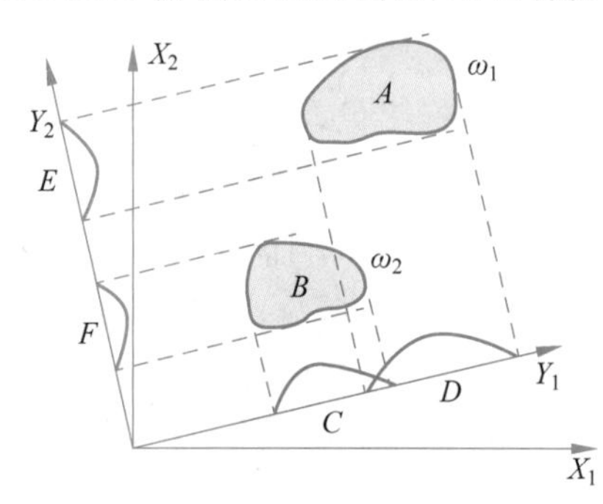

图 12-16 Fisher 分割方法原理

Fisher 分割方法原理如图 12-16 所示。对于两个类别 ω_1 和 ω_2，假定各类的特征是二维分布，如果对两类进行识别，两类的特征差异应该尽量大，因此需要一个评价函数来衡量两类别之间的分离程度，Fisher 评价函数可满足上述需求，其定义为

$$J(Y)=\frac{|m_1-m_2|^2}{\sigma_1^2+\sigma_2^2} \tag{12-57}$$

式中，m_i 为 y_i 的平均值，σ_i^2 为 y_i 的方差。

从式(12-57)可以看出，当两个类别平均值间的距离很大，且各类方差很小时，$J(Y)$ 取最大值。由 $J(Y)$ 的最大值可以确定出最佳分割阈值。

【例 12-4】 已知两个类别 G_1 和 G_2。G_1 内样本的平均值和方差分别为 5 和 2，G_2 内样本的平均值和方差分别为 7 和 3，求上述两个类别的 $J(Y)$。

【解 12-4】

$$J(Y)=\frac{|m_1-m_2|^2}{\sigma_1^2+\sigma_2^2}=\frac{|5-7|^2}{2+3}=0.8$$

中心提取方法分为区域质心提取方法和光斑质心提取方法。

区域质心提取方法是指通过在一个预先确定的图像子区域内，提取超过亮度阈值的所有像素，来确定该区域的亮度中心。预先确定的区域是根据深空探测器相对目标天体飞行轨道的最优估计，以及成像时导航敏感器的姿态来计算的。首先，通过深空探测器轨道和姿态数据计算出目标天体中心出现在导航图像中的理论位置；然后在预测点周围 $N\times N$ 个像素的区域进行检验，提出所有超过亮度检测阈值的像素点；最后通过计算这些像素的一阶矩来获得亮度中心。

亮度中心一阶矩的计算公式如下：

$$\begin{cases} x=\dfrac{\sum_{(i,j)\in R}I_{ij}\cdot i}{\sum_{(i,j)\in R}I_{ij}} \\ y=\dfrac{\sum_{(i,j)\in R}I_{ij}\cdot j}{\sum_{(i,j)\in R}I_{ij}} \end{cases} \tag{12-58}$$

式中，(x,y)为亮度中心；R 为小行星星体所占图像区域；I_{ij} 为有效点的灰度值；(i,j)为该点的像素坐标。

光斑质心提取方法是指在图像提取过程中，采用扫描整幅图像的方法，对整个图像进行二值分割，分割得到的不同连通区域称为光斑，利用最大和最小尺寸标准对无效的光斑进行滤除，采用一阶矩计算每个有效光斑的中心，提供面积最大的光斑中心作为输出。该方法不依赖导航系统的预测能力，能够有效地消除宇宙射线或者镜头污点的影响。但是在目标图像因为光照等原因出现两个以上不相连接的区域时，会发生错误。另外，图像明暗等小的变化也容易造成输出中心的巨大偏移。

章节习题

12-1 深空通信普遍采用抛物面天线，其增益与载波波长的平方成________。深空通信的工作频段从________到________再到________。

12-2 考虑采用多跳结构($n=514$)的深空通信链路，每一跳在一个方向上传送数据，并在每一个位置的发射设备都保持一致。已知其传输距离 S 为 18000km，发射天线的直径为 1.2m、效率为 0.6，接收天线直径为 26m、效率为 0.58，且波长为 4cm。计算此链路的有效性。

12-3 为了保证发射机有高的功率效率及带宽效率，深空通信常采用哪些调制技术？这些调制技术有什么优点？

12-4 一颗卫星以速度 $v_s=20000\text{km/h}$ 绕地球运行。当它沿着地球表面向一个接收站发射信号时，信号频率为 $f_1=3\text{GHz}$。当它背离接收站时，信号频率为 $f_2=2.998\text{GHz}$，求接收站相对于卫星的速度。

12-5 2023 年 11 月 24 日科学家新发现了两颗近地天体。两颗天体在发现时的视亮度分别为 20.8 等和 21.0 等，视运动速度分别为 0.513 度/天和 1.006 度/天。累积了多个观测站的观测数据后，发现其中一颗天体的轨道与地球的最小轨道交会距离为 0.0416 个天文单位，预估直径约 170m，请问这颗新发现的天体最有可能属于哪一类天体，说明理由。

12-6 已知空间中存在一个搭载了光学测量元件(焦距为 f)的探测器和一个未知天体。t_1 时刻观测到天体位于以探测器为坐标系原点的坐标系中，坐标为(5.38,6.75,5.44)，随后探测器向(1,1,0)方向平移了 9，并以 $\boldsymbol{A}\left(\frac{\pi}{6},\frac{\pi}{3},\frac{\pi}{6}\right)$ 的姿态变换阵进行姿态旋转，探测器位置变化后，在 t_2 时刻重新对天体进行观测，求两次观测，天体成像位置的差值。(单位：100km)

12-7 已知两个类别 G_1 和 G_2。G_1 内样本分别为{5,4,7,7,4,3}，G_2 内样本分别为{13,15,11,19,12}，求上述两个类别的 $J(Y)$。

12-8 假设空间中存在一个探测器，探测器上搭载着光学测量元件用于自身导航，在该探测器发现某颗行星后，逐渐向行星靠近并最终在行星上着陆，请简述在上述过程中，探测器可能采用的图像处理技术，并说明理由。

习题解答

12-1 解：反比，S 波段(2GHz)，X 波段(8GHz)，Ka 波段(26GHz 以上)

12-2 解：由题目可知，发射天线的物理范围 $A_t=\pi\left(\frac{d_t}{2}\right)^2=1.13\text{m}^2$，接收天线的物理范围 $A_r=\pi\left(\frac{d_t}{2}\right)^2=530\text{m}^2$，将已知参数代入公式，即可得到此通信链路的有效性为

$$\alpha=\frac{n^2\eta_t\eta_r A_t A_r}{\lambda^2 S^2}=\frac{514^2\times 0.6\times 0.58\times 1.13\times 530}{(4\times 10^{-2})^2\times(18000\times 10^3)^2}=1.06\times 10^{-4}$$

12-3 解：深空通信常采用的通信技术有：恒包络调制、准恒包络调制和非恒包络调制。恒包络调制技术具有高带宽效率，当经过饱和非线性信道传输时，具有最高功率效率；准恒包络调制可以在带宽效率方面获得比较大的提高，以更好地避免信号产生失真；非恒定包络调制的功率谱效率总是高于恒定包络调制等其他调制方式。

12-4 解：用多普勒测速原理来解答该题。

$$f_2=\frac{c+v_s}{c-v_r}f_1$$

其中，f_1 为初始频率，f_2 为接收到的频率，v_s 为卫星的速度，v_r 为接收站相对于卫星的速度。

将题目中的已知值均代入上式中解得

$$v_r\approx -2245.83\text{km/h}$$

因此，接收站相对于卫星的速度约为-2245.83km/h，负号表示接收站相对于卫星的速度是沿着与卫星的运动相反的方向。

12-5 解：该天体应属于小行星。首先，根据行星的定义，行星应满足周围区域已经清空的条件，而该行星是在近地区域发现的，所以排除行星的可能；其次，该天体的预估直径为 170m，不属于行星的卫星的直径范围，体积较小，故不属于行星的卫星。综上所述，该天体最有可能属于小行星。

12-6 解：

$$\boldsymbol{R}_Z=\begin{bmatrix}-\cos\psi & \sin\psi & 0\\ -\sin\psi & \cos\psi & 0\\ 0 & 0 & 1\end{bmatrix}=\begin{bmatrix}-\cos\frac{\pi}{6} & \sin\frac{\pi}{6} & 0\\ -\sin\frac{\pi}{6} & \cos\frac{\pi}{6} & 0\\ 0 & 0 & 1\end{bmatrix}=\begin{bmatrix}-0.8660 & 0.5000 & 0\\ -0.5000 & 0.8660 & 0\\ 0 & 0 & 1\end{bmatrix}$$

$$\boldsymbol{R}_Y=\begin{bmatrix}\cos\theta & 0 & -\sin\theta\\ 0 & 1 & 0\\ \sin\theta & 0 & \cos\theta\end{bmatrix}=\begin{bmatrix}\cos\frac{\pi}{3} & 0 & -\sin\frac{\pi}{3}\\ 0 & 1 & 0\\ \sin\frac{\pi}{3} & 0 & \cos\frac{\pi}{3}\end{bmatrix}=\begin{bmatrix}0.5000 & 0 & -0.8660\\ 0 & 1 & 0\\ 0.8660 & 0 & 0.5000\end{bmatrix}$$

$$\boldsymbol{R}_X=\begin{bmatrix}1 & 0 & 0\\ 0 & \cos\varphi & \sin\varphi\\ 0 & -\sin\varphi & \cos\varphi\end{bmatrix}=\begin{bmatrix}1 & 0 & 0\\ 0 & \cos\frac{\pi}{6} & \sin\frac{\pi}{6}\\ 0 & -\sin\frac{\pi}{6} & \cos\frac{\pi}{6}\end{bmatrix}=\begin{bmatrix}1 & 0 & 0\\ 0 & 0.8660 & 0.5000\\ 0 & -0.5000 & 0.8660\end{bmatrix}$$

$$\boldsymbol{M}=[-6.3640,-6.3640,0];\ \boldsymbol{A}=\boldsymbol{R}_X\boldsymbol{R}_Y\boldsymbol{R}_Z=\begin{bmatrix}0.4330 & 0.2500 & -0.8660\\ -0.0580 & 0.9665 & 0.2500\\ 0.8995 & 0.0580 & 0.4330\end{bmatrix}$$

$(x_1,y_1,z_1)=(5.38,6.75,5.44)$

t_1 时刻成像点坐标为

$$(x_{\text{ccd1}},y_{\text{ccd1}})=\left(f\frac{x_1}{z_1},f\frac{y_1}{z_1}\right)=(0.9890f,1.2408f)$$

t_2 时刻坐标系中天体坐标为

$$(x_2,y_2,z_2)^{\mathrm{T}}=\boldsymbol{A}[(x_1,y_1,z_1)^{\mathrm{T}}-\boldsymbol{M}]=(3.6526,13.3534,12.1587)^{\mathrm{T}}$$

t_2 时刻成像点坐标为

$$(x_{\text{ccd2}},y_{\text{ccd2}})=\left(f\frac{x_2}{z_2},f\frac{y_2}{z_2}\right)=(0.3004f,1.0983f)$$

故两次成像位置差值为

$$(\Delta x,\Delta y)=(0.6886f,0.1425f)$$

12-7 解：

计算 G_1 的平均值和方差：

$$m_1=\frac{1}{N}\sum_{i=1}^{N}y_i=5;\quad \sigma_1^2=\frac{1}{N}\sum_{i=1}^{N}|y_i-m|^2=2.33$$

计算 G_2 的平均值和方差：

$$m_2=\frac{1}{N}\sum_{i=1}^{N}y_i=14;\quad \sigma_2^2=\frac{1}{N}\sum_{i=1}^{N}|y_i-m|^2=8$$

依照公式计算 $J(Y)$：

$$J(Y)=\frac{|m_1-m_2|^2}{\sigma_1^2+\sigma_2^2}=\frac{|5-14|^2}{2.33+8}=7.841$$

12-8 解：探测器从发现行星到向行星靠近并最终着陆的过程，观测到的行星体积由小变大，依次属于星点图像、规则天体图像和不规则天体图像，在不同阶段采取的图像处理方法如下。

所得图像属于星点图像时：图像去噪、畸变校正、星点的位置确定，以及星图匹配识别；所得图像属于规则天体图像时：边缘提取和姿态测量；所得图像属于不规则天体图像时：目标分割和中心提取。

参考文献

[1] 尹志忠，王建萍，刘涛，等. 深空通信[M]. 北京：国防工业出版社，2009.

[2] Wikipedia. Voyager 1[DB/OL]. 2024-4-4. https://en.wikipedia.org/wiki/Voyager_1.
[3] VAGBERG D. Deep Space Communication[R]. Space Physics C 5p,Umea University,2005,10.
[4] 吴伟仁,董光亮,李海涛,等.深空测控通信系统工程与技术[M].北京:科学出版社,2013.
[5] 龙腾,丁泽刚,曾涛,等.地基深空探测雷达研究进展与展望[J].信号处理,2024,40(1):56-72.
[6] 王立,吴奋陟,梁潇.我国深空探测光学敏感器技术发展与应用[J].红外与激光工程,2020,49(5):41-46.
[7] 刘继忠,胡朝斌,庞涪川,等.深空探测发展战略研究[J].中国科学:技术科学,2020,50(9):1126-1139.
[8] MCFADDEN L A,WEISSMAN P R,JOHNSON T V.太阳系百科全书[M].北京:科学出版社,2007.
[9] SÁNCHEZ J,PERRONNIN F,MENSINK T,et al. Image classification with the fisher vector:Theory and practice[J]. International Journal of Computer Vision,2013,105:222-245.
[10] VAN B R W H. Autonomous star referenced attitude determination[J]. Guidance and Control,1989:31-52.
[11] 孙泽洲.深空探测技术[M].北京:北京理工大学出版社,2018.
[12] 郝万宏,潘程吉.深空探测无线电地基导航的统计信号处理方法[M].北京:清华大学出版社,2020.
[13] 唐歌实.深空测控无线电测量技术[M].北京:国防工业出版社,2012.
[14] 于志坚.深空测控通信系统[M].北京:国防工业出版社,2009.
[15] 李海涛.深空测控通信系统设计原理与方法[M].北京:清华大学出版社,2014.

第13章 激光通信

CHAPTER 13

空间激光通信是一种利用激光光束在空间中传输信息的通信技术，与传统的无线通信方式相比，空间激光通信具有更高的传输速率、更大的带宽和更低的信号时延。所以在需要大量数据传输的场景下，空间激光通信具备明显优势。空间激光通信的应用包括地球与卫星之间的通信、卫星之间的通信、地面站与空间探测器的通信等。尽管空间激光通信具有很多优势，但也面临一些挑战，如大气扰动、光学系统的对准、高成本等。随着技术的不断进步，空间激光通信有望在未来得到更广泛的应用。

空间激光通信系统组成设备包括发送和接收两部分。发送部分主要有激光器、光调制器和光学发射天线。接收部分主要包括光学接收天线、光学滤波器、光探测器。发送端将要传送的信息送到与激光器相连的光调制器中，光调制器将信息调制在激光上，通过光学发射天线发送出去。在接收端，光学接收天线将激光信号接收下来，送至光探测器，光探测器将激光信号变为电信号，经放大、解调后变为原来的信息，激光通信系统组成如图13-1所示。

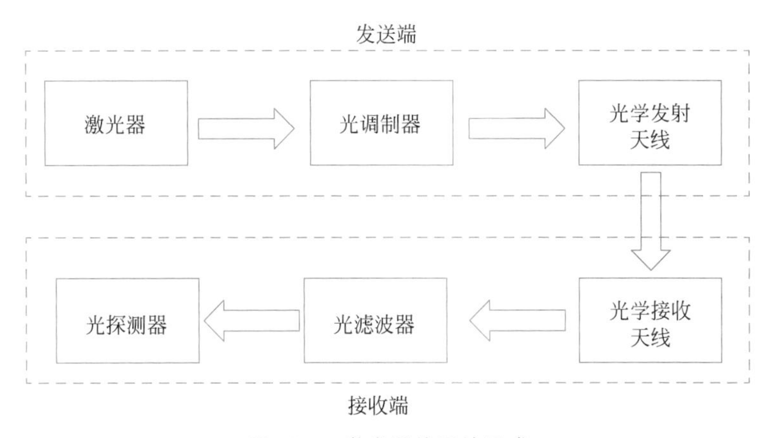

图13-1　激光通信系统组成

13.1　光源与探测器

13.1.1　激光原理

对于仅有两个能级的原子系统，在热平衡状态下，设处于较低能级 E_1 的原子数为 N_1，

处于较高能级 E_2 的原子数为 N_2。为了获得原子受激辐射所需的光学增益，应满足粒子数反转条件，即原子数满足 $N_2>N_1$。此外，激光光源还必须经过谐振腔筛选以保证发射激光束的方向性和单色性。谐振腔结构与原理如图 13-2 所示。负责受激发射光子的增益介质通常由晶体、半导体或者封闭在适当有限空间的气体构成，沿谐振腔光轴放置。增益介质的两端放置有两个反射镜，受激发射的光子经过反射镜反射后在增益介质内经历多次倍增。当光增益与增益介质对光的损耗匹配时，激光光源达到饱和状态，产生稳定输出。

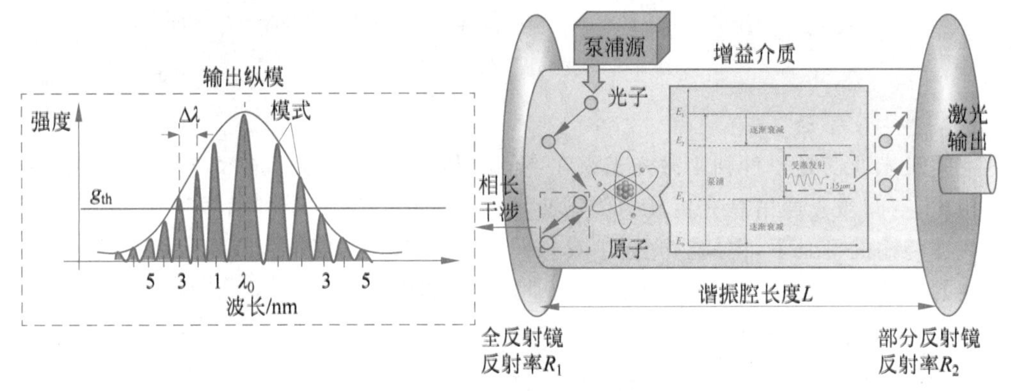

图 13-2 谐振腔结构与原理

在谐振腔内只有波长 λ 满足相长干涉条件的光波才能产生谐振形成驻波。谐振腔内驻波形成条件如下：

$$L=\frac{i\lambda}{2n_{\mathrm{gm}}},\quad i=1,2,\cdots \tag{13-1}$$

其中，L 为谐振腔的长度；n_{gm} 为增益介质的折射率。如图 13-2 所示，在激光器内，谐振的驻波频率分布组成激光器的输出纵模，相邻纵模的间隔 $\Delta\lambda_k$ 可表示为

$$\begin{cases}\Delta\lambda_k=\dfrac{\lambda^2}{c\Delta f_k}\\[2ex]\Delta f_k=\dfrac{c}{2Ln_{\mathrm{gm}}}\end{cases} \tag{13-2}$$

通过调节谐振腔长 L 可通过改变纵模间隔实现纵模选择。在实际应用中，激光通信往往要求激光具有高单色性和相干性，采用单模工作模式，而纵模选择是激光器单模工作的必要条件。

稳定腔中光场分布均为高斯分布，即谐振腔内振荡最终形成高斯光束。高斯光束电场分量实部绝对值归一化分布如图 13-3 所示，数据表明高斯光束在传播过程中曲率中心不断改变，其振幅在横截面内为高斯分布，强度集中在轴线附近。

常见的激光器有较多类型，其主要的区别在于谐振腔结构不同。最简单的谐振腔结构为法布里-珀罗激光二极管（Fabry-Perot Laser Diode，FPLD），已由图 13-2 给出。由于 FPLD 能够提供更稳定的，窄的辐射光谱，因此常用作短距离光通信中的光源。为了进一步减小光谱线宽，激光器出射激光应只具有一个纵模。经过特殊优化设计，分布式反馈激光器（Distributed Feedback Laser Diode，DFBLD）输出光就满足这样的要求。其结构如图 13-4 所示，DFBLD 通过在源极附近引入周期结构衍射光栅来实现激光器的单模工作。光栅被

放置在靠近增益介质的地方，谐振光就会和光栅相互作用。通常采用的光栅结构是分布式的布拉格衍射光栅。不同于 FPLD，DFBLD 主要利用光栅的斜面反射部分受激辐射光来实现粒子数反转，而这样的反射发生在分布于增益介质内的许多点上。通过这样的设计，DFBLD 最终输出的激光仅分布在中心波长 λ_0 上。由于 DFBLD 仅输出单模激光，因此 DFBLD 非常适合用于骨干光纤通信网络的 WDM。

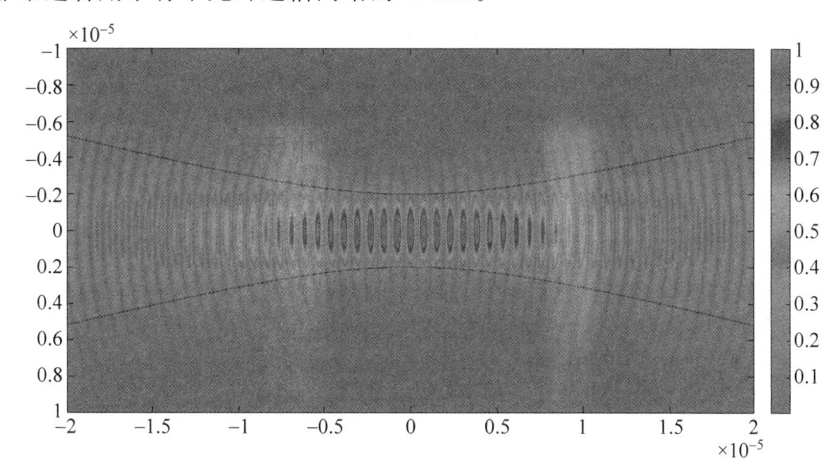

图 13-3 高斯光束电场分量实部绝对值归一化分布

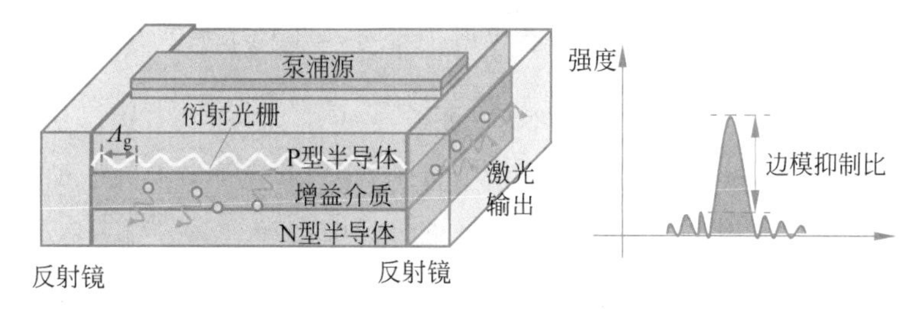

图 13-4 分布式反馈激光器结构和输出光分布

垂直腔面射型激光器(Vertical Cavity Surface Emitting Laser，VCSEL)的谐振腔垂直于增益介质，其结构如图 13-5 所示。在垂直方向上，增益介质的上方和下方都是窄带镜面层。光束通过衬底从晶片表面射出。窄带反射镜由高、低反射率层交替组成，每个反射率层设计为激光器工作波长的 1/4 波长。VCSEL 在通信领域中主要应用于 850nm 波段的数据传输，在数据中心和接入网构建中被广泛应用。

【例 13-1】 He-Ne 激光器中心波长一般为 632.8nm，若该激光器腔长 $L=1\text{m}$，增益介质的折射率 $n_{\text{gm}}\approx 1$，激光线宽(即激光器频率范围) $\Delta f=1.5\times 10^9\ \text{Hz}$。求 He-Ne 激光器可能输出的纵模数。

【解 13-1】

该激光器纵波间隔为

$$\Delta f_k=\frac{c}{2Ln_{\text{gm}}}=\frac{3\times 10^8}{2\times 1\times 1}\text{Hz}=1.5\times 10^8\ \text{Hz}$$

此时，He-Ne 激光器输出的纵模数为

$$N=\frac{\Delta f}{\Delta f_k}=\frac{1.5\times 10^9}{1.5\times 10^8}=10$$

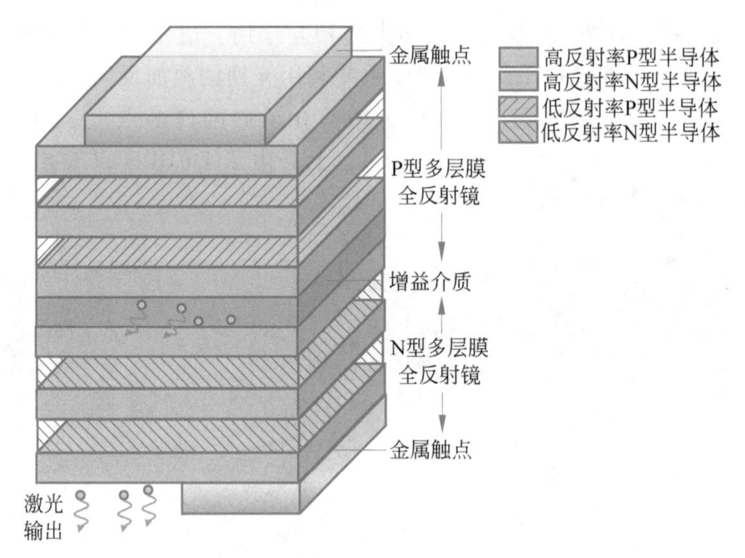

图 13-5 垂直腔面射型激光器结构

13.1.2 光电探测器

光电探测器(Photo Detector,PD)是一种平方律光电转换器,其产生的电流强度和接收面瞬时光场的平方成正比,因此,生成的光电流 I_{PC} 总是正比于瞬时光功率 P_R,即

$$I_{\mathrm{PC}}=\frac{\lambda q\eta_{\mathrm{qe}}}{hc}P_{\mathrm{R}} \tag{13-3}$$

其中,λ 表示入射光波长,q 表示电荷量;η_{qe} 为量子效率,即光子转换为电子的效率;c 为光速。公式(13-3)进一步简化为 $I_{PC}=RP_{\mathrm{R}}$,将 $h=6.626276\times10^{-34}\mathrm{J\cdot s}$,$c=2.997294\times10^{8}\mathrm{m/s}$ 和 $q=1.602189\times10^{-19}\mathrm{C}$ 代入式中,可得 $R=\frac{\lambda q\eta_{\mathrm{qe}}}{hc}=\frac{\lambda}{1.24}\eta_{\mathrm{qe}}$(A/W)为 PD 的器件响应度。

由于接收光信号通常较弱,PD 必须在其工作波长范围内具有较高灵敏度、低噪声水平和足够的带宽以适应所需的数据速率。因此,当 PD 类型选定时,还必须严格控制 PD 的噪声水平。PD 的噪声水平主要受暗电流和噪声等效功率两个指标影响。暗电流主要指在光导模式工作时,在没有光照的情况下通过 PD 的电流,主要包括背景辐射光产生的光电流和半导体结构的饱和电流。通常来说,暗电流主要受工作电流、偏置电压和 PD 的类型等因素影响。

在激光通信系统中常采用光电探测器为光电二极管光子探测器,雪崩光电二极管(Avalanche Photo Detector,APD)光电探测器和光电倍增管(Photomultiplier Tube,PMT),下面将分别对这 3 种光电探测器展开介绍。

光电二极管光子探测器(PIN Photo Detector,PIN PD)由 P 型和 N 型半导体材料构成,中间有非常轻的 N 掺杂本征区隔开。在正常工作条件下,在器件上施加足够大的反向偏置电压,反向偏压能够确保耗尽层耗尽所有电荷载流子。PIN PD 结构及工作情况如图 13-6 所示。对于将入射光子转换为电子-空穴对的器件,入射光子的能量必须不小于半导体材料的逸出功。光子的能量将从一个电子从价带激发到导带,从而在此过程中产生自由电子-空穴对。通常情况下，入射光集中在耗尽层。在这个耗尽区中存在着高电场，导致产生的电荷载流子分离并通过反向偏置到达集电极，以此形成外部电路中的电流流动。对于 PIN PD，其响应度 R 通常小于 1。此外，PIN PD 能够以超过 100Gb/s 的极高比特率工作。

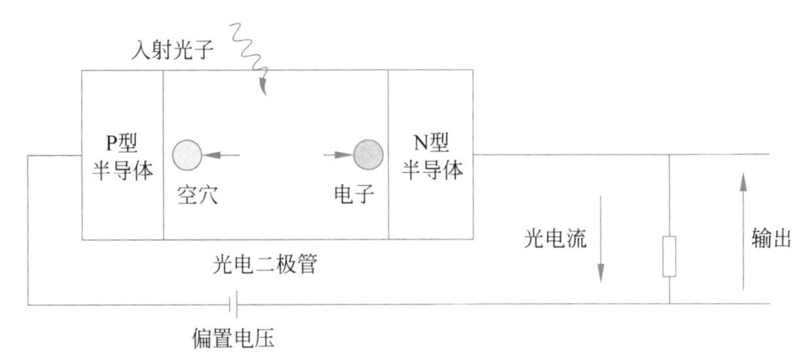

图 13-6　PIN PD 结构及工作情况

APD 和 PIN PD 不同，主要通过复杂的电子电离过程提供固有的电流增益。由于在 APD 中，光电流在遇到电路热噪声之前倍增，因而 APD 具有更高的灵敏度。对于 APD 来说，其响应度 R 通常大于 1。雪崩过程也具有很强的温度敏感性，因此在激光通信系统中使用 APD 时必须考虑温度造成的影响。

PMT 是一种具有极高灵敏度和超快时间响应的光电探测器，主要通过电子倍增放大信号进行高灵敏度光探测，可用于空间激光通信弱光链路。入射光在 PMT 光阴极进行光电转换，产生的光电子汇聚加速后经过电子倍增系统进行二次电子倍增。PMT 结构示意如图 13-7 所示，电子倍增系统由多个倍增器的电极组成，可将信号放大超过一百万倍。最终由末级倍增极发射的二次电子通过阳极输出放大电信号。由于需要高电压供应提供电子倍增过程所需的加速电场，PMT 对激光通信系统的功耗要求较高。除此之外，PMT 对温度等环境因素较为敏感，部分 PMT 温度区间在 $-30\sim50$℃，过高或过低的温度环境，都会对 PMT 的暗噪声、响应度、饱和特性等方面造成影响。

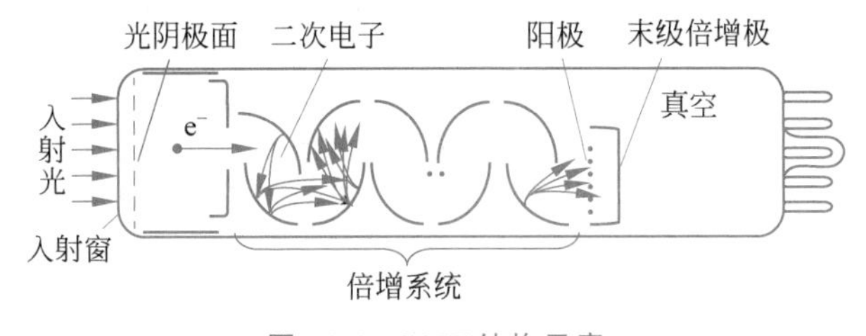

图 13-7　PMT 结构示意

【例 13-2】　采用光电探测器对 633nm 激光光源进行探测，已知该光电探测器的量子效率为 45%。求解：

(1) 此光电探测器在 633nm 的响应度。

(2) 假设光电探测器此时输出电流 4.8mA，则光电探测器接收光功率约为多少？

【解 13-2】　(1) 利用前文对式(13-3)的分析，将参数代入，得此光电探测器在 633nm 下的响应度为

$$R=\frac{\lambda q\eta_{qe}}{hc}=\frac{0.45\times(633\times10^{-9})\times(1.6\times10^{-19})}{(6.626\times10^{-34})\times(3\times10^{8})}\approx0.24\text{A/W}$$

(2) 利用光电流和接收功率的关系可以得到此时光电探测器接收光功率为

$$P_{R}=\frac{I_{PC}}{R}=\frac{4.8}{0.24}=20\text{W}$$

13.1.3 直接探测技术

直接探测(Direct Detection,DD)技术是激光通信中最简单、最常用的光信号探测技术，仅通过激光发出的光强度来传递信息,在检测过程中不使用本地振荡器。对于这种类型的接收机来恢复编码信息,传输的信息必须与传输光的强度变化相关联。采用直接探测技术的接收端系统结构如图 13-8 所示。激光信号首先进入接收光学透镜并经过光学滤波器滤除背景噪声,随后使用 PD 将得到的光信号转换成光电流,经过放大器放大后通过预判决处理器恢复光学信号中的信息。

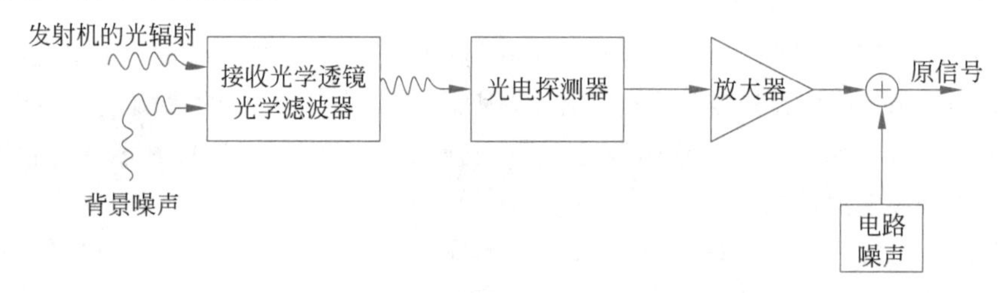

图 13-8 采用直接检测的接收机系统结构

13.1.4 相干探测技术

采用相干探测的激光通信系统主要利用光载波信号的幅度、相位和频率等信息对光信号进行调制。与射频相干探测相比,在光相干探测中,本振载波的输出不需要与接收信号具有相同的相位。因此,光学相干检测技术与射频相干检测技术有着本质的不同。相干检测接收机系统结构如图 13-9 所示,其中,本振光频率和接收光信号的频率存在几兆赫兹的差异。

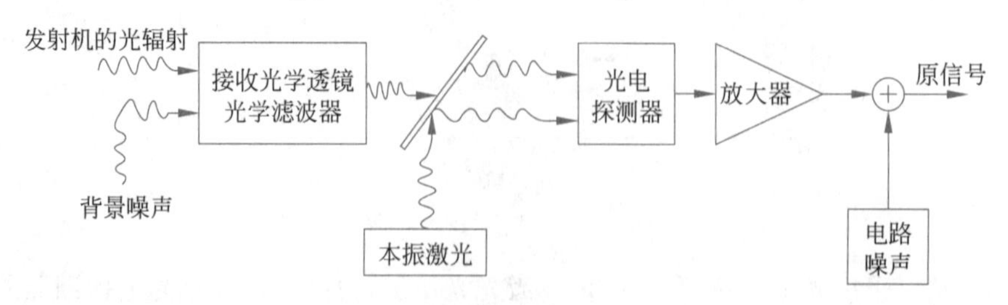

图 13-9 相干检测接收机系统结构

接收光信号和本振光信号的电场方程可以表示为

$$E_{R}(t)=A_{R}(t)\exp[-j(\omega_{R}t+\varphi_{R})] \tag{13-4}$$

$$E_{L}(t)=A_{L}(t)\exp[-j(\omega_{L}t+\varphi_{L})] \tag{13-5}$$

其中,$A_{R}(t)$、ω_{R} 和 φ_{R} 分别表示接收光信号的电场振幅、频率和相位;$A_{L}(t)$、ω_{L} 和 φ_{L} 分别表示本振光信号的电场振幅、频率和相位。当信号光和本振光偏振一致时,混合后输出光

功率为

$$P_{out}=K|E_R+E_L|^2=P_R+P_L+2\sqrt{P_RP_L}\cos((\omega_R-\omega_L)t+\varphi_R-\varphi_L) \quad (13\text{-}6)$$

其中，K 为放大器的放大倍数。

当 $\omega_R-\omega_L=0$ 时，此时的接收方式称为零差相干光检测，输出光电流表达式为

$$I=R(P_R+P_L)+2R\sqrt{P_RP_L}\cos(\varphi_R-\varphi_L) \quad (13\text{-}7)$$

当 $\omega_R-\omega_L\neq 0$ 时，此时的接收方式称为外差相干光检测，输出光电流表达式为

$$I=R(P_R+P_L)+2R\sqrt{P_RP_L}\cos((\omega_R-\omega_L)t+\varphi_R-\varphi_L) \quad (13\text{-}8)$$

【例 13-3】 若发射端采用 633nm 的光源作为激光器，其发射光源选定为 10W；接收端使用的光电探测器量子效率为 45%，采用零差相干光方式实现光信号探测。收发端建立激光链路，链路损耗为 10dB。假设信号光和本振光功率相同，相位差为 30°，求接收端的输出光电流大小。

【解 13-3】 根据题目所给条件，容易求出光电探测器响应度 $R=0.24$，将其余参数代入公式(13-7)即可得到输出光电流大小：

$$\begin{aligned}I&=R(P_R+P_L)+2R\sqrt{P_RP_L}\cos(\varphi_R-\varphi_L)\\&=0.24\times(1+1)+2\times0.24\times1\times0.5\\&=0.72\text{A}\end{aligned}$$

13.2 空间激光信道

对于空间激光通信系统，多径干扰分析、多用户接入干扰分析和组网方案等研究均需要获取信道特征。信道特征可以从功率角度进行刻画，具体可分为两方面因素：路径损耗和多径效应。

13.2.1 大气信道基础模型

大气信道是一个非常复杂和动态的环境，会影响传输光束的特性，从而产生光学损耗和湍流引起的振幅和相位波动。大气信道的特性在本质上是随机的，其影响可以用统计的方法来描述。从统计平均的角度上看，大气信道的影响主要分为路径损耗和随机衰落。

通常将大气信道的路径损耗定义为透射率，可以表示为

$$T_L(\lambda,r)=\exp(-\gamma_t(\lambda)r) \quad (13\text{-}9)$$

其中，λ 为传输光信号的波长；r 为传输距离；$\gamma_t(\lambda)$为总衰减系数，主要用于刻画受大气中气体分子和气溶胶对光信号散射、吸收的影响，可以表示为

$$\gamma_t(\lambda)=\alpha_{ml}(\lambda)+\alpha_{al}(\lambda)+\beta_{ml}(\lambda)+\beta_{al}(\lambda) \quad (13\text{-}10)$$

其中，α_{ml} 和 α_{al} 分别代表大气分子和气溶胶对光信号的吸收；β_{ml} 和 β_{al} 分别代表大气分子和气溶胶对光信号的散射。在影响大气信道路径损耗的天气因素中，雾较常见。不同类型的雾会导致不同的路径损耗，这些主要受雾中粒子的分布、大小和位置的影响。现有研究中主要分为对流雾和平流雾两种。

受大气的衍射作用，激光光束向外扩散。受这种光束扩散影响，接收孔径仅能收集光束一小部分能量，从而导致接收功率降低。波束扩散示意如图 13-10 所示。受发射孔径处衍

射影响，接收光功率的路径损耗为

$$l_{\mathrm{BD}}=\left(\frac{4}{\pi R\lambda}\right)^2 A_{\mathrm{T}}A_{\mathrm{R}} \tag{13-11}$$

其中，A_{T} 为发射天线孔径的面积；A_{R} 为接收天线孔径的面积；R 为路径长度。

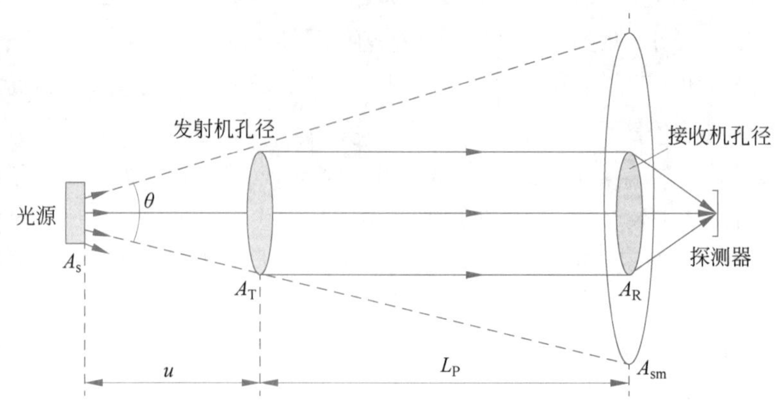

图 13-10 波束扩散示意

受发射机和接收机缺乏完美对准影响，接收光信号会产生额外的路径损耗。接收孔径和发射光束截面如图 13-11 所示，若发射激光光源为高斯光束，探测器为孔径半径为 α 的圆形，相应的天线指向误差导致的路径损耗为 $L_{\mathrm{P}}(d_{\mathrm{TR}},R)$，对于给定的光束中心和探测器中心间的瞬时位移 d_{TR}，路径损耗可以表示为

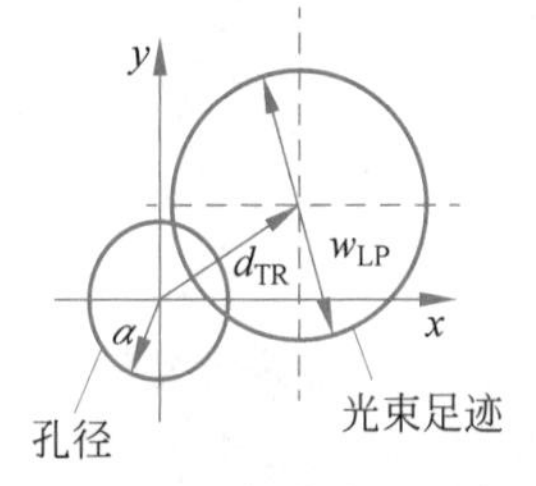

图 13-11 接收孔径和发射光束截面

$$L_{\mathrm{P}}(d_{\mathrm{TR}};R)\approx A_0\exp\left(-\frac{2d_{\mathrm{TR}}^2}{w_{\mathrm{eq}}^2}\right) \tag{13-12}$$

其中，R 是发射机和接收机之间的距离；$w_{\mathrm{eq}}=w_{\mathrm{LP}}^2\dfrac{\sqrt{\pi}\,\mathrm{erf}(\nu)}{2\nu\exp(-\nu^2)}$ 为接收机的等效激光波束宽度，其中 $w_{\mathrm{LP}}=\theta L$ 为距离 L 处大气湍流中传播的高斯光束宽度；$A_0=[\mathrm{erf}(\nu)]^2$ 是探测器在没有指向误差时的路径损耗；$\nu=\sqrt{\pi/2}\dfrac{a}{w_{\mathrm{LP}}}$ 为发射天线孔径半径和高斯波束宽度的比值。

13.2.2 大气湍流信道模型

由于地球表面大气比高空大气温度高，表面大气将会上升并和周围较冷的空气混合，形成湍流。激光与湍流介质的相互作用导致携带信号光发生随机的相位和振幅变化，造成接收光功率的衰落，最终导致系统性能的下降。大气湍流的影响主要表现为不同的折射率变化，刻画折射率起伏大小的一个重要参数是 Kolmogorov 引入的折射率结构参数 C_n^2。最常用的模型是描述 C_n^2 随海拔高度变化的 Hufnagel-Valley 模型。

$$\begin{aligned}C_n^2(h)=&0.00594(v_{\mathrm{w}}/27)^2(10^{-5}h)^{10}\exp(-h/1000)+2.7\times\\&10^{-16}\exp(-h/1500)+\hat{A}\exp(-h/100)\end{aligned} \tag{13-13}$$

其中，$\hat{A}=C_n^2(0)$为近地面的结构常数值，单位为 $\mathrm{m}^{-2/3}$；h 为海拔高度，单位为 m；v_{w} 为风

速，通常设为 21m/s。

在大气湍流信道模型中，湍流主要影响接收光强的变化，造成传输信号波动。在不同的湍流强度条件下，接收光强 I 服从不同的分布函数。在弱湍流条件下，接收光强 I 服从对数正态分布，其概率密度函数可以表示为

$$p(I)=\frac{1}{I\sqrt{2\pi\sigma_{\ln I}^{2}}}\exp\left\{-\frac{\left(\ln\frac{I}{E(I)}-\frac{1}{2}\sigma_{\ln I}^{2}\right)^{2}}{2\sigma_{\ln I}^{2}}\right\} \tag{13-14}$$

其中，$E[I]$为接收光强 I 的期望值；σ_x^2 为 $\ln I$ 的方差，其中 σ_x^2 可用 Rytov 方差近似为 $\sigma_x^2=\mathrm{e}^{4\sigma_r^2-1}$，而 Rytov 方差可简化为 $\sigma_r^2=1.23C_n^2k^{7/6}R^{11/6}$。

在中强湍流条件下，湍流的影响主要表现为散射和折射两方面，此时接收光强 I 服从伽马-伽马分布，其概率密度函数表示为

$$p(I)=\frac{2(\alpha\beta)^{(\alpha+\beta)/2}}{\Gamma(\alpha)\Gamma(\beta)}I^{\left(\frac{\alpha+\beta}{2}\right)-1}K_{\alpha-\beta}(2\sqrt{\alpha\beta I}),\quad I>0 \tag{13-15}$$

其中，α 和 β 分别表示散射和折射对接收光造成的影响；$K_n(\cdot)$为第二类 n 阶修正贝塞尔函数；$\Gamma(\cdot)$表示伽马函数。

在饱和湍流条件下，接收光强 I 服从瑞利分布，其概率密度函数可以表示为

$$p(I)=\frac{1}{I_{\mathrm{T}}I}\exp(-I),\quad I_{\mathrm{T}}I>0 \tag{13-16}$$

其中，I_{T} 表示发射光强。

【例 13-4】　已知近地面的结构常数值为 $\hat{A}=1.7\times10^{-14}\mathrm{m}^{-2/3}$，现需要对不同的地面站受大气湍流闪烁效应影响进行评估，待评估的地面站为 A 站、B 站、C 站、D 站，其相应海拔高度分别为 211m、1899m、20m、849m。（根据 Hufnagel-Valley 模型求解不同地面站的折射率结构常数）

【解 13-4】　根据 Hufnagel-Valley 模型代入海拔高度参数即可求解得对应的折射率结构常数：

$$C_n^2(211)_A=0.00594(21/27)^2(10^{-5}\times211)^{10}\exp(-211/1000)+2.7\times 10^{-16}\exp(-211/1500)+1.7\times10^{-14}\times\exp(-211/100)=2.295\times10^{-15}$$

$$C_n^2(1899)_B=0.00594(21/27)^2(10^{-5}\times1899)^{10}\exp(-1899/1000)+2.7\times 10^{-16}\exp(-1899/1500)+1.7\times10^{-14}\times\exp(-1899/100)=7.613\times10^{-17}$$

$$C_n^2(20)_C=0.00594(21/27)^2(10^{-5}\times20)^{10}\exp(-20/1000)+2.7\times 10^{-16}\exp(-20/1500)+1.7\times10^{-14}\times\exp(-20/100)=1.418\times10^{-14}$$

$$C_n^2(849)_D=0.00594(21/27)^2(10^{-5}\times20)^{10}\exp(-849/1000)+2.7\times 10^{-16}\exp(-849/1500)+1.7\times10^{-14}\times\exp(-849/100)=1.568\times10^{-16}$$

根据以上数据分析，若将各地面站受大气湍流闪烁效应影响从小到大排序，分别为 B 站、D 站、A 站、C 站。

13.2.3　湍流补偿技术

为了避免由于湍流引起的光强波动和光束偏移造成的巨大数据损失，必须采用一些保

护或者缓解的技术。主要的湍流补偿技术有孔径平均技术、空间分集技术、自适应光学技术和编码技术等。

如果接收机天线孔径大小比光束直径小，那么基于大气中的湍流影响，所接受的光束将经历较多的强度波动。如图 13-12 所示，来自接收锥体角内的湍流单元散射光信号将增加接收信号功率。这些湍流单元形成平均尺寸为 l 的衍射孔径，针对最小涡流尺寸 l_s，其最大接收锥体角为 $\theta_{max} \approx \lambda / l_s$。接收光路圆锥体的最大宽度为 $R\theta_{max}$，只要这个宽度小于湍流旋涡的内部尺度 l_s，就可以保证几何光路的接收效果良好，即$\sqrt{\lambda R} < l_s$。此时，如果接收机孔径的直径增大，接收机就能将孔径上的光强波动平均化，以此进一步减弱湍流波动带来的影响。

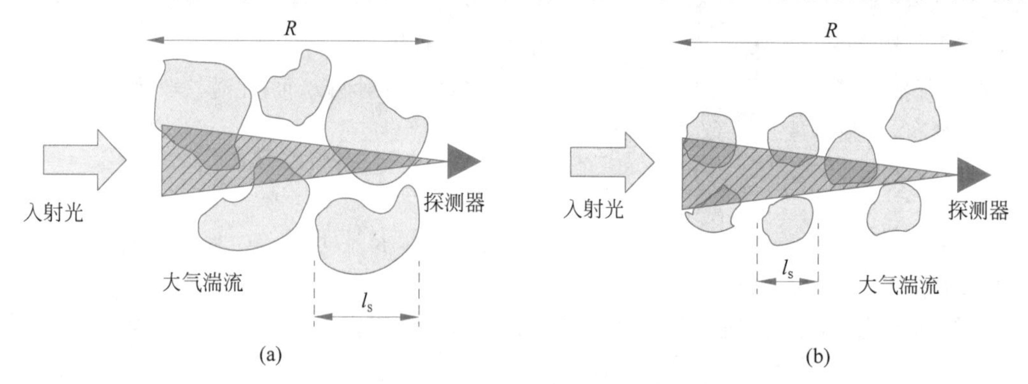

图 13-12　接收椎体角内湍流单元的散射光信号示意

然而，考虑到增大孔径将同时增大背景噪声，而接收机天线孔径不能无限增加，此时，为了提升天线接收孔径相当的性能，可以使用完全分离的小孔径阵列来替代单个大孔径接收机。只要各孔径之间的距离大于大气的相干长度，即可以保证多个波束之间是相互独立或不相关。这种使用多个孔径来减轻湍流影响的技术，称为空间分集传输技术。

除空间分集技术以外，自适应光学技术也可用于减轻大气湍流的影响，校准激光在大气中传输后产生的失真。自适应光学系统为一种闭环控制系统，在光束进入大气之前，采用大气湍流共轭传输信号进行预校正，这样可以减少信号在时域和空间上的波动。此外，在激光链路中还可以使用差错控制编码来进一步降低湍流引起的闪烁影响。对于特定湍流强度和链路距离，选择合适的编码技术可以明显降低激光通信系统的误码率。

【例 13-5】 已知湍流内部最大旋涡的尺寸为 0.5m，传输距离为 319.6km，求此时能够利用湍流间散射进行湍流补偿的激光波段。

【解 13-5】 由于能够利用湍流间散射进行补偿的激光波长满足关系$\sqrt{\lambda R} < l_s$，可以得到满足此条件的波长为

$$\lambda < \frac{l_s^2}{R} = \frac{(0.5)^2}{319.6 \times 10^3} = 782.2\text{nm}$$

由此可见，此时只需要波长小于 782.2nm 就可以利用湍流间散射形成的补偿效应。

13.3 激光通信调制技术

不同于射频通信的接收机，激光通信系统采用的光接收器一般仅能响应光强变化，因此，激光通信采用的调制技术大多采用强度调制。目前空间激光通信常采用开关键控

(On-off Keying,OOK)、脉冲位置调制(Pulse Position Modulation,PPM)和副载波强度调制(Subcarrier intensity modulation,SIM)等调制方式。

13.3.1 激光通信 OOK 调制

OOK 调制技术是激光通信系统中最简单的技术,其主要将输入的信息序列直接调制为输出光源的强度。在 OOK 中,比特 1 被简单的表示为占据了持续时间比特间隔 T_b 的全部或部分的光脉冲,而比特 0 被表示为没有脉冲,OOK 可以采用归零(Return-to-Zero,RZ)和非归零(Non-Return-to Zero,NRZ)两种形式。在 OOK-RZ 码中,成型脉冲宽度小于比特间隔 T_b,因此相比于 OOK-NRZ 具有更高的频谱效率。OOK-RZ 和 OOK-NRZ 的单边功率谱密度如图 13-13 所示。

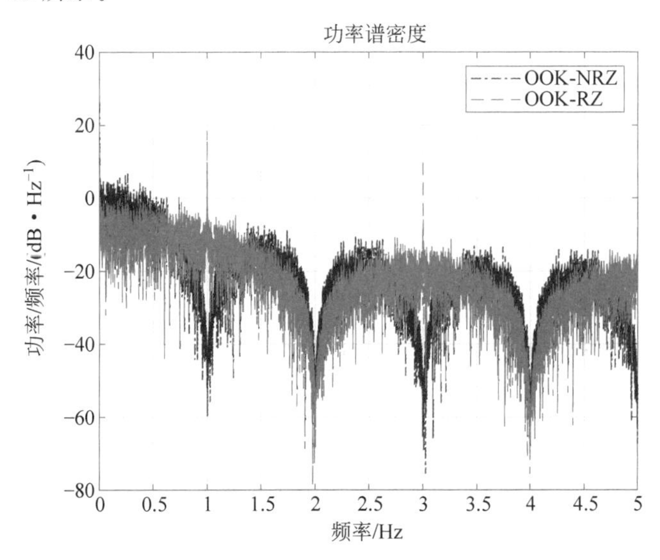

图 13-13 OOK-RZ 和 OOK-NRZ 的单边功率谱密度

OOK-RZ 和 OOK-NRZ(占空比 50%)的功率谱密度分别表示为

$$S_{\text{OOK-NRZ}}(f)=(GP_rR)^2T_b\left(\frac{\sin\pi fT_b}{\pi fT_b}\right)^2\left[1+\frac{1}{T_b}\delta(f)\right] \tag{13-17}$$

$$S_{\text{OOK-RZ}}(f)=(GP_rR)^2T_b\left(\frac{\sin(\pi fT_b/2)}{\pi fT_b/2}\right)^2\left[1+\frac{1}{T_b}\sum_{n=-\infty}^{\infty}\delta\left(f-\frac{n}{T_b}\right)\right] \tag{13-18}$$

其中,G 为光学汇聚增益;P_r 为到达接收端的光功率;R 为发射机的响应度;对于给定的 N 长度的比特序列 $\boldsymbol{b}=\{b_1,b_2,\cdots,b_N\}$,其调制信号时域波形可以表示为

$$S_T(t)=2P_r\sum_{i=0}^{N-1}b_if(t-iT_s) \tag{13-19}$$

其中,$f(t)$为脉冲成型函数;T_s 为符号宽度。接收光电流可以表示为

$$i_R(t)=GRS_T(t)\cos(2\pi f_ct)+n(t) \tag{13-20}$$

其中,f_c 是调制载波的中心频率;$n(t)$是均值为 0,双边功率谱密度为$\frac{N_0}{2}=qI_B$ 的高斯噪声,q 为单位电荷量,I_B 为噪声光功率。

定理 13.1 **OOK 误码率**:若发射端采用 OOK-NRZ 进行调制,接收端采用相干解调,

则系统误码率为

$$P_{e,OOK}=\frac{1}{2}\text{erfc}\left(\sqrt{\frac{E_b}{2N_0}}\right) \tag{13-21}$$

其中，$E_b=\frac{1}{2}E_p=\frac{1}{2}(GRP_r)^2T_b$ 为平均接收比特能量，E_p 为发 1 时的接收比特能量，P_r 为到达接收端的光功率。

【例 13-6】 考虑一个采用 OOK 调制的空间激光通信系统，若发射光源波长为 633nm，到达接收端的光功率为 10^{-6}W，背景噪声光功率为 10^{-5}W。接收端采用的光电探测器量子效率为 45%，光学汇聚增益为 1，比特间隔为 10^{-9}s。求 OOK-NRZ 误码率。

【解 13-6】 根据式(13-21)，代入相关参数可知

$$\begin{aligned}P_{e,OOK\text{-}NRZ}&=\frac{1}{2}\text{erfc}\left(\sqrt{\frac{(GRP_r)^2T_b}{4N_0}}\right)\\&=\frac{1}{2}\text{erfc}\left(\sqrt{\frac{(1\times0.24\times10^{-6})^2\times10^{-9}}{4\times2\times1.6\times10^{-19}\times10^{-5}}}\right)\\&\approx1.3\times10^{-3}\end{aligned}$$

13.3.2 激光通信 PPM

在对带宽要求不高的激光链路中，可以适当通过降低脉冲大幅度以节省系统的功率开销。此时，PPM 是最优吸引力的选择。然而，这种功率效率的提高是以增加带宽需求和更大的复杂度为代价的。PPM 在 T_s 时间长度内的 L 个时隙中($L=2^M$)，信息被编码为脉冲所在时隙，其中脉冲位置对应的 M 位输入数据的十进制值。M-PPM 符号序列可以表示为

$$x_T(t)=LP_r\sum_{k=0}^{L-1}c_kf\left(t-\frac{kT_s}{L}\right) \tag{13-22}$$

其中，$c_k\in\{c_0,c_1,c_2,\ldots.c_{L-1}\}$为符号序列；$f(t)$为脉冲整形函数，宽度为 T_s/L；LP_{avg} 表示 PPM 信号的峰值功率。PPM 的符号对应的功率谱密度为

$$S_{PPM}(f)=|F(f)|^2[S_{c,PPM}(f)+S_{d,PPM}(f)] \tag{13-23}$$

其中，$F(f)$为脉冲整形函数的傅里叶变换，$S_{c,PPM}(f)$和 $S_{d,PPM}(f)$分别为功率谱的连续部分和离散部分，可以分别用式(13-24)和式(13-25)表示：

$$S_{c,PPM}(f)=\frac{1}{T_s}\left[\left(1-\frac{1}{L}\right)+\frac{2}{L}\sum_{k=1}^{L-1}\left(\frac{k}{L}-1\right)\cos\left(\frac{k2\pi fT_s}{L}\right)\right] \tag{13-24}$$

$$S_{d,ppM}(f)=\frac{2\pi}{T_s^2}\sum_{k=-\infty}^{+\infty}\delta\left(f-\frac{kL}{T_s}\right) \tag{13-25}$$

在采用 PPM 的激光系统中，可以使用两种解码算法。一种是使用阈值检测的硬判决解码(Hard Decision Decoding，HHD)，另一种是使用最大后验概率或最大似然检测器的软判决解码(Soft Decision Decoding，SDD)。

13.3.3 激光通信 SIM

SIM 是一类将信息控制副载波振幅或相位的数字调制技术，主要包括相位键控调制

(Phase Shift Keying,PSK)和正交振幅调制(Quadrature Amplitude Modulation,QAM)两种数字调制方法。

PSK 通过增加多个子载波为激光通信带宽开发提供了一种简单且经济有效的方法。PSK 具有较强的鲁棒性,在空间激光通信抗湍流传输方面表现出了极佳的性能。PSK 通过控制相应符号长度内的子载波相位来实现发送信息的调制,对于给定的传输比特$\{a_1,a_2,\cdots,a_N\}$,其调制信号时域表达式为

$$S_T(t)_{\text{M-PSK}}=2P_r\sum_{i=1}^{N}a_i f(t-iT_s)\cos(2\pi f_c+\theta_i) \tag{13-26}$$

其中,$f(t)$为脉冲整形函数,宽度为T_s;f_c为载波的中心频率;θ_i为第i个符号对应的相位偏移。在接收端,去除直流偏置并通过和 PSK 解调器解调后输出的光电流为

$$i_R(t)_{\text{PSK}}=GRP_r a_i f(t-iT_s)+n(t) \tag{13-27}$$

其中,$n(t)$是均值为 0,双边功率谱密度为$\frac{N_0}{2}$的高斯噪声。

定理 13.2 **BPSK 误码率**:若发射端采用二进制相移键控副载波强度调制(Binary Phase Shift Keying-SIM,BPSK-SIM)进行调制,则系统误码率为

$$P_{e,\text{BPSK}}=\frac{1}{2}\text{erfc}\left(\sqrt{\frac{E_b}{2N_0}}\right) \tag{13-28}$$

其中,$E_b=E_p$为平均接收比特能量。

不同于 PSK,QAM 进一步通过控制子载波的振幅和相位来实现调制。在接收端I分量和Q分量必须分别提取出来以进行正交调制,对于 M 进制的 QAM,其调制信号时域表达式为

$$S_T(t)=\sum_{m=1}^{M}A_m f(t-mT_s)\cos(2\pi f_c t+\varphi_m) \tag{13-29}$$

在接收端,I分量和Q分量对应的接收信号分别为

$$r_I(t)_{\text{M-QAM}}=0.5I(t)-0.5I(t)\cos(4\pi f_c t)-0.5Q(t)\sin(4\pi f_c t) \tag{13-30}$$

$$r_Q(t)_{\text{M-QAM}}=0.5I(t)[\sin(4\pi f_c t)+1-\cos(4\pi f_c t)] \tag{13-31}$$

其中,$I(t)=\sum_{m=1}^{M}A_m f(t-mT_s)\cos(\varphi_m)$为同向分量;$Q(t)=\sum_{m=1}^{M}A_m f(t-mT_s)\sin(\varphi_m)$为正交分量。

【例 13-7】 考虑一个采用 BPSK 调制的空间激光通信系统,若发射光源波长为 633nm,到达接收端的光功率为10^{-6}W,背景噪声光功率为10^{-5}W,接收端采用的光电探测器量子效率为 45%,光学汇聚增益为 1,比特间隔为10^{-9}s。求 BPSK 误码率。

【解 13-7】 根据公式(13-28),代入相关参数可知:

$$\begin{aligned}P_{e,\text{BPSK}}&=\frac{1}{2}\text{erfc}\left(\sqrt{\frac{(GRP_r)^2T_b}{2N_0}}\right)\\&=\frac{1}{2}\text{erfc}\left(\sqrt{\frac{(1\times 0.24\times 10^{-6})^2\times 10^{-9}}{2\times 2\times 1.6\times 10^{-19}\times 10^{-5}}}\right)\\&\approx 1.1\times 10^{-5}\end{aligned}$$

13.4 激光链路瞄准捕获跟踪

由于激光波束宽度较窄，能量基本集中在传输方向上，空间激光通信须保持发射端波束和接收端视场在一条直线上，以实现稳定高速的数据传输。卫星激光通信作为空间激光通信的重要应用场景，收发终端通常处于高速相对运动中。为此，空间激光通信中，收发端需要通过瞄准、捕获和跟踪技术来建立并动态维持视距链路。

卫星激光通信的链路在建立过程中包含了瞄准、捕获、跟踪3个阶段。下面以GEO卫星和LEO卫星激光链路的建立（采用双向捕获方式的窄信标捕获系统）为例简要说明，如图13-14所示。

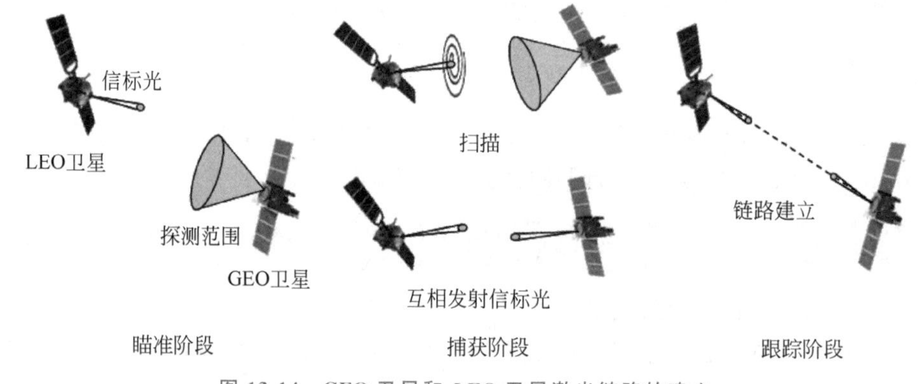

图13-14 GEO卫星和LEO卫星激光链路的建立

瞄准阶段：LEO卫星和GEO卫星按卫星轨道参数计算初始指向，并在各自的坐标系下向对方终端进行初始瞄准。

捕获阶段：LEO卫星向GEO卫星方向发射窄波束信标光，并根据不确定区域范围进行扫描，GEO卫星向LEO卫星方向凝视。GEO卫星收到LEO卫星的信标光后，根据成像光斑偏差量判断LEO卫星的位置，并发射信标光以覆盖LEO卫星终端。由于此时GEO卫星对LEO卫星激光终端的定位瞄准精度在微弧度量级，LEO卫星激光终端的信标探测视场角也为毫弧度量级，GEO卫星激光终端的信标光将直接入射到LEO卫星激光终端信标探测器。LEO卫星激光终端根据成像光斑位置，精确GEO卫星所在方位，并进行捕获对准。此时，两个激光通信终端完成了相互信标光的锁定，星间激光链路基本建立完成，两卫星实现双向捕获。

跟踪阶段：星间激光链路建立完成后，两卫星分别利用信标光进行闭环控制，相互锁定，保持链路稳定，确认跟踪精度直到满足通信要求。

13.4.1 激光链路瞄准理论

瞄准即控制发射端信号光或信标光对准某一恰当方向，以便接收端进行捕获或接收。

在星间激光链路建立之初，两个终端按照获得的卫星平台轨道姿态数据（包括对方终端所在卫星平台的轨道数据）进行初始瞄准，称为预瞄准。

在星间激光链路建立过程中，当存在明显的卫星间相对运动，特别是链路距离比较长的时候，需要在发射光路加入提前瞄准角度来补偿对方卫星在本端视域内位置的移动。

提前瞄准过程如图 13-15 所示。卫星 A 在点 P_1 处发出光束，当光束到达卫星 B 时，卫星 A 已经运动到了点 P_3 处。将卫星 B 接收矢量和发射矢量之间的夹角定义为提前瞄准角，用 θ_L 表示。提前瞄准角的大小可近似表示 $\theta_L \approx 2v/c$，其中 v 表示两终端的相对运动速度，c 表示光速。

在卫星间光通信过程中，接收端与发射端的瞄准角度误差只能在信号光束散角的半宽以内。光束瞄准示意如图 13-16 所示。

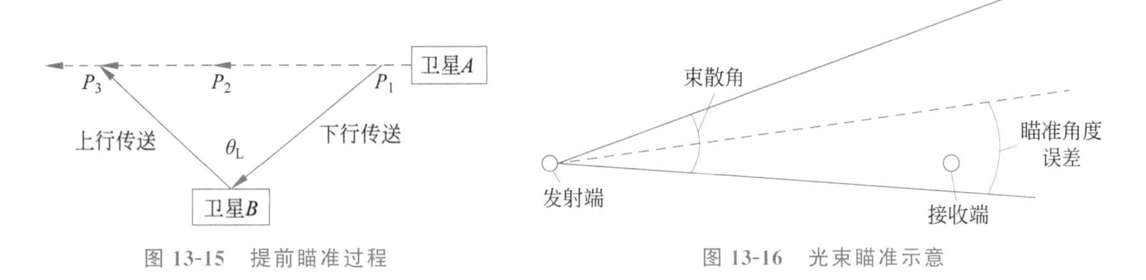

图 13-15　提前瞄准过程　　图 13-16　光束瞄准示意

【例 13-8】　若信号光束散角 $\theta_{div}=1.2\text{mrad}$，则接收端与发射端的瞄准角度误差最大是多少？若两卫星的相对速度为 $v=5000\text{m/s}$，那么两卫星的提前瞄准角大概是多少？

【解 13-8】　由于接收端与发射端的瞄准角度误差只能在束散角 θ_{div} 的半宽以内，故接收端与发射端的瞄准角度误差最大是 $\theta_{div}/2=0.6\text{mrad}$。

两卫星的提前瞄准角 $\theta_L=2v/c=3.33\times10^{-5}\text{rad}$。

13.4.2　激光链路捕获理论

基于卫星平台轨道姿态数据，卫星光通信链路系统在进行初始瞄准后，通常无法直接接收功率，需要进行光束扫描捕获来提高瞄准精度。捕获可分为两种：单向捕获和双向捕获。

(1) 单向捕获。

单向捕获示意如图 13-17 所示。如果信标光的束宽大于发射端的瞄准误差，接收端将位于信标光光场的有效功率范围内，如图 13-17(a)所示。根据卫星 A 的瞄准误差和相关卫星轨道参数，接收端可获悉信标光束的角方向位于以接收机位置定义的立体角 Ω_u 内。接收机期望其天线法向量与到达光场的角方向矢量的夹角在某一预先设定的分辨立体角 Ω_r 内。因此接收端必须在 Ω_u 内进行扫描捕获，使发送端位于所希望的分辨角 Ω_r 内，完成捕获。

如果信标光的束宽不大于发射端的瞄准误差，即无法直接通过瞄准使接收端位于信标光光场的有效功率范围内，如图 13-17(b)所示，这时要求接收端的捕获视域应大于发射端的不确定域。发射端发射的信标光束在不确定区域进行扫描，接收端处于凝视状态。接收端接收到信标光后，探测器根据光斑位置给出误差信号校正天线指向，同时接收端启动信号光反馈回发射端方向。当发射端探测到反馈的信号光，此时停止信标光，同时根据探测器上的光斑位置给出误差信号，并调整天线指向启动信号光发射到接收端。

(2) 双向捕获。

在双向捕获过程中，两个卫星终端都进行信标光的发射和接收，要求两个终端都必须进行空间捕获以建立双向通信链路。在典型情况下，卫星 A 向卫星 B 瞄准，并发出一个束宽

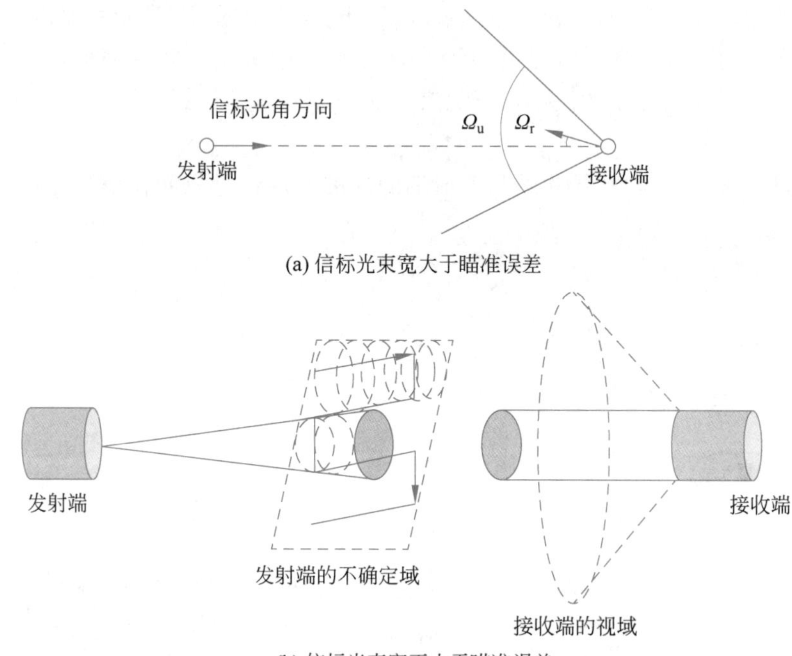

图 13-17　单向捕获示意

较大的光束以覆盖其瞄准误差。卫星 B 以一定的捕获分辨角完成捕获后，根据卫星 A 光束到达的方向，以较窄的束宽向卫星 A 瞄准。此时，卫星 B 完成了瞄准捕获操作，卫星 A 开始以一定的捕获分辨角来捕获卫星 B 发射的光束。若卫星 A 完成捕获，则两终端进入跟踪操作。

如图 13-18 所示，假设接收端在卫星 A 上，信标光发射端在卫星 B 上，在卫星 A 上建立星上俯仰坐标系 SEZ，原点在卫星 A 上，基准面为卫星轨道平面，Z 轴垂直于卫星轨道平面且与卫星运动角动量矢量平行。设任意位置矢量与基准面的夹角为俯仰角 θ_v，其在基准面上的投影与单位矢量 $\boldsymbol{S}$ 的夹角为方位角 θ_h，则卫星 A 上的望远镜光阑法向量为 $\boldsymbol{r}_A(\theta_v,\theta_h)$，卫星 B 的信标光入射到卫星 A 的方向矢量为 $\boldsymbol{r}_B(\theta_v,\theta_h)$。

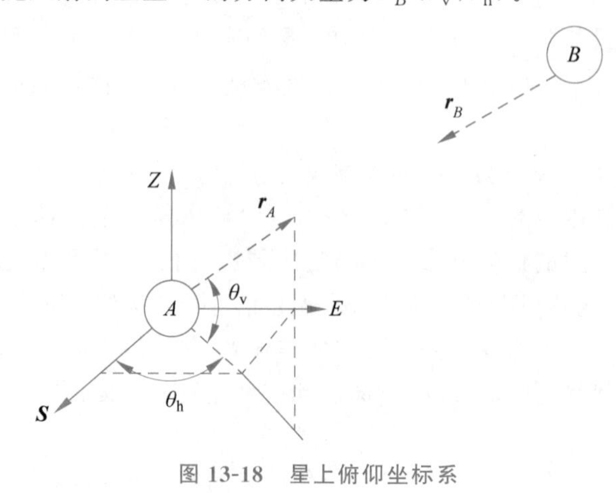

图 13-18　星上俯仰坐标系

卫星 A、B 上的瞄准装置首先利用已知的卫星轨道参数对 $\boldsymbol{r}_A$ 和 $\boldsymbol{r}_B$ 进行调整。在理想情况下，$\boldsymbol{r}_A+\boldsymbol{r}_B=0$。但由于卫星姿态的控制精度、轨道预测精度、终端指向精度等因素的影响，$\boldsymbol{r}_A$ 和 $\boldsymbol{r}_B$ 之间有一定的偏移量，该偏移量可表示为

$$\boldsymbol{r}_A+\boldsymbol{r}_B=\boldsymbol{\sigma}_i(\theta_{\mathrm{v}},\theta_{\mathrm{h}})+\boldsymbol{\delta}_i(\theta_{\mathrm{v}},\theta_{\mathrm{h}}) \tag{13-32}$$

其中，二维固定角度偏移量 $\boldsymbol{\sigma}_i$ 是指可以预测变化范围但不能消除的误差或缓变的随机误差。$\boldsymbol{\sigma}_i$ 在俯仰角和方位角方向的分量独立且符合标准正态分布。二维随机角度偏移量 $\boldsymbol{\delta}_i$ 是指数值范围有限的随机误差，对捕获和跟踪都有一定的影响。在一般情况下，$|\boldsymbol{\sigma}_i|\gg|\boldsymbol{\delta}_i|$。

对于每一场扫描，设固定偏移量 $\boldsymbol{\sigma}_i$ 取值的二维概率分布函数为 $f(\theta_{\mathrm{r}},\theta_{\mathrm{h}})$，单场扫描模式下的时间函数为 $T(\theta_{\mathrm{v}},\theta_{\mathrm{h}})$。设捕获扫描立体角为 Ω_{u}，则单场天线扫描捕获的捕获概率和平均捕获时间分别为

$$P_{\mathrm{acq}}=\iint_{\Omega_{\mathrm{u}}} f(\theta_{\mathrm{v}},\theta_{\mathrm{h}})\mathrm{d}\theta_{\mathrm{v}}\mathrm{d}\theta_{\mathrm{h}} \tag{13-33}$$

$$\mathrm{ET}_{\mathrm{acq}}=\mathrm{ET}(\theta_{\mathrm{v}},\theta_{\mathrm{h}})=\iint_{\Omega_{\mathrm{u}}} T(\theta_{\mathrm{v}},\theta_{\mathrm{h}})f(\theta_{\mathrm{v}},\theta_{\mathrm{h}})\mathrm{d}\theta_{\mathrm{v}}\mathrm{d}\theta_{\mathrm{h}} \tag{13-34}$$

通常情况下，捕获过程中需要进行多场扫描以满足实际的需要。以 A_i 表示第 i 场扫描捕获成功的事件，$\bar{A}_i$ 表示第 i 场扫描捕获失败的事件，则多场扫描捕获成功的事件为

$$B_n=A_1+\bar{A}_1A_2+\cdots+\bar{A}_1\bar{A}_2\cdots\bar{A}_{n-1}A_n \tag{13-35}$$

利用概率的有限可加性，且假设多场扫描中各个场次的捕获过程相互独立，可得到多场扫描捕获成功的概率为

$$P_M=P(A_1)+P(\bar{A}_1)P(A_2)+\cdots+P(\bar{A}_1)P(\bar{A}_2)\cdots P(\bar{A}_{n-1})P(A_n) \tag{13-36}$$

假设各个场次扫描的范围和方式相同，最终可得出多场扫描捕获成功概率的表达式为

$$P_M=\sum_{i=1}^{n}P_{\mathrm{acq}}(1-P_{\mathrm{acq}})^{i-1} \tag{13-37}$$

多场扫描的平均捕获时间的表达式为

$$\begin{aligned}\mathrm{ET}_M=&E(T_1\mid A_1)P_S+E(T_2\mid \bar{A}_1,A_2)(1-P_S)+\cdots+\\&E(T_n\mid \bar{A}_1,\bar{A}_2,\cdots,\bar{A}_{n-1},A_n)(1-P_S)^{n-1}\end{aligned} \tag{13-38}$$

假设单场的全场扫描时间为 T_u，则式(13-38)可简化为

$$\mathrm{ET}_M=\mathrm{ET}_{\mathrm{acq}}P_{\mathrm{acq}}+\sum_{i=2}^{n}[\mathrm{ET}_{\mathrm{acq}}+(i-1)T_u](1-P_{\mathrm{acq}})^{i-1} \tag{13-39}$$

在星间激光通信过程中，应选择最佳的扫描方式，在尽可能短的时间内完成捕获。比较典型的扫描方式有分行扫描、螺旋扫描等。实际的捕获扫描操作过程中，通常采用螺旋扫描。螺旋扫描捕获视场中心的扫描轨迹如图13-19所示。

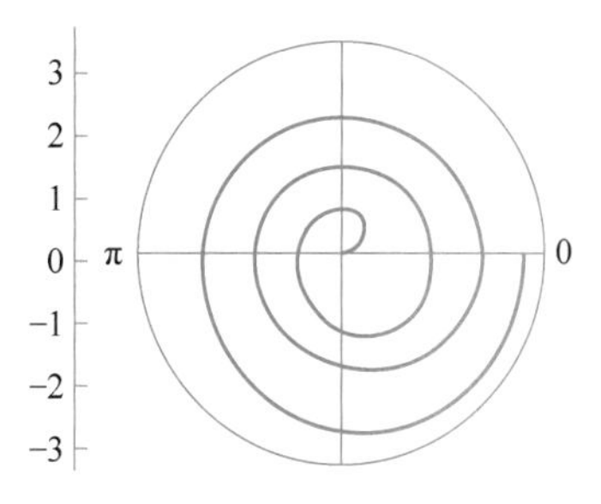

图13-19 螺旋扫描捕获视场中心的扫描轨迹

【例13-9】 对于双向捕获过程，已知 $\boldsymbol{\sigma}_i$ 在俯仰和方位角度方向的分量独立且符合标准正态分布，即 $\sigma_{\mathrm{v}}=\sigma_{\mathrm{h}}=\sigma=1\mathrm{mrad}$。同时，卫星 A，B 的扫描捕获过程是相互独立的。令 Ω_A 和 Ω_B 分别为卫星 A 和卫星 B

的扫描角度范围，$\theta_A=5\text{mrad}$ 和 $\theta_B=5\text{mrad}$ 分别为立体角 Ω_A 和 Ω_B 对应的平面角，求单场双向扫描捕获概率(保留到小数点后 3 位)。

【解 13-9】 由题意可得出固定偏移量的二维分布函数为

$$f(\theta_v,\theta_h)=f(\theta_v)f(\theta_h)=\frac{1}{2\pi\sigma^2}\exp\left(-\frac{\theta_v^2+\theta_h^2}{2\sigma^2}\right)$$

定理 13.3 **单场双向扫描捕获概率**：对于卫星 A 的捕获扫描，信标光实现对卫星 B 接收探测器有效功率覆盖的概率，即捕获概率为 P_A。同理，对于卫星 B 的捕获扫描，在卫星 A 捕获到信标光的概率为 P_B。则单场双向扫描捕获概率为

$$P_A=\iint_{\Omega_A} f(\theta_v,\theta_h)\mathrm{d}\theta_v\mathrm{d}\theta_h=\frac{1}{2\pi\sigma^2}\iint_{\Omega_A}\exp\left(-\frac{\theta_v^2+\theta_h^2}{2\sigma^2}\right)\mathrm{d}\theta_v\mathrm{d}\theta_h \tag{13-40}$$

$$P_B=\iint_{\Omega_B} f(\theta_v,\theta_h)\mathrm{d}\theta_v\mathrm{d}\theta_h=\frac{1}{2\pi\sigma^2}\iint_{\Omega_B}\exp\left(-\frac{\theta_v^2+\theta_h^2}{2\sigma^2}\right)\mathrm{d}\theta_v\mathrm{d}\theta_h \tag{13-41}$$

$$P_{\text{acq}}=P_AP_B=\left[1-\exp\left(-\frac{\theta_A^2}{8\sigma^2}\right)\right]\left[1-\exp\left(-\frac{\theta_B^2}{8\sigma^2}\right)\right]\approx 0.914 \tag{13-42}$$

13.4.3 激光链路跟踪理论

在完成瞄准和捕获过程后，需要将对面终端发射出的光束保持在探测器的视域范围内，即跟踪过程是通过调整硬件装置对探测到的即时瞄准角度误差进行补偿实现的。根据卫星链路的不同情况和工作模式，光束跟踪可分为单向跟踪或双向跟踪两种方式。

(1) 单向跟踪。

在星间光通信过程中，一个光终端按照预定输入的轨道参数调节跟瞄装置；另外一个终端按照实际测得的瞄准角度误差，通过控制系统对误差进行补偿。

在信号接收端建立星上坐标系，设$(\theta_v(t),\theta_h(t))$分别为信标光束的俯仰角和方位角，$(\phi_v(t),\phi_h(t))$分别为接收端光阑平面法向量的俯仰角和方位角。接收端与发送端间的瞬时角度误差可表示为

$$\Psi_{v,h}(t)=\theta_{v,h}(t)-\phi_{v,h}(t) \tag{13-43}$$

分别以 $\varepsilon_v(t)$和 $\varepsilon_h(t)$表示由光学传感器得到的俯仰角和方位角方向的误差信号，这些误差信号经处理后用于瞄准控制系统对$(\phi_v(t),\phi_h(t))$进行修正。因此，式(13-43)还可以改写为

$$\Psi_{v,h}(t)=\theta_{v,h}(t)-\overline{\varepsilon_{v,h}(t)} \tag{13-44}$$

其中，上横线表示环路滤波器的平均效应。考虑到方程中的误差信号依赖于瞬时瞄准角度误差和环路中的探测器噪声等因素，一组单向跟踪过程中瞄准角度误差的耦合方程为

$$\overline{\varepsilon_{v,h}(t)}=F[HP_rS(\Psi_{v,h}(t))+n_{v,h}(t)] \tag{13-45}$$

式中，$F(\omega)$表示环路滤波；H 为探测器响应；P_r 为探测器接收到的信号平均功率；$S(x)$为角度误差到误差电压的转换函数；$n_{v,h}(t)$表示各环路中合成的探测器噪声。

(2) 双向跟踪。

双向光束跟踪为两个终端同时补偿接收到的瞄准角度误差。令 $\alpha_{v,h}(t)$为卫星 A 信标

光束的俯仰角和方位角，$\beta_{v,h}(t)$为卫星 B 信标光束的俯仰角和方位角，$\phi_{v,h}(t)$和 $\varphi_{v,h}(t)$分别表示卫星 A 和卫星 B 接收端光阑平面法向量的俯仰角和方位角，设 $\Phi_e=\sqrt{\Phi_v^2+\Phi_h^2}$，$\Psi_e=\sqrt{\Psi_v^2+\Psi_h^2}$，则两终端在双向跟踪时瞄准误差的耦合方程可表示为

$$\Psi_{v,h}(t)+F[HP_rG(\Phi_e(t-t_d))S(\Psi_{v,h}(t))+n_{v,h}(t)]=\alpha_{v,h}(t) \tag{13-46}$$

$$\Phi_{v,h}(t)+F[HP_rG(\Psi_e(t-t_d))S(\Phi_{v,h}(t))+n_{v,h}(t)]=\beta_{v,h}(t) \tag{13-47}$$

其中，P_r 为跟踪误差为零时的接收功率；$G(x)$为光功率损失函数；t_d 为光束在两颗链路卫星间传输的时延。

【例 13-10】 在双向跟踪过程中，在卫星 A 建立星上坐标系，其发射的信标光束的俯仰角和方位角为 $\alpha_{v,h}(t)=(0.005\text{rad},0.007\text{rad})$；同理，卫星 B 信标光束的俯仰角和方位角为 $\beta_{v,h}(t)=(0.004\text{rad},0.006\text{rad})$。已知卫星 A 光学传感器得到的俯仰角和方位角方向的误差信号 $\overline{\varepsilon_A(t)}=(0.001\text{rad},0.0005\text{rad})$，卫星 B 探测器测得的角度误差为 $\overline{\varepsilon_B(t)}=(0.0007\text{rad},0.0008\text{rad})$，试求：

(1) 此时卫星 A 接收端光阑平面法向量的俯仰角和方位角；

(2) 此时卫星 B 接收端光阑平面法向量的俯仰角和方位角。

【解 13-10】 (1) 卫星 A 接收端光阑平面法向量的俯仰角和方位角为

$$\Psi_{v,h}(t)=\alpha_{v,h}(t)-\overline{\varepsilon_A(t)}=(0.004\text{rad},0.0065\text{rad})$$

(2) 同理可得，卫星 B 接收端光阑平面法向量的俯仰角和方位角为

$$\Phi_{v,h}(t)=\beta_{v,h}(t)-\overline{\varepsilon_B(t)}=(0.0043\text{rad},0.0062\text{rad})$$

13.5 激光通信链路预算

空间激光通信系统预研前，应充分分析实际链路建立的需求，估计系统设计相关参数要求。

13.5.1 链路参数

激光链路可描述为

$$P_R=P_TG_T\eta_TL_SL_{ATP}G_R\eta_R \tag{13-48}$$

其中，P_R 代表接收的信号功率；P_T 代表发射单元的发射功率；G_T 代表发射光学天线增益；η_T 代表发射端光学单元的效率；L_S 代表自由空间引起的链路衰减；L_{ATP} 代表 ATP 瞄准损耗；G_R 代表接收光学天线增益；η_R 代表接收端光学系统效率。

(1) 发射功率 P_T：发射端的出瞳功率。

(2) 发射光学单元效率 η_T：光路中各光学系统的光透过，发射光束的整形与耦合，以及光学天线的发射效率像差引起的波前畸变损失等都会引起发射光学单元效率下降。

(3) 发射光学天线增益 G_T：一般在远距离的星际通信系统中，激光以衍射极限的发散角 θ_{div} 出射，以最大限度地增加作用距离。

$$G_T=\frac{32}{\theta_{div}^2} \tag{13-49}$$

(4) 自由空间损耗 L_S：自由空间损耗只考虑空间传输引起的几何衰减，波长为 λ 的激

光束以一定的束散角出射。

$$L_S=\left(\frac{\lambda}{4\pi R}\right)^2 \tag{13-50}$$

(5) 激光瞄准损耗 L_{ATP}：激光通信发射单元的激光光束远场功率分布近似高斯分布，其在视轴处的光强最强。如果激光光束视轴存在一定误差 θ_{off}，接收端所在的激光光束强度将呈高斯分布下降，高斯分布的离轴衰减 $G(\theta_{off\text{-}axis})$ 近似表示为

$$L_{ATP}=G(\theta_{off\text{-}axis})\approx e^{-2(\theta_{off}/\theta_{div})} \tag{13-51}$$

(6) 接收光学天线增益 G_R：对于激光通信系统，接收光学天线的增益 G_R，与接收光学天线的口径 D_R 和入射激光的波长有关，其定量表达式为

$$G_R=\left(\frac{\pi D_R}{\lambda}\right)^2 \tag{13-52}$$

(7) 接收光学单元损耗 η_R：接收光路透过率及分光损耗。

(8) 探测器接收功率 P_R：探测器接收功率的最小值即为接收机的最小接收功率，与激光波长、通信形式及速率误码率等相关。

【例 13-11】 给出激光链路如下参数：激光器工作波长 $\lambda=1550\text{nm}$；发射功率 $P_T=3\text{W}$；发散角 $\theta_{div}=1\text{mrad}$；发射端光学单元的效率 $\eta_T=0.6$；激光瞄准损耗 $L_{ATP}=0.9$；接收光学天线的口径 $D_R=25\text{cm}$；接收端光学系统效率 $\eta_R=0.7$；通信距离 $R=3000\text{km}$。试求发射光学天线增益 G_T、接收光学天线增益 G_R、自由空间损耗 L_S、探测器接收功率 P_R。

【解 13-11】 发射光学天线增益 G_T 为

$$G_T=\frac{32}{\theta_{div}^2}=3.2\times10^7$$

自由空间损耗 L_S 为

$$L_S=\left(\frac{\lambda}{4\pi R}\right)^2=1.69\times10^{-27}$$

接收光学天线增益 G_R 为

$$G_R=\left(\frac{\pi D_R}{\lambda}\right)^2=2.57\times10^{11}$$

探测器接收功率 P_R 为

$$P_R=P_TG_T\eta_TL_SL_{ATP}G_R\eta_R=1.58\times10^{-8}\text{W}$$

13.5.2 链路功率预算

以单载波二进制相移键控调制方案举例分析，通信速率为 500Mb/s，误码率小于 10^{-6}，通信距离为 4000km。通信链路组件参数及其链路功率值如表 13-1 所示，通信链路预算分析如表 13-2 所示。

表 13-1 通信链路组件参数及其链路功率值

组件参数	值
发射功率	3000mW
工作波长	1550nm
发射天线口径	9.42cm

续表

组件参数	值
发射端光学效率	0.65
瞄准损失	0.9
接收口径	30cm
接收端光学效率	0.7

表 13-2 通信链路预算分析

参数名称	链路增益/衰减
发射功率	34.77dBm
发射端天线增益	105.61dB
发射端光学损失	−1.87dB
瞄准损失	−0.45dB
自由空间损失	−290.21dB
接收端天线增益	115.11dB
接收端光学损失	−1.54dB

章节习题

13-1 查阅资料，比较空间激光通信和射频通信的异同点。

13-2 红宝石激光器输出的波长一般为694.3nm，若该激光器腔长 $L=1\text{m}$，增益介质的折射率 $n_{gm}\approx 1$，激光线宽（即激光器频率范围）$\Delta f=3\times 10^9\text{Hz}$。求该激光器可能输出的纵模数。

13-3 采用光电探测器对1550nm激光光源进行探测，已知该光电探测器量子效率为80%。求解此光电探测器在1550nm的响应度。

13-4 使用光电探测器对1550nm激光光源进行探测，已知光电探测器响应度和题13-2计算结果相同，若光电探测器此时输出电流1mA，则光电探测器接收光功率约为多少？

13-5 若发射端采用1550nm的光源作为激光器，其发射光源选定为10W；接收端使用的光电探测器量子效率为80%，采用零差相干光检测。收发端建立激光链路，链路损耗为30dB。

(1) 假设信号光和本振光功率相同，相位差为30°，求接收端的输出光电流大小。

(2) 若改为采用如图13-9所示的外差相干光检测，使用示波器测得接收光电流为 $I=5-4\cos(2\pi ft)$，若此时采用的本振光功率为4W，求接收光功率、信号光和本振光相位差。（光电探测器响应度可约等于1）

(3) 若该系统（如图13-9）工作一段时间后，由于系统某些器件出现故障，器件相关参数出现改变。测试数据表明，路径损耗不变，接收光透镜和光学滤波器工作正常，而光电探测器输出的光电流时域表达式变为 $I=0.3-1.2\cos(2\pi ft)$，尝试推断出现故障的器件。（假设使用光电二极管光子探测器，即响应度小于1）

13-6 为分析微小卫星同地面站之间的激光通信，需要对空间激光信道相关路径损耗展开计算，并选择合适的调制方式。具体内容如下。

(1) 利用Modtran软件计算得到中纬度夏季透过率为98.66%，已知发射孔径和接收孔径分别为 9.42cm 和 30cm,发射光波长为 1550nm,功率为 5W,瞄准误差带来的损失为−0.45dB。求接收功率(需考虑衍射影响)。

(2) 已知接收端采用光电探测器响应度为 1,接收端光学汇聚增益为 1,信道噪声功率为 4.5×10^{-8}W,比特时间间隔为 10^{-9}s。基于(1)计算结果,试计算 OOK、BPSK 调制下误码率并对比其抗噪声性能。

13-7 在星间激光链路建立过程中,已知两卫星间的提前瞄准角为 1×10^{-5}rad,试求两卫星间的相对速度。

13-8 已知$\boldsymbol{\sigma}_i$ 在俯仰和方位角度方向的分量独立且符合标准正态分布,即 $\sigma_v=\sigma_h=\sigma=$ 1mrad。$\theta_A=6$mrad 和 $\theta_B=6$mrad 分别为卫星 A 和卫星 B 的扫描角度立体角 Ω_A 和 Ω_B 对应的平面角,且卫星 A,B 的扫描捕获过程是相互独立的,求单场双向扫描捕获概率(要求保留到小数点后 3 位)。

13-9 已知卫星 A 发射的信标光束的俯仰角和方位角为(0.008rad,0.0006rad),探测器测得的角度误差为(0.0009rad,0.0007rad)。试求此时卫星 A 接收端光阑平面法向量的俯仰角和方位角。

13-10 已知激光器工作波长 $\lambda=1550$nm;发射功率 $P_T=4$ W;发散角 $\theta_{div}=1$mrad;发射端光学单元的效率 $\eta_T=0.7$;激光瞄准损耗 $L_{ATP}=0.9$;接收光学天线的口径 $D_R=35$cm;接收端光学系统效率 $\eta_R=0.7$;通信距离 $R=3200$km。试求探测器接收功率 P_R。

习题解答

13-1 解:空间激光通信和射频通信是两种不同的通信技术,它们在传输信息的方式、频谱利用、传输距离和某些特定应用方面存在以下异同点。

(1) 传输媒介。空间激光通信:使用激光束作为传输媒介,通过自由空间传输数据。光在真空中的传播速度非常快,这使得激光通信具有低时延的优势;射频通信:使用无线电频谱中的射频信号作为传输媒介,通过天线传播信号。射频信号的传播速度较激光慢,但它在穿透障碍物和在不可见条件下工作时具有一定优势。

(2) 频谱利用。空间激光通信:主要利用光频谱具有较高频谱效率的特性,可以支持高带宽通信;射频通信:利用射频频谱,其频谱资源相对有限,可能在高密度的通信环境中受到限制。

(3) 传输距离。空间激光通信:在可见光和红外光范围内,适用于中短距离通信,例如地球上的大气传输;射频通信:在不同频段下,可以实现长距离通信,尤其在低频段,如无线电波可以穿透大气和障碍物,适用于远距离通信。

(4) 环境敏感性。空间激光通信:对大气的影响较为敏感,例如雨、雾、云等恶劣天气可能导致信号衰减;射频通信:在大多数情况下相对不太受天气条件的限制。

(5) 安全性。空间激光通信:由于光束的方向性,难以被窃听,安全性高;射频通信:信号可能更容易被截获或干扰,需要采取额外的安全措施。

(6) 应用场景。空间激光通信:适用于需要高带宽、低时延的场景,例如卫星间通信、光纤通信的最后一英里;射频通信:广泛用于移动通信、广播、雷达等领域,以及在一些远距离通信场景中。

13-2 解:

$$\Delta f_k=\frac{c}{2Ln_{\mathrm{gm}}}=\frac{3\times 10^8}{2\times 10^{-7}\times 1}=1.5\times 10^{15}\,\mathrm{Hz}$$

此时,分布式反馈激光器输出的纵模数为

$$N=\frac{\Delta f}{\Delta f_k}=\frac{1.5\times 10^{15}}{1.5\times 10^{15}}=1$$

13-3 解:利用公式(13-3)的分析,将参数代入得此光电探测器在1550nm下的响应度为

$$R=\frac{\lambda q\eta_{\mathrm{qe}}}{hc}=\frac{0.8\times(1550\times 10^{-9})\times(1.6\times 10^{-19})}{(6.626\times 10^{-34})\times(3\times 10^8)}\approx 0.998\mathrm{A/W}$$

13-4 解:激光到达光电探测器后首先转换为光电流。利用光电流和接收功率计响应度的关系可以得到接收功率为

$$P_{\mathrm{R}}=\frac{R}{I_{PC}}=\frac{0.998}{1}=0.998\mathrm{mW}\approx 1\mathrm{mW}$$

13-5 解:(1) 根据相干检测输出光电流公式可知

$$\begin{aligned}I&=R(P_{\mathrm{R}}+P_{\mathrm{L}})+2R\sqrt{P_{\mathrm{R}}P_{\mathrm{L}}}\cos(\varphi_{\mathrm{R}}-\varphi_{\mathrm{L}})\\&=1\times(0.01+0.01)+2\times 1\times 0.01\times 0.5=0.03\mathrm{A}\end{aligned}$$

(2) 根据相干检测外差工作模式光电流公式可知

$$I=R(P_{\mathrm{R}}+P_{\mathrm{L}})+2R\sqrt{P_{\mathrm{R}}P_{\mathrm{L}}}\cos((\omega_{\mathrm{R}}-\omega_{\mathrm{L}})t+\varphi_{\mathrm{R}}-\varphi_{\mathrm{L}})$$

对比接收光电流时域表达式可以推出信号光与本振光相位差为π,此外根据上述公式可以进一步求解接收光

$$\frac{R(P_{\mathrm{R}}+P_{\mathrm{L}})}{2R\sqrt{P_{\mathrm{R}}P_{\mathrm{L}}}}=\frac{P_{\mathrm{R}}+P_{\mathrm{L}}}{2\sqrt{P_{\mathrm{R}}P_{\mathrm{L}}}}=\frac{5}{4}$$

进一步转换为二次方程

$$16(P_{\mathrm{R}}+4)^2=400P_{\mathrm{R}}$$

解得:$P_{\mathrm{R}}=1\mathrm{W}$

(3) 由于信道并未改变,接收功率应和原有式子保持相同。此时故障的发生只存在两种潜在的原因,一个是本振光功率改变,另一个是光电探测器响度改变。按照相干检测外差工作模式光电流公式,可以给出两个可能变化参数的非线性方程

$$\begin{cases}R(1+P_{\mathrm{L}})=1.5\\2R\sqrt{P_{\mathrm{L}}}=1.2\end{cases}$$

将第二个方程代入第一个方程得到 $R\left(1+\frac{0.0036}{R^2}\right)=0.15$,以此方程得两个解 $R_1=1.2$ 或 $R_2=0.3$。此时相对应的本振光功率为0.25W、4W。由于光电探测器响应度小于1,可知故障发生在光电探测器,响应度变为0.3。

13-6 解:(1) 根据提供参数目前已知大气透过率为98.66%、瞄准误差带来的损失为−0.45dB,需要估计衍射影响造成的路径损耗:

$$L_{BD}=-10\left[\log\left(\frac{A_T A_R}{R^2\lambda^2}\right)+2\log\left(\frac{4}{\pi}\right)\right]$$

$$=-10\left[\log\left(\frac{0.0942\times 0.3}{(319.6\times 10^3)^2\times(1550\times 10^{-9})^2}\right)+2\log\left(\frac{4}{\pi}\right)\right]$$

$$=7.29\text{dB}$$

由此可以得到总路径损耗为

$$L=0.9866\times 10^{-\frac{(7.29+0.45)}{10}}=1.795\times 10^{-8}$$

因此，接收功率为

$$P_R=LP_T=5\times 1.795\times 10^{-8}=2.33405\times 10^{-7}\text{W}$$

(2) 根据提供参数，可以求解得 OOK-RZ 的误码率为

$$P_{e\_OOK\text{-}RZ}=\frac{1}{2}\text{erfc}\left(\sqrt{\frac{(GRP_r)^2T_b}{4N_0}}\right)\approx 1.8\times 10^{-3}$$

类似的可以求解得到 BPSK 的误码率为

$$P_{e,BPSK}=\frac{1}{2}\text{erfc}\left(\sqrt{\frac{(GRP_r)^2T_b}{2N_0}}\right)\approx 1.845\times 10^{-5}$$

在题目所设条件下，BPSK 相对于 OOK-NRZ 调制具有更好的抗噪声性能。

13-7 解：两卫星间相对速度为

$$v\approx c\theta_L/2=1500\text{m/s}$$

13-8 解：由题意可得出固定偏移量的二维分布函数为

$$f(\theta_v,\theta_h)=f(\theta_v)f(\theta_h)=\frac{1}{2\pi\sigma^2}\exp\left(-\frac{\theta_v^2+\theta_h^2}{2\sigma^2}\right)$$

由于卫星 A，B 的扫描捕获过程是相互独立的，故 $P_{acq}=P_AP_B$。则单场双向扫描捕获概率为

$$P_A=\iint_{\Omega_A}f(\theta_v,\theta_h)\text{d}\theta_v\text{d}\theta_h=\frac{1}{2\pi\sigma^2}\iint_{\Omega_A}\exp\left(-\frac{\theta_v^2+\theta_h^2}{2\sigma^2}\right)\text{d}\theta_v\text{d}\theta_h$$

$$P_B=\iint_{\Omega_B}f(\theta_v,\theta_h)\text{d}\theta_v\text{d}\theta_h=\frac{1}{2\pi\sigma^2}\iint_{\Omega_B}\exp\left(-\frac{\theta_v^2+\theta_h^2}{2\sigma^2}\right)\text{d}\theta_v\text{d}\theta_h$$

$$P_{acq}=P_AP_B=\left[1-\exp\left(-\frac{\theta_A^2}{8\sigma^2}\right)\right]\left[1-\exp\left(-\frac{\theta_B^2}{8\sigma^2}\right)\right]\approx 0.964$$

13-9 解：卫星 A 接收端光阑平面法向量的俯仰角和方位角为

$$\Psi_{v,h}(t)=\alpha_{v,h}(t)-\overline{\varepsilon_A(t)}=(0.0071\text{rad},0.0063\text{rad})$$

13-10 解：发射光学天线增益为

$$G_T=\frac{32}{\theta_{div}^2}=3.2\times 10^7$$

自由空间损耗为

$$L_S=\left(\frac{\lambda}{4\pi R}\right)^2=1.49\times 10^{-27}$$

接收光学天线增益为

$$G_{\mathrm{R}}=\left(\frac{\pi D_{\mathrm{R}}}{\lambda}\right)^{2}=5.03\times10^{11}$$

探测器接收功率为

$$P_{\mathrm{R}}=P_{\mathrm{T}}G_{\mathrm{T}}\eta_{\mathrm{T}}L_{\mathrm{S}}L_{\mathrm{ATP}}G_{\mathrm{R}}\eta_{\mathrm{R}}=2.26\times10^{-8}\,\mathrm{W}$$

参考文献

[1] 付强,姜会林,王晓曼,等.空间激光通信研究现状及发展趋势[J].中国光学,2012,5(2):116-125.

[2] 姜会林,安岩,张雅琳,等.空间激光通信现状、发展趋势及关键技术分析[J].飞行器测控学报,2015,34(3):207-217.

[3] 吴从均,颜昌翔,高志良.空间激光通信发展概述[J].中国光学,2013,6(5):670-680.

[4] 邢建斌,许国良,张旭苹,等.大气湍流对激光通信系统的影响[J].光子学报,2005,(12):1850-1852.

[5] 赵尚弘,吴继礼,李勇军,等.卫星激光通信现状与发展趋势[J].激光与光电子学进展,2011,48(9):28-42.

[6] 郑勇刚,李博.自由空间光通信技术的应用与发展[J].光通信技术,2006(7):52-53.

[7] TYSON R. Principles of adaptive optics[M]. Third Edition. Taylor and Francis: CRC Press,2010.

[8] HEMMATI H. Near-earth laser communications[M]. Taylor and Francis: CRC Press,2009.

[9] MAJUMDAR A K, RICKLIN J C. Free-Space Laser Communications[M]. New York: Springer Science & Business Media,2010.

[10] DJORDJEVIC I B. Advanced optical and wireless communications systems[M]. Heidelberg: Springer,2018.

[11] 王熹,邓磊,陶坤宇,等.空间激光通信与测距一体化研究[J/OL].光通信研究,1-12[2024-04-01].

[12] GREIN M E,KERMAN A J,DAULER E A,et al. Design of a groundbased optical receiver for the lunar laser communications demonstration[C]//Proceedings of 2011 International Conference on Space Optical Systems and Applications (ICSOS). IEEE Press,2011: 78-82.

[13] BOROSON D M,ROBINSON B S,BURIANEK D A,et al. Overview and status of the lunar laser communications demonstration[C]//Proceeding of Free-Space Laser Communication Technologies XXIV. San Jose: Society of Photo-Optical Instrumentation Engineers Press. 2012.

[14] The Aerospace Corporation of El Segundo,California. Update on Optical communications and sensor demonstration (OCSD) [EB/ OL]. (2017-11-02)[2020-05-06].

[15] GREIN M E,KERMAN A J,DAULER E A,et al. Design of a ground-based optical receiver for the lunar laser communications demonstration[C]//Proceedings of 2011 International Conference on Space Optical Systems and Applications (ICSOS). Santa Monica: IEEE Press,2011.

[16] SEEL S,KÄMPFNER H,HEINE F,et al. Space to ground bidirectional optical communication link at 5.6 Gbps and EDRS connectivity outlook[C]//Proceedings of 2011 Aerospace Conference. Piscataway: IEEE Press,2011.

[17] TRÖNDLE D,PIMENTEL P M,ROCHOW C,et al. Alphasat-sentinel-la optical inter-satellite links: run-up for the European data relay satellite system[C]//Proceedings of Free-Space Laser Communication and Atmospheric Propagation XXVIII. San Jose: Society of Photo-Optical Instrumentation Engineers Press,2016.

[18] ARIMOTO Y, TOYOSHIMA M, TOYODA M, et al. Preliminary result on laser communication experiment using engineering test satellite-VI (ETS-VI)[C]//Proceedings of Free-Space Laser

Communication Technologies Ⅶ. San Jose: Society of Photo-Optical Instrumentation Engineers Press,1995.
[19] JONO T, TAKAYAMA Y, OHINATA K, et al. Demonstrations of ARTEMIS-OICETS inter-satellite laser communications [C]//Proceedings of 24th AIAA International Communications Satellite Systems Conference. San Diego: Aiaa International Communications Satellite Systems Conference Press,2006.
[20] CARRASCO-CASADO A, TAKENAKA H, KOLEV D, et al. LEO-toground optical communications using SOTA (Small Optical TrAnsponder) —Payload verification results and experiments on space quantum communications [J]. Acta Astronautica,2017,139: 377-384.
[21] 吴从均,颜昌翔,高志良,等.空间激光通信发展概述[J].中国光学,2013,6(5): 670-680.
[22] 王岭,陈曦,董峰.空间激光通信光端机发展水平与发展趋势[J].长春理工大学学报(自然科学版),2016,39(2): 39-45.
[23] 吴应明,刘兴,罗广军,等.空间光通信网络技术的研究进展及架构体系[J].光通信技术,2017,11(12): 46-49.
[24] 任建迎,孙华燕,张来线,等.空间激光通信发展现状及组网新方法[J].激光与红外,2019,49(2): 143-150.

第14章 水下通信和定位技术

CHAPTER 14

水下无线通信是以水为媒质，利用机械波传输数据、指令、语音、图像等信息的技术。其应用场景非常广泛，主要包括海洋资源开发、海洋环境监测和海洋科学研究。

1. 海洋资源开发

在海洋资源开发中，水下通信技术主要用于控制和监测海洋设施，如海底油井、海底电缆等。通过水下通信技术，可以实现对这些设施的远程控制和实时监测，保证设施的稳定运行。

2. 海洋环境监测

通过水下通信技术，可以实现对海洋环境的实时监测，包括海洋水质、海洋生态环境、海洋气象等方面。这对于保护海洋环境、维护生态平衡、预防自然灾害等方面都有着重要的意义。

3. 海洋科学研究

通过水下通信技术支持自主式水下潜航器（Autonomous Underwater Vehicle，AUV）集群化作业，可以极大提高海洋科学研究的工作效率。目前，水下工作机器人有两种工作模式：完全自主和相互协作。完全自主的模式在操作过程中，机器人基本上无法相互通信和协调；相互协作模式能够相互通信，但部署深度和可操作性有限。随着水声通信的发展，水下机器人之间可通过水声信道传输数据，有望实现更加灵活的集群化作业甚至进行大数据量的数据回传。这对于深入了解海洋的各个方面，以及推动海洋科学的发展都有着重要的意义。

未来的水下通信技术将更加注重提高数据传输速率、扩展通信覆盖范围，以及提高通信质量和稳定性。新一代的水下通信设备将具备更高的带宽和更低的时延，能够支持更复杂的海洋工程和科学研究任务，未来的水下通信网络将更加智能化、自适应化和自组织化，能够实现更高效的资源利用和更可靠的通信连接。

14.1 水下通信技术概述

水下通信方式主要有水声通信、水下光通信和水下电磁通信。

14.1.1 水下通信的发展

1. 水声通信的发展

世界上第一个具有实际意义的水声通信系统是美国海军水声实验室于1945年研制的

水下电话，该系统使用单边带调制技术载波频率 8.33kHz，主要用于潜艇之间的通信。而 20 世纪 70 年代后，数字技术的发展使数字调制逐渐取代了模拟调制成为主流，水声通信系统的性能也因此得到了提升。水声通信的发展前景是由移动和静止节点共同构成的水声数据通信网，高速、稳健的 P2P 通信是实现水声通信网络化的基础。只有解决了 P2P 通信才可构建水下信息网，因此美国把它列为 21 世纪重大研究课题。目前固定节点间通信技术发展迅速，已进入实用阶段，但移动水声通信尚处于研究阶段，有待进一步提高性能。随着海洋资源开发，水下机器人及各种潜水器，以及潜艇水下无线通信等技术的迅速发展，深、浅海中远程水声通信技术研究迫在眉睫，它必将成为制约水下信息领域发展的核心技术之一。

2. 水下光通信的发展

水下光通信的发展起始于 20 世纪 60 年代，Duntley 等学者提出 450～550nm 波长的蓝绿光相对其他波长的光在海水中的衰减极小，或可用于通信，之后又通过实验发现了水中蓝绿光透射窗的存在。此后数十年，水下光通信主要被应用于军事领域，直到近 10 年，才在商业领域有所突破。2021 年 2 月，武汉六博光电技术公司等单位联合研发出一种新型水下光通信设备，系统采用双光源结构，在第二次水下试验中，实现了通信距离 50m 的 3Mb/s 通信与通信距离 20m 的 50Mb/s 通信，这是中国在商用水下光通信系统中的一次重大突破。

3. 水下电磁通信的发展

第一次世界大战期间，法国首先尝试使用电磁波作为载波进行潜艇通信实验，尽管取得了一些进展，但由于海水的电导率较高，使电磁波在海水介质中传播存在严重衰减，因此科学家们对水下电磁通信的应用前景普遍报以悲观的态度。21 世纪以来，数字通信技术得到了很大提升，出于工业、测绘等领域的迫切需求，各国研究机构重新开始重视水下射频通信。2020 年，美国马里兰大学的 Igor Smolyaninov 团队给出了 2MHz、50MHz 和 2.4GHz 频段下新型表面电磁波天线的设计方法，实现了海水中宽频带无线电磁通信，给出了各频段在海水的理论通信距离与深度。

14.1.2 水下通信的媒介

为了在水面漂浮系统和水下宝贵的资产之间建立通信，使用了 4 种不同的通信媒介。

1. 电缆

电缆可以提供鲁棒的通信性能。然而，电缆的部署和维修费用非常高，因此推动了无线数据传输的使用。

2. 声波(机械波)

在水下无线通信系统中，因声波在水下环境中具有相对较低的吸收损失而成为主要通信载体。然而，声波传播速度较慢，并且频带非常有限。

3. 微波

与声波相比，在无线电频段使用电磁波的优点主要包括：速度快和工作频率高(从而提供较高的带宽)。然而，海水的导电性会导致电磁波衰减较大，限制了其在水下通信中的应用。

4. 光波

光波通信在数据速率上有很大的优势。然而光通信在水下也有 3 个缺点。首先，光信号会很快在水中被吸收；第二，由悬浮粒子和浮游生物带来的光散射非常大；第三，在水的上半部分，环境光的高照度会对光通信的使用产生负面影响。

显然，作为无线信息载体的3种物理波，每一种都有各自的优点和缺点。为了更直观地理解，将声波、微波和光波载体的主要特性归纳在表14-1中。

表14-1 在海水环境下声波、微波和光波载体的比较

特　性	机 械 波	微　波	光　波
额定速度/(m·s^{-1})	~1500	~33333333	~33333333
功率损失	相对较小	大	&. 浑浊度
带宽	~kHz	~MHz	~(10~150)MHz
频带	~kHz	~MHz	~(10^{14}~10^{15})Hz
天线大小	~0.1m	~0.5m	~0.1m
作用距离	~km	~10m	~(10~100)m

14.1.3 水下通信的特征与挑战

水下无线通信面临着巨大的挑战，包括如带宽的限制、传输时延、通信速率低、误码率高、多普勒拓展、环境噪声影响等问题。

尽管水声通信发展历史悠久，技术也较为成熟，但其依然存在诸多问题。一是易受浊度、环境噪声、盐度和压力梯度等水文影响，难以应用于恶劣环境。二是通过空气与水交界面时，反射与衰减过大，几乎无法实现跨越空气与水交界面的通信，往往需要中继器来转发。三是水声通信带宽具有时变性，可用带宽有限，通信速率低。四是安全性差，易被窃听。五是声波传播较慢，存在多径效应，通信时延高，误码率高。六是对水生生物有负面影响，特别对鲸类的定位功能有一定的干扰，严重时会导致鲸类在水下失去方向感，甚至搁浅。

目前，水下光通信在商用领域的应用中仍有一些问题亟待解决。一是不易通过空气与水交界面，需要中继器来转发。二是易受浊度、湍流、气泡等水文条件与水的散射影响，对水体环境要求较高。三是需要精确对准，目前大多只能在视距范围内进行通信，应用范围较窄。四是由于水对光波的吸收，光波在水中衰减较大，相比于通信距离以km计的水声通信，水下光通信的距离较短。五是水下光源会对水生生物种群的日常活动、繁殖与交配、捕食关系都有很大的不利影响，甚至会对生物多样性与海洋生态环境造成威胁。

14.2 水声通信技术

鉴于水下声媒介的复杂性和声在水中的低速传播，水声信道被认为是最具挑战性的通信信道之一，水声信道是时变、频变、空变的随机多径信道，具有窄带宽和高噪声的特性。

14.2.1 声波在水下的固有特性

通过海水的极低声传播速度是声波区别于电磁波传播的一个重要因素。

定理14.1 水中的声速取决于水温、盐度和压力。

这3个参数是水深的函数，图解说明如图14-1所示。接近海面的典型声速为1520m/s，比空气中的声速快4倍多，但比光速要小5个数量级。

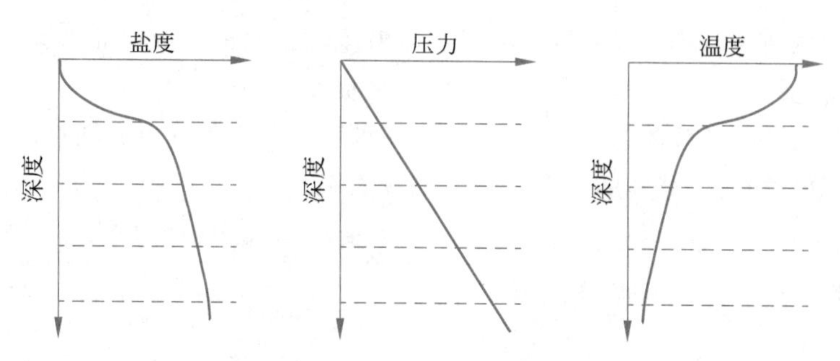

图 14-1　环境参数变化是深度的函数

性质 14.1　水下声速随着水温、盐度和深度的增长而增大。

水温每升高 1℃，声速增加约 4m/s；当盐度增长一个实际盐度单位(Practical Salinity Unit，PSU)，水中的声速增加 1.4m/s；随着水深增加 1km，声速大约增加 17m/s。特别需要指出的是，上述的评估仅仅是很粗略的定量或定性讨论，对于给定性质的声速变化一般不是线性的。

在深海中，典型声速剖面是深度的函数，如图 14-2 所示。根据深度不同，声速剖面可分为 4 层。

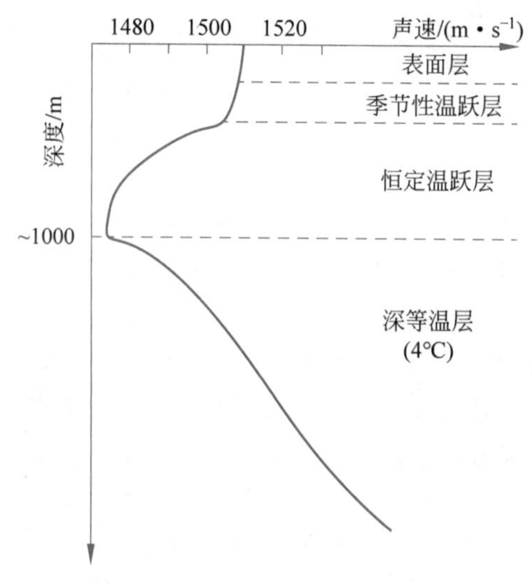

图 14-2　深海典型声速剖面

(1) 表面层。表面层通常有几十米水深。由于风的混合影响，该层的温度和盐度都趋于均匀，声速为常量。表面层也称为混合层。

(2) 季节性和恒定温跃层。在温跃层，随着水深的增加，水温在降低。在这两层中，压力和盐度的增加无法补偿温度降低的影响。因此，在深度上有一个负梯度的声速剖面。在季节性温跃层，负梯度随着季节变化，而在恒定温跃层则较少有季节性的变化。

(3) 深等温层。水温几乎是保持在 4℃左右的常数。此时，声速主要由水压决定，这导致随深度变化的声速剖面为正梯度。

性质 14.2　根据斯涅尔定律，声速射线沿着低传播速度的方向弯曲。

海水中的多个传播路径如图 14-3 所示。在浅海中，声速通过水体时通常是常量。如图 14-3(a)所示，声信号通常沿着直线传播。深海声道的声速剖面使声传播路径发生变化。

特别注意，在温跃层和深等温层之间，在特殊水深（称为声道轴）有一个最小声速。对于在信道轴上传输的声信号，声信号向温跃层传播时，声射线向下弯曲；声信号向等温层传播时，声射线向上弯曲。这样，声线在两层之间传输不受海面和海底的影响，如图 14-3(b)所示。这类信道称为深海声道，相对应的传播称为水底测音装置（Sound Fixing and Ranging，SOFAR）。SOFAR 传播的一个有意思的现象是可用较短的传播时间传播很远的距离。由于声速的不一致性带来的折射，在声场中存在阴影区和会聚区两个区域；阴影区表示直达声路径不可到达的区域；会聚区表示可由一簇声路径集中穿透的区域。

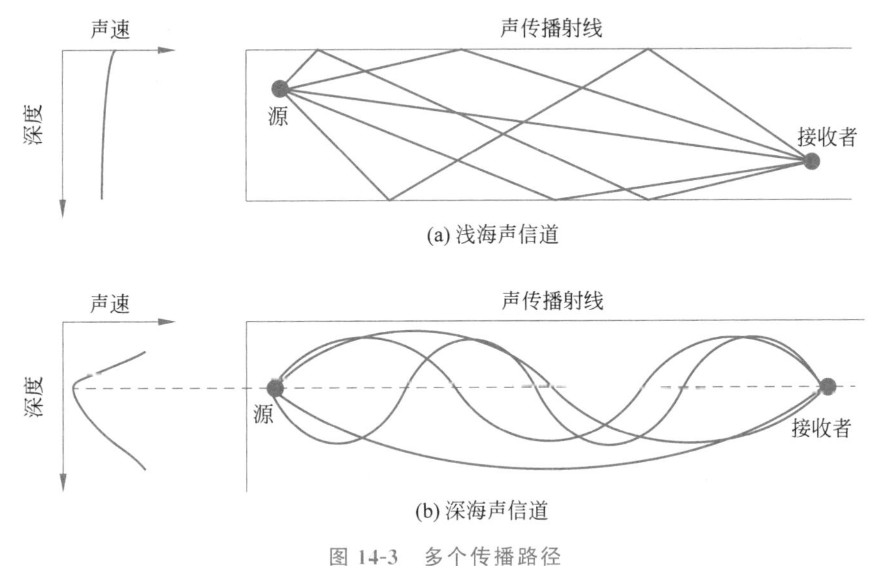

图 14-3　多个传播路径

声波在水中传播的过程中，有 3 种主要的能量损失机理：吸收损失、几何扩展损失和散射损失。

1. 吸收损失

在传播过程中，声波能量可能转换成其他形式并被媒介吸收。吸收的能量损失由材料的缺陷控制，这是由于材料的物理波传播的类型不同。对于电磁波而言，这个缺陷是海水的电导性。对于声波，材料缺陷是无伸缩性的，它将声波能量转换成热能。

定理 14.2　声波传播的吸收损失依赖于频率，可表示为 $e^{\alpha(f)d}$，这里 d 是传播距离，$\alpha(f)$是在频率 f 的吸收系数。海水主要由纯水和盐类构成，其中盐类成分主要包含硼酸和硫酸镁。对于海水，频率 f 的吸收系数可写为化学的弛豫过程和从纯水吸收的总和：

$$\alpha(f)=\frac{A_1P_1f_1f^2}{f_1^2+f^2}+\frac{A_2P_2f_2f^2}{f_2^2+f^2}+A_3P_3f^2 \tag{14-1}$$

其中，等式右边第一项是由硼酸贡献的，第二项是由硫酸镁贡献的，第三项来自纯水的贡献。A_1、A_2、A_3 是常数。由参数 P_1、P_2、P_3 给出了压力依赖性。弛豫频率 f_1、f_2 分别是硼酸和硫酸镁的弛豫过程。关于系数 A_1、A_2、A_3、P_1、P_2、P_3、f_1、f_2 的公式是温度、盐度和水深的函数。

定理 14.3　在水声通信中，可使用 Thorp's 公式作为频率小于 50kHz 时的简化吸收模型：

$$\alpha(f)=\frac{0.11f^2}{1+f^2}+\frac{44f^2}{4100+f^2}+2.75\times10^{-4}f^2+0.003 \tag{14-2}$$

其中，f 表示频率，单位为 kHz。

2. 几何扩展损失

几何扩展损失是由于能量守恒引起的声波传播的本地功率损失。当声脉冲信号离开它的声源向很远距离传播时，波的前端占有越来越大的表面积，因此，在每个单元表面的波能量（也称能量流）就变得越来越少。由一个点源产生的表面波，几何扩展带来的功率损失正比于距离的平方。另一方面，非常长的线源产生的圆柱波，其几何扩展带来的功率损失与距离成正比。对于特殊的水下环境，几何扩展是球面扩展和柱面扩展的混合，功率损失正比于 d^β。这里 β 介于球面扩展和柱面扩展 $\beta=1$ 和表面扩展 $\beta=2$ 之间。然而真实信道中的声传播很难将声传播的扩展损失归类为两种扩展模型的哪一种，扩展指数的经验值可以取 $\beta=1.5$。注意几何扩展是与频率无关的。

3. 散射损失

散射是一般的物理过程，入射波被许多不同方向的不规则的表面反射。水下环境的声散射可归因于水中非一致性和非理想海面和海底的声波的相互作用。水体中的障碍包括点目标，如鱼和浮游生物，以及散射体，如鱼群和泡泡云。相应的散射损失依赖声波长度和目标大小，特别是散射损失随着声波长度的减小而增加。海面和海底的散射性质主要由界面的粗糙度决定。界面粗糙度高，空间能量的色散大。海面的粗糙度源于风引起的毛细波浪，幅度在几分米到几米的范围波动（如浪涌）。海底的粗糙度依赖于地质学，包括如岩石的粗糙度、沙波纹和沉积的有机生物体。粗糙的幅度也在几分米到几米的范围变化。与水容积的目标散射相似，海面和海底的散射损失也是依赖频率的。

在真正的环境中，散射过程的两种形式是相互存在的。例如，在高风速的情况下，风产生的波会增加海表面的粗糙度，并且碎波产生很大的泡泡云。当声波与海表面和泡泡云相互作用时，两种散射损失就都出现了。风产生的波变为声波的移动反射体，因此它不仅在空间域并且也在频率域都引入了能量色散。

14.2.2 水声传播理论

定理 **14.4** 给定环境参数，三维水下环境的声传播特性可用波动方程来描绘：

$$\nabla^2 p=\frac{1}{c^2(x,y,z)}\frac{\partial^2 p}{\partial t^2} \tag{14-3}$$

其中，(x,y,z)代表水中某点的三维坐标，p、t 和 $c(x,y,z)$分别定义为水中的声压、时间和声速，∇^2 是拉普拉斯算子。对于频率为 f_0 的正弦波，波动方程可写为亥姆霍兹方程式：

$$\nabla^2 p+k^2(x,y,z)p=0 \tag{14-4}$$

其中，$k(x,y,z)=2\pi f_0/c(x,y,z)$是波数。

尽管波动方程是简化的，但找到它的解是一项复杂的任务。根据应用的不同，有几个典型的解决方法来描绘声场的特性。

(1) 射线理论。假设相位的变化比幅度的变化快很多，该方法可将三维声压看作独立的幅度函数和相位函数的乘积，因此可单独求解。上述的假设限制了声线理论只可应用于高频系统。相比其他方法，射线理论提供了非常吸引人的声传播的直观表述，通常使用的代码是 BELLHOP 射线跟踪程序。

(2) 自然振荡模型。通过假定水平底部是平坦的,该方法提供了波动方程的精确解,但是它局限于水平分层信道,仅在深度方向有声速的变化。因此,这个解与距离无关。此方法经常用于时间反转处理和匹配滤波处理。普遍的代码是基于克拉肯自然振荡模型(KRAKEN Normal Mode)的 KRAKEN 程序。

(3) 波数积分。与自然振荡模式解决方案类似,该方法假定分层信道,并且用波数积分来计算声场。特别是用快速傅里叶变换、快速场分析可以直接评估积分方法,从而获得波动方程的数值解。虽然这种方法能提供精确解,但相比其他 3 种方法,它无法提供声场的物理解释。快速场分析程序的一个例子是对海洋声学和地震勘查的分析综合。

(4) 抛物线近似法。仅考虑前向传播的方向,这个方法用与抛物线方程近似的亥姆霍兹方程式,它可用数值估计。从 20 世纪 70 年代,已经研发了许多抛物线方程(Parabolic Equation,PE)近似方法。PE 方法适于依赖距离的声场计算。在各种 PE 代码中,海底地形和海面的粗糙度都考虑在内。PE 代码的一个例子是蒙特雷-迈阿密 PE(Monterey-Miami Parabolic Equation,MMPE)模型。

声场描述的分辨率是波长级的。自然振荡模型、波数积分和抛物线近似法主要适于低频域,声场可以得到稳定的观察。对于低频通信,抛物线近似法可用于仿真水下声信道,而射线跟踪理论普遍适用于高频系统。

14.2.3　环境噪声与干扰

噪声用于解释所期望信号的失真。根据应用不同,水声噪声由不同成分组成。对于水声通信系统,水声噪声可分为环境噪声和外部干扰。

环境噪声是来自无数个声源的背景噪声。水中最普通的环境噪声源包括火山岩、地震活动、湍流、海面行船和工业活动、风产生的波浪、气象活动,以及热噪声。由于存在多个源,环境噪声是近似高斯的,但不是白噪声。水下背景噪声的谱级可以随时间、地域或深度有很大的振荡。对于短距离声通信,环境噪声谱级可以远低于期望的信号。对于远距离或者隐蔽声通信,噪声谱级是通信性能的一个限制因素。

外部干扰是在接收信号中可辨识的干扰信号。对应源包括水下动物、冰冻裂隙和在同一环境中的其他声系统。例如,温暖海域的鼓虾和极地区域的冰冻裂隙产生的脉冲干扰。在通信工作的同时,伴有声呐在工作,声呐造成的外部干扰是高度结构化的。相对于背景噪声,外部干扰不是高斯的也不是白色的。这类噪声的出现可带来高的动态链路错误率或者甚至造成链路中断。

应该注意,噪声谱级具有高度频率依赖性。噪声功率谱密度几乎随频率的增加而单调下降,当热噪声为主要成分时,频率可高至 100kHz。这样,当选择合适通信频带时,除了路径损失,噪声也是应该考虑的因素。

14.2.4　水声扩频通信技术

扩频通信(Spread Spectrum Communication,SSC)已广泛应用于商业和军事通信各个领域,但由于水声信道的带宽限制,SSC 技术在水声通信中的发展相对比较缓慢,目前主要应用于低速水声通信系统。由于 SSC 具有的良好性能,因此也是近年来水声通信技术研究的热点。

水声通信中的一个重要问题就是抗干扰，包括各种强的噪声干扰、多途干扰等，还要考虑未来水声通信的发展目标——建立水下自组织通信网络。SSC 的优点在水声通信中也适用：扩频增益、抗干扰能力强、可胜任远程水声通信；由于通信信号的频谱被展宽，可认为是一种频率分集，所以多途衰落会大大减小；扩频码自相关特性优良，当多途时延超过一个码片宽度时，与原码相关性急剧下降，可视为噪声处理，因而对多途效应不敏感；可通过码分复用实现多用户组网通信，保密性好，为实现水声通信网络化提供有利条件。

1. 差分直接序列扩频

直接序列扩频(Direct Sequence Spread Spectrum，DSSS)是将要发送的信息用伪随机序列扩展到一个很宽的频带上去，在接收端，用与发射端相同的伪随机序列对接收到的信号进行相关处理，恢复原来的基带信息。

DSSS 系统的工作原理如图 14-4 所示，由信源输出的信息码 $a(t)$ 与伪随机码产生器产生的伪随机码 $c(t)$，进行模 2 加或相乘，产生一个速率与伪随机码速率相同的扩频序列，再用载波调制扩频序列，就得到已扩频调制的射频信号。信源输出的二进制数字信号 $a(t)$ 是具有时间宽度 T_a 的基带数字信息，可表示为

$$a(t)=\sum_{n=0}^{+\infty}a_n g_a(t-nT_a) \tag{14-5}$$

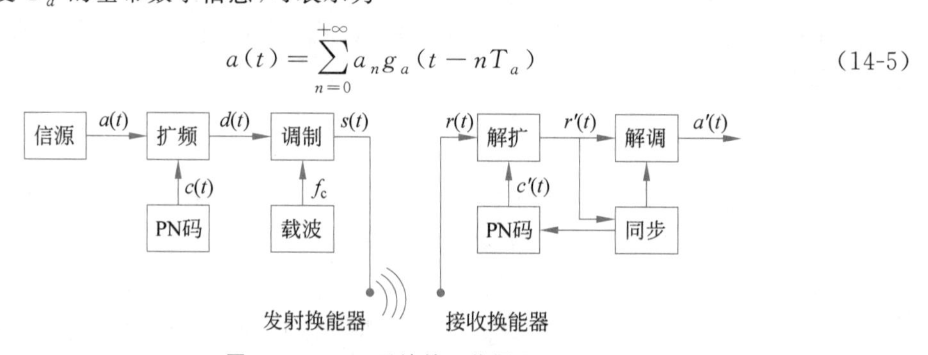

图 14-4 DSSS 系统的工作原理

式中，$g_a(t)=\begin{cases}1, & 0\leqslant t\leqslant T_a\\ 0, & 其他\end{cases}$ 为门函数；$a_n=\begin{cases}+1, & P\\ -1, & 1-P\end{cases}$，其中，$P$ 为信息码序列符号为 $+1$ 的概率。

伪随机码产生器产生的伪随机码为 $c(t)$，每个伪随机码码片宽度为 T_c，码片速率 $R_c=1/T_c$，则 $c(t)$ 可表示为

$$c(t)=\sum_{n=1}^{N}c_n g_c(t-nT_c) \tag{14-6}$$

扩频过程实质上是信息码 $a(t)$ 与伪随机码 $c(t)$ 进行模 2 加或相乘，产生一个速率与伪随机序列相似的序列，即扩展输出序列为

$$d(t)=a(t)c(t)=\sum_{n=0}^{+\infty}d_n g_c(t-nT_c) \tag{14-7}$$

式中，$d_n=\begin{cases}+1, & a_n=c_n\\ -1, & a_n\neq c_n\end{cases}$。

然后再对扩频序列进行载波调制(记载波频率为 ω_c)，可得到发射信号为

$$s(t)=d(t)\cos\omega_c t=\sum_{n=0}^{+\infty}d_n g_c(t-nT_c)\cos\omega_c t \tag{14-8}$$

接收端解扩的过程与扩频过程相同，用本地的伪随机序列对接收信号进行相关解扩后进行解调。期望用户获得扩频增益，而噪声干扰及其他干扰分量经解扩处理后，由于能量被分散而大大削弱。在接收端接收到的信号为

$$r(t)=s(t)+n(t)+J(t) \tag{14-9}$$

式中，$n(t)$为带限白噪声；$J(t)$为干扰信号，包括人为干扰及多址干扰。

随后，用与发射端相同的伪随机码 $c'(t)$对接收信号进行相关解扩：

$$\begin{aligned}r'(t)&=r(t)c'(t)=s(t)c'(t)+n(t)c'(t)+J(t)c'(t)\\&=s'(t)+n'(t)+J'(t)\end{aligned} \tag{14-10}$$

式中，经过相关解扩后信号、噪声和干扰分别记作 $s'(t)$、$n'(t)$和 $J'(t)$。

$$s'(t)=s(t)c'(t)=a(t)c(t)c'(t)\cos\omega_c t \tag{14-11}$$

如果接收端产生的伪随机码 $c'(t)$与发射端伪随机码 $c(t)$同步，则有 $c(t)=c'(t)$，即 $c(t)c'(t)=1$，所以可简化为

$$s'(t)=a(t)\cos\omega_c t \tag{14-12}$$

由于噪声干扰与伪随机码不相关，多址干扰与本地伪随机码也不相关，所以解扩相当于进行了一次扩频处理，进一步减小了信号带宽内的干扰，提高了输出信噪比。通过相关处理，不但可以将湮没在噪声中的信号提取出来，获得比较大的增益，还可将在发射端被展宽的信号恢复到原信息序列的频带内。最后，对解扩后的信号进行解调，从而恢复出基带数字信息 $a'(t)$。

2. *M* 元差分扩频

M 元差分扩频通信已被应用于无线电很多领域，如 IS-95 和宽带码分多址反向信道及分组无线网等；国际移动电信-2000(IMT2000)提出的第三代移动通信标准也普遍采用了多进制扩频技术。

传统的扩频通信是用周期产生的伪随机序列调制每一个信息码元，并对扩频后的序列再进行载波调制作为发射信号。若待发送的基带数字信息是二进制序列，每个码元携带1bit 信息，伪随机序列周期为 T，则系统的通信速率 $R_b=1/T$。

M 元差分扩频通信是直接序列扩频的一种，它是通过扩频序列选择器，将多个信息比特映射成一条伪随机序列，再进行载波调制作为发射信号。该通信方式可以大幅度改善扩频系统的通信速率，提高扩频系统的抗干扰能力，其中，使用了差分编码的 *M* 元差分扩频通信工作原理如图 14-5 所示。由于每次的发射信号是从一组正交扩频序列中任意选择一条，因此在相同的扩频序列周期内，携带的信息量由 1bit 提高为 lb*M* bit，则系统的通信速率为

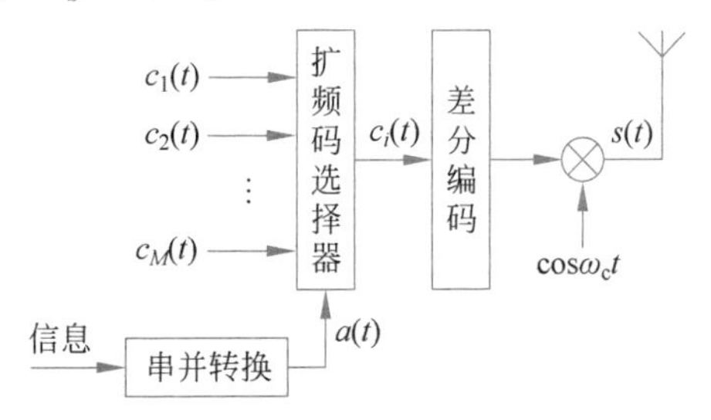

图 14-5　*M* 元差分扩频通信发送端工作原理

$$R_b=\frac{\mathrm{lb}M}{T} \tag{14-13}$$

M 元直扩通信信息序列在发射端先进行串并转换，扩频码选择器根据输入的每组信息

数据决定输出的扩频码。假设每个扩频码元携带 5bit 信息，则前 4 个数字信息 a_1 决定所选取的伪随机序列，总共需要 16 种伪随机码；后一个数字信息 a_2 决定所选取伪随机序列的相位极性状态。在 M 元差分扩频调制中增加了相位调制，对载波同步的要求较高，而采用差分相干解调法的二进制差分相移键控（Binary Differential Phase Shift Keying，BDPSK）具有优良的抗相位抖动性能，故采用 BDPSK 进行载波调制。

如图 14-5 所示，信息在发射端先进行串并转换，扩频码选择器根据输入的每组数据来决定应选择哪条扩频码输出，对扩频后的信号再进行差分编码后载波调制发射。M 元差分扩频通信接收端工作原理如图 14-6 所示。在接收端接收到的信号首先经过带通滤波器，滤除信号带宽外的噪声后与其时延信号相乘，同时实现解调解差分，将解调解差分后的信号 $r(t)$ 分别送入 M 个相关器并行进行解扩处理，得到 M 个相关输出值，以最大值进行判决解码。设 M 个扩频码为 $\mathrm{PN}_1(t),\mathrm{PN}_2(t),\cdots,\mathrm{PN}_M(t)$ 且彼此正交，即有

$$\int_0^T \mathrm{PN}_i(t)\mathrm{PN}_j(t)\mathrm{d}t = R_{ij}(0) = \begin{cases} T, & i=j \\ 0, & i \neq j \end{cases} \tag{14-14}$$

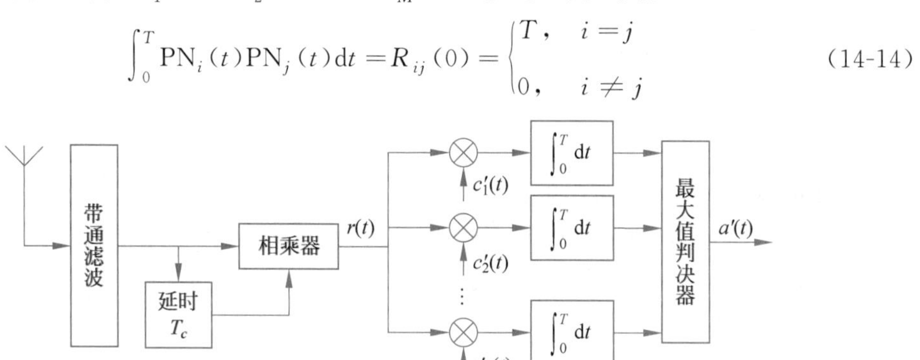

图 14-6 M 元差分扩频通信接收端工作原理

发射端根据信息数据 $a(t)$，从 M 个扩频码中选取第 k 个扩频码作为发射码型，发射信号为

$$s(t) = c_i(t) = \sqrt{2P}\,\mathrm{PN}_k(t)\cos(\omega_c t + \varphi) \quad (k=1,2,\cdots,M) \tag{14-15}$$

接收信号可表示为

$$r(t) = s(t) + n(t) + J(t) \tag{14-16}$$

式中，$n(t)$ 为噪声干扰；$J(t)$ 为人为干扰或其他用户干扰。接收信号去载波后分别送入 M 个使用不同正交扩频码的解扩相关积分器中，第 j 个本地相关器中的解扩信号为

$$c_j'(t) = \sqrt{2P}\,\mathrm{PN}_j(t)\cos(\omega_c t + \varphi) \tag{14-17}$$

在载波同步情况下，第 j 个解扩相关积分器的输出信号为

$$\begin{aligned} V_j(t) &= \int_0^T r(t)c_j'(t)\mathrm{d}t \\ &= \int_0^T s(t)c_j'(t)\mathrm{d}t + \int_0^T n(t)c_j'(t)\mathrm{d}t + \int_0^T J(t)c_j'(t)\mathrm{d}t \\ &= P\int \mathrm{PN}_j(t)\mathrm{PN}_k(t)\mathrm{d}t + N_j \end{aligned} \tag{14-18}$$

式中，N_j 为解扩输出后噪声与干扰的综合形式。根据前面所述扩频码的相关特性可得

$$V_j(t) = \begin{cases} PT + N_i & ,i=j \\ N_i & ,i \neq j \end{cases} \tag{14-19}$$

由于伪随机序列自身具有良好的相关特性，因此经过解扩后，与所发伪码不相关的支路都将输出很小的值。取 M 个相关器输出的最大值，根据发射端某种对应关系的逆运算可得到发送信息 $a(t)$。

3. 并行组合扩频通信

并行组合扩频通信是在 M 元扩频的基础上发展起来的，可进一步提高通信速率，其实质是利用不同的扩频序列组合来传递信息，从 M 个扩频编码中选出其中的 r 个进行叠加。但并行组合扩频通信的缺点是发射信号为非恒包络信号，峰值平均功率比较高，而且在多途衰落信道中传输多进制信号，将增加接收机的复杂度，不利于解调。

4. 映射序列扩频通信

映射序列扩频方式是基于码元择多变换法实现的，不需要对现有直扩接收机做任何改动，其基本思想是，将选定的 r 个扩频序列求和后，得到多进制信号，再经过择多符号判决变成二进制，保证发射信号恒包络及传输二进制信息，在不增加接收机复杂度的情况下，提高系统传输效率并降低传输过程中的错误概率。然而，当映射序列扩频方式直接应用到并行组合扩频系统时，将存在调制和解调不唯一的现象。采用类似于全"0"信息数据的映射调制方法，即增加备用扩频序列，以保证扩频序列集的完备性。

5. 分组 M 元扩频通信

分组 M 元扩频通信方式的工作原理与并行组合扩频系统类似，核心思想是采用多通道并行工作，并且在每个通道中采用 M 元扩频，优点是去除了并行组合扩频通信数据映射算法的复杂度。

6. 循环移位扩频通信

循环移位扩频用一条长度为 n 的 M 序列携带 k bit 的信息，通过移位 M 序列的码片位置来表示 k bit 信息，具有较高的通信速率。

14.2.5 OFDM 水声通信技术

在通信体制上，水声通信从最早的抑制载波的单边带幅度调制体制开始，经历了跳频扩频、直接序列扩频、多频移频键控，以及 Chirp 调制等低速率的通信体制。Milica Stojanovic 提出的二阶锁相环信道跟踪与自适应反馈均衡技术相结合的单载波通信体制，是水声通信从低速率发展到高速率的里程碑。在此以后，伴随着陆上无线通信技术的发展，针对高速水声通信的相关研究越来越成为水声通信研究的目标。目前，高速水声通信的研究主要在 3 个方面：(1)对单载波体制下的时间反转技术、频域均衡等技术的研究；(2)对多载波调制下的相关接收处理技术的研究；(3)在多输入多输出技术架构下，对与单载波调制和多载波调制相结合的相关接收处理算法的研究。

正交频分复用(Orthogonal Frequency Division Multiplexing，OFDM)技术是一种多载波调制的传输技术，主要思想是在频域内将所给的信道分成多个正交子信道。由于在每个子信道上进行的是窄带并行传输，信号带宽小于信道的相干带宽，因此可以大大消除符号间干扰，且由于载波间有部分重叠而提高了频带利用率。基于 OFDM 多载波技术的抗多途能力强、频带利用率高、通信速率快和实现复杂度低等优点，从 20 世纪 90 年代中后期，逐渐有人研究 OFDM 应用于高速水声通信，以应对水声信道多途严重、频带有限、频率选择性衰落的难题，它也是中近程高速水声通信的主流方案之一。水声信道的快变带来较大的多普勒扩展，这在 OFDM 子载波间引入很明显的干扰。水声信道必须采用特殊的信号处理方法以使 OFDM 在水下环境中能正常工作。

不同的调制方案在不同的情况下有其各自的优势。一般而言，跳频扩频和直接序列扩频对低速率和鲁棒性工作是很好的候选方案。对于中等速率和远距离传输，单载波传输是合适的选择。对于短距离和长信道大数据率，OFDM 有它的竞争优势。

1. OFDM 水声通信信号处理技术

Weinstein 提出了利用 DFT 实现 OFDM 系统的调制和解调。OFDM 通信系统的基本框架如图 14-7 所示。

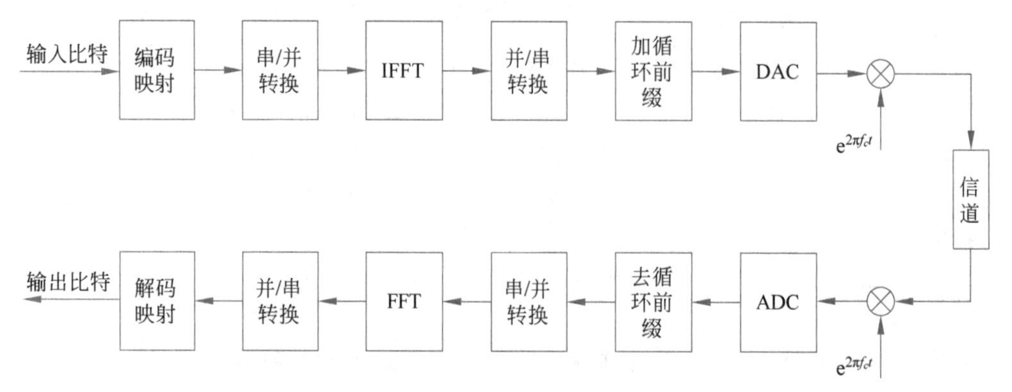

图 14-7 OFDM 通信系统的基本框架

考虑在发射端要传送一组二进制数据，首先通过映射将该组数据映射成为复数序列 $\{d_0, \cdots, d_{N-1}\}$，其中 $d_n = a_n + \mathrm{j}b_n$。如果对这复数序列进行 IDFT 变换，得到 N 个复数元素组成的新复数序列 $\{S_0, \cdots, S_{N-1}\}$，其中，

$$S_m = \frac{1}{N}\sum_{n=0}^{N-1} d_n \exp(\mathrm{j}2\pi nm/N) \quad (m = 0, 1, \cdots, N-1) \tag{14-20}$$

如果令 $f_n = \dfrac{n}{N \cdot \Delta t}$，$t_m = m \cdot \Delta t$，其中，$\Delta t$ 是取定的某一时间长度，则 $T = N \cdot \Delta t$ 为符号时间长度。式(4-20)可写为

$$S_m = \frac{1}{N}\sum_{n=0}^{N-1} d_n \exp(\mathrm{j}2\pi f_n t_m) \quad (m = 0, 1, \cdots, N-1) \tag{14-21}$$

可以看出，这是一个多个载波调制信号和的形式。各子载波间的频率差为

$$\Delta f = f_n - f_{n-1} = \frac{1}{N \cdot \Delta t} = \frac{1}{T} \tag{14-22}$$

如果把序列 $\{S_0, S_1, \cdots, S_{N-1}\}$ 以 Δt 的时间间隔通过数模转换器并滤波输出，就会转换为如下形式的连续信号(忽略常系数 $1/N$)：

$$x(t) = \sum_{n=0}^{N-1} d(n) \exp(\mathrm{j}2\pi f_n t) \quad (0 \leqslant t \leqslant T) \tag{14-23}$$

在接收端，对接收到的信号进行时间间隔为 Δt 的采样，并进行 DFT 变换就可以恢复出复数序列 $\{d_0, d_1, \cdots, d_{N-1}\}$，进而恢复出二进制数据。对于 IDFT/DFT 变换的计算，通常采用成熟的 IFFT/FFT 算法来实现，以大幅度减少计算量，提高实现效率。

2. OFDM 水声通信优缺点分析

近年来,OFDM 系统因其适合宽带传输的特性而备受青睐。在水声信道下,与传统的单载波或一般非交叠的多载波传输系统相比,OFDM 系统具有以下优点。

(1) 在浅海中,由于反射、折射和散射始终存在,因此产生多径波。多途信号强度、时延、带宽等因素会影响合成信号强度和相位的变化,产生拖尾现象。在时域上,主要体现为幅度衰落和码间干扰;在频域上,体现为频率选择性衰落,即传输信道对信号中不同频率成分有不同的随机响应。OFDM 将系统的整个频带分割为带宽小于信道相干带宽的子频带,这样尽管总的信道具有频率选择性,但每一个子频带是相对平坦的,每一子载波上分配的符号速率较低,可以有效地对抗水声信道中多途扩展产生的频率选择性衰落和码间干扰。

(2) 此外由于水声信道条件可能不稳定,在数据间插入循环前缀保护间隔可有效降低码间干扰,提高 OFDM 系统对信道变化的鲁棒性,进而增强传输的可靠性。

(3) 水声通信环境存在频谱资源有限,且止通带相间的特点,而 OFDM 系统的子信道频谱相互重叠且正交,因此提高了信道频带的利用率。通过对各正交子载波进行联合编码,OFDM 系统实现了对宽带信道的频率分集,从而具备了很强的抗衰落能力,对水声通信显得尤为关键。

(4) 在水声信道中,由于存在着频率选择性衰落等因素,会导致某些子载波的信号质量严重受损,甚至发生深度衰落。OFDM 系统可以灵活控制各子载波的调制方式,将其调整到适合当前信道条件的模式,从而充分利用衰落较小的子信道,避免深度衰落子载波信道对系统性能的不利影响。也可以有效对抗窄带干扰,因为窄带干扰通常只影响其中一部分子载波,而不会对整个信号频谱造成影响。

(5) OFDM 可以方便地与其他多址接入技术结合使用,并且能够实现非对称高速率数据传输。同时,OFDM 系统具有可变的动态带宽,正交的子载波数决定了整个系统的带宽,而正交的子载波数由 FFT 的变换点数决定,因此系统带宽具有调整的灵活性,从而适应不同水声通信环境下的频谱资源限制。

(6) OFDM 系统可以使用 IFFT/FFT 处理来实现。设备复杂度较传统的多载波系统大大下降,这使水声系统的设备复杂度变得可以接受,从而降低了系统的成本和维护难度。

由于 OFDM 系统的发送信号是多个正交子载波上发送信号的叠加,这给 OFDM 系统带来了以下缺点。

(1) 时间变化是水声信道最具挑战性的特征之一。由于媒介的不稳定性,诸如洋流引入的平台移动和风产生的波浪,都可作为时变发射体,不同传播路径可有不同的时间变化。例如,无反射的直达路径可以非常稳定,而海洋表面反射路径由于表面波浪的移动会因时间的变化带来不同的多普勒扩展效应或者多普勒频率。

(2) OFDM 系统易受多普勒频偏的影响。OFDM 系统要求各个子载波之间相互正交,如果存在多普勒频率,则子载波之间的正交性容易受到破坏,会产生载波间干扰,限制了 OFDM 系统的性能,影响信号的可靠传输。

(3) OFDM 系统的发送信号是多个子载波上的发送信号的叠加,当多个同相信号相加时,叠加信号的瞬时功率远远超出信号的平均功率,导致大峰值平均功率比(Peak-to-Average Power Ratio,PAPR)产生。在水声通信中,与 PAPR 相关的问题包括水声传感器和水声发射设备的设计。水声传感器和发射设备通常需要满足一定的线性动态范围,以确保在不同水声传播环境下能够正常工作,并保证接收到的信号质量。然而,由于 OFDM 系统中存在 PAPR 较高的问题,可能导致需要更高性能的发送滤波器和放大器,从而增加了设备的成本和复杂度。如果放大器的动态范围不能满足信号的变化,可能会产生信号畸变,影响接收信号的质量。另外,PAPR 较高还可能导致 OFDM 系统中各子载波之间的正交性遭到破坏,进而产生带外辐射。带外辐射会导致水声信号在频谱中出现额外的能量,可能对周围其他通信系统造成干扰。

(4) 由于水声信号传播的速度相对较慢,因此水声信道具有传播时延扩展超长的特点。在 OFDM 系统中为了避免码间干扰,保护间隔的设置必须大于多途扩展时延的最大值,因此水声 OFDM 技术的循环前缀保护间隔较长,从而显著降低了 OFDM 的传输效率。

虽然 OFDM 技术存在诸多自身缺陷,但瑕不掩瑜,OFDM 水声通信仍是一个值得深入研究的方向。

14.3 水下光通信技术

14.3.1 光在水下的固有特性

1. 水体的宽光谱散射吸收效应

海水的成分比较复杂,除了水分子以外,海水中还含有浮游植物、悬浮颗粒物、小分子气体和各种有色溶解有机物。因此,光束在海水中传输时会与上述成分相互作用,导致能量损失或者改变原有传播方向。光在海水中传播的示意如图 14-8 所示。

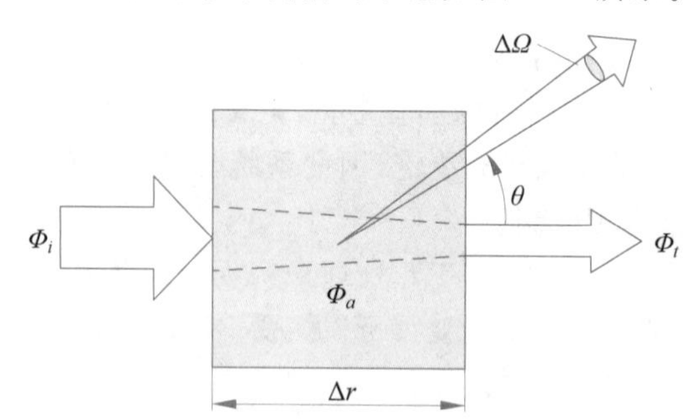

图 14-8 光在海水中传播的示意

散射和吸收是描述光在海水中传播过程的两个基本要素。

定义 14.1 **散射**:指光线遇到海水中的各种微观颗粒或不均匀体时,其方向发生改变的过程。散射的程度取决于颗粒的尺寸、形状、折射率,以及光线的波长等因素。

定义 14.2 **吸收**:指海水中的分子或物质吸收光线能量的过程。不同物质对不同波长的光有不同的吸收特性,导致在不同波长下的光线能量被吸收的程度不同。

当一束光入射到厚度为 Δr 的海水中时,将有一部分光束直接透过海水射出,一部分光束被海水中各种成分吸收,剩余的光束则被海水散射而改变其原传播方向。假设入射光能量为 Φ_i,透过海水、被海水吸收和散射的光能量分别为 Φ_t、Φ_a 及 Φ_b。根据能量守恒定律则有

$$\Phi_i = \Phi_t + \Phi_a + \Phi_b \tag{14-24}$$

定义吸收率为

$$A_{\mathrm{ab}}=\frac{\Phi_a}{\Phi_i} \tag{14-25}$$

散射率为

$$B_{\mathrm{sc}}=\frac{\Phi_b}{\Phi_i} \tag{14-26}$$

则有

$$a=\lim_{\Delta r\to 0}\frac{A_{\mathrm{ab}}}{\Delta r} \tag{14-27}$$

$$b=\lim_{\Delta r\to 0}\frac{B_{\mathrm{sc}}}{\Delta r} \tag{14-28}$$

则总衰减系数 c 为 a 与 b 之和，其计算式为

$$c=a+b \tag{14-29}$$

上述吸收系数、散射系数和总衰减系数的单位均为 m^{-1}，它们的值不仅与海水的成分有关，还与光的波长有关。因此，统一用 $a(\lambda)$、$b(\lambda)$和 $c(\lambda)$分别表示与波长相关的吸收系数、散射系数和总衰减系数。

1972 年，Petzold 使用波长为 530nm 的光束对 3 种典型水质的吸收系数、散射系数和总衰减系数进行了实测，其结果仍是目前分析海水光学特性的重要参考来源。典型水质的吸收系数、散射系数和总衰减系数见表 14-2。

表 14-2　典型水质的吸收系数、散射系数和总衰减系数

水　质	吸收系数 a/m^{-1}	散射系数 b/m^{-1}	总衰减系数 c/m^{-1}
清澈海水	0.114	0.037	0.151
沿岸海水	0.179	0.219	0.398
港口海水	0.366	1.824	2.190

性质 14.3　上述数据表明，从清澈海水到沿岸海水再到港口海水的水质逐步变浑浊，其吸收系数、散射系数和总衰减系数逐渐增大。以上 3 种水质能很好地代表不同浑浊程度的海水。

在得到总衰减系数后，通过比尔-朗伯定律可以大概得到光在海水中传输时的衰减情况为

$$I=I_0L_a,\quad L_a=\mathrm{e}^{-cd} \tag{14-30}$$

其中，I_0 为入射光功率，I 为传输距离为 d 的剩余光功率。传输距离与总衰减系数的乘积为 cd，被称作光学距离（衰减长度），可以用来评估水质对光的综合影响程度。值得注意的是，比尔-朗伯定律认为散射光的能量完全消失，只能用来表征沿出射方向传输的透射光的功率衰减特性，无法体现散射光的能量分布特性。而且随着传输距离的增大，散射光的作用更不可忽略，这种情况下再使用比尔-朗伯定律会使结果产生误差。

类似于衰减系数仅由介质中存在的微粒和溶解物质决定，且与光场无关的性质称作介质的固有光学特性。水体的固有光学特性是研究水下无线光信道的重要依据，接下来将具体分析海水的各项固有光学特性。

【例 14-1】　当入射光功率为 100mW 时，在清澈海水中，根据比尔-朗伯定律，计算传输距离为 300m 处的剩余光功率约为多少？

【解 14-1】 查表可知清澈海水的总衰减系数约为 0.151m^{-1}

$$I = I_0 L_a = I_0 \mathrm{e}^{-cd} = 100 \times \mathrm{e}^{-0.151\times 300} \approx 1.848 \times 10^{-18}\,\text{mW}$$

2. 海水的吸收效应

纯净海水的成分比较固定，主要是水和溶解的无机盐，其吸收特性也较简单。纯净海水的吸收系数由 Smith 等在 1981 年测得：纯净海水在蓝绿波段的吸收系数最小，在其他波段的吸收系数明显大于在蓝绿波段的吸收系数。这也基本确立了蓝绿光为水下光通信的主要波段。然而，天然海水中存在各种杂质，光子在运动时与海水中的水分子或其他粒子相互作用必然会损失一部分能量。不纯净的海水造成吸收损失的主要杂质是有色溶解有机物和浮游植物。

海水中的有色溶解有机物（如黄腐酸、腐植酸等）因其呈黄褐色，故又称为黄质。Bricaud 等给出了 350～700 nm 的波长范围下，黄质的光谱吸收模型为

$$a(\lambda) = a_{xa}(\lambda_0)\mathrm{e}^{-S(\lambda-\lambda_0)} \tag{14-31}$$

其中，λ_0 为参考波长，$a_{\mathrm{xa}}(\lambda_0)$为参考波长下黄质的吸收系数，$S$ 为参考波长下水体的平均衰减系数。$a_{\mathrm{xa}}(\lambda_0)$与 S 在不同的水域中具有不同的值。说明黄质的吸收系数随着波长的增大而不断减小。

浮游植物作为海水的另一种主要成分，其含有的叶绿素在蓝色和红色波长范围内吸收作用明显，因此在可见光范围内主要考虑浮游植物的吸收。不同浮游植物的叶绿素吸收系数光谱有一定的差异，但大体上类似。其中 440nm 和 675nm 波长附近有明显的吸收峰，而在 550nm 和 650nm 波段间吸收系数较小。Prieur 等通过进一步分析得出了多种不同水体中浮游植物、死亡浮游植物产生的有机颗粒，以及黄质等的吸收光谱特性，并给出了更贴切的吸收光谱模型：

$$a(\lambda) = [a_{\mathrm{w}}(\lambda) + 0.06a_c(\lambda)C^{0.65}][1 + 0.2\mathrm{e}^{-0.014(\lambda-440)}] \tag{14-32}$$

其中，$a_{\mathrm{w}}(\lambda)$为纯水吸收系数，$a_c(\lambda)$为统计得到的叶绿素吸收系数，C 为叶绿素浓度（单位为 mg/m^3）。

不同水体中的叶绿素浓度不同，如纯净海水中的叶绿素浓度为 0.01mg/m^3，沿岸海水中的叶绿素浓度为 10mg/m^3，而在富营养化河口或湖泊中的叶绿素浓度可达 100mg/m^3。随着叶绿素浓度的增加，海水的整体吸收能力增强。蓝光和红光波长范围内的吸收系数较大，且随着叶绿素浓度的变化而敏感变化。相比之下，绿光波长附近的吸收系数较小，且随叶绿素浓度的改变变化不大。

值得注意的是，该模型是基于大量样本统计的经验结果，在天然水体中运用时会存在一定的误差。事实上，由于海水成分的复杂性、多样性、水深和季节等因素的影响，很难给出一个既准确又简洁的统一模型，但上述模型在研究海水的吸收特性时仍具有很好的指导意义。

3. 海水的散射效应

海水的散射是指由光与海水中物质相互作用引起的光传播方向改变的现象。在散射过程中，光子和海水中物质的相互作用会改变光子原有的运动方向，进而影响接收机对光子的捕获，造成能量损失。与吸收相似，散射也与光的波长和海水的成分有关。海水的散射是水分子和海水中的其他粒子对光共同作用的结果。

由于海水中不同粒子的大小和分布非常复杂，所以目前还没有统一的散射模型。一般来说，不同微粒的散射效应按粒子的相对大小划分，可分为瑞利散射和米氏散射。当粒径远

小于波长时，用瑞利散射进行描述。瑞利散射的强度与波长的4次方成反比，波长越短，散射效应越强。当粒径等于或大于波长时，则采用米氏散射描述散射效应。海水中水分子的散射为瑞利散射，与光波波长相关。其散射系数由 Morel 在 1974 年提出：

$$b_w(\lambda)=16.06\left(\frac{\lambda_0}{\lambda}\right)^{4.324}\beta_w(90°;\lambda_0) \tag{14-33}$$

其中，λ_0 为参考波长，$\beta_w(90°;\lambda_0)$ 是 90°方向上的散射强度，这两个变量在不同的水体中有不同的值。一般情况下，水分子的散射在天然海水总散射中所占的比例很小，大部分情况下可以直接忽略。

除了水分子外，海水中其他粒子造成的散射大多遵从米氏散射。米氏散射与粒子的尺寸、形状和折射率有关，且散射后光束能量在各个方向上分布不均。对于天然海水来说，如果要完全罗列清楚所含粒子的种类和尺寸是非常困难的，因此 Gordon 等曾提出一个简化后的散射系数模型，与吸收模型类似，该模型也是基于叶绿素浓度 C 得到的

$$b(\lambda)=\left(\frac{550}{\lambda}\right)0.3C^{0.62} \tag{14-34}$$

该模型忽略了水分子的散射情况，正如前文所述，在大多数情况下水分子的散射强度远小于粒子的散射强度，可以忽略不计。

14.3.2　水下光通信调制技术

1. 波长域调制

水下光通信（Underwater Optical Wireless Communication，UOWC）系统可以利用不同波长加载不同的数据信息，以提高传输速率，该技术通常被称为 WDM 技术。WDM 技术早在光纤通信中就被提出，是一种通过使用不同波长（即颜色）的光源将许多光载波信号复用到同一个信道（光纤、自由空间等）上的技术，以此增加传输容量。WDM 技术中常用的光源是相干性较好的激光光源。WDM 工作原理如图 14-9 所示，不同数据流通过调制，转换为具有唯一颜色的光波长信号。由于光的物理特性，光传输通道不会相互干扰，因此，不同波长的信号都是独立传输的。经过无线光信道后，到达接收端，接收端通过滤光片将不同波长的光束分开，分别解调，恢复出各路原始发送数据。如果使用发光二极管（Light Emitting Diode，LED）作为发射光源，由于 LED 的光谱很宽，不能以单一波长来调制，取而代之的是以一段连续波长的颜色来表示，并演化为色移键控，信息加载到不同颜色维度上。

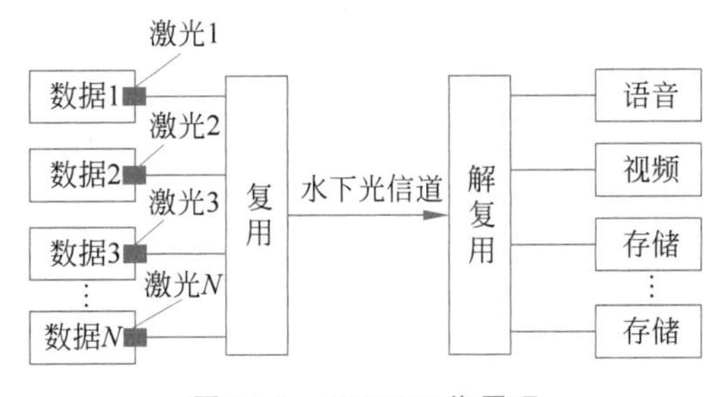

图 14-9　WDM 工作原理

WDM 技术容易重新配置，可以实现全双工传输，相比于单路光束可以提供更大的带宽，且在收发端采用的光学组件很相似，不需要增加额外的光学天线，更易于实现。但是要

注意到的是，目前的滤光片无法做到理想带通，因此多路 WDM 信号的波长不能非常接近，否则会产生严重的串扰。同时，由于要用多个不同波长的激光器，因此使用 WDM 时，无线光的传输也仅存在于两点之间，相近区域内的多段传输需要配置不同的发射阵列和接收阵列，使无线光通信系统整体成本增加。

2. 角动量域调制

经典的麦克斯韦方程组表明，光是一种具有能量和动量的电磁波，动量又可以分为线动量和角动量。

性质 14.4　光的角动量包括由光束偏振态决定的自旋角动量(Spin Angular Momentum, SAM)和由光场特定空间分布决定的轨道角动量(Orbital Angular Momentum, OAM)。

根据量子理论，圆偏振光(光振动矢量末端运动轨迹为圆的偏振态)的每个光子所携带的自旋角动量的大小为$\hbar$(约化普朗克常量)，它在光传播方向上的投影为$\pm\hbar$，其中左旋为正，右旋为负。另一种基本的偏振光和线偏振光是这两种圆偏振光以相同比例叠加的结果，其平均 SAM 为 0。而一般偏振态的光，即圆偏振光，是这两种圆偏振态按照不同比例叠加的结果，其平均 SAM 不为 0。

Beth 于 1936 年首次通过实验测量了理想圆偏振光通过一个半波片产生的扭矩值，其值与波动光学和量子力学的理论结果非常符合，证明了理想圆偏振光具有 SAM，且 $J_z=N\hbar$ 和能量 $W=N\hbar\omega$(其中 N 为光子数，ω 为角频率)的比值为 $1/\omega$。对椭偏度为 σ 的椭圆偏振光，SAM 和能量的比值为 σ/ω。其中 $\sigma=\pm1$ 和 $\sigma=0$ 分别代表左旋、右旋圆偏振光和线偏振光。

相比于 SAM，具有更多模态的 OAM 能极大地提高系统的传输容量、频谱效率和安全性能。直到 1992 年 Allen 等的研究后，OAM 才全面地为人们所认识，从此 OAM 得到广泛的重视和研究，并在激光器件制备、信号传输及处理等多个领域显示出其潜在的优势。传统的调制技术常以幅度、相位、频率和时空分布等特征作为自由度，而 OAM 调制技术将光载波携带的 OAM 式作为自由度特征来携带有效信息，其维度从理论上来说是无限的，这奠定了 OAM 在信息传输和处理领域上潜在应用价值的物理基础。

作为光束的一种自然属性，OAM 存在于具有螺旋相位的涡旋光束中，可以在光镊系统中进行观察和测量。值得注意的是，不同模态的 OAM 光束之间是相互正交的，而且理论上其模态有无限可能。这种良好的正交性使 OAM 复用系统可以通过合适的分离方法对信号进行解复用和恢复，同时众多模态使高速率通信得以实现。一般的 OAM 复用系统如图 14-10 所示。

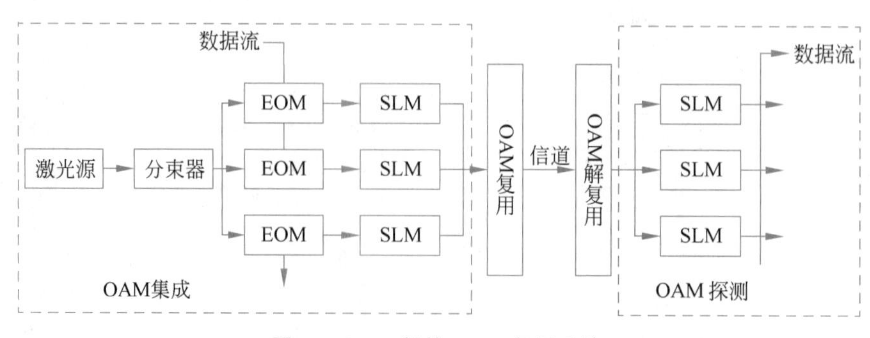

图 14-10　一般的 OAM 复用系统

激光源产生的光束经过分束器后形成多通道光信号，数据流通过电光调制器调制到光信号上，调制信号再通过空间光调制器形成多模态 OAM 光束。不同 OAM 模态的光束经过复用、信道传输和解复用后，进一步通过与发送端对应的反相位掩模 SLM 作用解调得到电信号数据流，从而实现信息的传输。

基于 OAM 的光通信是利用光波的 OAM 自由度对信息进行调制的一种新型光通信技术，有着广阔的应用前景。P2P、P2MP 等高速率、短距离通信场景都可作为候选通信手段。然而海洋的环境复杂多变，现有的关于水下 OAM 可见光通信的研究还只是停留在模拟简单的海水信道或仅基于简易海洋湍流信道的层面上，无论是实验还是仿真研究，虽然速率都达到了吉比特量级甚至更高量级，但其通信距离都相对较短。由于信息传输环境的特殊性，水下 OAM 光束的瞄准、追踪和捕获等技术也值得进一步探索和研究。

3. 频率域调制

将 OFDM 技术应用于光纤通信系统中，可以有效解决色散带来的符号间干扰问题，同时进一步提高了系统的频谱效率。

一般的强度调制/直接检测（Intensity Modulation/Direct Detection，IM/DD）光通信系统，要求信号必须是单极性的正实数信号，这样的优势是接收端不需本地振荡器就能够直接进行检测。近些年来学术界提出了多种光 OFDM 调制技术，包括直流偏置光正交频分复用（Direct Current-based Optical OFDM，DCO-OFDM）、非对称限幅 OFDM、翻转 OFDM 和单极性 OFDM，其中最常用的是 DCO-OFDM，其系统模型如图 14-11 所示。

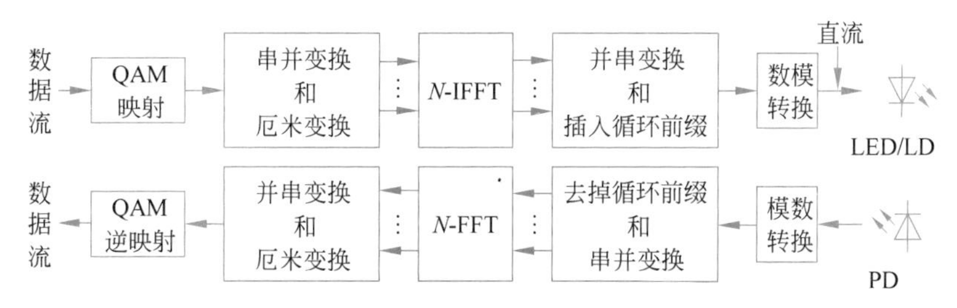

图 14-11　DCO-OFDM 系统模型

在 DCO-OFDM 系统中，通过引入厄米变换，使得 IFFT 输出可以传输的实信号再加上合适的直流偏置，将原双极性 OFDM 信号转换为单极性信号，并使信号电压处于光源的线性区间。利用厄米变换可实现将 IFFT 输出的复数信号转换为实数信号。原序列为

$$S=(x_1,x_2,x_3,\cdots,x_{N-1}) \tag{14-35}$$

厄米变换后为

$$S=(0,x_1,x_2,x_3,\cdots,x_{N-1},0,x_{N-1}^*,\cdots,x_3^*,x_2^*,x_1^*) \tag{14-36}$$

并且满足 $x_0=x_N=0,x_{2N-i}=x_i^*$ 其中 * 表示复数的共轭。再经过 IFFT 为

$$\begin{aligned}s(k)=\mathrm{IFFT}(k)&=\frac{1}{\sqrt{2N}}\sum_{n=0}^{2N-1}x_n\mathrm{e}^{\mathrm{j}2\pi n\frac{k}{2N}}=\frac{1}{\sqrt{2N}}\sum_{n=0}^{N-1}(x_n\mathrm{e}^{\mathrm{j}2\pi n\frac{k}{2N}}+x_n^*\mathrm{e}^{\mathrm{j}2\pi(N-n)\frac{k}{2N}})\\&=\frac{1}{\sqrt{2N}}\sum_{n=0}^{N-1}[x_n\mathrm{e}^{\mathrm{j}2\pi n\frac{k}{2N}}+(x_n\mathrm{e}^{\mathrm{j}2\pi n\frac{k}{2N}})^*]=\frac{1}{\sqrt{2N}}\sum_{n=0}^{N-1}2\mathrm{Re}\{x_n\mathrm{e}^{\mathrm{j}2\pi n\frac{k}{2N}}\}\end{aligned} \tag{14-37}$$

故经过厄米变换和 IFFT 之后的输出数据全部为实数。

目前 OFDM 技术已经应用于水下光通信测试，包括离线和实时系统，尤其常见于水下

短距离高速传输场景中。OFDM的优点主要包括以下两个方面。

(1) 频带利用率高。OFDM中的各个子载波满足正交性，子载波的频谱可以相互重叠，极大地提高了频谱效率。

(2) 抗多径效应能力强。多径效应是指信号经过不同长度的路径传播后，到达接收端的时间不同，从而造成前后信号相互叠加、产生干扰或出错的现象。OFDM通过设置保护间隔的方式来避免符号间干扰，通过并行传输延长每个符号传输时间来避免信道间干扰。

OFDM的主要缺点是具有较高的峰均功率比。当某一时刻多个信号的相位相同时，其瞬时功率会远远大于此时信号的平均功率，这个比值的增大会降低射频放大器的功率效率，引入非线性失真。如果放大器的动态范围太小，子信道的正交性将被破坏，系统误码率将增加。

4. 相位域调制

相位调制技术通常利用调制信号来改变激光振荡的相位角，以达到信息加载的目的。相位调制如图14-12所示，假设初始激光光源的相位为ϕ，经过偏振片输入相位调制器(如空间光调制器等)，调制器按照输入调制信号$x(t)$对输入光信号的相位进行改变，最终输出调制后的相位调制波，相位表达为$\phi[x(t)]$。相位的改变主要分为两种：一是绝对相位改变；二是相对相位改变。绝对相位改变利用光波的不同相位信息直接表示加载的数字调制信号，而相对相位改变利用前后码元相位的变化来表示调制信息。在实际系统中，往往采用相对相位信息来加载数字信号，这主要是因为在接收端相干解调时提供的相干载波往往会出现“相位模糊”现象，导致直接相位信息模糊，从而出现误判情况。

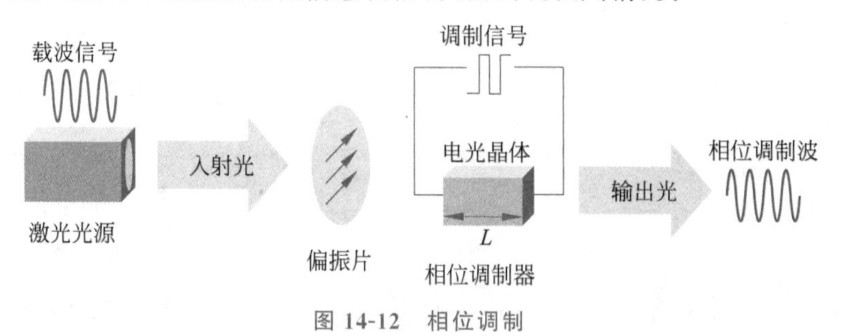

图14-12 相位调制

相位调制相比于幅度和频率调制，不仅在恒参信道上具有较优的抗噪声性能，而且在有衰落和多径现象的信道上也有较好的接收结果。但要注意到，接收端需要产生同频的单频光载波进行相位解调，恢复原始发送信号。发送端的相位调制器和接收端的同频光源增加了整个通信系统的实现成本，同时相位调制后的信号在湍流信道下会受到扰动，给相位解调增加了额外难度。

5. 传统强度及脉冲调制

传统调制方式如OOK、PAM、PPM、PWM等，由于能量利用率高、成本低及方便实现等优点受到高度关注。

OOK作为最简单的调制方式，在室外场景和大气无线光通信中早已被应用。调制器根据原始发送比特控制光源的开启和关闭以达到发送数据的目的，接收端通过判断信号光源的有无，完成数据的解调。由于OOK直接控制光源的开启和关闭，能量的利用效率最高。但要注意到，由于单个符号只能发送1bit信息，因此OOK的频谱效率较低(类似的还有 PPM)，在有限带宽下较难实现高速通信。随着脉冲幅度、位置和脉冲宽度的改变，不同信号可以加载在不同的脉冲属性上，以达到传输信息比特的目的。虽然 PAM、PPM 和 PWM 可以实现较高的频谱利用率，但是调制的复杂度和解调需要的信噪比也会增加，所以在实际系统中需要根据具体信道、传输速率要求，以及收发机成本控制等情况选择合适的调制方式。

LED 光源因为无法加载相位信息，所以大多数 UOWC 系统采用强度调制、直接检测的方法实现信号发送和检测，信息往往调制到脉冲强度、宽度或者位置上。因此，类似于 OOK、PAM、PPM、PWM 等高能量利用率的调制方式在 UOWC 系统中得到了广泛的应用。而激光二极管(Laser Diode，LD)光源由于具有极好的相干性，可以将信息调制到除了强度属性以外的维度上，比如角动量、相位等，可以极大地提高传输速率。

14.3.3　水下光通信系统模型

UOWC 系统的本质是一个无线通信系统，由发送模块、水下信道和接收模块组成，系统结构如图 14-13 所示。原始数据经过编码、调制，通过驱动电路加载到光源上，根据实际系统的传输距离需要使用不同规格的光学天线以增加系统增益。发射的光信号在经过水下信道后到达接收端，经过光学天线的放大，光信号被光电转换器件转为可以处理的电信号，经过滤波放大、解调、解码后恢复原始数据。

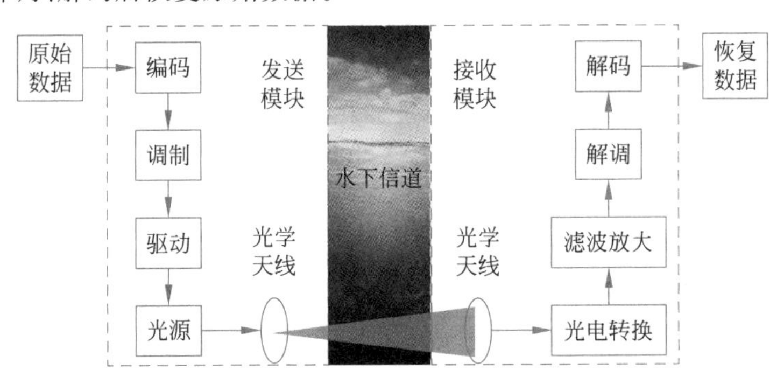

图 14-13　UOWC 系统结构

对于 UOWC 系统，通常使用强度调制/直接检测(IM/DD)技术，即通过控制发送光源的输出强度以达到数据调制的目的，接收端采用检测光强的方式进行数据恢复。而强度调制又可以根据调制手段的不同分为直接调制和间接调制。直接调制又称为内调制，是通过电信号直接控制光源输出光信号强弱的，在低通信速率和低发射功率时具有较大优势。在进行高速通信时内调制对器件带宽要求很高，实现难度较大。若光源是相干光源(如激光)，调制时还可以使用间接调制。间接调制又称为外调制，是指不直接利用电信号去控制光源，而是在光源后增加一级空间光调制器对光信号进行处理。外调制可以实现高速通信且发送功率可以很高，因此被广泛应用于自由空间激光通信中。但外调制的系统通常比较复杂、成本较高，且耦合损耗一般较大。

14.3.4　水下光传输链路预算

由于光源存在发散角，到达接收端的光斑面积通常会大于光电二极管的探测面积，此时

需要对不同形状的光斑进行会聚。假设光源自身发射功率为 P_t，则接收端探测器接收的光功率为

$$P_r = P_t G_t G_r L_g L_a \tag{14-38}$$

其中，G_t 为发射光学天线增益，G_r 为接收光学天线增益，传播路径损耗包括几何损耗 L_g 和水体衰减损耗 L_a。假设准直整形后的发射光束光场立体角为 Ω，接收光学天线的面积为 A_r，根据光学天线理论，发射天线的有效增益可表示为

$$G_t = \frac{4\pi}{\Omega} \tag{14-39}$$

几何损耗 L_g 可根据计算得到

$$L_g = \frac{A}{4\pi d^2} \tag{14-40}$$

其中，d 是传输距离。则探测器接收的光功率可写成

$$P_r = P_t \frac{G_r A_r L_a}{d^2 \Omega} \tag{14-41}$$

在远场的假设下，经过准直后的理想平面光束发散角为 θ_b，则光束光场立体角 Ω 可近似为

$$\Omega = 2\pi\left(1 - \cos\frac{\theta_b}{2}\right) \approx \frac{\pi}{4}\theta_b^2 \tag{14-42}$$

则接收的光功率可以估算为

$$P_r \approx P_t \frac{4G_r A_r L_a}{\pi d^2 \theta_b^2} \tag{14-43}$$

性质 14.5　由上述分析可以看出，水下无线光的链路损耗主要与光束发散角、传输距离水体衰减损耗，以及接收光学天线增益有关。

【例 14-2】 若光源自身发射功率 $P_t = 50\text{mW}$，接收光学天线增益 $G_r = 20\text{dB}$，接收光学天线面积 $A_r = 0.01\text{m}^2$，水体衰减损耗 $L_a = 0.5\text{dB/m}$，经过准直后的理想平面光束发散角为 0.01rad，那么在 100m 处接收端探测器接收的光功率约为多少？

【解 14-2】

$$P_r \approx P_t \frac{4G_r A_r L_a}{\pi d^2 \theta_b^2} \approx 50 \times 10^{-3} \times \frac{4 \times 100 \times 0.01 \times 0.5}{\pi \times 100^2 \times 0.01^2} \approx 63.66\mu\text{W}$$

14.3.5 水下光通信性能分析

水下通信的常用光源包括 LED 光源和 LD 光源，这两种光源各自具有不同的特点。LED 光源具有较大的发散角，可以支持较大的移动性但传输距离有限。而 LD 光源具有较小的发散角和较好的方向性，可以支持长距离传输，但是对于收发端对准有着较为严苛的要求。

1. 基于 LED 的 UOWC 性能分析

LED 较大的发散角使其在 UOWC 中可以支持较大的移动性，同时，多年来的产业积累大大降低了单颗 LED 灯珠的成本，因此很容易实现 LED 的小型化和集成化。为了实现更高的发射功率，也可以利用 LED 阵列以提高传输距离和速率。但是用于照明的商用 LED

的调制带宽最大只有几十兆赫兹,因此均衡技术及带限信号设计等方法常常被用在UOWC中,以期在提高LED的频谱利用率的同时又支持较大的移动性。LED由于调制带宽受限,当加载在LED两端的电信号的调制速率超过LED的可利用的调制带宽时,LED输出的光信号会产生符号间干扰。利用均衡技术对信号进行补偿,可以抵抗带宽不足,消除符号间干扰对传输信号的影响。当信道已知且不变的情况下,可以设计发送端的成型滤波器和接收端的匹配滤波器,以实现均衡和最大信噪比接收。带限信道的信号设计不具体展开论述,这里直接给出结论。当信道响应为$H(\mathrm{j}\omega)$,成型滤波器采用根升余弦滤波器$X_{\mathrm{rc}}^{1/2}(\mathrm{j}\omega)$,且假设信号带宽内的噪声为白噪声,则有

$$\begin{cases} G_{\mathrm{T}}(\mathrm{j}\omega)=\dfrac{X_{\mathrm{rc}}^{1/2}(\mathrm{j}\omega)}{H^{1/2}(\mathrm{j}\omega)} \\ G_{\mathrm{R}}(\mathrm{j}\omega)=\dfrac{X_{\mathrm{rc}}^{1/2}(\mathrm{j}\omega)}{H^{1/2}(\mathrm{j}\omega)} \end{cases} \tag{14-44}$$

将$H(\mathrm{j}\omega)$和根升余弦滤波器响应代入中,可分别求得成型滤波器和接收端匹配滤波器的波形。

在发送端,考虑LED的冲激响应$h(t)$和电光转换效率η_{EO},其中电光转换效率由电光转换和LED电压的耦合效率决定。信号$x(t)$由LED转换成光信号后,通过直径为D_{t}的光学天线,形成发散角为θ的光束,进入了距离为d的UOWC。信道对信号造成了衰减,这里的衰减因子包括光在传播中经历的几何衰减,以及光在水下的吸收散射衰减,其中光的几何衰减由LED的几何衰减描述,而光在水下的吸收散射衰减可以由朗伯模型来刻画,在接收端接收到的信号可以表示为

$$y(t)=h(t)\otimes x(t)\eta_{\mathrm{EO}}\mathrm{e}^{-cd}\left(\frac{D_{\mathrm{T}}}{D_{\mathrm{t}}+\theta d}\right)^{2}\eta_{\mathrm{OE}}+n(t) \tag{14-45}$$

其中,D_{r}为接收光学天线的直径,$n(t)$为接收机噪声,c为衰减系数。接收信号$y(t)$经过接收匹配滤波器和最佳采样点采样后得到的信号为

$$y_i=x_ih+n_i \tag{14-46}$$

其中,y_i为采样后的信号,x_i为发送端的数字信号,$h=\eta_{\mathrm{EO}}\mathrm{e}^{-cd}[D_{\mathrm{r}}/(D_{\mathrm{t}}+\theta d)]^{2}\eta_{\mathrm{OE}}$为信道衰减,$n_i$为采样后的噪声信号。对于$x_i$有

$$E(x_i^2h^2)=E(x_i^2)h^2=\frac{h^2P_{\mathrm{avg}}T}{\dfrac{1}{2\pi}\displaystyle\int_{-\infty}^{+\infty}|G_{\mathrm{T}}(\mathrm{j}\omega)|^2\mathrm{d}\omega} \tag{14-47}$$

其中,P_{avg}为发送符号的平均能量,T为单个符号持续时间,$G_{\mathrm{T}}(\mathrm{j}\omega)$为发送端滤波器所对应的频率响应,$G_{\mathrm{R}}(\mathrm{j}\omega)$为接收端滤波器所对应的频率响应,一般发送端与接收端的成型滤波器采用根升余弦滤波器。假设n_i在信号带宽内是白噪声,对应的噪声双边谱密度为$\dfrac{N_0}{2}$,从而有

$$E(n_i^2)=\frac{N_0}{4\pi}\int_{-\infty}^{+\infty}|G_{\mathrm{R}}(\mathrm{j}\omega)|^2\mathrm{d}\omega \tag{14-48}$$

结合式(14-47)和式(14-48),则有

$$\frac{E(x_i^2h^2)}{E(n_i^2)}=\frac{2h^2P_{\mathrm{avg}}T}{N_0}\left\{\int_{-\infty}^{+\infty}\frac{|X_{\mathrm{rc}}(f)|}{|H(f)|}\mathrm{d}f\right\}^{-2} \tag{14-49}$$

为了方便分析,先考虑滚降因子为0的情况。对于右边的积分项代入余弦滚降表达式可得

$$\int_{-\infty}^{+\infty}\frac{X_{\mathrm{rc}}(f)}{H(f)}\mathrm{d}f=\int_{-f_{\mathrm{sig}}/2}^{+f_{\mathrm{sig}}/2}\frac{\sqrt{1+(f/f_{3\mathrm{dB}})^2}}{f_{\mathrm{sig}}}\mathrm{d}f$$

$$=\left(f\sqrt{\frac{f^2}{f_{3\mathrm{dB}}^2}+1}+f_{3\mathrm{dB}}\sinh^{-1}\left(\frac{f}{f_{3\mathrm{dB}}}\right)\right)\Big/f_{\mathrm{sig}}\mid f_0^{\mathrm{sig}/2}$$

$$=\frac{1}{2}\sqrt{\frac{f_{\mathrm{sig}}^2}{4f_{3\mathrm{dB}}^2}+1}+\frac{f_{3\mathrm{dB}}}{f_{\mathrm{sig}}}\log\left(\sqrt{\frac{f_{\mathrm{sig}}^2}{4f_{3\mathrm{dB}}^2}+1}+\frac{f_{\mathrm{sig}}}{2f_{3\mathrm{dB}}}\right)$$

$$\approx\begin{cases}1, & f_{\mathrm{sig}}\ll f_{3\mathrm{dB}}\\ \dfrac{f_{\mathrm{sig}}}{4f_{3\mathrm{dB}}}, & f_{\mathrm{sig}}\gg f_{3\mathrm{dB}}\end{cases}\tag{14-50}$$

其中，调制速率 $f_{\mathrm{sig}}=1/T$。当调制速率大于 LED 的 3dB 带宽时，将式(14-50)代入式(14-49)中可以得到

$$\frac{E(x_i^2h^2)}{E(n_i^2)}\approx\frac{2h^2P_{\mathrm{avg}}}{N_0}\frac{16}{f_{\mathrm{sig}}^3/f_{3\mathrm{dB}}^2}=32h^2\frac{P_{\mathrm{avg}}}{N_0f_{3\mathrm{dB}}}(f_{\mathrm{sig}}/f_{3\mathrm{dB}})^{-3}$$

$$=32h^2\frac{P_{\mathrm{avg}}}{P_{3\mathrm{dBnoise}}}(f_{\mathrm{sig}}/f_{3\mathrm{dB}})^{-3}\tag{14-51}$$

由式(14-51)可知，当信号发射能量和信道衰减不变时，接收信号信噪比随着调制速率的增加呈 3 次方衰减。类似地，当调制速率小于 LED 的 3dB 带宽时，可以得到

$$\frac{E(x_i^2h^2)}{E(n_i^2)}\approx\frac{2h^2P_{\mathrm{avg}}}{P_{3\mathrm{dBnoise}}}(f_{\mathrm{sig}}/f_{3\mathrm{dB}})^{-1}\tag{14-52}$$

在这种情况下，当信号发射能量和信道衰减不变时，接收信号信噪比随着调制速率的增加呈一次方衰减。

下面将探究在水体衰减的情况下，接收信号的信噪比和信号调制带宽之间的关系。考虑光在水体传播中的衰减造成的影响，对式(14-49)中的 h 项进行展开，保留吸收散射项和几何衰减项，对其他项进行归一化，可得

$$\frac{E(x_i^2h^2)}{E(n_i^2)}=\mathrm{e}^{-2cd}\left(\frac{D_{\mathrm{r}}}{D_{\mathrm{t}}+\theta d}\right)^4\left\{\int_{-\infty}^{+\infty}\frac{|X_{\mathrm{rc}}(f)|}{|H(f)|}\mathrm{d}f\right\}^{-2}$$

$$\approx\mathrm{e}^{-2cd}\left(\frac{D_{\mathrm{r}}}{D_{\mathrm{t}}+\theta d}\right)^4\begin{cases}(f_{\mathrm{sig}}/f_{3\mathrm{dB}})^{-1}, & f_{\mathrm{sig}}\ll f_{3\mathrm{dB}}\\ 16(f_{\mathrm{sig}}/f_{3\mathrm{dB}})^{-3}, & f_{\mathrm{sig}}\gg f_{3\mathrm{dB}}\end{cases}\tag{14-53}$$

首先探究在给定信噪比(比如为 1)的情况下，传输距离 d 和调制速率 f_{sig} 之间的关系。令式(14-53)为 1，两边同时取对数，可以得到

$$\begin{cases}0.8686cd-4\lg\left(\dfrac{D_{\mathrm{r}}}{D_{\mathrm{t}}+\theta d}\right)+\lg(f_{\mathrm{sig}}/f_{3\mathrm{dB}})=0, & f_{\mathrm{sig}}\ll f_{3\mathrm{dB}}\\ 0.8686cd-4\lg\left(\dfrac{D_{\mathrm{r}}}{D_{\mathrm{t}}+\theta d}\right)+3\lg(f_{\mathrm{sig}}/f_{3\mathrm{dB}})-1.2041=0, & f_{\mathrm{sig}}\gg f_{3\mathrm{dB}}\end{cases}\tag{14-54}$$

在不同水质条件下，相同传输距离增量带来的速率下降的程度也是有差异的。在纯净海水水域时，传输距离增加 20m，传输速率仍能维持在原来速率(保持调制格式不变)的 $\frac{1}{10}$。当

水质恶化时，例如变成海岸海水时，传输距离增加 10m，系统传输速率就下降到了原来速率的$\frac{1}{10}$。当水质恶化到浑浊海水时，传输距离增加 1m 后系统传输速率为 0。

在此基础上，根据现有系统实际参数和水质进一步分析在给定 LED 发射功率下，传输速率和传输距离之间的关系。系统参数如下：η_{EO} 为 1W/A，η_{OE} 为 1.42×10^4 V/W，D_t 为 0.1m，θ 为 1.25°，M 为 4.69×10^{-15} W/Hz，P_{avg} 为 0.1V^2。不同水质条件下，符号速率和传输距离之间的关系如图 14-14 所示。首先，图 14-14 中纵坐标的标度是对应的 PAM-k 调制技术达到误码率为 3.8×10^{-3}(7%FEC 误码阈值)所需的信噪比水平，例如 PAM-4 调制所需的信噪比水平是 15.2dB。在纯净海水的情况下(对应的衰减系数 c 为 0.036m^{-1})，可以看到实现百米量级下 10Mb/s 的传输速率是可行的。例如，8MBaud/s 符号速率的 PAM-2 调制方案，可以传输的最远距离为 90m。而对于高速率的传输，例如采用 200MBaud/s 符号速率的 PAM-4 调制方案，传输距离也可达 30m。纯净海水的情况可以对应于深海海域的水质环境，这意味着，采用商用的低带宽 LED，经过均衡以后，也可以实现高速率的中短距离(30m)的数据传输，例如，水下机器人可在不需严格靠近对准的情况下，实现高速率数据传输。另外，对于深海海域的传感器网络，节点与节点之间的有效通信距离也可以扩展到百米量级，这对于构建水下传感器网络具有重要意义。

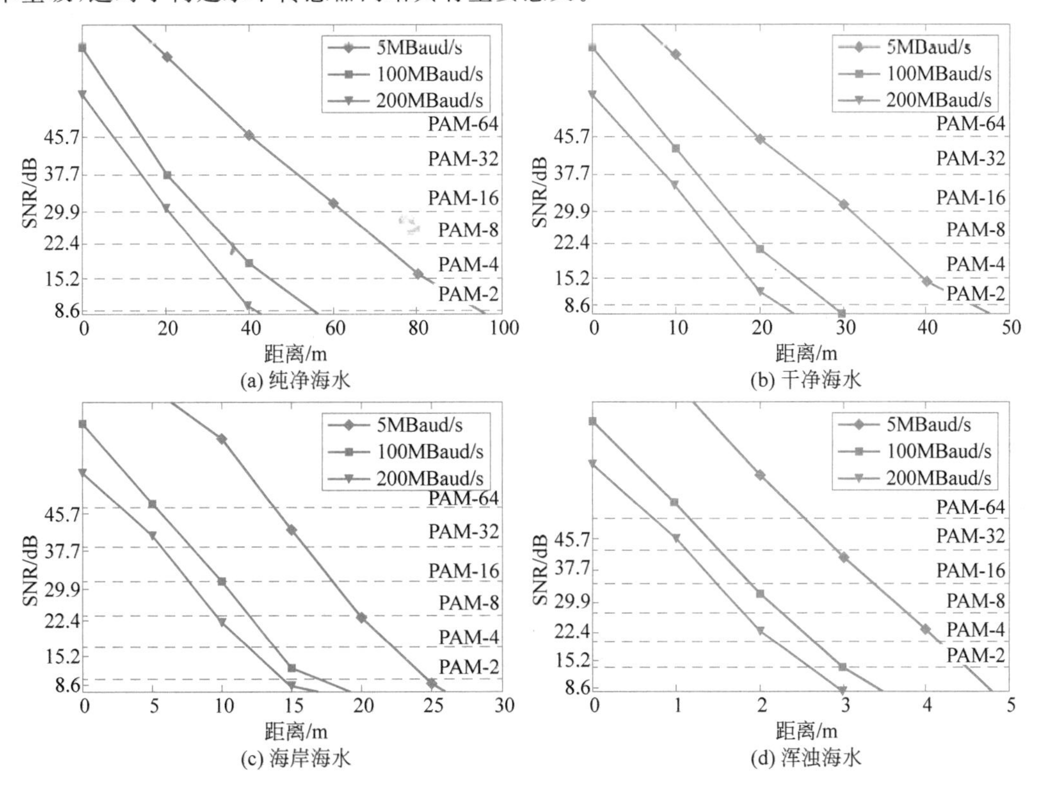

图 14-14　不同水质下，符号速率与传输距离间的关系

对于更一般的传输环境，即传输水质为干净海水(对应的衰减系数 c 为 0.15m^{-1})或者海岸海水(对应的衰减系数 c 为 0.305m^{-1})，传输速率有所下降，但是对应 100Mb/s 传输速率的传输距离仍可达 15m，可满足水下短距离高速通信的需求，例如短距离的人-人或者人-机间的数据传输。最后是极端恶劣传输环境，即传输水质为浑浊海水，即使是低速率(1Mb/s)

的数据传输，最远的传输距离也仅为 5m。在这种短距离传输情况下，相对有线传输来说，UOWC 的无线优势不再明显。因此，综合来看，基于 LED 的无线传输方案在浑浊海水的情况下并不是很适用。

接下来，进一步讨论给定环境下，调制阶数和带宽之间的权衡问题。高速率数据传输有两个重要影响因子：一个是调制阶数，另一个是调制带宽。对于调制阶数 k 来说，传输速率的增长率正比于调制阶数的对数，即正比 $\lg k$。对于调制带宽(符号速率)来说，传输速率的增长率和调制带宽成正比。因此，单纯增长带宽比增长调制阶数带来的速率增量要大。对于 UOWC 来说，每增加一倍调制带宽，信噪比下降约 9dB。而每增长一倍调制阶数，信噪比要求就提高 8dB。在这里有个关键的地方，就是增长带宽和增长调制阶数的等同点，从 PAM-2 增长到 PAM-4，速率提高了两倍，信噪比需求提高了 8dB。此时，可以选择将占有带宽减少一半，这样信噪比便被提高了接近 9dB，经过占有带宽和调制阶数互换后，传输速率并没有发生变化，最终系统的信噪比获得 1dB 的提升。这里的提升也对应于系统误码率性能的提升。因此，可以得出如下结论：给定距离，而且在系统性能可以支持较大带宽的情况下，合适的调制阶数是 PAM 的 4 阶调制。

【例 14-3】 给定以下参数，电光转换效率 η_{EO} 为 1W/A，光电转换效率 η_{OE} 为 1.42×10^4 V/W，发射，接收天线的直径 D_t 和 D_r 均为 0.1m，发散角 θ 为 1.25°，尝试计算沿岸海水的信道衰减系数 h。

【解 14-3】 查表得到沿岸海水的总衰减系数为 $c=0.398$，代入公式

$$h=\eta_{EO}\mathrm{e}^{-cd}[D_r/(D_t+\theta d)]^2\eta_{OE}=1\times\mathrm{e}^{-0.398\times100}\times\left(\frac{0.1}{0.1+1.25\times100}\right)^2\times1.42\times10^4$$

即可算出对应的衰减系数。

2. 基于激光的 UOWC 性能分析

与 LED 光源相比，LD 光源具有相干性强、线宽窄、功率大、调制容易、传输距离长、保密性好等优势。虽然 LED 在实际生活中的应用更为广泛，也更为人们所熟知，但近年来随着半导体技术的不断发展，可见光波段的 LD 制作工艺日趋成熟。

在 UOWC 系统中，可直接调制的可见光波段 LD 的带宽高，信号传输速率可达吉比特每秒量级，并且 LD 的发散角更小，因此能量更集中，传输距离可达百米量级。但 LD 对收发端的链路对准要求也更高，可以通过激光扩束等方法来改善该问题。为了维持 LD 光束稳定，LD 对温度的要求也比较高，需要较好的辅助温控装置。其中，蓝绿光 LD 因水下衰减较弱，目前依旧是中远距离 UOWC 的主流光源。但在同样的水环境条件下，红光具有比蓝绿光更小的散射系数和更大的衰减系数，而且工艺成熟的红光 LD 具有更低的价格、更高的功率和更大的调制带宽，因此红光 LD 更适合应用于短距离 UOWC 系统中，特别是在较混浊、易散射的水体里。

以下假设光束的光场符合高斯分布，则概率密度函数可以表示成

$$f(x,y)=\frac{1}{2\pi\sigma_1\sigma_2\sqrt{1-\rho^2}}\mathrm{e}^{\left\{-\frac{1}{2(1-\rho^2)}\left[\frac{(x-\mu_1)^2}{\sigma_1^2}+\frac{(y-\mu_2)^2}{\sigma_2^2}-2\rho\frac{(x-\mu_1)(y-\mu_2)}{\sigma_1\sigma_2}\right]\right\}} \tag{14-55}$$

其中，μ 为均值，σ 为标准差，ρ 为相关系数。则接收到的光功率为

$$P=P_0\iint_S f(x,y)\mathrm{d}S \tag{14-56}$$

其中，S 为接收端的有效接收面积，P_0 只为接收端所在平面的总光功率。随着传输距离的增大，LD 的光斑面积逐步增大。在不考虑能量损失的前提下，LD 的光功率仍按二维高斯分布，可以得到进入接收端有效接收面积的光功率随着传输距离改变的示意图，APD 接收光功率随传输距离的变化如图 14-15 所示。

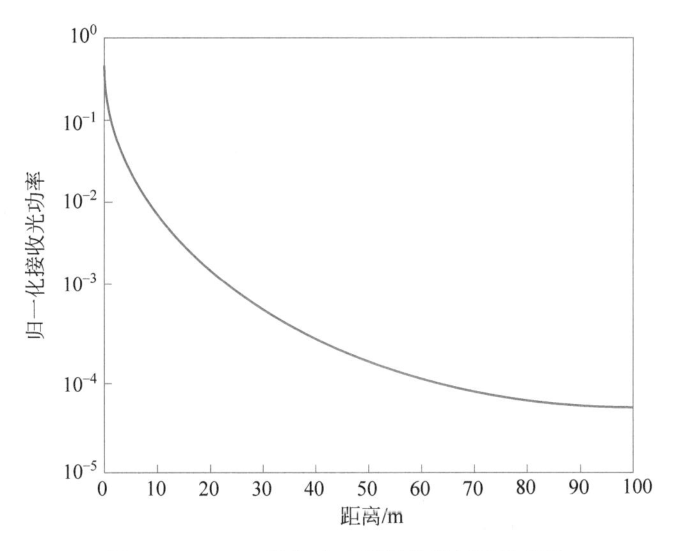

图 14-15 APD 接收光功率随传输距离的变化

对于采用 OOK 调制的无线激光通信系统，理论误码率可近似为 $BER=0.5[\mathrm{erfc}(Q/\sqrt{2})]$，其中 Q 为信噪比，erfc()表示互补误差函数。信号功率随着传输距离的增大不仅会受到自身发散角的影响，还会受到水体的吸收和散射效应的影响。

进一步考虑水下整体衰减作用，并按照以下的参数进行设置：出射光功率为 15mW，APD 内源噪声为 0.542pW，LD 发散角为 10mrad，LD 半径为 7.5mm，接收端接收半径为 2.5mm，最终可以得到不同水质下的误码率随传输距离的变化，如图 14-16 所示。在 FEC

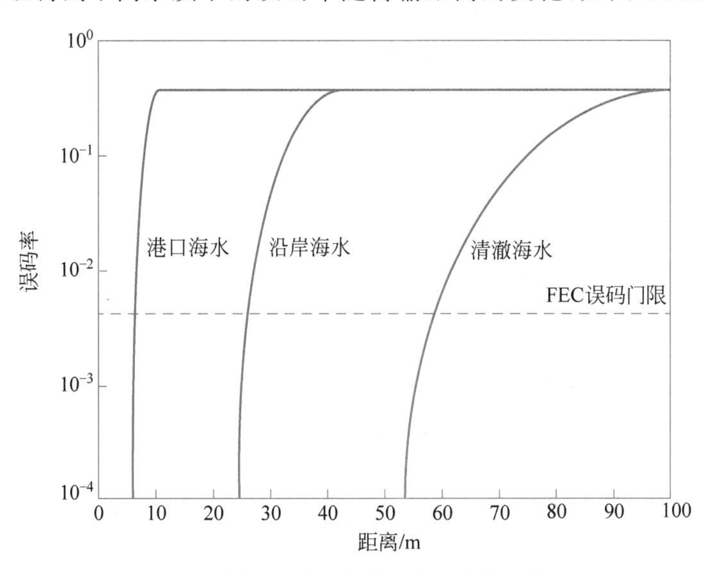

图 14-16 不同水质下误码率随传输距离的变化

误码阈值(3.8×10^{-3})下,LD 在清澈海水中最大可传输 56m,在沿岸海水中最大可传输 25m,在港口海水中仅可传输 6m。当然,进一步更改参数,如提高 LD 的发射功率和接收端探测面积,可以使传输距离进一步增大。

14.4 水下定位技术

水下定位在对海洋的探索实践中有广泛的应用,下面介绍 4 种基于水声信号的定位技术。

(1) 长基线(Long Baseline,LBL)系统:将几个应答器安装在海底,水下航行器通过三角测量询问应答器的一个来回的时延估计。LBL 有良好的定位精度,但是它需要长时间的校准。

(2) 短基线(Short Baseline,SBL)系统:将一系列间距很小的接收器安装在如水面船的平台上,用来监控水下发射器的入射信号。利用到达时间的不同来定位。

(3) 超短基线(Ultra Short Baseline,USBL)系统:小阵列的水听器用于估计来自水下发射器的入射信号的到达角度。到达角度信息与距离估计联合应用可以提高 SBL 系统的定位性能。

(4) 基于漂浮的系统:这个系统扮演着类似长基线系统的角色,只是其参考点是水面浮标。有一些商用产品如 GPS 智能浮标,从水下节点向表面浮标定向发射信号,并使用无线电链路由水面浮标将所有信息转发给母船来完成定位。漂浮的浮标系统比 LBL 更容易布放和校准。

以上系统都有成熟的商用产品,本节主要介绍两种基于距离测量定位方案,它们适用于多节点的网络中。

14.4.1 测距定位

基于 OFDM 的认知水声通信系统如图 14-17 所示。

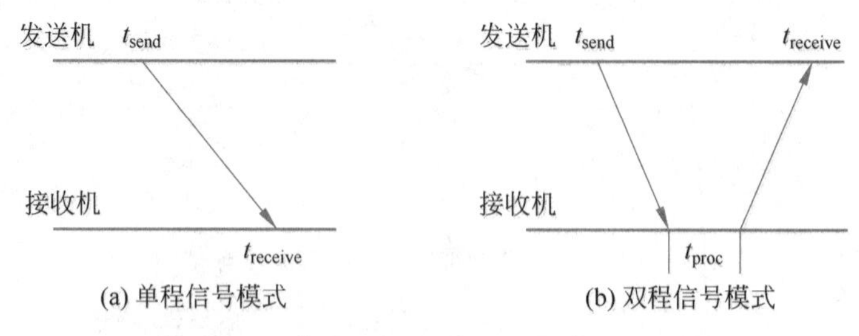

图 14-17 基于 OFDM 的认知水声通信系统

测距是在发射机和接收机之间测量距离 d。令 T_{prop} 为两个节点之间的单程信号传播时间,c 是水中的声速度。可以得到距离的估计为

$$\hat{d}=\hat{T}_{prop}\hat{c} \tag{14-57}$$

其中,测距模式又分为单程信号与双程信号两种模式。单程信号模式如图 14-17(a)所示,发送者发送一个消息给接收者,接收者记录消息的到达时间。这可通过互相关或其他方法得到。单程测距需要发射机和接收机的时钟同步。起始时间可以在固定的时间间隔触发,或

者可以在消息中加盖传输时间戳。

$$\hat{T}_{\text{prop}} = t_{\text{receive}} - t_{\text{send}} \tag{14-58}$$

假定在发射机和接收机之间有时钟偏移 b，那么估计可以建模为

$$\hat{T}_{\text{prop}} = T_{\text{prop}} + b + w \tag{14-59}$$

其中，w 是测量噪声。双程信号模式如图 14-17(b)所示，发射机发送一个消息到应答器，应答器接收消息并且发回一个即时确认信号。在应答器端用一个固定的处理时延 T_{proc}，单程传播时间估计为

$$\hat{T}_{\text{prop}} = \frac{1}{2}(t_{\text{receive}} - t_{\text{send}} - T_{\text{proc}}) \tag{14-60}$$

如果 T_{proc} 是精确的，则式(14-60)中的估计是无偏的：

$$\hat{T}_{\text{prop}} = T_{\text{prop}} + w \tag{14-61}$$

因此，双程消息传递排除了发射机和接收机同步的需要。

14.4.2 水下 GPS

水下 GPS 定位方法根据来自多个水面节点的消息广播，借助于到达时间的测量，接收机根据多个发送者到接收机的到达时间差来计算自己的位置。具有多个水面浮标的水下传感器网络如图 14-18 所示。

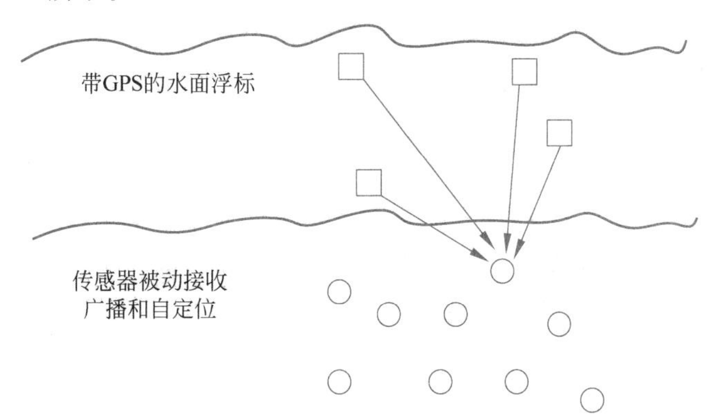

图 14-18 具有多个水面浮标的水下传感器网络

主要讨论在位置(x_r, y_r, z_r)处的接收机。假设位置(x_n, y_n, z_n)，$n=1,2,\cdots,N$ 处有 N 个水面节点。d_n 定义为接收机节点和第 n 个水面节点的距离：

$$d_n = \sqrt{(x_r - x_n)^2 + (y_r - y_n)^2 + (z_r - z_n)^2} \tag{14-62}$$

不失一般性，设第一个水面节点在原点，也就是 $x_1 = y_1 = z_1 = 0$，因此

$$d_1^2 = x_r^2 + y_r^2 + z_r^2 \tag{14-63}$$

实际的到达时间是 $t_n = d_n / c$，c 为声传播速度。

在预先设定的时间间隔，水面节点依次广播它们的当前位置和时间。广播距离范围内的水下节点将检测一系列传输信号并译码这些消息。通过比较接收时间与编码在消息中的传输时间，每个水下节点可以得到来自不同水面节点的消息到达时间(飞行时间)的估计，基于此，节点可计算自己的位置。

在来自所有水面节点的每一轮广播中，一个节点收集 N 个传播时间的测量信息，并形成当前位置的单个点估计。由于偏差 b 是未知的且通常较大，基于到达时间的方法是不适用的。到达时间差（Time Difference of Arrival，TDOA）的方法通过式（14-64）消除公共的偏差项 b：

$$\Delta\hat{t}_{n1} = \hat{t}_n - \hat{t}_1, \quad n = 2,3,\cdots,N \tag{14-64}$$

于是距离差 $d_{n1} = d_n - d_1$ 可以通过式（14-65）估计：

$$\hat{d}_{n1} = c\Delta\hat{t}_{n1} \tag{14-65}$$

由于共享的 GPS 时钟的性质，TDOA 方法也可用这个偏差项纠正时钟偏移。每个接收节点有自己的内部时钟，一些更新的周期 k 将会由一个未知的畸变因子 $\varphi(k)$ 引入漂移。然而，每一个水面发射机有相同的时钟偏移，并且由于 GPS 时钟周期性地纠正，这个值对任何周期 k 可假定近似为 0。这样，每次传输时间可表示为

$$\hat{t}_n = t_n + b + \phi(k) + w_n, \quad n = 1,2,\cdots,N \tag{14-66}$$

并再次利用 TDOA 估计的不同，这个公共时钟偏移可从定时估计中消除。

可以利用穷举搜索和最小均方公式两种方法进行定位。水声信道各自的时间估计 $\hat{t}_n$ 通常与噪声相关。在穷举搜索算法中，为便于计算，假定它们是独立同分布（i. i. d.）的，可以通过式（14-67）得到最大似然比的解值：

$$(\hat{x}_{\mathrm{r}}, \hat{y}_{\mathrm{r}}, \hat{z}_{\mathrm{r}}) = \operatorname{argmin}_{x_{\mathrm{r}}, y_{\mathrm{r}}, z_{\mathrm{r}}} \sum_{n=2}^{N} [c\Delta\hat{t}_{n1} - (d_n - d_1)]^2 \tag{14-67}$$

式（14-67）的解可通过穷举搜索得到。

在最小均方的方法中，因为 $d_n = d_{n1} + d_1$，由此可得到

$$(d_{n1} + d_1)^2 = x_n^2 + y_n^2 + z_n^2 - 2x_n x_{\mathrm{r}} - 2y_n y_{\mathrm{r}} - 2z_n z_{\mathrm{r}} + d_1^2 \tag{14-68}$$

又可简化为

$$x_n x_{\mathrm{r}} + y_n y_{\mathrm{r}} + z_n z_{\mathrm{r}} = \frac{1}{2}([x_n^2 + y_n^2 + z_n^2 - d_{n1}^2]) - d_{n1} d_1 \tag{14-99}$$

定义下面矩阵和矢量：

$$\boldsymbol{H} = \begin{bmatrix} x_2 & y_2 & z_2 \\ x_3 & y_3 & z_3 \\ \vdots & \vdots & \vdots \\ x_N & y_N & z_N \end{bmatrix}, \quad \boldsymbol{v} = \begin{bmatrix} -\hat{d}_{21} \\ -\hat{d}_{31} \\ \vdots \\ -\hat{d}_{N1} \end{bmatrix} \tag{14-70}$$

$$\boldsymbol{u} = \frac{1}{2} \begin{bmatrix} x_2^2 + y_2^2 + z_2^2 - \hat{d}_{21}^2 \\ x_3^2 + y_3^2 + z_3^2 - \hat{d}_{31}^2 \\ \vdots \\ x_N^2 + y_N^2 + z_N^2 - \hat{d}_{N1}^2 \end{bmatrix}, \quad \boldsymbol{a} = \begin{bmatrix} x_{\mathrm{r}} \\ y_{\mathrm{r}} \\ z_{\mathrm{r}} \end{bmatrix} \tag{14-71}$$

可得到最小均方的解

$$\hat{\boldsymbol{a}} = d_1 \boldsymbol{H}^{+} \boldsymbol{v} + \boldsymbol{H}^{+} \boldsymbol{u} \tag{14-72}$$

其中，+代表伪逆，将 $\hat{\boldsymbol{a}}$ 的元素代入得到 d_1 的二次方程。求解 d_1 并将正根代入，得到接收

位置 $\boldsymbol{a}$ 的最后解。

为了进一步减小来自单点测量的定位误差，可采用跟踪算法（如卡尔曼滤波器，概率数据关联滤波器等）与多次测量值相结合的方法以获得更为精确的位置估计。

14.4.3　请求式异步定位

请求式异步定位方案的网络建立方式如图 14-19 所示。几个固定位置的锚定节点布放整个网络内，并且假定它们的位置是完全已知的。与 14.5.2 节的假设相比，这些锚定节点仅需要知道自己的位置，而不必是水面节点或者具备同步时钟，网络中的所有节点都知道锚定节点的存在，其定位步骤如下。

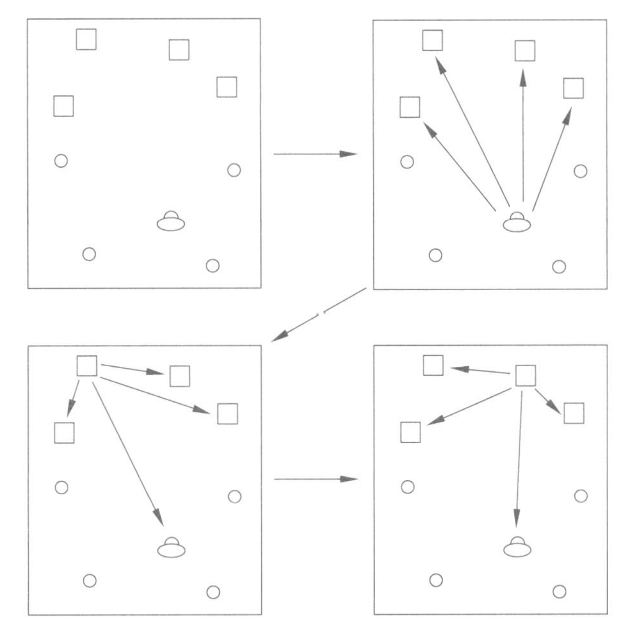

图 14-19　样本网络中的传输协议的简单概览

注：AUV 对所有节点启动一次传输，随后接收来自第 n 个锚定节点的应答。随着时间推移，所有锚定节点顺序回应直到 AUV 最后被定位

S1：源节点 s 发出发起者的消息以获得它在 $t_{s,s}$ 时刻的位置，发起者信息包含锚定节点的发送请求，序号为 $n=1,2,\cdots,N$，节点 n 响应发起者的消息之前的最大等待时间为 δ_n。之后源节点进入监听模式，等待来自锚定节点的按顺序到来的消息。

S2：所有锚定节点按如下过程操作。一旦在 $\hat{t}_{s,n}$ 时刻接收到发起者的消息，节点 n 进入监听模式并且译码来自节点 $1,2,\cdots,n-1$ 的所有消息，记录到达时间 $\hat{t}_{k,n}$，$k=1,2,\cdots,n-1$。

当节点 n 发现节点$(n-1)$已经发射时，它转到发送模式并且在 $t_{n,n}$ 时刻发出自己的消息。在节点$(n-1)$的消息丢失的情况下，节点 n 将等待指定的最大时间，并在 $t_{n,n}=\hat{t}_{s,n}+\delta_n$ 时刻发出它的消息。来自节点 n 的消息包含 $\hat{t}_{s,n}$、$\{\hat{t}_{k,n}\}_{\forall k}$ 和传输时间 $t_{n,n}$。

S3：源节点在时刻 $\hat{t}_{n,s}$，$n=1,2,\cdots,N$ 接收节点 n 的回应。在最后一个锚定节点接收后，源节点分析所收集的测量值并且计算它自己的位置。最后，源节点发出包括它的估计位置的最后应答以结束定位过程。

S4：网络中的任何一个被动节点能记录来自源节点和锚定节点的消息到达时间 $\hat{t}_{s,p}$，$\{\hat{t}_{n,p}\}_{\forall n}$。根据这些测量值及来自接收消息的测量值，被动节点计算自己的位置。

下面介绍源节点的定位算法，由于所有节点是异步的，每个节点的时间测量都会有一个未知的时间移位。借助于源节点的时间测量值和由锚定节点收集的测量值，发起者节点参照计算时间差：

$$\Delta\hat{t}_{n,s} = (\hat{t}_{n,s} - t_{s,s}) - (t_{n,n} - \hat{t}_{s,n}) \tag{14-73}$$

$$\Delta\hat{t}_{k,n} = (\hat{t}_{k,n} - \hat{t}_{s,n}) - (t_{k,k} - \hat{t}_{s,k}) \tag{14-74}$$

异步定位方案的时间图解如图 14-20 所示，发起者可得到的测量为

$$\{\Delta\hat{t}_{s,n}\}_{n=1}^{N}, \quad \{\Delta\hat{t}_{k,n}\}_{k=1,n=2}^{n-1,N} \tag{14-75}$$

定义源节点和锚定节点 n 之间的距离为

$$d_{s,n} = \sqrt{(x_s - x_n)^2 + (y_s - y_n)^2 + (z_s - z_n)^2} \tag{14-76}$$

锚定节点 k 和 n 间的距离为

$$d_{k,n} = \sqrt{(x_k - x_n)^2 + (y_k - y_n)^2 + (z_k - z_n)^2} \tag{14-77}$$

源节点和锚定节点之间的单程传播时延定义为 $\tau_{s,n} = \dfrac{d_{s,n}}{c}$，锚定节点 k 和 n 之间的单程传播时延为 $\tau_{k,n} = \dfrac{d_{k,n}}{c}$。其中 c 为水声传播速度，约为 1500m/s。

根据图 14-20，时间差的测量与地面真实状况相关：

$$\Delta\hat{t}_{n,s} = 2\tau_{s,n} + w_{n,s} \tag{14-78}$$

$$\Delta\hat{t}_{k,n} = \tau_{s,k} + \tau_{k,n} - \tau_{s,n} + w_{k,n} \tag{14-79}$$

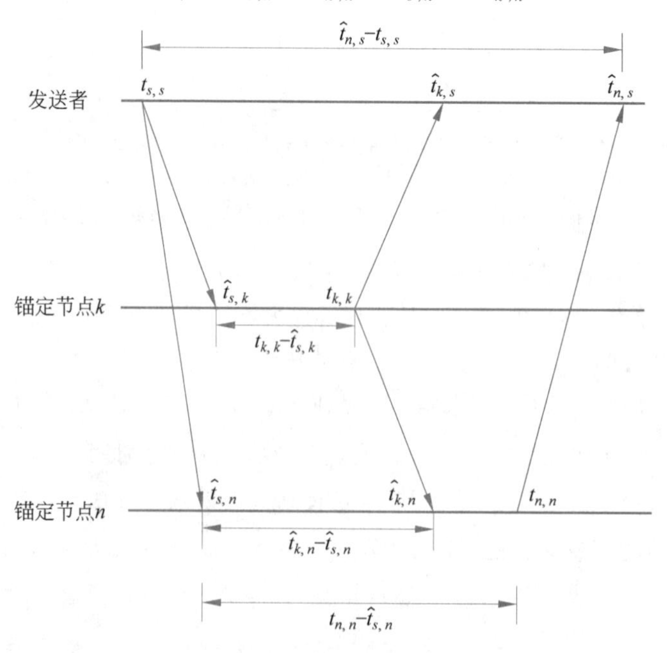

图 14-20　异步定位方案的时间图解

其中，$w_{n,s}$ 和 $w_{k,n}$ 表示噪声项。假定每个定时测量的方差为 σ_{mea}^2，那么噪声部分 $w_{n,s}$ 的方差为 $2\sigma_{\text{mea}}^2$，$w_{k,n}$ 的方差为 $3\sigma_{\text{mea}}^2$。使用发起者节点的本地测量值可得到位置如下：

$$(\hat{x}_s,\hat{y}_s,\hat{z}_s)=\operatorname{argmin}_{x_s,y_s,z_s}\frac{1}{4\sigma_{\text{mea}}^2}\sum_{n=1}^{N}(\Delta\hat{t}_{n,s}-2\tau_{s,n})^2 \tag{14-80}$$

章节习题

14-1 描述光在海水传播过程中的两个基本要素是：

A）散射　B）衍射　C）绕射　D）吸收

14-2 相比于SAM，具有更多模态的OAM在水下光通信中没有提高哪项性能？

A）传输容量　B）抗干扰能力　C）安全性能　D）频谱效率

14-3 通过海水的极低声传播速度是声波区别于电磁波传播的一个重要因素。水中的声速不取决于以下哪项？

A）水温　B）盐度　C）电导率　D）压力

14-4 当调制速率大于LED的3dB带宽时，且当信号发射能量和信道衰减不变时，接收信号信噪比随着调制速率的增加呈________衰减。当调制速率小于LED的3dB带宽时，可以得到接收信号信噪比随着调制速率的增加呈________衰减。

A）一次方　B）二次方　C）三次方　D）四次方

14-5 关于水下定位的两种方法，通过水下GPS方法进行定位________同步，测距模式属于________测距，异步请求定位方式________同步，测距模式属于________测距。

A）需要　B）不需要　C）单程　D）双程

14-6 将以下水质的总衰减系数从大到小排列________

A）清澈海水　B）港口海水　C）沿岸海水

14-7 请探索水下通信的多种形式及其传输媒介，深入分析每种通信技术的特点和适用场景。

14-8 请对比水声通信系统中环境噪声与外部干扰的不同之处。

14-9 水声通信中的扩频方式有哪些？请简要介绍每种扩频方式的原理和特点。

14-10 请简单阐述利用OFDM做水声通信的优点与缺点。

14-11 请对比两种水下定位方法（水下GPS与请求式异步定位）的不同之处。

14-12 若待发送的基带数字信息是二进制序列，伪随机序列周期为 T，则系统的通信速率是多少？当使用M元差分扩频通信后，系统的通信速率又为多少？

14-13 当频率 f 为30kHz时，请根据Thorp's公式简单计算水声通信中的吸收系数 $\alpha(f)$。

14-14 水面GPS定位中。水声速度为 c，考虑二维平面节点1位置为(0,0)，节点2位置为(5,0)，节点3位置为(10,0)，接收机接收到节点1,2,3的广播信息传输时间估计分别为 $\hat{t}_1,\hat{t}_2,\hat{t}_3$，接收到位置位于$(x_r,y_r)$，如下图所示。单位为m，尝试写出穷举推导定位的公式。

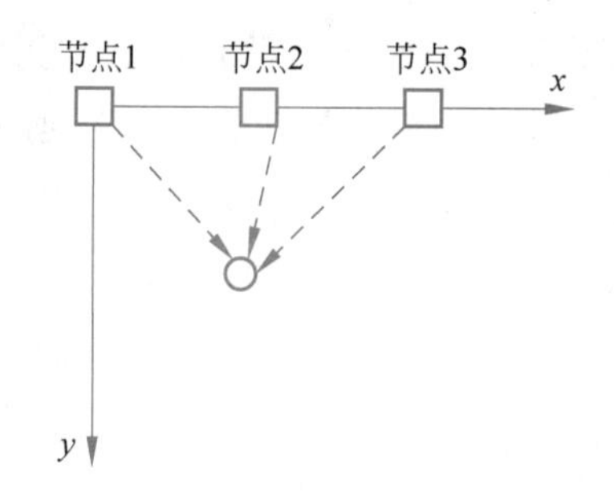

习题解答

14-1 AD

14-2 B

14-3 C

14-4 AB

14-5 ACBD

14-6 BCA

14-7 解：(1) 电缆通信：电缆通信是一种传统的水下通信方式，通过铺设电缆在水下进行信息传输。它的优点是传输稳定、可靠，速率较高，且不受环境影响；适用于需要长距离、高速率和稳定传输的水下通信场景，比如海底油气管道监控、海底地震仪器数据传输等。

(2) 水声通信：利用水中的声波进行信息传输，具有较好的穿透性和覆盖范围。适用于需要长距离、低速率但稳定可靠的水下通信场景，如海洋探测、水下声呐系统、水下机器人通信等。

(3) 水下电磁通信：利用电磁波在水中进行信息传输，具有较高的传输速率和较远的覆盖范围；适用于需要较高速率、中距离通信的水下场景，如水下航行器通信、水下传感器网络等。

(4) 水下光通信：利用光波在水中进行信息传输，具有高速率、低时延和传输距离较远的优点；适用于需要高速率、短距离但稳定可靠的水下通信场景，如水下测量仪器通信、水下潜艇通信等。

14-8 解：环境噪声是一类来自无数个声源的背景噪声。水中最普通的环境噪声源包括火山岩、地震活动、湍流、海面行船和工业活动，诸如波浪和气象活动及热噪声。由于存在多个源，环境噪声近似是高斯的，但不是白噪声。水下背景噪声的谱级可以随时间、地域或深度有很大的振荡。对于短距离声通信，环境噪声谱级可以远低于所期望的信号。对于远距离或者隐蔽声通信，噪声谱级是通信性能的一个限制因素。

外部干扰是在接收信号中可辨识的干扰信号。对应源包括水下动物、冰冻裂隙和在同一环境中的其他声系统。例如，温暖海域的鼓虾和极地区域的冰冻裂隙产生的脉冲干扰。在通信设备工作的同时，伴有声呐在工作，声呐造成的外部干扰是高度结构化的。相对于背景噪声，外部干扰不是高斯的，也不是白色的。这类噪声的出现可带来高的动态链路错误率或者甚至造成链路中断。

14-9 解：(1) DSSS。

原理：使用伪随机序列将信息扩展到宽频带上，接收端利用相同的序列进行相关处理，恢复原始信息。

特点：抗干扰能力强，通信速率高，信号保真度好，但需要同步机制。

(2) 差分直接序列扩频。

原理：在直接序列扩频基础上，引入差分相移键控调制，提高通信速率，增强抗相位抖动性能。

特点：频带利用率高，对多途径传输中的相位扰动具有良好的应对能力。

(3) 并行组合扩频通信。

原理：将多个扩频序列组合传递信息，提高通信速率，但发射信号非恒包络，峰值平均功率较高。

特点：传输效率高，频带利用率高，但接收机复杂度较高，不利于解调。

(4) 映射序列扩频通信。

原理：将多个信息比特映射为一条伪随机序列，提高系统传输效率，降低传输错误率。

特点：保持发射信号恒包络，传输效率高，但在并行组合扩频系统中可能存在调制和解调不唯一现象。

(5) 分组 M 元扩频通信。

原理：采用多通道并行工作，每个通道中采用 M 元扩频，提高通信速率，简化解调。

特点：增强了系统的抗干扰能力，减小了接收机复杂度。

(6) 循环移位扩频通信。

原理：使用长度为 M 的 M 序列携带信息，通过移位 M 序列的码片位置表示信息，实现较高的通信速率。

特点：通信速率高，系统实现相对简单。

14-10 解：优点：

(1) 抗干扰能力强：OFDM 系统可以有效对抗水声信道中多途传播和频率选择性衰落带来的干扰，通过子频带分割和联合编码等技术，提高了信号的稳定性和可靠性。

(2) 高效利用频谱资源：通过子信道频谱相互重叠且正交的特性，OFDM 系统提高了信道频带的利用率，实现了对宽带信道的频率分集，从而增强了抗衰落能力。

(3) 灵活调制方式：OFDM 系统可以灵活控制各子载波上的调制方式，根据实际信道条件调整模式，充分利用衰落较小的子信道，提高了系统性能。

(4) 设备复杂度低：相比传统的多载波系统，OFDM 系统使用 IFFT/FFT 处理实现，设备复杂度较低，降低了系统的成本和维护难度。

缺点：

(1) 易受多普勒频偏影响：由于水声信道时变特性，OFDM 系统易受多普勒频偏影响，可能导致子载波之间的正交性受损，进而产生干扰，影响信号的可靠传输。

(2) 峰值平均功率比高：OFDM 系统发送信号的瞬时功率可能远远超过平均功率，导致 PAPR 高，需要更高性能的发送滤波器和放大器，增加了设备成本和复杂度，可能引发信号畸变和带外辐射问题。

(3) 传输效率降低：由于水声信道传播时延扩展较长，OFDM 系统需要设置较长的保护间隔，导致传输效率显著降低，影响数据传输速率。

14-11 解：请求式异步定位方案的锚定节点布放在整个网络内，并且它们自己的位置是完全已知的。网络中的所有节点都知道锚定节点的存在。水下 GPS 需要有共享的 GPS 时钟且要求是水面节点。

工作流程方面，水面 GPS 定位方法根据来自多个水面节点的消息广播，借助于到达时间的测量，接收机根据多个发送者到接收机的 TDOA 来计算自己的位置，是利用单程传播计算测距。请求式异步定位需要由源节点主动发送获取位置请求，然后各个锚定节点在接收到请求后，依次广播。是双程传播的测距方案。

14-12 解：

$$R_{\mathrm{b}}=1/T$$

$$R'_{\mathrm{b}}=\frac{\mathrm{lb}M}{T}$$

14-13 解：

$$\begin{aligned}\alpha(f)&=\frac{0.11f^2}{1+f^2}+\frac{44f^2}{4100+f^2}+2.75\times10^{-4}f^2+0.003\alpha(30)\\&=\frac{0.11\times30^2}{1+30^2}+\frac{44\times30^2}{4100+30^2}+2.75\times10^{-4}\times30^2+0.003\alpha(30)\approx8.183\end{aligned}$$

14-14 解：根据题设，节点 1 与节点 2 的时间估计差为 $\hat{t}_2-\hat{t}_1$，节点 1 与节点 3 的时间估计差为 $\hat{t}_3-\hat{t}_1$，节点 1 与接收机距离为 $d_1=\sqrt{x_{\mathrm{r}}^2+y_{\mathrm{r}}^2}$，节点 2 与接收机的距离为 $d_2=\sqrt{(x_{\mathrm{r}}-5)^2+y_{\mathrm{r}}^2}$，节点 3 与接收机的距离为 $d_3=\sqrt{(x_{\mathrm{r}}-10)^2+y_{\mathrm{r}}^2}$，穷举推导定位的公式为 $(\hat{x}_{\mathrm{r}},\hat{y}_{\mathrm{r}},\hat{z}_{\mathrm{r}})=\arg\min_{x_{\mathrm{r}},y_{\mathrm{r}},z_{\mathrm{r}}}\{[c(\hat{t}_2-\hat{t}_1)-(d_2-d_1)]^2+[c(\hat{t}_3-\hat{t}_1)-(d_3-d_1)]^2\}$。

参考文献

[1] LURTON X. An Introduction to Underwater Acoustics: Principles and Applications[M]. 2nd ed. New York: Springer, 2010.

[2] 殷敬伟. 水声通信原理及信号处理技术[M]. 北京：国防工业出版社，2011.

[3] 胡晓毅，任欢. OFDM 水声通信[M]. 北京：电子工业出版社，2018.

[4] 张歆，张小蓟. 水声通信理论与应用[M]. 西安：西北工业大学出版社，2012.

[5] 何明，陈秋丽，刘勇，等. 水声传感器网络拓扑[M]. 南京：东南大学出版社，2017.

[6] 何明，梁文辉，陈秋丽，等. 基于拓扑重构的水下移动无线传感器网络拓扑优化[J]. 通信学报，2015，36(6)：82-91.

[7] 曾斌，钟德欢. 水下传感器网络部署优化研究[J]. 火力与指挥控制，2012，37(4)：21-25.

[8] 夏娜，王长生，郑榕，等. 鱼群启发的水下传感器节点布置[J]. 自动化报，2012，38(2)：295-302.

[9] 郑博，张衡阳，黄国策，等. 三维平滑移动模型的设计与实现[J]. 西安电子科技大学学报，2011，38(6)：179-184.

[10] 解文斌，鲜明，陈永光. 基于等概率路由模型的传感器网络负载均衡研究[J]. 电子与信息学报，

2010,32(5): 1205-1211.

[11] 蔡绍滨,李希,田鹰,等. 基于圆形选择技术的循环三边组合测量法的研究[J]. 计算机研究与发展, 2010,47(2): 238-244.

[12] 刘林峰,刘业. 基于满 Steiner 树问题的水下无线传感器网络拓扑愈合算法研究[J]. 通信学报,2010, 31(9): 30-37.

[13] URICH R. Principles of Underwater Sound[M]. 3rd ed. New York: McGraw-Hill,1983.

[14] QUAZI A, KONRAD W. Underwater acoustic communications [J]. IEEE Communications Magazine,1982,20(2): 24-30.

[15] 周胜利,王昭辉. OFDM 水声通信[M]. 北京: 电子工业出版社,2018.

[16] PORTER M B,LIU Y C. Finite-element ray tracing [J]. Theoretical and Computational Acoustics, 1994(2): 947-966.

[17] SANDRINE B. Novel noise variance and SNR estimation techniques for the AWGN channel [J]. IEEE Trans on Communications,2000,48(10): 1681-1691.

[18] 王明华. 高速水声通信中 OFDM 的关键技术与应用研究[D]. 哈尔滨: 哈尔滨工程大学,2008.

[19] 葛威. 强干扰环境下单载波水声通信技术研究[D]. 哈尔滨: 哈尔滨工程大学,2022.

[20] 贾宏,许茹,孙海信,等. 基于 OFDM 的水声信道编码技术研究[J]. 厦门大学学报,2008,47(4): 524-527.

[21] CARROLL P,ZHOU S,ZHOU H,et al. Underwater localization and tracking of physical systems [J]. Journal of Electrical and Computer Engineering,2012: 2-2.

[22] MELLEN G, PATCHER M, RAQUET J. Closed-form solution for determining emitter location using time difference of arrival measurements [J]. IEEE Trans. Aerospace and Electronic Systems, 2003,39(3): 1056-1058.

[23] 徐正元,徐敬,刘伟杰,等. 水下无线光通信[M]. 北京: 人民邮电出版社,2021.

第 15 章 海上通信与探测技术

CHAPTER 15

近年来，人类的海上活动日益频繁、规模逐渐扩大，对海上通信及探测的要求不断提高。海上旅游、近海水产养殖和海上矿物勘探等活动迅速发展，对多样化海上通信业务提出了新的需求；日常的水质检测、气象传感及钻井平台和勘测平台等海上作业需要稳定可靠的海上探测技术。中国的海洋面积约为 300 万平方千米，大陆海岸线长 18000 余千米，岛屿数量 6000 多个，发展海上通信探测技术具有重要意义。

目前，针对不同业务类别，海上通信系统可以分为：面向导航定位的奈伏泰斯系统（Navigation Telex，NAVTEX）、海上数字广播系统（Navigation Data System，NAVDAT）和海上自动识别系统（Automatic Identification System，AIS）；面向应急救援业务的数字选择性呼叫系统（Digital Selective Calling，DSC）；面向高速数据传输的甚高频数据交换系统（VHF Data Exchange System，VDES）。各系统的组成、传输技术及相关参数见表 15-1。

表 15-1　不同业务类别海上通信系统的组成、传输技术及相关参数

业务类别	海上通信系统	组成部分	传输技术	传输速率	覆盖半径	频　段
导航数据气象预警及险情救援等安全信息	NAVTEX	业务协调站、发射台、接收机	FSK	—	约 370km	MF
海上船舶导航安全	NAVDAT	信息管理系统、岸台发射机、船载接收机	OFDM	约 25kb/s	约 648km	495～505kHz
海上自动跟踪识别	AIS	船舶设备、岸台、海事主管单位	TDMA	9.6kb/s	约 37km	VHF
应急救援	DSC	岸台、船台	FSK	VHF：1.2kb/s；MF/HF：100b/s	VHF：37.04km MF/HF：370.4km	VHF/MF/HF
高速数据传输	VDES	岸台船站、VDE 卫星、海上信息服务中心	多种调制方法	最高可达 25kb/s	约 92.6km	VHF AIS：25kHz VDE：50kHz 卫星 100kHz

15.1 海上无线信道模型

由于海上环境复杂多变、设备部署困难等原因导致海上通信的发展明显滞后于陆地通信。海上通信与陆地通信相比，主要有以下 3 方面不同。

1. 稀疏性

海上通信的稀疏性主要表现在两个方面：稀疏散射和稀疏用户分布。由于辽阔的海域缺乏散射体，稀疏散射构成了海上无线信道与陆地无线信道最根本的区别。因此在陆地通信系统建模和分析中通常假设的瑞利衰落在大多数海洋环境中不再适用，而有限散射模型更为匹配。此外，海上用户更有可能在非常广阔的海域内广泛分布，这意味着同一网络中不同用户的大尺度衰落可能存在很大差异，这不仅是由路径损耗效应，还可能由降雨和空气衰减等其他不可预测的原因造成，且这些因素在广阔海域上并不均匀。

2. 不稳定性

与陆地通信不同，即使用户在固定位置不动，海上用户接收到的信号强度也可能因海浪运动造成的链路失配而波动。波浪常被描述为菱形或正弦运动，船舶位于波浪的切线上，因此这种不稳定性将导致天线的高度和方向的周期性变化。天线高度每变化 1m，接收信号强度的变化可达 13dB。这表明，对于海上通信来说，仅仅根据用户的位置来预测路径损失可能会产生不准确的结果。在建模中考虑海浪的随机性是必要的。除了链路失配效应外，海浪运动也会影响无线电传播中的散射，特别是对表面反射路径的散射。总的来说，海浪运动实际影响着海上通信链路的稳定性，为了建立可靠稳定的海上通信，在进行海上信道建模时必须考虑海浪运动的影响。

3. 位置依赖性

在海洋环境中，不同的用户位置可能对应完全不同的衰落模型，这与内陆地区通常只有路径损耗受到的影响不同。具体而言，重要的位置相关参数是空海信道的掠射角和近海面信道的发射接收天线距离。在大掠射角条件下，平静海面可采用双射线模式来描述空海信道，粗糙海面可采用三射线模式来描述空海信道。当掠射角变小时，波会被困在波导层中，在长距离传播中会遇到多次反射和折射。

海上通信场景如图 15-1 所示，海上无线信道可分为海面信道和空海信道。

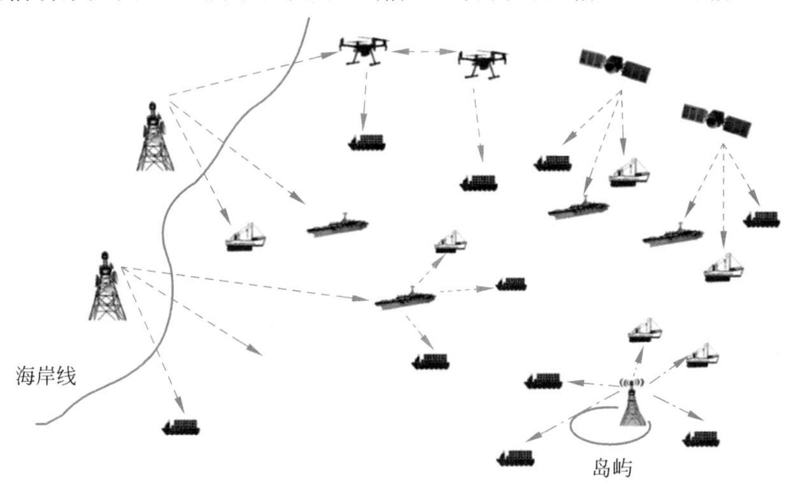

图 15-1 海上通信场景

15.1.1 蒸发波导效应

波导效应早已引起人们的注意，特别是在雷达系统和军事通信方面，对此进行了深入的研究。注意此处特指大气物理学中的波导效应，下面给出定义。

定义 15.1 **波导效应**：在大气对流层中，由于逆温或水汽随海拔高度增加而急剧减少，导致大气层出现层次变化，形成一层较薄的空气层。在这一层中传输的电磁波会被限制，类似于电磁波在金属波导中的传播。这种现象称为电磁波的大气波导传播，形成的大气薄层被称为大气波导层。

由于大气压力、温度、湿度等变化导致不同高度的大气折射率发生变化，从而引起波导效应。在所有波导中，蒸发波导由于具有跨视距传输的能力，在海上通信中被广泛使用，更重要的是蒸发波导具有合适的高度（10～20m，最多为 40m）和较高的出现概率（90%的概率出现在赤道和热带地区）。蒸发波导层示意如图 15-2 所示。向一定方向发射的电磁波会在海面和蒸发波导层之间被"困住"。这样，无线能量就可以集中在预定的方向上，而不是散布在整个自由空间上，从而增强了覆盖范围。波导层无线传播的建模对非视距（Non Line of Sight，NLOS）海上通信的设计和分析至关重要。

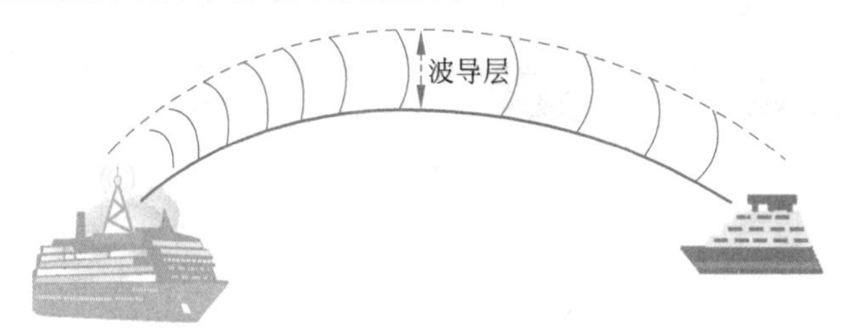

图 15-2 蒸发波导层示意

蒸发波导的基本思想是通过控制波导表面的材料来调整光的传播特性。通过逐渐蒸发或去除表面材料，可以改变波导的折射率分布，从而调整光在波导中的传播方式。通过蒸发波导，可以实现沿着波导的长度方向逐渐变化的折射率分布。这种折射率梯度影响光在波导中的传播方式，例如，可以实现横向波导导向的功能。蒸发波导的设计可以用于调控光在波导中的传播模式，例如改变模式的大小、形状和传播方向。这对于定向耦合、波导耦合、分束器和其他光学器件的设计非常重要。

所有蒸发波导模式，其思路都是致力于发现一种用大气变量表示垂直折射率梯度的表达式，用给定的临界折射率梯度值推导出波导高度方程。这里讨论有重要影响的 4 个蒸发波导模型：PJ 模型、Babin 模型、MGB 模型与伪折射率模型。

1. PJ 模型

PJ 模型使用 6m 高度上的气温、相对湿度、风速及海表温度作为输入，假定海面大气压是常数 1000kPa。PJ 模式使用了一个被称为伪折射率的量 N_p 代替无线电折射率 N，用位温 θ 代替温度 T，用水汽压 e_p 代替水汽压 e，取 $p_0=1000\text{hPa}$ 代替 p。该模式用了垂直位折射率梯度的相似表达式，然后给定产生波导的位折射率临界梯度，解出波导高度的表达式。Paulus 于 1989 年推导出了波导发生时的位折射率梯度：

$$\frac{\partial N_p}{\partial z}=\frac{\partial N}{\partial z}-\frac{\partial N}{\partial p}\frac{\partial p}{\partial z} \tag{15-1}$$

其中$\frac{\partial N}{\partial z}$是折射率梯度，其临界值是$-0.157$。对于温度为0～30℃的情况，$\frac{\partial N}{\partial z}$变化仅为0.02hPa，利用流体静力学关系和理想气体定律，并假定"标准"气温为15℃，得到$\frac{\partial p}{\partial z}=0.12$，当利用这些值时波导临界位折射率梯度取$-0.125$。

在计算位折射率时，PJ模式假定在近海面层位温和位水汽压等于气温和水汽压，因此，该模式取$p=1000$hPa来近似计算位折射率，实际上等价于非位折射率的结果。然而，PJ模式不使用非位折射率临界梯度-0.157来确定波导高度，而是用了-0.125的位折射率临界梯度。因此，PJ模式使用了非位折射率，计算基于位折射率的梯度，这是一个重要的差别，因为它代表波导发生标准的改变。

2. Babin模型

与PJ模型不同，Babin模型使用非位折射率临界梯度，虽然非位折射率不具有保守属性，但能够作为一个相似变量。

定理15.1　波导发生时的折射率临界梯度$\frac{\partial N}{\partial z}$表示为

$$\frac{\partial N}{\partial z}=A+B\frac{\partial \theta}{\partial z}+C\frac{\partial q}{\partial z} \tag{15-2}$$

$$A=-0.01\rho_a g\left\{\frac{77.6}{T}+\frac{4810\times 77.6q}{T^2[\varepsilon+q(1-\varepsilon)]}\right\}-\frac{g[p-e(1-\varepsilon)]}{c_{pa}}\left\{\frac{-77.6}{T}-\frac{2\times 4810\times 77.16q}{T^2[\varepsilon+q(1-\varepsilon)]}\right\} \tag{15-3}$$

$$B=\left[\frac{p}{1000}\right]^{R_a/c_{pa}}\left\{\frac{-77.6p}{T^2}-\left\{\frac{2\times 4810\times 77.6qp}{T^3[\varepsilon+q(1-\varepsilon)]}\right\}\right\} \tag{15-4}$$

$$C=\frac{4810\times 77.6p\varepsilon}{T^2[\varepsilon+q(1-\varepsilon)]^2} \tag{15-5}$$

式中，T是气温，p是气压，ρ_a是空气密度，g是重力加速度，c_{pa}是干空气比热，R_a是干空气气体常数。$\frac{\partial p}{\partial z}$可采用流体静力学假设求得，$\frac{\partial \theta}{\partial z}$和$\frac{\partial q}{\partial z}$用莫宁-奥布霍夫相似理论求解。

3. MGB模型

MGB模型是法国研究者以近地层莫宁-奥布霍夫相似理论为基础，提出的一种在稳定和不稳定情况下迭代解析模型。在解析MGB模型中，大气折射率$N=a_1\frac{P}{T}+a_2\frac{e}{T^2}$，式中$a_1=77.6\times 10^{-2}$，$a_2=3.73\times 10^3$，$p$为气压(单位为Pa)，$T$为温度(单位为K)，$e$为水汽压(单位为Pa)。若比湿为$q$，与水汽压$e$的关系为$e=\frac{Pq}{\varepsilon+(1+\varepsilon)q}$同时考虑近地层内大气的准静力平衡性及位温$\theta$和气温的关系，得到$\frac{\mathrm{d}N}{\mathrm{d}z}=c_1+c_2\frac{\mathrm{d}\theta}{\mathrm{d}z}+c_3\frac{\mathrm{d}q}{\mathrm{d}z}$，其中，

$$c_1=\frac{-gp\varepsilon}{R_a T[\varepsilon+(1-\varepsilon)q]}\left[\frac{a_1}{T}+\frac{a_2}{T^2}\frac{q}{\varepsilon+(1-\varepsilon)q}\right]-\frac{g}{C_{pa}}\frac{p\varepsilon}{(1-\varepsilon)q}\left[\frac{-a_1}{T^2}-\frac{2a_2}{T^3}\frac{q}{\varepsilon+(1-\varepsilon)q}\right]$$

$$c_2=\left(\frac{P}{P_0}\right)^{\frac{R_a}{C_p}}\left[\frac{-a_1P}{T^2}-\frac{2a_2}{T^3}\frac{Pq}{\varepsilon+(1-\varepsilon)q}\right] \tag{15-6}$$

$$c_3=\frac{a_2P\varepsilon}{T^2[\varepsilon+(1-\varepsilon)q]^2}$$

式中，C_{pa} 为干空气定压比热，P_0 为 $10^5\,\mathrm{Pa}$，$\frac{\mathrm{d}\theta}{\mathrm{d}z}$，$\frac{\mathrm{d}q}{\mathrm{d}z}$由近地层莫宁-奥布霍夫相似定理解出，其具体表达式为

$$\frac{\mathrm{d}\theta}{\mathrm{d}z}=\frac{\theta_*}{k(z+z_0)}\Phi_\theta\left(\frac{z+z_{0\theta}}{L}\right),\quad \frac{\mathrm{d}q}{\mathrm{d}z}=\frac{q}{k(z+z_0)}\Phi_q\left(\frac{z+z_{0\theta}}{L}\right) \tag{15-7}$$

式中 k 为冯卡曼常数，$z_{0\theta}$ 为温度的粗糙度长度，L 为莫宁-奥布霍夫长度，该值可通过总体理查森数 R_{ib} 等物理量求出；θ_*，q_* 分别为温度和湿度的特征尺度。Φ_θ，Φ_q 分别为温度和湿度的普适函数。解析 MGB 模型采用 Geleyn 的方法，将普适函数假设为如下形式：

稳定或中性层结（$R_{ib}\geqslant 0$）：$\Phi_q\left(\frac{z}{L}\right)=\Phi_\theta\left(\frac{z}{L}\right)=1+\alpha_s\frac{z}{L}$，不稳定层结（$R_{ib}<0$）：$\Phi_q\left(\frac{z}{L}\right)=\Phi_\theta\left(\frac{z}{L}\right)=\left(1-\alpha_s\frac{z}{L}\right)^{-1}$，从而得到蒸发波导 MGB 模型为

$$\begin{aligned}\delta=\frac{\mathrm{d}N}{\mathrm{d}z}&=c_1+c_2\frac{\theta_*}{k(z+z_0)}\Phi_\theta\left(\frac{z+z_{0\theta}}{L}\right)+c_3\frac{q_*}{k(z+z_0)}\Phi_\theta\left(\frac{z+z_{0\theta}}{L}\right)\\&=c_1+\left(\frac{c_2\theta_*}{k}+\frac{c_3q_*}{k}\right)\frac{\Phi_\theta\left(\frac{z+z_{0\theta}}{L}\right)}{z+z_0}\\&=c_1+\left(\frac{d(-0.157-c)}{\Phi_\theta\left(\frac{d}{L}\right)}\right)\frac{\Phi_\theta\left(\frac{z+z_{0\theta}}{L}\right)}{z+z_{0\theta}}\end{aligned} \tag{15-8}$$

4. 伪折射率模型

伪折射率模型是中国学者刘成国在研究波导的过程中，根据折射率反映大气结构的直接参数的特征，通过对大气边界层理论的仔细研究，提出了以伪折射率为相似参数，利用相似理论计算蒸发波导高度和剖面的预报模型。

将波导基本公式对高度 z 微分，忽略海面附近参量的变化对各参量梯度系数的影响，在标准大气条件下经过折射率梯度推导，定义伪折射率 $N_p(z)=4.495e(z)-1.236T(z)$，且有$\frac{\mathrm{d}N(z)}{\mathrm{d}z}\approx -0.125(\mathrm{N/m})$。利用相似原理计算得到伪折射率相似关系 $N_p(z)\approx N_{p_0}+\frac{N_p^*}{k}\left[\ln\left(\frac{z}{z_0}\right)-\varphi_h\left(\frac{z}{L}\right)\right]$，从而得到伪折射率蒸发波导高度模型 $\delta=(25.26T_*-89.9e_*)\phi_k\left(\frac{\delta}{L}\right)$，其中 T_*，e_* 分别为位温、位比湿尺度通量，$\phi_h\left(\frac{\delta}{L}\right)=1-z^*\left(\frac{\mathrm{d}\varphi_h}{\mathrm{d}z}\right)$。测量得到一定高度的空气温度、湿度、风速、气压和海水表面温度后，利用迭代法即可得到蒸发波导。

15.1.2 海面信道模型

1. 视距传输

视距传输是近距海上活动中最常见的通信场景，当收发机距离较短时，存在视距路径。

定义 15.2 **视距传输**：是指利用超短波、微波作为地面通信和广播时，其空间波在所能直达的两点间的传播。其距离同在地面上人的视力能及的距离相仿，一般不超过 50km。

几何上，可支持视距传输的最大距离可计算为

$$d_{\mathrm{LOS}}=\sqrt{h_{\mathrm{t}}^{2}+2h_{\mathrm{t}}R}+\sqrt{h_{\mathrm{r}}^{2}+2h_{\mathrm{r}}R} \tag{15-9}$$

式中，h_{t} 和 h_{r} 分别为 Tx 和 Rx 天线的高度，R 为地球半径。例如，天线高度为 40m 时，视距传输的最大距离为 35km。

视距传输的大尺度衰落模型需要在经验路径损耗模型上进行修改以适应海洋环境。国际电信联盟提出了路径损耗模型 ITU-R P. 1546-5，旨在用于对流层通信，适用于天线高度 10～3000m 的多种场景，传输距离可达 1000km。然而，实验结果表明，当传输距离较短时，上述经验模型具有相似的性能。随着传输距离的增加，国际电联的模型比其他模型更符合测量结果。考虑经典的对数路径损耗模型，即

$$\mathrm{PL}(d)=\mathrm{PL}(d_0)+10n\lg\left(\frac{d}{d_0}\right)+\chi_{\sigma} \tag{15-10}$$

大量实验测量了海洋环境中式(15-10)的关键参数，即路径损失指数 n 和对数正态分布阴影衰落因子 χ_{σ} 的标准差 σ。海洋环境关键参数观测结果如表 15-2 所示，并得出以下结论。

表 15-2 海洋环境关键参数观测结果

频率/GHz	最大测量距离/km	n	σ	场 景	$h_{\mathrm{t}}/h_{\mathrm{r}}$/m
5.8	10	4.5768	3.489	浮标-船舶(视距)	1.7/9.8
		2.079	5.1224	—(非视距)	
		4.2923	7.152	—(混合视距/非视距)	
	10	5.6	6.4	浮标-船舶	1.9/9.8
		2.7	4.9	浮标-船只	1.9/2.7
		3.4	5.5	浮标-陆地	1.9/5.45
	7	2.165	3.69	陆地-船只(移动)	185/8
		2.161	4	—(漂流)	
	20	2.35	7.86	—(移动)	76/8
		2.29	5.47	—(漂流)	
	18	2.39/6.12	8.4	—(移动)	4/8
		2.38/7.57	8.7	—(漂流)	
5.2	1.9	2.48	4.2	船舶-陆地(视距)	7.95/32.9
		3.6	4.4	—(非视距)	
		4	4.4	—(非视距)	7.95/21.6
2.4	2	2.09/1.96	3.24/3.28	陆地-船舶(视距)	3/4.5

(1) 除载波频率外，影响 n 值的因素还包括发射接收天线高度和链路距离等。

(2) 尽管在海上通信中由于障碍物分布稀疏导致阴影效应较小，但仍然可以用对数正态分布来描述。这种阴影效应可能是由阻挡的暗礁和过往船只造成的，也可能是受海浪的影响。在实际情况下，海平面越高，σ 值越大。

虽然经验路径损耗模型可以有效地预测海洋环境中的平均信号强度,但它们不能拟合稀疏多径信号所引起的局部振荡。为了解决这个问题,射线模型在路径损耗计算中考虑了每条射线的相移特征,从而更好地描述了接收信号强度的局部峰值和零点。

双射线模型中,距离 d 处的路径损耗可计算为

$$L(h_t,h_r,d)=-10\lg\left(\left(\frac{\lambda}{4\pi d}\right)^2\left(2\sin\left(\frac{2\pi}{\lambda}\frac{h_th_r}{d}\right)\right)^2\right) \tag{15-11}$$

式中,h_t 和 h_r 分别为发射机和接收机的天线高度,λ 为载波波长。根据双射线模型,随着Tx-Rx距离的增加,接收信号峰值与波谷之间的最大变化可达60dB,这表明可能存在另一条路径。据推测第三条射线可能来自被困蒸发波导层中的信号。三射线路径损耗模型由下式给出:

$$L(h_t,h_r,h_z,d)=-10\lg\left(\left(\frac{\lambda}{4\pi d}\right)^2(2(1+\Delta))^2\right) \tag{15-12}$$

其中,$\Delta=2\sin\left(\frac{2\pi h_th_r}{\lambda d}\right)\sin\left(\frac{2\pi(h_e-h_t)(h_e-h_r)}{\lambda d}\right)$,$h_c$ 为蒸发波导的有效高度。

【例 15-1】 若发射机天线高度为80m,接收机天线高度为40m,载波波长9m,试计算双射线模型中距离50m处的路径损耗。

【解 15-1】

$$\begin{aligned}L(h_t,h_r,d)&=-10\lg\left(\left(\frac{\lambda}{4\pi d}\right)^2\left(2\sin\left(\frac{2\pi}{\lambda}\frac{h_th_r}{d}\right)\right)^2\right)\\&=-10\lg\left(\left(\frac{9}{4\pi\times50}\right)^2\left(2\sin\left(\frac{2\pi}{9}\frac{80\times40}{50}\right)\right)^2\right)\\&=34.7\text{dB}\end{aligned} \tag{15-13}$$

2. 非视距传输

由于海面上的波导效应,非视距传输在海上通信中是可行的,且距离远、安全性高,因此在军事通信中受到了关注。对于X波段信号,蒸发波导通信距离可扩展至1000km。通过测量或模拟,以下为非视距信道的两个关键特征。

(1) 非视距传输的能力依赖于载波频率,其中X波段已被证明是最优的。研究人员在澳大利亚建立了一条工作频率为10.5GHz的高速非视距链路,在80km的距离上记录到的路径损耗为141dB,而C波段信号在相同距离上的路径损耗高出约30dB。利用传播工程工具(Propagation Engineering Tools,PETOOL)进行的模拟也证实了这一现象。

(2) 仅在一定角度范围内的传输,即被捕获在波导层中,而在此范围外的无线电波将在大气中传播。最大和最小捕获角是对称的,即

$$\theta^T_{\max/\min}=\pm\sqrt{2\left(\frac{1}{n(0)}\frac{\partial n}{\partial z}+\frac{1}{\mathrm{R}}\right)(h_t-h_e)} \tag{15-14}$$

其中,n 是大气折射率,它是垂直高度 z 的函数。$n(0)$ 为参考常数,R为地球半径,h_t 和 h_e 分别为发射机天线高度和波导层高度。

【例 15-2】 已知某场景中波导层高度为1000m,大气折射率参考常数n(0)=79.53,大气折射率随垂直高度变化的变化率为10,发射机天线高度为80m,地球半径为6371km,求最大和最小捕获角。

【解 15-2】

$$\theta^{T}_{\max/\min}=\pm\sqrt{2\left(\frac{1}{n(0)}\frac{\partial n}{\partial z}+\frac{1}{\mathrm{R}}\right)(h_{t}-h_{e})}$$
$$=\pm\sqrt{2\left(\frac{1}{79.53}\right)\times 10+\frac{1}{6371000}(80-1000)}$$
$$=\pm 0.5^{\circ} \tag{15-15}$$

考虑实际参数 Tx 高度为 h_t、Rx 高度为 h_r、风道高度为 h_e、风道强度为 Δm、载频为 f，得到路径损耗：

$$\mathrm{PL}(d_0)=\alpha_A+\beta_A\Delta h+\kappa_A h_e+\xi_A f+\rho_A\Delta m+\sigma_{\Delta A}x$$
$$=\alpha_n+\xi_n f^2+\rho_n\Delta m+\sigma_{\Delta n}y \tag{15-16}$$

其中，$\Delta h=|h_t-h_r|$，$\alpha,\beta,\kappa,\xi,\sigma$ 为多元回归分析所得系数。

15.1.3 空海信道模型

在大多数情况下，视距径和海面反射径是空海信道中的两个主径。由于发射机一般处于高空、传输距离较大，通常采用两径模型(Curved-Earth Two-Ray，CE2R)来考虑地球曲率。有时除两条主径外，还需要考虑更多分散的弱路径，即三径模型。该模型由一条视距径和两条反射径组成。强反射路径来自海面的直接反射，弱反射路径是由多个弱反射源共同组成。在三径模型中，海洋传播环境的不稳定性会影响两种反射径的相对振幅。对于平静海面，强反射径占主导地位。然而，当海面起伏大时，所有反射径的强度都会降低，两条反射径将变得难以区分。在极端情况下，整个信道由一个视距径和一个反射径组成。此外，第三条径的存在还依赖于载波频率、接收天线的高度和海上物体数量等参数。测量结果表明，对于 5.7GHz 载波频率，第三路径存在的最大概率为 8.5%；随着接收天线高度的增加，这种可能性将变得更低；而且第三条径的强度通常比其他两条径低得多，因此 CE2R 可以是一个很好的近似，并提供高达 86%准确性的良好拟合。因此，空海抽头时延线信道模型可表示为

$$h_{3\mathrm{Ray}}(t,\tau)=h_{2\mathrm{Ray}}(t,\tau)+z_3(t)a_3(t)\exp(\mathrm{j}\varphi_3(t))\delta(\tau-\tau_3(t)) \tag{15-17}$$

其中，a_3、τ_3 和 φ_3 分别为第三径分量的时变幅度、传播时延和相移。此处，z_3 由一个随机过程生成，该过程控制第三径存在的可能性，$h_{2\mathrm{Ray}}(t,\tau)$ 为 CE2R 模型即 $h_{2\mathrm{Ray}}(t,\tau)=\delta(\tau-\tau_0(t))+\alpha_s(t)\exp(\mathrm{j}\varphi_s(t))\delta(\tau-\tau_s(t))$。式(15-17)中 $\alpha_s(t)$ 为表面反射波的振幅，$\varphi_s(t)$ 为相对相移。$\alpha_s(t)$ 可能受到反射系数、阴影因子、散度因子和海面粗糙度因子等参数的影响。

对于空海信道大尺度衰落，可能影响路径损耗模型的两个因素需要考虑。首先是地球曲率，在海上通信中通常期望较长的覆盖距离，因此 CE2R 的应用十分必要，这将导致路径损耗模型与平坦地球假设下的路径损耗模型不同。其次是蒸发波导效应，虽然发射机高度一般高于波导层，但当掠射角小于阈值时，仍会有部分无线电能量被困在波导层中。在这种情况下，波导层的光线捕获效应将显著增加接收信号的能量，从而减少路径损耗，最高可达 10dB。海空信道的路径损耗模型表述为

$$\mathrm{PL}(d)\mid_{\mathrm{dB}}=PL(d_0)+10n\lg\left(\frac{d}{d_0}\right)+\chi_{\sigma}+\zeta F \tag{15-18}$$

其中，d_0 为参考距离，n 为路径损耗指数，由于海面上的蒸发波导效应，路径损耗指数可能小于 2，χ_σ 表示阴影衰落。需要注意的是，虽然障碍物的存在概率极低，但式(15-18)中仍然考虑到阴影效应，原因是海面起伏较大时海浪充当了障碍物。为结合发射机的快速移动，引入了一个调整参数 F，而 ζ 根据发射机移动方向设置为 1 或 −1。

对于空海信道小尺度衰落，CE2R 下均方根时延扩展(Root Mean Square Delay Spread，RMS-DS)通常很小，飞机高度较高时 RMS-DS 会进一步缩小。当第三条径不可忽略时，空海信道的 RMS-DS 会受到海浪条件和波导层存在的影响，测量结果表明，平静海面下的 RMS-DS 大于风浪海面下的 RMS-DS，且波导层会导致 RMS-DS 的增加。

15.2 海上通信技术

随着全球数字信息时代的到来，越来越多的信息服务变得复杂化，这在改变生活方式的同时也对传输速率提出了更高的需求。在此背景下，海上作业对于海上网络的需求日益增长，本节对海上窄带通信技术和海上宽带通信技术分别进行介绍。

15.2.1 海上窄带通信技术

1. 甚高频通信系统

甚高频通信是海上无线电通信的重要组成部分。海上甚高频无线电通信是指采用甚高频专用频段进行船舶间、船舶内部、船岸间或经岸台与陆上通信转接的船与岸上用户间的无线电通信。广泛应用于船舶避让、海事管理、港口生产调度、船舶内部管理、遇险搜救，以及安全信息播发等方面。

甚高频通信系统由海岸/港口甚高频电台和船舶甚高频电台组成，可用来实现船岸间或船舶间的近距离通信，同时通过海岸/港口甚高频电台的转接还可实现船舶电台与陆地公众网用户间的通信。甚高频通信的工作频段是 156～174MHz。

甚高频无线电波主要靠空间波传输，传播范围为视距范围，如图 15-3 所示。甚高频的视距通信距离可以由下式修正公式计算：

$$d = 4.12(\sqrt{h_1} + \sqrt{h_2})\text{km} \tag{15-19}$$

式中，h_1 和 h_2 是天线的高度，单位是 m。或

$$d = 1.23(\sqrt{h_1} + \sqrt{h_2})\text{n mile} \tag{15-20}$$

式中，h_1 和 h_2 是天线的高度，单位是英尺(1in=0.3048m)。

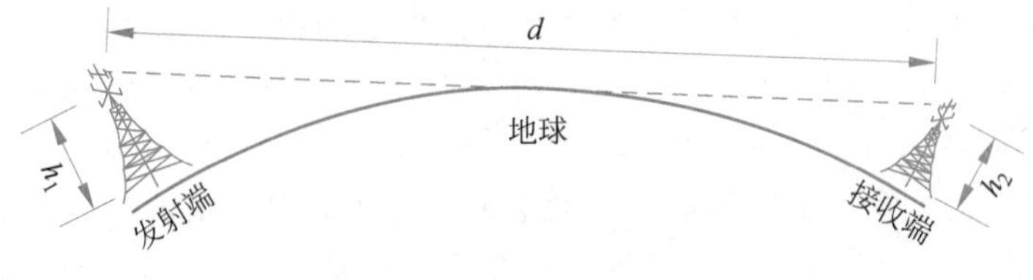

图 15-3 甚高频传输示意

【例 15-3】 已知某海上甚高频系统发射端高度为 100m，接收端高度 60m，则视距通信距离为多少？

【解 15-3】

$$d=4.12(\sqrt{h_1}+\sqrt{h_2})=4.12(\sqrt{100}+\sqrt{60})=73.1\text{km} \tag{15-21}$$

由上面分析可以知道，甚高频通信范围与天线高度、发射功率有关，最大限于100海里(n mile)，一般约为25n mile。这样一个通信距离很适合建立以海岸电台为中心的近距离蜂窝式通信网。

海上甚高频通信一般采用频率调制方式，虽然频率调制信号占据的带宽较大，但抗干扰能力强，适宜海上甚高频通信使用。

海上甚高频发射机的作用是将所要传递的基带信号经跳频、倍频，将频谱搬移到发射频率，再通过放大，达到而定功率，然后馈送到天线，由天线将已调高频信号发射出去。按调频信号产生的不同，分为间接调频方式、直接调频方式，以及锁相调频方式。

间接调频方式是将音频信号经变换网络(积分电路)后调相，得到调频信号。调频信号经倍频达到所需的调频指数和发射载波频率。间接调频发射机结构如图15-4所示。

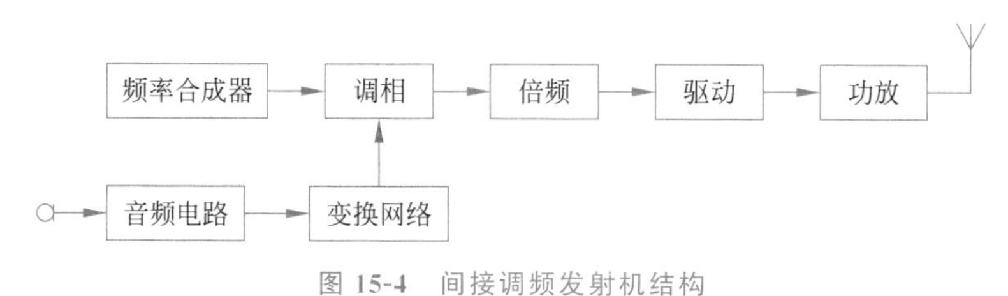

图 15-4　间接调频发射机结构

直接调频发射机结构如图15-5所示，小型便携设备可以通过直接更换晶体实现频道的切换，当信道数较多时，采用频率合成器实现频道变换。

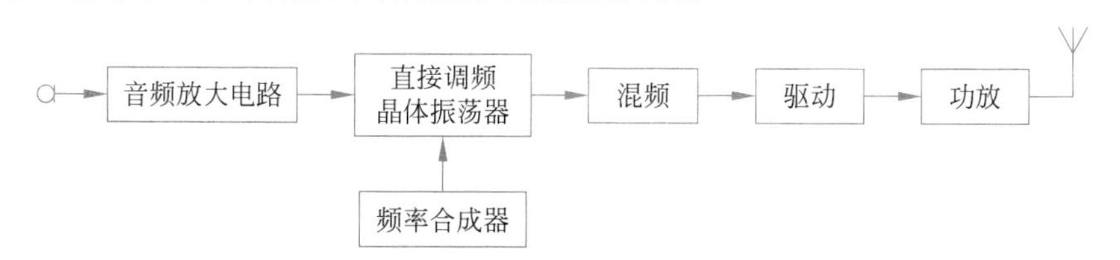

图 15-5　直接调频发射机结构

锁相调频发射机结构如图15-6所示。它在本质上仍是直接调频，调频是利用处理后的音频信号直接调制压控振荡器(Voltage Controlled Oscillator，VCO)实现的，环路的作用只是用来改变载波频率，即信道。此方式不仅可获得较大频偏的频率调制信号，而且载波频率稳定度又很高。

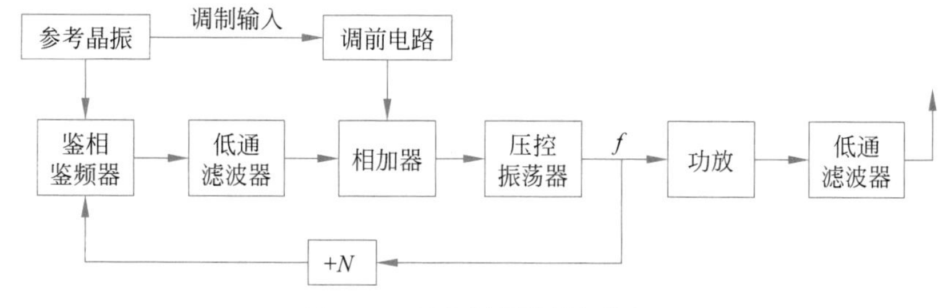

图 15-6　锁相调频发射机结构

根据甚高频发射机的调频原理，在此总结了甚高频发射机中音频电路原理与要求。调频信号解调后的噪声功率谱呈抛物线分布：频率越高，噪声越大。为了改善语音高频分量的信噪比，在发射端调频之前，预加重电路(最简单的是时间常数远小于0.3ms的微分电路)对语音信号(300～3000Hz)按每倍频程提高6dB做预加重处理。在接收端解调之后接有相应的每倍频程－6dB的去加重电路(最简单的是时间常数为3ms的积分电路)。这样，既保证了调制信号没有失真，又可以提高接收的信噪比。

甚高频通信规定最大频偏 $\Delta f_m = 5\text{kHz}$。调频时，频偏正比于调制信号的幅度。为了使频偏不超过规定的最大频偏值，必须在调频前对音频信号进行限幅。但是信号通过限幅后，波形被削平，会产生丰富的高次谐波。调频信号的频带宽度为 $2(\Delta f_m + F_{max})$，其中 F_{max} 为音频信号的上限频率(3000Hz)。因此，对音频信号的幅度进行限幅会展宽调频信号的频带宽度，造成对邻信道的干扰。所以限幅后的音频信号要通过低通滤波器，以便抑制3kHz以上的谐波分量。

通过语音处理电路后，将语音信号送到调制器输入端就会使载频得到足够的频偏而又不会超过允许的最大频偏值，因此，这部分电路也称为瞬时频偏控制电路。综上所述，甚高频发射机中的音频电路应包括预加重电路、语音放大器、限幅器和低通滤波器等部分。

甚高频接收机普遍采用两次变频方案。第一中频选用21.4MHz，有利于提高接收机对中频和像频的抑制比。第二中频选取455kHz，以保证邻道选择性。这样选择使工作频率与第一中频频率之比为7倍以上，第一中频与第二中频之比大于40。这样，由混频器产生的组合频率干扰就很小。

高放(高频放大器)增益大小由接收机要求的灵敏度和抗干扰性能而定。接收机的灵敏度主要取决于高放前端的噪声。高放增益大，第一混频器的输入信号电平就高，相对来讲，混频器噪声的影响就小。高放增益大时，干扰在高放、混频器的电平也会很高，由非线性失真引起的干扰影响就严重。相反，高放增益小，后级电平会降低，干扰电平也相应降低，非线性失真减小。一般高放增益约为10dB，整机主要增益由中放级承担，而中放级的增益又根据解调器输入信号的要求来确定。由于甚高频波段无线信号的传播不存在衰落现象，所以接收机不需要设置自动增益控制(Automatic Gain Control，AGC)电路。甚高频接收机结构如图15-7所示。

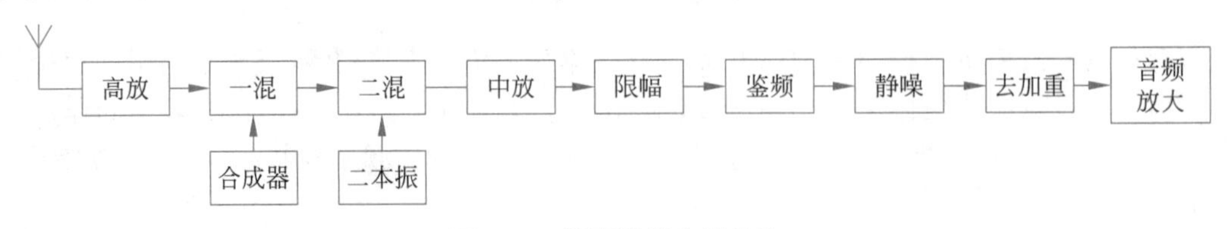

图15-7 甚高频接收机结构

2. 中高频通信系统

中高频(Medium Frequency/High Frequency，MF/HF)通信从诞生至今超过百年历史，20世纪70年代，MF/HF电台已经广泛应用于远洋航海通信，即使是在今天，MF/HF无线电通信在海洋通信方面依然有着非常重要的地位。2016年，南海航海保障中心广州通信中心广州海岸电台MF/HF通信次数达到45415次，通话总时长为171822min，对于船员来说，MF/HF通信是他们生命安全的有力保障。

按无线电频谱和波段划分，MF/HF无线电通信的频率范围如表15-3所示，其中1600kHz～27.5MHz用于海上通信。

表 15-3 MF/HF 无线电通信的频率范围

频段名称	频段范围	波段名称	波长范围/m
MF	300～3000kHz	中波	1000～100
HF	3～30MHz	短波	100～10

海上 MF/HF 通信系统是由 MF/HF 海岸电台和 MF/HF 船舶电台组成的，可实现船岸间、船舶间中、远距离的通信，并通过岸台转接实现船台与陆地公众电话网和电传网用户之间的通信，也可借助专用终端与陆地数据通信网用户进行通信。MF/HF 电台提供的海上遇险和安全系统功能有：遇险报警、搜救协调通信、现场通信、海上安全信息的播发和日常(船舶之间、船舶与陆上用户之间的电话、电传)通信等。海上 MF/HF 通信的频率为 1600kHz～27.5MHz，即中波和短波波段。

海上 MF 通信的频率为 1600kHz～4MHz，MF 主要靠地波传播，也可以由电离层反射传播。地波传播一般为几百千米，沿地面传播时因中波波长(100m～1km)较短，当遇到的山峰高度接近甚至大于中波波长时，会产生明显的阻挡作用，使传播损耗率增大，场强减小。传播距离也减小。若在导电率较高的开阔海面或湿土上传播，传播距离可达 1000km 以上。

海上 HF 通信的频率为 4～27.5MHz，高频即短波波段主要靠电离层反射传播，还可以采用水平极化方式地面空间波传播。

MF/HF 通信频率较低、波长较长，其发射天线尺寸较大、辐射效率较低，发射机功率一般都很高，因此 MF/HF 通信一般用于吨位较大的远海或远洋商船上，在海上通信中起着非常重要的作用。其原因主要有以下 3 点：一是 MF/HF 通信是唯一不受网络枢纽和有源中继体制约的远程通信，抗毁能力和自主通信能力较强，非常适合安全通信保障；二是在海洋覆盖距离较远；三是相对于卫星通信运行成本较低。虽然中高频通信传送信息的速率较低，但合理地选择调制技术，可以提高调制效率，提高频谱利用率。

MF/HF 通信一般采用调幅方式，根据国际协议，MF/HF 通信必须使用单边带调幅方式以节省频谱资源，提高频谱利用率。只有 MF/HF 广播电台的音频节目可以使用双边带调幅方式，所以海上 MF/HF 通信规定采用单边带调制方式。单边带调制通信可以节省频谱占用、提高频谱利用率，节省发射机功率、提高抗干扰能力、减少信道相互干扰并且抗选择性衰落能力较强。但单边带信号调制方式和发射机电路复杂，对载波的频率稳定性、滤波器性能电路的线性等要求较高，成本也较高。

15.2.2 海上宽带通信技术

目前的宽带网络研究主要聚焦于陆地应用场景，由于海上环境的多变性，没有一种单一的通信技术能满足所有海上通信的需求，正确思路应为根据不同业务种类选择最合适的技术。海上宽带网络服务的相关研究，应用和普及程度远远落后于陆地宽带网络，目前通用的做法是把陆地移动通信系统进行改进，应用于海上，较成熟的海上 4G 长期演进(Long Term Evolution，LTE)集群通信，海上 WLAN 覆盖以及海上无线网格网络等。

1. LTE 集群通信

LTE 集群通信也称作 TD-LTE 海上无线宽带通信，由大唐移动通信设备有限公司(简称大唐移动)在 2011 年推出。此系统解决了海上采油平台间的无线宽带网络通信，并在南海海域覆盖应用，在大雾、大风、暴雨等多种复杂恶劣天气条件下，TD-LTE 集群专网的下行速率为40Mb/s,上行速率为15Mb/s。

集群的概念已经从传统的用户信道资源共享,延伸到多样化功能业务、多模式终端接入,以及多种窄带化和宽带化通信系统之间的融合,并将基于宽带无线通信技术,采用多媒体业务形式,以及以指挥调度功能为主的专用无线通信系统称为宽带无线多媒体集群,简称宽带集群。

海上LTE集群通信技术因其技术先进,系统稳定,具备多种技术服务,能满足更多海上宽带服务的需求,成为现阶段海上主流的移动通信网络。海上LTE集群通信的物理层技术包含OFDM技术和多入多出技术,海上LTE集群通信系统网络架构如图15-8所示。

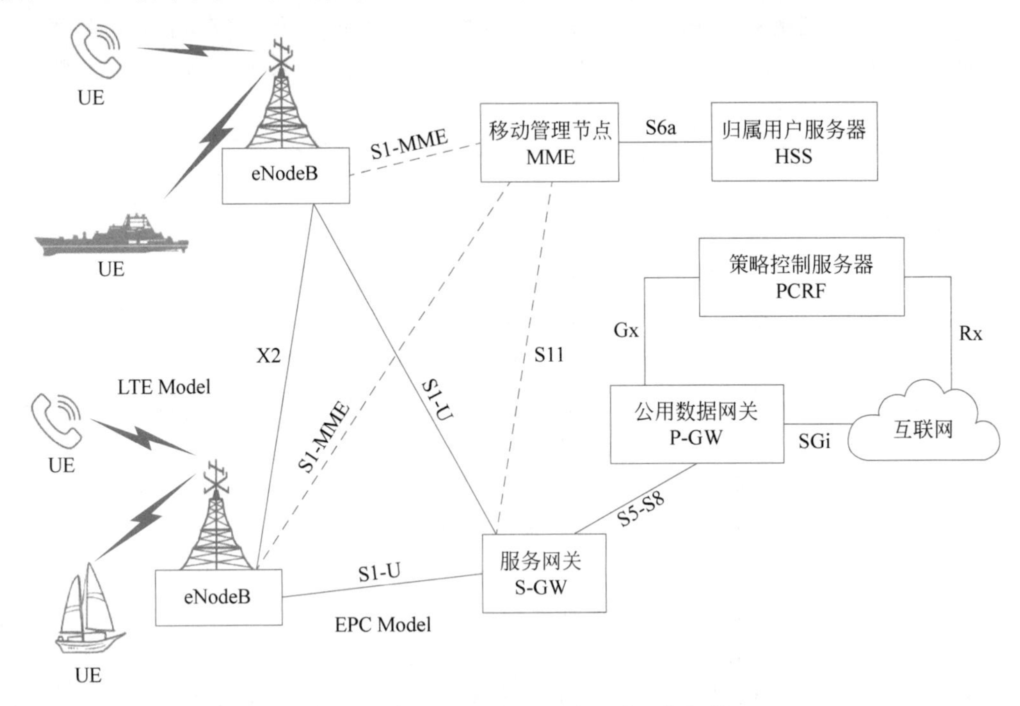

图15-8 海上LTE集群通信系统网络架构

网络系统由核心网(Evolved Packet Core,EPC)和接入网组成。核心网由许多逻辑节点组成;接入网由演进型节点基站(NodeB)一个逻辑节点组成;演进后的EPC由移动管理节点(Mobile Management Node,MME)和服务网关(Serving Gateway,S-GW)两部分组成,MME的主要作用是移动控制,S-GW的主要作用是数据包路由的转发。

LTE接入网由互联的演进型节点基站(eNodeB)组成,提供用户设备(User Equipment,UE)的演进通用陆地无线接入(Evolved Universal Terrestrial Radio Access,E-UTRA)控制平面与用户平面的协议终止点。eNodeB的主要任务就是处理UE的话务量。LTE中的MME与S-GW为EPC提供空中接口。EPC信令处理部分称为MME,数据处理部分称为S-GW。MME是控制面功能实体,负责处理与UE相关的信令消息。S-GW是用户面功能实体,负责为UE提供承载通道以完成分组数据的路由和转发。

LTE集群通信系统主要由海上LTE移动基站和海上终端组成。海上LTE移动基站是基于日益增长的海上航运、海上应急通信、海上石油等海上作业的宽带无线传输需求研制的TD-LTE宽带接入产品。其在3GPP-LTE架构基础上,扩展了集群支持功能,可为客户提供数据传输、高清视频传输调度、语音集群等多种业务,满足各行业集中调度的多媒体业务需求。LTE移动基站用户容量高，可以同时容纳120位以上的用户，并且能够在实现海上10km区域无线信号覆盖的情况下，提供上行30Mb/s的大带宽。例如，大唐移动的一体化LTE船载基站，采用TD-LTE接入制式，频率范围为380～430MHz，输出功率为30W双通道，集成基站、核心网、调度业务系统、音视频会议系统等功能模块。

2. 海上WLAN覆盖

WLAN是指在局部区域以无线媒体或介质进行通信覆盖的无线网络，即把数据通信网络与用户的移动性相结合而构成的可移动的局域网。WLAN是一种能在几十米到几千米范围内支持较高数据速率的无线网络。目前无线局域网领域的两个典型标准为IEEE 802.11、802.22、802.26系列标准和Hiper Lan系列标准。

3. 海上无线网格网络

无线网格网络(WMN)由网格路由器和网格客户端组成，其中网格路由器构成骨干网络，并和有线的互联网相连接，负责为网格客户端提供多跳的无线互联网联接。无线网格网络也称为多跳网络，它是一种与传统无线网络完全不同的新型无线网络技术，是由Ad hoc网络发展而来的。

WMN与Ad hoc网络最大的区别是前者的移动性较低，大部分节点基本静态不动，拓扑变化小。例如在单跳接入中，WMN可以看作一种特殊的WLAN和Ad hoc网络的融合，且发挥了两者的优势，作为互联网的延伸部分，与互联网保持高速联接，用户通过WMN的接入节点进入互联网，可以减少大量的网络基础设施建设资金，具有很多传统方法没有的优点。

将LTE集群通信、WLAN和网格的特点集中分析得到表15-4。

表15-4　LTE集群通信、WLAN和网格优缺点比较

	LTE集群通信	WLAN	网　格
优点	1. 通信速度快。国内善用TDD速率可达20Mb/s，最大能够达到100Mb/s。 2. 兼容性更高。LTE集群通信技术减少了软硬件在工作过程中的冲突	1. 移动性。连接到WLAN的用户可以在信号覆盖范围内任意移动并与网络保持联接。 2. 易于扩展。WLAN配置方式众多，能够从几个用户的小型局域网快速扩展到成百上千用户的大型网络	1. 可靠性增强，避免星形结构，减少拥塞及单点故障。 2. 实现有效冲突保护机制。 3. 网络覆盖面积增大，频谱利用率增大。 4. 组网灵活，维护方便
缺点	1. 基础设施需求高。在山林、远海、沙漠等建立基站无法得到很好的利用。 2. 容量受到限制。手机的运行速度会受到通信容量的限制，如系统容量有限，手机用户越多，速度越慢	1. 性能降低。楼房、树木和其他障碍物皆有可能阻碍传播，从而使得网络性能大大降低。 2. 安全性不足。无线电波不需要建立物理信道，因此信号是发散的，易被监听	1. 对于不同射频信道的WMN的研究还很不成熟，性能较差。 2. 在WMN中，有效的路由算法还没能发现，对于QoS要求较高的服务还不能很好支持

15.3　海上通信应用展望

15.3.1　海上蜂窝网

在恶劣的海洋环境中工作，电力供应有限，数据速率和可靠性要求很高，而且有节奏的海浪会定期阻挡无线电传输路径，所以海洋通信具有与陆地通信环境不同的独特传播信道。

多样化的应用场景涉及多种渠道，如船对船、浮标对地、船对陆、浮标对船等。通常部署在海岸附近(距离海岸线 2 或 3km 以内)，浮标和海岸上的地面蜂窝基站之间的蜂窝通信是自然的选择。由于海面的粗糙散射，近海面通道被建模为 LOS 路径、镜面反射路径和漫反射路径的组合。其中由海浪阻塞触发的 LOS 通信中断可能导致浮标的蜂窝物联网通信出现重传，导致时延增加和能效降低的问题，从而降低电池寿命，增加浮标的维护成本。

利用浮标上采集的实时海浪数据和本文提出的分析工具，可以根据海浪情况，辅助协议设计自适应数据包大小和定时传输调度。此外，时延降低技术，如实现短传输时间间隔和半持久调度可以潜在地应用于窄带 4G LTE 网络。为了进一步提高物联网设备的使用寿命和能源效率，3GPP Release 16 考虑了从传统 MAC 到按需唤醒无线电操作的新转变。

增加有效天线高度可以显著提高 LOS 通信的概率，解决 LOS 阻塞问题，并显著提高系统的能效。此外，根据辐射方向图选择合适的天线类型，在浮标机械稳定性和无线性能之间权衡的基础上调整天线高度是整个系统的关键使能因素。将蜂窝天线安装在浮标主体的外部和上方是最受欢迎的，尽管这可能会带来一些机械和产品设计方面的挑战。一般来说，浮标的蜂窝通信可以采用几种准全向的候选天线，如偶极子天线、单极子天线、蝴蝶结(Bowtie)天线等。

15.3.2 海上物联网

人类活动和气候变化对海洋生态系统的压力越来越大，数据收集和分析对管理和维持海洋的能力至关重要。海洋数据采集系统(Ocean Data Acquisition System，ODAS)是部署在海上的仪器，用于收集气象和海洋学数据，提供有关海洋和周围低层大气状况的信息。这些信息来自基于物联网的解决方案，在海洋环境中广泛应用，例如天气预报、污染控制、海上运输、智能船舶、海洋生物监测和石油平台监测。物联网的底层技术，如实时计算、机器学习、信号处理、无线通信、大数据等，已经取得了显著的进步，这使得许多有前景的新应用成为可能。

海上物联网旨在提供多种任务，如全球范围内海上设备的无处不在的连接，加强海上安全和安保，海洋环境保护和海洋工程研究的相关服务。例如，海运业正朝着自主航运的方向发展，这需要海上机器类型通信(Machine Type Communication，MTC)作为关键推动因素之一。无线通信技术的进步使新一代 ODAS 具有更高的传感器数据采样率、实时数据传输和更低成本、更长的电池寿命的能力。各种传感器与蜂窝通信模块集成，可以扩展 ODAS 的物联网应用场景。

15.3.3 海上无人机通信

未来的海上 MTC 包括近岸通信、公海通信和跨洋通信。在离岸较远区域，普通移动设备无法连接到地面蜂窝宽带网络。后两种类型可能需要可靠的远距离和更高数据速率的无线技术和网络，例如卫星和无人机。在海上网络中，无人机可以将从地面站发送的信息中继到超过 LOS 限制或 LOS 路径不可用的移动船只。此外，无人机还可以帮助从物联网海上传感器节点收集信息，从位于海洋中的物联网设备中检索信息，并向无人水面车辆传递信息。在混合无线通信架构中，可以使用灵活的无人机在船只附近飞行，作为卫星和岸上基站的补充，在固定的海洋航线上实现按需进行海上覆盖，无人机可以连接到沿海地区的地面基站，并在远离海岸时依靠卫星进行回程。

但无人机使用的主要限制是受载荷和电池或燃料电池限制的有限飞行时间。考虑到航道内船舶的稀疏性,可以优化无人机的调度,使其按用户需求部署。无论采用何种通信技术,从海上物联网设备收集信息都极具挑战性,而且由于海洋的稀疏特性,收集到的大部分信息都是无用的,所以可以寻找从传感器节点到采集头节点,以及从采集节点到最近的无人机的最优路径。

15.4 海上探测技术原理

海洋探测是海洋科学、信息科学与遥感技术交叉、融合发展形成的技术领域,其通过传感器对海洋进行远距离非接触观测,实现对海面风场、海浪、海面高度等信息的获取,抑或是对海冰、溢油、船只等目标进行识别与位置测量。

15.4.1 合成孔径雷达

合成孔径雷达(Synthetic Aperture Radar,SAR)也称综合孔径雷达,通过利用与目标作相对运动的小孔径天线,把在不同位置接收的回波进行相干处理,从而获得较高分辨力的成像。其特点是能全天候工作,可有效识别伪装和穿透掩盖物。

自1978年美国发射世界上第一颗SAR海洋卫星SEASAT以来,欧洲和美国相继发射了多颗SAR监视卫星,为海上目标探测提供了大量的图像数据支撑。SAR图像海上目标探测手段已得到广泛应用,多用于打击非法捕鱼、海上走私和非法移民等。

1. 船只目标SAR成像机理

研究船只目标SAR成像机理有助于了解船只在SAR影像中的表现形式,对SAR船只检测和类型识别方法的研究具有重要的指导意义。船只的SAR成像受SAR系统参数、船只参数及环境因素的影响。SAR系统参数包括:传感器类型、入射角、极化方式等;船只参数包括:船只的上层建筑结构和材料;环境因素包括风、浪、流等。

就船只参数而言,大多数船只由金属材料构成,对雷达波是强散射体,其后向散射的能量高;而海面相较于雷达波长而言比较平坦,是弱散射体,其后向散射能量低,因而在SAR图像中,船只往往表现为暗背景下的亮像素。另外,船只由于结构复杂,其散射机制主要有单次散射、偶次散射和多次散射,其中,单次散射主要由船只的平面结构,如甲板引起;偶次散射主要由船只的甲板及其上层建筑形成的二面角,以及船舱与海面形成的二面角引起;多次散射主要由船只的复杂结构引起,当雷达波照射到船体表面,一部分直接返回SAR传感器,另一部分在船体的复杂结构间来回反射后才返回SAR传感器。

2. 船只目标SAR检测方法

船只目标SAR检测方法根据SAR图像的极化情况,可以分为基于单极化数据的方法和基于多极化数据的方法。

(1) 单极化SAR船只检测方法。

经过几十年的发展,将海杂波统计模型与恒虚警率(Constant False Alarm Rate,CFAR)目标检测方法相结合的船只检测方法仍然是单极化SAR船只检测的主流方法。

CFAR目标检测方法根据预先设定的虚警率,并结合海杂波的概率密度函数自适应地计算检测阈值,从海杂波中检测船只。

假设某 SAR 图像 $I(m,n)$ 的海杂波概率密度函数为 $p(x)$，根据检测需要预设的 CFAR 为 PFA，解式(15-22)的 CFAR 方程，得到检测阈值 T_{th}：

$$1-\text{PFA}=\int_0^{T_{th}} p(x)\mathrm{d}x \tag{15-22}$$

根据检测阈值 T_{th}，对 SAR 图像 $I(m,n)$ 进行预筛选。若 $I(m,n)>T_{th}$，对应的像素为船只目标，反之为海杂波。为了消除噪声的影响，通常在预筛选后增加一个结合图像和船只先验知识的甄别过程，提高船只检测的准确性。这些先验知识包括图像分辨率、船只长宽信息等。基于此原理的算法有单元平均 CFAR(CA-CFAR)算法、最大值 CFAR(GO-CFAR)、最小值 CFAR(SO-CFAR)、可变索引 CFAR(VI-CFAR)和有序统计 CFAR(OS-CFAR)等。

海杂波模型是否精确直接决定着 CFAR 船只检测方法的准确率。海杂波建模方法可以分为：参数方法、半参数方法和非参数方法。

参数方法将 SAR 图像分布的概率密度函数估计问题转换为预先假定的数学模型的参数估计问题，这类方法在过去十几年间得到了广泛的重视和发展，是当前海杂波建模的主要方法。

但实验表明，没有哪种参数模型能够适应各种可能的海杂波情况。因此，许多研究者提出将多个参数模型融合得到一个更精确的海杂波模型，这就是半参数方法。其中 Moser 等(2006 年)提出了采用多个参数模型构造模型字典，然后利用斯托克斯期望最大化的方法计算模型融合权重。后来，Krylov 等(2011 年)提出对该方法的改进。上述方法能够非常精确地拟合非常复杂的海杂波情况，但是其计算融合权重的过程非常复杂。赵荻等提出了一种基于统计局部窗口各参数模型一致性的方法，从而分段地从模型字典中选择最适合的模型，实验证明这种方法能够快速实现对海杂波的准确建模。

非参数方法不需要借助任何先验的数学模型，而是利用 Parzen 窗、支持向量机等方法直接估计 SAR 图像分布的概率密度函数，这种方法灵活、建模精度高，但是需要人工调节 Parzen 窗、支持向量机等内部参数，计算复杂，耗时较长。

(2) 多极化 SAR 船只检测方法。

相比于单极化 SAR 数据，多极化 SAR 数据能够提供包括强度、相位、极化度、总散射能量等多种目标信息，对目标的描述更加全面，因此利用多极化 SAR 数据进行船只检测近年来受到广泛关注。通常，多极化 SAR 是指双极化(Dual-PolSAR)和全极化 SAR(Quad-PolSAR)，本节重点介绍多极化方法。

基于全极化 SAR 数据的船只检测主要有相干目标分解(Coherent Target Decomposition, CTD)、非相干目标分解(Incoherent Target Decomposition, ITD)和极化对比度增强(Polarimetric Contrast Enhancement, PCE)3 种方法。

① 相干目标分解对散射矩阵 $\boldsymbol{S}$ 进行分解，核心思想是将 $\boldsymbol{S}$ 矩阵表示成几个简单的散射矩阵 $\boldsymbol{S}_i$ 的加权和，并分别赋予简单矩阵合理的物理解释，比如 Pauli 分解将 $\boldsymbol{S}$ 矩阵分解为奇次散射和偶次散射。

② 非相干目标分解一般对极化协方差矩阵 $\boldsymbol{C}$ 或极化相干矩阵 $\boldsymbol{T}$ 进进行分解，将 $\boldsymbol{C}$ 或 $\boldsymbol{T}$ 表示成物理意义更加明显的二阶描述子的加权和，比如 Freeman-Durden 分解将极化协方差矩阵 $\boldsymbol{C}$ 表述成体散射、二次散射、单次散射的加权和，Yamaguchi 分解将极化协方差矩阵 $\boldsymbol{C}$ 分解成单次散射、二次散射、体散射和螺旋体散射。

③ 极化对比度增强通过融合多个极化通道数据得到一个决策参数，达到增强目标与海

杂波对比度的目的，从而进行船只检测。极化白滤波（Polarization Whiten Filter，PWF）即属于这种方法。

除上述主流方法外，其他的一些方法，诸如主成分分析、散射对称性、特征选择和几何扰动-极化陷波滤波等船只检测方法也被学者提了出来。

15.4.2　岸基高频地波雷达

高频地波雷达利用垂直极化高频电磁波（3～30MHz）沿海面绕射传播的特性，实现海上移动目标和海洋环境（风、浪、流）的大范围连续探测。由于能够探测到视距以外的目标，高频地波雷达也称超视距雷达。高频地波雷达通过舰船目标的回波来探测位置和速度，通过绘制距离多普勒图谱，从各个波束方向的多普勒图谱二维谱中探测出可能存在的目标，并提取距离、速度和方向等信息。作为核心步骤的目标检测一般采用 CFAR 方法，这类方法要求回波具有较强的信噪比，因此需要对雷达回波谱中的海杂波进行抑制处理，采取的方法有奇异值分解法和子空间法。高频地波雷达难以像 SAR 一样获取海上目标的特征信息，如尺寸、外形、结构等，因此较少用于海上目标的识别和分类。但由于其具有超视距不间断探测的特性，高频地波雷达比较适合对可疑海上目标的预警和跟踪。

与卫星遥感手段相比，岸基高频地波雷达建设成本较低，易于短时间内形成能力，但由于目前用于目标探测的高频地波雷达系统多为大型阵列式，探测性能强烈依赖于天线阵列尺寸，因此为实现远距离海上目标探测需要占用大面积的场地来布设雷达天线，这给用地紧张的沿海区域带来了一定难度。

现阶段，中国的海上目标探测系统多基于 X 波段导航雷达建设，应用在非法捕捞行为监管和渔船应急避险管理等方面，宁波市于 2008 年建成了沿海雷达监控系统，拥有南非山、渔山 2 个雷达基站和 1 个监控中心。系统监控范围以大目洋、猫头洋、渔山渔场为中心的南北 80 海里、东西 50 海里的沿海海域，数据更新频率为 2.5s，能够实时对渔船进行动态监控，并兼有溢油探测、浪高探测等其他功能。该系统主要用于日常渔业安全管理和渔船紧急救助工作，同时对海洋生态和资源保护提供技术支持。海南省与当地企业合作构建了集渔船北斗监控系统、环岛岸基达监控系统、渔港视频监控系统为一体的“环岛近海雷达综合监控系统”。其中，环岛岸基雷达监控系统于 2017 年首次应用，通过分布全岛的 22 个雷达探测点，实现对近海海域的主动实时监控，提高对渔船渔港的探测力度。福建、浙江、山东等地的渔业执法部门也计划或正在建设类似的系统。

章节习题

15-1　海上通信与陆地通信的主要不同在于以下哪些特征。

A）稀疏性　　B）不稳定性　　C）复杂性　　D）位置依赖性

15-2　天基监视雷达系统包括什么工作模式。

A）对地监视模式　　B）条带模式　　C）扫描模式　　D）空间监视模式

15-3　海上 VHF 通信一般采用什么调制方式。

A）AM　　B）PM　　C）FM　　D）以上均可

15-4　传统的单通道雷达体制下，动目标检测原理是根据什么将其与杂波区分开。

A）沿航迹干涉模式　　B）多普勒频率
C）相位中心偏执天线模式　　D）自适应处理模式

15-5 海上MF通信的频率为

A）1600kHz～4MHz　　B）1600kHz～27.5MHz
C）4～27.5MHz　　D）1000kHz～10MHz

15-6 LTE系统为什么采用OFDM作为物理层波形？

15-7 简述LTE集群通信系统的网络架构。

15-8 WLAN物理结构由几部分组成？各自的功能是什么？

15-9 简述无线网格网络分为哪几个结构。

15-10 简述LTE,WLAN,网格各自的优缺点。

15-11 已知某海上甚高频系统发射端高度为80m,接收端高度40m,则视距通信距离为多少？

习题解答

15-1 ABD

15-2 AD

15-3 C

15-4 B

15-5 A

15-6 解：OFDM通过子载波间的重叠,提升了频谱效率,并且通过添加循环前缀,可以克服多径时延带来的符号键干扰。并且将宽带信道划分的设计有利于简化信道估计,且不需要复杂的信道均衡,特别适合宽带移动通信系统。并且因子载波衰落相对平坦,十分适合与MIMO技术相结合,从而极大提高了系统性能。

15-7 解：网络系统由核心网和接入网组成。核心网由许多逻辑节点组成；接入网由演进型节点基站一个逻辑节点组成；演进后的核心网由移动管理节点和服务网关两部分组成,移动管理节点的主要作用是移动控制,服务网关的主要作用是数据包路由的转发。

15-8 解：无线局域网的物理结构由站点、无线介质、无线接入点或基站和分布式系统等组成。站点也称为主机或终端,是无线局域网的最基本的组成单元,是具有无线网络接口的计算设备。站点可以是移动的,也可以是固定的。无线接入点类似于有线局域网中的集线器,是一种特殊的无线工作站,用来接收无线信号并将其发送到有线网中。通常一个无线接入点能够在几十米至上百米的范围内联接多个用户。由一组相互直接通信的站点组成一个基本服务集,并提供一个覆盖区域,区域内的站点保持充分连接。将一组基本服务集联在一起就构成一个分布式系统。不同基本服务集间的区域内站点的通信则必须通过分布式系统才能完成。分布式系统可以是传统以太网或ATM等网络,负责将收到的无线信息传送到日的区域内站点所在的基本服务集的无线接入点。

15-9 解：平面网络结构,多级网络结构,混合结构。

15-10 解：

	LTE 集群通信	WLAN	网格网络
优点	1. 通信速度快。目前国内善用 TDD 速率可达到 20Mb/s，最大能够达到 100Mb/s。 2. 兼容性更高。LTE 集群通信技术减少了软硬件在工作过程中的冲突	1. 移动性。连接到 WLAN 的用户可以在信号覆盖范围内任意移动并且与网络保持连接。 2. 易于扩展。无线局域网配置方式众多，能够从几个用户的小型局域网快速扩展到成百上千用户的大型网络	1. 可靠性增强，避免了星形结构，减少了拥塞及单点故障。 2. 实现有效冲突保护机制。 3. 网络覆盖面积增大，频谱利用率增大 4. 组网灵活，维护方便
缺点	1. 基础设施需求高。在山林、远海、沙漠等不方便建立基站的地方无法得到很好的利用。 2. 容量受到限制。手机的运行速度会受到通信容量的限制，如系统容量有限，手机用户越多，速度就越慢	1. 性能降低。楼房、树木和其他障碍物皆有可能阻碍传播，从而使得网络性能大大降低。 2. 安全性不足。无线电波不需要建立物理信道，因此信号是发散的，易被监听	1. 对于不同射频信道的 WMN 的研究还很不成熟，性能较差。 2. 在 WMN 中，有效的路由算法还没能发现，对于 QoS 要求较高的服务还不能很好支持

15-11 解：

$$d = 4.12(\sqrt{h_1} + \sqrt{h_2}) = 4.12(\sqrt{80} + \sqrt{40}) = 62.9\text{km}$$

参考文献

[1] 王福斋. 现代海上通信与信息技术[M]. 西安：西安电子科技大学出版社，2021.

[2] 王化民. 船舶通信技术教程[M]. 大连：大连海事大学出版社，2012.

[3] 林彬，闫秋娜. 海上应急通信[M]. 大连：大连海事大学出版社，2021.

[4] 杨永康. 海上无线电通信[M]. 北京：人民交通出版社，2009.

[5] BAJWA W U，SAYEED A，NOWAK R. Sparse multipath channels：Modeling and estimation [C]// Proceedings of IEEE 13th Digit. Signal Process. Workshop，5th IEEE Signal Process. Educ. Workshop. Marco Island，USA：IEEE Press. 2009.

[6] SALEH AA M，VALENZUELA R. A statistical model for indoor multipath propagation[J]. IEEE Journal on Selected Areas in Communications，1987，5(2)：128-137.

[7] STUTZMAN W L，DISHMAN W K. A simple model for the estimation of rain-induced attenuation along earth-space paths at millimeter wavelengths[J]. Radio Science，1982，17(6)：1465-1476.

[8] AMAYA C，ROGERS D V. Characteristics of rain fading on Ka-band satellite-earth links in a Pacific maritime climate[J]. IEEE Transactions on Microwave Theory and Techniques，2002，50(1)：41-45.

[9] KESHAV T，YOON S，LEE S R. Compensating the effect of ship rocking in maritime ship-to-shore communication[J]. The Journal of Korean Institute of Communications and Information Sciences，2013，38(3)：271-277.

[10] 孙鸿强，张占月，赵焕洲，等. 海洋定位卫星性能分析[J]. 上海航天(中英文)，2021，38(6)：111-117.

[11] 何健. 面向可见光遥感图像的海上目标快速检测和识别技术[D]. 长春：中国科学院大学（中国科学院长春光学精密机械与物理研究所），2020.

[12] MOREIRA A，Prats-Iraola P，YOUNIS M，et al. A tutorial on synthetic aperture radar[J]. IEEE Geoscience and Remote Sensing Magazine，2013，1(1)：6-43.

[13] 丁金闪. 双基合成孔径雷达成像方法研究[D] . 西安：西安电子科技大学，2009.

[14] 刘志凌. 天基 SAR 抗干扰与空间目标精确成像方法研究[D]. 西安：西安电子科技大学，2014.

[15] 石桂名. 海上舰船目标检测方法研究[D]. 大连：大连海事大学，2019.